JN356186

2023년 대비

산업보건일반 하루특강 (삼위일체)

테마 · 기출변형 모의고사 · 기출문제

머리말

산업보건일반 하루 특강(삼위일체) 교재는 시험에 꼭 나오는 테마62개를 정리하였으며 모의고사 문제를 수록하였고 역대 기출문제에 대한 상세한 풀이를 하였다.

산업보건일반은 산업보건지도사 시험에서는 25문제가 출제되며, 산업안전지도사 시험에서는 7문제가 출제된다. 산업안전지도사 및 보건지도사 시험을 준비하는 수험생들에게 특히 어려운 과목으로 생각되는 산업보건일반이 본서를 통해 쉽고 재미있는 전략과목으로 탈바꿈되길 바라는 마음이다.

산업보건일반은 작업환경측정과 산업환기를 비롯하여 관련 산업안전보건법령을 중심으로 학습해야 한다. 계산문제가 많고 다양한 유해물질에 대한 공부가 선행되어야 해서 조금은 어려워 보이지만, 반복적이고 성실한 공부로 이어간다면 고득점 과목으로 자리매김할 수도 있다.

테마62개를 먼저 학습한 후에는 모의고사 문제를 풀면서 자신의 점수를 확인해 보아야 한다. 모의고사 해설에는 문제에 대한 상세한 풀이를 하였으며, 테마에서 공부한 내용을 다시금 확인할 수 있도록 구성하였다. 마지막에는 역대 기출문제를 풀면서 실전에 나왔던 문제 유형에 익숙해지도록 연습해야 한다. 동영상 강의가 필요한 수험생은 정명재안전닷컴에서 함께 공부할 수 있도록 본서를 강의교재로 사용할 계획이다.

낯선 문제에 익숙해지는 데는 시간이 필요하다. 시험에 임박하여 공부하지 말고 미리미리 공부하는 습관이 필요한 이유이다. 지도사 시험을 준비하는데 있어 이 한 권의 책이 밝은 등대역할을 하여 합격에 이르는 길이 되길 희망한다.

2022. 12월 신림동에서

목차

산업보건일반 테마 정리 62개

산업보건지도사 제2과목(산업보건일반) 역대 기출문제

산업보건지도사 제2과목(산업보건일반) 역대 기출문제 해설

테마1. 해외 국가의 노출기준

국가(기관)	노출기준
영국	WEL
독일	MAK
스웨덴	OEL
미국 ACGIH(산업위생전문가협의회)	TLV
미국 NIOSH(산업안전보건연구원)	REL
미국 OSHA(산업안전보건청)	PELs

01 해외 국가의 노출기준의 연결이 틀린 것은?

① 영국-REL
② 독일-MAK
③ 스웨덴-OEL
④ 미국 ACGIH-TLV
⑤ 미국 OSHA-PELs

해설

정답 ①

테마2. 국소배기장치의 제어풍속

○ 산업안전보건기준에 관한 규칙

제454조(국소배기장치의 설치 · 성능) 제453조제2항에 따라 설치하는 국소배기장치의 성능은 물질의 상태에 따라 아래 표에서 정하는 제어풍속 이상이 되도록 하여야 한다.

물질의 상태	제어풍속(m/s)
가스상태	0.5
입자상태	1.0

비고
1. 이 표에서 제어풍속이란 국소배기장치의 모든 후드를 개방한 경우의 제어풍속을 말한다.
2. 이 표에서 제어풍속은 후두의 형식에 따라 다음에서 정한 위치에서의 풍속을 말한다.
가. 포위식 또는 부스식 후드에서는 후드의 개구면에서의 풍속
나. 외부식 또는 리시버식 후드에서는 유해물질의 가스·증기 또는 분진이 빨려 들어가는 범위에서 해당 개구면으로부터 가장 먼 작업 위치에서의 풍속

■ 산업안전보건기준에 관한 규칙 [별표 17]

분진작업장소에 설치하는 국소배기장치의 제어풍속(제609조 관련)

1. 제607조 및 제617조제1항 단서에 따라 설치하는 국소배기장치(연삭기, 드럼 샌더(drum sander) 등의 회전체를 가지는 기계에 관련되어 분진작업을 하는 장소에 설치하는 것은 제외한다)의 제어풍속

분진 작업 장소	제어풍속(미터/초)			
	포위식 후드의 경우	외부식 후드의 경우		
		측방 흡인형	하방 흡인형	상방 흡인형
암석등 탄소원료 또는 알루미늄박을 체로 거르는 장소	0.7	-	-	-
주물모래를 재생하는 장소	0.7	-	-	-
주형을 부수고 모래를 터는 장소	0.7	1.3	1.3	-
그 밖의 분진작업장소	0.7	1.0	1.0	1.2

비고
1. 제어풍속이란 국소배기장치의 모든 후드를 개방한 경우의 제어풍속으로서 다음 각 목의 위치에서 측정한다.
   가. 포위식 후드에서는 후드 개구면
   나. 외부식 후드에서는 해당 후드에 의하여 분진을 빨아들이려는 범위에서 그 후드 개구면으로부터 가장 먼 거리의 작업위치

2. 제607조 및 제617조제1항 단서의 규정에 따라 설치하는 국소배기장치 중 연삭기, 드럼 샌더 등의 회전체를 가지는 기계에 관련되어 분진작업을 하는 장소에 설치된 국소배기장치의 후드의 설치방법에 따른 제어풍속

후드의 설치방법	제어풍속(미터/초)
회전체를 가지는 기계 전체를 포위하는 방법	0.5
회전체의 회전으로 발생하는 분진의 흩날림방향을 후드의 개구면으로 덮는 방법	5.0
회전체만을 포위하는 방법	5.0

비고

제어풍속이란 국소배기장치의 모든 후드를 개방한 경우의 제어풍속으로서, 회전체를 정지한 상태에서 후드의 개구면에서의 최소풍속을 말한다.

01

산업안전보건법령에서 국소배기장치 중 연삭기, 드럼 샌더 등의 회전체를 가지는 기계에 관련되어 분진작업을 하는 장소에 설치된 국소배기장치의 후드 중 '회전체를 가지는 기계 전체를 포위하는 방법'에서의 제어풍속(m/s)은?

① 0.5

② 0.7

③ 1.0

④ 1.2

⑤ 1.3

해설

정답 ①

○ **작업환경측정 및 정도관리 등에 관한 고시**

제2조(정의) ① 이 고시에서 사용하는 용어의 뜻은 다음 각 호와 같다.

1. "액체채취방법"이란 시료공기를 액체 중에 통과시키거나 액체의 표면과 접촉시켜 용해·반응·흡수·충돌 등을 일으키게 하여 해당 액체에 작업환경측정(이하 "측정"이라 한다)을 하려는 물질을 채취하는 방법을 말한다.
2. "고체채취방법"이란 시료공기를 고체의 입자층을 통해 흡입, 흡착하여 해당 고체입자에 측정하려는 물질을 채취하는 방법을 말한다.
3. "직접채취방법"이란 시료공기를 흡수, 흡착 등의 과정을 거치지 아니하고 직접채취대 또는 진공채취병 등의 채취용기에 물질을 채취하는 방법을 말한다.
4. "냉각응축채취방법"이란 시료공기를 냉각된 관 등에 접촉 응축시켜 측정하려는 물질을 채취하는 방법을 말한다.
5. "여과채취방법"이란 시료공기를 여과재를 통하여 흡인함으로써 해당 여과재에 측정하려는 물질을 채취하는 방법을 말한다.
6. "개인 시료채취"란 개인시료채취기를 이용하여 가스·증기·분진·흄(fume)·미스트(mist) 등을 근로자의 호흡위치(호흡기를 중심으로 반경 30㎝인 반구)에서 채취하는 것을 말한다.
7. "지역 시료채취"란 시료채취기를 이용하여 가스·증기·분진·흄(fume)·미스트(mist) 등을 근로자의 작업행동 범위에서 호흡기 높이에 고정하여 채취하는 것을 말한다.
8. "노출기준"이란 「산업안전보건법」(이하 "법"이라 한다) 제106조에서 정한 작업환경평가기준을 말한다.
9. "최고노출근로자"란 「산업안전보건법 시행규칙」(이하 "규칙"이라 한다) 별표 21에 따른 작업환경측정대상 유해인자의 발생 및 취급원에서 가장 가까운 위치의 근로자이거나 규칙 별표 21에 따른 작업환경측정대상 유해인자에 가장 많이 노출될 것으로 간주되는 근로자를 말한다.
10. "단위작업 장소"란 규칙 제186조제1항에 따라 작업환경측정대상이 되는 작업장 또는 공정에서 정상적인 작업을 수행하는 동일 노출집단의 근로자가 작업을 하는 장소를 말한다.
11. "호흡성분진"이란 호흡기를 통하여 폐포에 축적될 수 있는 크기의 분진을 말한다.
12. "흡입성분진"이란 호흡기의 어느 부위에 침착하더라도 독성을 일으키는 분진을 말한다.
13. "입자상 물질"이란 화학적인자가 공기중으로 분진·흄(fume)·미스트(mist) 등의 형태로 발생되는 물질을 말한다.
14. "가스상 물질"이란 화학적인자가 공기중으로 가스·증기의 형태로 발생되는 물질을 말한다.
15. "정도관리"란 법 제126조제2항에 따라 작업환경측정·분석 결과에 대한 정확성과 정밀도를 확보하기 위하여 작업환경측정기관의 측정·분석능력을 확인하고, 그 결과에 따라 지도·교육 등 측정·분석능력 향상을 위하여 행하는 모든 관리적 수단을 말한다.
16. "정확도"란 분석치가 참값에 얼마나 접근하였는가 하는 수치상의 표현을 말한다.
17. "정밀도"란 일정한 물질에 대해 반복측정·분석을 했을 때 나타나는 자료 분석치의 변동크기가 얼마나 작은가 하는 수치상의 표현을 말한다.

② 그 밖의 이 고시에서 사용하는 용어의 뜻은 이 고시에 특별한 규정이 없으면 법, 「산업안전보건법 시행령」(이하 "영"이라 한다), 규칙, 「산업안전보건기준에 관한 규칙」(이하 "안전보건규칙"이라 한다) 및 관련 고시가 정하는 바에 따른다.

제4장 작업환경측정방법

제1절 측정방법 및 단위

제17조(예비조사 및 측정계획서의 작성) ① 규칙 제189조제1항제1호에 따라 예비조사를 하는 경우에는 다음 각호의 내용이 포함된 측정계획서를 작성하여야 한다.

1. 원재료의 투입과정부터 최종 제품생산 공정까지의 주요공정 도식
2. 해당 공정별 작업내용 및 화학물질 사용실태, 그 밖에 작업방법·운전조건 등을 고려한 유해인자 노출 가능성
3. 측정대상공정, 측정대상 유해인자 및 발생주기, 측정 대상 공정의 종사근로자 현황
4. 유해인자별 측정방법 및 측정 소요기간 등 작업환경측정에 필요한 사항

② 측정기관이 전회에 측정을 실시한 사업장으로서 공정 및 취급인자 변동이 없는 경우에는 서류상의 예비조사를 할 수 있다.

제18조(노출기준의 종류별 측정시간) ① 「화학물질 및 물리적 인자의 노출기준(고용노동부 고시, 이하 '노출기준 고시'라 한다)」에 시간가중평균기준(TWA)이 설정되어 있는 대상물질을 측정하는 경우에는 1일 작업시간동안 6시간 이상 연속 측정하거나 작업시간을 등간격으로 나누어 6시간 이상 연속분리하여 측정하여야 한다. 다만, 다음 각호의 어느 하나에 해당하는 경우에는 대상물질의 발생시간 동안 측정 할 수 있다.

1. 대상물질의 발생시간이 6시간 이하인 경우
2. 불규칙작업으로 6시간 이하의 작업을 하는 경우
3. 발생원에서 발생시간이 간헐적인 경우

② 노출기준 고시에 단시간 노출기준(STEL)이 설정되어 있는 물질로서 노출이 균일하지 않은 작업특성으로 인하여 단시간 노출평가가 필요하다고 자격자(규칙 제187조에 따른 작업환경측정자의 자격을 가진 자를 말한다.) 또는 작업환경측정기관이 판단하는 경우에는 제1항의 측정에 추가하여 단시간 측정을 할 수 있다. 이 경우 1회에 15분간 측정하되 유해인자 노출특성을 고려하여 측정횟수를 정할 수 있다.

③ 노출기준 고시에 최고노출기준(Ceiling, C)이 설정되어 있는 대상물질을 측정하는 경우에는 최고노출 수준을 평가할 수 있는 최소한의 시간동안 측정하여야 한다. 다만 시간가중평균기준(TWA)이 함께 설정되어 있는 경우에는 제1항에 따른 측정을 병행하여야 한다.

제19조(시료채취 근로자수) ① 단위작업 장소에서 최고 노출근로자 2명 이상에 대하여 동시에 개인 시료채취 방법으로 측정하되, 단위작업 장소에 근로자가 1명인 경우에는 그러하지 아니하며, 동일 작업근로자수가 10명을 초과하는 경우에는 매 5명당 1명 이상 추가하여 측정하여야 한다. 다만, 동일 작업근로자수가 100명을 초과하는 경우에는 최대 시료채취 근로자수를 20명으로 조정할 수 있다.

② 지역 시료채취 방법으로 측정을 하는 경우 단위작업장소 내에서 2개 이상의 지점에 대하여 동시에 측정하여야 한다. 다만, 단위작업 장소의 넓이가 50평방미터 이상인 경우에는 매 30평방미터마다 1개 지점 이상을 추가로 측정하여야 한다.

제20조(단위) ① 화학적 인자의 가스, 증기, 분진, 흄(fume), 미스트(mist) 등의 농도는 피피엠(ppm) 또는 세제곱미터 당 밀리그램(㎎/㎥)으로 표시한다. 다만, 석면의 농도 표시는 세제곱센티미터 당 섬유개수(개/㎤)로 표시한다.

② 피피엠(ppm)과 세제곱미터 당 밀리그램(㎎/㎥)간의 상호 농도변환은 다음 계산식 1과 같다.

(계산식1)

$$노출기준(mg/m^3)=\frac{노출기준(ppm)\times 그램분자량}{24.45(25도,\ 1기압)}$$

③ <삭제>

④ 소음수준의 측정단위는 데시벨[dB(A)]로 표시한다.

⑤ 고열(복사열 포함)의 측정단위는 습구·흑구 온도지수(WBGT)를 구하여 섭씨온도(℃)로 표시한다.

제2절 입자상 물질

제21조(측정 및 분석방법) 규칙 별표 21의 작업환경측정 대상 유해인자 중 입자상 물질은 다음 각호의 방법으로 측정한다.

1. 석면의 농도는 여과채취방법으로 측정하고 계수방법 또는 이와 동등 이상의 분석방법으로 분석할 것
2. 광물성분진은 여과채취방법으로 측정하고 석영, 크리스토바라이트, 트리디마이트를 분석할 수 있는 적합한 방법으로 분석할 것(다만 규산염과 그 밖의 광물성분진은 중량분석방법으로 분석한다.)
3. 용접흄은 여과채취방법으로 측정하되 용접보안면을 착용한 경우에는 그 내부에서 시료를 채취하고 중량분석방법과 원자흡광광도계 또는 유도결합프라스마를 이용한 방법으로 분석할 것
4. 석면, 광물성분진 및 용접흄을 제외한 입자상 물질은 여과채취방법으로 측정한 후 중량분석방법이나 유해물질 종류에 따른 적합한 방법으로 분석할 것
5. 호흡성분진은 호흡성분진용 분립장치 또는 호흡성분진을 채취할 수 있는 기기를 이용한 여과채취방법으로 측정할 것
6. 흡입성분진은 흡입성분진용 분립장치 또는 흡입성분진을 채취할 수 있는 기기를 이용한 여과채취방법으로 측정할 것

제22조(측정위치) ① 개인 시료채취 방법으로 측정하는 경우에는 측정기기를 작업 근로자의 호흡기 위치에 장착하여야 한다.

② 지역 시료채취 방법으로 측정하는 경우에는 측정기기를 발생원의 근접한 위치 또는 작업근로자의 주 작업행동 범위 내에서 작업근로자 호흡기 높이에 설치하여야 한다.

제22조의2(측정시간 등) 입자상물질을 측정하는 경우 측정시간은 제18조의 규정을 준용한다.

제3절 가스상 물질

제23조(측정 및 분석방법) 규칙 별표 21의 작업환경측정 대상 유해인자 중 가스상 물질의 경우 개인시료채취기 또는 이와 동등 이상의 특성을 가진 측정기기를 사용하여 제2조제1항제1호부터 제5호까지의 채취방법에 따라 시료를 채취한 후 원자흡광분석, 가스크로마토그래프분석 또는 이와 동등 이상의 분석방법으로 정량분석하여야 한다.

제24조(측정위치 및 측정시간 등) 가스상물질의 측정위치, 측정시간 등은 제22조 및 제22조의2의 규정을 준용한다.

제25조(검지관방식의 측정) ① 제23조 및 제24조의 규정에도 불구하고 다음 각호의 어느 하나에 해당하는 경우에는 검지관방식으로 측정할 수 있다. **→검지관 방식은 연기 등을 발생시켜서 유해물질이 근로자 호흡기 위치로 발생하는가를 측정하는 방식이다.**

1. 예비조사 목적인 경우
2. 검지관방식 외에 다른 측정방법이 없는 경우
3. 발생하는 가스상 물질이 단일물질인 경우. 다만, 자격자가 측정하는 사업장에 한정한다.

② 자격자가 해당 사업장에 대하여 검지관방식으로 측정하는 경우 사업주는 2년에 1회 이상 사업장 위탁측정기관에 의뢰하여 제23조 및 제24조에 따른 방법으로 측정하여야 한다.

③ 검지관방식의 측정결과가 노출기준을 초과하는 것으로 나타난 경우에는 즉시 제23조 및 제24조에 따른 방법으로 재측정하여야 하며, 해당 사업장에 대하여는 측정치가 노출기준 이하로 나타날 때까지는 검지관방식으로 측정할 수 없다.

④ 검지관방식으로 측정하는 경우에는 해당 작업근로자의 호흡기 및 가스상 물질 발생원에 근접한 위치 또는 근로자 작업행동 범위의 주 작업 위치에서의 근로자 호흡기 높이에서 측정하여야 한다.

⑤ 검지관방식으로 측정하는 경우에는 1일 작업시간 동안 1시간 간격으로 6회 이상 측정하되 측정시간마다 2회 이상 반복 측정하여 평균값을 산출하여야 한다. 다만, 가스상 물질의 발생시간이 6시간 이내일 때에는 작업시간 동안 1시간 간격으로 나누어 측정하여야 한다.

제4절 소음

제26조(측정방법) 규칙 별표 21에 따른 소음수준의 측정은 다음 각호에 따른다.

1. 소음측정에 사용되는 기기(이하 "소음계" 라 한다)는 누적소음 노출량측정기, 적분형소음계 또는 이와 동등 이상의 성능이 있는 것으로 하되 개인 시료채취 방법이 불가능한 경우에는 지시소음계를 사용할 수 있으며, 발생시간을 고려한 등가소음레벨 방법으로 측정할 것. 다만, 소음발생 간격이 1초 미만을 유지하면서 계속적으로 발생되는 소음(이하 "연속음"이라 한다)을 지시소음계 또는 이와 동등 이상의 성능이 있는 기기로 측정할 경우에는 그러하지 아니할 수 있다.
2. 소음계의 청감보정회로는 A특성으로 할 것
3. 제1호 단서규정에 따른 소음측정은 다음과 같이 할 것
   가. 소음계 지시침의 동작은 느린(Slow) 상태로 한다.
   나. 소음계의 지시치가 변동하지 않는 경우에는 해당 지시치를 그 측정점에서의 소음수준으로 한다.
4. 누적소음노출량 측정기로 소음을 측정하는 경우에는 Criteria는 90dB, Exchange Rate는 5dB, Threshold는 80dB로 기기를 설정할 것
5. 소음이 1초 이상의 간격을 유지하면서 최대음압수준이 120dB(A)이상의 소음인 경우에는 소음수준에 따른 1분 동안의 발생횟수를 측정할 것

제27조(측정위치) ① 개인 시료채취 방법으로 측정하는 경우에는 소음측정기의 센서 부분을 작업 근로자의 귀 위치(귀를 중심으로 반경 30cm인 반구)에 장착하여야 한다.

② 지역 시료채취 방법으로 측정하는 경우에는 소음측정기를 측정대상이 되는 근로자의 주 작업행동 범위 내에서 작업근로자 귀 높이에 설치하여야 한다.

제28조(측정시간 등) ① 단위작업 장소에서 소음수준은 규정된 측정위치 및 지점에서 1일 작업시간 동안 6시간 이상 연속 측정하거나 작업시간을 1시간 간격으로 나누어 6회 이상 측정하여야 한다. 다만, 소음의 발생특성이 연속음으로서 측정치가 변동이 없다고 자격자 또는 지정측정기관이 판단한 경우에는 1시간 동안을 등간격으로 나누어 3회 이상 측정할 수 있다.

② 단위작업 장소에서의 소음발생시간이 6시간 이내인 경우나 소음발생원에서의 발생시간이 간헐적인 경우에는 발생시간동안 연속 측정하거나 등간격으로 나누어 4회 이상 측정하여야 한다.

제5절 고열

제30조(측정기기 등) 고열은 습구흑구온도지수(WBGT)를 측정할 수 있는 기기 또는 이와 동등 이상의 성능을 가진 기기를 사용한다.

제31조(측정방법 등) 고열 측정은 다음 각 호의 방법에 따른다.

1. 측정은 단위작업 장소에서 측정대상이 되는 근로자의 주 작업 위치에서 측정한다.
2. 측정기의 위치는 바닥 면으로부터 50센티미터 이상, 150센티미터 이하의 위치에서 측정한다.
3. 측정기를 설치한 후 충분히 안정화 시킨 상태에서 1일 작업시간 중 가장 높은 고열에 노출되는 1시간을 10분 간격으로 연속하여 측정한다.

01 다음은 가스상 물질을 측정 및 분석하는 방법에 대한 내용이다. ( ) 안에 알맞은 것은? (단, 고용노동부 고시를 기준으로 한다)

> 가스상 물질을 검지관 방식으로 측정하는 경우에 1일 작업시간 동안 1시간 간격으로 (ㄱ)회 이상 측정하되, 매 측정시간 마다 (ㄴ)회 이상 반복 측정하여 평균값을 산출하여야 한다.

	ㄱ	ㄴ
①	5	2
②	6	2
③	7	2
④	7	3
⑤	8	2

해설

정답 ②

테마4. 보호구의 보호계수(PF)

$$보호계수 = \frac{보호구\ 밖의\ 농도}{보호구\ 안의\ 농도}$$

01 보호구의 보호정도와 한계를 나타내는데 필요한 보호계수(PF)를 산정하는 공식으로 옳은 것은? (단, 보호구 밖의 농도는 C_0이고, 보호구 안의 농도는 C_1이다)

① $PF=C_1/C_0$

② $PF=C_0/C_1$

③ $PF=(C_1/C_0)\times100$

④ $PF=(C_1/C_0)\times0.5$

⑤ $PF=(C_0/C_1)\times100$

해설

정답 ②

02 세척공정에서 작업하는 근로자가 톨루엔 55ppm의 농도에 노출되고 있다. 해당 작업의 근로자는 공기정화식 반면형 호흡용 보호구를 착용하고 있고 보호구 안의 농도가 0.5ppm일 때, 보호계수를 구하고 보호구의 적절성을 평가하면? (순서대로 보호계수, 보호구의 적절성)

① 27.5, 적절

② 27.5, 부적절

③ 90.9, 적절

④ 110, 적절

⑤ 110, 부적절

해설

정답 ④

테마5. 생물학적 노출지표 검사

산업안전보건법 시행규칙 별표 24[특수건강진단 등 검사항목]

유해인자	생물학적 노출지표
톨루엔(Toluene)	소변 중 o-크레졸
크실렌(Xylene)	소변 중 메틸마뇨산
디메틸포름아미드(Dimethylformamide)	소변 중 N-메틸아미드(NMF)
n-헥산(n-Hexane)	소변 중 2,5-헥산디온
납 및 그 무기화합물(Lead and its inorganic compounds)	혈중 납(1차 검사항목) 혈중 징크프로토포피린(2차검사항목) 소변 중 델타아미노레불린산(2차검사항목) 소변 중 납(2차 검사항목)
수은	소변 중 수은(1차 검사항목) 혈중 수은(2차 검사항목)
니켈	소변 중 니켈
안티몬	소변 중 안티몬
메틸 클로로포름	소변 중 총삼염화에탄올 또는 삼염화초산
트리클로로에틸렌(TCE)	소변 중 총삼염화물 또는 삼염화초산
벤젠	소변 중 페놀이나 뮤콘산 중 택1, 혈중 벤젠
일산화탄소	호기 중 일산화탄소 농도 또는 혈중 카복시헤모글로빈
디클로로메탄	혈중 카복시헤모글로빈
메틸 n-부틸 케톤	소변 중 2, 5-헥산디온
2-에톡시에탄올	소변 중 2-에톡시초산

특수건강진단 대상 유해인자 중 금속 20종

구리/납/니켈/망간/사알킬납

산화아연/산화철/삼산화비소/수은/안티몬

알루미늄/오산화바나듐/요오드/인듐/주석(주석과 그 무기화합물, 유기주석)

지르코늄/카드뮴/코발트/크롬/텅스텐

[암기법: 구납니망사/산(아철)삼수안/알오요인주/지카코크텅]

1. 유해인자별 특수건강진단 대상 금속 20종 중 비뇨기계 검사항목

납, 사알킬납, 삼산화비소, 수은(Hg), 카드뮴
(암기법: 수은/삼/카/납/사)

2. 유해인자별 특수건강진단 대상 금속 20종 중 조혈기계 검사항목

삼산화비소, 납(Pb)
(암기법: 삼, 납)

3. 유해인자별 특수건강진단 대상 금속 20종 중 간담도계 검사항목

삼산화비소, 구리(Cu)
(암기법: 삼, 구)

4. 유해인자별 특수건강진단 대상 중 신경계 검사항목

납, 사알킬납, 수은, 망간(Mn), 요오드, 유기주석
(암기법: 망간/요/유/납/사/수)

5. 생물학적 노출지표(BEIs) 채취시기

당일 작업 종료 시	주말 작업 종료 시
벤젠 등 다수(多數)	1. 트리클로로에틸렌(TCE) 2. 퍼클로로에틸렌 3. 비소 4. 메틸클로로포름 5. 2-에톡시에탄올

01 납을 취급하는 근로자를 대상으로 생물학적 모니터링을 하는데 이용되는 1차 검사항목에 해당하는 생물학적 노출지표 검사는?

① 혈중 징크프로토포피린
② 혈중 납
③ 소변 중 납
④ 소변 중 델타아미노레불린산
⑤ 소변 중 메틸마뇨산

해설

정답 ②

02 산업안전보건법령상 특수건강진단 유해인자와 생물학적 노출지표의 연결이 옳지 않은 것은?

① 일산화탄소: 호기 중 일산화탄소 또는 혈중 카복시헤모글로빈
② 2-에톡시에탄올: 소변 중 2-에톡시초산
③ 디클로로메탄: 혈중 카복시헤모글로빈
④ 트리클로로에틸렌: 소변 중 총삼염화에탄올 또는 삼염화초산
⑤ 디메틸포름아미드(Dimethylformamide): 소변 중 N-메틸아미드(NMF)

해설

정답 ④

03 생물학적 노출지표(BEIs) 검사 중 당일작업 종료 시 채취해야 하는 유해인자가 아닌 것은?

① 크실렌
② 트리클로로에틸렌
③ 디클로로메탄
④ 벤젠
⑤ N,N-디메틸포름아미드

해설

정답 ②

테마6. 방사능 측정 단위(pCi: 피코퀴리)

○ pCi(피코퀴리)를 Bq(베크럴)로 단위 환산하는 방법은 다음과 같다.

1pCi(피코퀴리)=0.037Bq/L=37Bq/㎥

방사선 양을 나타내는 퀴리(Ci)도 너무 큰 값이기 때문에, 이의 1조분의 1인 피코 퀴리(pCi)의 단위를 흔히 사용한다.

보통 사용되는 라돈 농도 단위는 pCi/L 또는 Bq/m^3인데, 1pCi=3.7×10^{-2}Bq/L 또는 37Bq/㎥이다.

01 방사능 측정값 600pCi/L를 표준화(SI) 단위값으로 옳게 표현한 것은? (단, 1Ci=3.7×10^{10}dps이다)

① 16Bq
② 22.2Bq
③ 16dps
④ 22.2dpm
⑤ 6×10^{-10}Ci

해설

정답 ②

화학물질용 보호복

○ 화학물질용 보호복의 구분[암기법: 가/비/액/무/진/미스트]

형식		형식구분 기준
1형식	1a형식	보호복 내부에 개방형 공기호흡기와 같은 대기와 독립적인 호흡용 공기공급이 있는 가스 차단 보호복
	1a형식 (긴급용)	긴급용 1a 형식 보호복
	1b형식	보호복 외부에 개방형 공기호흡기와 같은 호흡용 공기공급이 있는 가스 차단 보호복
	1b형식 (긴급용)	긴급용 1b 형식 보호복
	1c형식	공기라인과 같은 양압의 호흡용 공기가 공급되는 가스 차단 보호복
2형식		공기라인과 같은 양압의 호흡용 공기가 공급되는 가스 비차단 보호복
3형식		액체 차단 성능을 갖는 보호복. 만일 후드, 장갑, 부츠, 안면창(visor) 및 호흡용보호구가 연결되는 경우에도 액체 차단 성능을 가져야 한다.
4형식		분무 차단 성능을 갖는 보호복. 만일 후드, 장갑, 부츠, 안면창(visor) 및 호흡용보호구가 연결되는 경우에도 분무 차단 성능을 가져야 한다.
5형식		분진 등과 같은 에어로졸에 대한 차단 성능을 갖는 보호복
6형식		미스트에 대한 차단 성능을 갖는 보호복
비고 : 3, 4, 6 형식은 부분보호복을 인정한다.		

01 보호구 안전인증 고시에서 화학물질용 보호복의 구분 기준 중 "분진 등과 같은 에어로졸에 대한 차단 성능을 가진 보호복"은?

① 1형식

② 2형식

③ 3형식

④ 4형식

⑤ 5형식

해설

정답 ⑤

테마8. 산업안전보건법령상 시간당 필요환기량

○ **산업안전보건기준에 관한 규칙**

제430조(전체환기장치의 성능 등) ①사업주는 단일 성분의 유기화합물이 발생하는 작업장에 전체환기장치를 설치하려는 경우에 다음 계산식에 따라 계산한 환기량(이하 이 조에서 "필요환기량"이라 한다) 이상으로 설치하여야 한다.

○ **작업시간 1시간당 필요환기량**

$$= \frac{24.1 \times \text{비중} \times (\text{유해물질의})\text{시간당 사용량} \times K}{\text{분자량} \times (\text{유해물질의})\text{노출기준}} \times 1{,}000{,}000$$

K(안전계수)=1은 작업장 내 공기혼합이 원활한 경우

K(안전계수)=2은 작업장 내 공기혼합이 보통인 경우

K(안전계수)=3은 작업장 내 공기혼합이 불완전한 경우

② 제1항에도 불구하고 유기화합물의 발생이 혼합물질인 경우에는 각각의 환기량을 모두 합한 값을 필요환기량으로 적용한다. 다만, 상가작용(相加作用)이 없을 경우에는 필요환기량이 가장 큰 물질의 값을 적용한다.

③ 사업주는 전체환기장치를 설치하려는 경우에 전체환기장치의 배풍기(덕트를 사용하는 전체환기장치의 경우에는 해당 덕트의 개구부를 말한다)를 관리대상 유해물질의 발산원에 가장 가까운 위치에 설치하여야 한다.

01

어떤 작업장에서 메틸알코올(비중=0.792, 분자량=32.04)이 시간당 1.0L 증발되어 공기를 오염시키고 있다. 여유계수 K값은 3이고, 허용기준(TLV)은 200ppm이라면 이 작업장을 전체 환기시키는 데 요구되는 필요환기량(㎥/min)은?

① 120

② 130

③ 150

④ 180

⑤ 210

해설

1. 시간당 사용량(g/hr)=1.0L/hr×0.792(g/mL)×1,000mL/1L=792g/hr

2. 발생률(G, L/hr)을 구한다.

32.04g/hr : 24.1L=792g/hr : G →산업환기에서는 21℃기준, 24.1L

여기서 G=595.73L/hr

따라서 필요환기량(Q)

$$Q=\frac{G}{TLV}\times K$$

$$=\frac{595.73L/hr\times 1{,}000mL/1L}{200mL/m^3}\times 3$$

=8,935.96㎥/hr×1hr/60min

=148.93㎥/min

단위 환산에 주의하자.

비중(밀도)은 질량을 부피로 나눈 값이므로 g/mL, ppm=mL/㎥

(빠른 풀이)

○ 작업시간 1시간당 필요환기량

$$=\frac{24.1\times \text{비중}\times(\text{유해물질의})\text{시간당 사용량}\times K}{\text{분자량}\times(\text{유해물질의})\text{노출기준}}\times 1{,}000{,}000$$

→위 계산식은 시간당이므로 이것을 분(min)으로 환산하면 60으로 나누면 된다.

정답 ③

테마9. 역학지수(교차비, 상대위험도, 기여위험도)

1. 교차비(Odds Ratio, 승산비)

교차비(오즈비, 승산비)란 어떤 사건이 일어날 가능성으로 위험인자에 노출된 사람 중에서 질병에 걸린 오즈(Odds)와 위험인자에 노출되지 않은 사람 중에서 질병에 걸린 오즈(Odds)의 비율이다.

오즈비는 샘플링에서 생길 수 있는 bias를 최소화하여 통계적 의미를 강화하는 측면이 있으며 일반적으로 환자-대조군 연구에서 주로 사용한다.

오즈비는 위험인자에 노출된 사람 중 질병에 걸린 사람 수를 질병에 걸리지 않은 사람 수로 나누고, 다시 위험인자에 노출되지 않은 사람 중 질병에 걸린 수를 질병에 걸리지 않은 사람 수로 나눈 값을 말한다.

이 값은 '위험인자에 노출된 경우 노출되지 않은 경우에 비해 질병이 발생할 위험이 **배 크다' 정도로 해석한다.

$$OR=\frac{\text{위험인자에 노출되었을 때}\left(\frac{\text{질병에 걸린 사람의 수}}{\text{질병에 걸리지 않은 사람의 수}}\right)}{\text{위험인자에 노출되지 않았을 때}\left(\frac{\text{질병에 걸린 사람의 수}}{\text{질병에 걸리지 않은 사람의 수}}\right)}$$

2. 상대위험도(RR, 비교위험도)

상대위험도는 위험인자에 노출되었을 때 질병이 발생할 확률에서 위험인자에 노출되지 않았을 때 질병이 발생할 확률을 나눈 값이다.

$$RR=\frac{\text{위험인자에 노출되었을 때 질병이 발생할 확률}}{\text{위험인자에 노출되지 않았을 때 질병이 발생할 확률}}=\frac{a/(a+b)}{c/(c+d)}$$

위 계산에서 나온 값은 '위험인자에 노출된 경우, 노출되지 않은 경우보다 질병에 걸릴 확률이 **배 높다'고 해석한다.

구분	질병 발생	질병 미발생	계
위험인자에 노출	a	b	a+b
위험인자에 비노출	c	d	c+d
합계	a+c	b+d	

1) 오즈비(OR)=(a/b)÷(c/d)
2) 비교위험도(RR)=a/(a+b)÷c/(c+d)
3) 기여위험도(AR)=a/(a+b)-c/(c+d)

3. 연관성의 강도

① 위험도의 비=비교위험도

② 위험도의 차=기여위험도

01

폐암환자 100명과 대조군 100명에 대해 흡연력을 조사한 환자-대조군 연구를 수행한 결과는 아래와 같다. 연구 결과를 확인하기 위한 적절한 역학지수와 그 값의 연결이 옳은 것은?

구분	폐암환자	대조군
흡연자	50명	20명
비흡연자	10명	50명

① 교차비 - 4.29
② 상대위험도 - 2.67
③ 교차비 - 12.5
④ 상대위험도 - 0.42
⑤ 기여위험도 - 0.24

해설

정답 ③

테마10. 정화통의 종류와 외부 측면의 표시색

○ 정화통 외부 측면의 표시 색

종 류	표시 색
유기화합물용 정화통	갈 색
할로겐용 정화통	
황화수소용 정화통	회 색
시안화수소용 정화통	
아황산용 정화통	노랑색
암모니아용 정화통	녹 색
복합용 및 겸용의 정화통	**복합용의 경우** 해당가스 모두 표시(2층 분리) **겸용의 경우** 백색과 해당가스 모두 표시(2층 분리)

※ 증기밀도가 낮은 유기화합물 정화통의 경우 색상표시 및 화학물질명 또는 화학기호를 표기

01

고용노동부 보호구 안전인증고시에서 규정하는 안전인증 방독마스크에 장착하는 정화통의 종류와 외부 측면의 표시색이 올바르게 짝지어진 것은?

① 유기화합물용 정화통-노랑색
② 황화수소용 정화통-흰색
③ 시안화수소용 정화통-회색
④ 아황산용 정화통-녹색
⑤ 암모니아용 정화통-갈색

해설

정답 ③

테마11. 농도(ppm 또는 mg/㎥)

1. 포화농도(ppm)=$\frac{증기압(분압)}{760mmHg}\times 1,000,000$

2. 포화농도(%)=$\frac{어떤 물질의 증기압}{대기압}\times 100$

3. 1기압, 25℃에서 mg/㎥=ppm×$\frac{분자량}{24.45}$

4. 공기 중 농도계산

활성탄관에 채취한 분석물질의 양(질량, 분자)을 구한 다음 이를 공기채취량으로 나누어 공기 중 농도를 구한다. 공식은 다음과 같다.

C(mg/㎥)=$\frac{(Wf+Wb)-(Bf+Bb)}{V\times DE}$

Wf: 흡착관의 앞층에서 분석된 시료량, μg

Wb: 흡착관의 뒤층에서 분석된 시료량, μg

Bf: 공시료의 앞층에서 분석된 평균시료량, μg

Bb: 공시료의 뒤층에서 분석된 평균시료량, μg

V: 공기채취량, L[평균유량(L/min)×시료채취시간(min)]

DE: 탈착효율(만일 탈착효율이 제시되지 않으면 1로 간주)

* 단위에 주의할 것!

예제) 벤젠을 크로마토그래피로 분석한 결과 앞층에서 0.9810μg, 뒤층에서 0.0008μg이었다. 공시료는 0.0001 μg, 탈착효율은 99%였다. 공기채취량이 10L였을 때 공기 중 벤젠의 농도(mg/㎥)는 얼마인가?

풀이) 농도(mg/㎥)=$\frac{(0.9810+0.0008)-(0.0001)}{10\times 0.99}$

주의할 것은 μg/L=mg/㎥

왜냐하면 1mg=1,000μg이고, 1㎥=1,000L이기 때문이다.

1ppm=1mg/L=1μg/mL도 알아두자.

01 공기 중의 포화증기압이 1.52mmHg인 유기용제가 공기 중에 도달할 수 있는 포화농도(ppm)는?

① 2,000
② 4,000
③ 6,000
④ 8,000
⑤ 10,000

해설

포화상태에서의 ppm=(1.52mmHg÷760mmHg)×10^6

정답 ①

02 특정 상황에서는 측정기구 없이 수학적인 모델링 또는 공식을 이용하여 공기 중 해당 물질의 농도를 추정할 수 있다. 온도가 25℃(1기압)인 밀폐된 공간에서 수은증기가 포화상태에 도달했을 때의 공기 중 수은의 농도는? (단, 수은의 원자량 201의 증기압은 25℃, 1기압에서 0.002mmHg이다)

① 26.3ppm
② 26.3mg/m^3
③ 21.6ppm
④ 21.6mg/m^3
⑤ 25.6ppm

해설

○ **포화농도(ppm)**
=(0.002mmHg÷760mmHg)×10^6
=2.63ppm
이를 다시 mg/m^3로 환산하면 다음과 같다.
mg/m^3=2.63ppm×(201÷24.45)
=21.63mg/m^3

정답 ④

03 활성탄에서 채취한 톨루엔을 0.5mL 이황화탄소로 추출하여 정량한 농도가 0.5ppm이었다. 톨루엔의 양(㎍)은?

① 0.25

② 0.5

③ 1.0

④ 1.25

⑤ 1.5

해설

0.5ppm=0.5㎍/mL이므로 0.5㎍/mL×0.5mL=0.25(㎍)

정답 ①

04 10℃, 1기압에서 벤젠(C_6H_6) 10ppm을 mg/㎥로 환산할 경우 약 얼마인가?

① 28.7

② 30.6

③ 33.6

④ 35.7

⑤ 39.8

해설

온도가 0℃가 22.4L이므로 10℃에서의 온도 보정에 따라 부피가 달라진다.

$$\text{mg/m}^3 = 10\text{ppm} \times \frac{78}{22.4 \times \frac{273+10}{273}} = 33.59...$$

○ **mg/㎥과 ppm 환산 문제**

온도 0℃, 1기압이라면 물질 1mol의 부피는 22.4L이다.

그러나 기체 1mol의 부피인 22.4L는 온도보정이 필요하다.

온도 25℃, 1기압이라면 물질 1mol의 부피는 24.45L

mg/㎥=ppm×(분자량/24.45L)

예를 들면 25℃라고 하면 샤를의 법칙(압력이 일정할 때 기체의 부피는 종류에 관계없이 온도가 1℃ 올라갈 때마다 0℃일 때 부피의 1/273씩 증가한다)에 따라 22.4×[(273+25)/273]=24.45가 된다.

정답 ③

05

고체흡착관(활성탄관)을 이황화탄소 1mL로 추출하여 가스크로마트그래피로 정량한 톨루엔의 농도는 5ppm이었다. 0.2L/min 펌프로 4시간 채취하였다. 탈착률은 98%였고 공시료에서 검출된 양은 없었다. 이때 공기 중 톨루엔의 농도(㎍/㎥)은 약 얼마인가?

① 66

② 86

③ 106

④ 126

⑤ 146

해설

○ **톨루엔의 농도(㎍/㎥)**

ppm=mg/L=μg/mL.

1㎥=1,000L 이것을 항상 외우고 다녀라.

$\frac{5ppm \times 1mL}{0.2 \times 240 \times 0.98(L)} = \frac{5}{47.04}$ =0.1062925×1,000(μg/㎥)=106.2925μg/㎥

(예제1) 활성탄에서 채취한 톨루엔을 0.5mL 이황화탄소로 추출하여 정량한 농도가 0.5ppm이었다. 톨루엔의 양(μg)은?

(예제2) 흡착관 활성탄에서 채취된 벤젠을 1mL 이황화탄소로 추출하여 정량한 농도가 1ppm이었다. 벤젠의 양(μg)은?

(예제3) 가스크로마토그래피로 추출한 시료에서 정량한 벤젠 농도가 1.5ppm이었다. 전처리 용매 부피는 1mL였다. 총 벤젠의 양(μg)은?

예제 정답

1) 0.25μg 2) 1.5μg

3) 1μg

정답 ③

06

어떤 작업장에서 톨루엔을 활성탄관을 이용하여 0.2L/min으로 30분 동안 시료를 포집하여 분석한 결과 활성탄관의 앞층에서 1.2mg, 뒤층에서 0.1mg씩 검출되었다. 탈착효율이 100%라고 할 때 공기 중 농도(mg/㎥)는? (단, 파과, 공시료는 고려되지 않는다)

① 113

② 138

③ 183

④ 217

⑤ 297

해설

농도(mg/㎥)= $\dfrac{(1.2+0.1)mg}{0.2L/\min \times 30\min \times 1m^3/1{,}000L}$

1㎥=1,000L를 알아두자.

1기압은 760mmHg이다.

정답 ④

07

활성탄관으로 채취한 벤젠을 1mL 이황화탄소(CS_2)로 추출하여 정량한 결과가 다음과 같을 때, 벤젠 양(㎍)은?

○ 시료(앞층 10ppm, 뒤층 0.1ppm)

○ 공시료(앞층 0.1ppm, 뒤층 검출되지 않음)

① 9.9

② 10

③ 99

④ 100

⑤ 파과현상으로 시료를 쓰지 못함

해설

ppm=mg/L=μg/mL=mL/㎥

정답 ②

08

안경테를 만드는 공장의 탈지공정에서 100% 트리클로로에틸렌(TCE)을 사용하고 있다. 작업자가 잘못하여 저녁에 뚜껑을 덮고 퇴근하지 않아 공기 중으로 모두 휘발되었을 때 공기 중 포화농도(최고농도)는 얼마인가? (단, TCE의 증기압은 19mmHg이다)

① 25,000ppm

② 190,000ppm

③ 25%

④ 19%

⑤ 6.5%

해설

○ **포화농도(최고농도)**

1. 포화농도(ppm)= $\frac{19}{760} \times 1{,}000{,}000$ =25,000ppm

2. 포화농도(%)= $\frac{19}{760} \times 100$ =2.5%

정답 ①

09

공기 중 100L 중에서 A유기용제(분자량=92, 비중=0.87) 1mL가 모두 증발하였다면 공기 중 A유기용제의 농도는 몇 ppm인가? (단, 25℃, 1기압이다)

① 약 230

② 약 2,300

③ 약 270

④ 약 2,700

⑤ 약 3,700

해설

농도(mg/㎥)= $\frac{1mL \times 0.87g/mL}{100L}$ =8,700mg/㎥

여기서 1㎥=1,000L이고 1g=1,000mg임을 알아야 한다.

농도(ppm)=8,700mg/㎥ × $\frac{24.45L}{\text{분자량}(92)}$ =2312.119...

정답 ②

10

가로, 세로, 높이가 각각 20m, 10m, 5m인 밀폐된 대형 챔버(chamber)에 톨루엔 1L가 쏟아져 모두 증발하였다. 이때 공기 중 톨루엔 농도(ppm)는 약 얼마인가? (단, 톨루엔의 분자량은 92, 비중은 0.86, 온도와 압력은 정상조건이다)

① 118

② 228

③ 338

④ 448

⑤ 558

해설

농도(mg/㎥)= $\frac{1L \times 0.86g/mL}{(20 \times 10 \times 5)}$ =860mg/㎥

여기서 1㎥=1,000L이고 1g=1,000mg임을 알아야 한다.

농도(ppm)=860mg/㎥ × $\frac{24.45L}{\text{분자량}(92)}$ =228.5543ppm

정답 ②

테마12. 유해인자별 노출농도의 허용기준

산업안전보건법령상 노출농도가 허용기준이 설정된 유해인자는 총 38가지이다. 암기를 요한다.

■ 산업안전보건법 시행규칙 [별표 19]

유해인자별 노출 농도의 허용기준(제145조제1항 관련)

유해인자		허용기준			
		시간가중평균값 (TWA)		단시간 노출값 (STEL)	
		ppm	mg/㎥	ppm	mg/㎥
1. 6가크롬 화합물	불용성		0.01		
	수용성		0.05		
2. 납 및 그 무기화합물			0.05		
3. 니켈 화합물(불용성 무기화합물로 한정한다)			0.2		
4. 니켈카르보닐		0.001			
5. 디메틸포름아미드		10			
6. 디클로로메탄		50			
7. 1,2-디클로로프로판		10		110	
8. 망간 및 그 무기화합물			1		
9. 메탄올		200		250	
10. 메틸렌 비스(페닐 이소시아네이트)		0.005			
11. 베릴륨 및 그 화합물			0.002		0.01
12. 벤젠		0.5		2.5	
13. 1,3-부타디엔		2		10	
14. 2-브로모프로판		1			
15. 브롬화 메틸		1			
16. 산화에틸렌		1			
17. 석면(제조·사용하는 경우만 해당한다)(Asbestos)			0.1개/㎤		

18. 수은 및 그 무기화합물		0.025		
19. 스티렌	20		40	
20. 시클로헥사논	25		50	
21. 아닐린	2			
22. 아크릴로니트릴	2			
23. 암모니아	25		35	
24. 염소	0.5		1	
25. 염화비닐	1			
26. 이황화탄소	1			
27. 일산화탄소	30		200	
28. 카드뮴 및 그 화합물		0.01 (호흡성 분진인 경우 0.002)		
29. 코발트 및 그 무기화합물		0.02		
30. 콜타르피치 휘발물		0.2		
31. 톨루엔	50		150	
32. 톨루엔-2,4-디이소시아네이트	0.005		0.02	
33. 톨루엔-2,6-디이소시아네이트	0.005		0.02	
34. 트리클로로메탄	10			
35. 트리클로로에틸렌	10		25	
36. 포름알데히드	0.3			
37. n-헥산	50			
38. 황산		0.2		0.6

※비고

1. "시간가중평균값(TWA, Time-Weighted Average)"이란 1일 8시간 작업을 기준으로 한 평균노출농도로서 산출공식은 다음과 같다.

$$TWA\,환산값 = \frac{C_1 \cdot T_1 + C_1 \cdot T_1 + \cdots\cdots + C_n \cdot T_n}{8}$$

주) C: 유해인자의 측정농도(단위: ppm, mg/㎥ 또는 개/㎤)

T: 유해인자의 발생시간(단위: 시간)

2. "단시간 노출값(STEL, Short-Term Exposure Limit)"이란 15분 간의 시간가중평균값으로서 노출 농도가 시간가중평균값을 초과하고 단시간 노출값 이하인 경우에는 ① 1회 노출 지속시간이 15분 미만이어야 하고, ② 이러한 상태가 1일 4회 이하로 발생해야 하며, ③ 각 회의 간격은 60분 이상이어야 한다.
3. "등"이란 해당 화학물질에 이성질체 등 동일 속성을 가지는 2개 이상의 화합물이 존재할 수 있는 경우를 말한다.

01 산업안전보건법령에서 허용기준이 설정된 물질에 해당하지 않는 것은?

① 1-브로모브로판
② 1,3-부타디엔
③ 암모니아
④ 코발트 및 그 무기화합물
⑤ 톨루엔

해설

정답 ①

02 작업환경에서 발생되는 유해물질별 노출기준(시간가중평균값)으로 옳지 않은 것은?

유해물질	노출기준
① 수용성 6가 크롬	0.05mg/㎥
② 베릴륨 및 그 화합물	0.002mg/㎥
③ 카드뮴 및 그 화합물(호흡성 분진)	0.002mg/㎥
④ 벤젠	0.5ppm
⑤ 수은 및 그 무기화합물	0.05mg/㎥

해설

정답 ⑤

03 산업안전보건법령상 입자상 물질의 농도평가에서 2회 이상 측정한 단시간 노출농도값이 단시간 노출기준과 시간가중평균값기준값 사이일 때 노출기준 초과로 평가해야 하는 경우에 대한 설명이다. 다음 (ㄱ) ~ (ㄷ) 안에 들어갈 숫자의 합은?

> 1회 노출 지속시간이 (ㄱ)분 이상이어야 하고, 이러한 상태가 1일 (ㄴ)회 초과하는 경우이며 노출과 노출 사이의 간격이 (ㄷ)시간 이내인 경우이다.

① 15
② 20
③ 79
④ 94
⑤ 100

해설

"단시간 노출값(STEL, Short-Term Exposure Limit)"이란 15분 간의 시간가중평균값으로서 노출농도가 시간가중평균값을 초과하고 단시간 노출값 이하인 경우에는 ① 1회 노출 지속시간이 15분 미만이어야 하고, ② 이러한 상태가 1일 4회 이하로 발생해야 하며, ③ 각 회의 간격은 60분 이상이어야 한다. 만일 농도평가에서 노출농도 값이 단시간 노출기준(STEL)과 시간가중평균기준값(TWA) 사이일 때 노출기준 초과로 평가해야 하는 경우는 ① 1회 노출 지속시간이 15분 이상이어야 하고, ② 이러한 상태가 1일 4회 초과로 발생해야 하며, ③ 각 회의 간격은 60분 이내이어야 한다.

정답 ②

<연습문제> 유해인자별 노출 농도의 허용기준(산안법 시행규칙 별표19)

■ 산업안전보건법 시행규칙 [별표 19]

<u>유해인자별 노출 농도의 허용기준</u>(제145조제1항 관련)

유해인자		허용기준			
		시간가중평균값 (TWA)		단시간 노출값 (STEL)	
		ppm	mg/㎥	ppm	mg/㎥
1. 6가크롬 화합물	불용성		( )		
	수용성		( )		
2. 납 및 그 무기화합물			( )		
3. 니켈 화합물(불용성 무기화합물로 한정한다)			0.2		
4. 니켈카르보닐		( )			
5. 디메틸포름아미드		10			
6. 디클로로메탄		50			
7. 1,2-디클로로프로판		10		( )	
8. 망간 및 그 무기화합물			( )		
9. 메탄올		200		( )	
10. 메틸렌 비스(페닐 이소시아네이트)		0.005			
11. 베릴륨 및 그 화합물			( )		0.01
12. 벤젠		0.5		2.5	
13. 1,3-부타디엔		2		10	
14. 2-브로모프로판		1			
15. 브롬화 메틸		1			
16. 산화에틸렌		1			
17. 석면(제조·사용하는 경우만 해당한다)(Asbestos)			0.1개/㎤		
18. 수은 및 그 무기화합물			( )		
19. 스티렌		20		40	
20. 시클로헥사논		25		50	
21. 아닐린		2			

22. 아크릴로니트릴	2			
23. 암모니아	25		(　)	
24. 염소	0.5		1	
25. 염화비닐	1			
26. 이황화탄소	(　)			
27. 일산화탄소	30			
28. 카드뮴 및 그 화합물		0.01 (호흡성 분진인 경우 0.002)		
29. 코발트 및 그 무기화합물		(　)		
30. 콜타르피치 휘발물		0.2		
31. 톨루엔	50		150	
32. 톨루엔-2,4-디이소시아네이트	0.005		0.02	
33. 톨루엔-2,6-디이소시아네이트	0.005		0.02	
34. 트리클로로메탄	(　)			
35. 트리클로로에틸렌	10		(　)	
36. 포름알데히드	0.3			
37. n-헥산	50			
38. 황산		(　)		0.6

※비고

1. "시간가중평균값(TWA, Time-Weighted Average)"이란 1일 8시간 작업을 기준으로 한 평균노출농도로서 산출공식은 다음과 같다.

$$TWA\ 환산값 = \frac{C_1 \cdot T_1 + C_1 \cdot T_1 + \cdots + C_n \cdot T_n}{8}$$

주) C: 유해인자의 측정농도(단위: ppm, mg/㎥ 또는 개/㎤)

T: 유해인자의 발생시간(단위: 시간)

2. "단시간 노출값(STEL, Short-Term Exposure Limit)"이란 15분 간의 시간가중평균값으로서 노출 농도가 시간가중평균값을 초과하고 단시간 노출값 이하인 경우에는 ① 1회 노출 지속시간이 15분 미만이어야 하고, ② 이러한 상태가 1일 4회 이하로 발생해야 하며, ③ 각 회의 간격은 60분 이상이어야 한다.
3. "등"이란 해당 화학물질에 이성질체 등 동일 속성을 가지는 2개 이상의 화합물이 존재할 수 있는 경우를 말한다.

테마13. 물질안전보건자료(MSDS) 작성 시 포함되어야 할 항목과 순서

○ **화학물질의 분류표시 및 물질안전보건자료에 관한 기준**

제10조(작성항목) ① 물질안전보건자료 작성 시 포함되어야 할 항목 및 그 순서는 다음 각 호에 따른다. → [암기법: 회사/유해위험/명함/응급화재누출사고(대처)/저개물리/안독환폐기운송/법적규제]

1. 화학제품과 회사에 관한 정보
2. 유해성·위험성
3. 구성성분의 명칭 및 함유량
4. 응급조치요령
5. 폭발·화재시 대처방법
6. 누출사고시 대처방법
7. 취급 및 저장방법
8. 노출방지 및 개인보호구
9. 물리화학적 특성
10. 안정성 및 반응성
11. 독성에 관한 정보
12. 환경에 미치는 영향
13. 폐기 시 주의사항
14. 운송에 필요한 정보
15. 법적규제 현황
16. 그 밖의 참고사항

② 제1항 각 호에 대한 세부작성 항목 및 기재사항은 별표 4와 같다. 다만, 물질안전보건자료의 작성자는 근로자의 안전보건의 증진에 필요한 경우에는 세부항목을 추가하여 작성할 수 있다.

01 물질안전보건자료(MSDS) 작성 시 포함되어야 할 항목 중 그 순서대로 나열한 것은?

ㄱ. 유해성·위험성
ㄴ. 안전성 및 반응성
ㄷ. 독성에 관한 정보
ㄹ. 구성성분의 명칭 및 함유량
ㅁ. 물리화학적 특성

① ㄱ-ㄴ-ㄷ-ㄹ-ㅁ
② ㄱ-ㄹ-ㄷ-ㅁ-ㄴ
③ ㄱ-ㄹ-ㅁ-ㄴ-ㄷ
④ ㄴ-ㄷ-ㅁ-ㄱ-ㄹ
⑤ ㄹ-ㅁ-ㄱ-ㄷ-ㄴ

해설

정답 ③

테마14. 누적오차

누적오차 = $\sqrt{\sum(\text{오차제곱})}$

01

작업환경 측정 시 관련 절차별로 다음과 같이 오차값이 추정될 때, 누적오차 값은?

- ○ 유량측정: ±13.5%
- ○ 시료채취시간: ±3.6%
- ○ 탈착효율: ±8.5%
- ○ 포집효율: ±4.1%
- ○ 시료분석: ±16.2%

① 3.6%
② 12.6%
③ 23.4%
④ 29.7%
⑤ 45.8%

해설

정답 ③

테마15. 변이계수

변이계수는 평균값에 대한 표준편차의 크기를 백분율로 나타낸 수치이다.

01 변이계수에 관한 설명으로 옳지 않은 것은?

① 통계집단의 측정값들에 대한 균일성, 정밀성 정도를 표현한다.
② 단위가 서로 다른 집단이나 특성값의 상호 산포도를 비교하는 데 이용될 수 있다.
③ 변이계수(%)=(표준편차/산술평균)×100
④ 표준편차에 대한 산술평균의 크기를 백분율로 나타낸 수치이다.
⑤ 변이계수는 검출한계가 정량분석에서 만족스러운 개념을 제공하지 못하기 때문에 검출한계의 개념을 보충하기 위해 도입되었다.

해설

정답 ④

테마16. 유기화합물 다성분 노출 시 복합노출 평가

석유화학업종의 경우 한 가지 이상 복합 유기용제에 노출되기 때문에 단일 물질에 대한 평가뿐만 아니라 상가작용(additive effect)을 고려한 복합물질에 의한 노출평가가 필요하다.

복합노출 평가는 미국 ACGIH에서 제안하는 복합노출지수 평가방법에 의해 다음과 같이 할 수 있다.

1. 복합노출지수= $\frac{C_1}{T_1} + \frac{C_2}{T_2} + \cdots \frac{C_n}{T_n}$

C_n: 단일물질 n의 노출농도

T_n: 단일물질 n의 노출기준

2. 혼합물의 허용농도(노출기준, mg/㎥)= $\dfrac{1}{\frac{f_1}{TLV_1} + \frac{f_2}{TLV_2} + \frac{f_3}{TLV_3} + \cdots + \frac{f_n}{TLV_n}}$

* f_1, f_2, fn은 물질 1, 2, n의 중량비율.

01

작업환경 공기 중의 헵탄(TLV=50ppm)이 30ppm이고, 트리클로로에틸렌(TLV=50ppm)이 10ppm이며, 테트라클로로에텔렌(TLV=50ppm)이 25ppm이다. 이러한 공기의 복합노출지수는? (단, 각 물질은 상가작용을 일으킨다)

① 0.7

② 0.9

③ 1.0

④ 1.3

⑤ 1.4

해설

정답 ④

02 혼합유기용제의 구성비(중량비)는 다음과 같았다. 이 혼합물의 노출농도(TLV)는?

- ○ 메틸클로로포름 30%(TLV=1,900mg/㎥)
- ○ 헵탄 50%(TLV=1,600mg/㎥)
- ○ 퍼클로로에틸렌 20%(TLV=335mg/㎥)

① 937mg/㎥

② 1,087mg/㎥

③ 1,137mg/㎥

④ 1,287mg/㎥

⑤ 1,387mg/㎥

해설

정답 ①

테마17. 사망비

1. 비례사망(proportion mortality)

전체 사망자 중 특정 원인에 의해 사망한 사람들의 분율(%)

$$비례사망 = \frac{그 연도의 특정질환에 의한 사망자수}{어떤 연도의 총 사망자수} \times 100$$

2. 비례사망비(proportion mortality ratio)

두 인구 집단의 비례사망 간 비(ratio)

$$비례사망비(PMR) = \frac{특정인구집단 B의 PM}{특정 인구집단 A의 PM} \times 100 = \frac{특정 인구집단 B의 PM관찰값}{표준인구집단의 PM기댓값} \times 100$$

3. 표준화 방법

1) 직접(표준화)법

집단별 인구수를 합하거나 해당 국가 전체인구수를 이용해 표준인구(standard population)를 정해 표준화

2) 간접(표준화)법

비교하고자 하는 한 군의 특수율을 알 수 없거나, 대상 인구수가 너무 적은 경우 비교인구집단의 특수율 사용

$$예)\ 표준화\ 사망비(SMR) = \frac{어떤 집단에서 관찰된 총 사망자 수}{이 집단에서 예상되는 총 기대사망자 수} \times 100$$

즉, 표준화사망비는 관심 인구집단에서 실제 관찰된 사망자 수를 가상적인 기대사망자 수로 나누어 줌으로서 산출한다. 이때 가상적인 기대사망자 수를 계산하는 방식은 일반 인구집단에서의 연령별 율이 관심 집단에 적용되었을 때 산출되는 사망자 수를 의미한다.

- * 비(ratio): A:B 또는 A/B. 예) 남녀의 비
- * 분율(proportion): A/(A+B). 예) 세계 전체 인구 중 남자 인구의 분율 → 이항분포
- * 율(rate): A/[(A+B)×시간]. 예) 남녀 2만 명을 10년간 추적 관찰한 결과 질병발생 율 → 포아송 분포

01

1941년부터 1980년 사이 취업한 대규모 화학공장 근로자 800명의 사망진단서를 확보하였다. 이 중에서 암으로 사망한 사람은 160명이었으며, 동일기간 지역 사회의 전체 사망자 중에서 암으로 인한 사망자는 15%였다면 비례사망비(PMR)는?

① 75%
② 120%
③ 133%
④ 150%
⑤ 200%

해설

○ **비례사망비(proportion mortality ratio)**

두 인구 집단의 비례사망 간 비(ratio)

$$비례사망비=\frac{특정인구집단 B의 PM}{특정인구집단 A의 PM}\times 100=\frac{특정인구집단 B의 PM관찰값}{표준인구집단의 PM기댓값}\times 100$$

풀이) $PMR=\frac{\frac{160명}{800명}\times 100(\%)}{15\%}\times 100$

정답 ③

02

표준화사망비(SMR)에 관한 설명으로 옳지 않은 것은?

① 직접표준화법으로 산출한다.
② 관찰사망수를 기대사망수로 나눈다.
③ 기대사망은 관찰사망 집단보다 더 큰 집단을 사용한다.
④ 1(100%)보다 크면 관찰집단에서 특정 질병에 대한 위험요인이 존재할 가능성이 크다.
⑤ 직업역학분야에서 사용하는 주요 지표 중 하나이다.

해설

정답 ①

03 다음은 자동차 산업 노동자를 대상으로 수행한 역학연구에서 얻은 SMR(표준화사망비) 값과 95% 신뢰구간이다. 건강근로자 영향(healthy worker effect)을 의심할 수 있는 결과는?

① 0.6(0.4~0.8)

② 1.1(0.9~1.5)

③ 1.2(0.9~1.9)

④ 1.5(1.2~1.9)

⑤ 3.0(0.5~9.2)

해설

○ SMR(표준화사망비) 값과 95% 신뢰구간

표준화사망비(SMR)는 두 인구 집단의 율을 간접 표준화(indirect standardization) 기법을 이용하여 비교하는 지표이다.

SMR과 95% 신뢰구간을 계산할 수 있다.

어떤 인구집단에서 관찰 사망자수가 40명이고, 기대 사망자수가 30명인 경우 SMR=1.33이므로 연구 집단은 사망이 33% 높지만 95% 신뢰구간이 1을 포함하고 있으므로 5% 유의수준에서 통계적으로 뚜렷한 차이는 없다. 따라서 표준화사망비가 1보다 작은 것을 찾으면 건강근로자 영향(healthy worker effect)을 의심할 수 있다.

건강근로자효과(healthy worker effect)는 일반인구와 비교할 때, 직업을 가지는 인구집단의 사망 및 질병수준이 더 낮게 나타나는 것을 말한다. SMR이 1보다 작은 1번 지문이 건강근로자 영향을 추론할 수 있다. 표준화사망비(SMR)는 연구집단에서 관찰된 사망자와 일반 표준인구집단에서 예상되는 사망자의 비율을 산출한 것을 말한다. 각 집단의 연령 분포가 다르거나, 연구 표본의 크기가 작거나, 연령별 사망자 수를 구할 수 없어 직접적인 연령 표준화 사망률을 계산하기 어려울 때 주로 사용하는 방법이다(간접화법). 표준화사망비(SMR)가 1인 경우, 기대 사망자수와 실제 사망자수가 동일한 것으로 해석하며, 표준화사망비가 1보다 큰 경우에는 실제 사망자수가 기대 사망자수보다 더 높아 예상보다 많은 사망자수가 발생했다고 판단한다. 또한 1보다 작은 경우, 실제 사망자수가 예상보다 적게 발생했다고 판단한다.

정답 ①

테마18. 시간가중평균치(TWA)

시간가중평균치(TWA)= $\frac{C_1T_1+C_2T_2}{\text{시간합}}$

* C: 농도
* T: 시간

01 1일 평균 9시간을 작업하는 작업장에서 만일 작업자가 니트로톨루엔에 6시간 동안 11.25mg/㎥에 노출되어 있고 나머지 시간은 노출농도가 0이라면 9시간 시간가중평균치는 얼마인가?

① 8.44mg/㎥
② 7.50mg/㎥
③ 11.25mg/㎥
④ 12.66mg/㎥
⑤ 15.25mg/㎥

해설

시간가중평균치= $\frac{C_1T_1+C_2T_2}{\text{시간합}}$

$=\frac{(11.25\times6)+(0\times3)}{6hr+3hr}$

=7.5

정답 ②

02

이황화탄소(CS_2)가 배출되는 작업장에서 시료분석농도가 3시간에 3.5ppm, 2시간에 15.2ppm, 3시간에 5.5ppm일 때, 시간가중평균값은 약 몇 ppm인가?

① 3.7

② 6.4

③ 7.3

④ 8.5

⑤ 10.8

해설

정답 ③

테마19. 작업환경측정과 측정 대상 유해인자

작업환경측정 대상 유해인자	종류
1. 화학적 인자	1) 유기화합물(114종) 2) 금속류(24종) 3) 산 및 알칼리류(17종) 4) 가스상태 물질류(15종) 5) 영 제88조에 따른 허가대상유해물질(12종) 6) 금속가공유 (1종)
2. 물리적 인자	(2종) 가. 8시간 시간가중평균 80dB 이상의 소음 나. 안전보건규칙 제558조에 따른 고열
3. 분진	(7종) 가. 광물성 분진(Mineral dust) 1) 규산(Silica) 가) 석영 나) 크리스토발라이트 다) 트리디마이트 2) 규산염 가) 소우프스톤 나) 운모 다) 포틀랜드 시멘트 라) 활석(석면 불포함) 마) 흑연 3) 그 밖의 광물성 분진(Mineral dusts)

○ **산업안전보건법 시행규칙**

제190조(작업환경측정 주기 및 횟수) ① 사업주는 작업장 또는 작업공정이 신규로 가동되거나 변경되는 등으로 제186조에 따른 작업환경측정 대상 작업장이 된 경우에는 그 날부터 30일 이내에 작업환경측정을 하고, 그 후 반기(半期)에 1회 이상 정기적으로 작업환경을 측정해야 한다. 다만, 작업환경측정 결과가 다음 각 호의 어느 하나에 해당하는 작업장 또는 작업공정은 해당 유해인자에 대하여 그 측정일부터 3개월에 1회 이상 작업환경측정을 해야 한다.

1. 별표 21 제1호에 해당하는 화학적 인자(고용노동부장관이 정하여 고시하는 물질만 해당한다)의 측정치가 노출기준을 초과하는 경우
2. 별표 21 제1호에 해당하는 화학적 인자(고용노동부장관이 정하여 고시하는 물질은 제외한다)의 측정치가 노출기준을 2배 이상 초과하는 경우

② 제1항에도 불구하고 사업주는 최근 1년간 작업공정에서 공정 설비의 변경, 작업방법의 변경, 설비의 이전, 사용 화학물질의 변경 등으로 작업환경측정 결과에 영향을 주는 변화가 없는 경우로서 다음 각 호의 어느 하나에 해당하는 경우에는 해당 유해인자에 대한 작업환경측정을 연(年) 1회 이상 할 수 있다. 다만, 고용노동부장관이 정하여 고시하는 물질을 취급하는 작업공정은 그렇지 않다.

1. 작업공정 내 소음의 작업환경측정 결과가 최근 2회 연속 85데시벨(dB) 미만인 경우
2. 작업공정 내 소음 외의 다른 모든 인자의 작업환경측정 결과가 최근 2회 연속 노출기준 미만인 경우

■ 산업안전보건법 시행규칙 [별표 21]

작업환경측정 대상 유해인자(제186조제1항 관련)

1. 화학적 인자

가. 유기화합물(114종)

1) 글루타르알데히드(Glutaraldehyde; 111-30-8)

(중략)

114) 히드라진(Hydrazine; 302-01-2)

115) 1)부터 114)까지의 물질을 용량비율 1퍼센트 이상 함유한 혼합물

나. 금속류(24종)

1) 구리(Copper; 7440-50-8) (분진, 미스트, 흄)

2) 납[7439-92-1] 및 그 무기화합물(Lead and its inorganic compounds)

3) 니켈[7440-02-0] 및 그 무기화합물, 니켈 카르보닐[13463-39-3](Nickel and its inorganic compounds, Nickel carbonyl)

4) 망간[7439-96-5] 및 그 무기화합물(Manganese and its inorganic compounds)

5) 바륨[7440-39-3] 및 그 가용성 화합물(Barium and its soluble compounds)

6) 백금[7440-06-4] 및 그 가용성 염(Platinum and its soluble salts)

7) 산화마그네슘(Magnesium oxide; 1309-48-4)

8) 산화아연(Zinc oxide; 1314-13-2) (분진, 흄)

9) 산화철(Iron oxide; 1309-37-1 등) (분진, 흄)

10) 셀레늄[7782-49-2] 및 그 화합물(Selenium and its compounds)

11) 수은[7439-97-6] 및 그 화합물(Mercury and its compounds)

12) 안티몬[7440-36-0] 및 그 화합물(Antimony and its compounds)

13) 알루미늄[7429-90-5] 및 그 화합물(Aluminum and its compounds)

14) 오산화바나듐(Vanadium pentoxide; 1314-62-1) (분진, 흄)

15) 요오드[7553-56-2] 및 요오드화물(Iodine and iodides)

16) 인듐[7440-74-6] 및 그 화합물(Indium and its compounds)

17) 은[7440-22-4] 및 그 가용성 화합물(Silver and its soluble compounds)

18) 이산화티타늄(Titanium dioxide; 13463-67-7)

19) 주석[7440-31-5] 및 그 화합물(Tin and its compounds)(수소화 주석은 제외한다)

20) 지르코늄[7440-67-7] 및 그 화합물(Zirconium and its compounds)

21) 카드뮴[7440-43-9] 및 그 화합물(Cadmium and its compounds)

22) 코발트[7440-48-4] 및 그 무기화합물(Cobalt and its inorganic compounds)

23) 크롬[7440-47-3] 및 그 무기화합물(Chromium and its inorganic compounds)

24) 텅스텐[7440-33-7] 및 그 화합물(Tungsten and its compounds)

25) 1)부터 24)까지의 규정에 따른 물질을 중량비율 1퍼센트 이상 함유한 혼합물

다. 산 및 알칼리류(17종)

1) 개미산(Formic acid; 64-18-6)
2) 과산화수소(Hydrogen peroxide; 7722-84-1)
3) 무수 초산(Acetic anhydride; 108-24-7)
4) 불화수소(Hydrogen fluoride; 7664-39-3)
5) 브롬화수소(Hydrogen bromide; 10035-10-6)
6) 수산화 나트륨(Sodium hydroxide; 1310-73-2)
7) 수산화 칼륨(Potassium hydroxide; 1310-58-3)
8) 시안화 나트륨(Sodium cyanide; 143-33-9)
9) 시안화 칼륨(Potassium cyanide; 151-50-8)
10) 시안화 칼슘(Calcium cyanide; 592-01-8)
11) 아크릴산(Acrylic acid; 79-10-7)
12) 염화수소(Hydrogen chloride; 7647-01-0)
13) 인산(Phosphoric acid; 7664-38-2)
14) 질산(Nitric acid; 7697-37-2)
15) 초산(Acetic acid; 64-19-7)
16) 트리클로로아세트산(Trichloroacetic acid; 76-03-9)
17) 황산(Sulfuric acid; 7664-93-9)
18) 1)부터 17)까지의 물질을 중량비율 1퍼센트 이상 함유한 혼합물

라. 가스 상태 물질류(15종)

1) 불소(Fluorine; 7782-41-4)
2) 브롬(Bromine; 7726-95-6)
3) 산화에틸렌(Ethylene oxide; 75-21-8)
4) 삼수소화 비소(Arsine; 7784-42-1)
5) 시안화 수소(Hydrogen cyanide; 74-90-8)
6) 암모니아(Ammonia; 7664-41-7 등)
7) 염소(Chlorine; 7782-50-5)
8) 오존(Ozone; 10028-15-6)
9) 이산화질소(nitrogen dioxide; 10102-44-0)
10) 이산화황(Sulfur dioxide; 7446-09-5)
11) 일산화질소(Nitric oxide; 10102-43-9)
12) 일산화탄소(Carbon monoxide; 630-08-0)
13) 포스겐(Phosgene; 75-44-5)
14) 포스핀(Phosphine; 7803-51-2)
15) 황화수소(Hydrogen sulfide; 7783-06-4)
16) 1)부터 15)까지의 물질을 용량비율 1퍼센트 이상 함유한 혼합물

마. 영 제88조에 따른 허가 대상 유해물질(12종)

1) α-나프틸아민[134-32-7] 및 그 염(α-naphthylamine and its salts)
2) 디아니시딘[119-90-4] 및 그 염(Dianisidine and its salts)
3) 디클로로벤지딘[91-94-1] 및 그 염(Dichlorobenzidine and its salts)

4) 베릴륨[7440-41-7] 및 그 화합물(Beryllium and its compounds)

5) 벤조트리클로라이드(Benzotrichloride; 98-07-7)

6) 비소[7440-38-2] 및 그 무기화합물(Arsenic and its inorganic compounds)

7) 염화비닐(Vinyl chloride; 75-01-4)

8) 콜타르피치[65996-93-2] 휘발물(Coal tar pitch volatiles as benzene soluble aerosol)

9) 크롬광 가공[열을 가하여 소성(변형된 형태 유지) 처리하는 경우만 해당한다] (Chromite ore processing)

10) 크롬산 아연(Zinc chromates; 13530-65-9 등)

11) o-톨리딘[119-93-7] 및 그 염(o-Tolidine and its salts)

12) 황화니켈류(Nickel sulfides; 12035-72-2, 16812-54-7)

13) 1)부터 4)까지 및 6)부터 12)까지의 어느 하나에 해당하는 물질을 중량비율 1퍼센트 이상 함유한 혼합물

14) 5)의 물질을 중량비율 0.5퍼센트 이상 함유한 혼합물

바. 금속가공유[Metal working fluids(MWFs), 1종]

2. 물리적 인자(2종)

가. 8시간 시간가중평균 80dB 이상의 소음

나. 안전보건규칙 제558조에 따른 고열

3. 분진(7종)

가. 광물성 분진(Mineral dust)

1) 규산(Silica)

가) 석영(Quartz; 14808-60-7 등)

나) 크리스토발라이트(Cristobalite; 14464-46-1)

다) 트리디마이트(Trydimite; 15468-32-3)

2) 규산염(Silicates, less than 1% crystalline silica)

가) 소우프스톤(Soapstone; 14807-96-6)

나) 운모(Mica; 12001-26-2)

다) 포틀랜드 시멘트(Portland cement; 65997-15-1)

라) 활석(석면 불포함)[Talc(Containing no asbestos fibers); 14807-96-6]

마) 흑연(Graphite; 7782-42-5)

3) 그 밖의 광물성 분진(Mineral dusts)

나. 곡물 분진(Grain dusts)

다. 면 분진(Cotton dusts)

라. 목재 분진(Wood dusts)

마. 석면 분진(Asbestos dusts; 1332-21-4 등)

바. 용접 흄(Welding fume)

사. 유리섬유(Glass fibers)

4. 그 밖에 고용노동부장관이 정하여 고시하는 인체에 해로운 유해인자

※ 비고: "등"이란 해당 화학물질에 이성질체 등 동일 속성을 가지는 2개 이상의 화합물이 존재할 수 있는 경우를 말한다.

01 산업안전보건법령상 석면에 대한 작업환경측정 결과 측정치가 노출기준을 초과하는 경우 그 측정일로부터 몇 개월 내에 몇 회 이상의 작업환경측정을 해야 하는가?

① 1개월에 1회 이상

② 3개월에 1회 이상

③ 6개월에 1회 이상

④ 9개월에 1회 이상

⑤ 12개월에 1회 이상

해설

정답 ②

02 작업환경측정 주기 및 횟수에 대한 설명으로 옳은 것은?

① 사업주는 작업장 또는 작업공정이 신규로 가동되거나 변경되는 등으로 작업환경측정 대상 작업장이 된 경우에는 그 날부터 15일 이내에 작업환경측정을 한다.

② 사업주는 작업환경측정을 한 후 그 측정일로부터 분기(分期)에 1회 이상 정기적으로 작업환경을 측정해야 한다.

③ 사업주는 작업환경측정 대상 중 화학적 인자(고용노동부장관이 정하여 고시하는 물질만 해당한다) 114종의 측정치가 노출기준을 초과하는 경우의 작업장 또는 작업공정은 해당 유해인자에 대하여 그 측정일부터 3개월에 1회 이상 작업환경측정을 해야 한다.

④ 사업주는 최근 1년간 작업공정에서 공정 설비의 변경, 작업방법의 변경, 설비의 이전, 사용 화학물질의 변경 등으로 작업환경측정 결과에 영향을 주는 변화가 없는 경우로서 작업공정 내 소음의 작업환경측정 결과가 최근 2회 연속 85데시벨(dB) 미만인 경우에는 해당 유해인자에 대한 작업환경측정을 연(年) 1회 이상 한다.

⑤ 작업공정 내 소음 외의 다른 모든 인자의 작업환경측정 결과가 최근 3회 연속 노출기준 미만인 경우 사업주는 최근 1년간 작업공정에서 공정 설비의 변경, 작업방법의 변경, 설비의 이전, 사용 화학물질의 변경 등으로 작업환경측정 결과에 영향을 주는 변화가 없는 경우에는 해당 유해인자에 대한 작업환경측정을 연(年) 1회 이상 할 수 있다.

해설

정답 ③

테마20. 특수건강진단 대상 유해인자

산업안전보건법령상 특수건강진단 대상 유해인자의 종류

특수건강진단 대상 유해인자	내용
화학적 인자	가. 유기화합물 109종 나. 금속류 20종 다. 산 및 알칼리류 8종 라. 가스 상태 물질류 14종 마. 영 제88조에 따른 허가대상 유해물질 12종
분진	7종
물리적 인자	8종
야간작업	2종

■ **산업안전보건법 시행규칙 [별표 22]**

특수건강진단 대상 유해인자(제201조 관련)

1. 화학적 인자

가. 유기화합물(109종)

1) 가솔린(Gasoline; 8006-61-9)

2) 글루타르알데히드(Glutaraldehyde; 111-30-8)

3) β-나프틸아민(β-Naphthylamine; 91-59-8)

110) 1)부터 109)까지의 물질을 용량비율 1퍼센트 이상 함유한 혼합물

나. 금속류(20종)

1) 구리(Copper; 7440-50-8)(분진, 미스트, 흄)

2) 납[7439-92-1] 및 그 무기화합물(Lead and its inorganic compounds)

3) 니켈[7440-02-0] 및 그 무기화합물, 니켈 카르보닐[13463-39-3](Nickel and its inorganic compounds, Nickel carbonyl)

4) 망간[7439-96-5] 및 그 무기화합물(Manganese and its inorganic compounds)

5) 사알킬납(Tetraalkyl lead; 78-00-2 등)

6) 산화아연(Zinc oxide; 1314-13-2)(분진, 흄)

7) 산화철(Iron oxide; 1309-37-1 등)(분진, 흄)

8) 삼산화비소(Arsenic trioxide; 1327-53-3)

9) 수은[7439-97-6] 및 그 화합물(Mercury and its compounds)

10) 안티몬[7440-36-0] 및 그 화합물(Antimony and its compounds)

11) 알루미늄[7429-90-5] 및 그 화합물(Aluminum and its compounds)

12) 오산화바나듐(Vanadium pentoxide; 1314-62-1)(분진, 흄)

13) 요오드[7553-56-2] 및 요오드화물(Iodine and iodides)
14) 인듐[7440-74-6] 및 그 화합물(Indium and its compounds)
15) 주석[7440-31-5] 및 그 화합물(Tin and its compounds)
16) 지르코늄[7440-67-7] 및 그 화합물(Zirconium and its compounds)
17) 카드뮴[7440-43-9] 및 그 화합물(Cadmium and its compounds)
18) 코발트(Cobalt; 7440-48-4)(분진, 흄)
19) 크롬[7440-47-3] 및 그 화합물(Chromium and its compounds)
20) 텅스텐[7440-33-7] 및 그 화합물(Tungsten and its compounds)
21) 1)부터 20)까지의 물질을 중량비율 1퍼센트 이상 함유한 혼합물

다. 산 및 알카리류(8종)
1) 무수 초산(Acetic anhydride; 108-24-7)
2) 불화수소(Hydrogen fluoride; 7664-39-3)
3) 시안화 나트륨(Sodium cyanide; 143-33-9)
4) 시안화 칼륨(Potassium cyanide; 151-50-8)
5) 염화수소(Hydrogen chloride; 7647-01-0)
6) 질산(Nitric acid; 7697-37-2)
7) 트리클로로아세트산(Trichloroacetic acid; 76-03-9)
8) 황산(Sulfuric acid; 7664-93-9)
9) 1)부터 8)까지의 물질을 중량비율 1퍼센트 이상 함유한 혼합물

라. 가스 상태 물질류(14종)
1) 불소(Fluorine; 7782-41-4)
2) 브롬(Bromine; 7726-95-6)
3) 산화에틸렌(Ethylene oxide; 75-21-8)
4) 삼수소화 비소(Arsine; 7784-42-1)
5) 시안화 수소(Hydrogen cyanide; 74-90-8)
6) 염소(Chlorine; 7782-50-5)
7) 오존(Ozone; 10028-15-6)
8) 이산화질소(nitrogen dioxide; 10102-44-0)
9) 이산화황(Sulfur dioxide; 7446-09-5)
10) 일산화질소(Nitric oxide; 10102-43-9)
11) 일산화탄소(Carbon monoxide; 630-08-0)
12) 포스겐(Phosgene; 75-44-5)
13) 포스핀(Phosphine; 7803-51-2)
14) 황화수소(Hydrogen sulfide; 7783-06-4)
15) 1)부터 14)까지의 규정에 따른 물질을 용량비율 1퍼센트 이상 함유한 혼합물

마. 영 제88조에 따른 허가 대상 유해물질(12종)
1) α-나프틸아민[134-32-7] 및 그 염(α-naphthylamine and its salts)
2) 디아니시딘[119-90-4] 및 그 염(Dianisidine and its salts)
3) 디클로로벤지딘[91-94-1] 및 그 염(Dichlorobenzidine and its salts)
4) 베릴륨[7440-41-7] 및 그 화합물(Beryllium and its compounds)

5) 벤조트리클로라이드(Benzotrichloride; 98-07-7)
6) 비소[7440-38-2] 및 그 무기화합물(Arsenic and its inorganic compounds)
7) 염화비닐(Vinyl chloride; 75-01-4)
8) 콜타르피치[65996-93-2] 휘발물(코크스 제조 또는 취급업무)(Coal tar pitch volatiles)
9) 크롬광 가공[열을 가하여 소성(변형된 형태 유지) 처리하는 경우만 해당한다](Chromite ore processing)
10) 크롬산 아연(Zinc chromates; 13530-65-9 등)
11) o-톨리딘[119-93-7] 및 그 염(o-Tolidine and its salts)
12) 황화니켈류(Nickel sulfides; 12035-72-2, 16812-54-7)
13) 1)부터 4)까지 및 6)부터 11)까지의 물질을 중량비율 1퍼센트 이상 함유한 혼합물
14) 5)의 물질을 중량비율 0.5퍼센트 이상 함유한 혼합물

바. 금속가공유(Metal working fluids); 미네랄 오일 미스트(광물성 오일, Oil mist, mineral)

2. 분진(7종)

가. 곡물 분진(Grain dusts)
나. 광물성 분진(Mineral dusts)
다. 면 분진(Cotton dusts)
라. 목재 분진(Wood dusts)
마. 용접 흄(Welding fume)
바. 유리 섬유(Glass fiber dusts)
사. 석면 분진(Asbestos dusts; 1332-21-4 등)

3. 물리적 인자(8종)

가. 안전보건규칙 제512조제1호부터 제3호까지의 규정의 소음작업, 강렬한 소음작업 및 충격소음작업에서 발생하는 소음
나. 안전보건규칙 제512조제4호의 진동작업에서 발생하는 진동
다. 안전보건규칙 제573조제1호의 방사선
라. 고기압
마. 저기압
바. 유해광선
1) 자외선
2) 적외선
3) 마이크로파 및 라디오파

4. 야간작업(2종)

가. 6개월간 밤 12시부터 오전 5시까지의 시간을 포함하여 계속되는 8시간 작업을 월 평균 4회 이상 수행하는 경우
나. 6개월간 오후 10시부터 다음날 오전 6시 사이의 시간 중 작업을 월 평균 60시간 이상 수행하는 경우

※ 비고: "등"이란 해당 화학물질에 이성질체 등 동일 속성을 가지는 2개 이상의 화합물이 존재할 수 있는 경우를 말한다.

특수건강진단 대상 물리적 인자(8종)	작업환경측정 대상 물리적 인자(2종)
가. 안전보건규칙 제512조제1호부터 제3호까지의 규정의 소음작업, 강렬한 소음작업 및 충격소음작업에서 발생하는 소음 나. 안전보건규칙 제512조제4호의 진동작업에서 발생하는 진동 다. 안전보건규칙 제573조제1호의 방사선 라. 고기압 마. 저기압 바. 유해광선 1) 자외선 2) 적외선 3) 마이크로파 및 라디오파	가. 8시간 시간가중평균 80dB 이상의 소음 나. 안전보건규칙 제558조에 따른 고열

테마21. NIOSH의 중량물 최대허용한계(MPL)

NIOSH(미국산업안전보건연구소)의 중량물 취급 시 감시기준(AL)과 최대허용기준(MPL)은 다음과 같다.

1. AL기준

첫 단계는 AL(Action Limit, 감시기준)로서 허리의 L_5/S_1부위에서 압축력이 770lb(350㎏중) 정도 발생하는 상황을 표현하는데 이 단계까지의 작업조건은 거의 모든 작업자가 별 무리 없이 견더낼 수 있는 상황이라고 알려져 있다. AL의 기준에 대하여 좀 더 자세히 표현하면 다음과 같다.

(1) AL 조건 이상의 작업 상황에서는 근골격계통의 질환 발생율이 증가한다.
(2) AL 조건에서는 L_5/S_1부위에서 770lb(350㎏중)의 압축력이 발생한다.
(3) AL 조건 이하에서의 에너지 소비량은 분당 3.5kcal를 넘지 않는다.
(4) 남자 중 99%, 여자 중 75%가 이 조건에서 무리 없이 인력운반작업을 수행할 수 있다.

2. MPL 기준

MPL(maximum permissible limit)은 AL의 3배로서 최대 허용 무게이다.

두 번째 단계로는 MPL(Maximum Permissible Limit)로서 L_5/S_1부위에서 1430lb(약 650㎏중)의 압축력이 발생하는 조건으로서 모든 상황에서 넘어서는 안 될 상황을 의미하는데 그에 대한 내용은 다음과 같다. * 1kg=약 9.8N 즉, 650kg은 6,400N이다.

(1) MPL을 넘어가는 조건에 노출된 작업 상황에서는 근골격계통 부상율이 급격히 상승한다. 대부분의 근로자에게 장애를 발생시킨다.
(2) MPL 기준을 가진 인력운반작업은 거의 모든 작업자들에게서 1430lb(약 650㎏중=6,400N)의 압축력을 L_5/S_1 부위에서 발생시킨다.
(3) MPL 기준을 넘는 작업환경에서는 분당에너지소비가 5kcal를 넘는다.
(4) 남자 중 25%, 여자 중 1%만이 이런 작업 상황에서 부상 없이 견더낼 수 있다.

* 허리 디스크는 L_5~S_1(요추5번~천추1번 사이)에서 약 80% 발생한다.

01

다음 중 중량물 취급에 있어서 미국 NIOSH에서 중량물 최대허용한계(MPL)을 설정할 때의 기준으로 틀린 것은?

① MPL에 해당하는 작업은 L_5/S_1 디스크에 3,500N의 압력을 부하한다.
② MPL에 해당하는 작업이 요구하는 에너지대사량은 5.0kcal/min을 초과한다.
③ MPL을 초과하는 작업에서는 대부분의 근로자들에게 근육·골격 장애가 발생한다.
④ 남성근로자의 25% 미만과 여성근로자의 1% 미만에서만 MPL 수준의 작업 수행이 가능하다.
⑤ MPL은 AL의 3배로서 최대허용무게이다.

해설

정답 ①

테마22. 작업부하 평가방법

○ 작업부하 평가방법들

체크리스트 평가방법	작업 자세위주 평가 방법	중량물들기 작업 평가 방법
1. WAC 296-62-05105 2. HSE risk assessment worksheet (영국) 3. ANSI-Z365 4. QEC * Quick Exposure Check	1. OWAS(핀란드) 2. RULA 3. REBA 4. JSI	1. NLE 2. MAC 3. Snook table 4. 3D SSPP

01

근골격계부담작업을 평가하는 도구 중에서 '중량물 취급작업'을 평가하기 위한 도구가 아닌 것은?

① MAC(manual handling assessment charts)

② NLE(NIOSH lifting equation)

③ WAC 296-62-05105

④ 3D SSPP

⑤ Snook table

해설

정답 ③

사무실 공기관리 지침

○ **사무실 공기관리 지침**

제1조(목적) 이 고시는 「산업안전보건법」 제13조제1항에 따라 사무실 공기의 오염물질별 관리기준, 공기질 측정·분석방법 등 사무실 공기를 쾌적하게 유지·관리하기 위하여 사업주에게 지도·권고할 기술상의 지침 또는 작업환경의 표준을 정함을 목적으로 한다.

제2조(오염물질 관리기준) 사업주는 쾌적한 사무실 공기를 유지하기 위해 사무실 오염물질을 다음 기준에 따라 관리한다.

오염물질	관리기준
미세먼지(PM10)	100㎍/㎥
초미세먼지(PM2.5)	50㎍/㎥
이산화탄소(CO_2)	1,000ppm(0.1%)
일산화탄소(CO)	10ppm
이산화질소(NO_2)	0.1ppm
포름알데히드(HCHO)	100㎍/㎥
총휘발성 유기화합물(TVOC)	500㎍/㎥
라돈(radon)	148Bq/㎥
총부유세균	800CFU/㎥
곰팡이	500CFU/㎥

* 라돈은 지상1층을 포함한 지하에 위치한 사무실에만 적용한다. 작업장 기준은 600Bq/㎥.

주) 관리기준: 8시간 시간가중평균농도 기준

제3조(사무실의 환기기준) 공기정화시설을 갖춘 사무실에서 근로자 1인당 필요한 최소 외기량은 분당 0.57세제곱미터 이상이며, 환기횟수는 시간당 4회 이상으로 한다.

제7조(시료채취 및 측정지점) 공기의 측정시료는 사무실 안에서 공기질이 가장 나쁠 것으로 예상되는 2곳 이상에서 채취하고, 측정은 사무실 바닥면으로부터 0.9미터 이상 1.5미터 이하의 높이에서 한다. 다만, 사무실 면적이 500제곱미터를 초과하는 경우에는 500제곱미터마다 1곳씩 추가하여 채취한다.

■ 실내공기질 관리법 시행규칙 [별표 1]

오염물질(제2조 관련)

1. 미세먼지(PM-10)
2. 이산화탄소(CO_2;Carbon Dioxide)
3. 폼알데하이드(Formaldehyde)
4. 총부유세균(TAB;Total Airborne Bacteria)
5. 일산화탄소(CO;Carbon Monoxide)
6. 이산화질소(NO_2;Nitrogen dioxide)
7. 라돈(Rn;Radon)
8. 휘발성유기화합물(VOCs;Volatile Organic Compounds)
9. 석면(Asbestos)
10. 오존(O_3;Ozone)
11. 초미세먼지(PM-2.5)
12. 곰팡이(Mold)
13. 벤젠(Benzene)
14. 톨루엔(Toluene)
15. 에틸벤젠(Ethylbenzene)
16. 자일렌(Xylene)
17. 스티렌(Styrene)

■ 실내공기질 관리법 시행규칙 [별표 2]

실내공기질 유지기준(제3조 관련)

오염물질 항목 / 다중이용시설	미세먼지 (PM-10) (㎍/㎥)	미세먼지 (PM-2.5) (㎍/㎥)	이산화탄소 (ppm)	폼알데하이드 (㎍/㎥)	총부유세균 (CFU/㎥)	일산화탄소 (ppm)

■ 실내공기질 관리법 시행규칙 [별표 3]

실내공기질 권고기준(제4조 관련)

오염물질 항목 / 다중이용시설	이산화질소 (ppm)	라돈 (Bq/㎥)	총휘발성 유기화합물 (㎍/㎥)	곰팡이 (CFU/㎥)

01 사무실 실내 공기질(indoor air quality) 관리에 관한 설명으로 옳지 않은 것은?

① 실내공기오염 지표로 사용하는 인자 중 라돈의 관리기준은 600Bq/㎥이다.

② 현재 PM10의 기준치는 100㎍/㎥이다.

③ ACH(시간당 공기교환횟수)는 공간 체적과 필요환기량으로 산정한다.

④ 일반적으로 양압시설을 설치해야 한다.

⑤ 실내 공기오염의 지표(환기지표)는 CO_2농도를 이용하며 실내 허용농도는 0.1%이다.

해설

정답 ①

시간당 공기교환횟수(ACH, Air Changes per Hour)

1. $\text{ACH}=\dfrac{\text{필요환기량}}{\text{작업장 용적(체적)}}$

여기서 필요환기량의 단위는 m^3/hr, 작업장 용적은 m^3이다.

2. 매시간당 일정 체적(m^3)의 이산화탄소가 발생(M, m^3/hr)할 때 필요환기량 공식

필요환기량(Q, m^3/hr)$=\dfrac{M}{[\text{실내 이산화탄소기준농도}-\text{실외 이산화탄소기준농도}](\%)}\times 100$

여기서 실내 이산화탄소 기준농도는 0.1%, 실외 이산화탄소 기준농도는 0.03%이다.

3. ACH는 경과된 시간 및 이산화탄소(CO_2)의 농도변화로 알 수 있다.

$\text{ACH}=\dfrac{\ln(\text{측정초기농도}-\text{외부 이산화탄소농도})-\ln(\text{시간경과후 이산화탄소농도}-\text{외부이산화탄소농도})}{\text{경과시간}}$

01

부피비로 0.001%는 몇 ppm인가?

① 10ppm

② 100ppm

③ 1,000ppm

④ 10,000ppm

⑤ 100,000ppm

해설

100%=1,000,000ppm 즉, 10^2%=10^6ppm이다.
따라서 %=10^4ppm이다.

정답 ①

02 가로, 세로, 높이가 각각 10m, 15m, 4m인 사무실에서 120명이 근무하고 있다. 이 사무실의 이산화탄소(CO_2) 농도를 1,000ppm 이하로 유지하고자 할 때, 최소환기율은 ACH로 나타내면 약 얼마인가?

○ 1시간당 1인당 CO_2 배출량: 2.2L
○ 대기 중 CO_2 농도: 350ppm
○ 확산에 의한 환기효율계수(또는 안전계수: K)는 5로 가정한다.

① 1.4
② 2.1
③ 2.4
④ 3.4
⑤ 3.9

해설

$$ACH = \frac{\text{필요환기량} \times (\text{안전계수})}{\text{용적}}$$

1) 먼저 필요환기량을 계산해 보자. 매시간당 일정 체적(㎥)의 이산화탄소가 발생(M, ㎥/hr)할 경우이다.

필요환기량(Q, ㎥/hr)= $\frac{M}{[\text{실내 이산화탄소기준 농도} - \text{실외 이산화탄소기준 농도}](\%)} \times 100$

$= \frac{M}{[\text{실내 이산화탄소기준 농도} - \text{실외 이산화탄소기준 농도}](ppm)} \times 1,000,000$

$= \frac{2.2L/hr \times 120\text{인}}{1,000 - 350} \times 1,000,000$

=406.1538...

2) $\frac{\text{필요환기량} \times (\text{안전계수})}{\text{용적}} = \frac{406.153 \times 5}{(10 \times 15 \times 4)} = 3.3846..$

정답 ④

테마25. 근로자 건강을 보호하기 위한 작업환경관리의 우선순위

제거→대체→환기→교육→보호구착용

01 근로자 건강을 보호하기 위한 작업환경관리의 우선순위를 바르게 연결한 것은?

① 환기→보호구착용→제거→대체→교육
② 환기→교육→보호구착용→제거→대체
③ 보호구착용→제거→대체→환기→교육
④ 보호구착용→교육→대체→환기→제거
⑤ 제거→대체→환기→교육→보호구착용

해설

정답 ⑤

테마26. 외부식 후드의 필요환기량

Q(환기량, ㎥/min)=V_c×(10X^2+A)

만일, 외부식 후드에 플랜지(flange)가 부착되면 후방 유입기류를 차단하고 후드 전면에서 포집범위가 확대되어 25%가 감소하며, 면에 플랜지가 고정될 경우에는 50%가 감소된다.

1. 외부식 후드에 플랜지가 공간에 부착될 경우 필요환기량

Q=V_c×0.75×(10X^2+A)

2. 외부식 후드에 플랜지가 면(바닥면 등)에 부착될 경우 필요환기량

Q=V_c×0.5×(10X^2+A)

* V_c: 제어속도

* X: 제어거리, 즉 제어거리의 제곱만큼 필요환기량이 증가한다.

* A: 후드 개방면적

01 외부식 후드를 설계할 때 설계요소의 변동에 따른 필요환기량의 증감에 관한 설명으로 옳지 않은 것은?

① 제어속도가 클수록 필요환기량이 증가한다.
② 플랜지를 부착하면 필요환기량이 감소한다.
③ 제어거리가 클수록 필요환기량이 증가한다.
④ 덕트의 길이가 증가할수록 필요환기량이 증가한다.
⑤ 후드개방 면적이 작을수록 필요환기량이 감소한다.

해설

정답 ④

02 개구면적이 0.6m^{2}인 외부식 사각형 후드가 자유공간에 설치되어 있다. 개구면과 유해물질 사이의 거리는 0.5m이고 제어속도가 0.88m/sec일 때, 필요한 송풍량은 약 몇 ㎥/min인가? (단, 플랜지를 부착하지 않은 상태이다)

① 126

② 149

③ 158

④ 164

⑤ 182

해설

○ **외부식 후드의 필요환기량**

$Q(㎥/min)=V_c \times (10X^2+A)$

$=0.8m/sec \times 60sec/min \times [10 \times (0.5)^2+0.6]$

$=148.8$

정답 ②

테마27. 합성소음

n개의 음압레벨이 L_1, L_2, L_3...L_n일 때 합성된 음압레벨은 다음 식에 의해 산출된다.

합성소음(SPL)=$10 \times \log(10^{L1/10}+10^{L2/10}+10^{L3/10}+...10^{Ln/10})$

01

어느 작업장에 있는 기계의 소음 측정결과가 다음과 같을 때, 이 작업장의 음압레벨 합산은 약 몇 dB인가?

기계A: 92dB, 기계B: 90dB, 기계C: 88dB

① 92.3

② 93.7

③ 95.1

④ 98.2

⑤ 100.3

해설

정답 ③

테마28. 누적소음노출수준

8시간 동안 작업자가 휴대하여 작업시간 동안 노출되는 소음의 총량을 Dose(D, %)로 표현하는 것으로 우리나라 고용노동부, 미국 OSHA는 같은 기준을 적용한다.

기준소음노출시간 8시간, 기준소음수준 90dB 규정이며, Exchange rate는 5dB이다.

$$누적소음노출수준(D)=(\frac{C_1}{T_1}+\frac{C_2}{T_2}\cdots+\frac{C_n}{T_n})\times 100$$

○ **산업안전보건기준에 관한 규칙**

제512조(정의) 이 장에서 사용하는 용어의 뜻은 다음과 같다.

1. "소음작업"이란 1일 8시간 작업을 기준으로 85데시벨 이상의 소음이 발생하는 작업을 말한다.
2. "강렬한 소음작업"이란 다음 각목의 어느 하나에 해당하는 작업을 말한다.
   가. 90데시벨 이상의 소음이 1일 8시간 이상 발생하는 작업
   나. 95데시벨 이상의 소음이 1일 4시간 이상 발생하는 작업
   다. 100데시벨 이상의 소음이 1일 2시간 이상 발생하는 작업
   라. 105데시벨 이상의 소음이 1일 1시간 이상 발생하는 작업
   마. 110데시벨 이상의 소음이 1일 30분 이상 발생하는 작업
   바. 115데시벨 이상의 소음이 1일 15분 이상 발생하는 작업
3. "충격소음작업"이란 소음이 1초 이상의 간격으로 발생하는 작업으로서 다음 각 목의 어느 하나에 해당하는 작업을 말한다.
   가. 120데시벨을 초과하는 소음이 1일 1만회 이상 발생하는 작업
   나. 130데시벨을 초과하는 소음이 1일 1천회 이상 발생하는 작업
   다. 140데시벨을 초과하는 소음이 1일 1백회 이상 발생하는 작업
4. "진동작업"이란 다음 각 목의 어느 하나에 해당하는 기계・기구를 사용하는 작업을 말한다.
   가. 착암기(鑿巖機)
   나. 동력을 이용한 해머
   다. 체인톱
   라. 엔진 커터(engine cutter)
   마. 동력을 이용한 연삭기
   바. 임팩트 렌치(impact wrench)
   사. 그 밖에 진동으로 인하여 건강장해를 유발할 수 있는 기계・기구
5. "청력보존 프로그램"이란 소음노출 평가, 소음노출 기준 초과에 따른 공학적 대책, 청력보호구의 지급과 착용, 소음의 유해성과 예방에 관한 교육, 정기적 청력검사, 기록・관리 사항 등이 포함된 소음성 난청을 예방・관리하기 위한 종합적인 계획을 말한다.

01

소음노출량계를 사용하여 다음과 같은 소음에 노출되는 근로자의 8시간 소음노출량을 측정하면 몇 %가 되는가? (단, Threshold: 80dB, Criteria: 90dB, Exchange rate: 5dB)

노출시간	소음수준 dB(A)
08:00~12:00	85
13:00~16:00	90
16:00~17:00	95

① 50
② 62.5
③ 75
④ 77.5
⑤ 125

해설

누적소음노출수준(D)=$\left(\frac{C_1}{T_1}+\frac{C_2}{T_2}\cdots+\frac{C_n}{T_n}\right)\times 100$

$=\left(\frac{3}{8}+\frac{1}{4}\right)\times 100$

* 85dB(A)는 8시간 소음노출기준인 90dB(A)보다 작아 계산하지 않는 것에 주의하자.

정답 ②

02

소음이 발생하는 작업장에서 1일 8시간 근무하는 동안 100dB에 30분, 95dB에 1시간 30분, 90dB에 3시간이 노출되었다면 소음 노출지수는 얼마인가?

① 1.0
② 1.1
③ 1.5
④ 2.0
⑤ 2.5

해설

정답 ①

테마29. 노출기준과 허용기준

○ 산업안전보건법령상 노출농도의 허용기준 설정 물질(38종)

유기화합물	금속류	그 외(허가대상물질)
디메틸포름아미드 디클로로메탄 1,2-디클로로프로판 메탄올 메틸렌 비스(페닐 이소시아네이트) 베릴륨 벤젠 1,3-부타디엔 2-브로모프로판 브롬화메틸 산화에틸렌 석면(제조·사용에 한정) 스티렌 시클로헥사논 아닐린 아크릴로니트릴 암모니아 염소 염화비닐 이황화탄소 일산화탄소 콜타르피치 휘발물 톨루엔 톨루엔-2,4-디이소시아네이트 톨루엔-2,6-디이소시아네이트 트리클로로메탄 트리클로로에틸렌 포름알데히드 노멀-헥산(n-헥산) 황산	6가크롬(불용성, 수용성) 납 니켈화합물, 니켈카르보닐 망간 수은 카드뮴 코발트	석면

노출기준	허용기준
731종 화학물질 및 물리적 인자의 노출기준	38종(2020년 법 개정으로 기존 14종에서 24종이 추가되어 38종으로 확대) 산업안전보건법 시행규칙

허용기준 제정과 활용도 측면에서 전 세계적으로 가장 권위 있는 미국정부산업위생전문가협의회(American Conference of Governmental Industrial Hygienists, ACGIH)에서는 허용기준(TLV)에 대해 "거의 모든 노동자들이 매일 반복적으로 노출되어도 건강에 악영향을 주지 않는다고 여겨지는 공기 중 농도"라고 정의하고 있다.

<별표 4> 라돈의 노출기준(신설 2018.3.20.)

작업장 농도(Bq/㎥)
600

주: 1. 단위환산(농도) : 600 Bq/㎥ = 16pCi/L (※ 1pCi/L=37.46 Bq/㎥)

2. 단위환산(노출량) : 600 Bq/㎥인 작업장에서 연 2,000시간 근무하고, 방사평형인자(Feq) 값을 0.4로 할 경우 9.2 mSv/y 또는 0.77 WLM/y에 해당
(※ 800 Bq/㎥(2,000시간 근무, Feq=0.4) = 1WLM = 12 mSv)

■ 산업안전보건법 시행규칙 [별표 19]

유해인자별 노출 농도의 허용기준(제145조제1항 관련)

유해인자		허용기준			
		시간가중평균값 (TWA)		단시간 노출값 (STEL)	
		ppm	mg/㎥	ppm	mg/㎥
1. 6가크롬 화합물	불용성		0.01		
	수용성		0.05		
2. 납 및 그 무기화합물			0.05		
3. 니켈 화합물(불용성 무기화합물로 한정한다)			0.2		
4. 니켈카르보닐		0.001			
5. 디메틸포름아미드		10			
6. 디클로로메탄		50			
7. 1,2-디클로로프로판		10		110	
8. 망간 및 그 무기화합물			1		
9. 메탄올		200		250	
10. 메틸렌 비스(페닐 이소시아네이트)		0.005			
11. 베릴륨 및 그 화합물			0.002		0.01
12. 벤젠		0.5		2.5	
13. 1,3-부타디엔		2		10	
14. 2-브로모프로판		1			
15. 브롬화 메틸		1			

16. 산화에틸렌	1			
17. 석면(제조・사용하는 경우만 해당한다)(Asbestos)		0.1개/㎤		
18. 수은 및 그 무기화합물		0.025		
19. 스티렌	20		40	
20. 시클로헥사논	25		50	
21. 아닐린	2			
22. 아크릴로니트릴	2			
23. 암모니아	25		35	
24. 염소	0.5		1	
25. 염화비닐	1			
26. 이황화탄소	1			
27. 일산화탄소	30			
28. 카드뮴 및 그 화합물		0.01 (호흡성 분진인 경우 0.002)		
29. 코발트 및 그 무기화합물		0.02		
30. 콜타르피치 휘발물		0.2		
31. 톨루엔	50		150	
32. 톨루엔-2,4-디이소시아네이트	0.005		0.02	
33. 톨루엔-2,6-디이소시아네이트	0.005		0.02	
34. 트리클로로메탄	10			
35. 트리클로로에틸렌	10		25	
36. 포름알데히드	0.3			
37. n-헥산	50			
38. 황산		0.2		0.6

※비고

1. "시간가중평균값(TWA, Time-Weighted Average)"이란 1일 8시간 작업을 기준으로 한 평균노출농도로서 산출공식은 다음과 같다.

$$TWA\text{환산값} = \frac{C_1 \cdot T_1 + C_1 \cdot T_1 + \cdots\cdots + C_n \cdot T_n}{8}$$

주) C: 유해인자의 측정농도(단위: ppm, mg/㎥ 또는 개/㎤)
T: 유해인자의 발생시간(단위: 시간)

2. "단시간 노출값(STEL, Short-Term Exposure Limit)"이란 15분 간의 시간가중평균값으로서 노출 농도가 시간가중평균값을 초과하고 단시간 노출값 이하인 경우에는 ① 1회 노출 지속시간이 15분 미만이어야 하고, ② 이러한 상태가 1일 4회 이하로 발생해야 하며, ③ 각 회의 간격은 60분 이상이어야 한다.
3. "등"이란 해당 화학물질에 이성질체 등 동일 속성을 가지는 2개 이상의 화합물이 존재할 수 있는 경우를 말한다.

01 산업안전보건법령상 허용기준이 설정되어 있지 않은 물질은?

① 라돈
② 트리클로로메탄
③ 트리클로로에틸렌
④ 6가 크롬(수용성)
⑤ 석면

해설

정답 ①

02 화학물질의 인체노출과 그 영향에 관한 설명으로 옳지 않은 것은?

① 암모니아는 용해도가 커서 대부분 인후두부 및 상기도부에서 흡수되므로 코와 상기도에 자극을 일으키는 물질로 알려져 있다.
② 일산화탄소는 헤모글로빈과 친화력이 산소보다 약 200배 이상 높기 때문에 산소보다 먼저 헤모글로빈과 결합하여 혈액의 산소운반능력을 저해하는 것으로 알려져 있다.
③ 이산화탄소는 용해도가 높아 폐의 호흡영역까지 침투하며, 노출기준을 초과하면 폐포를 자극하여 폐렴을 일으키는 물질로 알려져 있다.
④ 작업장에서 무기납의 주요 노출경로는 호흡기이며, 체내로 흡수된 후 가장 많이 축적되는 조직은 뼈인 것으로 알려져 있다.
⑤ 작업환경 노출기준에 'Skin' 표기가 되어 있는 화학물질은 피부를 통해 쉽게 흡수될 수 있다는 것을 의미한다.

해설

이산화탄소는 용해도가 높아 폐까지 침투가 쉽다. 이산화탄소는 그 자체로는 독성이 없으며 노출기준은 TWA는 5,000ppm이고, STEL은 30,000ppm이다. 이산화탄소가 과다할 경우 호흡곤란 증상을 유발할 수 있다.
한편, 이산화탄소가 몸 속에 부족할 경우에는 과호흡증후군이 발생할 수 있다.
과호흡증후군(Hyperventilation syndrom)은 어떠한 이유에서든 과다한 호흡으로 인해 이산화탄소가 과다하게 배출되어 발생하는 질환이다. 우리 몸은 정상적인 호흡을 통해 산소를 받아들이고 이산화탄소를 배출시킨다. 그 결과 동맥혈의 이산화탄소 농도는 37~43mmHg의 범위에서 유지된다. 동맥혈의 이산화탄소 농도가 정상 범위 아래로 떨어지면 호흡곤란, 어지럼증, 저리고 마비되는 느낌, 실신 등의 증상이 나타난다. 주된 원인은 정신적 스트레스로 주로 젊은 여성에서 잘 발생한다.

정답 ③

테마30. 노출기준(Skin)

'Skin' 표시 물질은 점막과 눈 그리고 경피로 흡수되어 전신 영향을 일으킬 수 있는 물질을 말하는 것으로 피부 자극성을 뜻하는 것이 아니다.

01

화학물질 및 물리적 인자의 노출기준에서 'Skin' 표시화학물질이 아닌 것은?

① 나프탈렌
② N, N-디메틸아세트아미드
③ 메탄올(메틸알코올)
④ 니코틴
⑤ 황산

해설

○ **화학물질 및 물리적 인자의 노출기준에서 'Skin' 표시가 된 화학물질**

'Skin' 표시 물질은 점막과 눈 그리고 경피로 흡수되어 전신 영향을 일으킬 수 있는 물질을 말하는 것으로 피부 자극성을 뜻하는 것이 아니다.

1) 나프탈렌
2) n-헥산
3) 니코틴
4) 니트로글리세린
5) 4-니트로디페닐
6) 니트로벤젠
7) 디메틸아닐린
8) N, N-디메틸아세트아미드
9) 디메틸포름아미드
10) 디클로로아세트산
11) 메틸 노말-부틸케톤
12) 메탄올(메틸알코올) → 에탄올(×), 아세톤(×)
13) 베릴륨 및 그 화합물
14) 벤젠
15) 벤조트리클로라이드
16) 벤지딘

17) 불화수소(HF) → 불소(×)
18) 사염화탄소
19) 수은
20) 스티렌
21) 시안화나트륨
22) 시안화수소
23) 시클로헥사논
24) 아크릴로니트릴
25) 2-에톡시에탄올
26) 이황화탄소
27) 1,1,2,2-테트라클로로에탄
28) 1,1,2-트리클로로에탄
29) 1,2,3-트리클로로프로판
30) 페놀
31) 포름아미드
32) 피크린산
33) 하이드라진
34) 황산 디메틸 → 황산(×)

323	수은(아릴화합물)	Hg	-	0.1	-	-	[7439-97-6] Skin
324	수은 및 무기형태 (아릴 및 알킬 화합물 제외)	Hg	-	0.025	-	-	[7439-97-6] 생식독성 1B, Skin
325	수은(알킬화합물)	Hg	-	0.01	-	0.03	[7439-97-6] Skin

정답 ⑤

테마31. 산업재해보상보험법상 업무상 질병에 대한 구체적인 인정기준

○ **산업재해보상보험법 시행령 [별표3]**

업무상 질병에 대한 구체적인 인정 기준(제34조제3항 관련)

1. 뇌혈관 질병 또는 심장 질병

가. 다음 어느 하나에 해당하는 원인으로 뇌실질내출혈(腦實質內出血), 지주막하출혈(蜘蛛膜下出血), 뇌경색, 심근경색증, 해리성 대동맥자루(대동맥 혈관벽의 중막이 내층과 외층으로 찢어져 혹을 형성하는 질병)가 발병한 경우에는 업무상 질병으로 본다. 다만, 자연발생적으로 악화되어 발병한 경우에는 업무상 질병으로 보지 않는다.

1) 업무와 관련한 돌발적이고 예측 곤란한 정도의 긴장·흥분·공포·놀람 등과 급격한 업무 환경의 변화로 뚜렷한 생리적 변화가 생긴 경우

2) 업무의 양·시간·강도·책임 및 업무 환경의 변화 등으로 발병 전 단기간 동안 업무상 부담이 증가하여 뇌혈관 또는 심장혈관의 정상적인 기능에 뚜렷한 영향을 줄 수 있는 육체적·정신적인 과로를 유발한 경우

3) 업무의 양·시간·강도·책임 및 업무 환경의 변화 등에 따른 만성적인 과중한 업무로 뇌혈관 또는 심장혈관의 정상적인 기능에 뚜렷한 영향을 줄 수 있는 육체적·정신적인 부담을 유발한 경우

나. 가목에 규정되지 않은 뇌혈관 질병 또는 심장 질병의 경우에도 그 질병의 유발 또는 악화가 업무와 상당한 인과관계가 있음이 시간적·의학적으로 명백하면 업무상 질병으로 본다.

다. 가목 및 나목에 따른 업무상 질병 인정 여부 결정에 필요한 사항은 고용노동부장관이 정하여 고시한다.

2. 근골격계 질병

가. 업무에 종사한 기간과 시간, 업무의 양과 강도, 업무수행 자세와 속도, 업무수행 장소의 구조 등이 근골격계에 부담을 주는 업무(이하 "신체부담업무"라 한다)로서 다음 어느 하나에 해당하는 업무에 종사한 경력이 있는 근로자의 팔·다리 또는 허리 부분에 근골격계 질병이 발생하거나 악화된 경우에는 업무상 질병으로 본다. 다만, 업무와 관련이 없는 다른 원인으로 발병한 경우에는 업무상 질병으로 보지 않는다.

1) 반복 동작이 많은 업무

2) 무리한 힘을 가해야 하는 업무

3) 부적절한 자세를 유지하는 업무

4) 진동 작업

5) 그 밖에 특정 신체 부위에 부담되는 상태에서 하는 업무

나. 신체부담업무로 인하여 기존 질병이 악화되었음이 의학적으로 인정되면 업무상 질병으로 본다.

다. 신체부담업무로 인하여 연령 증가에 따른 자연경과적 변화가 더욱 빠르게 진행된 것이 의학적으로 인정되면 업무상 질병으로 본다.

라. 신체부담업무의 수행 과정에서 발생한 일시적인 급격한 힘의 작용으로 근골격계 질병이 발병하면 업무상 질병으로 본다.

마. 신체부위별 근골격계 질병의 범위, 신체부담업무의 기준, 그 밖에 근골격계 질병의 업무상 질병 인정 여부 결정에 필요한 사항은 고용노동부장관이 정하여 고시한다.

3. 호흡기계 질병

가. 석면에 노출되어 발생한 석면폐증

나. 목재 분진, 곡물 분진, 밀가루, 짐승털의 먼지, 항생물질, 크롬 또는 그 화합물, 톨루엔 디이소시아네이트(Toluene Diisocyanate), 메틸렌 디페닐 디이소시아네이트(Methylene Diphenyl Diisocyanate), 헥산메틸렌 디이소시아네이트(Hexamethylene Diisocyanate) 등 디이소시아네이트, 반응성 염료, 니켈, 코발트, 포름알데히드, 알루미늄, 산무수물(acid anhydride) 등에 노출되어 발생한 천식 또는 작업환경으로 인하여 악화된 천식

다. 디이소시아네이트, 염소, 염화수소, 염산 등에 노출되어 발생한 반응성 기도과민증후군

라. 디이소시아네이트, 에폭시수지, 산무수물 등에 노출되어 발생한 과민성 폐렴

마. 목재 분진, 짐승털의 먼지, 항생물질 등에 노출되어 발생한 알레르기성 비염

바. 아연·구리 등의 금속분진(fume)에 노출되어 발생한 금속열

사. 장기간·고농도의 석탄·암석 분진, 카드뮴분진 등에 노출되어 발생한 만성폐쇄성폐질환

아. 망간 또는 그 화합물, 크롬 또는 그 화합물, 카드뮴 또는 그 화합물 등에 노출되어 발생한 폐렴

자. 크롬 또는 그 화합물에 2년 이상 노출되어 발생한 코사이벽 궤양·천공

차. 불소수지·아크릴수지 등 합성수지의 열분해 생성물 또는 아황산가스 등에 노출되어 발생한 기도점막 염증 등 호흡기 질병

카. 톨루엔·크실렌·스티렌·시클로헥산·노말헥산·트리클로로에틸렌 등 유기용제에 노출되어 발생한 비염. 다만, 그 물질에 노출되는 업무에 종사하지 않게 된 후 3개월이 지나지 않은 경우만 해당한다.

4. 신경정신계 질병

가. 톨루엔·크실렌·스티렌·시클로헥산·노말헥산·트리클로로에틸렌 등 유기용제에 노출되어 발생한 중추신경계장해. 다만, 외상성 뇌손상, 뇌전증, 알코올중독, 약물중독, 동맥경화증 등 다른 원인으로 발생한 질병은 제외한다.

나. 다음 어느 하나에 해당하는 말초신경병증

1) 톨루엔·크실렌·스티렌·시클로헥산·노말헥산·트리클로로에틸렌 및 메틸 n-부틸 케톤 등 유기용제, 아크릴아미드, 비소 등에 노출되어 발생한 말초신경병증. 다만, 당뇨병, 알코올중독, 척추손상, 신경포착 등 다른 원인으로 발생한 질병은 제외한다.

2) 트리클로로에틸렌에 노출되어 발생한 세갈래신경마비. 다만, 그 물질에 노출되는 업무에 종사하지 않게 된 후 3개월이 지나지 않은 경우만 해당하며, 바이러스 감염, 종양 등 다른 원인으로 발생한 질병은 제외한다.

3) 카드뮴 또는 그 화합물에 2년 이상 노출되어 발생한 후각신경마비

다. 납 또는 그 화합물(유기납은 제외한다)에 노출되어 발생한 중추신경계장해, 말초신경병증 또는 폄근마비

라. 수은 또는 그 화합물에 노출되어 발생한 중추신경계장해 또는 말초신경병증. 다만, 전신마비, 알코올중독 등 다른 원인으로 발생한 질병은 제외한다.

마. 망간 또는 그 화합물에 2개월 이상 노출되어 발생한 파킨슨증, 근육긴장이상(dystonia) 또는 망간정신병. 다만, 뇌혈관장해, 뇌염 또는 그 후유증, 다발성 경화증, 윌슨병, 척수·소뇌 변성증, 뇌매독으로 인한 말초신경염 등 다른 원인으로 발생한 질병은 제외한다.

바. 업무와 관련하여 정신적 충격을 유발할 수 있는 사건에 의해 발생한 외상후스트레스장애

사. 업무와 관련하여 고객 등으로부터 폭력 또는 폭언 등 정신적 충격을 유발할 수 있는 사건 또는 이와 직접 관련된 스트레스로 인하여 발생한 적응장애 또는 우울병 에피소드

5. 림프조혈기계 질병

가. 벤젠에 노출되어 발생한 다음 어느 하나에 해당하는 질병

1) 빈혈, 백혈구감소증, 혈소판감소증, 범혈구감소증. 다만, 소화기 질병, 철결핍성 빈혈 등 영양부족, 만성소모성 질병 등 다른 원인으로 발생한 질병은 제외한다.

2) 0.5피피엠(ppm) 이상 농도의 벤젠에 노출된 후 6개월 이상 경과하여 발생한 골수형성이상증후군, 무형성(無形成) 빈혈, 골수증식성질환(골수섬유증, 진성적혈구증다증 등)

나. 납 또는 그 화합물(유기납은 제외한다)에 노출되어 발생한 빈혈. 다만, 철결핍성 빈혈 등 다른 원인으로 발생한 질병은 제외한다.

6. 피부 질병

가. 검댕, 광물유, 옻, 시멘트, 타르, 크롬 또는 그 화합물, 벤젠, 디이소시아네이트, 톨루엔·크실렌·스티렌·시클로헥산·노말헥산·트리클로로에틸렌 등 유기용제, 유리섬유·대마 등 피부에 기계적 자극을 주는 물질, 자극성·알레르겐·광독성·광알레르겐 성분을 포함하는 물질, 자외선 등에 노출되어 발생한 접촉피부염. 다만, 그 물질 또는 자외선에 노출되는 업무에 종사하지 않게 된 후 3개월이 지나지 않은 경우만 해당한다.

나. 페놀류·하이드로퀴논류 물질, 타르에 노출되어 발생한 백반증

다. <u>트리클로로에틸렌에 노출되어 발생한 다형홍반(多形紅斑), 스티븐스존슨 증후군</u>. 다만, 그 물질에 노출되는 업무에 종사하지 않게 된 후 3개월이 지나지 않은 경우만 해당하며 약물, 감염, 후천성면역결핍증, 악성 종양 등 다른 원인으로 발생한 질병은 제외한다.

라. 염화수소·염산·불화수소·불산 등의 산 또는 염기에 노출되어 발생한 화학적 화상

마. 타르에 노출되어 발생한 염소여드름, 국소 모세혈관 확장증 또는 사마귀

바. 덥고 뜨거운 장소에서 하는 업무 또는 고열물체를 취급하는 업무로 발생한 땀띠 또는 화상

사. 춥고 차가운 장소에서 하는 업무 또는 저온물체를 취급하는 업무로 발생한 동창(凍瘡) 또는 동상

아. 햇빛에 노출되는 옥외작업으로 발생한 일광화상, 만성 광선피부염 또는 광선각화증(光線角化症)

자. 전리방사선(물질을 통과할 때 이온화를 일으키는 방사선)에 노출되어 발생한 피부궤양 또는 방사선피부염

차. 작업 중 피부손상에 따른 세균 감염으로 발생한 연조직염

카. 세균·바이러스·곰팡이·기생충 등을 직접 취급하거나, 이에 오염된 물질을 취급하는 업무로 발생한 감염성 피부 질병

7. 눈 또는 귀 질병

가. 자외선에 노출되어 발생한 피질 백내장 또는 각막변성

나. 적외선에 노출되어 발생한 망막화상 또는 백내장

다. 레이저광선에 노출되어 발생한 망막박리·출혈·천공 등 기계적 손상 또는 망막화상 등 열 손상

라. 마이크로파에 노출되어 발생한 백내장

마. 타르에 노출되어 발생한 각막위축증 또는 각막궤양

바. 크롬 또는 그 화합물에 노출되어 발생한 결막염 또는 결막궤양

사. 톨루엔·크실렌·스티렌·시클로헥산·노말헥산·트리클로로에틸렌 등 유기용제에 노출되어 발생한 각막염 또는 결막염 등 점막자극성 질병. 다만, 그 물질에 노출되는 업무에 종사하지 않게 된 후 3개월이 지나지 않은 경우만 해당한다.

아. 디이소시아네이트에 노출되어 발생한 각막염 또는 결막염

자. 불소수지·아크릴수지 등 합성수지의 열분해 생성물 또는 아황산가스 등에 노출되어 발생한 각막염 또는 결

막염 등 점막 자극성 질병

차. 소음성 난청

85데시벨[dB(A)] 이상의 연속음에 3년 이상 노출되어 한 귀의 청력손실이 40데시벨 이상으로, 다음 요건 모두를 충족하는 감각신경성 난청. 다만, 내이염, 약물중독, 열성 질병, 메니에르증후군, 매독, 머리 외상, 돌발성 난청, 유전성 난청, 가족성 난청, 노인성 난청 또는 재해성 폭발음 등 다른 원인으로 발생한 난청은 제외한다.

1) 고막 또는 중이에 뚜렷한 손상이나 다른 원인에 의한 변화가 없을 것

2) 순음청력검사결과 기도청력역치(氣導聽力閾値)와 골도청력역치(骨導聽力閾値) 사이에 뚜렷한 차이가 없어야 하며, 청력장해가 저음역보다 고음역에서 클 것. 이 경우 난청의 측정방법은 다음과 같다.

가) 24시간 이상 소음작업을 중단한 후 ISO 기준으로 보정된 순음청력계기를 사용하여 청력검사를 하여야 하며, 500헤르츠(Hz)(a)・1,000헤르츠(b)・2,000헤르츠(c) 및 4,000헤르츠(d)의 주파수음에 대한 기도청력역치를 측정하여 6분법[(a+2b+2c+d)/6]으로 판정한다. 이 경우 난청에 대한 검사항목 및 검사를 담당할 의료기관의 인력・시설 기준은 공단이 정한다.

나) 순음청력검사는 의사의 판단에 따라 48시간 이상 간격으로 3회 이상(음향외상성 난청의 경우에는 요양이 끝난 후 30일 간격으로 3회 이상을 말한다) 실시하여 해당 검사에 의미 있는 차이가 없는 경우에는 그 중 최소가청역치를 청력장해로 인정하되, 순음청력검사의 결과가 다음의 요건을 모두 충족하지 않는 경우에는 1개월 후 재검사를 한다. 다만, 다음의 요건을 충족하지 못하는 경우라도 청성뇌간반응검사(소리자극을 들려주고 그에 대한 청각계로부터의 전기반응을 두피에 위치한 전극을 통해 기록하는 검사를 말한다), 어음청력검사(일상적인 의사소통 과정에서 흔히 사용되는 어음을 사용하여 언어의 청취능력과 이해의 정도를 파악하는 검사를 말한다) 또는 임피던스청력검사[외이도(外耳道)를 밀폐한 상태에서 외이도 내의 압력을 변화시키면서 특정 주파수와 강도의 음향을 줄 때 고막에서 반사되는 음향 에너지를 측정하여 중이강(中耳腔)의 상태를 간접적으로 평가하는 검사를 말한다] 등의 결과를 종합적으로 고려하여 순음청력검사의 최소가청역치를 신뢰할 수 있다는 의학적 소견이 있으면 재검사를 생략할 수 있다.

(1) 기도청력역치와 골도청력역치의 차이가 각 주파수마다 10데시벨 이내일 것

(2) 반복검사 간 청력역치의 최대치와 최소치의 차이가 각 주파수마다 10데시벨 이내일 것

(3) 순음청력도상 어음역(語音域) 500헤르츠, 1,000헤르츠, 2,000헤르츠에서의 주파수 간 역치 변동이 20데시벨 이내이면 순음청력역치의 3분법 평균치와 어음청취역치의 차이가 10데시벨 이내일 것

8. 간 질병

가. 트리클로로에틸렌, 디메틸포름아미드 등에 노출되어 발생한 독성 간염. 다만, 그 물질에 노출되는 업무에 종사하지 않게 된 후 3개월이 지나지 않은 경우만 해당하며, 약물, 알코올, 과체중, 당뇨병 등 다른 원인으로 발생하거나 다른 질병이 원인이 되어 발생한 간 질병은 제외한다.

나. 염화비닐에 노출되어 발생한 간경변

다. 업무상 사고나 유해물질로 인한 업무상 질병의 후유증 또는 치료가 원인이 되어 기존의 간 질병이 자연적 경과 속도 이상으로 악화된 것이 의학적으로 인정되는 경우

9. 감염성 질병

가. 보건의료 및 집단수용시설 종사자에게 발생한 다음의 어느 하나에 해당하는 질병

1) B형 간염, C형 간염, 매독, 후천성면역결핍증 등 혈액전파성 질병

2) 결핵, 풍진, 홍역, 인플루엔자 등 공기전파성 질병

3) A형 간염 등 그 밖의 감염성 질병

나. 습한 곳에서의 업무로 발생한 렙토스피라증

다. 옥외작업으로 발생한 쯔쯔가무시증 또는 신증후군 출혈열

라. 동물 또는 그 사체, 짐승의 털·가죽, 그 밖의 동물성 물체, 넝마, 고물 등을 취급하여 발생한 탄저, 단독(erysipelas) 또는 브루셀라증

마. 말라리아가 유행하는 지역에서 야외활동이 많은 직업 종사자 또는 업무수행자에게 발생한 말라리아

바. 오염된 냉각수 등으로 발생한 레지오넬라증

사. 실험실 근무자 등 병원체를 직접 취급하거나, 이에 오염된 물질을 취급하는 업무로 발생한 감염성 질병

10. 직업성 암

가. 석면에 노출되어 발생한 폐암, 후두암으로 다음의 어느 하나에 해당하며 10년 이상 노출되어 발생한 경우

1) 가슴막반(흉막반) 또는 미만성 가슴막비후와 동반된 경우

2) 조직검사 결과 석면소체 또는 석면섬유가 충분히 발견된 경우

나. 석면폐증과 동반된 폐암, 후두암, 악성중피종

다. 직업적으로 석면에 노출된 후 10년 이상 경과하여 발생한 악성중피종

라. 석면에 10년 이상 노출되어 발생한 난소암

마. 니켈 화합물에 노출되어 발생한 폐암 또는 코안·코곁굴[부비동(副鼻洞)]암

바. 콜타르 찌꺼기(coal tar pitch, 10년 이상 노출된 경우에 해당한다), 라돈-222 또는 그 붕괴물질(지하 등 환기가 잘 되지 않는 장소에서 노출된 경우에 해당한다), 카드뮴 또는 그 화합물, 베릴륨 또는 그 화학물, 6가크롬 또는 그 화합물 및 결정형 유리규산에 노출되어 발생한 폐암

사. 검댕에 노출되어 발생한 폐암 또는 피부암

아. 콜타르(10년 이상 노출된 경우에 해당한다), 정제되지 않은 광물유에 노출되어 발생한 피부암

자. 비소 또는 그 무기화합물에 노출되어 발생한 폐암, 방광암 또는 피부암

차. 스프레이나 이와 유사한 형태의 도장 업무에 종사하여 발생한 폐암 또는 방광암

카. 벤지딘, 베타나프틸아민에 노출되어 발생한 방광암

타. 목재 분진에 노출되어 발생한 비인두암 또는 코안·코곁굴암

파. 0.5피피엠 이상 농도의 벤젠에 노출된 후 6개월 이상 경과하여 발생한 급성·만성 골수성백혈병, 급성·만성 림프구성백혈병

하. 0.5피피엠 이상 농도의 벤젠에 노출된 후 10년 이상 경과하여 발생한 다발성골수종, 비호지킨림프종. 다만, 노출기간이 10년 미만이라도 누적노출량이 10피피엠·년 이상이거나 과거에 노출되었던 기록이 불분명하여 현재의 노출농도를 기준으로 10년 이상 누적노출량이 0.5피피엠·년 이상이면 업무상 질병으로 본다.

거. 포름알데히드에 노출되어 발생한 백혈병 또는 비인두암

너. 1,3-부타디엔에 노출되어 발생한 백혈병

더. 산화에틸렌에 노출되어 발생한 림프구성 백혈병

러. 염화비닐에 노출되어 발생한 간혈관육종(4년 이상 노출된 경우에 해당한다) 또는 간세포암

머. 보건의료업에 종사하거나 혈액을 취급하는 업무를 수행하는 과정에서 B형 또는 C형 간염바이러스에 노출되어 발생한 간암

버. 엑스(X)선 또는 감마(γ)선 등의 전리방사선에 노출되어 발생한 침샘암, 식도암, 위암, 대장암, 폐암, 뼈암, 피부의 기저세포암, 유방암, 신장암, 방광암, 뇌 및 중추신경계암, 갑상선암, 급성 림프구성 백혈병 및 급성·만성 골수성 백혈병

11. 급성 중독 등 화학적 요인에 의한 질병

가. 급성 중독

1) 일시적으로 다량의 염화비닐·유기주석·메틸브로마이드·일산화탄소에 노출되어 발생한 중추신경계장해 등의 급성 중독 증상 또는 소견

2) 납 또는 그 화합물(유기납은 제외한다)에 노출되어 발생한 납 창백, 복부 산통, 관절통 등의 급성 중독 증상 또는 소견

3) 일시적으로 다량의 수은 또는 그 화합물(유기수은은 제외한다)에 노출되어 발생한 한기, 고열, 치조농루, 설사, 단백뇨 등 급성 중독 증상 또는 소견

4) 일시적으로 다량의 크롬 또는 그 화합물에 노출되어 발생한 세뇨관 기능 손상, 급성 세뇨관 괴사, 급성 신부전 등 급성 중독 증상 또는 소견

5) 일시적으로 다량의 벤젠에 노출되어 발생한 두통, 현기증, 구역, 구토, 흉부 압박감, 흥분상태, 경련, 급성 기질성 뇌증후군, 혼수상태 등 급성 중독 증상 또는 소견

6) 일시적으로 다량의 톨루엔·크실렌·스티렌·시클로헥산·노말헥산·트리클로로에틸렌 등 유기용제에 노출되어 발생한 의식장해, 경련, 급성 기질성 뇌증후군, 부정맥 등 급성 중독 증상 또는 소견

7) 이산화질소에 노출되어 발생한 점막자극 증상, 메트헤모글로빈혈증, 청색증, 두근거림, 호흡곤란 등의 급성 중독 증상 또는 소견

8) 황화수소에 노출되어 발생한 의식소실, 무호흡, 폐부종, 후각신경마비 등 급성 중독 증상 또는 소견

9) 시안화수소 또는 그 화합물에 노출되어 발생한 점막자극 증상, 호흡곤란, 두통, 구역, 구토 등 급성 중독 증상 또는 소견

10) 불화수소·불산에 노출되어 발생한 점막자극 증상, 화학적 화상, 청색증, 호흡곤란, 폐수종, 부정맥 등 급성 중독 증상 또는 소견

11) 인 또는 그 화합물에 노출되어 발생한 피부궤양, 점막자극 증상, 경련, 폐부종, 중추신경계장해, 자율신경계장해 등 급성 중독 증상 또는 소견

12) 일시적으로 다량의 카드뮴 또는 그 화합물에 노출되어 발생한 급성 위장관계 질병

나. 염화비닐에 노출되어 발생한 말단뼈 용해(acro-osteolysis), 레이노 현상 또는 피부경화증

다. 납 또는 그 화합물(유기납은 제외한다)에 노출되어 발생한 만성 신부전 또는 혈중 납농도가 혈액 100밀리리터(㎖) 중 40마이크로그램(㎍) 이상 검출되면서 나타나는 납중독의 증상 또는 소견. 다만, 혈중 납농도가 40마이크로그램 미만으로 나타나는 경우에는 이와 관련된 검사(소변 중 납농도, ZPP, δ-ALA 등을 말한다) 결과를 참고한다.

라. 수은 또는 그 화합물(유기수은은 제외한다)에 노출되어 발생한 궤양성 구내염, 과다한 타액분비, 잇몸염, 잇몸고름집 등 구강 질병이나 사구체신장염 등 신장 손상 또는 수정체 전낭(前囊)의 적회색 침착

마. 크롬 또는 그 화합물에 노출되어 발생한 구강점막 질병 또는 치아뿌리(치근)막염

바. 카드뮴 또는 그 화합물에 2년 이상 노출되어 발생한 세뇨관성 신장 질병 또는 뼈연화증

사. 톨루엔·크실렌·스티렌·시클로헥산·노말헥산·트리클로로에틸렌 등 유기용제에 노출되어 발생한 급성 세뇨관괴사, 만성 신부전 또는 전신경화증(systemic sclerosis, 트리클로로에틸렌을 제외한 유기용제에 노출된 경우에 해당한다). 다만, 고혈압, 당뇨병 등 다른 원인으로 발생한 질병은 제외한다.

아. 이황화탄소에 노출되어 발생한 다음 어느 하나에 해당하는 증상 또는 소견

1) 10피피엠 내외의 이황화탄소에 노출되는 업무에 2년 이상 종사한 경우

가) 망막의 미세혈관류, 다발성 뇌경색증, 신장 조직검사상 모세관 사이에 발생한 사구체경화증 중 어느 하나가 있는 경우. 다만, 당뇨병, 고혈압, 혈관장해 등 다른 원인으로 인한 질병은 제외한다.

나) 미세혈관류를 제외한 망막병변, 다발성 말초신경병증, 시신경염, 관상동맥성 심장 질병, 중추신경계장해, 정신장해 중 두 가지 이상이 있는 경우. 다만, 당뇨병, 고혈압, 혈관장해 등 다른 원인으로 인한 질병은 제외한다.

다) 나)의 소견 중 어느 하나와 신장장해, 간장장해, 조혈기계장해, 생식기계장해, 감각신경성 난청, 고혈압 중 하나 이상의 증상 또는 소견이 있는 경우

2) 20피피엠 이상의 이황화탄소에 2주 이상 노출되어 갑작스럽게 발생한 의식장해, 급성 기질성 뇌증후군, 정신분열증, 양극성 장애(조울증) 등 정신장해

3) 다량 또는 고농도 이황화탄소에 노출되어 나타나는 의식장해 등 급성 중독 소견

12. 물리적 요인에 의한 질병

가. 고기압 또는 저기압에 노출되어 발생한 다음 어느 하나에 해당되는 증상 또는 소견

1) 폐, 중이(中耳), 부비강(副鼻腔) 또는 치아 등에 발생한 압착증

2) 물안경, 안전모 등과 같은 잠수기기로 인한 압착증

3) 질소마취 현상, 중추신경계 산소 독성으로 발생한 건강장해

4) 피부, 근골격계, 호흡기, 중추신경계 또는 속귀 등에 발생한 감압병(잠수병)

5) 뇌동맥 또는 관상동맥에 발생한 공기색전증(기포가 동맥이나 정맥을 따라 순환하다가 혈관을 막는 것)

6) 공기가슴증, 혈액공기가슴증, 가슴세로칸(종격동), 심장막 또는 피하기종

7) 등이나 복부의 통증 또는 극심한 피로감

나. 높은 압력에 노출되는 업무 환경에 2개월 이상 종사하고 있거나 그 업무에 종사하지 않게 된 후 5년 전후에 나타나는 무혈성 뼈 괴사의 만성장해. 다만, 만성 알코올중독, 매독, 당뇨병, 간경변, 간염, 류머티스 관절염, 고지혈증, 혈소판감소증, 통풍, 레이노 현상, 결절성 다발성 동맥염, 알캅톤뇨증(알캅톤을 소변으로 배출시키는 대사장애 질환) 등 다른 원인으로 발생한 질병은 제외한다.

다. 공기 중 산소농도가 부족한 장소에서 발생한 산소결핍증

라. 진동에 노출되는 부위에 발생하는 레이노 현상, 말초순환장해, 말초신경장해, 운동기능장해

마. 전리방사선에 노출되어 발생한 급성 방사선증, 백내장 등 방사선 눈 질병, 방사선 폐렴, 무형성 빈혈 등 조혈기 질병, 뼈 괴사 등

바. 덥고 뜨거운 장소에서 하는 업무로 발생한 일사병 또는 열사병

사. 춥고 차가운 장소에서 하는 업무로 발생한 저체온증

13. 제1호부터 제12호까지에서 규정된 발병요건을 충족하지 못하였거나, 제1호부터 제12호까지에서 규정된 질병이 아니더라도 근로자의 질병과 업무와의 상당인과관계(相當因果關係)가 인정되는 경우에는 해당 질병을 업무상 질병으로 본다.

01 산업재해보상보험법령상 직업적 노출이 있는 경우, 직업성 방광암으로 인정받을 수 있는 발암물질이 아닌 것은?

① 비소

② 벤지딘

③ 스프레이나 이와 유사한 형태의 도장 업무

④ 감마(γ)선 등 전리방사선

⑤ 1,3-부타디엔

해설

○ **산업재해보상보험법령상 방광암 인정 발암물질**

1. 비소 또는 그 무기화합물
2. 벤지딘
3. 베타(β)-나프틸아민
4. 스프레이나 이와 유사한 형태의 도장 업무
5. X-선, 감마(γ)선 등 전리방사선

정답 ⑤

청감의 등감곡선

- 동일한 크기를 듣기 위해서는 저주파에서는 고주파보다 물리적으로 더 높은 음압수준을 필요로 한다.
- 고주파 음압 수준에 노출되면 주로 직업성 소음성 난청이 발생한다. 인간의 가청주파수는 20~20,000Hz이다. 인간이 듣지 못하는 20Hz 이하의 음을 초저주파음 또는 청외저주파음이라 하고, 20,000Hz 이상의 음을 초음파라 한다.
- 정상의 청력을 갖는 사람이 1,000Hz에서 음압수준을 기준으로 등감곡선을 나타내는 단위를 'phon'이라고 하며 지시소음계는 측정 지시값으로 이 단위를 사용한다.
- 1,000Hz tone의 음의 크기가 40dB의 음의 세기를 가질 때를 sone이라 정의한다. 사실, sone은 어떤 음이 40phon의 크기를 가질 때의 음의 크기와 같다.

  $S=2^{(P-40)/10}$

  P: phon으로 음의 크기를 나타낸다.

  S: sone의 크기

* phon은 1,000Hz에서 사람의 귀가 반응하는 사실적인 측정치이다. dB과 phon의 값은 같다. 음의 크기 레벨(loudness level)은 감각적인 크기를 나타내며, 단위는 폰(phon)을 사용한다. dB은 물리적 척도인데 비해, 폰(phon) 척도는 귀의 감각적 변화를 고려한 주관적인 척도이다. 사람의 청각으로 지각되는 음의 크기는 주파수에 따라 차이가 있어 평탄하게 선형적으로 느껴지지는 않는다.

* 점음원은 크기가 무시될 수 있는 음원으로서 점음원으로부터의 거리 감쇠는 거리의 제곱에 반비례한다. 측정거리에 비해 음원의 치수가 충분히 작은 경우에는 점음원이라 부른다. 자유공간에서의 점음원의 거리에 의한 소음감쇠는 거리가 2배가 되면 6dB 감소한다. 반면, 선음원은 점음원의 집합이라 생각할 수 있으며 선음원의 거리감쇠는 거리에 반비례하고 거리가 2배가 되면 3dB 감소한다.

01 청감의 등감곡선에 관한 설명으로 옳은 것은?

① 동일한 크기를 듣기 위해서는 고주파에서는 저주파보다 물리적으로 더 높은 음압수준을 필요로 한다.

② 1,000Hz에서 40dB은 100Hz에서 약 50dB과 비슷한 크기로 느껴진다.

③ 저주파 음압 수준에 노출되면 주로 직업성 소음성 난청이 발생한다.

④ 정상의 청력을 갖는 사람이 1,000Hz에서 음압수준을 기준으로 등감곡선을 나타내는 단위를 'sone'이라고 하며, 지시소음계는 측정 지시값으로 이 단위를 사용한다.

⑤ 1,000Hz에서 70dB은 7sone에 해당한다.

해설

정답 ②

테마33. 고압현상

고압환경의 생체작용은 두 가지로 크게 구분된다. 생체(生體)와 환경간의 기압차이로 인한 기계적 작용은 1차성 압력현상이라고 한다. 이에 대해서 **고압 하의 대기가스의 독성 때문에 나타나는 현상은 2차성 압력현상**이라고 하며 각 가스 분자의 특성과 관계가 있다.

1. 1차성 압력현상

1) 1psi 이하의 기압 차이에서도 울혈, 부종, 출혈, 동통이 발생한다.

2) 부비강, 치아가 기압증가에 의해 압박장해를 일으킨다.

3) 잠수부의 기압 외상은 귀의 염증 등이다.

4) 흉곽이 잔기량보다 적은 용량까지 압축되면 폐 압박 현상이 나타난다.

* psi는 "제곱 인치당 파운드"를 뜻한다. psi는 영국계 단위로써 pound(lb) per square inch로 압력단위이다.

2. 2차성 압력현상

고압 하의 대기독성(일산화탄소) 때문에 나타나는 현상을 말한다.

1) 질소 마취

4기압 이상에서 공기 중 질소가스가 마취작용을 일으킨다. 작업력의 저하, 기분의 변환 등 다행증(과하게 행복함을 느끼는 것)이 발생한다.

2) 산소 중독

산소 분압이 2기압을 넘으면 산소 중독증세가 나타난다. 수지와 족지의 작열통, 시력장해, 현청, 정신곤란, 근육의 경련, 오심(멀미), 현훈(어지러움) 등이 나타난다. 산소중독에 따른 증상은 고압산소에 대한 노출이 중지되면 멈추게 된다.

3) 이산화탄소

산소독성과 질소의 마취 현상을 증강시킨다. 고압환경에서 이산화탄소의 농도는 0.2%를 초과하지 말아야 한다.

01 고압환경에서 2차성 압력현상과 이로 인한 건강영향으로 옳지 않은 것은?

① 흉곽이 잔기량보다 적은 용량까지 압축되면 폐 압박 현상이 나타날 수 있다.
② 질소 마취에 의해 작업력의 저하와 다행증이 발생할 수 있다.
③ 이산화탄소 분압의 증가로 관절 장해가 발생할 수 있다.
④ 고압환경에서 대기 가스의 독성 때문에 나타나는 현상이다.
⑤ 산소 중독 증세가 나타날 수 있다.

해설

정답 ①

02 고압환경의 영향은 1차 가압현상과 2차 가압현상으로 구분된다. 다음 중 2차 가압현상과 가장 거리가 먼 것은?

① 산소 중독
② 이산화탄소 중독
③ 질소기포 형성
④ 질소 마취
⑤ 화학적 장해

해설

질소기포 형성은 동통성 관절장애가 나타난다. 질소의 기포가 뼈의 소동맥을 막아 비감염성 골괴사를 일으키며 대표적 감압환경 인체 증상이다.

정답 ③

03 고압환경의 영향 중 2차적인 가압현상(화학적 장해)에 관한 설명으로 옳지 않은 것은?

① 4기압 이상에서 공기 중의 질소 가스는 마취작용을 일으킨다.

② 이산화탄소의 증가는 산소의 독성과 질소의 마취작용을 촉진시킨다.

③ 고압환경에서 이산화탄소의 농도는 0.2%를 초과하지 말아야 한다.

④ 산소의 분압이 2기압을 넘으면 산소중독 증세가 나타난다.

⑤ 산소중독은 고압산소에 대한 노출이 중지되어도 근육경련, 환청 등 후유증이 장기간 지속된다.

해설

정답 ⑤

04 다음 중 감압과정에서 감압속도가 너무 빨라서 나타나는 종격기종(가슴 중앙 부위에 공기 존재하는 상태), 기흉의 원인이 되는 것은?

① 이산화탄소

② 일산화탄소

③ 질소

④ 산소

⑤ 수소

해설

정답 ③

테마34. 기술역학과 분석역학

1. 기술역학

인구집단에서 생기는 질병발생의 빈도나 분포 등의 양상을 인구학적, 지역적, 시간적 특성별로 파악하여 질병의 원인에 관한 가설을 설정하는 데 중점을 두는 연구로 생태학적 연구, 단면조사 연구, 사례 보고 등이 있다.

2. 분석역학

질병의 원인에 관한 가설을 검정하기 위해 비교군을 가지고 두 군 이상의 질병의 빈도 차이를 관찰하는 연구로서 코호트 연구와 환자-대조군 연구 등이 있다.

3. 인과관계의 근거(evidence) 수준

실험연구가 가장 인과관계 수준이 높다.

실험연구>준실험연구>코호트연구>환자-대조군연구>단면(조사)연구>생태학적연구>사례군연구>사례연구

* 단면조사란 질병의 유병상태와 노출간의 관련성을 특정 시점 또는 기간 동안에 조사하는 것을 말한다.

01 다음 역학연구의 설계를 인과관계의 근거(evidence) 수준이 높은 것부터 낮은 것의 순서대로 옳게 나열한 것은?

ㄱ. 사례군 연구	ㄴ. 코호트 연구
ㄷ. 환자-대조군 연구	ㄹ. 단면조사연구

① ㄴ→ㄱ→ㄷ→ㄹ

② ㄴ→ㄷ→ㄹ→ㄱ

③ ㄷ→ㄴ→ㄱ→ㄹ

④ ㄷ→ㄴ→ㄹ→ㄱ

⑤ ㄴ→ㅁ→ㄱ→ㄷ

해설

정답 ②

테마35. 역학에서의 인과관계(Hill의 기준)

역학연구에서 두 사상의 인과관계 판단의 대표적인 것이 'Hill의 기준'으로, 관련성의 강도, 일관성, 특이성, 시간적 선후관계, 생물학적 용량-반응관계, 개연성, 기존 지식과의 일치성, 실험, 유사성의 9개 항목이다.

[암기법: 특강일시! 기개유실생!]

1. **요인에 대한 노출과 질병발생과의 시간적 선후관계**

   요인에 대한 노출은 질병 발생에 앞서야 하고, 기간도 적절해야 한다.

2. **관련성의 강도(strength of association)**

   요인과 결과 간의 관련성의 강도가 클수록 인과관계일 가능성이 높다.

3. **관련성의 일관성(consistency of association)**

   요인과 결과 간의 관련성이 관찰 대상 집단과 연구방법, 연구시점이 다름에도 비슷하게 관찰되면 일관성이 높고, 인과관계일 가능성이 높아진다.

4. **관련성의 특이성(specificity of association)**

   한 요인이 다른 질병과 또는 한 질병이 여러 요인과 관련성을 보이지 않고, 특별한 질병 또는 요인과 관련성이 있는 경우, 하나의 요인이 특정한 질병에만 높은 연관성을 보이는 경우 인과관계일 가능성이 높다.

5. **용량-반응 관계**

   노출되는 양이 커질수록, 반응도 강해진다면 인과관계일 가능성이 크다.

6. **생물학적 설명력(biological plausibility)**

   기존의 과학적 지식과 일치한다면 가능성이 높아진다.

7. **기존 학설과의 일관성(coherence)**

   추정된 인과관계가 기존의 지식, 소견과 일치할수록 인과관계의 가능성이 높다.

8. **실험적 증거(experimental evidence)**

   시간적 선후관계와 더불어 매우 중요한 요소로 아무리 다른 정황적 추측이 있어도 실험적 증거가 없다면 소용없다. 가장 확실한 방법 중 하나는 대조군 대비 유의미한 증가가 있는지 살펴보는 것이다.

9. **기존의 인과관계와의 유사성(analogy)**

   기존에 밝혀진 요인-질병 관계와의 임상적, 역학적으로 유사성이 있는 경우 유사한 인과관계가 있을 가능성이 높다. 유사성이 없다고 해서 인과관계가 없는 것은 아니며, 제시된 기준들 중 가장 중요성이 떨어진다.

01 역학(epidemiology)의 정의에 관한 설명으로 옳지 않은 것은?

① 인간집단 내 발생하는 모든 생리적 이상 상태의 빈도와 분포를 기술한다.

② 빈도와 분포를 결정하는 요인은 원인적 관련성 여부에 근거를 둔다.

③ 예방법을 개발하는 학문이다.

④ 직업역학(occupational epidemiology)은 일하는 사람이 대상이다.

⑤ 역학에서의 인과관계 기준(Hill의 기준) 중 "한 요인이 다른 질병과 또는 한 질병이 여러 요인과 관련성을 보이지 않고, 특별한 질병 또는 요인과 연관성이 있는 경우"를 관련성의 일관성(consistency of association)이라 한다.

해설

정답 ⑤

테마36. NIOSH 직무스트레스 원인 4가지

1. 개인적 요인

성, 연령, 결혼상태, 근무환경, 직위, A형 성격, 자기 존중감

> A형 성격은 경쟁에서 지기 싫어하고 스트레스를 잘 받는 강박적인 성격이 특징이고, 화를 잘 내고, 경쟁적이고, 급하고, 공격적이고, 지배적인 모습들을 보이기도 한다. B형은 낙천적이고 주변에 잘 순응하는 느긋한 성격의 소유자를 말한다.

2. 직업적 요인

물리적 환경, 직무관련내용(역할갈등, 역할모호), 대인관계 갈등, 직무 재량권, 고용기회, 직무 요구(양적 직무부담, 직무부담의 변화), 다른 사람에 대한 책임, 기술활용 저조, 정신적 요구, 교대근무, 작업위험요소

3. 비직업적 요인

가사일, 일상활동

4. 완충요인

상사, 동료, 가족들의 지지

01

NIOSH에서 제시한 직무스트레스 요인 중 조직적 요인에 해당하지 않는 것은?

① 관리유형
② 역할모호성 및 갈등
③ 고용 불확실성
④ 작업속도
⑤ 역할요구

해설

○ **직무스트레스 요인**

작업요인	환경요인	조직적 요인
작업부하, 작업속도, 교대근무	소음, 온도, 조명, 환기 불량	역할갈등, 관리 유형, 고용 불확실성, 의사결정 참여

정답 ④

테마37. 작업강도

작업강도(%MS)란 근로자가 가지고 있는 최대의 힘(MS: Maximum Strength)에 대한 작업이 요구하는 힘(RF: Required Force)을 백분율(%)로 표시한다. 작업강도는 근로자의 근력에 따라 달라진다.

즉, [작업 시 요구되는 힘(RF)÷근로자의 최대 힘(MS)]×100이다.

힘의 단위는 kp(kilopound)로 표시하며 1kp는 질량 1kg을 중력의 크기로 당기는 힘을 의미한다. 즉 1kp=약 2.2pound=약 1kg의 중력에 해당한다.

작업강도가 15% 미만인 경우 국소피로는 오지 않으며 30% 이상일 때 불쾌감과 함께 국소피로를 야기한다.

결론적으로 작업강도(%MS)는 약한 쪽의 손의 힘(MS)이 한쪽 손에 미치는 힘을 말한다.

01

젊은 근로자에 있어서 약한 쪽 손의 힘은 평균 45kp라고 한다. 이러한 근로자가 무게 8kg인 상자를 양손으로 들어 올릴 경우 작업강도(%MS)는 약 얼마인가?

① 17.8%
② 8.9%
③ 4.4%
④ 2.3%
⑤ 1.5%

해설

작업강도(%MS)=(4/45)×100
=8.888

정답 ②

02

젊은 근로자의 약한 손(오른손잡이인 경우 왼손)의 힘이 평균 45kp인 경우, 이 근로자가 무게 10kg인 상자를 두 손으로 들어 올릴 경우의 작업강도(%MS)는 약 얼마인가?

① 1.1
② 4.5
③ 8.5
④ 11.1
⑤ 21.1

해설

정답 ④

테마38. 직업적성검사

1. **신체검사**

2. **생리적 기능검사**

   ① 감각기능 검사(혈액, 근전도, 심박수, 민첩성, 작업성적)

   ② 심폐기능검사

   ③ 체력검사

3. **심리학적 검사**

   ① 지능검사(언어, 기억, 추리, 귀납 등에 대한 검사)

   ② 지각동작검사(수족협조, 운동속도, 형태지각 등에 대한 검사)

   ③ 인성검사(성격, 태도, 정신상태에 대한 검사)

   ④ 기능검사(직무에 관련된 기본지식과 숙련도, 사고력 등의 검사)

01 심리학적 적성검사에 해당하지 않는 것은?

① 지각동작검사

② 감각기능검사

③ 인성검사

④ 기능검사

⑤ 지능검사

해설

정답 ②

테마39. 체내 흡수량

체내 흡수량(또는 안전폭로량, SHD, safe human dose): 근로자가 일정 시간동안 일정농도의 유해물질에 노출될 때, 흡수되는 유해물질의 양을 체내흡수량이라 한다.

1. **체내 흡수량**(mg)=C×T×V×R
   C: 유해물질의 농도
   T: 노출시간(hr)
   V: 폐환기율 또는 폐호흡률(m^3/hr)
   R: Retention, 체내 잔류율. 만일 자료가 없으면 1로 계산한다.
2. **연습문제**

예제 1

구리(Cu)의 독성에 관한 인체 실험결과, 안전흡수량이 체중 kg당 0.12mg이었다. 1일 8시간 작업시의 노출기준(C)은 얼마인가? (단, 근로자의 체중은 70kg, 경작업시의 폐환기량은 1.25m^3/hr, 체내 잔류량 자료는 없음)

해설

풀이를 함께 해 보자.

1) 체내 흡수량을 먼저 계산한다. 0.12mg/kg×70kg=8.4mg
2) 체내 흡수량=C×T×V×R에 대입하면 노출기준인 농도(C)를 구할 수 있다.
   8.4mg=C×8hr×1.25m^3/hr×1
   C=0.84(mg/m^3)

정답 0.84(mg/m^3)

예제 2

망간(Mn)의 인체에 대한 실험결과 안전한 체내 흡수량은 0.1mg/kg이었다. 1일 작업시간이 8시간인 경우 허용농도(mg/m^3)는 약 얼마인가? (단, 폐에 의한 흡수율은 1, 호흡률은 1.2m^3/hr, 근로자의 체중은 80kg으로 계산한다)

해설

풀이를 함께 해 보자.

1) 체내 흡수량을 먼저 계산한다. 80kg×0.1mg/kg=8mg
2) 체내 흡수량=C×T×V×R에 대입하면 노출기준인 농도(C)를 구할 수 있다.
3) 직접 계산해 보길 바란다. 농도(C)=0.83333...

정답 0.83333...

01

구리(Cu)의 공기 중 농도가 0.05mg/㎥이다. 작업자의 노출시간이 8시간이며, 폐환기율은 1.25㎥/hr, 체내 잔류율은 1이라고 할 때, 체내 흡수량은 얼마인가?

① 0.3mg

② 0.4mg

③ 0.5mg

④ 0.6mg

⑤ 0.7mg

해설

정답 ③

테마40. 속도와 속도압

1. **속도(V)와 속도압(동압, VP)**

베르누이는 속도와 속도압의 관계를 다음과 같이 나타냈다.

$V(\text{속도}) = 4.03\sqrt{VP(\text{속도압})}$

산업환기에서는 정압, 속도압, 전압 등이 있는데 단위는 모두 mmH_2O이다. 산업환기에서는 공기의 흐름에 대한 압력을 측정할 때 mm단위로 미세하게 변하는 물(H_2O)의 높이를 이용하기 때문이다. 참고로 작업환경측정에서는 mmHg이다.

예제 1

덕트에서 공기흐름의 평균 속도압은 $25.4mmH_2O$이다. 덕트에서 반송속도(이송속도, m/sec)를 구하시오.

해설

V(속도, m/sec)=$4.03\sqrt{VP}$(속도압)이므로 $4.03\times\sqrt{25.4}$=20.4m/sec

정답 20.4m/sec

예제 2

주물공장의 분진 배출을 위해 국소배기장치를 설계하고자 한다. 반송속도가 최소한 25m/sec 이상은 되어야 덕트에서 퇴적하지 않는다고 할 때, 이 덕트에서의 속도압은 최소한 얼마 이상이 되어야 하는가?

해설

V(속도)=$4.03\sqrt{VP}$(속도압)이므로, 속도압은 약 $38.5mmH_2O$이다.

정답 $38.5mmH_2O$

2. **필요환기량**

포위식 후드의 경우 유해물질 발생원이 후드 안에 있으므로 제어거리가 없다.

따라서 환기량(Q)은 제어속도(V)와 후드의 개방된 면적(A, 개구면적)의 곱으로 나타낸다.

Q(환기량, m^3/sec)=A×V

여기서 V는 위의 베르누이 공식에서 배웠으므로 잘 익혀둔다.

한편, A(**개구면적**)는 포위식 후드에서 열린 면적이므로 직사각형 후드의 경우에는 가로×세로, **원형인 경우에는** $0.785d^2(=\pi d^2/4)$이다. 잘 암기해 두어야 한다.

1) **포위식 후드의 필요환기량**

Q(환기량, ㎥/sec)=A×V

Q(환기량, ㎥/min)=60×A×V

1min=60sec를 활용하면 된다.

2) **외부식 후드의 경우 필요환기량(제어거리 X가 있다)**

외부식 후드는 유해물질 발생원(오염원)과 후드가 일정 거리(제어거리, X) 떨어져 있다는 의미이다.

Q(환기량, ㎥/sec)=A×V에서 후드 속도(제어속도)는 후드 모양에 따라 변하지 않고 등속도(제어속도가 일정하게 달성되는 면)의 면적만 달라진다. 실험식에 의해 제안된 외부식 후드의 면적(A)은 $10X^2+A$이다. 공식을 그대로 암기해야 한다.

Q(외부식 후드의 필요 환기량, ㎥/sec)=$(10X^2+A)\times V$

예제 1 **덕트를 통해 1㎥/sec로 공기 유해가스를 흡인하는 경우, 지름이 0.25m인 덕트 끝에서 0.6m 떨어진 덕트 축선상 점에서의 제어속도(V)를 구하시오.**

해설

지름이라 하였으므로 원형 후드인 것을 알 수 있다.

외부식 후드의 필요환기량 문제이므로 Q(환기량, ㎥/sec)=$(10X^2+A)\times V$에 대입하면 된다.

$1=(10\times0.6^2+0.785\times0.25^2)\times V$에서 V=약 0.27m/sec이다.

정답 약 0.27m/sec

예제 2 **후드로부터 25cm 떨어진 곳에 있는 금속제품의 연마공정에서 발생하는 금속먼지를 제거하고자 한다. 제어속도는 5m/sec로 설정했다. 후드 직경이 40cm인 원형 후드를 이용하여 제거하고자 할 때, 필요환기량(㎥/min)은?**

해설

단위에 주의할 문제이다. sec→min으로, cm→m로 고쳐야 한다.

Q(환기량)=$(10X^2+A)\times V$에 대입하면 된다.

Q(환기량)=$5m/sec\times60sec/min\times(10\times0.25^2+0.785\times0.4^2)=225.18$㎥/min

정답 225.18㎥/min

3) **외부식 후드에 플랜지가 부착된 경우(플랜지가 붙은 후드가 공간에 있을 경우)**

플랜지가 부착되면 후드 뒷면에서 오는 공기를 차단하고 대신 앞에 있는 공기를 끌어당기기 때문에 동일한 후드 형태에서 공간에 플랜지를 부착하면 필요환기량이 25% 절감되는 효과가 생긴다. 적은 환기량으로 오염된 공기를 동일하게 제거할 수 있다는 의미이다.

Q(외부식 후드에 플랜지가 부착된 경우 필요 환기량, ㎥/sec)=0.75×(10X^2+A)×V

4) 외부식 후드에 플랜지가 면(바닥, 천장, 벽)에 접하고 있는 경우

플랜지가 붙되 후드가 공간에 있지 않고 면에 붙어 있으면 환기량이 훨씬 더 절감되는데 50%의 환기량 절감효과를 볼 수 있다.

Q(플랜지가 면에 부착된 경우 필요 환기량, ㎥/sec)=0.5×(10X^2+A)×V

5) 외부식 후드 중 슬롯 후드의 필요환기량

Q(㎥/sec)=3.7×슬롯후드의 길이(가로, L)×폭(세로, W)×개구면으로부터 거리(X) **만일 슬롯 후드에 플랜지가 부착된 경우에는 약 30%의 공기량이 절감된다.** **Q(㎥/sec)=2.6×슬롯후드의 길이(가로, L)×폭(세로, W)×개구면으로부터 거리(X)**

* 항상 단위에 주의할 것!

3. 후드의 압력손실(H_e)

설계된 필요환기량을 후드로 완전하게 들어오게 하려면 두 가지 힘이 필요하다.

1) 정지상태의 외부공기를 일정한 속도로 움직이도록 하는 가속화(VP, 속도압, 동압)

2) 공기가 후드로 유입될 때 발생되는 난류에 의한 손실(H_e)를 극복해야 한다.

따라서 후드의 정압(SP_h)은 공기를 가속화하는 힘인 속도압(VP)와 후드의 유입구에서 발생되는 후드의 압력손실(H_e)의 합이다.

$|SP_h|=VP+H_e$

SP_h: 후드의 정압(mmH_2O)

VP: 후드의 동압(속도압, mmH_2O)

H_e: 후드의 압력손실(mmH_2O)

$H_e=F\times VP$

F: 후드의 압력손실계수

따라서 $|SP_h|=VP+F\cdot VP=VP(1+F)$

예제 1 **속도압이 28mmH_2O이고 후드의 유입손실이 25mmH_2O일 경우, 후드의 정압(SP_h, mmH_2O)을 구하시오.**

해설

$|SP_h|=VP+H_e=53mmH_2O$

정답 53mmH_2O

예제 2 **공기 유량이 0.1415㎥/sec, 덕트 직경이 9cm, 후드의 압력손실계수(F)가 0.40일 때, 후드의 정압(SP_h, mmH_2O)을 구하시오.**

해설

$|SP_h|=VP+H_e=|SP_h|=VP+F\cdot VP=VP(1+F)$

일단, VP을 알아야 한다. 그러나 문제에서는 VP(속도압)가 주어지지 않았으니 어떡하지? 주어진 유량(Q)와 직경을 가지고 구해본다. Q=A×V이므로 $Q=0.785d^2\times V$에서 V(속도)를 구할 수 있다. $V=4.03\sqrt{VP}$를 활용해 보자. 먼저 V(속도)=22.2m/sec이니 $VP=30.5mmH_2O$를 구할 수 있다.

따라서 $|SP_h|=VP+H_e=|SP_h|=VP+F\cdot VP=VP(1+F)=30.5\times(1+0.4)$=약 $42.7mmH_2O$이다.

정답 약 $42.7mmH_2O$

4. 후드의 압력손실계수(F)와 유입계수(C_e)의 관계

후드의 효율은 실제 후드 내로 유입된 환기량과 이론적인 환기량의 비로 나타내는데 이러한 비를 유입계수(C_e, coffecient of entry)라 한다.

$C_e=Q_{\text{실제적인 양}}/Q_{\text{이론적인 양}}$

만일, 후드에서 손실이 발생하지 않는다면 유입계수(C_e)는 1이지만 이것은 불가능하다.

유입계수 추정공식은 다음과 같다.

$C_e=\sqrt{\frac{VP}{SP_h}}$

여기에 $|SP_h|=VP+H_e=|SP_h|=VP+F\cdot VP=VP(1+F)$을 대입하면

F(압력손실계수)와 C_e의 관계를 구할 수 있다.

즉, **F(압력손실계수)$=(1-C_e^2)/C_e^2$ 이다.**

예제 1 **후드의 정압이 $50.8mmH_2O$이고, 덕트의 속도압은 $20.3mmH_2O$이다. 후드의 압력손실(H_e), 압력손실계수(F), 그리고 유입계수(C_e)를 모두 구하시오.**

해설

$|SP_h|=VP+H_e$

$H_e=VP\times F$

$F=(1-C_e^2)/C_e^2$

$H_e=30.5mmH_2O$

$F=1.5$

$C_e=0.63$

정답 0.63

01

직경 200mm의 원형 덕트에서 측정한 후드 정압(SP_h)은 100mmH_2O, 유입계수(C_e)는 0.5이었다. 후드의 필요환기량(㎥/min)은 약 얼마인가? (단, 현재의 공기는 표준공기상태이다)

① 18.10
② 23.10
③ 28.10
④ 33.10
⑤ 38.10

해설

후드의 필요환기량(㎥/min)=V×A
A=0.785×d^2
V=4.03$\sqrt{VP}$
SPh=VP+VP×F=VP(1+F)
F=$(1-C_e^2)/C_e^2$
특히, 주의할 것은 단위이다. mm를 m로 고치고, 속도단위(m/sec)를 min으로 고치는 것을 잊지 말 것!

정답 ⑤

02

테이블에 붙여서 설치한 사각형 후드의 필요환기량 Q(m^3/min)를 구하는 식으로 적절한 것은? (단, 플랜지는 부착되지 않았고, A(m^2)는 개구면적, X(m)는 개구부와 오염원 사이의 거리, V(m/s)는 제어 속도를 의미한다)

① Q=V×(5X^2+A)
② Q=V×(7X^2+A)
③ Q=60×V×(5X^2+A)
④ Q=60×V×(7X^2+A)
⑤ Q=60×V×0.5 ×(10X^2+A)

해설

○ 외부식 후드의 필요환기량

자유공간에 설치된 원형 및 장방형 후드	자유공간에 설치된 플랜지 부착된 원형 및 장방형 후드	바닥, 책상, 벽(면) 등에 접해 설치된 플랜지 없는 장방형 후드
60×V×(10X^2+A)	60×0.75×V×(10X^2+A) 만일, 자유공간이 아닌 면 등에 접하고 플랜지 부착된 경우는 60×0.5×V×(10X^2+A)	60×V×(5X^2+A)

정답 ③

열적 환경평가 지표

1. 실효(복사)온도

실효온도는 '체감온도, 감각온도'라고도 한다. 영향을 주는 요인으로는 온도, 습도, 기류이다. 흑구온도는 복사온도를 의미한다. 복사열은 물체에서 방출하는 전자기파를 물체가 흡수하여 열로 변했을 때의 에너지를 의미하며 복사온도는 이를 측정한 온도이다.

즉, 실효복사온도 = 흑구온도 - 기온

* 복사열에 의한 온감은 거리 제곱에 반비례하며, 복사열은 흑구온도계(열전도복사계)로 측정한다. 참고로 열선 풍속계는 풍속과 풍량을 측정할 수 있다.

2. Oxford 지수

'습구건구지수(WD)'라고도 한다.

옥스퍼드 지수=(0.85×습구온도)+(0.15×건구온도)

3. 습구흑구온도지수(WBGT)

근로자가 고열환경에 종사함으로써 받는 열스트레스 또는 위해를 평가하기 위한 도구(단위: ℃)로 기온, 습도, 복사열을 종합적으로 고려한 지표이다.

1) 옥내=(0.7×습구온도)+(0.3×흑구온도)

2) 옥외=(0.7×습구온도)+(0.2×흑구온도)+(0.1×건구온도)

○ 작업환경측정 및 정도관리 등에 관한 고시

제20조(단위) ① 화학적 인자의 가스, 증기, 분진, 흄(fume), 미스트(mist) 등의 농도는 피피엠(ppm) 또는 세제곱미터 당 밀리그램(㎎/㎥)으로 표시한다. 다만, 석면의 농도 표시는 세제곱센티미터 당 섬유개수(개/㎤)로 표시한다.

② 피피엠(ppm)과 세제곱미터 당 밀리그램(㎎/㎥)간의 상호 농도변환은 다음 계산식 1과 같다.

(계산식1. 25℃, 1기압 기준)

$$\text{노출기준(mg/m}^3) = \frac{\text{노출기준}(ppm) \times \text{그램분자량}}{24.45}$$

③ <삭제>

④ 소음수준의 측정단위는 데시벨[dB(A)]로 표시한다.

⑤ 고열(복사열 포함)의 측정단위는 습구·흑구 온도지수(WBGT)를 구하여 섭씨온도(℃)로 표시한다.

○ **고온의 노출기준(화학물질 및 물리적 인자의 노출기준 참고)**

<별표 3> 고온의 노출기준

(단위 : ℃, WBGT)

작업휴식시간비 \ 작업강도	경작업	중등작업	중작업
계 속 작 업	30.0	26.7	25.0
매시간 75%작업, 25%휴식	30.6	28.0	25.9
매시간 50%작업, 50%휴식	31.4	29.4	27.9
매시간 25%작업, 75%휴식	32.2	31.1	30.0

주 : 1. 경작업 : 200kcal까지의 열량이 소요되는 작업을 말하며, 앉아서 또는 서서 기계의 조정을 하기 위하여 손 또는 팔을 가볍게 쓰는 일 등을 뜻함

2. 중등작업 : 시간당 200~350kcal의 열량이 소요되는 작업을 말하며, 물체를 들거나 밀면서 걸어다니는 일 등을 뜻함

3. 중작업 : 시간당 350~500kcal의 열량이 소요되는 작업을 말하며, 곡괭이질 또는 삽질하는 일 등을 뜻함

01 고열작업에 관한 설명으로 옳지 않은 것은?

① 흑구온도와 기온과의 차이를 실효복사온도라 하고 이는 감각온도와 상관이 없다.

② WBGT 측정기로 옥내 작업장을 측정할 때에는 자연습구온도와 흑구온도를 고려한다.

③ 고열작업을 평가하는 데 있어서 각 습구흑구 온도지수를 측정하고 작업강도를 고려한다.

④ WBGT 30℃ 되는 중등작업을 하는 경우 15분 작업, 45분 휴식을 취해야 한다.

⑤ 복사열은 열선풍속계로 측정하다.

해설

정답 ⑤

테마42. 직무스트레스 모델

1. ISR(Institute for social research) 모형

미시간 대학교의 사회연구소 연구 프로그램을 통해 도출된 가장 초창기 직무스트레스 모델이다.

2. Beehr와 Newman의 측면모형

이 모형은 직무스트레스 '과정'이 연구되는 범인범주를 대표하는 여러 측면으로 나누어질 수 있다고 주장

3. 요구-통제 모형

Karasek이 주장한 것으로 작업현장에서 가장 스트레스를 주는 상황은 심한 업무요구를 받는 동시에 자신의 업무에 대한 어떤 통제(=직무결정 재량권)도 할 수 없는 상황이라 주장.

4. 인간-환경 적합 모형

적합-비적합이란 직무수행에 필요한 종업원의 기술과 능력이 수행하는 직무조건과 일치하는 정도를 나타내는 것으로 환경요소보다 개인요소 측정에 더 집중했다는 한계를 드러낸다. Kurt Lewin의 상호작용적 심리학 즉, 인간의 행동은 개인특성과 상황특성 간의 상호작용의 함수라고 주장한 이론에 영향을 준다. B=f(P, E)

5. 노력-보상 불균형 모형

종업원이 직무에서 얻는 것보다 더 많이 투자할 때 즉, 높은 노력 대비 낮은 보상일 때 스트레스가 발생한다고 본다.

01 **직업에 대한 개인의 동기와 환경이 제공해 주는 여러 여건들이 조화를 이루지 못할 때, 혹은 직장에서의 요구와 그 요구에 대처할 수 있는 인간의 능력에 차이가 존재할 때 긴장이 발생하게 된다고 보는 직무스트레스 모델은?**

① 인간-환경 적합 모델

② ISR 모델

③ 노력-보상 불균형 모델

④ Newman의 요소 모델

⑤ 요구-통제 모델

해설

정답 ①

테마43. 발암성, 생식세포변이원성 및 생식독성 기준

○ **화학물질 및 물리적 인자의 노출기준**

제5조(화학물질) ① 화학물질의 노출기준은 별표 1과 같다.

② 별표 1의 발암성, 생식세포 변이원성 및 생식독성 정보는 법상 규제 목적이 아닌 정보제공 목적으로 표시하는 것으로서 **발암성**은 국제암연구소(International Agency for Research on Cancer, IARC), 미국산업위생전문가협회(American Conference of Governmental Industrial Hygienists, ACGIH), 미국독성프로그램(National Toxicology Program, NTP), 「유럽연합의 분류·표시에 관한 규칙(European Regulation on the Classification, Labelling and Packaging of substances and mixtures, EU CLP)」 또는 미국산업안전보건청(American Occupational Safety & Health Administration, OSHA)의 분류를 기준으로, 생식세포 변이원성 및 생식독성은 유럽연합의 분류·표시에 관한 규칙(European Regulation on the Classification, Labelling and Packaging of substances and mixtures, EU CLP)을 기준으로 「화학물질의 분류·표시 및 물질안전보건자료에 관한 기준」에 따라 분류한다.

01

화학물질 및 물리적 인자의 노출기준에서 화학물질의 발암성과 생식독성 분류기준을 각각 올바르게 표시한 것은?

	발암성 분류기준	생식독성 분류기준
①	ACGIH	NTP
②	IARC	ACGIH
③	OSHA	EU CLP
④	EU CLP	IARC
⑤	NTP	ACGIH

해설

정답 ③

테마44. 재해발생 형태와 상해 종류

재해발생의 형태 분류	상해의 종류
추락: 사람이 건축물 등에서 떨어지는 것 전도: 사람이 평면상 넘어지는 것 충돌: 사람이 정지물에 부딪힌 경우 낙하: 물건에 사람이 수직방향으로 맞은 경우 비래: 물건에 사람이 수평방향으로 맞은 경우 붕괴, 도괴: 건축물 등이 무너진 경우 감전: 전기접촉 등에 의해 사람이 충격 폭발: 압력의 급격한 발생으로 폭음과 팽창 화재 무리한 동작 이상온도 접촉 유해물질 접촉 → 절단(×), 중독·질식(×)	골절: 뼈가 부러진 상태 동상: 저온물 접촉으로 생긴 동상 상해 부종: 국부의 혈액순환 이상으로 몸이 통통 자상(찔림): 칼날 등 날카로운 물건에 좌상(타박상): 피부표면보다는 피하조직 절상(베임): 신체부위가 절단된 상해 찰과상: 스치거나 문질러서 벗겨진 상해 창상: 창, 칼 등에 베인 상해 중독·질식 화상 청력장애 시력장애 익사 피부병

01 우리나라 산업재해 발생형태의 분류 항목이 아닌 것은?

① 붕괴·도괴
② 유해물질 접촉
③ 폭발
④ 감전
⑤ 중독·질식

해설

정답 ⑤

테마45. 여과지 종류

막여과지	섬유상여과지
1. 셀룰로오스 에스테르 여과지 1) 산에 쉽게 용해되므로 중금속 시료 채취에 유리하다. 2) 유해물질이 표면에 주로 침착되어 현미경 분석에 유리하다. 대표적인 것이 석면이다. 3) 흡습성(수분흡수)이 있어 중량분석에는 부적당하다. 4) MCE여과지 **2. PVC여과지** 1) 흡습성이 적어 호흡성 먼지, 총먼지 채취 등에 유리하다. 2) 가볍다. 3) 먼지무게(중량)분석, 유리규산 채취, 6가 크롬 채취 등 **3. 테플론(PTFE)여과지** 1) Poly Tetra Fluoro Ethylene의 약자 2) 열, 화학물질, 압력 등에 강한 특성이 있어 다핵방향족탄화수소(PAHs) 채취, 농약류, 콜타르피치 채취에 활용된다. **4. 은막여과지** 1) 금속을 소결(sintering, 덩어리)하여 만든다. 2) 열적·화학적 안정성 3) 코크스 오븐 배출물질(COE, cokes oven emission) 등의 채취에 활용된다. **5. nuclepore 여과지** 1) 폴리카보네이트 재질에 레이저빔을 쏘아 공극을 일직선으로 만든다. 2) 석면시료를 채취하여 투과전자현미경으로 분석한다.	**1. 유리섬유여과지** 1) 섬유상 여과지의 대표적인 예이다. 2) 흡습성이 적고 열에 강하다. 3) 결합제첨가형(binder)과 결합제 비첨가형(binder-free)이 있다. 4) 유해물질이 여과지의 안층에서도 채취된다. 5) 농약류(벤지딘, 머캅탄류 등 채취) **2. 셀룰로오스섬유여과지** 1) 와트만(Whatman) 여과지가 대표적이다. 2) 값이 저렴하고 장력이 크지만 흡습성이 강하다. 3) 작업환경측정보다는 실험실 분석에 많이 사용된다.

01 제철소의 작업환경에서 코크스오븐배출물질(COE)의 시료채취에 사용하는 매체와 다핵방향족탄화수소(PAHs) 시료채취에 사용하는 매체를 옳게 짝지은 것은?

	코크스오븐배출물질(COE)	다핵방향족탄화수소(PAHs)
①	MCE여과지	유리섬유여과지
②	은막여과지	테플론여과지
③	PVC여과지	MCE여과지
④	유리섬유여과지	셀룰로오스섬유여과지
⑤	셀룰로오스섬유여과지	Nuclepore 여과지

해설

정답 ②

테마46. 방독마스크

방독마스크 종류	정화통 흡수제
유기화합물용	활성탄
할로겐가스용	소다라임, 활성탄
황화수소용	금속염류, 알칼리제재
아황산가스용	산화금속, 알칼리제재
암모니아용	큐프라마이트
일산화탄소용	호프카라이트, 방습제

○ **방독마스크의 정화통 사용가능 시간**

$$\text{정화통 사용가능 시간}=\frac{\text{표준유효시간}\times\text{시험가스농도}}{\text{공기 중 유해가스농도}}=\frac{0.4\%\times150\text{분}}{0.25\%}=240\text{분}$$

10^6ppm=10^2%를 활용할 수 있어야 한다.

○ **호흡기 보호구 밀착검사**

정성적 밀착검사	정량적 밀착검사
1. 정성밀착검사(QLFT)는 다음의 경우만 사용할 수 있다. 사용자의 감각으로만 판단하는 방법 1) 음압식, 공기 정화식 호흡보호구(단, 유해인자가 개인노출한도의 10배 미만인 대기) 2) 전동식 및 송기식 호흡보호구와 함께 사용되는 밀착식 호흡보호구 2. 종류 1) 아세트산이소아밀(초산이소아밀, 바나나향): 유기 증기 정화통이 장착된 호흡보호구(방독마스크)만 검사한다. 2) 사카린 맛(달콤한 맛): 방진마스크 3) Bitrex(쓴 맛): 방진마스크 4) 자극적인 연기(비자발적 기침검사): 방진마스크	1. 정량밀착검사(QNFT)는 모든 종류의 밀착형 호흡보호구에 대한 밀착검사에 사용 가능하다. 입자 계측기를 사용해 안면 밀착부 주변의 새는 곳을 측정하고 밀착도(fit factor)라는 수치 결과를 산출한다. 2. 에어로졸 검사법

○ **방독마스크 등급(보호구 안전인증 고시)**

등 급	사 용 장 소
고농도	가스 또는 증기의 농도가 100분의 2(암모니아에 있어서는 100분의 3) 이하의 대기 중에서 사용하는 것
중농도	가스 또는 증기의 농도가 100분의 1(암모니아에 있어서는 100분의 1.5)이하의 대기 중에서 사용하는 것
저농도 및 최저농도	가스 또는 증기의 농도가 100분의 0.1 이하의 대기 중에서 사용하는 것으로서 긴급용이 아닌 것
비고 : 방독마스크는 산소농도가 18% 이상인 장소에서 사용하여야 하고, 고농도와 중농도에서 사용하는 방독마스크는 전면형(격리식, 직결식)을 사용해야 한다.	

01 방독마스크에 관한 설명으로 옳지 않은 것은?

① 일산화탄소 정화통의 색깔은 적색이다.

② 유기화합물용 방독마스크의 흡착제는 활성탄, 암모니아 방독마스크의 흡착제로 가장 많이 사용하는 것은 큐프라마이트이다.

③ 공기 중 사염화탄소 농도가 2,500ppm이며, 정화통의 정화능력이 사염화탄소 0.4%에서 150분간 사용 가능하다면 유효시간은 240분이다.

④ 방독마스크의 밀착도 검사로 정성적 밀착도 검사는 아세트산아밀법으로 바나나맛을 사용한다.

⑤ 방독마스크의 저등급 및 최저등급은 가스 또는 증기의 농도가 100분의 1 이하의 대기 중에서 사용하는 것으로서 긴급용이 아닌 것이다.

해설

1. 일산화탄소는 방독마스크가 아닌 송기마스크 착용을 권장한다. 일산화탄소 정화통의 색깔은 적색이다.
2. 호흡보호구의 선정절차로 산소결핍 작업장소, 밀폐공간, 정화통이 개발되지 않은 물질 취급 및 소방작업: 질식위험이 있는 밀폐공간이나 정화통이 개발되지 않은 물질을 취급하는 경우에는 공기호흡기, 송기마스크를 사용하고, 소방작업은 공기호흡기를 사용한다. 이들 작업에서 절대로 방독마스크를 사용하여서는 안 된다.

정답 ⑤

02

공기 중의 사염화탄소 농도가 0.2%일 때, 방독마스크의 사용 가능한 시간은 몇 분인가? (단, 방독마스크 정화통의 정화능력이 사염화탄소 0.5%에서 60분간 사용 가능하다)

① 100

② 110

③ 120

④ 150

⑤ 200

해설

○ **방독마스크의 정화통 사용가능 시간**

$$\text{정화통 사용가능 시간} = \frac{\text{표준유효시간} \times \text{시험가스농도}}{\text{공기중유해가스농도}}$$

정답 ④

테마47. 입자상 물질의 구분

ACGIH(미국산업위생전문가협회)에서는 사람이 호흡 시 코, 목 등의 상기도 부분에 침착되는 먼지를 흡입성 분진(Inhalable dusts)이라 정의하였고 입경 범위는 0~100㎛로써 100㎛의 입경에서 50%의 호흡기에 대한 침착률을 보이는 분진을 의미한다.

흉곽성 분진(Thoracic dust)은 상·하 기도 부분에 침착되는 먼지로써 0~25㎛의 입경범위를 가지며 평균 입경 10㎛에서 50%의 침착률을 보인다.

호흡성 분진(Respirable dust)은 호흡 시 가스 교환부위 즉, 폐포에까지 도달하는 분진을 의미하며 0~10㎛의 입경범위를 갖고 평균 입경은 4㎛(평균 침착률 50%) 정도이다.

구분	흡입성 분진	흉곽성 분진	호흡성 분진
입경 범위(㎛)	0~100	0~25	0~10
평균 입경(㎛)	100	10	4

01 호흡성 먼지(PRM)의 입경(㎛) 범위는? (단, 미국 ACGIH 정의 기준)

① 0~10
② 0~20
③ 0~25
④ 0~100
⑤ 10~100

해설

정답 ①

테마48. 국소배기장치 점검기기

점검기기	사용 목적
발연관	후드의 성능을 평가, 개구부 주위 난류현상 확인
피토관	덕트 내 기류(공기)속도
마노미터(manometer)	유체 흐름에 대한 압력 측정
타코미터(tachometer)	송풍기의 회전속도 측정
회전날개풍속계	송풍량(풍속) 측정
유량계	유량을 측정하는데 사용되는 기구

01 국소배기장치의 점검에 사용되는 기기와 그 사용목적의 연결이 옳은 것은?

① 발연관-덕트 내 유량 측정
② 마노미터(manometer)-덕트 내 기류속도 측정
③ 피토관-송풍기의 전류 측정
④ 회전날개풍속계-개구부 주위 난류현상 확인
⑤ 타코미터(tachometer)-송풍기의 회전속도 측정

해설

정답 ⑤

테마49. 전리방사선

전리현상(이온화)은 어떤 에너지에 의해 원자에서 전자를 떼어내는 현상으로 인체는 원자구조를 가지고 있어 전리작용이 일어나면 DNA(염색체) 손상을 가져온다. 전리작용을 일으키는 복사선을 방사선이라 하고, 전리작용을 일으키지 않는 복사선을 비전리방사선이라 한다.

1. 전리방사선의 종류 및 특징

1) α입자, β입자, X-선, γ-선, 중성자입자.
2) α입자, β입자는 그 자체가 전리적 성질을 보유.
3) X-선, γ-선의 경우 인체에 흡수되면 β입자가 생성되면서 전리작용 유발.
4) 중성자입자는 하전(대전, 전기를 띠는 현상)되어 있지 않으나 2차적인 방사선을 생성하여 전리효과를 발휘한다.
5) 투과력 측면
   X-선, γ-선 > β입자> α입자
6) 전리작용 측면
   α입자 > β입자 > X-선, γ-선
7) 방사성 물질이 인체에 침투하였을 경우에는 α입자가 가장 위험하나, 실제 보건상 문제는 투과력이기 때문에 X-선, γ-선에 의한 피폭이 휠씬 위험하다.

2. 전리방사선 단위

구분		SI단위	종전 단위	환산
방사능 단위		베크럴(Bq)	큐리(Ci)	1큐리(Ci)=3.7×10^{10}Bq
방사선 단위	조사선량	쿨롱/킬로그램(C/kg)	렌트겐(R)	X-선, γ-선만 해당
	흡수선량	그레이(Gy)	라드(rad)	모든 방사선이 해당 1그레이(Gy)=100라드(rad) 0.01그레이(Gy)=1라드(rad)
	등가선량	시버트(Sv)	렘(rem)	
	유효선량	시버트(Sv)	렘(rem)	

○ **전리방사선에 대한 감수성 크기 순서**

1. 골수, 흉선 및 림프조직(조혈기관), 눈의 수정체, 임파선
2. 상피세포 및 내피세포
3. 근육세포
4. 신경조직

01 전리방사선에 관한 설명으로 옳지 않은 것은?

① 조사선량은 모든 방사선이 해당된다.
② 중성자입자는 하전(대전, 전기를 띠는 현상)되어 있지 않으나 2차적인 방사선을 생성하여 전리효과를 발휘한다.
③ X-선, γ-선의 경우 인체에 흡수되면 β입자가 생성되면서 전리작용을 유발한다.
④ α입자와 β입자는 그 자체가 전리적 성질을 가지고 있다.
⑤ 라드(rad)는 흡수선량 단위에 해당된다.

해설

정답 ①

02 전리방사선의 영향에 대하여 감수성이 가장 큰 인체 내의 기관은?

① 신경조직
② 상피세포
③ 내피세포
④ 근육세포
⑤ 눈의 수정체

해설

정답 ⑤

테마50. 생물학적 유해인자

독소는 exotoxin(외독소)과 endotoxin(내독소)로 나눌 수 있다. 외독소는 그람 양성균과 그람 음성균 모두에서 분비되는 단백질로, 외독소(exotoxin)는 세균 내 플라스미드 또는 프로파지가 방출하는 독소로, 열에 약한 친수성 단백질이다. 반면 내독소(endotoxin, 치료용 단백질)은 그람 음성균에서만 방출된다. 내독소는 그람음성균에 속하는 세균들의 세포외벽에 존재하는 독성 분자로 선천성 면역반응을 활성화시키지만 다량의 내독소는 세포독성 및 패혈증을 유발하기도 한다. 참고로 세균과 박테리아는 동의어이다.

마이코톡신(mycotoxin)은 곰팡이의 대사산물 중, 사람과 가축에 해로운 작용을 하는 물질에 대한 총칭으로 일반적으로는 곰팡이독이라고 한다.

곰팡이독 중 아플라톡신은 강한 간독성 물질로 간암을 유발할 수 있으며, 열에 강하여 가공과정의 열처리에 의해 독성이 사라지지 않기 때문에 더 위험하다. 아플라톡신(Aflatoxin)은 Aspergillus flavus 등이 생산하는 곰팡이독으로 발암성이 있는 독성물질이다. 주로 산패한 호두, 땅콩, 캐슈넛, 피스타치오 등의 견과류에서 발생한다.

곰팡이 세포벽 성분인 β-1,3-글루칸이다. 특히 글루칸은 대부분의 곰팡이 세포벽에서 가장 중요하고 풍부한 다당류 성분이다.

세균=bacteria cell=세포(진핵, 원핵)	바이러스
• 결핵균-결핵 • 나균-한센병 • 매독균-매독 • 페스트균-흑사병 • 탄저균-피부질환, 호흡기질환 발열 및 복통(탄저병) • 살모넬라균-장티푸스, 식중독 • 비브리오 콜레라(Vibrio cholerae)균-콜레라 • 레지오넬라균은 호텔, 종합병원, 백화점 등의 대형 빌딩 냉각탑, 수도배관, 배수관 등의 오염수에 주로 서식하는 세균이다. 특히 25~42℃ 정도의 따뜻한 물을 좋아해서 자연 인공적 급수시설에서 흔하게 발견되며, 여름에는 에어컨 냉각수에서 잘 번식한다.	• 광견병 • 노로바이러스-장염, 식중독 • 수두 • 홍역 • 코로나바이러스 • HIV 바이러스-AIDS • 에볼라 바이러스-에볼라 출혈열

01 생물학적 유해인자에 관한 설명으로 옳지 않은 것은?

① 유기체가 방출하는 독소로는 그람음성박테리아가 내놓는 내독소(endotoxin)가 있다.

② 곰팡이의 세포벽인 글루칸(glucan)은 호흡기 점막을 자극하여 새집증후군을 초래한다.

③ 박테리아에 의한 대표적인 감염성질환은 탄저병, 레지오넬라병, 결핵, 콜레라 등이 있다.

④ 공기 중의 박테리아와 곰팡이에 대한 측정 및 분석은 곰팡이와 박테리아를 살아있는 상태로 채취·배양한 다음, 집락수를 세어 CFU로 나타낸다.

⑤ 바이러스에 의한 질병에는 코로나, 장티푸스, 홍역, 수두, 광견병 등이 있다.

해설

정답 ⑤

테마51. 유해인자의 유해성 · 위험성분류기준

■ **산업안전보건법 시행규칙 [별표 18]**

유해인자의 유해성 · 위험성 분류기준(제141조 관련)

1. 화학물질의 분류기준

가. 물리적 위험성 분류기준

1) 폭발성 물질: 자체의 화학반응에 따라 주위환경에 손상을 줄 수 있는 정도의 온도 · 압력 및 속도를 가진 가스를 발생시키는 고체 · 액체 또는 혼합물

2) 인화성 가스: 20℃, 표준압력(101.3㎪)에서 공기와 혼합하여 인화되는 범위에 있는 가스와 54℃ 이하 공기 중에서 자연발화하는 가스를 말한다.(혼합물을 포함한다)

3) 인화성 액체: 표준압력(101.3㎪)에서 인화점이 93℃ 이하인 액체

4) 인화성 고체: 쉽게 연소되거나 마찰에 의하여 화재를 일으키거나 촉진할 수 있는 물질

5) 에어로졸: 재충전이 불가능한 금속 · 유리 또는 플라스틱 용기에 압축가스 · 액화가스 또는 용해가스를 충전하고 내용물을 가스에 현탁시킨 고체나 액상입자로, 액상 또는 가스상에서 폼 · 페이스트 · 분말상으로 배출되는 분사장치를 갖춘 것

6) 물반응성 물질: 물과 상호작용을 하여 자연발화되거나 인화성 가스를 발생시키는 고체 · 액체 또는 혼합물

7) 산화성 가스: 일반적으로 산소를 공급함으로써 공기보다 다른 물질의 연소를 더 잘 일으키거나 촉진하는 가스

8) 산화성 액체: 그 자체로는 연소하지 않더라도, 일반적으로 산소를 발생시켜 다른 물질을 연소시키거나 연소를 촉진하는 액체

9) 산화성 고체: 그 자체로는 연소하지 않더라도 일반적으로 산소를 발생시켜 다른 물질을 연소시키거나 연소를 촉진하는 고체

10) 고압가스: 20℃, 200킬로파스칼(kpa) 이상의 압력 하에서 용기에 충전되어 있는 가스 또는 냉동액화가스 형태로 용기에 충전되어 있는 가스(압축가스, 액화가스, 냉동액화가스, 용해가스로 구분한다)

11) 자기반응성 물질: 열적(熱的)인 면에서 불안정하여 산소가 공급되지 않아도 강렬하게 발열 · 분해하기 쉬운 액체 · 고체 또는 혼합물

12) 자연발화성 액체: 적은 양으로도 공기와 접촉하여 5분 안에 발화할 수 있는 액체

13) 자연발화성 고체 : 적은 양으로도 공기와 접촉하여 5분 안에 발화할 수 있는 고체

14) 자기발열성 물질: 주위의 에너지 공급 없이 공기와 반응하여 스스로 발열하는 물질(자기발화성 물질은 제외한다)

15) 유기과산화물: 2가의 -O-O-구조를 가지고 1개 또는 2개의 수소 원자가 유기라디칼에 의하여 치환된 과산화수소의 유도체를 포함한 액체 또는 고체 유기물질

16) 금속 부식성 물질: 화학적인 작용으로 금속에 손상 또는 부식을 일으키는 물질

나. 건강 및 환경 유해성 분류기준

1) 급성 독성 물질: 입 또는 피부를 통하여 1회 투여 또는 24시간 이내에 여러 차례로 나누어 투여하거나 호흡기를 통하여 4시간 동안 흡입하는 경우 유해한 영향을 일으키는 물질

2) 피부 부식성 또는 자극성 물질: 접촉 시 피부조직을 파괴하거나 자극을 일으키는 물질(피부 부식성 물질 및 피부 자극성 물질로 구분한다)

3) 심한 눈 손상성 또는 자극성 물질: 접촉 시 눈 조직의 손상 또는 시력의 저하 등을 일으키는 물질(눈 손상성 물질 및 눈 자극성 물질로 구분한다)
4) 호흡기 과민성 물질: 호흡기를 통하여 흡입되는 경우 기도에 과민반응을 일으키는 물질
5) 피부 과민성 물질: 피부에 접촉되는 경우 피부 알레르기 반응을 일으키는 물질
6) 발암성 물질: 암을 일으키거나 그 발생을 증가시키는 물질
7) 생식세포 변이원성 물질: 자손에게 유전될 수 있는 사람의 생식세포에 돌연변이를 일으킬 수 있는 물질
8) 생식독성 물질: 생식기능, 생식능력 또는 태아의 발생·발육에 유해한 영향을 주는 물질
9) 특정 표적장기 독성 물질(1회 노출): 1회 노출로 특정 표적장기 또는 전신에 독성을 일으키는 물질
10) 특정 표적장기 독성 물질(반복 노출): 반복적인 노출로 특정 표적장기 또는 전신에 독성을 일으키는 물질
11) 흡인 유해성 물질: 액체 또는 고체 화학물질이 입이나 코를 통하여 직접적으로 또는 구토로 인하여 간접적으로, 기관 및 더 깊은 호흡기관으로 유입되어 화학적 폐렴, 다양한 폐 손상이나 사망과 같은 심각한 급성 영향을 일으키는 물질
12) 수생 환경 유해성 물질: 단기간 또는 장기간의 노출로 수생생물에 유해한 영향을 일으키는 물질
13) 오존층 유해성 물질: 「오존층 보호를 위한 특정물질의 제조규제 등에 관한 법률」 제2조제1호에 따른 특정물질

2. 물리적 인자의 분류기준

가. 소음: 소음성난청을 유발할 수 있는 85데시벨(A) 이상의 시끄러운 소리
나. 진동: 착암기, 손망치 등의 공구를 사용함으로써 발생되는 백랍병·레이노 현상·말초순환장애 등의 국소 진동 및 차량 등을 이용함으로써 발생되는 관절통·디스크·소화장애 등의 전신 진동
다. 방사선: 직접·간접으로 공기 또는 세포를 전리하는 능력을 가진 알파선·베타선·감마선·엑스선·중성자선 등의 전자선
라. 이상기압: 게이지 압력이 제곱센티미터당 1킬로그램 초과 또는 미만인 기압
마. 이상기온: 고열·한랭·다습으로 인하여 열사병·동상·피부질환 등을 일으킬 수 있는 기온

3. 생물학적 인자의 분류기준

가. 혈액매개 감염인자: 인간면역결핍바이러스, B형·C형간염바이러스, 매독바이러스 등 혈액을 매개로 다른 사람에게 전염되어 질병을 유발하는 인자
나. 공기매개 감염인자: 결핵·수두·홍역 등 공기 또는 비말감염 등을 매개로 호흡기를 통하여 전염되는 인자
다. 곤충 및 동물매개 감염인자: 쯔쯔가무시증, 렙토스피라증, 유행성출혈열 등 동물의 배설물 등에 의하여 전염되는 인자 및 탄저병, 브루셀라병 등 가축 또는 야생동물로부터 사람에게 감염되는 인자

※ 비고

제1호에 따른 화학물질의 분류기준 중 가목에 따른 물리적 위험성 분류기준별 세부 구분기준과 나목에 따른 건강 및 환경 유해성 분류기준의 단일물질 분류기준별 세부 구분기준 및 혼합물질의 분류기준은 고용노동부장관이 정하여 고시한다.

01 산업안전보건법 시행규칙상 유해인자의 유해성·위험성 분류기준으로 옳은 것은?

① 급성독성물질: 호흡기를 통하여 1회 투여 또는 24시간 이내에 여러 차례로 나누어 투여하거나 입 또는 피부를 통하여 4시간 동안 흡입하는 경우 유해한 영향을 일으키는 물질

② 소음: 소음성난청을 유발할 수 있는 80데시벨(A) 이상의 시끄러운 소리

③ 이상기압: 절대 압력이 제곱미터당 1킬로그램 초과 또는 미만인 기압

④ 공기매개 감염인자: 결핵·수두·홍역 등 공기 또는 비말감염 등을 매개로 호흡기를 통하여 전염되는 인자

⑤ 자연발화성 액체: 열적(熱的)인 면에서 불안정하여 산소가 공급되지 않아도 강렬하게 발열·분해하기 쉬운 액체

해설

정답 ④

테마52. 화학물질에 의한 다단계 암발생 이론

발암과정은 '개시-촉진-전환-진행단계'로 이루어진다.

1. **개시단계**(initiation)

   발암 자극이 몇몇 세포를 비가역적으로 손상시키는 과정으로 개시된 세포 중 일부만 암세포로 전환된다.

2. **촉진단계**(promotion)

   개시단계가 짧은 한순간에 진행되는 것과 달리, 촉진단계는 느릿하게 진행한다. 촉진단계는 여러 가지 암을 촉진시키는 인자가 필요하다.

3. **전환 또는 전이단계**(conversion)

   성장한 종양 덩어리에서 암세포가 떨어져 나오면 다른 조직이나 기관으로 전이된다. 한번 전이되면 또 다른 제3의 기관에 전이될 가능성이 커진다.

4. **진전 또는 진행단계**(progression)

테마53. 유기용제별 독성 영향

1. 벤젠: 조혈장애, 재생불량성빈혈
2. 이황화탄소: 중추신경 및 말초신경장애, 생식기능장애
3. 노말헥산: 다발성 신경장애
4. 메탄올(메틸알코올): 시신경장애
5. 염화비닐: 간장애
6. 톨루엔: 중추신경장애
7. 2-브로모프로판: 생식독성
8. 염화탄화수소: 간장애
9. 디메틸포름아미드(DMF): 간독성

01

다음 유기용제 중 특이증상이 '간장애'인 것으로 가장 적절한 것은?

① 노말헥산

② 메탄올

③ 톨루엔

④ 염화탄화수소

⑤ 2-브로모프로판

해설

정답 ④

테마54. 지방족 유기용제 독성

포화지방족 유기용제 (알칸류)	불포화지방족 유기용제 (알켄류)	알킨류
-'알칸계 또는 파라핀계'라고도 한다. -급성독성의 측면에서 독성이 가장 약하다.	-'올레핀유'라고도 한다. -한 개 이상의 2중결합 -같은 수의 탄소를 가진 포화지방족 탄화수소에 비해 마취작용이 강하다.	-'아세틸렌계'라고 하며 대표적인 물질이 바로 아세틸렌 -한 개 이상의 3중 결합 -아세틸렌의 마취작용은 비교적 낮으나 아세틸렌에 함유된 불순물에 의한 피해가 크게 나타난다.

01

유기용제의 종류에 따른 중추신경계 억제작용을 작은 것부터 큰 것으로 순서대로 나타낸 것은?

① 에스테르<에테르<알켄<알코올<유기산<알칸

② 알켄<알칸<알코올<유기산<에스테르<에테르

③ 알칸<알켄<알코올<유기산<에스테르<에테르

④ 에스테로<에테르<알코올<알칸<알켄<유기산

⑤ 유기산<에스테르<에테르<알칸<알켄<알코올

해설

○ **유기용제의 종류에 따른 중추신경계 억제작용**

알칸<알켄<알코올<유기산<에스테르<에테르<할로겐화합물

정답 ③

테마55. 질식제(asphyxiants) 종류

1. 단순질식제

대기 중 산소의 분압을 낮춰 저산소증을 유발한다. 그 자체는 유해성이 없으나 공기 중 산소농도를 낮추는 물질이다.

1) 이산화탄소(CO_2) → 탄산가스의 대표적
2) 메탄가스(CH_4), 에탄, 부탄
3) 질소가스(N_2)
4) 수소(H_2)
5) 헬륨(He)
6) 아세틸렌

2. 화학적 질식제

혈액 중 산소운반능력을 방해하는 물질과 기도나 폐 조직을 자극·손상시켜 폐조직의 산소배분기능을 저해하는 물질로 구분한다.

1) 혈액 중 산소운반능력을 방해하는 물질(혈색소의 산소 운반능력을 방해하여 빈혈성 저산소증을 일으키거나 용혈을 일으켜서 산소운반 능력을 없앤다)
   ① 일산화탄소(CO)
   ② 아닐린
   ③ 니트로소아민
   ④ 아비산
2) 기도나 폐조직을 자극·손상시켜 폐조직의 산소배분기능을 저해하는 물질
   ① 황화수소(H_2S)
   ② 오존
   ③ 염소
   ④ 포스겐

01 **질식제의 종류는 단순질식제와 화학적 질식제로 구분한다. 다음 중 종류가 다른 하나는?**

① 일산화탄소
② 에탄
③ 오존
④ 니트로소아민
⑤ 아비산

해설

정답 ②

테마56. 산업위생의 역사

1. 해외의 산업위생역사

1) 기원전 히포크라테스-현대 의학의 아버지로 직업과 질병의 상관관계를 기술하였고 광산의 '납' 중독에 대한 기록을 남긴다. 시간이 지나 기원 후 그리스의 갈론(Galen, 갈레노스)은 구리 광산에서 광부들에 대한 산(acid) 증기의 위험성을 지적하며 납중독의 증세를 관찰하였고 특정한 직업군에서 특이한 질병이 생긴다고 지적하였다.
2) 파라셀수스-모든 물질은 양에 따라 독이 되기도 하고, 약이 되기로 한다.
3) 아그리콜라-광물학의 아버지라 불리며 「광물에 대하여」란 책을 남김.
4) 라마찌니-현대 산업위생학의 아버지로 직업병의 원인으로 작업 환경 중 유해물질과 부자연스러운 작업자세를 명시하였다. 저서로 「직업인의 질병」 출간.
5) 산업혁명 시기- 산업혁명 초기에는 공장 안은 물론 인접지역까지 공기, 물 등의 오염으로 개인위생이 중요한 문제로 부각되었다.
6) 퍼시발 포트(Percival Pott)-영국의 외과의사로 직업성 암(음낭암)을 최초로 보고하였다. 암의 원인물질로 검댕속, 여러 종류의 방향족탄화수소(PAHs)를 지적하였고 '굴뚝 청소법'을 제정하는 계기가 된다.
7) 조지 베이커(Gorge Baker)-사이다 공장에서 '납'에 의한 복통을 발견하였다.
8) 영국의 필(Robert Peel)은 자신의 면방직공장에서 **발진티푸스**가 집단적으로 발생하면서 그 원인을 조사한 경험을 계기로 1802년에 '도제 건강 및 도덕법(영국의 공장법, 1833)'을 제정하는데 기여하게 된다. 이전인 1825년, 1829년, 1831년에도 조금씩 진전된 내용의 공장법이 제정되었으나 제대로 이행되지는 않았다.
9) 레이노드-공압진동수공구 사용에 따른 백지증, 사지증을 발표
10) 렌(Rehn)-Anilin 염료로 인한 요로 종양을 발견하였다. 직업성 방광암 발견
11) 해밀턴(Hamilton)-미국의 여의사로 미국 최초의 산업위생학자 및 산업의사이다. 미국의 산재보상보험법 제정에 크게 기여한다.
12) 로리거(Roriga)-수지(손가락)의 레이노드 증상을 보고한다.
13) 워커가 발견한 황린 성냥에 대한 사용에서 독성이 발견되어 영국에서는 1912년 사용이 전면 금지된다.
14) **세계보건기구(WHO, 1948) 발족** → 우리나라는 1949년에 회원국으로 가입

2. 대한민국 산업위생 역사

1) 1953년 근로기준법 제정(6장 안전과 보건), **1981년 산업안전보건법 제정,** 1990년 산업안전보건법 전면개정이 이루어진다. 1983년 1월 20일에 작업환경 측정실시 규정 제정.
2) 대한민국에서는 **1964년 산업재해보상보험법** 시행을 시작으로 1977년 국민건강보험을, 1988년 국민연금을, 1995년 고용보험을 시행하여 현재의 4대 사회보험을 갖추게 되었다.

01 산업위생 발전에 기여한 인물과 업적이 잘못 짝지어진 것은?

① 렌(Rehn)-Aniln 염료로 인한 직업성 방광암 발견
② 로리가(Roriga)-진동공구에 의한 수지의 레이노드 증상 보고
③ 갈레노스(Galenos)-구리 광산에서의 산 증기의 위험성 보고
④ 해밀턴(Hamilton)-미국 최초의 산업위생학자로 납공장에 대한 조사를 시작으로 유해물질인 납, 수은, 이황화탄소 노출과 질병의 관계 규명
⑤ 로버트 필(Robert Peel)-자신의 면방직공장에서 장티푸스가 집단적으로 발생하면서 그 원인을 조사한 경험을 계기로 1802년에 영국의 '도제 건강 및 도덕법'을 제정하는데 기여하게 된다.

해설

정답 ⑤

02 우리나라에서 발생한 대표적인 직업병 집단 발생 사례들이다. 가장 먼저 발생한 것부터 연도순으로 나열한 것은?

ㄱ. 경남 소재 에어컨 부속 제조업체의 세척 작업 중 트리클로로메탄에 의한 간독성 사례
ㄴ. 전자부품 업체의 2-bromopropane에 의한 생식독성 사례
ㄷ. 휴대전화 부품 협력업체의 메탄올에 의한 시신경 장해 사례
ㄹ. 노말-헥산에 의한 외국인 근로자들의 다발성 말초신경계 장해 사례
ㅁ. 원진레이온에서 발생한 이황화탄소 중독 사례

① ㄱ → ㄴ → ㄷ → ㄹ → ㅁ
② ㄱ → ㅁ → ㄹ → ㄷ → ㄴ
③ ㄹ → ㄷ → ㄴ → ㄱ → ㅁ
④ ㅁ → ㄴ → ㄹ → ㄷ → ㄱ
⑤ ㅁ → ㄹ → ㄷ → ㄴ → ㄱ

해설

정답 ④

○ **한국의 직업병 집단 발병 사례**

연도	내용
1991	원진레이온(주) 이황화탄소(CS_2) 중독 사회문제화. 노동부에서 직업병 예방 종합대책 마련. 1988년 발생한 사건이 이때 처음으로 인정되기 시작.
1995	전자부품 업체의 전자제품 스위치 조립공정에서 솔벤트 5200 유기용제 내 2-브로모프로판(2-bromopropane)에 과다노출되어 노동자 33명이 생식독성과 악성빈혈 등의 직업병 판정을 받음
2004	경기도 화성 소재 모 디지털 회사에서 근무하는 외국인(태국) 노동자 8명이 노말헥산에 과다노출되어 다발성 말초신경염에 걸림
2016	부천 소재 휴대전화 부품을 납품하는 3차 협력업체의 20대 노동자 5명이 메탄올 급성 중독으로 시력을 잃는 사고 발생
2022	경남 창원 소재의 모 에어컨 부속 자재 제조업체 세척 공정 중 트리클로로메탄(TCM)에 의한 급성 중독자 16명 발생

<참고: 신문기사 읽기자료>

에어컨 부품 세척 용도로 사용된 유기용제는 '트리클로로메탄(TCM)'이며, 이 물질은 무색의 달콤한 냄새와 맛이 나는 휘발성 액체로 주로 호흡기로 흡수되며 고농도로 노출되면 발암 가능성이 있고 흡입, 섭취, 피부접촉을 통해 신체에 흡수되며 중추신경장해와 위, 간 및 신장 독성과 피부점막 자극을 유발하는 물질로 해당 사업장에서 검출된 결과는 최고 48.36ppm으로 노출 기준(10ppm)의 약 5배 가량으로 나타났다.

제조현장에서 세척, 용해, 희석, 추출 등 지용성 물질을 녹이는 용도로 사용되는 많은 종류의 유기용제는 산업현장에서 필수적으로 사용되지만, 소리 없이 다가오며 호흡기, 피부 등을 통해 신체에 흡수돼 인체에 미치는 영향과 그 폐해는 천차만별이며 결과가 때로는 치명적 손상을 만들기도 한다. 유기용제가 일으킬 수 있는 공통적인 건강 영향은 전신증상으로 마취작용과 국소작용으로 눈, 코, 인후 등의 점막에 대한 자극과 피부에 닿았을 경우의 피부손상이 있다.

마취작용은 거의 모든 유기용제가 많건 적건 가지고 있는 것으로 급성중독의 주요 증상을 일으키며, 그 외에도 물질에 따라 다양하게 나타나는 건강 장해에는 백혈병 발병부터 말초신경장해, 시력 저하, 소뇌 기능장애, 암 발생, 생식기 장애, 신장 독성, 간 독성 등 다양한 회복불능 피해도 유발한다.

우리나라에서 화학물질의 노출과 중독 관련 근로자의 희생을 만든 슬픈 사건들이 많이 있다.

1988년 인견사를 생산하는 원진레이온 공장에서 중독은 주로 이황화탄소(Carbon disulfide) 용액으로 녹인 펄프에서 인조견사를 뽑아내는 방사과에서 발생했고 127명의 사망자와 1,000여명의 중독환자를 양산시킨 비극적인 사건이다.

그 해 7월 열다섯살 문송면 소년이 짧은 생을 마감한 원인도 중소규모 온도계 제조공장에서 시너로 물건을 닦고, 온도계에 수은을 주입하는 업무를 한 달도 되지 않아 발병과 고통 속에 살다가 생을 마감했는데 그 원인은 급성 수은 중독이었다.

1995년 9월 경남 양산 소재 LG전자부품 공장의 스위치 제조공정에 세정제로 사용한 솔벤트5200의 주성분이 `2-브로모프로판(2-Bromopropane)`으로 이 물질에 폭로된 근로자 33명 중 23명이 무월경 등 난소기능 저하, 정자수 감소, 빈혈 등 건강장해를 유발해 근로자 집단 중독사고를 불러일으켰다.

2003년 9월 한국에 입국한 8명의 태국 여성들이 경기도 화성의 LCD 부품 생산공장의 노트북 컴퓨터의 부품 중 프레임을 생산하는 공정에 프레임을 출하하기 전 노말헥산(n-Hexane)을 이용해 부품의 얼룩 등 이물질을 제거하는 일을 했고, 2004년 8월부터 자각증상이 나타나기 시작해 11월에 8명 모두에게 보행장애가 나타나 다발성 신경장애인 일명 `앉은뱅이병`으로 노말헥산은 메틸 뷰틸 케톤 물질과 더불어 말초신경에 독성질환을 일으키는 유기용제로 알려져 있다.

2016년 1월경 인천 및 부천 소재 핸드폰 부품(알루미늄 버튼) 제조업체 3개소에서 절삭 CNC 작업과 검사작업을 수행하는 과정에서 절삭 용제로 메틸알코올을 사용해 세척작업을 수행하였고 노출 근로자 5명에게서 시력이 손상(3명 실명, 2명 시력손상 및 시야결손)되는 급성중독 사고가 발생하였고 생산현장의 메틸알코올 측정농도는 노출기준의 5~10배 수준으로 조사됐다.

2021년 2월 법원이 SK하이닉스 이천사업장 협력업체에 11년간 반도체 조립 검사업무를 담당한 여성 노동자에게 발생한 파킨슨병 발병에 대해 산업재해를 인정했다.

반도체 노동자에게 발생한 파킨슨병을 산업재해로 인정한 것은 이번이 처음이다.

파킨슨병을 일으킨다고 알려진 유해 인자는 망간, 비소 등 중금속과 트리클로로에틸렌(TCE)와 같은 발암 영향이 있는 일부 유기용제이지만, 이번 판결은 의학적으로 명확한 규명이 없어도 원고가 사용했던 이소프로필알콜 (IPA), 트리소 와 같은 알코올 기반 유기용제 등의 노출을 발병 원인으로, 배제할 이유가 없다고 판단했다고 보인다.

테마57. 석면 분석기기

1. 위상차 현미경(PCM): 공기 중 석면(시료)을 분석하는데 가장 널리 쓰인다.
2. 편광현미경(PLM): 고형시료 분석에 사용된다.
3. 투과전자현미경(TEM)
4. X-선 회절분석기
5. 주사전자현미경(SEM)

공기 중 석면시료는 셀룰로오스에스테르 여과지를 이용하여 카세트 맨 윗부분을 제거한 오픈스페이스(open space) 상태로 시료채취를 하여 아세톤 및 트리아세틴으로 전처리한 다음 월톤-베켓 눈금자가 있는 위상차 현미경으로 분석한다. 전자현미경으로 분석하면 정확히 석면의 종류를 알 수 있다.
한편, 고형시료(건축물 등에 사용된 물질이나 자재의 일부분을 채취하는 것을 말한다)는 편광현미경, 전자현미경, X선 회절법으로 분석할 수 있다.

SEM, TEM	위상차 현미경(PCM)	편광현미경(PLM)
공기 중 시료와 고형시료 분석	공기 중 시료 분석	고형시료 분석

석면 계수 규칙(A)	석면 계수 규칙(B)
1) 길이가 5μm 보다 크고 길이 대 너비의 비가 3:1 이상인 섬유만 계수한다. 2) 섬유의 계수면적 내에 있으면 한 개로 하고, 섬유의 한쪽 끝만 있으면 0.5개로 계수한다. 3) 계수면적 내에 있지 않고 밖에 있거나 또는 계수면적을 통과하는 섬유는 세지 않는다. 참고로 월톤-베켓 눈금자는 원형으로 되어 있는데 직경이 100 μm이므로 면적, 즉 1시야의 면적은 0.00785mm^2이다.	1) 섬유의 끝(end)만을 계수하며 각 섬유의 길이가 5μm 이상이고 직경이 3μm보다 작아야 한다. 2) 길이 대 너비의 비가 5:1 이상인 섬유만 계수한다.

01 석면의 측정, 분석 등에 관한 설명으로 옳지 않은 것은?

① 위상차현미경으로는 0.25μm 이하의 섬유는 관찰되지 않는다.

② 석면 취급장소에는 특급 방진마스크를 착용하여야 한다.

③ 고형시료 분석에 있어 위상차현미경법이 간편하기 때문에 가장 많이 사용된다.

④ 공기 중 석면섬유 계수 A규정은 길이가 5μm보다 크고 길이 대 너비의 비가 3:1 이상인 섬유만 계수한다.

⑤ 섬유의 농도는 일반적으로 개수/cc로 표시하며, 석면의 TLV는 0.1개/cc이다.

해설

위상차현미경으로는 0.5μm 이하인 경우 계수하지 않는다.

석면을 위상차 현미경으로 분석할 경우 그 길이가 5μm 이상인 것을 계수한다.

석면의 TLV는 형태에 관계없이 0.1개/cc=0.1개/cm^3이다.

참고로 내화세라믹 섬유는 0.2개/cc이다.

정답 ③

02 월톤-베켓 눈금자가 삽입된 위상차현미경을 이용하여 100시야(100field)당 백석면을 분석하였더니 한 개로 계수된 섬유가 50개, 0.5개로 계수된 섬유가 30개(즉 15개)였다. 여과지 단위면적(mm^2)당 섬유 개수는?

① 8.28개

② 82.8개

③ 828개

④ 10.19개

⑤ 101.9개

해설

○ **단위면적 당 개수**

1. 1시야당 섬유상 개수
2. 1시야의 면적은 0.00785mm^2이다.
3. 100시야의 면적은 0.785mm^2이고, 섬유의 총 개수는 65개이다.
4. 풀이= $\frac{65\text{개}}{0.785mm^2}$ =82.80..개/mm^2

테마58. 방진마스크 등급

○ 방진마스크 등급(보호구 안전인증 고시 참고)

등급	특 급	1 급	2 급
사용장소	• 베릴륨등과 같이 독성이 강한 물질들을 함유한 분진 등 발생장소 • 석면 취급장소	• 특급마스크 착용장소를 제외한 분진 등 발생장소 • 금속흄 등과 같이 열적으로 생기는 분진 등 발생장소 • 기계적으로 생기는 분진 등 발생장소(규소등과 같이 2급 방진마스크를 착용하여도 무방한 경우는 제외한다)	• 특급 및 1급 마스크 착용장소를 제외한 분진 등 발생장소
	배기밸브가 없는 안면부여과식 마스크는 특급 및 1급 장소에 사용해서는 안 된다.		

<별표 3> 고온의 노출기준 (단위 : ℃, WBGT)

작업강도 / 작업휴식시간비	경작업	중등작업	중작업
계 속 작 업	30.0	26.7	25.0
매시간 75%작업, 25%휴식	30.6	28.0	25.9
매시간 50%작업, 50%휴식	31.4	29.4	27.9
매시간 25%작업, 75%휴식	32.2	31.1	30.0

주 : 1. 경작업 : 200kcal까지의 열량이 소요되는 작업을 말하며, 앉아서 또는 서서 기계의 조정을 하기 위하여 손 또는 팔을 가볍게 쓰는 일 등을 뜻함

2. 중등작업 : 시간당 200~350kcal의 열량이 소요되는 작업을 말하며, 물체를 들거나 밀면서 걸어다니는 일 등을 뜻함

3. 중작업 : 시간당 350~500kcal의 열량이 소요되는 작업을 말하며, 곡괭이질 또는 삽질하는 일 등을 뜻함

01

실내에서 박스를 들고 나르는 작업(300kcal/hr)을 하고 있다. 온도가 다음과 같을 때 시간당 작업시간과 휴식시간 비율로 가장 적절한 것은?

○ 자연습구온도: 30℃
○ 흑구온도: 31℃
○ 건구온도: 28℃

① 5분 작업, 55분 휴식
② 15분 작업, 45분 휴식
③ 30분 작업, 30분 휴식
④ 45분 작업, 15분 휴식
⑤ 연속작업

해설

실내이므로 WBGT(℃)=(0.7×자연습구온도)+(0.3×흑구온도)
=30.3

정답 ②

02 **시간당 약 150kcal의 열량이 소모되는 경작업 조건에서 WBGT 측정치가 30.3℃일 때 고열작업 노출기준의 작업휴식 조건으로 가장 적절한 것은?**

① 계속작업
② 매시간 25% 작업, 75% 휴식
③ 매시간 50% 작업, 50% 휴식
④ 매시간 65% 작업, 35% 휴식
⑤ 매시간 75% 작업, 25% 휴식

해설

정답 ⑤

테마60. 화학물질 및 물리적 인자의 노출기준

제1장 총칙

제1조(목적) 이 고시는 「산업안전보건법」 제106조 및 제125조, 「산업안전보건법 시행규칙」 제144조에 따라 인체에 유해한 가스, 증기, 미스트, 흄이나 분진과 소음 및 고온 등 화학물질 및 물리적 인자(이하 "유해인자"라 한다)에 대한 작업환경평가와 근로자의 보건상 유해하지 아니한 기준을 정함으로써 유해인자로부터 근로자의 건강을 보호하는데 기여함을 목적으로 한다.

제2조(정의) ① 이 고시에서 사용하는 용어의 뜻은 다음과 같다.

1. "노출기준"이란 근로자가 유해인자에 노출되는 경우 노출기준 이하 수준에서는 거의 모든 근로자에게 건강상 나쁜 영향을 미치지 아니하는 기준을 말하며, 1일 작업시간동안의 시간가중평균노출기준(Time Weighted Average, TWA), 단시간노출기준(Short Term Exposure Limit, STEL) 또는 최고노출기준(Ceiling, C)으로 표시한다.
2. "시간가중평균노출기준(TWA)"이란 1일 8시간 작업을 기준으로 하여 유해인자의 측정치에 발생시간을 곱하여 8시간으로 나눈 값을 말하며, 다음 식에 따라 산출한다.

$$\text{TWA환산값} = \frac{C_1 T_1 + C_2 T_2 + \dots C_n T_n}{8}$$

주) C: 유해인자의 측정치(단위: ppm, ㎎/㎥ 또는 개/㎤)
T: 유해인자의 발생시간 (단위: 시간)

3. "단시간노출기준(STEL)"이란 15분간의 시간가중평균노출값으로서 노출농도가 시간가중평균노출기준(TWA)을 초과하고 단시간노출기준(STEL) 이하인 경우에는 1회 노출 지속시간이 15분 미만이어야 하고, 이러한 상태가 1일 4회 이하로 발생하여야 하며, 각 노출의 간격은 60분 이상이어야 한다.
4. "최고노출기준(C)"이란 근로자가 1일 작업시간동안 잠시라도 노출되어서는 아니 되는 기준을 말하며, 노출기준 앞에 "C"를 붙여 표시한다.

② 이 고시에서 특별히 규정하지 아니한 용어는 「산업안전보건법」(이하 "법"이라 한다), 「산업안전보건법 시행령」(이하 "영"이라 한다), 「산업안전보건법 시행규칙」(이하 "규칙"이라 한다) 및 「산업안전보건기준에 관한 규칙」(이하 "안전보건규칙"이라 한다)이 정하는 바에 따른다.

제3조(노출기준 사용상의 유의사항) ① 각 유해인자의 노출기준은 해당 유해인자가 단독으로 존재하는 경우의 노출기준을 말하며, 2종 또는 그 이상의 유해인자가 혼재하는 경우에는 각 유해인자의 상가작용으로 유해성이 증가할 수 있으므로 제6조에 따라 산출하는 노출기준을 사용하여야 한다.

② 노출기준은 1일 8시간 작업을 기준으로 하여 제정된 것이므로 이를 이용할 경우에는 근로시간, 작업의 강도, 온열조건, 이상기압 등이 노출기준 적용에 영향을 미칠 수 있으므로 이와 같은 제반요인을 특별히 고려하여야 한다.

③ 유해인자에 대한 감수성은 개인에 따라 차이가 있고, 노출기준 이하의 작업환경에서도 직업성 질병에 이환되는 경우가 있으므로 노출기준은 직업병진단에 사용하거나 노출기준 이하의 작업환경이라는 이유만으로 직업성질병의 이환을 부정하는 근거 또는 반증자료로 사용하여서는 아니 된다.

④ 노출기준은 대기오염의 평가 또는 관리상의 지표로 사용하여서는 아니 된다.

제4조(적용범위) ① 노출기준은 법 제39조에 따른 작업장의 유해인자에 대한 작업환경개선기준과 법 제125조에 따른 작업환경측정결과의 평가기준으로 사용할 수 있다.

② 이 고시에 유해인자의 노출기준이 규정되지 아니하였다는 이유로 법, 영, 규칙 및 안전보건규칙의 적용이 배제되지 아니하며, 이와 같은 유해인자의 노출기준은 미국산업위생전문가협회(American Conference of Governmental Industrial Hygienists, ACGIH)에서 매년 채택하는 노출기준(TLVs)을 준용한다.

제2장 노출기준

제5조(화학물질) ① 화학물질의 노출기준은 별표 1과 같다.

② 별표 1의 발암성, 생식세포 변이원성 및 생식독성 정보는 법상 규제 목적이 아닌 정보제공 목적으로 표시하는 것으로서 발암성은 국제암연구소(International Agency for Research on Cancer, IARC), 미국산업위생전문가협회(American Conference of Governmental Industrial Hygienists, ACGIH), 미국독성프로그램(National Toxicology Program, NTP), 「유럽연합의 분류·표시에 관한 규칙(European Regulation on the Classification, Labelling and Packaging of substances and mixtures, EU CLP)」 또는 미국산업안전보건청(American Occupational Safety & Health Administration, OSHA)의 분류를 기준으로, 생식세포 변이원성 및 생식독성은 유럽연합의 분류·표시에 관한 규칙(European Regulation on the Classification, Labelling and Packaging of substances and mixtures, EU CLP)을 기준으로 「화학물질의 분류·표시 및 물질안전보건자료에 관한 기준」에 따라 분류한다.

제6조(혼합물) ① 화학물질이 2종 이상 혼재하는 경우에 혼재하는 물질간에 유해성이 인체의 서로 다른 부위에 작용한다는 증거가 없는 한 유해작용은 가중되므로 노출기준은 다음식에 따라 산출하되, 산출되는 수치가 1을 초과하지 아니하는 것으로 한다

$$\frac{C_1}{T_1} + \frac{C_2}{T_2} + \cdots \frac{C_n}{T_n}$$

주) C: 화학물질 각각의 측정치

T: 화학물질 각각의 노출기준

② 제1항의 경우와는 달리 혼재하는 물질간에 유해성이 인체의 서로 다른 부위에 유해작용을 하는 경우에 유해성이 각각 작용하므로 혼재하는 물질 중 어느 한 가지라도 노출기준을 넘는 경우 노출기준을 초과하는 것으로 한다.

제7조(분진) 삭제

제8조(용접분진) 삭제

제9조(소음) ① 소음수준별 노출기준은 별표 2-1과 같다.

② 충격소음의 노출기준은 별표 2-2와 같다.

제10조(고온) 작업의 강도에 따른 고온의 노출기준은 별표 3과 같다.

제10조의2(라돈) 라돈의 노출기준은 별표 4와 같다.

제11조(표시단위) ① 가스 및 증기의 노출기준 표시단위는 피피엠(ppm)을 사용한다.

② 분진 및 미스트 등 에어로졸(Aerosol)의 노출기준 표시단위는 세제곱미터당 밀리그램(mg/㎥)을 사용한다. 다만, 석면 및 내화성세라믹섬유의 노출기준 표시단위는 세제곱센티미터당 개수(개/㎤)를 사용한다.

③ 고온의 노출기준 표시단위는 습구흑구온도지수(이하"WBGT"라 한다)를 사용하며 다음 각 호의 식에 따라 산출한다.

1. 태양광선이 내리쬐는 옥외 장소: WBGT(℃) = 0.7 × 자연습구온도 + 0.2 × 흑구온도 + 0.1 × 건구온도
2. 태양광선이 내리쬐지 않는 옥내 또는 옥외 장소: WBGT(℃) = 0.7 × 자연습구온도 + 0.3 × 흑구온도

테마61. 작업환경측정 및 정도관리 등에 관한 고시

제2조(정의) ① 이 고시에서 사용하는 용어의 뜻은 다음 각호와 같다.

1. "액체채취방법"이란 시료공기를 액체 중에 통과시키거나 액체의 표면과 접촉시켜 용해·반응·흡수·충돌 등을 일으키게 하여 해당 액체에 작업환경측정(이하 "측정"이라 한다)을 하려는 물질을 채취하는 방법을 말한다.
2. "고체채취방법"이란 시료공기를 고체의 입자층을 통해 흡입, 흡착하여 해당 고체입자에 측정하려는 물질을 채취하는 방법을 말한다.
3. "직접채취방법"이란 시료공기를 흡수, 흡착 등의 과정을 거치지 아니하고 직접채취대 또는 진공채취병 등의 채취용기에 물질을 채취하는 방법을 말한다.
4. "냉각응축채취방법"이란 시료공기를 냉각된 관 등에 접촉 응축시켜 측정하려는 물질을 채취하는 방법을 말한다.
5. "여과채취방법"이란 시료공기를 여과재를 통하여 흡인함으로써 해당 여과재에 측정하려는 물질을 채취하는 방법을 말한다.
6. "개인 시료채취"란 개인시료채취기를 이용하여 가스·증기·분진·흄(fume)·미스트(mist) 등을 근로자의 호흡위치(호흡기를 중심으로 반경 30㎝인 반구)에서 채취하는 것을 말한다.
7. "지역 시료채취"란 시료채취기를 이용하여 가스·증기·분진·흄(fume)·미스트(mist) 등을 근로자의 작업행동 범위에서 호흡기 높이에 고정하여 채취하는 것을 말한다.
8. "노출기준"이란 「산업안전보건법」(이하 "법"이라 한다) 제106조에서 정한 작업환경평가기준을 말한다.
9. "최고노출근로자"란 「산업안전보건법 시행규칙」(이하 "규칙"이라 한다) 별표 21에 따른 작업환경측정대상 유해인자의 발생 및 취급원에서 가장 가까운 위치의 근로자이거나 규칙 별표 21에 따른 작업환경측정대상 유해인자에 가장 많이 노출될 것으로 간주되는 근로자를 말한다.
10. "단위작업 장소"란 규칙 제186조제1항에 따라 작업환경측정대상이 되는 작업장 또는 공정에서 정상적인 작업을 수행하는 동일 노출집단의 근로자가 작업을 하는 장소를 말한다.
11. "호흡성분진"이란 호흡기를 통하여 폐포에 축적될 수 있는 크기의 분진을 말한다.
12. "흡입성분진"이란 호흡기의 어느 부위에 침착하더라도 독성을 일으키는 분진을 말한다.
13. "입자상 물질"이란 화학적인자가 공기중으로 분진·흄(fume)·미스트(mist) 등의 형태로 발생되는 물질을 말한다.
14. "가스상 물질"이란 화학적인자가 공기중으로 가스·증기의 형태로 발생되는 물질을 말한다.
15. "정도관리"란 법 제126조제2항에 따라 작업환경측정·분석 결과에 대한 정확성과 정밀도를 확보하기 위하여 작업환경측정기관의 측정·분석능력을 확인하고, 그 결과에 따라 지도·교육 등 측정·분석능력 향상을 위하여 행하는 모든 관리적 수단을 말한다.
16. "정확도"란 분석치가 참값에 얼마나 접근하였는가 하는 수치상의 표현을 말한다.
17. "정밀도"란 일정한 물질에 대해 반복측정·분석을 했을 때 나타나는 자료 분석치의 변동크기가 얼마나 작은가 하는 수치상의 표현을 말한다.

② 그 밖의 이 고시에서 사용하는 용어의 뜻은 이 고시에 특별한 규정이 없으면 법, 「산업안전보건법 시행령」(이하 "영"이라 한다), 규칙, 「산업안전보건기준에 관한 규칙」(이하 "안전보건규칙"이라 한다) 및 관련 고시가 정하는 바에 따른다.

제17조(예비조사 및 측정계획서의 작성) ① 규칙 제189조제1항제1호에 따라 예비조사를 하는 경우에는 다음 각호의 내용이 포함된 측정계획서를 작성하여야 한다.

1. 원재료의 투입과정부터 최종 제품생산 공정까지의 주요공정 도식
2. 해당 공정별 작업내용 및 화학물질 사용실태, 그 밖에 작업방법·운전조건 등을 고려한 유해인자 노출 가능성
3. 측정대상공정, 측정대상 유해인자 및 발생주기, 측정 대상 공정의 종사근로자 현황
4. 유해인자별 측정방법 및 측정 소요기간 등 작업환경측정에 필요한 사항

② 측정기관이 전회에 측정을 실시한 사업장으로서 공정 및 취급인자 변동이 없는 경우에는 서류상의 예비조사를 할 수 있다.

제18조(노출기준의 종류별 측정시간) ① 「화학물질 및 물리적 인자의 노출기준(고용노동부 고시, 이하 '노출기준 고시'라 한다)」에 시간가중평균기준(TWA)이 설정되어 있는 대상물질을 측정하는 경우에는 1일 작업시간동안 6시간 이상 연속 측정하거나 작업시간을 등간격으로 나누어 6시간 이상 연속분리하여 측정하여야 한다. 다만, 다음 각호의 어느 하나에 해당하는 경우에는 대상물질의 발생시간 동안 측정 할 수 있다.

1. 대상물질의 발생시간이 6시간 이하인 경우
2. 불규칙작업으로 6시간 이하의 작업을 하는 경우
3. 발생원에서 발생시간이 간헐적인 경우

② 노출기준 고시에 단시간 노출기준(STEL)이 설정되어 있는 물질로서 노출이 균일하지 않은 작업특성으로 인하여 단시간 노출평가가 필요하다고 자격자(규칙 제187조에 따른 작업환경측정자의 자격을 가진 자를 말한다.) 또는 작업환경측정기관이 판단하는 경우에는 제1항의 측정에 추가하여 단시간 측정을 할 수 있다. 이 경우 1회에 15분간 측정하되 유해인자 노출특성을 고려하여 측정횟수를 정할 수 있다.

③ 노출기준 고시에 최고노출기준(Ceiling, C)이 설정되어 있는 대상물질을 측정하는 경우에는 최고노출 수준을 평가할 수 있는 최소한의 시간동안 측정하여야 한다. 다만 시간가중평균기준(TWA)이 함께 설정되어 있는 경우에는 제1항에 따른 측정을 병행하여야 한다.

제19조(시료채취 근로자수) ① 단위작업 장소에서 최고 노출근로자 2명 이상에 대하여 동시에 개인 시료채취 방법으로 측정하되, 단위작업 장소에 근로자가 1명인 경우에는 그러하지 아니하며, 동일 작업근로자수가 10명을 초과하는 경우에는 매 5명당 1명 이상 추가하여 측정하여야 한다. 다만, 동일 작업근로자수가 100명을 초과하는 경우에는 최대 시료채취 근로자수를 20명으로 조정할 수 있다.

② 지역 시료채취 방법으로 측정을 하는 경우 단위작업장소 내에서 2개 이상의 지점에 대하여 동시에 측정하여야 한다. 다만, 단위작업 장소의 넓이가 50평방미터 이상인 경우에는 매 30평방미터마다 1개 지점 이상을 추가로 측정하여야 한다.

제20조(단위) ① 화학적 인자의 가스, 증기, 분진, 흄(fume), 미스트(mist) 등의 농도는 피피엠(ppm) 또는 세제곱미터 당 밀리그램(㎎/㎥)으로 표시한다. 다만, 석면의 농도 표시는 세제곱센티미터 당 섬유개수(개/㎤)로 표시한다.

② 피피엠(ppm)과 세제곱미터 당 밀리그램(㎎/㎥)간의 상호 농도변환은 다음 계산식 1과 같다.

(계산식1) 25℃, 1기압 기준

$$\text{노출기준(mg/㎥)} = \frac{\text{노출기준}(ppm) \times \text{그램분자량}}{24.45}$$

③ <삭제>

④ 소음수준의 측정단위는 데시벨[dB(A)]로 표시한다.

⑤ 고열(복사열 포함)의 측정단위는 습구·흑구 온도지수(WBGT)를 구하여 섭씨온도(℃)로 표시한다.

제2절 입자상 물질

제21조(측정 및 분석방법) 규칙 별표 21의 작업환경측정 대상 유해인자 중 입자상 물질은 다음 각호의 방법으로 측정한다.

1. 석면의 농도는 여과채취방법으로 측정하고 계수방법 또는 이와 동등 이상의 분석방법으로 분석할 것
2. 광물성분진은 여과채취방법으로 측정하고 석영, 크리스토바라이트, 트리디마이트를 분석할 수 있는 적합한 방법으로 분석할 것(다만 규산염과 그 밖의 광물성분진은 중량분석방법으로 분석한다.)
3. 용접흄은 여과채취방법으로 측정하되 용접보안면을 착용한 경우에는 그 내부에서 시료를 채취하고 중량분석방법과 원자흡광광도계 또는 유도결합프라스마를 이용한 방법으로 분석할 것
4. 석면, 광물성분진 및 용접흄을 제외한 입자상 물질은 여과채취방법으로 측정한 후 중량분석방법이나 유해물질 종류에 따른 적합한 방법으로 분석할 것
5. 호흡성분진은 호흡성분진용 분립장치 또는 호흡성분진을 채취할 수 있는 기기를 이용한 여과채취방법으로 측정할 것
6. 흡입성분진은 흡입성분진용 분립장치 또는 흡입성분진을 채취할 수 있는 기기를 이용한 여과채취방법으로 측정할 것

제22조(측정위치) ① 개인 시료채취 방법으로 측정하는 경우에는 측정기기를 작업 근로자의 호흡기 위치에 장착하여야 한다.

② 지역 시료채취 방법으로 측정하는 경우에는 측정기기를 발생원의 근접한 위치 또는 작업근로자의 주 작업행동 범위 내에서 작업근로자 호흡기 높이에 설치하여야 한다.

제22조의2(측정시간 등) 입자상물질을 측정하는 경우 측정시간은 제18조의 규정을 준용한다.

제3절 가스상 물질

제23조(측정 및 분석방법) 규칙 별표 21의 작업환경측정 대상 유해인자 중 가스상 물질의 경우 개인시료채취기 또는 이와 동등 이상의 특성을 가진 측정기기를 사용하여 제2조제1항제1호부터 제5호까지의 채취방법에 따라 시료를 채취한 후 원자흡광분석, 가스크로마토그래프분석 또는 이와 동등 이상의 분석방법으로 정량분석하여야 한다.

제24조(측정위치 및 측정시간 등) 가스상물질의 측정위치, 측정시간 등은 제22조 및 제22조의2의 규정을 준용한다.

제25조(검지관방식의 측정) ① 제23조 및 제24조의 규정에도 불구하고 다음 각호의 어느 하나에 해당하는 경우에는 검지관방식으로 측정할 수 있다.

1. 예비조사 목적인 경우
2. 검지관방식 외에 다른 측정방법이 없는 경우
3. 발생하는 가스상 물질이 단일물질인 경우. 다만, 자격자가 측정하는 사업장에 한정한다.

② 자격자가 해당 사업장에 대하여 검지관방식으로 측정하는 경우 사업주는 2년에 1회 이상 사업장 위탁측정기관에 의뢰하여 제23조 및 제24조에 따른 방법으로 측정하여야 한다.

③ 검지관방식의 측정결과가 노출기준을 초과하는 것으로 나타난 경우에는 즉시 제23조 및 제24조에 따른 방법으로 재측정하여야 하며, 해당 사업장에 대하여는 측정치가 노출기준 이하로 나타날 때까지는 검지관방식으로 측정할 수 없다.

④ 검지관방식으로 측정하는 경우에는 해당 작업근로자의 호흡기 및 가스상 물질 발생원에 근접한 위치 또는 근로자 작업행동 범위의 주 작업 위치에서의 근로자 호흡기 높이에서 측정하여야 한다.

⑤ 검지관방식으로 측정하는 경우에는 1일 작업시간 동안 1시간 간격으로 6회 이상 측정하되 측정시간마다 2회 이상 반복 측정하여 평균값을 산출하여야 한다. 다만, 가스상 물질의 발생시간이 6시간 이내일 때에는 작업시간 동안 1시간 간격으로 나누어 측정하여야 한다.

제4절 소음

제26조(측정방법) 규칙 별표 21에 따른 소음수준의 측정은 다음 각호에 따른다.

1. 소음측정에 사용되는 기기(이하 "소음계" 라 한다)는 누적소음 노출량측정기, 적분형소음계 또는 이와 동등 이상의 성능이 있는 것으로 하되 개인 시료채취 방법이 불가능한 경우에는 지시소음계를 사용할 수 있으며, 발생시간을 고려한 등가소음레벨 방법으로 측정할 것. 다만, 소음발생 간격이 1초 미만을 유지하면서 계속적으로 발생되는 소음(이하 "연속음"이라 한다)을 지시소음계 또는 이와 동등 이상의 성능이 있는 기기로 측정할 경우에는 그러하지 아니할 수 있다.
2. 소음계의 청감보정회로는 A특성으로 할 것
3. 제1호 단서규정에 따른 소음측정은 다음과 같이 할 것
   가. 소음계 지시침의 동작은 느린(Slow) 상태로 한다.
   나. 소음계의 지시치가 변동하지 않는 경우에는 해당 지시치를 그 측정점에서의 소음수준으로 한다.
4. 누적소음노출량 측정기로 소음을 측정하는 경우에는 Criteria는 90dB, Exchange Rate는 5dB, Threshold는 80dB로 기기를 설정할 것
5. 소음이 1초 이상의 간격을 유지하면서 최대음압수준이 120dB(A)이상의 소음인 경우에는 소음수준에 따른 1분 동안의 발생횟수를 측정할 것

제27조(측정위치) ① 개인 시료채취 방법으로 측정하는 경우에는 소음측정기의 센서 부분을 작업 근로자의 귀 위치(귀를 중심으로 반경 30cm인 반구)에 장착하여야 한다.

② 지역 시료채취 방법으로 측정하는 경우에는 소음측정기를 측정대상이 되는 근로자의 주 작업행동 범위 내에서 작업근로자 귀 높이에 설치하여야 한다.

제28조(측정시간 등) ① 단위작업 장소에서 소음수준은 규정된 측정위치 및 지점에서 1일 작업시간 동안 6시간 이상 연속 측정하거나 작업시간을 1시간 간격으로 나누어 6회 이상 측정하여야 한다. 다만, 소음의 발생특성이 연속음으로서 측정치가 변동이 없다고 자격자 또는 지정측정기관이 판단한 경우에는 1시간 동안을 등간격으로 나누어 3회 이상 측정할 수 있다.

② 단위작업 장소에서의 소음발생시간이 6시간 이내인 경우나 소음발생원에서의 발생시간이 간헐적인 경우에는 발생시간동안 연속 측정하거나 등간격으로 나누어 4회 이상 측정하여야 한다.

제5절 고열

제29조 <삭제>

제30조(측정기기 등) 고열은 습구흑구온도지수(WBGT)를 측정할 수 있는 기기 또는 이와 동등 이상의 성능을 가진 기기를 사용한다.

제31조(측정방법 등) 고열 측정은 다음 각호의 방법에 따른다.

1. 측정은 단위작업 장소에서 측정대상이 되는 근로자의 주 작업 위치에서 측정한다.
2. 측정기의 위치는 바닥 면으로부터 50센티미터 이상, 150센티미터 이하의 위치에서 측정한다.
3. 측정기를 설치한 후 충분히 안정화 시킨 상태에서 1일 작업시간 중 가장 높은 고열에 노출되는 1시간을 10분 간격으로 연속하여 측정한다.

테마62. 근골격계부담작업의 범위 및 유해요인조사방법에 관한 고시

제1조(목적) 이 고시는「산업안전보건법」제39조제1항제5호 및「산업안전보건기준에 관한 규칙」제656조제1호 및 제658조 단서의 규정에 따른 근골격계부담작업의 범위 및 유해요인조사 방법에 관하여 필요한 사항을 규정함을 목적으로 한다.

제2조(정의) ① 이 고시에서 사용하는 용어의 뜻은 다음 각 호와 같다.

1. "단기간 작업"이란 2개월 이내에 종료되는 1회성 작업을 말한다.
2. "간헐적인 작업"이란 연간 총 작업일수가 60일을 초과하지 않는 작업을 말한다.
3. "하루"란「근로기준법」제2조제1항제7호에 따른 1일 소정근로시간과 1일 연장근로시간 동안 근로자가 수행하는 총 작업시간을 말한다.
4. "4시간 이상" 또는 "2시간 이상"은 제3호에 따른 "하루" 중 근로자가 제3조 각 호에 해당하는 근골격계부담작업을 실제로 수행한 시간을 합산한 시간을 말한다.

② 이 고시에서 규정하지 않은 사항은「산업안전보건법」(이하 "법"이라 한다) 및 「산업안전보건기준에 관한 규칙」(이하 "안전보건규칙"이라 한다)에서 정하는 바에 따른다.

제3조(근골격계부담작업) 법 제39조제1항제5호 및 안전보건규칙 제656조제1호에 따른 근골격계부담작업이란 다음 각 호의 어느 하나에 해당하는 작업을 말한다. 다만, 단기간작업 또는 간헐적인 작업은 제외한다.

1. 하루에 4시간 이상 집중적으로 자료입력 등을 위해 키보드 또는 마우스를 조작하는 작업
2. 하루에 총 2시간 이상 목, 어깨, 팔꿈치, 손목 또는 손을 사용하여 같은 동작을 반복하는 작업
3. 하루에 총 2시간 이상 머리 위에 손이 있거나, 팔꿈치가 어깨위에 있거나, 팔꿈치를 몸통으로부터 들거나, 팔꿈치를 몸통뒤쪽에 위치하도록 하는 상태에서 이루어지는 작업
4. 지지되지 않은 상태이거나 임의로 자세를 바꿀 수 없는 조건에서, 하루에 총 2시간 이상 목이나 허리를 구부리거나 트는 상태에서 이루어지는 작업
5. 하루에 총 2시간 이상 쪼그리고 앉거나 무릎을 굽힌 자세에서 이루어지는 작업
6. 하루에 총 2시간 이상 지지되지 않은 상태에서 1kg 이상의 물건을 한손의 손가락으로 집어 옮기거나, 2kg 이상에 상응하는 힘을 가하여 한손의 손가락으로 물건을 쥐는 작업
7. 하루에 총 2시간 이상 지지되지 않은 상태에서 4.5kg 이상의 물건을 한 손으로 들거나 동일한 힘으로 쥐는 작업
8. 하루에 10회 이상 25kg 이상의 물체를 드는 작업
9. 하루에 25회 이상 10kg 이상의 물체를 무릎 아래에서 들거나, 어깨 위에서 들거나, 팔을 뻗은 상태에서 드는 작업
10. 하루에 총 2시간 이상, 분당 2회 이상 4.5kg 이상의 물체를 드는 작업
11. 하루에 총 2시간 이상 시간당 10회 이상 손 또는 무릎을 사용하여 반복적으로 충격을 가하는 작업

제4조(유해요인조사 방법) 사업주는 안전보건규칙 제658조 단서에 따라 유해요인조사를 실시할 때에는 별지 제1호서식의 유해요인조사표 및 별지 제2호서식의 근골격계질환 증상조사표를 활용하여야 한다. 이 경우 별지 제1호서식의 다목에 따른 작업조건 조사의 경우에는 조사 대상 작업을 보다 정밀하게 조사할 수 있는 작업분석·평가도구를 활용할 수 있다.

산업보건지도사 제2과목(산업보건일반) 모의고사

정답 개수	점수
( )/25	( )/100

01 해외 국가의 노출기준의 연결이 틀린 것은?

① 영국-WEL
② 독일-REL
③ 스웨덴-OEL
④ 미국 ACGIH-TLV
⑤ 미국 OSHA-PELs

02 주형을 부수고 모래를 터는 장소에서 포위식 후드를 설치하는 경우의 최소 제어풍속으로 옳은 것은?

① 0.5m/s
② 0.7m/s
③ 1.0m/s
④ 1.2m/s
⑤ 1.5m/s

03 다음은 가스상 물질을 측정 및 분석하는 방법에 대한 내용이다. ( ) 안에 알맞은 것은? (단, 고용노동부 고시를 기준으로 한다)

> 가스상 물질을 검지관 방식으로 측정하는 경우에 1일 작업시간 동안 1시간 간격으로 (ㄱ)회 이상 측정하되, 매 측정시간 마다 (ㄴ)회 이상 반복 측정하여 평균값을 산출하여야 한다.

	ㄱ	ㄴ
①	5	2
②	6	2
③	7	2
④	7	3
⑤	8	2

04

보호구의 보호정도와 한계를 나타내는데 필요한 보호계수(PF)를 산정하는 공식으로 옳은 것은? (단, 보호구 밖의 농도는 C_0이고, 보호구 안의 농도는 C_1이다)

① $PF=C_1/C_0$

② $PF=C_0/C_1$

③ $PF=(C_1/C_0)\times100$

④ $PF=(C_1/C_0)\times0.5$

⑤ $PF=(C_0/C_1)\times100$

05

납을 취급하는 근로자를 대상으로 생물학적 모니터링을 하는데 이용되는 1차 검사항목에 해당하는 생물학적 노출지표 검사는?

① 혈중 징크프로토포피린

② 혈중 납

③ 소변 중 납

④ 소변 중 델타아미노레불린산

⑤ 소변 중 메틸마뇨산

06

방사능 측정값 600pCi/L를 표준화(SI) 단위값으로 옳게 표현한 것은? (단, $1Ci=3.7\times10^{10}dps$이다)

① 16Bq

② 22.2Bq

③ 16dps

④ 22.2dpm

⑤ $6\times10^{-10}Ci$

07

보호구 안전인증 고시에서 화학물질용 보호복의 구분 기준 중 "분진 등과 같은 에어로졸에 대한 차단 성능을 가진 보호복"은?

① 1형식

② 2형식

③ 3형식

④ 4형식

⑤ 5형식

08

21℃, 1기압에서 어떤 물질이 시간당 1L씩 증발하고 있다. 전체환기 시 필요한 환기량(m^3/min)은? (단, 이 물질의 분자량은 78이고, 비중은 0.881이며, 허용기준은 100ppm, 안전계수는 4이다)

① 116
② 182
③ 235
④ 274
⑤ 321

09

폐암환자 100명과 대조군 100명에 대해 흡연력을 조사한 환자-대조군 연구를 수행한 결과는 아래와 같다. 연구 결과를 확인하기 위한 적절한 역학지수와 그 값의 연결이 옳은 것은?

구분	폐암환자	대조군
흡연자	80명	40명
비흡연자	20명	60명

① 교차비 - 2.67
② 상대위험도 - 2.67
③ 교차비 - 6
④ 상대위험도 - 0.42
⑤ 기여위험도 - 3.67

10

다음 중 유해인자에 노출된 집단에서의 질병발생률과 노출되지 않은 집단에서 질병발생률과의 비를 무엇이라 하는가?

① 교차비
② 상대위험도
③ 발병비
④ 기여위험도
⑤ 비례사망비

11

고용노동부 보호구 안전인증고시에서 규정하는 안전인증 방독마스크에 장착하는 정화통의 종류와 외부 측면의 표시색이 올바르게 짝지어진 것은?

① 유기화합물용 정화통-노랑색
② 황화수소용 정화통-흰색
③ 시안화수소용 정화통-회색
④ 아황산용 정화통-녹색
⑤ 암모니아용 정화통-갈색

12

1기압, 25℃에서 수은(분자량: 200)의 증기압이 0.00152mmHg라고 할 때, 이 조건의 밀폐된 작업장에서 공기 중 수은의 포화농도(mg/㎥)는 약 얼마인가?

① 2.0
② 16.4
③ 27.9
④ 35.9
⑤ 156.3

13

산업안전보건법령에서 허용기준이 설정된 물질에 해당하지 않는 것은?

① 1-브로모브로판
② 1,3-부타디엔
③ 암모니아
④ 코발트 및 그 무기화합물
⑤ 톨루엔

14 물질안전보건자료(MSDS) 작성 시 포함되어야 할 항목 중 그 순서대로 나열한 것은?

ㄱ. 유해성·위험성
ㄴ. 안전성 및 반응성
ㄷ. 독성에 관한 정보
ㄹ. 구성성분의 명칭 및 함유량
ㅁ. 물리·화학적 특성

① ㄱ-ㄴ-ㄷ-ㄹ-ㅁ
② ㄱ-ㄹ-ㄷ-ㅁ-ㄴ
③ ㄱ-ㄹ-ㅁ-ㄴ-ㄷ
④ ㄴ-ㄷ-ㅁ-ㄱ-ㄹ
⑤ ㄴ-ㅁ-ㄱ-ㄷ-ㄹ

15 작업환경 측정 시 관련 절차별로 다음과 같이 오차값이 추정될 때, 누적오차 값은?

○ 유량측정: ±13.5%
○ 시료채취시간: ±3.6%
○ 탈착효율: ±8.5%
○ 포집효율: ±4.1%
○ 시료분석: ±16.2%

① 3.6%
② 12.6%
③ 23.4%
④ 29.7%
⑤ 45.8%

16 변이계수에 관한 설명으로 옳지 않은 것은?

① 통계집단의 측정값들에 대한 균일성, 정밀성 정도를 표현한다.
② 단위가 서로 다른 집단이나 특성값의 상호 산포도를 비교하는 데 이용될 수 있다.
③ 변이계수(%)=(표준편차/산술평균)×100
④ 표준편차에 대한 산술평균의 크기를 백분율로 나타낸 수치이다.
⑤ 변이계수는 검출한계가 정량분석에서 만족스러운 개념을 제공하지 못하기 때문에 검출한계의 개념을 보충하기 위해 도입되었다.

17

공기 중 아세톤 500ppm, 초산 제2부틸 100ppm 및 메틸케톤 150ppm이 혼합물로서 존재할 때 복합노출지수(ppm)는? (단, 아세톤, 초산 제2부틸, 메틸케톤의 TLV는 각각 750, 200, 200ppm이다)

① 1.25

② 1.56

③ 1.74

④ 1.92

⑤ 2.15

18

1941년부터 1980년 사이 취업한 대규모 화학공장 근로자 800명의 사망진단서를 확보하였다. 이 중에서 암으로 사망한 사람은 160명이었으며, 동일기간 지역 사회의 전체 사망자 중에서 암으로 인한 사망자는 15%였다면 비례사망비(PMR)는?

① 75%

② 120%

③ 133%

④ 150%

⑤ 200%

19

활성탄관으로 채취한 벤젠을 1mL 이황화탄소(CS_2)로 추출하여 정량한 결과가 다음과 같을 때, 벤젠 양(μg)은?

○ 시료(앞층 10ppm, 뒤층 0.1ppm)
○ 공시료(앞층 0.1ppm, 뒤층 검출되지 않음)

① 9.9

② 10

③ 99

④ 100

⑤ 파과현상으로 시료를 쓰지 못함

20

작업환경측정 자료들의 분포(distribution)는 주로 우측으로 무한히 뻗어있는 형태(positively skewed)이다. 이에 관한 설명으로 옳은 것은?

① 평균, 중위수, 최빈수가 같은 값이다.
② 평균이 중위수보다 더 크다.
③ 이를 표준정규분포라고 한다.
④ 기하표준편차는 1미만이다.
⑤ 최빈수가 평균보다 더 크다.

21

한 작업장의 분진농도를 측정한 결과 2.3, 2.2, 2.5, 5.2, 3.3(mg/㎥)이었다. 이 작업장 분진농도의 기하평균값은?

① 약 2.93mg/㎥
② 약 3.13mg/㎥
③ 약 3.34mg/㎥
④ 약 3.78mg/㎥
⑤ 약 4.43mg/㎥

22

호흡성 먼지(PRM)의 입경(㎛) 범위는? (단, 미국 ACGIH 정의 기준)

① 0~10
② 0~20
③ 0~25
④ 10~100
⑤ 50~100

23

다음과 같이 동시에 2가지 화학물질에 노출되고 있는 경우에 대한 해석 및 작업환경평가에 관한 설명으로 옳지 않은 것은?

화학물질명	노출농도(ppm)	노출기준(ppm)
톨루엔	25	50
크실렌	70	100

① 작업환경 측정을 위해 활성탄을 사용한다.
② 두 물질은 상가작용을 하는 것으로 판단한다.
③ 작업환경측정 시료는 가스크로마토그래피를 사용하여 분석한다.
④ 톨루엔과 크실렌은 모두 중추신경계의 억제작용을 하는 것으로 알려져 있다.
⑤ 각각의 화학물질은 기준을 초과하지 않았으므로 노출기준을 초과하지 않은 것으로 판단한다.

24

벤젠의 생물학적 노출지표로 사용되는 것이 아닌 것은?

① 혈중 벤젠
② 혈중 메틸마뇨산
③ 소변 중 뮤콘산
④ 소변 중 S-페닐머캅토산
⑤ 소변 중 페놀

25

유해인자와 발생질환이 옳지 않은 것은?

① 이상 고기압-Hypoxia
② 터널 굴착시 압축공기 shield 작업-Caisson disease
③ 석면 분진-Pneumoconiosis
④ 진동작업-Raynaud disease
⑤ 잠수작업-Oxygen poison

1회 모의고사 정답

1	2	3	4	5	6	7	8	9	10
②	②	②	②	②	②	⑤	②	③	②
11	12	13	14	15	16	17	18	19	20
③	②	①	③	③	④	④	③	②	②
21	22	23	24	25					
①	①	⑤	②	①					

산업보건지도사 제2과목(산업보건일반) 모의고사

정답 개수	점수
( ) / 25	( ) / 100

01

10℃, 1기압에서 벤젠(C_6H_6) 10ppm을 mg/㎥로 환산할 경우 약 얼마인가?

① 28.7
② 30.6
③ 33.6
④ 35.7
⑤ 39.8

02

산업안전보건법령에서 국소배기장치 중 연삭기, 드럼 샌더 등의 회전체를 가지는 기계에 관련되어 분진작업을 하는 장소에 설치된 국소배기장치의 후드 중 '회전체를 가지는 기계 전체를 포위하는 방법'에서의 제어풍속(m/s)은?

① 0.5
② 0.7
③ 1.0
④ 1.2
⑤ 1.3

03

진동증후군(HAVS)에 대한 스톡홀름 워크숍의 분류로서 옳지 않은 것은?

① 진동증후군의 단계를 0부터 4까지 5단계로 구분하였다.
② 1983년 런던국제회의에서는 국소진동으로 인한 질환을 수지진동증후군(hand-arm vibration syndrome, HAVS)이란 용어로 통일시켰으며, 1986년 Stockholm Workshop 에서는 국소진동에 대한 혈관 및 신경학적 분류표가 제정되었다.
③ 1단계는 가벼운 증상으로 하나 또는 그 이상의 손가락 끝부분이 하얗게 변한다.
④ 3단계는 심각한 증상으로 하나 또는 그 이상의 손가락 가운데마디 부분까지 하얗게 변하는 증상이 나타난다.
⑤ 4단계는 매우 심각한 증상으로 대부분의 손가락이 하얗게 변하는 증상과 함께 손끝에서 땀의 분비가 제대로 일어나지 않는 등의 변화가 나타난다.

04 메탄올의 시각장애 독성을 나타내는 대사단계의 순서로 맞는 것은?

① 메탄올→에탄올→포름산→포름알데히드

② 메탄올→아세트알데히드→포름알데히드→물

③ 메탄올→아세트알데히드→아세테이트→이산화탄소

④ 메탄올→포름아미드→포름산→에탄올

⑤ 메탄올→포름알데히드→포름산→이산화탄소

05 사업장에서 사용하는 유해물질의 특성에 관한 설명으로 옳지 않은 것은?

① 망간에 노출되면 파킨슨씨 증후군과 유사한 뇌병변을 보이며, 무력증과 두통의 증상을 수반한다.

② 6가 크롬은 불용성과 수용성이 있으며 TWA의 경우 불용성과 수용성에 관계없이 같다. 한편 3가 크롬은 독성은 없으나 6가 크롬에 비해 피부흡수가 어렵다.

③ 알킬수은화합물의 독성은 무기수은화합물의 독성보다 강하다.

④ DMF는 극성 비양자성 용매(polar aprotic solvent)로 물과 대부분의 유기용제에 모두 녹는 특성을 가진다.

⑤ 비소 화합물은 산소(O), 염소(Cl), 및 황(S)과 결합한 무기 비소 화합물과 탄소(C)와 수소(H)와 결합한 유기 비소 화합물로 나뉘며, 3가 비소화합물이 5가 비소화합물에 비해 독성이 강하고 무기화합물이 유기화합물에 비해 인체에 대한 독성이 크다.

06 전자제품 제조업 작업장에서 측정한 공기 중 벤젠의 농도가 다음과 같을 때, 기술 통계값의 기하평균(GM)과 기하표준편차(GSD)는 약 얼마인가?

> 벤젠농도(ppm): 0.5, 0.2, 1.5, 0.9, 0.02

	GM	GSD
①	0.25ppm	4.25
②	0.31ppm	5.47
③	0.31ppm	0.59
④	0.62ppm	0.59
⑤	0.62ppm	3.03

07 작업환경측정 및 정도관리 등에 관한 고시에서 시료채취 근로자수와 종류별 측정시간에 대한 설명 중 옳은 것은?

① 단위작업 장소에서 최고 노출근로자가 2명 이상에 대하여 동시에 개인 시료채취방법으로 측정하되, 단위작업 장소에 근로자가 1명인 경우에는 그러하지 아니하며, 동일 작업근로자수가 20명을 초과하는 경우에는 매 5명당 1명 이상 추가하여 측정하여야 한다.

② 단위작업 장소에서 최고 노출근로자가 2명 이상에 대하여 동시에 개인 시료채취방법으로 측정하되, 동일 작업근로자수가 200명을 초과하는 경우에는 최대 시료채취 근로자수를 20명으로 조정할 수 있다.

③ 지역 시료채취 방법으로 측정을 하는 경우 단위작업 장소의 넓이가 60평방미터 이상인 경우에는 매 30평방미터마다 1개 지점 이상을 추가로 측정하여야 한다.

④ 노출기준 고시에 최고노출기준(Ceiling, C)이 설정되어 있는 대상물질을 측정하는 경우에는 최고노출 수준을 평가할 수 있는 최소한의 시간동안 측정하여야 하고 시간가중평균기준(TWA)이 함께 설정되어 있는 불화수소(HF)의 경우에는 양 측정을 병행하여야 한다.

⑤ 「화학물질 및 물리적 인자의 노출기준」에 시간가중평균기준(TWA)이 설정되어 있는 대상물질을 측정하는 경우에는 1일 작업시간동안 8시간 이상 연속 측정하거나 작업시간을 등간격으로 나누어 8시간 이상 연속분리하여 측정하여야 한다.

08 작업환경측정 주기 및 횟수에 대한 설명으로 옳은 것은?

① 사업주는 작업장 또는 작업공정이 신규로 가동되거나 변경되는 등으로 작업환경측정 대상 작업장이 된 경우에는 그 날부터 15일 이내에 작업환경측정을 한다.

② 사업주는 작업환경측정을 한 후 그 측정일로부터 분기(分期)에 1회 이상 정기적으로 작업환경을 측정해야 한다.

③ 사업주는 작업환경측정 대상 중 화학적 인자(고용노동부장관이 정하여 고시하는 물질만 해당한다) 114종의 측정치가 노출기준을 초과하는 경우의 작업장 또는 작업공정은 해당 유해인자에 대하여 그 측정일부터 3개월에 1회 이상 작업환경측정을 해야 한다.

④ 사업주는 최근 1년간 작업공정에서 공정 설비의 변경, 작업방법의 변경, 설비의 이전, 사용 화학물질의 변경 등으로 작업환경측정 결과에 영향을 주는 변화가 없는 경우로서 작업공정 내 소음의 작업환경측정 결과가 최근 2회 연속 85데시벨(dB) 미만인 경우에는 해당 유해인자에 대한 작업환경측정을 연(年) 1회 이상 한다.

⑤ 작업공정 내 소음 외의 다른 모든 인자의 작업환경측정 결과가 최근 3회 연속 노출기준 미만인 경우 사업주는 최근 1년간 작업공정에서 공정 설비의 변경, 작업방법의 변경, 설비의 이전, 사용 화학물질의 변경 등으로 작업환경측정 결과에 영향을 주는 변화가 없는 경우에는 해당 유해인자에 대한 작업환경측정을 연(年) 1회 이상 할 수 있다.

09

고체흡착관(활성탄관)을 이황화탄소 1mL로 추출하여 가스크로마토그래피로 정량한 톨루엔의 농도는 5ppm이었다. 0.2L/min 펌프로 4시간 채취하였다. 탈착률은 98%였고 공시료에서 검출된 양은 없었다. 이때 공기 중 톨루엔의 농도(㎍/㎥)은 약 얼마인가?

① 66
② 86
③ 106
④ 126
⑤ 146

10

사무실 실내 공기질(indoor air quality) 관리에 관한 설명으로 옳지 않은 것은?

① 실내공기오염 지표로 사용하는 인자 중 라돈의 관리기준은 600Bq/㎥이다.
② 현재 PM10의 기준치는 100㎍/㎥이다.
③ ACH(시간당 공기교환횟수)는 공간 체적과 필요환기량으로 산정한다.
④ 일반적으로 양압시설을 설치해야 한다.
⑤ 실내 공기오염의 지표(환기지표)는 CO_2농도를 이용하며 실내 허용농도는 0.1%이다.

11

가로, 세로, 높이가 각각 10m, 15m, 4m인 사무실에서 120명이 근무하고 있다. 이 사무실의 이산화탄소(CO_2) 농도를 1,000ppm 이하로 유지하고자 할 때, 최소환기율은 ACH로 나타내면 약 얼마인가?

> ○ 1시간당 1인당 CO_2 배출량: 2.2L
> ○ 대기 중 CO_2 농도: 350ppm
> ○ 확산에 의한 환기효율계수(또는 안전계수: K)는 5로 가정한다.

① 1.4
② 2.1
③ 2.4
④ 3.4
⑤ 3.9

12 석유화학공장의 야외에서 유사한 직무를 수행하는 근로자 30명의 공기 중 1,3부타디엔 노출농도를 측정하였다. 측정결과의 통계자료에 관한 설명으로 옳지 않은 것은?

① 일반적으로 정규분포보다는 기하분포를 할 것으로 기대된다.

② 1,3-부타디엔 노출농도의 기하평균은 산술평균보다 클 것이다.

③ 노출농도의 기하평균 단위는 ppm이지만, 기하표준편차는 단위가 없다.

④ 노출농도를 로그변환하면 변환된 자료는 정규분포를 할 것으로 기대된다.

⑤ 기하평균이 같다면 기하표준편차가 클수록 노출기준을 초과할 확률은 커진다.

13 가로, 세로, 높이가 각각 20m, 10m, 5m인 밀폐된 대형 챔버(chamber)에 톨루엔 1L가 쏟아져 모두 증발하였다. 이때 공기 중 톨루엔 농도(ppm)는 약 얼마인가? (단, 톨루엔의 분자량은 92, 비중은 0.86, 온도와 압력은 정상조건이다)

① 118

② 228

③ 338

④ 448

⑤ 558

14 근로자 건강을 보호하기 위한 작업환경관리의 우선순위를 바르게 연결한 것은?

① 환기→보호구착용→제거→대체→교육

② 환기→교육→보호구착용→제거→대체

③ 보호구착용→제거→대체→환기→교육

④ 보호구착용→교육→대체→환기→제거

⑤ 제거→대체→환기→교육→보호구착용

15 외부식 후드를 설계할 때 설계요소의 변동에 따른 필요환기량의 증감에 관한 설명으로 옳지 않은 것은?

① 제어속도가 클수록 필요환기량이 증가한다.
② 플랜지를 부착하면 필요환기량이 감소한다.
③ 제어거리가 클수록 필요환기량이 증가한다.
④ 덕트의 길이가 증가할수록 필요환기량이 증가한다.
⑤ 후드개방 면적이 작을수록 필요환기량이 감소한다.

16 어느 작업장에 있는 기계의 소음 측정결과가 다음과 같을 때, 이 작업장의 음압레벨 합산은 약 몇 dB인가?

기계A: 92dB, 기계B: 90dB, 기계C: 88dB

① 92.3
② 93.7
③ 95.1
④ 98.2
⑤ 100.3

17 산업안전보건법령에 규정되어 있는 특수건강진단 대상 근로자는?

① 1일 8시간 작업 시 80dB(A)의 소음에 노출되는 근로자
② 은 및 그 가용성 화합물에 노출되는 근로자
③ 유리섬유분진에 노출되는 근로자
④ 최근 6개월간 오후 10시부터 오전 3시까지 월평균 50시간 일하는 근로자
⑤ 안전보건규칙에 따른 고열작업에 노출되는 근로자

18 화학물질의 인체노출과 그 영향에 관한 설명으로 옳지 않은 것은?

① 암모니아는 용해도가 커서 대부분 인후두부 및 상기도부에서 흡수되므로 코와 상기도에 자극을 일으키는 물질로 알려져 있다.
② 일산화탄소는 헤모글로빈과 친화력이 산소보다 약 200배 이상 높기 때문에 산소보다 먼저 헤모글로빈과 결합하여 혈액의 산소운반능력을 저해하는 것으로 알려져 있다.
③ 이산화탄소는 용해도가 높아 폐의 호흡영역까지 침투하며, 노출기준을 초과하면 폐포를 자극하여 폐렴을 일으키는 물질로 알려져 있다.
④ 작업장에서 무기납의 주요 노출경로는 호흡기이며, 체내로 흡수된 후 가장 많이 축적되는 조직은 뼈인 것으로 알려져 있다.
⑤ 작업환경 노출기준에 'Skin' 표기가 되어 있는 화학물질은 피부를 통해 쉽게 흡수될 수 있다는 것을 의미한다.

19 공기 중 유해물질과 이를 채취하기 위한 여과지가 잘못 짝지어진 것은?

① 흡입성 분진-PVC 필터
② 호흡성 분진-PVC 필터
③ 석면-PVC 필터
④ 납(금속)-MCE 필터
⑤ 농약-유리섬유 필터

20 다음 중 단순질식제와 화학적 질식제에 관한 설명으로 옳지 않은 것은?

① 단순질식제는 그 자체로서는 유해성이 없으나 공기 중 산소농도를 낮출 수 있는 물질이다.
② 화학적 질식제는 혈액 중 산소운반능력을 방해하는 물질로서 기도나 폐조직을 자극·손상시켜 폐조직의 산소배분기능을 저해하는 물질이다.
③ 단순질식제에 속하는 것으로는 수소, 질소, 헬륨, 메탄, 탄산가스, 이산화탄소 등이 있다.
④ 화학적 질식제로는 일산화탄소, 황화수소, 시안화수소, 아닐린, 염소, 포스겐 등이 있다.
⑤ 고용노동부 고시상 오존(O_3)의 노출기준은 TWA는 0.08ppm, STEL은 0.2ppm이며 오존은 대표적인 단순질식제이다.

21

다음 표는 A 작업장의 백혈병과 벤젠에 대한 코호트 연구를 수행한 결과이다. 이때 벤젠의 백혈병에 대한 오즈비와 상대위험비는 약 얼마인가?

구분	백혈병	백혈병 없음
벤젠 노출	5	14
벤젠 비노출	2	25
합계	7	39

오즈비	상대위험비
① 3.55	4.46
② 4.46	3.55
③ 2.25	0.56
④ 0.56	2.25
⑤ 0.71	0.36

22

여과이론에서 중요한 기전은 간섭, 관성충돌, 확산이지만 입자상 물질이 폐에 침착될 때에는 충돌, 확산, (ㄱ)이다. 폐 침착에서 간섭은 (ㄴ)일 때 주로 관여한다. 다음 (ㄱ), (ㄴ)에 들어갈 알맞은 용어는?

ㄱ	ㄴ
① 정전기 침강	섬유상 물질
② 중력 침강	섬유상 물질
③ 정전기 침강	흄
④ 중력 침강	흄
⑤ 직접차단	먼지

23

산업안전보건법의 「사무실 공기관리 지침」에서 근로자 1인당 사무실의 환기기준(최소 환기량, 환기횟수)으로 적절한 것은?

최소 환기량	환기횟수
① 0.57㎥/hr	시간당 2회 이상
② 0.57㎥/min	시간당 2회 이상
③ 0.57㎥/hr	시간당 3회 이상
④ 0.57㎥/min	시간당 4회 이상
⑤ 0.57㎥/hr	시간당 4회 이상

24 우리나라 고용노동부에서 지정한 특별관리물질에 해당하지 않는 것은?

① 벤젠
② 페놀
③ 황산
④ 트리클로로에틸렌
⑤ 클로로포름

25 흡연, 염화비닐, 아플라톡신, 사염화탄소, 클로로포름으로 인한 암 발생과 가장 밀접한 관련이 있는 인체의 장기는?

① 위
② 간
③ 폐
④ 신장
⑤ 방광

2회 모의고사 정답

1	2	3	4	5	6	7	8	9	10
③	①	④	⑤	②	②	④	③	③	①
11	12	13	14	15	16	17	18	19	20
④	②	②	⑤	④	③	③	③	③	⑤
21	22	23	24	25					
②	②	④	⑤	②					

산업보건지도사 제2과목(산업보건일반) 모의고사

정답 개수	점수
( ) / 25	( ) / 100

01

건강진단 판정에서 건강관리구분과 그 의미의 연결이 옳지 않은 것은?

① U-2차건강진단대상임을 통보하고 30일을 경과하여 해당 검사가 이루어지지 않아 건강관리구분을 판정할 수 없는 근로자

② C_1-직업성 질병으로 진전될 우려가 있어 추적검사 등 관찰이 필요한 근로자(직업병 요관찰자)

③ D_2-일반 질병의 소견을 보여 사후관리가 필요한 근로자(일반질병 유소견자)

④ R-건강진단 1차 검사결과 건강수준의 평가가 곤란하거나 질병이 의심되는 근로자(제2차 건강진단 대상자)

⑤ C_N-질병의 소견을 보여 야간작업 시 사후관리가 필요한 근로자(질병 유소견자)

02

직장에서의 부적응 현상으로 보기 어려운 것은?

① 고집(Fixation)

② 체념(Resignation)

③ 타협(Compromise)

④ 퇴행(Degeneration)

⑤ 인지부조화(cognitive dissonance)

03

역학 용어에 관한 설명으로 옳지 않은 것은?

① 기여위험도(AR)는 어떤 위험요인에 노출된 사람과 노출되지 않은 사람 사이의 발병의 차이를 말한다.

② 특이도(Specificity)는 해당 질병이 없는 사람들을 검사한 결과 음성으로 나타나는 확률이다.

③ 위음성률(false negative rate)과 위양성률(false positive rate)은 신뢰도 지표이다.

④ 유병률(prevalence)은 일정기간 동안 질병이 없던 인구에서 질병이 발생한 확률이다.

⑤ 민감도(Sensitivity)는 질병이 있는 환자 중 검사결과가 양성으로 나타날 확률이다.

04 코호트 연구(Cohort, 특정인구집단)와 환자-대조군 연구(Case control study)에 관한 설명으로 옳지 않은 것은?

① 일반적으로 코호트 연구일 경우 상대위험도를, 환자대조군 연구일 경우 오즈비(Odds ratio)를 활용해 계산한다.
② 환자-대조군 연구는 후향적 연구이다.
③ 코호트 연구는 전향적 연구이다.
④ 상대위험도(Relative risk)는 위험인자가 없는 경우에 비해 위험인자가 있을 때 질병이 발생할 상대적 위험도로 주로 코호트 연구에서 사용한다.
⑤ 기여위험도(Attributable risk)는 질병이 있는 경우와 질병이 없는 경우에 위험인자 유무의 비로 주로 환자-대조군 연구에서 사용한다.

05 산업안전보건법 시행규칙상 유해인자의 유해성·위험성 분류기준으로 옳은 것은?

① 급성독성물질: 호흡기를 통하여 1회 투여 또는 24시간 이내에 여러 차례로 나누어 투여하거나 입 또는 피부를 통하여 4시간 동안 흡입하는 경우 유해한 영향을 일으키는 물질
② 소음: 소음성난청을 유발할 수 있는 80데시벨(A) 이상의 시끄러운 소리
③ 이상기압: 절대 압력이 제곱미터당 1킬로그램 초과 또는 미만인 기압
④ 공기매개 감염인자: 결핵 · 수두 · 홍역 등 공기 또는 비말감염 등을 매개로 호흡기를 통하여 전염되는 인자
⑤ 자연발화성 액체: 열적(熱的)인 면에서 불안정하여 산소가 공급되지 않아도 강렬하게 발열 · 분해하기 쉬운 액체

06 산업안전보건기준에 관한 규칙상 사업주의 근골격계질환 유해요인조사에 관한 내용으로 옳은 것은?

① 신설 사업장은 신설일로부터 6개월 이내에 최초 유해요인조사를 하여야 한다.
② 사업주는 근골격계부담작업 여부에 상관없이 3년마다 유해요인조사를 하여야 한다.
③ 근골격계질환으로 「산업재해보상보험법 시행령」 상 신체부담작업에 따라 업무상 질병으로 인정받은 근로자가 연간 3명 이상 발생한 사업장으로서 발생 비율이 그 사업장 근로자 수의 10퍼센트 이상인 경우에는 사업주는 근골격계질환 예방관리 프로그램을 수립하여 시행하여야 한다.
④ 근로자가 근골격계질환으로 「산업재해보상보험법 시행령」 에 따라 진동작업 등으로 업무상 질병으로 인정받은 경우, 근골격계부담작업인 경우에 한해 지체 없이 유해요인조사를 하여야 한다.
⑤ 법에 따른 임시건강진단 등에서 근골격계질환자가 발생하였을 경우, 근골격계부담작업이 아닌 작업에서 발생한 경우라도 지체 없이 유해요인조사를 하여야 한다.

07 작업환경측정 및 정도관리 등에 관한 고시에서 입자상 물질의 측정, 분석방법의 내용으로 옳은 것은?

① 석면의 농도는 여과채취방법으로 측정한 후 후 중량분석방법이나 유해물질 종류에 따른 적합한 방법으로 분석한다.

② 광물성분진은 여과채취방법으로 측정하고 석영, 크리스토바라이트, 트리디마이트를 분석할 수 있는 적합한 방법으로 분석할 것

③ 용접흄은 여과채취방법으로 측정하되 용접보안면을 착용한 경우에는 그 외부에서 시료를 채취하고 중량분석방법과 원자흡광광도계 또는 유도결합플라즈마를 이용한 방법으로 분석할 것

④ 규산염은 계수방법으로 분석한다.

⑤ 석면, 광물성분진 및 용접흄을 포함한 입자상 물질은 여과채취방법으로 측정한 후 중량분석방법이나 유해물질 종류에 따른 적합한 방법으로 분석할 것

08 위상차현미경을 이용하여 석면시료를 분석하였더니 시료는 1시야당 3.1개(3.1개/시야)이고, 공시료는 1시야당 0.05개(0.05개/시야)였다. 25mm여과지(유효직경 22.14mm)를 사용하여 2.4L/분으로 1.5시간을 시료채취 하였을 때, 공기 중 석면농도(개/㎤)는 얼마인가?

① 0.59개/㎤

② 0.69개/㎤

③ 0.79개/㎤

④ 0.89개/㎤

⑤ 0.99개/㎤

09 유기용제 취급 사업장의 메탄올 농도 측정 결과가 100, 89, 94, 99, 120ppm일 때, 이 사업장의 메탄올 농도 기하평균(ppm)은?

① 99.4

② 99.9

③ 100.4

④ 102.3

⑤ 103.7

10 전리방사선에 관한 설명으로 옳지 않은 것은?

① 조사선량은 모든 방사선이 해당된다.
② 중성자입자는 하전(대전, 전기를 띠는 현상)되어 있지 않으나 2차적인 방사선을 생성하여 전리효과를 발휘한다.
③ X-선, γ-선의 경우 인체에 흡수되면 β입자가 생성되면서 전리작용을 유발한다.
④ α입자와 β입자는 그 자체가 전리적 성질을 가지고 있다.
⑤ 라드(rad)는 흡수선량 단위에 해당된다.

11 피로의 발생원인으로만 묶인 것이 아닌 것은?

① 작업자세, 작업강도, 긴장도
② 혈압변화, 체온조절 장애, 졸음
③ 엄격한 작업관리, 1일 노동시간, 야간근무
④ 환기, 소음과 진동, 온열조건
⑤ 숙련도, 영양상태, 신체적 조건

12 생물학적 유해인자에 관한 설명으로 옳지 않은 것은?

① 유기체가 방출하는 독소로는 그람음성박테리아가 내놓는 내독소(endotoxin)가 있다.
② 곰팡이의 세포벽인 글루칸(glucan)은 호흡기 점막을 자극하여 새집증후군을 초래한다.
③ 박테리아에 의한 대표적인 감염성질환은 탄저병, 레지오넬라병, 결핵, 콜레라 등이 있다.
④ 공기 중의 박테리아와 곰팡이에 대한 측정 및 분석은 곰팡이와 박테리아를 살아있는 상태로 채취·배양한 다음, 집락수를 세어 CFU로 나타낸다.
⑤ 바이러스에 의한 질병에는 코로나, 장티푸스, 홍역, 수두, 광견병 등이 있다.

13 산업안전보건법령상 특수건강진단 유해인자와 생물학적 노출지표의 연결이 옳지 않은 것은?

① 일산화탄소-호기 중 일산화탄소 또는 혈중 카복시헤모글로빈
② 2-에톡시에탄올-소변 중 2-에톡시초산
③ 디클로로메탄-혈중 카복시헤모글로빈
④ 트리클로로에틸렌-소변 중 총삼염화에탄올 또는 삼염화초산
⑤ 디메틸포름아미드(Dimethylformamide)-소변 중 N-메틸아미드(NMF)

14 화학물질 및 물리적 인자의 노출기준에서 'Skin' 표시화학물질이 아닌 것은?

① 나프탈렌
② N, N-디메틸아세트아미드
③ 메탄올(메틸알코올)
④ 니코틴
⑤ 황산

15 다음에 해당하는 중금속은?

> ○ 화학물질 및 물리적 인자의 노출기준에 따르면 발암성 1A, 생식세포 변이원성 2, 생식독성 2, 호흡성으로 표기하고 있다.
> ○ 노출기준은 TWA 0.01mg/㎥이고, 호흡성인 경우 0.002mg/㎥이다.
> ○ 경구 또는 흡입을 통한 만성 노출 시 표적 장기는 신장이며, 가장 흔한 증상은 효소뇨와 단백뇨이다.

① 납
② 수은
③ 카드뮴
④ 망간
⑤ 크롬

16 1기압, 25℃에서 수은(분자량: 200)의 증기압이 0.00152mmHg라고 할 때, 이 조건의 밀폐된 작업장에서 공기 중 수은의 ㉠포화농도(mg/㎥)와 1기압, 0℃에서의 ㉡포화농도(mg/㎥)는 약 얼마인가?

	㉠	㉡
①	17.9	16.4
②	16.4	17.9
③	27.9	16.4
④	35.9	17.9
⑤	156.3	16.4

17

작업장(25℃, 1기압)의 톨루엔(분자량 92)을 활성탄관을 이용하여 0.25L/분으로 200분 동안 측정한 후 가스크로마토그래피로 분석하였더니 활성탄관 100mg층에서 3.31mg이 검출되었고, 50mg층에서 0.11mg이 검출되었다. 탈착효율이 95%라고 할 때 파과 여부와 공기 중 농도(ppm)는?

① 파과 됨, 19.1ppm

② 파과 안 됨, 19.1ppm

③ 파과 됨, 270.9ppm

④ 파과 안 됨, 270.9ppm

⑤ 파과 안 됨, 303.5ppm

18

2015년 겨울 무렵 휴대폰 가장자리 부분을 가공하던 근로자 5명이 시각 손상을 입었다. 원인 화학물질과 공정이름을 옳게 연결한 것은?

① 수은-용접

② 메탄올-CNC 공정

③ 메탄올-도장

④ 수은-CNC 공정

⑤ 벤젠-톨루엔 정제 공정

19

유해인자 노출평가 과정이 순서대로 연결된 것은?

① 위험성 평가→예비조사→채취기구 보정→측정과 분석→노출평가

② 예비조사→채취기구 보정→위험성 평가→측정과 분석→노출평가

③ 예비조사→채취기구 보정→측정과 분석→위험성 평가→노출평가

④ 예비조사→위험성 평가→채취기구 보정→측정과 분석→노출평가

⑤ 채취기구 보정→측정과 분석→예비조사→위험성 평가→노출평가

20

다음은 비누거품미터를 이용하여 펌프의 유량을 보정한 자료이다. 아래 표의 ㄱ, ㄴ, ㄷ에 차례대로 알맞은 것은?

뷰렛용량(L)	거품통과시간(초)		채취유량(L/분)		
	시료채취전 유량보정	시료채취후 유량보정	시료 채취 전	시료 채취 후	평균
1	28.0, 28.6, 28.3	29.1, 28.8, 28.5	ㄱ	ㄴ	ㄷ

① 28.3L/분, 28.8L/분, 28.6L/분
② 28.4L/분, 28.4L/분, 28.4L/분
③ 2.10L/분, 2.12L/분, 2.11L/분
④ 2.10L/분, 2.10L/분, 2.10L/분
⑤ 2.12L/분, 2.08L/분, 2.10L/분

21

작업환경측정 시 흡착제로 사용되는 실리카겔과 활성탄의 흡착성질에 대한 설명 중 옳지 않은 것은?

① 활성탄은 비극성을 띠며 흡착능이 뛰어나다.
② 활성탄에 흡착된 가스상물질의 탈착에 일반적으로 사용되는 탈착용매는 이황화탄소이다.
③ 이황화탄소는 휘발성이 아주 약해 시료를 탈착 후 장시간 보관이 가능하다.
④ 실리카겔은 습도가 낮은 작업장에서 끓는점이 0℃ 이상인 극성 유기용제의 증기나 가스를 측정하고자 할 때 이용된다.
⑤ 활성탄은 습도가 높은 작업장에서 끓는점이 0℃ 이상인 비극성 유기용제의 증기나 가스를 측정하고자 할 때 이용된다.

22

입자상 물질 채취에서 PVC여과지로 채취하기에 적당하지 않은 물질은?

① 용접흄
② 6가 크롬
③ 먼지
④ 오일미스트
⑤ 석면

23 산업현장에서 일반재해가 발생했을 때 조치 순서로 옳은 것은?

① 재해발생→긴급처리→원인분석→대책수립→재해조사→평가
② 재해발생→재해조사→긴급처리→원인분석→대책수립→평가
③ 재해발생→긴급처리→원인분석→재해조사→대책수립→평가
④ 재해발생→긴급처리→원인분석→대책수립→재해조사→평가
⑤ 재해발생→긴급처리→재해조사→원인분석→대책수립→평가

24 중간대사물질(metabolite)이 암(cancer)을 일으키는 물질은?

① 벤조피렌
② 비소
③ 석면
④ 베릴륨
⑤ 라돈

25 미국 NIOSH의 중량물 들기 최대 허용기준(MPL: Maximum Permissible Limit)에 관한 설명으로 옳지 않은 것은?

① 5번 요추와 1번 천추(L_5/S_1)에 미치는 압력이 6,400N의 부하에 해당한다.
② 작업강도, 즉 에너지 소비량은 5.0kcal/min을 초과한다.
③ 남자의 25%, 여자의 1%가 작업 가능하다.
④ MPL을 초과하면 대부분의 근로자에게 근육 및 골격장애를 유발한다.
⑤ 감시기준(Action Limit)의 5배에 해당한다.

3회 모의고사 정답

1	2	3	4	5	6	7	8	9	10
⑤	③	③	⑤	④	⑤	②	②	②	①
11	12	13	14	15	16	17	18	19	20
②	⑤	④	⑤	③	②	②	②	④	⑤
21	22	23	24	25					
③	⑤	⑤	①	⑤					

산업보건지도사 제2과목(산업보건일반) 모의고사

정답 개수	점수
( )/25	( )/100

01 화학물질에 대한 노출수준을 추정하는데 활용될 수 없는 것은?

① 화학물질의 독성(toxity)
② 화학물질의 제거 환기 효율
③ 하루 평균 화학물질 취급량
④ 하루 평균 화학물질 취급 빈도(frequency)
⑤ 하루 평균 화학물질 취급 시간(time)

02 작업장 환기에 관한 설명으로 옳은 것은?

① HAVCs(공조시설)에서 공급하는 공기량은 국소배기장치 후드로 들어가는 공기량의 0.5배로 설계해야 한다.
② 1면이 개방된 포위식 후드에서 소요 풍량(Q)은 1면이 완전히 닫혔을 때를 가정하고 설계하는 것이 좋다.
③ 먼지가 발생되는 공정에서 국소배기 공기정화장치는 송풍기 뒤에 설치하는 것이 좋다.
④ 국소배기장치에서 실외로 배기된 공기속도는 반송속도의 50%를 유지해야 한다.
⑤ 외부식 원형후드에서 등속도 면적은 제어거리와 후드 면적을 고려하여 설계한다.

03 일반적으로 알려진 내분비계 교란물질(endocrine disruptors)이 아닌 것은?

① 뷰탄온
② DDT
③ 프탈레이트
④ 비스페놀(BEA)
⑤ DES

04 유해인자 측정결과 자료에 관한 해석에 대한 설명으로 옳지 않은 것은?

① 동일 자료에 대한 산술평균(AM) 값은 기하평균(GM)보다 크다.
② 기하표준편차(GSD) 값이 클수록 유해인자 노출특성은 유사한 것으로 평가된다.
③ 근로자가 노출되는 유해인자 측정 자료는 일반적으로 기하정규분포를 나타낸다.
④ 정규분포하지 않은 자료를 대수로 변환했을 때 정규분포하면 대수 정규분포한다고 평가한다.
⑤ 기하표준편차(GSD)의 단위는 없다.

05 유해인자 노출기준에 관한 설명으로 옳지 않은 것은?

① 개인시료(personal sample) 측정 결과로 호흡기, 피부, 소화기 등 종합적인 인체 노출수준을 추정할 수 없다.
② 생물학적 노출기준(BEI)이 설정된 화학물질 수가 적은 이유는 건강영향을 추정할 수 있는 바이오 마커가 드물기 때문이다.
③ 모든 근로자의 건강영향을 진단하기 위한 법적기준이다.
④ 역학조사에 근거해서 설정된 노출기준은 동물실험보다 불확실성이 낮아 신뢰성이 높다.
⑤ 노출기준 초과여부로 건강영향을 진단할 수 없다.

06 할당보호계수(APF)가 25인 반면형 호흡기 보호구를 구리흄[노출기준(허용농도) 0.3mg/m^3]이 존재하는 작업장에서 사용한다면 최대사용농도(MUC, mg/m^3)는?

① 0.3
② 3.3
③ 5.5
④ 7.5
⑤ 10.3

07 청감의 등감곡선에 관한 설명으로 옳은 것은?

① 동일한 크기를 듣기 위해서는 고주파에서는 저주파보다 물리적으로 더 높은 음압수준을 필요로 한다.
② 1,000Hz에서 40dB은 100Hz에서 약 50dB과 비슷한 크기로 느껴진다.
③ 저주파 음압 수준에 노출되면 주로 직업성 소음성 난청이 발생한다.
④ 정상의 청력을 갖는 사람이 1,000Hz에서 음압수준을 기준으로 등감곡선을 나타내는 단위를 'sone'이라고 하며, 지시소음계는 측정 지시값으로 이 단위를 사용한다.
⑤ 1,000Hz에서 70dB은 7sone에 해당한다.

08 공장 내 지면에 설치된 한 기계로부터 10m 떨어진 지점의 소음이 70dB(A)일 때, 기계의 소음이 50dB(A)로 들리는 지점은 기계에서 몇 m 떨어진 곳인가? (단, 점음원을 기준으로 하고, 기타 조건은 고려하지 않는다)

① 50
② 100
③ 150
④ 200
⑤ 400

09 고압환경에서 2차성 압력현상과 이로 인한 건강영향으로 옳지 않은 것은?

① 흉곽이 잔기량보다 적은 용량까지 압축되면 폐 압박 현상이 나타날 수 있다.
② 질소 마취에 의해 작업력의 저하와 다행증이 발생할 수 있다.
③ 이산화탄소 분압의 증가로 관절 장해가 발생할 수 있다.
④ 고압환경에서 대기 가스의 독성 때문에 나타나는 현상이다.
⑤ 산소 중독 증세가 나타날 수 있다.

10 방사능의 단위와 방사선의 유효선량(effective dose)단위는?

	방사능 단위	방사선 유효선량 단위
①	베크럴(Bq)	라드(rad)
②	베크럴(Bq)	시버트(Sv)
③	그레이(Gy)	뢴트겐(R)
④	그레이(Gy)	라드(rad)
⑤	쿨롱/킬로그램(C/kg)	시버트(Sv)

11

다음 역학연구의 설계를 인과관계의 근거(evidence) 수준이 높은 것부터 낮은 것의 순서대로 옳게 나열한 것은?

ㄱ. 사례군 연구	ㄴ. 코호트 연구
ㄷ. 환자-대조군 연구	ㄹ. 단면조사연구

① ㄴ→ㄱ→ㄷ→ㄹ

② ㄴ→ㄷ→ㄹ→ㄱ

③ ㄷ→ㄴ→ㄱ→ㄹ

④ ㄷ→ㄴ→ㄹ→ㄱ

⑤ ㄴ→ㅁ→ㄱ→ㄷ

12

근골격계부담작업의 범위 및 유해요인조사 방법에 관한 고시의 내용으로 옳지 않은 것은?

① "간헐적인 작업"이란 연간 총 작업일수가 60일을 초과하지 않는 작업을 말한다.

② "단기간 작업"이란 2개월 이내에 종료되는 1회성 작업을 말한다.

③ 하루에 총 2시간 이상 지지되지 않은 상태에서 1kg 이상의 물건을 한손의 손가락으로 집어 옮기는 작업은 근골격계부담작업에 해당한다.

④ 사업주는 법에 따른 임시건강진단 등에서 근골격계질환자가 발생하였을 경우에는 유해요인조사를 실시할 때에 유해요인조사표 및 근골격계질환 증상조사표를 활용하여야 한다.

⑤ 사업주가 유해요인 조사를 하는 경우 작업조건 조사에는 작업시간, 작업자세, 작업속도 등이 포함된다.

13

산업안전보건기준에 관한 규칙에서 정하고 있는 밀폐공간에 해당하는 것은?

① 메탄·에탄 또는 프로판을 함유하는 지층에 접하거나 통하는 우물의 내부

② 장기간 밀폐된 강재(鋼材)의 보일러·탱크·반응탑이나 그 밖에 그 내벽이 산화하기 쉬운 시설(그 내벽이 스테인리스강으로 된 것 포함)의 내부

③ 산소농도가 18퍼센트 미만 또는 23.5퍼센트 이상, 탄산가스농도가 1.5퍼센트 이상, 일산화탄소농도가 30피피엠 이상 또는 불화수소농도가 10피피엠 이상인 장소의 내부

④ 천장·바닥 또는 벽이 건성유를 함유하는 페인트로 도장되어 그 페인트가 건조된 후에 밀폐된 지하실·창고 또는 탱크 등 통풍이 불충분한 시설의 내부

⑤ 헬륨·아르곤·질소·프레온·탄산가스 또는 그 밖의 불활성기체가 들어 있거나 있었던 보일러·탱크 또는 반응탑 등 시설의 내부

14 화학물질 및 물리적 인자의 노출기준에서 "호흡성"으로 표시되지 않은 화학물질은?

① 인듐 및 그 화합물
② 텅스텐(가용성 화합물)
③ 산화규소(결정체)
④ 산화아연 분진
⑤ 요오드 및 요오드화물

15 청각기관의 구조와 소리의 전달에 관한 설명으로 옳지 않은 것은?

① 귀는 외이, 중이, 내이로 구분할 수 있다.
② 내이액에 전달된 음압은 고막관을 거쳐 전정관으로 이동한다.
③ 고막을 통하여 들어온 음압은 중이를 거쳐 난원창을 통해 달팽이관으로 전달된다.
④ 음압은 외이의 외청도(ear canal)를 거쳐 고막에 전달되어 이를 진동시킨다.
⑤ 중이는 추골, 침골, 등골의 세 개 뼈로 구성된 이소골이 있다.

16 한 사업장에서 다음과 같은 재해결과가 나왔을 때, 이에 관한 해석으로 옳지 않은 것은?

○ 환산도수율(F)=1.2
○ 환산강도율(S)=96

① 작업자 1인당 일평생 1.2회의 재해가 발생한다.
② 작업자 1인당 일평생 96일의 근로손실일수를 기준으로 한다.
③ 재해 1건당 근로손실일수는 평균 90일이다.
④ 사업장의 종합재해지수는 약 3.39이다.
⑤ 사업장의 강도율은 0.96이며, 동의안전지수는 약 3.17이다.

17 페인트가 칠해진 철제 교량을 용접을 통해 보수하는 작업에 대한 측정 및 분석계획에 관한 설명으로 옳지 않은 것은?

① 발생하는 자외선량은 잔류량에 비례한다.
② 철 이외에 다른 금속에 노출될 수 있다.
③ 페인트가 녹아 발생하는 유기용제의 농도가 높기 때문에 이를 측정 대상에 포함한다.
④ 유도결합플라즈마-원자흡광분석기(ICP-AAS)를 이용하면 동시에 많은 금속을 분석할 수 있다.
⑤ 금속의 성분 분석을 위해서는 셀룰로오스 에스테르 막여과지(MCE)를 사용해 측정한다.

18 공기 중 금속을 정량하기 위한 일반적인 분석장비는?

① 위상차현미경, 원자흡광광도계(AA)
② 흑연로장치, 가스크로마토그래피(GC)
③ 원자흡광광도계(AA), 유도결합플라즈마(ICP)
④ 유도결합플라즈마(ICP), 액체크로마토그래피(LC)
⑤ 분광광도계, 이온크로마토그래피(IC)

19 이온화방사선(전리방사선)에 노출될 수 있는 직종이 아닌 것은?

① 지하철 정비 종사자
② 금속 가공 작업자
③ 비파괴 검사자
④ 탄광 근로자
⑤ 원자력 발전소 종사자

20 근로자 유해인자 노출평가에서 예비조사를 실시하는 주요 목적이 아닌 것은?

① 근로자가 노출되는 유해인자를 파악하기 위해
② 작업 공정과 특성을 파악하기 위해
③ 유사노출그룹을 설정하기 위해
④ 특수건강진단 대상자를 선정하기 위해
⑤ 작업환경 측정 전략을 수립하기 위해

21 생물학적 유해인자 노출이 주요 위험인 환경(직무)이 아닌 것은?

① 샌드 블라스팅(sand blasting)
② 절삭가공공정(CNC)
③ 환경미화원
④ 폐수처리장
⑤ 정화조 작업

22 근골격계부담작업을 평가하는 도구 중에서 '중량물 취급작업'을 평가하기 위한 도구가 아닌 것은?

① MAC(manual handling assessment charts)
② NLE(NIOSH lifting equation)
③ WAC 296-62-05105
④ 3D SSPP
⑤ Snook table

23 산업재해 지표에 관한 설명으로 옳은 것은?

① 사망만인율은 근로자 10만 명당 산업재해로 인한 사망자수를 말한다.
② 강도율은 연 1,000,000 작업시간당 작업손실일수를 말한다.
③ 도수율은 작업시간이 고려되지 않은 산업재해 지표이다.
④ 건수율은 근로자 100인당 재해발생 건수이다.
⑤ 도수율은 천인율 또는 발생률이라고도 한다.

24 배치 전 건강진단 결과 다음과 같이 여러 가지 건강장해 요인을 가진 근로자들이 나타났다. 휴대폰 세척, 탈지공정에서 TCE(트리클로로에틸렌) 세척으로 인한 건강장해를 예방하기 위해 배치하지 말아야 할 필요성이 가장 높은 근로자는?

① 청력장해가 있는 근로자
② 제한성 폐기능 장해가 있는 근로자
③ 폐활량이 저하된 근로자
④ 간기능 장해가 있는 근로자
⑤ 위장 장애가 있는 근로자

25 인체의 주요 장기 및 조직에서 기본이 되는 단위조직 명칭과 대표적인 유해요인이 잘못 연결된 것은?

① 신장-네프론-수은
② 근육-근섬유-반복작업
③ 신경-시냅스-노말헥산
④ 간-간소엽-사염화탄소
⑤ 폐-폐포-유리규산

4회 모의고사 정답

1	2	3	4	5	6	7	8	9	10
①	⑤	①	②	③	④	②	②	①	②
11	12	13	14	15	16	17	18	19	20
②	⑤	⑤	⑤	②	③	③	③	②	④
21	22	23	24	25					
①	③	④	④	③					

산업보건지도사 제2과목(산업보건일반) 모의고사

정답 개수	점수
( ) / 25	( ) / 100

01 인체의 청각기관에 관한 설명으로 옳지 않은 것은?

① 내이에서 소리에너지의 이동경로는 난원창→전정계→고실계→기저막→정원창이다.

② 내이는 3개의 관으로 나뉘어져 있으며 소리의 통로가 되는 전정관과 고실계는 공기로 채워져 있으며, 소리를 감지하는 모세포(hair cell)에 있는 코르티기관은 액체로 채워져 있다.

③ 내이는 난원창 쪽에서부터 안쪽으로 20,000Hz에서 20Hz까지의 소리를 감지하는 모세포(hair cell)가 배치되어 있다.

④ 청각기관은 바깥귀로부터 고막까지를 외이, 고막에서 난원창까지를 중이, 난원창 내부의 코르티기관을 내이로 나눈다.

⑤ 중이는 추골, 침골, 등골의 조그만 뼈로 구성되어 있으며, 고막의 진동을 내이로 전달하는 기능을 한다.

02 역학의 평가방법에 관한 설명으로 옳지 않은 것은?

① 제1종 오류는 귀무가설이 실제로 사실이 아닐 때 이를 기각하지 못할 확률을 말한다.

② 메타분석이란 개별 연구로부터 모은 많은 연구결과를 통합할 목적으로 통계적 분석을 하는 계량적 방법이다.

③ 어떤 요인과 질병발생 간의 연관성을 추론하고자 할 때, 연구계획 및 분석방법상의 오류로 인하여 참값과 차이가 나는 결과나 추론을 생성하게 되는데 이를 바이어스(bias)라 한다.

④ 코호트 연구에서 검정력은 비노출군에서의 질병발생률과 직접적인 관련이 있다.

⑤ 통계학적 연관성이 입증되었다 하여도 반드시 원인적 연관성이라고 말할 수 없다.

03 근로자가 산업재해로 인하여 우리나라 신체장애등급 제12등급 판정을 받았다면, 국제노동기구(ILO)의 기준으로 어느 정도의 부상을 의미하는가?

① 영구 전노동 불능

② 영구 일부 노동 불능

③ 일시 전노동 불능

④ 일시 일부 노동 불능

⑤ 구급(응급) 처치

04

작업장에서 사용하는 압축기로부터 50m 떨어진 거리에서 측정한 음압수준(sound pressure level)이 130dB이었다면 압축기로부터 25m와 200m 떨어진 거리에서 측정한 음압수준(dB)은 각각 얼마인가?

① 132, 128

② 132, 118

③ 136, 118

④ 136, 128

⑤ 140, 130

05

카트리지를 이용하여 작업장에서 포름알데히드(HCHO)를 포집한 후 아세토니트릴(ACN)을 이용하여 추출하였다. 고성능액체크로마토그래피(HPLC)를 이용하여 추출액을 분석하여 아래와 같은 결과를 얻었다. 포름알데히드의 농도(μg/㎥)는?

○ 현장시료 분석결과값: 3μg/mL
○ 공시료분석결과값: 0.3μg/mL
○ 아세토니트릴로 추출한 부피: 5mL
○ 펌프유량: 1,000mL/min
○ 측정시간: 30분

① 250

② 350

③ 450

④ 550

⑤ 650

06

산업위생 발전에 기여한 인물과 업적이 잘못 짝지어진 것은?

① 렌(Rehn)-Aniln 염료로 인한 직업성 방광암 발견

② 로리가(Roriga)-진동공구에 의한 수지의 레이노드 증상 보고

③ 갈레노스(Galenos)-구리 광산에서의 산 증기의 위험성 보고

④ 해밀턴(Hamilton)-미국 최초의 산업위생학자로 납공장에 대한 조사를 시작으로 유해물질인 납, 수은, 이황화탄소 노출과 질병의 관계 규명

⑤ 로버트 필(Robert Peel)-자신의 면방직공장에서 장티푸스가 집단적으로 발생하면서 그 원인을 조사한 경험을 계기로 1802년에 영국의 '도제 건강 및 도덕법'을 제정하는데 기여하게 된다.

07 「근골격계부담작업의 범위 및 유해요인조사 방법에 관한 고시」에서 근골격계부담작업의 범위에 포함되지 않는 것은?

① 하루에 총 2시간 이상 머리 위에 손이 있거나, 팔꿈치가 어깨위에 있거나, 팔꿈치를 몸통으로부터 들거나, 팔꿈치를 몸통 뒤쪽에 위치하도록 하는 상태에서 이루어지는 작업
② 하루에 4시간 이상 집중적으로 자료입력 등을 위해 키보드 또는 마우스를 조작하는 작업
③ 하루에 10회 이상 25kg 이상의 물체를 무릎 아래에서 들거나, 어깨 위에서 들거나, 팔을 뻗은 상태에서 드는 작업
④ 하루에 총 2시간 이상, 분당 2회 이상 4.5kg 이상의 물체를 드는 작업
⑤ 하루에 총 2시간 이상 시간당 10회 이상 손 또는 무릎을 사용하여 반복적으로 충격을 가하는 작업

08 유해인자의 피부흡수에 관한 설명으로 옳지 않은 것은?

① 지용성이 높은 물질은 피부흡수가 더 잘된다.
② 물질의 pH가 피부흡수에 가장 중요한 역할을 한다.
③ 피부흡수가 가능한 물질은 노출기준에 'Skin'으로 표시한다.
④ 극성 유해물질의 피부흡수는 피부의 수분함량에 영향을 많이 받는다.
⑤ 피부의 각질층은 유해인자의 흡수에 관한 장벽으로 가장 중요한 역할을 한다.

09 노출평가는 유해인자에 대한 작업자의 노출 타당성을 파악하기 위해 통계적 방법에 근거해야 한다. 다음 제시한 노출평가 과정 중 옳지 않은 것은?

① 노출에 대한 신뢰구간 제시
② 신뢰구간과 노출기준과의 비교
③ 분포에 대한 대표치와 변이 산출
④ 자료가 기하정규분포일 경우 변이는 기하평균으로 산출
⑤ 자료의 분포검정과 이상값 존재 유무 확인

10

같은 작업 장소에서 동시에 5개의 공기시료를 동일한 채취조건에 하에서 채취하여 벤젠에 대해 아래의 도표와 같은 분석결과를 얻었다. 이때 벤젠농도 측정의 변이계수(CV, %)는?

공기시료번호	벤젠농도(ppm)
1	5.0
2	4.5
3	4.0
4	4.6
5	4.4

① 8%
② 14%
③ 25%
④ 36%
⑤ 69%

11

산업안전보건법령상 대상 유해인자와 배치 후 첫 번째 특수건강진단 시기가 옳게 짝지어진 것은?

① 벤젠: 1개월 이내
② N,N-디메틸아세트아미드: 1개월 이내
③ 1,1,2,2-테트라클로로에탄: 2개월 이내
④ 면 분진: 3개월 이내
⑤ 소음 및 충격소음: 6개월 이내

12

뇌심혈관계 질환의 위험이 높은 근로자가 뇌심혈관계 질환 예방을 위하여 노출되지 않도록 관리해야 할 유해요인으로 우선순위가 가장 낮은 것은?

① 고온작업
② 질산염
③ 일산화탄소
④ 이황화탄소
⑤ 베릴륨

13 산업안전보건기준에 관한 규칙상 관리대상 유해물질 상태와 관련하여 국소배기장치 후드의 제어풍속 기준으로 옳은 것은?

	유해물질 상태	후드 형식	제어풍속(m/sec)
①	가스	포위식 포위형	0.5
②	가스	외부식 상방흡인형	0.7
③	가스	포위식 측방흡인형	1.0
④	입자	포위식 포위형	1.0
⑤	입자	외부식 상방흡인형	1.2

14 유기화합물의 신경독성에 관한 설명으로 옳지 않은 것은?

① 대부분의 유기용제는 비특이적인 독성으로 마취작용을 갖고 있다.
② 마취제처럼 뇌와 척추의 활동을 저해한다.
③ 이황화탄소(CS_2)는 급성 정신병을 동반한 뇌병증을 보인다.
④ 작업자를 자극하여 무감각하게 하고 결국 무의식 혹은 혼수상태가 된다.
⑤ 포화지방족 유기용제(알칸류)는 다른 유기화합물보다 강한 급성독성을 나타낸다.

15 유기용제의 종류에 따른 중추신경계 억제작용을 작은 것부터 큰 것으로 순서대로 나타낸 것은?

① 에스테르<에테르<알켄<알코올<유기산<알칸
② 알켄<알칸<알코올<유기산<에스테르<에테르
③ 알칸<알켄<알코올<유기산<에스테르<에테르
④ 에스테로<에테르<알코올<알칸<알켄<유기산
⑤ 유기산<에스테르<에테르<알칸<알켄<알코올

16 작업환경에서 발생되는 유해물질별 노출기준(시간가중평균값)으로 옳지 않은 것은?

유해물질	노출기준
① 수용성 6가 크롬	0.05mg/㎥
② 베릴륨 및 그 화합물	0.002mg/㎥
③ 카드뮴 및 그 화합물(호흡성 분진)	0.002mg/㎥
④ 벤젠	0.5ppm
⑤ 수은 및 그 무기화합물	0.05mg/㎥

17 유기화합물의 직업적 노출로 인한 인체영향의 설명으로 옳은 것은?

① 벤젠 중독 시 초기에는 빈혈, 백혈구 및 혈소판이 감소되어 백혈병이 급성장애로 나타난다.
② 톨루엔디이소시아네이트(TDI)는 눈과 코에 자극 증상이 강하게 나타나지만, 천식성 감작반응은 유발하지 않는다.
③ 이황화탄소는 우리나라에서 단일 화학물질로는 가장 많은 직업병을 유발한 물질이며, 생물학적 노출지표는 소변 중 phenylglyoxylic acid이다.
④ 노말헥산의 대사산물인 2,5-hexanedione은 독성이 강하며, 생물학적 노출지표로도 이용된다.
⑤ 사염화탄소는 주로 신경독성을 일으킨다.

18 다음은 진동작업 근로자 우측 귀의 주파수별 청력손실치를 나타낸 것이다. 소음성 난청 D1(직업병 유소견자)의 판정기준이 되는 3분법에 의한 평균 청력 손실치(dB)와 4분법에 의한 평균 청력손실치(dB)의 차이는 얼마인가?

주파수(Hz)	250	500	1,000	2,000	3,000	4,000	8,000
청력 손실치(dB)	10	20	30	40	40	60	80

① 0
② 10
③ 20
④ 30
⑤ 40

19 산업안전보건법령상 특수건강진단 시 1차 검사항목 중 유해인자별 생물학적 노출지표에 해당되지 않는 것은?

① 트리클로로에틸렌: 소변 중 총삼염화물 또는 삼염화초산
② n-헥산: 소변 중 2,5-헥산디온
③ 수은: 혈중 수은
④ 일산화탄소: 호기 중 일산화탄소 농도
⑤ 디메틸포름아미드: 소변 중 N-메틸포름아미드(NMF)

20 산업재해조사의 목적 및 산업재해 발생보고 방법에 관한 설명으로 옳지 않은 것은?

① 휴업일수에 공휴일 및 법정 휴무일은 포함되고, 재해발생일은 포함되지 않는다.

② 재해조사를 통하여 근로자 및 사업주의 안전의식을 고취시킬 수 있다.

③ 산업재해조사표에 근로자대표의 확인을 받아야 하며, 그 기재 내용에 대하여 근로자대표의 이견이 있는 경우에는 그 내용을 첨부해야 한다. 다만, 근로자대표가 없는 경우에는 사업주의 확인을 받아 산업재해조사표를 제출할 수 있다.

④ 산업재해로 사망자가 발생하거나 3일 이상의 휴업이 필요한 부상을 입었거나 질병에 걸린 사람이 발생한 경우에는 산업재해조사표를 제출하여야 한다.

⑤ 산업재해조사표는 해당 산업재해가 발생한 날부터 1개월 이내에 작성하여 관할 지방고용노동관서의 장에게 제출(전자문서로 제출하는 것을 포함한다)해야 한다.

21 야간작업으로 인한 건강영향과 특수건강진단에 관한 설명으로 옳지 않은 것은?

① 배치 후 첫 번째 특수건강진단은 6개월 이내에 실시하면 된다.

② 위장관계와 내분비계 증상에 대한 1차 검사항목은 문진이다.

③ 교대근무군은 주간근무군과 비교하여 대사증후군 발생률은 높다.

④ 1차 검사항목으로는 총콜레스테롤, 트리글리세라이드, HDL콜레스테롤, 24시간 심전도 검사 등이 포함된다.

⑤ 6개월간 밤 12시부터 오전 5시까지의 시간을 포함하여 계속되는 8시간 작업을 월 평균 4회 이상 수행하는 경우에는 특수건강진단 대상 야간작업이다.

22 도장 공정에서 일하는 3개 직종(감독, 운전, 정비)별로 분진 평균 노출농도를 통계적으로 비교하고자 할 때 사용해야 할 자료분석 방법은? (단, 그룹별 분진농도는 모두 정규분포한다고 가정한다)

① 상관(correlation)

② 박스 플롯(box plot)

③ 회귀분석(regression)

④ 자기상관(autocorrelation)

⑤ 분산분석(ANOVA)

23 전리방사선에 대한 감수성의 크기를 올바르게 나열한 것은?

ㄱ. 상피세포
ㄴ. 골수, 흉선 및 림프조직(조혈기관)
ㄷ. 근육세포
ㄹ. 신경세포

① ㄱ>ㄴ>ㄷ>ㄹ
② ㄴ>ㄱ>ㄷ>ㄹ
③ ㄴ>ㄹ>ㄷ>ㄱ
④ ㄷ>ㄹ>ㄱ>ㄴ
⑤ ㄷ>ㄴ>ㄱ>ㄹ

24 유기용제 중독을 스크린하는 다음 검사법에 관한 설명으로 옳지 않은 것은?

구분		실제값(질병)		합계
		양성	음성	
검사법	양성	15	25	40
	음성	5	15	20
합계		20	40	60

① 민감도(sensitivity)는 75%이다.
② 특이도는(specificity)는 37.5%이다.
③ 양성예측도는 37.5%이다.
④ 음성예측도는 75%이다.
⑤ 위양성률은 75%이다.

25 직무노출매트릭스(Job exposure matrix)를 활용할 수 있는 사례가 아닌 것은?

① 과거 유해인자 노출 추정
② 근로자 유해인자 노출 분류
③ 건강 영향 분류
④ 유사 노출그룹 분류
⑤ 유해인자 노출근로자 코호트 구축

5회 모의고사 정답

1	2	3	4	5	6	7	8	9	10
②	①	②	③	③	⑤	③	②	④	①
11	12	13	14	15	16	17	18	19	20
②	⑤	⑤	⑤	③	⑤	④	①	③	③
21	22	23	24	25					
④	⑤	②	⑤	③					

산업보건지도사 제2과목(산업보건일반) 모의고사

정답 개수	점수
( ) / 25	( ) / 100

01

15㎥인 작업장에서 톨루엔이 포함된 신너(thinner)를 취급하는 과정에서 공기 중으로 증발된 톨루엔 부피가 0.1L/min이었다. 이 작업장에서 시간당 공기 교환은 5회 일어난다고 가정할 때, 공기 중 톨루엔 농도(ppm)는?

① 0.008
② 0.08
③ 0.8
④ 8
⑤ 80

02

고열작업에 관한 설명으로 옳지 않은 것은?

① 흑구온도와 기온과의 차이를 실효복사온도라 하고 이는 감각온도와 상관이 없다.
② WBGT 측정기로 옥내 작업장을 측정할 때에는 자연습구온도와 흑구온도를 고려한다.
③ 고열작업을 평가하는 데 있어서 각 습구흑구 온도지수를 측정하고 작업강도를 고려한다.
④ WBGT 30℃ 되는 중등작업을 하는 경우 15분 작업, 45분 휴식을 취해야 한다.
⑤ 복사열은 열선풍속계로 측정하다.

03

근골격계부담작업으로 인한 건강장해 예방을 위한 조치항목으로 옳지 않은 것은?

① 사업주는 5kg 이상의 중량물을 들어 올리는 작업에 대하여 중량과 무게중심에 대하여 안내표시를 하여야 한다.
② 사업주는 근로자가 중량물을 들어 올리는 작업을 하는 경우에 무게중심을 높이거나 대상물에 몸을 밀착하도록 하는 등 신체의 부담을 줄일 수 있는 자세에 대하여 알려야 한다.
③ 근골격계부담작업에 해당하는 업무의 양과 작업공정 등 작업환경을 변경한 경우, 지체 없이 유해요인조사를 하여야 한다.
④ 근골격계 질환 예방관리 프로그램에는 유해요인 조사, 작업환경 개선, 의학적 관리, 교육·훈련 및 평가 등이 포함되어 있다.
⑤ 근골격계질환으로 「산업재해보상보험법 시행령」에 따라 업무상 질병으로 5명 이상 발생한 사업장으로서 발생 비율이 그 사업장 근로자 수의 10퍼센트 이상인 경우에는 근골격계질환 예방관리 프로그램을 수립하여 시행하여야 한다.

04

산업안전보건법령상 시간당 200~350kcal의 열량이 소요되는 작업의 매시간 작업시간 15분, 휴식시간 45분의 고온 노출기준(WBGT, ℃)은?

① 26.7

② 28.0

③ 29.4

④ 31.1

⑤ 32.2

05

직업에 대한 개인의 동기와 환경이 제공해 주는 여러 여건들이 조화를 이루지 못할 때, 혹은 직장에서의 요구와 그 요구에 대처할 수 있는 인간의 능력에 차이가 존재할 때 긴장이 발생하게 된다고 보는 직무스트레스 모델은?

① 인간-환경 적합 모델

② ISR 모델

③ 노력-보상 불균형 모델

④ Newman의 요소 모델

⑤ 요구-통제 모델

06

화학물질 및 물리적 인자의 노출기준에서 화학물질의 발암성과 생식독성 분류기준을 각각 올바르게 표시한 것은?

	발암성 분류기준	생식독성 분류기준
①	ACGIH	NTP
②	IARC	ACGIH
③	OSHA	EU CLP
④	EU CLP	IARC
⑤	NTP	ACGIH

07 하인리히(Heinrich)의 사고연쇄이론에 관한 설명으로 옳은 것은?

① 사고예방 중심은 1단계와 2단계로 보았다.
② 도미노이론이라 명명하며 약 5,000여건의 사고를 조사하여 사망(중상 포함):경상:무상해 비율을 10:20:300으로 보았다.
③ 낙하·비래와 같은 사고는 3단계에 해당한다.
④ 하인리히의 재해위험비율에서 잠재위험비율은 약 0.91이다.
⑤ 인간의 결함(실수)은 2단계에 해당한다.

08 사실을 확인하여 미리 정해둔 판정기준에 근거해서 재해요소를 찾고 그 중요도를 평가하는 재해요인의 분석기법은?

① 일반적인 재해요인 분석
② 문답방식 분석
③ 3E 기법
④ 4M 기법
⑤ 특성요인도(Fish-bone) 분석

09 우리나라 산업재해 발생형태의 분류 항목이 아닌 것은?

① 붕괴·도괴
② 유해물질 접촉
③ 폭발
④ 감전
⑤ 중독·질식

10 제철소의 작업환경에서 코크스오븐배출물질(COE)의 시료채취에 사용하는 매체와 다핵방향족탄화수소(PAHs) 시료채취에 사용하는 매체를 옳게 짝지은 것은?

	코크스오븐배출물질(COE)	다핵방향족탄화수소(PAHs)
①	MCE여과지	유리섬유여과지
②	은막여과지	테플론여과지
③	PVC여과지	MCE여과지
④	유리섬유여과지	셀룰로오스섬유여과지
⑤	셀룰로오스섬유여과지	Nuclepore 여과지

11 방독마스크에 관한 설명으로 옳지 않은 것은?

① 일산화탄소 정화통의 색깔은 적색이다.
② 유기화합물용 방독마스크의 흡착제는 활성탄, 암모니아 방독마스크의 흡착제로 가장 많이 사용하는 것은 큐프라마이트이다.
③ 공기 중 사염화탄소 농도가 2,500ppm이며, 정화통의 정화능력이 사염화탄소 0.4%에서 150분간 사용 가능하다면 유효시간은 240분이다.
④ 방독마스크의 밀착도 검사로 정성적 밀착도 검사는 아세트산아밀법으로 바나나맛을 사용한다.
⑤ 방독마스크의 저등급 및 최저등급은 가스 또는 증기의 농도가 100분의 1 이하의 대기 중에서 사용하는 것으로서 긴급용이 아닌 것이다.

12 공기 중의 사염화탄소 농도가 0.2%일 때, 방독마스크의 사용 가능한 시간은 몇 분인가? (단, 방독마스크 정화통의 정화능력이 사염화탄소 0.5%에서 60분간 사용 가능하다)

① 100
② 110
③ 120
④ 150
⑤ 200

13 입자상 물질에 관한 설명으로 옳은 것은?

① 호흡기계의 어느 부위에 침착하더라도 독성을 나타내는 입자상 물질을 호흡성 분진(RPM)이라 한다.
② 흄은 금속의 증기화, 증기물의 산화, 산화물의 응축에 의하여 발생한다.
③ 흉곽성 분진(TPM)의 입경 범위는 0~100㎛로써 100㎛의 입경에서 50%의 호흡기에 대한 침착률을 보이는 분진을 의미한다.
④ 호흡성 분진(Respirable dust)은 호흡 시 가스 교환부위 즉, 폐포에까지 도달하는 분진을 의미하며 0~8㎛의 입경 범위를 갖고 평균 입경은 4㎛(평균 침착률 50%) 정도이다.
⑤ PAHs(Polycyclic Aromatic Hydrocarbons)는 전형적으로 무기물질의 산소결핍 으로 인한 불완전 연소, 열분해에 의해 생성된다.

14 호흡성 먼지(PRM)의 입경(㎛) 범위는? (단, 미국 ACGIH 정의 기준)

① 0~10
② 0~20
③ 0~25
④ 0~100
⑤ 10~100

15 소변 또는 혈액을 이용한 생물학적 모니터링에 관한 설명으로 옳지 않은 것은?

① 생물학적 모니터링을 위한 혈액 채취에는 동맥혈이 아닌 정맥혈을 기준으로 한다.
② 시료는 소변, 호기 및 혈액 등이 주로 이용된다.
③ 혈액에서 휘발성 물질의 생물학적 노출지수는 동맥 중의 농도를 말한다.
④ 혈액을 이용한 생물학적 모니터링은 혈액 구성성분에 개인 간 차이가 적다.
⑤ 수은의 생물학적 노출지표 1차 검사는 소변 중 수은, 2차 검사는 혈액 중 수은이다.

16 국소배기장치의 점검에 사용되는 기기와 그 사용목적의 연결이 옳은 것은?

① 발연관-덕트 내 유량 측정
② 마노미터(manometer)-덕트 내 기류속도 측정
③ 피토관-송풍기의 전류 측정
④ 회전날개풍속계-개구부 주위 난류현상 확인
⑤ 타코미터(tachometer)-송풍기의 회전속도 측정

17 공기 역학적 직경에 따라 입자의 크기를 구분하기 기기가 아닌 것은?

① 마플 개인용 직경분립충돌기
② 명목상 충돌기
③ 다단직경충돌기
④ 미젯임핀저
⑤ 사이클론

18 개인보호구의 선택 및 착용 등에 관한 설명으로 옳지 않은 것은?

① 국내 귀마개 EP-1은 저음부터 고음까지 차음하는 성능을 말한다.

② 입자상 물질과 가스나 증기가 동시에 발생하는 용접작업 시 방독·방진겸용 마스크를 착용한다.

③ 순간적으로 건강이나 생명에 위험을 줄 수 있는 유해물질의 고농도상태(IDLH)에서는 반드시 공기공급식 송기마스크를 착용하여야 한다.

④ 염소가스 또는 증기(Cl_2)는 유기화합물용 방독마스크를 사용한다.

⑤ 보호구 밖의 농도가 300ppm이고 보호구 안의 농도가 12ppm이었을 때, 보호계수(protection factor)의 값은 25이다.

19 석면의 측정, 분석 등에 관한 설명으로 옳지 않은 것은?

① 위상차현미경으로는 0.25μm 이하의 섬유는 관찰되지 않는다.

② 석면 취급장소에는 특급 방진마스크를 착용하여야 한다.

③ 고형시료 분석에 있어 위상차현미경법이 간편하기 때문에 가장 많이 사용된다.

④ 공기 중 석면섬유 계수 A규정은 길이가 5μm보다 크고 길이 대 너비의 비가 3:1 이상인 섬유만 계수한다.

⑤ 섬유의 농도는 일반적으로 개수/cc로 표시하며, 석면의 TLV는 0.1개/cc이다.

20 월튼-베켓 눈금자가 삽입된 위상차현미경을 이용하여 100시야(100field)당 백석면을 분석하였더니 한 개로 계수된 섬유가 50개, 0.5개로 계수된 섬유가 30개(즉 15개)였다. 여과지 단위면적(mm^2)당 섬유 개수는?

① 8.28개

② 82.8개

③ 828개

④ 10.19개

⑤ 101.9개

21 생물학적 유전인자에 관한 설명으로 옳지 않은 것은?

① 곰팡이(진균)가 내놓는 독소로는 마이코톡신(mycotoxin) 등이 있다.
② 유기체가 방출하는 독소로는 그람양성박테리아가 내놓는 엔도톡신(endotoxin)이 있다.
③ 박테리아(세균)에 의한 감염성질환은 매독, 흑사병, 장티푸스 등이 있다.
④ 공기 중 박테리아와 곰팡이에 대한 측정 및 분석은 곰팡이와 박테리아를 살아있는 상태로 채취, 배양한 다음 집락수를 세어 CFU로 나타낸다.
⑤ 곰팡이(진균)의 세포벽인 글루칸(glucan)은 호흡기 점막을 자극하여 새집증후군을 초래한다.

22 작업환경측정 및 정도관리 등에 관한 고시에서 원자흡광광도법(AAS)으로 분석할 수 있는 유해인자로 명시된 것이 아닌 것은?

① 수은
② 구리
③ 납
④ 니켈
⑤ 수산화나트륨

23 청각기관의 소음의 전달경로에 해당하지 않는 것은?

① 이소골
② 고막
③ 수근관
④ 달팽이관
⑤ 외이도

24 역학(epidemiology)의 정의에 관한 설명으로 옳지 않은 것은?

① 인간집단 내 발생하는 모든 생리적 이상 상태의 빈도와 분포를 기술한다.
② 빈도와 분포를 결정하는 요인은 원인적 관련성 여부에 근거를 둔다.
③ 예방법을 개발하는 학문이다.
④ 직업역학(occupational epidemiology)은 일하는 사람이 대상이다.
⑤ 역학에서의 인과관계 기준(Hill의 기준) 중 "한 요인이 다른 질병과 또는 한 질병이 여러 요인과 관련성을 보이지 않고, 특별한 질병 또는 요인과 연관성이 있는 경우"를 관련성의 일관성(consistency of association)이라 한다.

25 NIOSH에서 제시한 직무스트레스 요인 중 조직적 요인에 해당하지 않는 것은?

① 관리유형
② 역할모호성 및 갈등
③ 고용 불확실성
④ 작업속도
⑤ 역할요구

6회 모의고사 정답

1	2	3	4	5	6	7	8	9	10
⑤	⑤	②	④	①	③	④	①	⑤	②
11	12	13	14	15	16	17	18	19	20
⑤	④	②	①	③	⑤	④	④	③	②
21	22	23	24	25					
②	①	③	⑤	④					

산업보건지도사 제2과목(산업보건일반) 모의고사

정답 개수	점수
(　)/25	(　)/100

01

어떤 집진기에서 입구와 출구의 함진가스 중 분진농도가 각각 10g/㎥과 0.05g/㎥일 때, 집진기의 효율(%)은 얼마인가? (단, 입구에서의 배출량과 출구에서의 배출량이 같다고 가정)

① 99.0

② 99.1

③ 99.3

④ 99.5

⑤ 99.7

02

사이클론의 분진 퇴적함(dust box)에서 처리 가스량의 5~10%을 흡입하여 사이클론 내의 난류현상을 억제시킴으로써 집진된 먼지의 비산 및 먼지의 내벽 부착을 방지하는 것을 무엇이라 하는가?

① 채널링(channeling)

② 블로다운(blow-down)

③ 이온증배(avalanche multiplication)

④ 관성파라미터(inertial parameter)

⑤ 파과점(break point)

03

온도 25℃, 1기압에서 분당 100mL씩 60분 동안 채취한 공기 중에서 벤젠이 3mg 검출되었다. 검출된 벤젠(C_6H_6)은 약 몇 ppm인가? (단, 벤젠의 분자량은 78이다)

① 11

② 111

③ 15.7

④ 156.7

⑤ 1595

04 오염물질의 처리에는 입자상 물질의 처리와 가스상 물질의 처리방법이 있다. 다음 중 종류가 다른 것은?

① 사이클론
② 흡수법
③ 흡착법
④ 연소법
⑤ 접촉산화법

05 젊은 근로자에 있어서 약한 쪽 손의 힘은 평균 45kp라고 한다. 이러한 근로자가 무게 8kg인 상자를 양손으로 들어 올릴 경우 작업강도(%MS)는 약 얼마인가?

① 17.8%
② 8.9%
③ 4.4%
④ 2.3%
⑤ 1.5%

06 심리학적 적성검사에 해당하지 않는 것은?

① 지각동작검사
② 감각기능검사
③ 인성검사
④ 기능검사
⑤ 지능검사

07 1700년대 "직업인의 질병"을 발간하였으며 직업병의 원인을 작업장에서 사용하는 유해물질과 근로자들의 불완전한 작업 자세나 과격한 동작으로 크게 두 가지로 구분한 인물은?

① Hippocrates
② Georgius Agricola
③ Percival Pott
④ Bernardino Ramazzini
⑤ Alice Hamilton

08

구리(Cu)의 공기 중 농도가 0.05mg/㎥이다. 작업자의 노출시간이 8시간이며, 폐환기율은 1.25㎥/hr, 체내 잔류율은 1이라고 할 때, 체내 흡수량은 얼마인가?

① 0.3mg
② 0.4mg
③ 0.5mg
④ 0.6mg
⑤ 0.7mg

09

직경 200mm의 원형 덕트에서 측정한 후드 정압(SP_h)은 100mmH_2O, 유입계수(C_e)는 0.5이었다. 후드의 필요환기량(㎥/min)은 약 얼마인가? (단, 현재의 공기는 표준공기상태이다)

① 18.10
② 23.10
③ 28.10
④ 33.10
⑤ 38.10

10

테이블에 붙여서 설치한 사각형 후드의 필요환기량 Q(m^3/min)를 구하는 식으로 적절한 것은? (단, 플랜지는 부착되지 않았고, A(m^2)는 개구면적, X(m)는 개구부와 오염원 사이의 거리, V(m/s)는 제어 속도를 의미한다)

① $Q=V\times(5X^2+A)$
② $Q=V\times(7X^2+A)$
③ $Q=60\times V\times(5X^2+A)$
④ $Q=60\times V\times(7X^2+A)$
⑤ $Q=60\times V\times0.5\times(10X^2+A)$

11 혼합유기용제의 구성비(중량비)는 다음과 같았다. 이 혼합물의 노출농도(TLV)는?

○ 메틸클로로포름 30%(TLV=1,900mg/㎥)
○ 헵탄 50%(TLV=1,600mg/㎥)
○ 퍼클로로에틸렌 20%(TLV=335mg/㎥)

① 937mg/㎥

② 1,087mg/㎥

③ 1,137mg/㎥

④ 1,287mg/㎥

⑤ 1,387mg/㎥

12 작업환경측정 및 정도관리 등에 관한 고시에서 입자상물질, 가스상 물질, 고열 및 소음작업의 측정·분석방법의 내용으로 옳지 않은 것은?

① 노출기준 고시에 최고노출기준(Ceiling, C)과 시간가중평균기준(TWA)이 함께 설정되어 있는 경우에는 측정을 병행하여야 하는데 이에 해당하는 유해물질은 불화수소(HF)이다.

② 규산염과 그 밖의 광물성분진은 중량분석방법으로 분석한다.

③ 가스상 물질 측정에서 검지관방식으로 측정하는 경우에는 1일 작업시간 동안 1시간 간격으로 6회 이상 측정하되 측정시간마다 2회 이상 반복 측정하여 평균값을 산출하여야 한다.

④ 소음측정에서 누적소음노출량 측정기로 소음을 측정하는 경우에는 Criteria는 90dB, Exchange Rate는 5dB, Threshold는 80dB로 기기를 설정한다.

⑤ 고열측정에서 측정기의 위치는 바닥 면으로부터 50센티미터 이상, 150센티미터 이하의 위치에서 측정하며, 측정기를 설치한 후 충분히 안정화 시킨 상태에서 1일 작업시간 중 가장 높은 고열에 노출되는 1시간을 15분 간격으로 연속하여 측정한다.

13

다음 중 중량물 취급에 있어서 미국 NIOSH에서 중량물 최대허용한계(MPL)을 설정할 때의 기준으로 틀린 것은?

① MPL에 해당하는 작업은 L_5/S_1 디스크에 3,500N의 압력을 부하한다.

② MPL에 해당하는 작업이 요구하는 에너지대사량은 5.0kcal/min을 초과한다.

③ MPL을 초과하는 작업에서는 대부분의 근로자들에게 근육·골격 장애가 발생한다.

④ 남성근로자의 25% 미만과 여성근로자의 1% 미만에서만 MPL 수준의 작업 수행이 가능하다.

⑤ MPL은 AL의 3배로서 최대허용무게이다.

14

1년간 연근로시간이 240,000시간인 작업장에 5건의 재해가 발생하여 500일의 휴업일수를 기록하였다. 연간근로일수를 300일로 할 때, 강도율(intensity rate)은 약 얼마인가?

① 1.7

② 2.1

③ 2.7

④ 3.2

⑤ 3.5

15

어느 작업장의 온도를 측정하여, 건구온도 30℃, 자연습구온도 30℃, 흑구온도 34℃를 얻었다. 이 작업장의 옥외(태양광선이 내리 쬐지 않는 장소) WBGT와 옥스퍼드(Oxford) 지수는 각각 얼마인가?

	WBGT	옥스퍼드(Oxford) 지수
①	30.4℃	30℃
②	30.4℃	30.6℃
③	30.8℃	30.6℃
④	31.2℃	30℃
⑤	31.2℃	30.6℃

16

작업자가 5kg의 중량물을 취급할 때, 다음 표를 이용하여 산출한 권장무게한계(RWL)와 들기지수(LI) 그리고 적당·부적당 여부에 대해 각각 답한 것으로 올바른 것은? (단, 1991년 개정된 NIOSH 들기작업 권고기준에 따른다)

계수 구분	값
수평계수	0.5
수직계수	0.955
거리계수	0.91
비대칭계수	1
빈도계수	0.45
커플링계수	0.95

	RWL	LI	적당·부적당 여부
①	0.19	0.95	부적당
②	0.19	26.32	부적당
③	4.27	0.86	적당
④	4.27	1.17	부적당
⑤	8.54	0.59	적당

17

근골격계 질환 유해요인 조사방법 중 중량물취급작업에서의 평가도구가 아닌 것은?

① 3D SSPP
② QEC
③ NLE
④ MAC
⑤ Snook table

18

특수건강진단 대상 유해인자 중 치과검사를 치과의사가 실시해야 하는 것에 해당하지 않는 것은?

① 불화수소
② 염화수소
③ 불소
④ 황화수소
⑤ 고기압

19 특수건강진단 검사항목 중 생식계 검사를 받아야 하는 유해인자에 해당하지 않는 것은?

① 1,3-부타디엔
② 1-브로모프로판
③ 이황화탄소
④ 마이크로파 및 라디오파
⑤ 메탄올

20 방독마스크의 정화통 흡수제의 종류를 옳게 연결된 것은?

① 유기화합물용-실리카겔(방습제)
② 암모니아용-큐프라마이트
③ 할로겐가스용-알칼리제재
④ 아황산가스용-소다라임
⑤ 일산화탄소용-활성탄

21 입자상물질에 관한 설명으로 옳지 않은 것은?

① 호흡성분진은 가스 교환부위에 침착될 때 독성을 일으키는 물질이다.
② 우리나라 화학물질의 노출기준에는 산화규소 결정체 4종이 있는데, 모두 호흡성·발암성 1A이고, 산화규소 비결정체는 4종 중 비결정체 규소로서 용융된 경우만 호흡성 물질이다.
③ 입자상 물질의 침강속도는 스토크 법칙(Stoke's law)을 따르며, 입자의 밀도와 직경의 제곱에 비례한다.
④ 대식세포에 의해 용해되지 않는 대표적인 독성물질은 유리규산과 석면이다.
⑤ 직경이 50μm이고 입자비중이 1.32인 입자의 침강속도는 8.6cm/sec이다.

22 사무실 직원이 모두 퇴근한 7시에 이산화탄소(CO_2) 농도는 1,700ppm이었다. 4시간이 지난 후 다시 이산화탄소 농도를 측정한 결과 800ppm이었다면, 이 사무실의 시간당 공기교환횟수(ACH)는? (단, 외부공기 중 이산화탄소 농도는 330ppm)

① 0.11회/hr
② 0.19회/hr
③ 0.22회/hr
④ 0.27회/hr
⑤ 0.35회/hr

23 화학물질 및 물리적 인자의 노출기준에서 "흡입성"으로 표시되지 않은 화학물질은?

① 곡분분진
② 목재분진
③ 소석고
④ 인듐 및 그 화합물
⑤ 요오드 및 요오드화물

24 활성탄으로 채취한 벤젠을 1mL 이황화탄소로 추출하여 정량한 결과가 다음과 같을 때, 벤젠 양(μg)은?

○ 시료(앞층 10ppm, 뒤층 0.1ppm)
○ 공시료(앞층 0.1ppm, 뒤층은 검출되지 않음)

① 9.7
② 9.9
③ 10
④ 99
⑤ 100

25 화학물질 및 물리적 인자의 노출기준에 따른 발암성 분류기준이 아닌 것은?

① 국제암연구소
② 유럽연합의 분류·표시에 관한 규칙
③ 미국산업위생전문가협회
④ 미국산업안전보건연구소
⑤ 미국산업안전보건청

7회 모의고사 정답

1	2	3	4	5	6	7	8	9	10
④	②	④	①	②	②	④	③	⑤	③
11	12	13	14	15	16	17	18	19	20
①	⑤	①	①	④	④	②	③	⑤	②
21	22	23	24	25					
⑤	④	④	③	④					

산업보건지도사 제2과목(산업보건일반) 모의고사 해설

01

해외 국가의 노출기준의 연결이 틀린 것은?

① 영국-WEL
② 독일-REL
③ 스웨덴-OEL
④ 미국 ACGIH-TLV
⑤ 미국 OSHA-PELs

해설

○ 해외 국가의 노출기준

국가(기관)	노출기준
영국	WEL
독일	MAK
스웨덴	OEL
미국 ACGIH(산업위생전문가협의회)	TLV
미국 NIOSH(산업안전보건연구원)	REL
미국 OSHA(산업안전보건청)	PELs

정답: ②

02

주형을 부수고 모래를 터는 장소에서 포위식 후드를 설치하는 경우의 최소 제어풍속으로 옳은 것은?

① 0.5m/s
② 0.7m/s
③ 1.0m/s
④ 1.2m/s
⑤ 1.5m/s

해설

○ 산업안전보건기준에 관한 규칙

제454조(국소배기장치의 설치 · 성능) 제453조제2항에 따라 설치하는 국소배기장치의 성능은 물질의 상태에 따라 아래 표에서 정하는 제어풍속 이상이 되도록 하여야 한다.

물질의 상태	제어풍속(m/s)
가스상태	0.5
입자상태	1.0

비고

1. 이 표에서 제어풍속이란 국소배기장치의 모든 후드를 개방한 경우의 제어풍속을 말한다.
2. 이 표에서 제어풍속은 후두의 형식에 따라 다음에서 정한 위치에서의 풍속을 말한다.

가. 포위식 또는 부스식 후드에서는 후드의 개구면에서의 풍속

나. 외부식 또는 리시버식 후드에서는 유해물질의 가스·증기 또는 분진이 빨려 들어가는 범위에서 해당 개구면으로부터 가장 먼 작업 위치에서의 풍속

■ 산업안전보건기준에 관한 규칙 [별표 17]

분진작업장소에 설치하는 국소배기장치의 제어풍속(제609조 관련)

1. 제607조 및 제617조제1항 단서에 따라 설치하는 국소배기장치(연삭기, 드럼 샌더(drum sander) 등의 회전체를 가지는 기계에 관련되어 분진작업을 하는 장소에 설치하는 것은 제외한다)의 제어풍속

분진 작업 장소	제어풍속(미터/초)			
	포위식 후드의 경우	외부식 후드의 경우		
		측방 흡인형	하방 흡인형	상방 흡인형
암석등 탄소원료 또는 알루미늄박을 체로 거르는 장소	0.7	-	-	-
주물모래를 재생하는 장소	0.7	-	-	-
주형을 부수고 모래를 터는 장소	0.7	1.3	1.3	-
그 밖의 분진작업장소	0.7	1.0	1.0	1.2

비고

1. 제어풍속이란 국소배기장치의 모든 후드를 개방한 경우의 제어풍속으로서 다음 각 목의 위치에서 측정한다.

   가. 포위식 후드에서는 후드 개구면

   나. 외부식 후드에서는 해당 후드에 의하여 분진을 빨아들이려는 범위에서 그 후드 개구면으로부터 가장 먼 거리의 작업위치

2. 제607조 및 제617조제1항 단서의 규정에 따라 설치하는 국소배기장치 중 연삭기, 드럼 샌더 등의 회전체를 가지는 기계에 관련되어 분진작업을 하는 장소에 설치된 국소배기장치의 후드의 설치방법에 따른 제어풍속

후드의 설치방법	제어풍속(미터/초)
회전체를 가지는 기계 전체를 포위하는 방법	0.5
회전체의 회전으로 발생하는 분진의 흩날림방향을 후드의 개구면으로 덮는 방법	5.0
회전체만을 포위하는 방법	5.0

비고
제어풍속이란 국소배기장치의 모든 후드를 개방한 경우의 제어풍속으로서, 회전체를 정지한 상태에서 후드의 개구면에서의 최소풍속을 말한다.

정답 ②

03 다음은 가스상 물질을 측정 및 분석하는 방법에 대한 내용이다. ( ) 안에 알맞은 것은? (단, 고용노동부 고시를 기준으로 한다)

> 가스상 물질을 검지관 방식으로 측정하는 경우에 1일 작업시간 동안 1시간 간격으로 (ㄱ)회 이상 측정하되, 매 측정시간 마다 (ㄴ)회 이상 반복 측정하여 평균값을 산출하여야 한다.

	ㄱ	ㄴ
①	5	2
②	6	2
③	7	2
④	7	3
⑤	8	2

해설

작업환경측정 및 정도관리 등에 관한 고시

제2조(정의) ① 이 고시에서 사용하는 용어의 뜻은 다음 각 호와 같다.

1. "액체채취방법"이란 시료공기를 액체 중에 통과시키거나 액체의 표면과 접촉시켜 용해·반응·흡수·충돌 등을 일으키게 하여 해당 액체에 작업환경측정(이하 "측정"이라 한다)을 하려는 물질을 채취하는 방법을 말한다.
2. "고체채취방법"이란 시료공기를 고체의 입자층을 통해 흡입, 흡착하여 해당 고체입자에 측정하려는 물질을 채취하는 방법을 말한다.
3. "직접채취방법"이란 시료공기를 흡수, 흡착 등의 과정을 거치지 아니하고 직접채취대 또는 진공채취병 등의 채취용기에 물질을 채취하는 방법을 말한다.

4. "냉각응축채취방법"이란 시료공기를 냉각된 관 등에 접촉 응축시켜 측정하려는 물질을 채취하는 방법을 말한다.
5. "여과채취방법"이란 시료공기를 여과재를 통하여 흡인함으로써 해당 여과재에 측정하려는 물질을 채취하는 방법을 말한다.
6. "개인 시료채취"란 개인시료채취기를 이용하여 가스·증기·분진·흄(fume)·미스트(mist) 등을 근로자의 호흡위치(호흡기를 중심으로 반경 30㎝인 반구)에서 채취하는 것을 말한다.
7. "지역 시료채취"란 시료채취기를 이용하여 가스·증기·분진·흄(fume)·미스트(mist) 등을 근로자의 작업행동 범위에서 호흡기 높이에 고정하여 채취하는 것을 말한다.
8. "노출기준"이란 「산업안전보건법」(이하 "법"이라 한다) 제106조에서 정한 작업환경평가기준을 말한다.
9. "최고노출근로자"란 「산업안전보건법 시행규칙」(이하 "규칙"이라 한다) 별표 21에 따른 작업환경측정대상 유해인자의 발생 및 취급원에서 가장 가까운 위치의 근로자이거나 규칙 별표 21에 따른 작업환경측정대상 유해인자에 가장 많이 노출될 것으로 간주되는 근로자를 말한다.
10. "단위작업 장소"란 규칙 제186조제1항에 따라 작업환경측정대상이 되는 작업장 또는 공정에서 정상적인 작업을 수행하는 동일 노출집단의 근로자가 작업을 하는 장소를 말한다.
11. "호흡성분진"이란 호흡기를 통하여 폐포에 축적될 수 있는 크기의 분진을 말한다.
12. "흡입성분진"이란 호흡기의 어느 부위에 침착하더라도 독성을 일으키는 분진을 말한다.
13. "입자상 물질"이란 화학적인자가 공기중으로 분진·흄(fume)·미스트(mist) 등의 형태로 발생되는 물질을 말한다.
14. "가스상 물질"이란 화학적인자가 공기중으로 가스·증기의 형태로 발생되는 물질을 말한다.
15. "정도관리"란 법 제126조제2항에 따라 작업환경측정·분석 결과에 대한 정확성과 정밀도를 확보하기 위하여 작업환경측정기관의 측정·분석능력을 확인하고, 그 결과에 따라 지도·교육 등 측정·분석능력 향상을 위하여 행하는 모든 관리적 수단을 말한다.
16. "정확도"란 분석치가 참값에 얼마나 접근하였는가 하는 수치상의 표현을 말한다.
17. "정밀도"란 일정한 물질에 대해 반복측정·분석을 했을 때 나타나는 자료 분석치의 변동크기가 얼마나 작은가 하는 수치상의 표현을 말한다.

② 그 밖의 이 고시에서 사용하는 용어의 뜻은 이 고시에 특별한 규정이 없으면 법, 「산업안전보건법 시행령」(이하 "영"이라 한다), 규칙, 「산업안전보건기준에 관한 규칙」(이하 "안전보건규칙"이라 한다) 및 관련 고시가 정하는 바에 따른다.

제4장 작업환경측정방법

제1절 측정방법 및 단위

제17조(예비조사 및 측정계획서의 작성) ① 규칙 제189조제1항제1호에 따라 예비조사를 하는 경우에는 다음 각호의 내용이 포함된 측정계획서를 작성하여야 한다.

1. 원재료의 투입과정부터 최종 제품생산 공정까지의 주요공정 도식
2. 해당 공정별 작업내용 및 화학물질 사용실태, 그 밖에 작업방법·운전조건 등을 고려한 유해인자 노출 가능성
3. 측정대상공정, 측정대상 유해인자 및 발생주기, 측정 대상 공정의 종사근로자 현황
4. 유해인자별 측정방법 및 측정 소요기간 등 작업환경측정에 필요한 사항

② 측정기관이 전회에 측정을 실시한 사업장으로서 공정 및 취급인자 변동이 없는 경우에는 서류상의 예비조사를 할 수 있다.

제18조(노출기준의 종류별 측정시간) ① 「화학물질 및 물리적 인자의 노출기준(고용노동부 고시, 이하 '노출기준 고시'라 한다)」에 시간가중평균기준(TWA)이 설정되어 있는 대상물질을 측정하는 경우에는 1일 작업시간동안 6시간 이상 연속 측정하거나 작업시간을 등간격으로 나누어 6시간 이상 연속분리하여 측정하여야 한다. 다만, 다음 각호의 어느 하나에 해당하는 경우에는 대상물질의 발생시간 동안 측정 할 수 있다.

1. 대상물질의 발생시간이 6시간 이하인 경우
2. 불규칙작업으로 6시간 이하의 작업을 하는 경우
3. 발생원에서 발생시간이 간헐적인 경우

② 노출기준 고시에 단시간 노출기준(STEL)이 설정되어 있는 물질로서 노출이 균일하지 않은 작업특성으로 인하여 단시간 노출평가가 필요하다고 자격자(규칙 제187조에 따른 작업환경측정자의 자격을 가진 자를 말한다.) 또는 작업환경측정기관이 판단하는 경우에는 제1항의 측정에 추가하여 단시간 측정을 할 수 있다. 이 경우 1회에 15분간 측정하되 유해인자 노출특성을 고려하여 측정 횟수를 정할 수 있다.

③ 노출기준 고시에 최고노출기준(Ceiling, C)이 설정되어 있는 대상물질을 측정하는 경우에는 최고 노출 수준을 평가할 수 있는 최소한의 시간동안 측정하여야 한다. 다만 시간가중평균기준(TWA)이 함께 설정되어 있는 경우에는 제1항에 따른 측정을 병행하여야 한다.

제19조(시료채취 근로자수) ① 단위작업 장소에서 최고 노출근로자 2명 이상에 대하여 동시에 개인 시료채취 방법으로 측정하되, 단위작업 장소에 근로자가 1명인 경우에는 그러하지 아니하며, 동일 작업근로자수가 10명을 초과하는 경우에는 매 5명당 1명 이상 추가하여 측정하여야 한다. 다만, 동일 작업근로자수가 100명을 초과하는 경우에는 최대 시료채취 근로자수를 20명으로 조정할 수 있다.

② 지역 시료채취 방법으로 측정을 하는 경우 단위작업장소 내에서 2개 이상의 지점에 대하여 동시에 측정하여야 한다. 다만, 단위작업 장소의 넓이가 50평방미터 이상인 경우에는 매 30평방미터마다 1개 지점 이상을 추가로 측정하여야 한다.

제20조(단위) ① 화학적 인자의 가스, 증기, 분진, 흄(fume), 미스트(mist) 등의 농도는 피피엠(ppm) 또는 세제곱미터 당 밀리그램(㎎/㎥)으로 표시한다. 다만, 석면의 농도 표시는 세제곱센티미터 당 섬유개수(개/㎤)로 표시한다.

② 피피엠(ppm)과 세제곱미터 당 밀리그램(㎎/㎥)간의 상호 농도변환은 다음 계산식 1과 같다.

(계산식1)

$$\text{노출기준(mg/㎥)} = \frac{\text{노출기준}(ppm) \times \text{그램분자량}}{24.45(\text{25도, 1기압})}$$

③ <삭제>

④ 소음수준의 측정단위는 데시벨[dB(A)]로 표시한다.

⑤ 고열(복사열 포함)의 측정단위는 습구·흑구 온도지수(WBGT)를 구하여 섭씨온도(℃)로 표시한다.

제2절 입자상 물질

제21조(측정 및 분석방법) 규칙 별표 21의 작업환경측정 대상 유해인자 중 입자상 물질은 다음 각호의 방법으로 측정한다.

1. 석면의 농도는 여과채취방법으로 측정하고 계수방법 또는 이와 동등 이상의 분석방법으로 분석할 것
2. 광물성분진은 여과채취방법으로 측정하고 석영, 크리스토바라이트, 트리디마이트를 분석할 수 있는 적합한 방법으로 분석할 것(다만 규산염과 그 밖의 광물성분진은 중량분석방법으로 분석한다.)
3. 용접흄은 여과채취방법으로 측정하되 용접보안면을 착용한 경우에는 그 내부에서 시료를 채취하고 중량분석방법과 원자흡광광도계 또는 유도결합프라스마를 이용한 방법으로 분석할 것

4. 석면, 광물성분진 및 용접흄을 제외한 입자상 물질은 여과채취방법으로 측정한 후 중량분석방법이나 유해물질 종류에 따른 적합한 방법으로 분석할 것
5. 호흡성분진은 호흡성분진용 분립장치 또는 호흡성분진을 채취할 수 있는 기기를 이용한 여과채취방법으로 측정할 것
6. 흡입성분진은 흡입성분진용 분립장치 또는 흡입성분진을 채취할 수 있는 기기를 이용한 여과채취방법으로 측정할 것

제22조(측정위치) ① 개인 시료채취 방법으로 측정하는 경우에는 측정기기를 작업 근로자의 호흡기 위치에 장착하여야 한다.

② 지역 시료채취 방법으로 측정하는 경우에는 측정기기를 발생원의 근접한 위치 또는 작업근로자의 주 작업행동 범위 내에서 작업근로자 호흡기 높이에 설치하여야 한다.

제22조의2(측정시간 등) 입자상물질을 측정하는 경우 측정시간은 제18조의 규정을 준용한다.

제3절 가스상 물질

제23조(측정 및 분석방법) 규칙 별표 21의 작업환경측정 대상 유해인자 중 가스상 물질의 경우 개인시료채취기 또는 이와 동등 이상의 특성을 가진 측정기기를 사용하여 제2조제1항제1호부터 제5호까지의 채취방법에 따라 시료를 채취한 후 원자흡광분석, 가스크로마토그래프분석 또는 이와 동등 이상의 분석방법으로 정량분석하여야 한다.

제24조(측정위치 및 측정시간 등) 가스상물질의 측정위치, 측정시간 등은 제22조 및 제22조의2의 규정을 준용한다.

제25조(검지관방식의 측정) ① 제23조 및 제24조의 규정에도 불구하고 다음 각호의 어느 하나에 해당하는 경우에는 검지관방식으로 측정할 수 있다. **→검지관 방식은 연기 등을 발생시켜서 유해물질이 근로자 호흡기 위치로 발생하는가를 측정하는 방식이다.**

1. 예비조사 목적인 경우
2. 검지관방식 외에 다른 측정방법이 없는 경우
3. 발생하는 가스상 물질이 단일물질인 경우. 다만, 자격자가 측정하는 사업장에 한정한다.

② 자격자가 해당 사업장에 대하여 검지관방식으로 측정하는 경우 사업주는 2년에 1회 이상 사업장 위탁측정기관에 의뢰하여 제23조 및 제24조에 따른 방법으로 측정하여야 한다.

③ 검지관방식의 측정결과가 노출기준을 초과하는 것으로 나타난 경우에는 즉시 제23조 및 제24조에 따른 방법으로 재측정하여야 하며, 해당 사업장에 대하여는 측정치가 노출기준 이하로 나타날 때까지는 검지관방식으로 측정할 수 없다.

④ 검지관방식으로 측정하는 경우에는 해당 작업근로자의 호흡기 및 가스상 물질 발생원에 근접한 위치 또는 근로자 작업행동 범위의 주 작업 위치에서의 근로자 호흡기 높이에서 측정하여야 한다.

⑤ 검지관방식으로 측정하는 경우에는 1일 작업시간 동안 1시간 간격으로 6회 이상 측정하되 측정시간마다 2회 이상 반복 측정하여 평균값을 산출하여야 한다. 다만, 가스상 물질의 발생시간이 6시간 이내일 때에는 작업시간 동안 1시간 간격으로 나누어 측정하여야 한다.

제4절 소음

제26조(측정방법) 규칙 별표 21에 따른 소음수준의 측정은 다음 각호에 따른다.

1. 소음측정에 사용되는 기기(이하 "소음계" 라 한다)는 누적소음 노출량측정기, 적분형소음계 또는 이와 동등 이상의 성능이 있는 것으로 하되 개인 시료채취 방법이 불가능한 경우에는 지시소음계를 사용할 수 있으며, 발생시간을 고려한 등가소음레벨 방법으로 측정할 것. 다만, 소음발생 간격이 1초 미만을 유지하면서 계속적으로 발생되는 소음(이하 "연속음"이라 한다)을 지시소음계 또는 이와 동등 이상의 성능이 있는 기기로 측정할 경우에는 그러하지 아니할 수 있다.

2. 소음계의 청감보정회로는 A특성으로 할 것
3. 제1호 단서규정에 따른 소음측정은 다음과 같이 할 것
   가. 소음계 지시침의 동작은 느린(Slow) 상태로 한다.
   나. 소음계의 지시치가 변동하지 않는 경우에는 해당 지시치를 그 측정점에서의 소음수준으로 한다.
4. 누적소음노출량 측정기로 소음을 측정하는 경우에는 Criteria는 90dB, Exchange Rate는 5dB, Threshold는 80dB로 기기를 설정할 것
5. 소음이 1초 이상의 간격을 유지하면서 최대음압수준이 120dB(A)이상의 소음인 경우에는 소음수준에 따른 1분 동안의 발생횟수를 측정할 것

제27조(측정위치) ① 개인 시료채취 방법으로 측정하는 경우에는 소음측정기의 센서 부분을 작업 근로자의 귀 위치(귀를 중심으로 반경 30cm인 반구)에 장착하여야 한다.

② 지역 시료채취 방법으로 측정하는 경우에는 소음측정기를 측정대상이 되는 근로자의 주 작업행동 범위 내에서 작업근로자 귀 높이에 설치하여야 한다.

제28조(측정시간 등) ① 단위작업 장소에서 소음수준은 규정된 측정위치 및 지점에서 1일 작업시간 동안 6시간 이상 연속 측정하거나 작업시간을 1시간 간격으로 나누어 6회 이상 측정하여야 한다. 다만, 소음의 발생특성이 연속음으로서 측정치가 변동이 없다고 자격자 또는 지정측정기관이 판단한 경우에는 1시간 동안을 등간격으로 나누어 3회 이상 측정할 수 있다.

② 단위작업 장소에서의 소음발생시간이 6시간 이내인 경우나 소음발생원에서의 발생시간이 간헐적인 경우에는 발생시간동안 연속 측정하거나 등간격으로 나누어 4회 이상 측정하여야 한다.

제5절 고열

제30조(측정기기 등) 고열은 습구흑구온도지수(WBGT)를 측정할 수 있는 기기 또는 이와 동등 이상의 성능을 가진 기기를 사용한다.

제31조(측정방법 등) 고열 측정은 다음 각 호의 방법에 따른다.

1. 측정은 단위작업 장소에서 측정대상이 되는 근로자의 주 작업 위치에서 측정한다.
2. 측정기의 위치는 바닥 면으로부터 50센티미터 이상, 150센티미터 이하의 위치에서 측정한다.
3. 측정기를 설치한 후 충분히 안정화 시킨 상태에서 1일 작업시간 중 가장 높은 고열에 노출되는 1시간을 10분 간격으로 연속하여 측정한다.

정답 ②

04

보호구의 보호정도와 한계를 나타내는데 필요한 보호계수(PF)를 산정하는 공식으로 옳은 것은? (단, 보호구 밖의 농도는 C_0이고, 보호구 안의 농도는 C_1이다)

① $PF=C_1/C_0$

② $PF=C_0/C_1$

③ $PF=(C_1/C_0)\times100$

④ $PF=(C_1/C_0)\times0.5$

⑤ $PF=(C_0/C_1)\times100$

해설

정답 ②

05 납을 취급하는 근로자를 대상으로 생물학적 모니터링을 하는데 이용되는 1차 검사항목에 해당하는 생물학적 노출지표 검사는?

① 혈중 징크프로토포피린
② 혈중 납
③ 소변 중 납
④ 소변 중 델타아미노레불린산
⑤ 소변 중 메틸마뇨산

해설

○ **산업안전보건법 시행규칙 별표24(특수, 배치전, 수시건강진단의 검사항목)**

번호	유해인자	1차 검사항목	2차 검사항목
2	납[7439-92-1] 및 그 무기화합물(Lead and its inorganic compounds)	(1) 직업력 및 노출력 조사 (2) 주요 표적기관과 관련된 병력조사 (3) 임상검사 및 진찰 ① 조혈기계: 혈색소량, 혈구용적치, 적혈구 수, 백혈구 수, 혈소판 수, 백혈구 백분율 ② 비뇨기계: 요검사 10종, 혈압측정 ③ 신경계 및 위장관계: 관련 증상 문진, 진찰 (4) 생물학적 노출지표 검사: 혈중 납	(1) 임상검사 및 진찰 ① 조혈기계: 혈액도말검사, 철, 총철결합능력, 혈청 페리틴 ② 비뇨기계 : 단백뇨정량, 혈청 크레아티닌, 요소질소, 베타 2 마이크로글로불린 ③ 신경계: 근전도검사, 신경전도검사, 신경행동검사, 임상심리검사, 신경학적 검사 (2) 생물학적 노출지표 검사 ① 혈중 징크프로토포피린 ② 소변 중 델타아미노레불린산 ③ 소변 중 납

정답 ②

06 방사능 측정값 600pCi/L를 표준화(SI) 단위값으로 옳게 표현한 것은? (단, 1Ci=3.7×10^{10}dps이다)

① 16Bq

② 22.2Bq

③ 16dps

④ 22.2dpm

⑤ 6×10^{-10}Ci

해설

○ pCi(피코퀴리)를 Bq(베크렐)로 단위 환산하는 방법은 다음과 같다.

1pCi(피코퀴리)=0.037Bq/L=37Bq/㎥

1㎥=1,000L을 참조.

방사선 양을 나타내는 퀴리(Ci)도 너무 큰 값이기 때문에, 이의 1조분의 1인 피코 퀴리(pCi)의 단위를 흔히 사용한다.

보통 사용되는 라돈 농도 단위는 pCi/L 또는 Bq/m^3인데, 1pCi=3.7×10^{-2}Bq/L 또는 37Bq/㎥이다.

정답 ②

07 보호구 안전인증 고시에서 화학물질용 보호복의 구분 기준 중 “분진 등과 같은 에어로졸에 대한 차단 성능을 가진 보호복”은?

① 1형식

② 2형식

③ 3형식

④ 4형식

⑤ 5형식

해설

○ 화학물질용 보호복의 구분[암기법: 가/비/액/무/진/미스트]

형식		형식구분 기준
1형식	1a형식	보호복 내부에 개방형 공기호흡기와 같은 대기와 독립적인 호흡용 공기공급이 있는 가스 차단 보호복
	1a형식 (긴급용)	긴급용 1a 형식 보호복
	1b형식	보호복 외부에 개방형 공기호흡기와 같은 호흡용 공기공급이 있는 가스 차단 보호복
	1b형식 (긴급용)	긴급용 1b 형식 보호복
	1c형식	공기라인과 같은 양압의 호흡용 공기가 공급되는 가스 차단 보호복
2형식		공기라인과 같은 양압의 호흡용 공기가 공급되는 가스 **비**차단 보호복
3형식		**액**체 차단 성능을 갖는 보호복. 만일 후드, 장갑, 부츠, 안면창(visor) 및 호흡용보호구가 연결되는 경우에도 액체 차단 성능을 가져야 한다.
4형식		분**무** 차단 성능을 갖는 보호복. 만일 후드, 장갑, 부츠, 안면창(visor) 및 호흡용보호구가 연결되는 경우에도 분무 차단 성능을 가져야 한다.
5형식		분**진** 등과 같은 에어로졸에 대한 차단 성능을 갖는 보호복
6형식		**미스트**에 대한 차단 성능을 갖는 보호복

비고 : 3, 4, 6 형식은 부분보호복을 인정한다.

정답 ⑤

08

21℃, 1기압에서 어떤 물질이 시간당 1L씩 증발하고 있다. 전체환기 시 필요한 환기량(m^3/min)은? (단, 이 물질의 분자량은 78이고, 비중은 0.881이며, 허용기준은 100ppm, 안전계수는 4이다)

① 116

② 182

③ 235

④ 274

⑤ 321

해설

○ 작업시간 1시간당 필요환기량(작업환경측정은 기본적으로 21℃ 즉 24.1L 기준)

$$=\frac{24.1\times \text{비중}\times(\text{유해물질의})\text{시간당 사용량}\times K}{\text{분자량}\times(\text{유해물질의})\text{노출기준}}\times 1,000,000=10,888.25\text{m}^3/\text{hr}$$

여기서 hr을 분(min)으로 환산한다.

(예제) 어느 작업장에서 이황화탄소(CS_2)를 시간당 200g 사용하는 공정의 경우, 동 작업장에서 필요로 하는 시간당 희석식 환기량은 얼마인지 산업안전보건법령상의 공식으로 계산하면? (단, 이황화탄소 노출기준(TWA)은 0.5ppm이며, 작업장 내 공기혼합은 불완전한다)

풀이 1㎥=1,000L

ppm=mL/㎥

* C분자량은 12, H분자량은 1, O분자량은 16, S분자량은 32이다.

○ 작업시간 1시간당 필요환기량(작업환경측정은 기본적으로 21℃ 즉 24.1L 기준)

$$=\frac{24.1\times \text{비중}\times(\text{유해물질의})\text{시간당 사용량}\times K}{\text{분자량}\times(\text{유해물질의})\text{노출기준}}\times 1,000,000$$

평균적인 일반대기 이산화탄소 농도는 400~500ppm 정도이며, 실내의 경우 800ppm 내외이다. 참고로 우리나라의 경우 CO_2 허용 기준은 일반 실내의 경우 1000ppm이하를 권장하고 있다.

저독성 물질: TLV가 500ppm 이상

중독성 물질: TLV가 100~500ppm

고독성 물질: TLV가 100ppm 이하

○ **산업안전보건기준에 관한 규칙**

제430조(전체환기장치의 성능 등) ① 사업주는 단일 성분의 유기화합물이 발생하는 작업장에 전체환기장치를 설치하려는 경우에 다음 계산식에 따라 계산한 환기량(이하 이 조에서 "필요환기량"이라 한다) 이상으로 설치하여야 한다.

○ 작업시간 1시간당 필요환기량

$$= \frac{24.1 \times 비중 \times (유해물질의)시간당\ 사용량 \times K}{분자량 \times (유해물질의)노출기준} \times 1{,}000{,}000$$

K(안전계수)=1은 작업장 내 공기혼합이 원활한 경우
K(안전계수)=2은 작업장 내 공기혼합이 보통인 경우
K(안전계수)=3은 작업장 내 공기혼합이 불완전한 경우

② 제1항에도 불구하고 유기화합물의 발생이 혼합물질인 경우에는 각각의 환기량을 모두 합한 값을 필요환기량으로 적용한다. 다만, 상가작용(相加作用)이 없을 경우에는 필요환기량이 가장 큰 물질의 값을 적용한다.

③ 사업주는 전체환기장치를 설치하려는 경우에 전체환기장치의 배풍기(덕트를 사용하는 전체환기장치의 경우에는 해당 덕트의 개구부를 말한다)를 관리대상 유해물질의 발산원에 가장 가까운 위치에 설치하여야 한다.

정답 ②

09 폐암환자 100명과 대조군 100명에 대해 흡연력을 조사한 환자-대조군 연구를 수행한 결과는 아래와 같다. 연구 결과를 확인하기 위한 적절한 역학지수와 그 값의 연결이 옳은 것은?

구분	폐암환자	대조군
흡연자	80명	40명
비흡연자	20명	60명

① 교차비 - 2.67

② 상대위험도 - 2.67

③ 교차비 - 6

④ 상대위험도 - 0.42

⑤ 기여위험도 - 3.67

해설

1. 교차비(Odds Ratio, 승산비)

교차비(오즈비, 승산비)란 어떤 사건이 일어날 가능성으로 위험인자에 노출된 사람 중에서 질병에 걸린 오즈(Odds)와 위험인자에 노출되지 않은 사람 중에서 질병에 걸린 오즈(Odds)의 비율이다.

오즈비는 샘플링에서 생길 수 있는 bias를 최소화하여 통계적 의미를 강화하는 측면이 있으며 일반적으로 환자-대조군 연구에서 주로 사용한다.

오즈비는 위험인자에 노출된 사람 중 질병에 걸린 사람 수를 질병에 걸리지 않은 사람 수로 나누고, 다시 위험인자에 노출되지 않은 사람 중 질병에 걸린 수를 질병에 걸리지 않은 사람 수로 나눈 값을 말한다.

이 값은 '위험인자에 노출된 경우 노출되지 않은 경우에 비해 질병이 발생할 위험이 **배 크다' 정도로 해석한다.

$$OR=\frac{\text{위험인자에 노출되었을 때}\left(\frac{\text{질병에 걸린 사람의 수}}{\text{질병에 걸리지 않은 사람의 수}}\right)}{\text{위험인자에 노출되지 않았을 때}\left(\frac{\text{질병에 걸린 사람의 수}}{\text{질병에 걸리지 않은 사람의 수}}\right)}$$

2. 상대위험도(RR, 비교위험도)

상대위험도는 위험인자에 노출되었을 때 질병이 발생할 확률에서 위험인자에 노출되지 않았을 때 질병이 발생할 확률을 나눈 값이다.

$$RR=\frac{\text{위험인자에 노출되었을 때 질병이 발생할 확률}}{\text{위험인자에 노출되지 않았을 때 질병이 발생할 확률}}=\frac{a/(a+b)}{c/(c+d)}$$

위 계산에서 나온 값은 '위험인자에 노출된 경우, 노출되지 않은 경우보다 질병에 걸릴 확률이 **배 높다'고 해석한다.

구분	질병 발생	질병 미발생	계
위험인자에 노출	a	b	a+b
위험인자에 비노출	c	d	c+d
합계	a+c	b+d	

1) 오즈비(OR)=(a/b)÷(c/d)

2) 비교위험도(RR)=a/(a+b)÷c/(c+d)

3) 기여위험도(AR)=a/(a+b)-c/(c+d)

3. 연관성의 강도

① 위험도의 비=비교위험도

② 위험도의 차=기여위험도

정답 ③

10 다음 중 유해인자에 노출된 집단에서의 질병발생률과 노출되지 않은 집단에서 질병발생률과의 비를 무엇이라 하는가?

① 교차비
② 상대위험도
③ 발병비
④ 기여위험도
⑤ 비례사망비

해설

정답 ②

11 고용노동부 보호구 안전인증고시에서 규정하는 안전인증 방독마스크에 장착하는 정화통의 종류와 외부 측면의 표시색이 올바르게 짝지어진 것은?

① 유기화합물용 정화통-노랑색
② 황화수소용 정화통-흰색
③ 시안화수소용 정화통-회색
④ 아황산용 정화통-녹색
⑤ 암모니아용 정화통-갈색

해설

○ **정화통 외부 측면의 표시 색**

종 류	표시 색
유기화합물용 정화통	갈 색
할로겐용 정화통	회 색
황화수소용 정화통	회 색
시안화수소용 정화통	회 색
아황산용 정화통	노랑색
암모니아용 정화통	녹 색
복합용 및 겸용의 정화통	복합용의 경우 해당가스 모두 표시(2층 분리) 겸용의 경우 백색과 해당가스 모두 표시(2층 분리)
※ 증기밀도가 낮은 유기화합물 정화통의 경우 색상표시 및 화학물질명 또는 화학기호를 표기	

정답 ③

12

1기압, 25℃에서 수은(분자량: 200)의 증기압이 0.00152mmHg라고 할 때, 이 조건의 밀폐된 작업장에서 공기 중 수은의 포화농도(mg/㎥)는 약 얼마인가?

① 2.0

② 16.4

③ 27.9

④ 35.9

⑤ 156.3

해설

포화농도(ppm)= $\frac{\text{증기압(분압)}}{760\text{mmHg}} \times 1,000,000$ = 2(ppm)

1기압, 25℃에서 mg/㎥=ppm× $\frac{\text{분자량}}{24.45}$ = 16.35...

정답 ②

13

산업안전보건법령에서 허용기준이 설정된 물질에 해당하지 않는 것은?

① 1-브로모브로판

② 1,3-부타디엔

③ 암모니아

④ 코발트 및 그 무기화합물

⑤ 톨루엔

해설

■ 산업안전보건법 시행규칙 [별표 19]

유해인자별 노출 농도의 허용기준(제145조제1항 관련)

유해인자		허용기준			
		시간가중평균값 (TWA)		단시간 노출값 (STEL)	
		ppm	mg/㎥	ppm	mg/㎥
1. 6가크롬 화합물	불용성		0.01		
	수용성		0.05		
2. 납 및 그 무기화합물			0.05		

3. 니켈 화합물(불용성 무기화합물로 한정한다)		0.2		
4. 니켈카르보닐	0.001			
5. 디메틸포름아미드	10			
6. 디클로로메탄	50			
7. 1,2-디클로로프로판	10		110	
8. 망간 및 그 무기화합물		1		
9. 메탄올	200		250	
10. 메틸렌 비스(페닐 이소시아네이트)	0.005			
11. 베릴륨 및 그 화합물		0.002		0.01
12. 벤젠	0.5		2.5	
13. 1,3-부타디엔	2		10	
14. 2-브로모프로판	1			
15. 브롬화 메틸	1			
16. 산화에틸렌	1			
17. 석면(제조·사용하는 경우만 해당한다)(Asbestos)		0.1개/㎤		
18. 수은 및 그 무기화합물		0.025		
19. 스티렌	20		40	
20. 시클로헥사논	25		50	
21. 아닐린	2			
22. 아크릴로니트릴	2			
23. 암모니아	25		35	
24. 염소	0.5		1	
25. 염화비닐	1			
26. 이황화탄소	1			
27. 일산화탄소	30		200	
28. 카드뮴 및 그 화합물		0.01 (호흡성 분진인 경우 0.002)		
29. 코발트 및 그 무기화합물		0.02		
30. 콜타르피치 휘발물		0.2		
31. 톨루엔	50		150	

32. 톨루엔-2,4-디이소시아네이트	0.005		0.02	
33. 톨루엔-2,6-디이소시아네이트	0.005		0.02	
34. 트리클로로메탄	10			
35. 트리클로로에틸렌	10		25	
36. 포름알데히드	0.3			
37. n-헥산	50			
38. 황산		0.2		0.6

※비고

1. "시간가중평균값(TWA, Time-Weighted Average)"이란 1일 8시간 작업을 기준으로 한 평균노출농도로서 산출공식은 다음과 같다.

$$TWA\text{ 환산값} = \frac{C_1 \cdot T_1 + C_1 \cdot T_1 + \cdots\cdots + C_n \cdot T_n}{8}$$

주) C: 유해인자의 측정농도(단위: ppm, mg/㎥ 또는 개/㎤)

T: 유해인자의 발생시간(단위: 시간)

2. "단시간 노출값(STEL, Short-Term Exposure Limit)"이란 15분 간의 시간가중평균값으로서 노출 농도가 시간가중평균값을 초과하고 단시간 노출값 이하인 경우에는 ① 1회 노출 지속시간이 15분 미만이어야 하고, ② 이러한 상태가 1일 4회 이하로 발생해야 하며, ③ 각 회의 간격은 60분 이상이어야 한다.

3. "등"이란 해당 화학물질에 이성질체 등 동일 속성을 가지는 2개 이상의 화합물이 존재할 수 있는 경우를 말한다.

정답 ①

14 물질안전보건자료(MSDS) 작성 시 포함되어야 할 항목 중 그 순서대로 나열한 것은?

ㄱ. 유해성·위험성
ㄴ. 안전성 및 반응성
ㄷ. 독성에 관한 정보
ㄹ. 구성성분의 명칭 및 함유량
ㅁ. 물리·화학적 특성

① ㄱ-ㄴ-ㄷ-ㄹ-ㅁ
② ㄱ-ㄹ-ㄷ-ㅁ-ㄴ
③ ㄱ-ㄹ-ㅁ-ㄴ-ㄷ
④ ㄴ-ㄷ-ㅁ-ㄱ-ㄹ
⑤ ㄴ-ㅁ-ㄱ-ㄷ-ㄹ

해설

○ **화학물질의 분류표시 및 물질안전보건자료에 관한 기준**

제10조(작성항목) ① 물질안전보건자료 작성 시 포함되어야 할 항목 및 그 순서는 다음 각 호에 따른다. →**[암기법: 회사/유해위험/명함/응급화재누출사고(대처)/저개물리/안독환폐기운송/법적규제]**

1. 화학제품과 회사에 관한 정보
2. 유해성·위험성
3. 구성성분의 명칭 및 함유량
4. 응급조치요령
5. 폭발·화재시 대처방법
6. 누출사고시 대처방법
7. 취급 및 저장방법
8. 노출방지 및 개인보호구
9. 물리화학적 특성
10. 안정성 및 반응성
11. 독성에 관한 정보
12. 환경에 미치는 영향
13. 폐기 시 주의사항
14. 운송에 필요한 정보
15. 법적규제 현황
16. 그 밖의 참고사항

② 제1항 각 호에 대한 세부작성 항목 및 기재사항은 별표 4와 같다. 다만, 물질안전보건자료의 작성자는 근로자의 안전보건의 증진에 필요한 경우에는 세부항목을 추가하여 작성할 수 있다.

정답: ③

15 작업환경 측정 시 관련 절차별로 다음과 같이 오차값이 추정될 때, 누적오차 값은?

- ○ 유량측정: ±13.5%
- ○ 시료채취시간: ±3.6%
- ○ 탈착효율: ±8.5%
- ○ 포집효율: ±4.1%
- ○ 시료분석: ±16.2%

① 3.6%

② 12.6%

③ 23.4%

④ 29.7%

⑤ 45.8%

해설

계산기 사용을 잘 해야 한다.

누적오차 = $\sqrt{\sum(\text{오차제곱})} = \sqrt{(13.5)^2+(3.6)^2+(8.5)^2+(4.1)^2+(16.2)^2}$

= 23.381...(%)

정답: ③

16 변이계수에 관한 설명으로 옳지 않은 것은?

① 통계집단의 측정값들에 대한 균일성, 정밀성 정도를 표현한다.

② 단위가 서로 다른 집단이나 특성값의 상호 산포도를 비교하는 데 이용될 수 있다.

③ 변이계수(%)=(표준편차/산술평균)×100

④ 표준편차에 대한 산술평균의 크기를 백분율로 나타낸 수치이다.

⑤ 변이계수는 검출한계가 정량분석에서 만족스러운 개념을 제공하지 못하기 때문에 검출한계의 개념을 보충하기 위해 도입되었다.

해설

변이계수는 평균값에 대한 표준편차의 크기를 백분율로 나타낸 수치이다.

정답: ④

17

공기 중 아세톤 500ppm, 초산 제2부틸 100ppm 및 메틸케톤 150ppm이 혼합물로서 존재할 때 복합노출지수(ppm)는? (단, 아세톤, 초산 제2부틸, 메틸케톤의 TLV는 각각 750, 200, 200ppm이다)

① 1.25

② 1.56

③ 1.74

④ 1.92

⑤ 2.15

해설

○ 유기화합물 다성분 노출 시 복합노출 평가

석유화학업종의 경우 한 가지 이상 복합 유기용제에 노출되기 때문에 단일 물질에 대한 평가뿐만 아니라 상가작용(additive effect)을 고려한 복합물질에 의한 노출평가가 필요하다.

복합노출 평가는 미국 ACGIH에서 제안하는 복합노출지수 평가방법에 의해 다음과 같이 할 수 있다.

복합노출지수= $\frac{C_1}{T_1}+\frac{C_2}{T_2}+\cdots\frac{C_n}{T_n}$

C_n: 단일물질 n의 노출농도

T_n: 단일물질 n의 노출기준

정답: ④

18

1941년부터 1980년 사이 취업한 대규모 화학공장 근로자 800명의 사망진단서를 확보하였다. 이 중에서 암으로 사망한 사람은 160명이었으며, 동일기간 지역 사회의 전체 사망자 중에서 암으로 인한 사망자는 15%였다면 비례사망비(PMR)는?

① 75%

② 120%

③ 133%

④ 150%

⑤ 200%

해설

○ 비례사망비(proportion mortality ratio)

두 인구 집단의 비례사망 간 비(ratio)

· 비례사망비=$\dfrac{\text{특정인구집단 } B\text{의 } PM}{\text{특정 인구집단 } A\text{의 } PM}\times 100=\dfrac{\text{특정 인구집단 } B\text{의 } PM\text{관찰값}}{\text{표준인구집단의 } PM\text{기댓값}}\times 100$

풀이) PMR=$\dfrac{\dfrac{160\text{명}}{800\text{명}}\times 100(\%)}{15\%}\times 100$

정답: ③

19

활성탄관으로 채취한 벤젠을 1mL 이황화탄소(CS_2)로 추출하여 정량한 결과가 다음과 같을 때, 벤젠 양(μg)은?

○ 시료(앞층 10ppm, 뒤층 0.1ppm)

○ 공시료(앞층 0.1ppm, 뒤층 검출되지 않음)

① 9.9

② 10

③ 99

④ 100

⑤ 파과현상으로 시료를 쓰지 못함

해설

ppm=mg/L=μg/mL=mL/m^3

정답: ②

20 작업환경측정 자료들의 분포(distribution)는 주로 우측으로 무한히 뻗어있는 형태(positively skewed)이다. 이에 관한 설명으로 옳은 것은?

① 평균, 중위수, 최빈수가 같은 값이다.

② 평균이 중위수보다 더 크다.

③ 이를 표준정규분포라고 한다.

④ 기하표준편차는 1미만이다.

⑤ 최빈수가 평균보다 더 크다.

해설

○ **왜도 형태(skewed)**

1. positively skewed

우측으로 무한히 뻗은 형태

최빈수(mode)<중위수(median)<평균(mean)

2. negatively skewed

좌측으로 무한히 뻗은 형태

최빈수(mode)>중위수(median)>평균(mean)

* 그림으로 이해하면 쉽다.

○ **왜도 형태(skewed)**

1. positively skewed

우측으로 무한히 뻗은 형태

최빈수(mode)<중위수(median)<평균(mean)

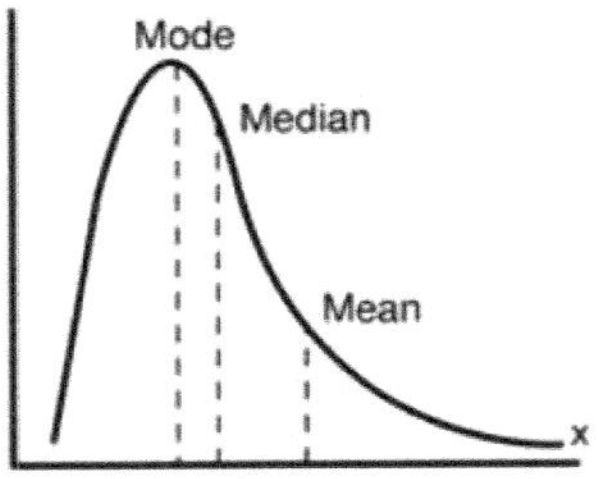

·최빈수(mode)

·중위수(median)

·평균(mean)

2. negatively skewed

좌측으로 무한히 뻗은 형태

최빈수(mode)>중위수(median)>평균(mean)

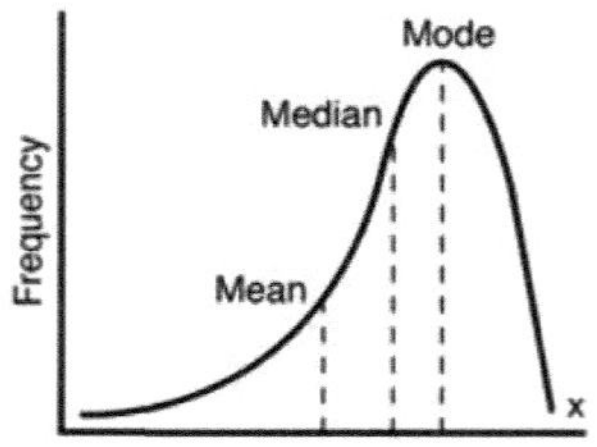

정답: ②

21 한 작업장의 분진농도를 측정한 결과 2.3, 2.2, 2.5, 5.2, 3.3(mg/㎥)이었다. 이 작업장 분진농도의 기하평균값은?

① 약 2.93mg/㎥

② 약 3.13mg/㎥

③ 약 3.34mg/㎥

④ 약 3.78mg/㎥

⑤ 약 4.43mg/㎥

해설

기하평균은 곱의 평균값이다.

기하평균(GM)=$(2.3\times2.2\times2.5\times5.2\times3.3)^{1/5}$

=2.933...

정답: ①

22 호흡성 먼지(PRM)의 입경(㎛) 범위는? (단, 미국 ACGIH 정의 기준)

① 0~10

② 0~20

③ 0~25

④ 10~100

⑤ 50~100

해설

○ **입자상 물질의 구분**

ACGIH(미국산업위생전문가협회)에서는 사람이 호흡 시 코, 목 등의 상기도 부분에 침착되는 먼지를 흡입성 분진(Inhalable dusts)이라 정의하였고 입경 범위는 0~100㎛로써 100㎛의 입경에서 50%의 호흡기에 대한 침착률을 보이는 분진을 의미한다.

흉곽성 분진(Thoracic dust)은 상·하 기도 부분에 침착되는 먼지로써 0~25㎛의 입경범위를 가지며 평균 입경 10㎛에서 50%의 침착률을 보인다.

호흡성 분진(Respirable dust)은 호흡 시 가스 교환부위 즉, 폐포에까지 도달하는 분진을 의미하며 0~10㎛의 입경 범위를 갖고 평균 입경은 4㎛(평균 침착률 50%) 정도이다.

구분	흡입성 분진	흉곽성 분진	호흡성 분진
입경 범위(㎛)	0~100	0~25	0~10
평균 입경(㎛)	100	10	4

정답: ①

23 **다음과 같이 동시에 2가지 화학물질에 노출되고 있는 경우에 대한 해석 및 작업환경평가에 관한 설명으로 옳지 않은 것은?**

화학물질명	노출농도(ppm)	노출기준(ppm)
톨루엔	25	50
크실렌	70	100

① 작업환경 측정을 위해 활성탄을 사용한다.

② 두 물질은 상가작용을 하는 것으로 판단한다.

③ 작업환경측정 시료는 가스크로마토그래피를 사용하여 분석한다.

④ 톨루엔과 크실렌은 모두 중추신경계의 억제작용을 하는 것으로 알려져 있다.

⑤ 각각의 화학물질은 기준을 초과하지 않았으므로 노출기준을 초과하지 않은 것으로 판단한다.

해설

정답: ⑤

24 벤젠의 생물학적 노출지표로 사용되는 것이 아닌 것은?

① 혈중 벤젠
② 혈중 메틸마뇨산
③ 소변 중 뮤콘산
④ 소변 중 S-페닐머캅토산
⑤ 소변 중 페놀

해설

○ 벤젠의 생물학적 노출지표물질 분석에 관한 기술지침(KOSHA GUIDE)
1. 혈중 벤젠
2. 소변 중 뮤콘산, S-페닐머캅토산, 페놀을 분석한다.

번호	유해인자	1차 검사항목	2차 검사항목
41	**벤젠 (Benzene; 71-43-2)**	(1) 직업력 및 노출력 조사 (2) 주요 표적기관과 관련된 병력조사 (3) 임상검사 및 진찰 ① 조혈기계: 혈색소량, 혈구용적치, 적혈구 수, 백혈구 수, 혈소판수, 백혈구 백분율 ② 신경계: 신경계 증상 문진, 신경증상에 유의하여 진찰 ③ 눈, 피부, 비강, 인두: 점막자극증상 문진	(1) 임상검사 및 진찰 ① 조혈기계: 혈액도말검사, 망상적혈구 수 ② 신경계: 신경행동검사, 임상심리검사, 신경학적 검사 ③ 눈, 피부, 비강, 인두: 세극등현미경검사, KOH검사, 피부단자시험, 비강 및 인두 검사 (2) 생물학적 노출지표 검사 : 혈중 벤젠 · 소변 중 페놀 · 소변 중 뮤콘산 중 택 1(작업 시 채취)

정답: ②

25 유해인자와 발생질환이 옳지 않은 것은?

① 이상 고기압-Hypoxia

② 터널 굴착시 압축공기 shield 작업-Caisson disease

③ 석면 분진-Pneumoconiosis

④ 진동작업-Raynaud disease

⑤ 잠수작업-Oxygen poison

해설

○ 저산소증은 일산화탄소, 이산화탄소, 포스겐, 톨루엔, 시안화나트륨, 황화수소, 저기압

특히 저기압의 경우 고도에 따른 압력저하로 산소분압이 저하되어 저산소증이 생기는데 고도 6,100m를 저기압성 저산소증의 임계고도라 하며, 순화되지 않은 사람에게는 고도 5,000m부터 심한 저산소증이 발생한다.

저산소증(Hypoxia)은 호흡기능의 장애로 숨쉬기가 곤란하여 체내 산소 분압이 떨어진 상태로 동맥혈 가스검사를 시행했을 때 산소 분압이 60mmHg 미만이거나 산소 포화도가 90% 미만일 경우를 의미한다.

○ 잠수병(潛水病, caisson disease)은 흔히 '감압병 혹은 잠함병'이라고도 불리며, 갑작스러운 압력 저하로 혈액 속에 녹아 있는 기체가 폐를 통해 나오지 못하고 혈관 내에서 기체 방울을 형성해 혈관을 막는 증상이다. 다이빙에 있어서 가장 큰 위험요소로 알려진 증상으로서 심해에서 수면으로 너무 빨리 올라올 때 발생하며 이로 인해 호흡기뿐 아니라 림프계, 근골격계 및 중추신경계 등에 나타나는 증상을 말한다.

○ 진폐증(Pneumoconiosis)은 폐에 손상을 입히는 물질로 이루어진 분진(먼지)을 흡입하고 난 뒤 나타나는 폐질환이다. 어느 정도 크기가 큰 분진은 기침을 통해 다시 몸 밖으로 빠져나올 수 있지만, 미세한 분진은 폐로 들어가서 빠져나오지 못하고 주변에 염증을 일으킨다.

○ Oxygen poison(산소중독)은 '달톤의 법칙'과 관련이 있다.

달톤의 법칙이란 '혼합성분의 기체에서 각 기체의 분압의 합은 전체 압력과 같다'이다. 즉, 잠수할 때 압축된 폐의 압력은 수압과 같다. 그 결과 각 기체의 분압은 증가된 수압에 비례하여 높아지게 된다. 대기압 중 산소농도는 21%이고 90m 수심에서의 압축된 공기 중 산소농도는 역시 21%이지만, 절대압은 10기압이므로 산소의 분압은 대기압 조건에서의 210%와 같게 되어 산소독성을 일으킨다. 반면 질소의 경우도 90m 수심에서는 대기압조건의 790%과 같아져 질소마취 현상을 일으킨다.

정답: ①

산업보건지도사 제2과목(산업보건일반) 모의고사 해설

01

10℃, 1기압에서 벤젠(C_6H_6) 10ppm을 mg/㎥로 환산할 경우 약 얼마인가?

① 28.7

② 30.6

③ 33.6

④ 35.7

⑤ 39.8

해설

온도가 0℃가 22.4L이므로 10℃에서의 온도 보정에 따라 부피가 달라진다.

$$mg/m^3 = 10ppm \times \frac{78}{22.4 \times \frac{273+10}{273}} = 33.59...$$

○ mg/㎥과 ppm 환산 문제

온도 0℃, 1기압이라면 물질 1mol의 부피는 22.4L이다.

그러나 기체 1mol의 부피인 22.4L는 온도보정이 필요하다.

온도 25℃, 1기압이라면 물질 1mol의 부피는 24.45L

mg/㎥=ppm×(분자량/24.45L)

예를 들면 25℃라고 하면 샤를의 법칙(압력이 일정할 때 기체의 부피는 종류에 관계없이 온도가 1℃ 올라갈 때마다 0℃일 때 부피의 1/273씩 증가한다)에 따라 22.4×[(273+25)/273]=24.45가 된다.

정답: ③

02 산업안전보건법령에서 국소배기장치 중 연삭기, 드럼 샌더 등의 회전체를 가지는 기계에 관련되어 분진작업을 하는 장소에 설치된 국소배기장치의 후드 중 '회전체를 가지는 기계 전체를 포위하는 방법'에서의 제어풍속(m/s)은?

① 0.5
② 0.7
③ 1.0
④ 1.2
⑤ 1.3

해설

○ **산업안전보건기준에 관한 규칙**

제454조(국소배기장치의 설치 · 성능) 제453조제2항에 따라 설치하는 국소배기장치의 성능은 물질의 상태에 따라 아래 표에서 정하는 제어풍속 이상이 되도록 하여야 한다.

물질의 상태	제어풍속(m/s)
가스상태	0.5
입자상태	1.0

비고
1. 이 표에서 제어풍속이란 국소배기장치의 모든 후드를 개방한 경우의 제어풍속을 말한다.
2. 이 표에서 제어풍속은 후두의 형식에 따라 다음에서 정한 위치에서의 풍속을 말한다.
   가. 포위식 또는 부스식 후드에서는 후드의 개구면에서의 풍속
   나. 외부식 또는 리시버식 후드에서는 유해물질의 가스·증기 또는 분진이 빨려 들어가는 범위에서 해당 개구면으로부터 가장 먼 작업 위치에서의 풍속

■ **산업안전보건기준에 관한 규칙 [별표 17]**

분진작업장소에 설치하는 국소배기장치의 제어풍속(제609조 관련)

1. 제607조 및 제617조제1항 단서에 따라 설치하는 국소배기장치(연삭기, 드럼 샌더(drum sander) 등의 회전체를 가지는 기계에 관련되어 분진작업을 하는 장소에 설치하는 것은 제외한다)의 제어풍속

분진 작업 장소	제어풍속(미터/초)			
	포위식 후드의 경우	외부식 후드의 경우		
		측방 흡인형	하방 흡인형	상방 흡인형
암석등 탄소원료 또는 알루미늄박을 체로 거르는 장소	0.7	-	-	-
주물모래를 재생하는 장소	0.7	-	-	-
주형을 부수고 모래를 터는 장소	0.7	1.3	1.3	-
그 밖의 분진작업장소	0.7	1.0	1.0	1.2

비고

1. 제어풍속이란 국소배기장치의 모든 후드를 개방한 경우의 제어풍속으로서 다음 각 목의 위치에서 측정한다.
   가. 포위식 후드에서는 후드 개구면
   나. 외부식 후드에서는 해당 후드에 의하여 분진을 빨아들이려는 범위에서 그 후드 개구면으로부터 가장 먼 거리의 작업위치
2. 제607조 및 제617조제1항 단서의 규정에 따라 설치하는 국소배기장치 중 연삭기, 드럼 샌더 등의 회전체를 가지는 기계에 관련되어 분진작업을 하는 장소에 설치된 국소배기장치의 후드의 설치방법에 따른 제어풍속

후드의 설치방법	제어풍속(미터/초)
회전체를 가지는 기계 전체를 포위하는 방법	0.5
회전체의 회전으로 발생하는 분진의 흩날림방향을 후드의 개구면으로 덮는 방법	5.0
회전체만을 포위하는 방법	5.0

비고

제어풍속이란 국소배기장치의 모든 후드를 개방한 경우의 제어풍속으로서, 회전체를 정지한 상태에서 후드의 개구면에서의 최소풍속을 말한다.

정답: ①

03 진동증후군(HAVS)에 대한 스톡홀름 워크숍의 분류로서 옳지 않은 것은?

① 진동증후군의 단계를 0부터 4까지 5단계로 구분하였다.

② 1983년 런던국제회의에서는 국소진동으로 인한 질환을 수지진동증후군(hand-arm vibration syndrome, HAVS)이란 용어로 통일시켰으며, 1986년 Stockholm Workshop 에서는 국소진동에 대한 혈관 및 신경학적 분류표가 제정되었다.

③ 1단계는 가벼운 증상으로 하나 또는 그 이상의 손가락 끝부분이 하얗게 변한다.

④ 3단계는 심각한 증상으로 하나 또는 그 이상의 손가락 가운데마디 부분까지 하얗게 변하는 증상이 나타난다.

⑤ 4단계는 매우 심각한 증상으로 대부분의 손가락이 하얗게 변하는 증상과 함께 손끝에서 땀의 분비가 제대로 일어나지 않는 등의 변화가 나타난다.

해설

1983년 런던국제회의에서는 국소진동으로 인한 질환을 수지진동증후군(hand-arm vibration syndrome, HAVS)이란 용어로 통일시켰으며, 1986년 Stockholm Workshop 에서는 국소진동에 대한 혈관 및 신경학적 분류표가 제정되었다.

진동증후군의 단계를 0에서 4까지 5단계로 구분하였다.

1. 0단계: 증상이 없는 단계
2. 1단계: 가벼운 증상으로 하나 또는 그 이상의 손가락 끝부분이 하얗게 변한다.

3. 2단계: 보통의 증상으로 하나 또는 그 이상의 손가락 가운데마디 부분까지 하얗게 변한다.
4. 3단계: 심각한 증상으로 대부분의 손가락에 빈번하게 변화가 나타나는 단계
5. 4단계: 매우 심각한 증상으로 대부분의 손가락이 하얗게 변하는 증상과 함께 손끝에서 땀의 분비가 제대로 일어나지 않는 등의 변화가 나타난다.

정답: ④

04 메탄올의 시각장애 독성을 나타내는 대사단계의 순서로 맞는 것은?

① 메탄올→에탄올→포름산→포름알데히드
② 메탄올→아세트알데히드→포름알데히드→물
③ 메탄올→아세트알데히드→아세테이트→이산화탄소
④ 메탄올→포름아미드→포름산→에탄올
⑤ 메탄올→포름알데히드→포름산→이산화탄소

해설

에탄올과 다르게 메탄올은 포름알데히드(formaldehyde)와 포름산(formic acid, 개미산)을 거쳐 물과 이산화탄소가 된다.

정답: ⑤

05 사업장에서 사용하는 유해물질의 특성에 관한 설명으로 옳지 않은 것은?

① 망간에 노출되면 파킨슨씨 증후군과 유사한 뇌병변을 보이며, 무력증과 두통의 증상을 수반한다.
② 6가 크롬은 불용성과 수용성이 있으며 TWA의 경우 불용성과 수용성에 관계없이 같다. 한편 3가 크롬은 독성은 없으나 6가 크롬에 비해 피부흡수가 어렵다.
③ 알킬수은화합물의 독성은 무기수은화합물의 독성보다 강하다.
④ DMF는 극성 비양자성 용매(polar aprotic solvent)로 물과 대부분의 유기용제에 모두 녹는 특성을 가진다.
⑤ 비소 화합물은 산소(O), 염소(Cl), 및 황(S)과 결합한 무기 비소 화합물과 탄소(C)와 수소(H)와 결합한 유기 비소 화합물로 나뉘며, 3가 비소화합물이 5가 비소화합물에 비해 독성이 강하고 무기화합물이 유기화합물에 비해 인체에 대한 독성이 크다.

해설

1. 유기수은(알킬수은)과 무기수은

유기수은은 특히 독성이 강한데, 공해병의 원인물질이기도 한 알킬수은도 유기수은의 한 종류이다. 이에 비해 무기수은은 비교적 독성이 약한 편이고, 공장의 공정에서 직접 혹은 미생물에 의해 유기수은으로 변한다.

2. 6가 크롬과 3가 크롬

3가크롬은 주로 자연계에서 발생하고 6가크롬은 산업 공정에서 발생한다. 일반적으로 금속 크롬과 3가 크롬은 비교적 안정하고 인체 무해하다. 금속크롬은 주로 강철과 기타 합금을 만드는데 사용되며, 6가 크롬은 도금, 염료 및 안료 제조, 가죽의 태닝제, 목재보존제 및 촉매 등으로 사용된다. 보건학에서 관심이 되는 것은 3가 크롬과 6가 크롬이다.

특히, 6가 크롬은 사람에게 발암성 물질로 확인되었다. 6가 크롬은 물에 녹는 수용성 6가 크롬과 녹지 않는 불용성 6가 크롬으로 구분되는데 6가 크롬은 공기 중이나 산화성 환경에서 3가 크롬으로 환원이 되는 특성이 있으며, 수용성 혹은 불용성에 따라 그 독성의 정도도 달라진다. 따라서 6가 크롬은 하나의 물질이라기보다는 다양한 화합물로 이해하는 것이 바람직하다. 크롬 및 6가 크롬은 8시간에 해당하는 TWA 기준만 있으며, 단시간 노출기준인 STEL은 없다. 6가 크롬의 TWA는 불용성의 경우 0.01㎎/㎥ 수용성은 0.05㎎/㎥이다. 그러나 불용성은 발암성 물질로 보고 있으나 수용성 6가 크롬은 발암성으로 보지 않는다. 예외로, 미국산업위생전문가협회(ACGIH)에서는 수용성 6가 크롬도 발암성으로 본다.

3가 크롬은 피부 흡수가 어려우나 6가 크롬은 쉽게 피부를 통과한다. 독성물질로 알려진 6가 크롬은 산업장에서 많이 폭로되며 단기간 폭로 시에 천식과 기관지 염증을 일으키고, 장기간 폭로 후에는 피부와 호흡기에 암을 발생시킨다.

3. 비소

비소(Arsenic)는 다양한 형태의 화합물로 환경 중에 널리 분포하는 금속물질로서 강한 독성을 가지고 있는 주요 환경오염물질이다. 비소 화합물은 산소(O), 염소(Cl), 및 황(S)과 결합한 무기 비소 화합물과 탄소(C)와 수소(H)와 결합한 유기 비소 화합물로 나뉘며 비소의 인체에 대한 위해성은 이온의 상태나 화합물의 형태에 따라 서로 다른 것으로 알려져 있다. 3가 비소화합물이 5가 비소화합물에 비해 독성이 강하며, 무기화합물이 유기화합물에 비해 인체에 대한 독성이 크다.

4. 디메틸포름아미드(DMF)

DMF는 약한 암모니아 냄새가 나는 무색의 액체다. 상온에서 공기 중으로 쉽게 날아가고 극성 비양자성 용매(polar aprotic solvent)로 물과 대부분의 유기용제에 모두 녹는 특성을 가진다. DMF는 인조(합성) 피혁제조공장·합성섬유·화학제품을 제조할 때 합성수지의 용매 또는 첨가제로 사용된다.
* 비양자성 극성 용매 (Polar aprotic solvent): 극성 용매 중에 H^+ 이온을 내지 않는 용매.

■ 산업안전보건법 시행규칙 [별표 19]

유해인자별 노출 농도의 허용기준(제145조제1항 관련)

유해인자		허용기준			
		시간가중평균값 (TWA)		단시간 노출값 (STEL)	
		ppm	mg/㎥	ppm	mg/㎥
1. 6가크롬 화합물	불용성		0.01		
	수용성		0.05		
2. 납 및 그 무기화합물			0.05		
3. 니켈 화합물(불용성 무기화합물로 한정한다)			0.2		
4. 니켈카르보닐		0.001			
5. 디메틸포름아미드		10			
6. 디클로로메탄		50			
7. 1,2-디클로로프로판		10		110	
8. 망간 및 그 무기화합물			1		
9. 메탄올		200		250	
10. 메틸렌 비스(페닐 이소시아네이트)		0.005			
11. 베릴륨 및 그 화합물			0.002		0.01
12. 벤젠		0.5		2.5	
13. 1,3-부타디엔		2		10	
14. 2-브로모프로판		1			
15. 브롬화 메틸		1			
16. 산화에틸렌		1			
17. 석면(제조·사용하는 경우만 해당한다)(Asbestos)			0.1개/㎤		
18. 수은 및 그 무기화합물			0.025		
19. 스티렌		20		40	
20. 시클로헥사논		25		50	
21. 아닐린		2			
22. 아크릴로니트릴		2			
23. 암모니아		25		35	
24. 염소		0.5		1	
25. 염화비닐		1			

26. 이황화탄소	1			
27. 일산화탄소	30		200	
28. 카드뮴 및 그 화합물		0.01 (호흡성 분진인 경우 0.002)		
29. 코발트 및 그 무기화합물		0.02		
30. 콜타르피치 휘발물		0.2		
31. 톨루엔	50		150	
32. 톨루엔-2,4-디이소시아네이트	0.005		0.02	
33. 톨루엔-2,6-디이소시아네이트	0.005		0.02	
34. 트리클로로메탄	10			
35. 트리클로로에틸렌	10		25	
36. 포름알데히드	0.3			
37. n-헥산	50			
38. 황산		0.2		0.6

※비고

1. "시간가중평균값(TWA, Time-Weighted Average)"이란 1일 8시간 작업을 기준으로 한 평균노출농도로서 산출공식은 다음과 같다.

$$TWA\text{ 환산값} = \frac{C_1 \cdot T_1 + C_1 \cdot T_1 + \cdots + C_n \cdot T_n}{8}$$

주) C: 유해인자의 측정농도(단위: ppm, mg/㎥ 또는 개/㎤)

T: 유해인자의 발생시간(단위: 시간)

2. "단시간 노출값(STEL, Short-Term Exposure Limit)"이란 15분 간의 시간가중평균값으로서 노출농도가 시간가중평균값을 초과하고 단시간 노출값 이하인 경우에는 ① 1회 노출 지속시간이 15분 미만이어야 하고, ② 이러한 상태가 1일 4회 이하로 발생해야 하며, ③ 각 회의 간격은 60분 이상이어야 한다.
3. "등"이란 해당 화학물질에 이성질체 등 동일 속성을 가지는 2개 이상의 화합물이 존재할 수 있는 경우를 말한다.

정답: ②

06 전자제품 제조업 작업장에서 측정한 공기 중 벤젠의 농도가 다음과 같을 때, 기술 통계값의 기하평균(GM)과 기하표준편차(GSD)는 약 얼마인가?

> 벤젠농도(ppm): 0.5, 0.2, 1.5, 0.9, 0.02

	GM	GSD
①	0.25ppm	4.25
②	0.31ppm	5.47
③	0.31ppm	0.59
④	0.62ppm	0.59
⑤	0.62ppm	3.03

해설

1. 기하평균(GM)은 곱의 평균이다.

1) 원칙: $\log(GM)=\dfrac{\log0.5+\log0.2+\log1.5+\log0.9+\log0.02}{5}$

2) 빠른 풀이 $GM=(0.5\times0.2\times1.5\times0.9\times0.02)^{1/5}$

=0.3063...

* 기하평균(GM)은 쉽게 풀 수 있다.

2. 기하표준편차(GSD)= $\sqrt{분산}$

log(GSD)=$\sqrt{\Sigma[(\log각각의\ 값-\log GM)]2\div(n-1)}$

=$\sqrt{0.5448..}$

=0.7381..

즉, $GSD=10^{0.7381}$ =5.4714...

정답: ②

07 작업환경측정 및 정도관리 등에 관한 고시에서 시료채취 근로자수와 종류별 측정시간에 대한 설명 중 옳은 것은?

① 단위작업 장소에서 최고 노출근로자가 2명 이상에 대하여 동시에 개인 시료채취방법으로 측정하되, 단위작업 장소에 근로자가 1명인 경우에는 그러하지 아니하며, 동일 작업근로자수가 20명을 초과하는 경우에는 매 5명당 1명 이상 추가하여 측정하여야 한다.

② 단위작업 장소에서 최고 노출근로자가 2명 이상에 대하여 동시에 개인 시료채취방법으로 측정하되, 동일 작업근로자수가 200명을 초과하는 경우에는 최대 시료채취 근로자수를 20명으로 조정할 수 있다.

③ 지역 시료채취 방법으로 측정을 하는 경우 단위작업 장소의 넓이가 60평방미터 이상인 경우에는 매 30평방미터마다 1개 지점 이상을 추가로 측정하여야 한다.

④ 노출기준 고시에 최고노출기준(Ceiling, C)이 설정되어 있는 대상물질을 측정하는 경우에는 최고 노출 수준을 평가할 수 있는 최소한의 시간동안 측정하여야 하고 시간가중평균기준(TWA)이 함께 설정되어 있는 불화수소(HF)의 경우에는 양 측정을 병행하여야 한다.

⑤ 「화학물질 및 물리적 인자의 노출기준」에 시간가중평균기준(TWA)이 설정되어 있는 대상물질을 측정하는 경우에는 1일 작업시간동안 8시간 이상 연속 측정하거나 작업시간을 등간격으로 나누어 8시간 이상 연속분리하여 측정하여야 한다.

해설

제18조(노출기준의 종류별 측정시간) ① 「화학물질 및 물리적 인자의 노출기준(고용노동부 고시, 이하 '노출기준 고시'라 한다)」에 시간가중평균기준(TWA)이 설정되어 있는 대상물질을 측정하는 경우에는 1일 작업시간동안 6시간 이상 연속 측정하거나 작업시간을 등간격으로 나누어 6시간 이상 연속분리하여 측정하여야 한다. 다만, 다음 각호의 어느 하나에 해당하는 경우에는 대상물질의 발생시간 동안 측정 할 수 있다.

1. 대상물질의 발생시간이 6시간 이하인 경우
2. 불규칙작업으로 6시간 이하의 작업을 하는 경우
3. 발생원에서 발생시간이 간헐적인 경우

② 노출기준 고시에 단시간 노출기준(STEL)이 설정되어 있는 물질로서 노출이 균일하지 않은 작업특성으로 인하여 단시간 노출평가가 필요하다고 자격자(규칙 제187조에 따른 작업환경측정자의 자격을 가진 자를 말한다.) 또는 작업환경측정기관이 판단하는 경우에는 제1항의 측정에 추가하여 단시간 측정을 할 수 있다. 이 경우 1회에 15분간 측정하되 유해인자 노출특성을 고려하여 측정 횟수를 정할 수 있다.

③ 노출기준 고시에 최고노출기준(Ceiling, C)이 설정되어 있는 대상물질을 측정하는 경우에는 최고 노출 수준을 평가할 수 있는 최소한의 시간동안 측정하여야 한다. 다만 시간가중평균기준(TWA)이 함께 설정되어 있는 경우에는 제1항에 따른 측정을 병행하여야 한다.

제19조(시료채취 근로자수) ① 단위작업 장소에서 최고 노출근로자 2명 이상에 대하여 동시에 개인 시료채취 방법으로 측정하되, 단위작업 장소에 근로자가 1명인 경우에는 그러하지 아니하며, 동일 작업근로자수가 10명을 초과하는 경우에는 매 5명당 1명 이상 추가하여 측정하여야 한다. 다만, 동일 작업근로자수가 100명을 초과하는 경우에는 최대 시료채취 근로자수를 20명으로 조정할 수 있다.

② 지역 시료채취 방법으로 측정을 하는 경우 단위작업장소 내에서 2개 이상의 지점에 대하여 동시에 측정하여야 한다. 다만, 단위작업 장소의 넓이가 50평방미터 이상인 경우에는 매 30평방미터마다 1개 지점 이상을 추가로 측정하여야 한다.

정답 ④

08 작업환경측정 주기 및 횟수에 대한 설명으로 옳은 것은?

① 사업주는 작업장 또는 작업공정이 신규로 가동되거나 변경되는 등으로 작업환경측정 대상 작업장이 된 경우에는 그 날부터 15일 이내에 작업환경측정을 한다.

② 사업주는 작업환경측정을 한 후 그 측정일로부터 분기(分期)에 1회 이상 정기적으로 작업환경을 측정해야 한다.

③ 사업주는 작업환경측정 대상 중 화학적 인자(고용노동부장관이 정하여 고시하는 물질만 해당한다) 114종의 측정치가 노출기준을 초과하는 경우의 작업장 또는 작업공정은 해당 유해인자에 대하여 그 측정일부터 3개월에 1회 이상 작업환경측정을 해야 한다.

④ 사업주는 최근 1년간 작업공정에서 공정 설비의 변경, 작업방법의 변경, 설비의 이전, 사용 화학물질의 변경 등으로 작업환경측정 결과에 영향을 주는 변화가 없는 경우로서 작업공정 내 소음의 작업환경측정 결과가 최근 2회 연속 85데시벨(dB) 미만인 경우에는 해당 유해인자에 대한 작업환경측정을 연(年) 1회 이상 한다.

⑤ 작업공정 내 소음 외의 다른 모든 인자의 작업환경측정 결과가 최근 3회 연속 노출기준 미만인 경우 사업주는 최근 1년간 작업공정에서 공정 설비의 변경, 작업방법의 변경, 설비의 이전, 사용 화학물질의 변경 등으로 작업환경측정 결과에 영향을 주는 변화가 없는 경우에는 해당 유해인자에 대한 작업환경측정을 연(年) 1회 이상 할 수 있다.

해설

○ **산업안전보건법 시행규칙**

제190조(작업환경측정 주기 및 횟수) ① 사업주는 작업장 또는 작업공정이 신규로 가동되거나 변경되는 등으로 제186조에 따른 작업환경측정 대상 작업장이 된 경우에는 그 날부터 30일 이내에 작업환경측정을 하고, 그 후 반기(半期)에 1회 이상 정기적으로 작업환경을 측정해야 한다. 다만, 작업환경측정 결과가 다음 각 호의 어느 하나에 해당하는 작업장 또는 작업공정은 해당 유해인자에 대하여 그 측정일부터 3개월에 1회 이상 작업환경측정을 해야 한다.

1. 별표 21 제1호에 해당하는 화학적 인자(고용노동부장관이 정하여 고시하는 물질만 해당한다)의 측정치가 노출기준을 초과하는 경우
2. 별표 21 제1호에 해당하는 화학적 인자(고용노동부장관이 정하여 고시하는 물질은 제외한다)의 측정치가 노출기준을 2배 이상 초과하는 경우

② 제1항에도 불구하고 사업주는 최근 1년간 작업공정에서 공정 설비의 변경, 작업방법의 변경, 설비의 이전, 사용 화학물질의 변경 등으로 작업환경측정 결과에 영향을 주는 변화가 없는 경우로서 다음 각 호의 어느 하나에 해당하는 경우에는 해당 유해인자에 대한 작업환경측정을 연(年) 1회 이상 할 수 있다. 다만, 고용노동부장관이 정하여 고시하는 물질을 취급하는 작업공정은 그렇지 않다.

1. 작업공정 내 소음의 작업환경측정 결과가 최근 2회 연속 85데시벨(dB) 미만인 경우
2. 작업공정 내 소음 외의 다른 모든 인자의 작업환경측정 결과가 최근 2회 연속 노출기준 미만인 경우

■ 산업안전보건법 시행규칙 [별표 21]

작업환경측정 대상 유해인자(제186조제1항 관련)

1. 화학적 인자

가. 유기화합물(114종)

1) 글루타르알데히드(Glutaraldehyde; 111-30-8)

(중략)

114) 히드라진(Hydrazine; 302-01-2)

115) 1)부터 114)까지의 물질을 용량비율 1퍼센트 이상 함유한 혼합물

나. 금속류(24종)

1) 구리(Copper; 7440-50-8) (분진, 미스트, 흄)

2) 납[7439-92-1] 및 그 무기화합물(Lead and its inorganic compounds)

3) 니켈[7440-02-0] 및 그 무기화합물, 니켈 카르보닐[13463-39-3](Nickel and its inorganic compounds, Nickel carbonyl)

4) 망간[7439-96-5] 및 그 무기화합물(Manganese and its inorganic compounds)

5) 바륨[7440-39-3] 및 그 가용성 화합물(Barium and its soluble compounds)

6) 백금[7440-06-4] 및 그 가용성 염(Platinum and its soluble salts)

7) 산화마그네슘(Magnesium oxide; 1309-48-4)

8) 산화아연(Zinc oxide; 1314-13-2) (분진, 흄)

9) 산화철(Iron oxide; 1309-37-1 등) (분진, 흄)

10) 셀레늄[7782-49-2] 및 그 화합물(Selenium and its compounds)

11) 수은[7439-97-6] 및 그 화합물(Mercury and its compounds)

12) 안티몬[7440-36-0] 및 그 화합물(Antimony and its compounds)

13) 알루미늄[7429-90-5] 및 그 화합물(Aluminum and its compounds)

14) 오산화바나듐(Vanadium pentoxide; 1314-62-1) (분진, 흄)

15) 요오드[7553-56-2] 및 요오드화물(Iodine and iodides)

16) 인듐[7440-74-6] 및 그 화합물(Indium and its compounds)

17) 은[7440-22-4] 및 그 가용성 화합물(Silver and its soluble compounds)

18) 이산화티타늄(Titanium dioxide; 13463-67-7)

19) 주석[7440-31-5] 및 그 화합물(Tin and its compounds)(수소화 주석은 제외한다)

20) 지르코늄[7440-67-7] 및 그 화합물(Zirconium and its compounds)

21) 카드뮴[7440-43-9] 및 그 화합물(Cadmium and its compounds)

22) 코발트[7440-48-4] 및 그 무기화합물(Cobalt and its inorganic compounds)

23) 크롬[7440-47-3] 및 그 무기화합물(Chromium and its inorganic compounds)

24) 텅스텐[7440-33-7] 및 그 화합물(Tungsten and its compounds)

25) 1)부터 24)까지의 규정에 따른 물질을 중량비율 1퍼센트 이상 함유한 혼합물

다. 산 및 알칼리류(17종)

1) 개미산(Formic acid; 64-18-6)

2) 과산화수소(Hydrogen peroxide; 7722-84-1)

3) 무수 초산(Acetic anhydride; 108-24-7)

4) 불화수소(Hydrogen fluoride; 7664-39-3)

5) 브롬화수소(Hydrogen bromide; 10035-10-6)

6) 수산화 나트륨(Sodium hydroxide; 1310-73-2)

7) 수산화 칼륨(Potassium hydroxide; 1310-58-3)

8) 시안화 나트륨(Sodium cyanide; 143-33-9)

9) 시안화 칼륨(Potassium cyanide; 151-50-8)

10) 시안화 칼슘(Calcium cyanide; 592-01-8)

11) 아크릴산(Acrylic acid; 79-10-7)

12) 염화수소(Hydrogen chloride; 7647-01-0)

13) 인산(Phosphoric acid; 7664-38-2)

14) 질산(Nitric acid; 7697-37-2)

15) 초산(Acetic acid; 64-19-7)

16) 트리클로로아세트산(Trichloroacetic acid; 76-03-9)

17) 황산(Sulfuric acid; 7664-93-9)

18) 1)부터 17)까지의 물질을 중량비율 1퍼센트 이상 함유한 혼합물

라. 가스 상태 물질류(15종)

1) 불소(Fluorine; 7782-41-4)

2) 브롬(Bromine; 7726-95-6)

3) 산화에틸렌(Ethylene oxide; 75-21-8)

4) 삼수소화 비소(Arsine; 7784-42-1)

5) 시안화 수소(Hydrogen cyanide; 74-90-8)

6) 암모니아(Ammonia; 7664-41-7 등)

7) 염소(Chlorine; 7782-50-5)

8) 오존(Ozone; 10028-15-6)

9) 이산화질소(nitrogen dioxide; 10102-44-0)

10) 이산화황(Sulfur dioxide; 7446-09-5)

11) 일산화질소(Nitric oxide; 10102-43-9)

12) 일산화탄소(Carbon monoxide; 630-08-0)

13) 포스겐(Phosgene; 75-44-5)
14) 포스핀(Phosphine; 7803-51-2)
15) 황화수소(Hydrogen sulfide; 7783-06-4)
16) 1)부터 15)까지의 물질을 용량비율 1퍼센트 이상 함유한 혼합물

마. 영 제88조에 따른 허가 대상 유해물질(12종)

1) α-나프틸아민[134-32-7] 및 그 염(α-naphthylamine and its salts)
2) 디아니시딘[119-90-4] 및 그 염(Dianisidine and its salts)
3) 디클로로벤지딘[91-94-1] 및 그 염(Dichlorobenzidine and its salts)
4) 베릴륨[7440-41-7] 및 그 화합물(Beryllium and its compounds)
5) 벤조트리클로라이드(Benzotrichloride; 98-07-7)
6) 비소[7440-38-2] 및 그 무기화합물(Arsenic and its inorganic compounds)
7) 염화비닐(Vinyl chloride; 75-01-4)
8) 콜타르피치[65996-93-2] 휘발물(Coal tar pitch volatiles as benzene soluble aerosol)
9) 크롬광 가공[열을 가하여 소성(변형된 형태 유지) 처리하는 경우만 해당한다] (Chromite ore processing)
10) 크롬산 아연(Zinc chromates; 13530-65-9 등)
11) o-톨리딘[119-93-7] 및 그 염(o-Tolidine and its salts)
12) 황화니켈류(Nickel sulfides; 12035-72-2, 16812-54-7)
13) 1)부터 4)까지 및 6)부터 12)까지의 어느 하나에 해당하는 물질을 중량비율 1퍼센트 이상 함유한 혼합물
14) 5)의 물질을 중량비율 0.5퍼센트 이상 함유한 혼합물

바. 금속가공유[Metal working fluids(MWFs), 1종]

2. 물리적 인자(2종)

가. 8시간 시간가중평균 80dB 이상의 소음

나. 안전보건규칙 제558조에 따른 고열

3. 분진(7종)

가. 광물성 분진(Mineral dust)

1) 규산(Silica)
   가) 석영(Quartz; 14808-60-7 등)
   나) 크리스토발라이트(Cristobalite; 14464-46-1)
   다) 트리디마이트(Trydimite; 15468-32-3)
2) 규산염(Silicates, less than 1% crystalline silica)
   가) 소우프스톤(Soapstone; 14807-96-6)
   나) 운모(Mica; 12001-26-2)
   다) 포틀랜드 시멘트(Portland cement; 65997-15-1)
   라) 활석(석면 불포함)[Talc(Containing no asbestos fibers); 14807-96-6]
   마) 흑연(Graphite; 7782-42-5)
3) 그 밖의 광물성 분진(Mineral dusts)

나. 곡물 분진(Grain dusts)

다. 면 분진(Cotton dusts)
라. 목재 분진(Wood dusts)
마. 석면 분진(Asbestos dusts; 1332-21-4 등)
바. 용접 흄(Welding fume)
사. 유리섬유(Glass fibers)

4. 그 밖에 고용노동부장관이 정하여 고시하는 인체에 해로운 유해인자

※ 비고: "등"이란 해당 화학물질에 이성질체 등 동일 속성을 가지는 2개 이상의 화합물이 존재할 수 있는 경우를 말한다.

정답: ③

09

고체흡착관(활성탄관)을 이황화탄소 1mL로 추출하여 가스크로마트그래피로 정량한 톨루엔의 농도는 5ppm이었다. 0.2L/min 펌프로 4시간 채취하였다. 탈착률은 98%였고 공시료에서 검출된 양은 없었다. 이때 공기 중 톨루엔의 농도($\mu g/m^3$)은 약 얼마인가?

① 66
② 86
③ 106
④ 126
⑤ 146

해설

농도($\mu g/m^3$)=$\dfrac{5ppm}{0.2L/min \times 240min \times 0.98}$=106.2925...($\mu g/m^3$)

1ppm=1mg/L=1μg/mL이므로, 단위환산에 유의하자.

1m^3=1,000L이다.

C(mg/m^3)=$\dfrac{(Wf+Wb)-(Bf+Bb)}{V\times DE}$

Wf: 흡착관의 앞층에서 분석된 시료량, μg
Wb: 흡착관의 뒤층에서 분석된 시료량, μg
Bf: 공시료의 앞층에서 분석된 평균시료량, μg
Bb: 공시료의 뒤층에서 분석된 평균시료량, μg
V: 공기채취량, L[평균유량(L/min)×시료채취시간(min)]
DE: 탈착효율(만일 탈착효율이 제시되지 않으면 1로 간주)
* 단위에 주의할 것!

예제) 벤젠을 크로마토그래피로 분석한 결과 앞층에서 0.9810㎍, 뒤층에서 0.0008㎍이었다. 공시료는 0.0001㎍, 탈착효율은 99%였다. 공기채취량이 10L였을 때 공기 중 벤젠의 농도(mg/㎥)는 얼마인가?

풀이) 농도(mg/㎥)= $\frac{(0.9810+0.0008)-(0.0001)}{10\times 0.99}$

주의할 것은 ㎍/L=mg/㎥

왜냐하면 1mg=1,000㎍이고, 1㎥=1,000L이기 때문이다.

1ppm=1mg/L=1㎍/mL도 알아두자.

정답: ③

10 사무실 실내 공기질(indoor air quality) 관리에 관한 설명으로 옳지 않은 것은?

① 실내공기오염 지표로 사용하는 인자 중 라돈의 관리기준은 600Bq/㎥이다.

② 현재 PM10의 기준치는 100㎍/㎥이다.

③ ACH(시간당 공기교환횟수)는 공간 체적과 필요환기량으로 산정한다.

④ 일반적으로 양압시설을 설치해야 한다.

⑤ 실내 공기오염의 지표(환기지표)는 CO_2농도를 이용하며 실내 허용농도는 0.1%이다.

해설

○ **사무실 공기관리 지침**

제1조(목적) 이 고시는 「산업안전보건법」 제13조제1항에 따라 사무실 공기의 오염물질별 관리기준, 공기질 측정·분석방법 등 사무실 공기를 쾌적하게 유지·관리하기 위하여 사업주에게 지도·권고할 기술상의 지침 또는 작업환경의 표준을 정함을 목적으로 한다.

제2조(오염물질 관리기준) 사업주는 쾌적한 사무실 공기를 유지하기 위해 사무실 오염물질을 다음 기준에 따라 관리한다.

오염물질	관리기준
미세먼지(PM10)	100㎍/㎥
초미세먼지(PM2.5)	50㎍/㎥
이산화탄소(CO_2)	1,000ppm(0.1%)
일산화탄소(CO)	10ppm
이산화질소(NO_2)	0.1ppm
포름알데히드(HCHO)	100㎍/㎥
총휘발성 유기화합물(TVOC)	500㎍/㎥
라돈(radon)	148Bq/㎥
총부유세균	800CFU/㎥
곰팡이	500CFU/㎥

* 라돈은 지상1층을 포함한 지하에 위치한 사무실에만 적용한다. 작업장 기준은 600Bq/m^3.

주) 관리기준: 8시간 시간가중평균농도 기준

제3조(사무실의 환기기준) 공기정화시설을 갖춘 사무실에서 근로자 1인당 필요한 최소 외기량은 분당 0.57세제곱미터 이상이며, 환기횟수는 시간당 4회 이상으로 한다.

제7조(시료채취 및 측정지점) 공기의 측정시료는 사무실 안에서 공기질이 가장 나쁠 것으로 예상되는 2곳 이상에서 채취하고, 측정은 사무실 바닥면으로부터 0.9미터 이상 1.5미터 이하의 높이에서 한다. 다만, 사무실 면적이 500제곱미터를 초과하는 경우에는 500제곱미터마다 1곳씩 추가하여 채취한다.

정답: ①

11

가로, 세로, 높이가 각각 10m, 15m, 4m인 사무실에서 120명이 근무하고 있다. 이 사무실의 이산화탄소(CO_2) 농도를 1,000ppm 이하로 유지하고자 할 때, 최소환기율은 ACH로 나타내면 약 얼마인가?

○ 1시간당 1인당 CO_2 배출량: 2.2L
○ 대기 중 CO_2 농도: 350ppm
○ 확산에 의한 환기효율계수(또는 안전계수: K)는 5로 가정한다.

① 1.4
② 2.1
③ 2.4
④ 3.4
⑤ 3.9

해설

$$\text{ACH}=\frac{\text{필요환기량}\times\text{안전계수}}{\text{용적}}$$

1) 먼저 필요환기량을 계산해 보자. 매시간당 일정 체적(m^3)의 이산화탄소가 발생(M, m^3/hr)할 경우이다.

$$\text{필요환기량}(Q,\ m^3/hr)=\frac{M}{[\text{실내 이산화탄소기준 농도}-\text{실외 이산화탄소기준 농도}](\%)}\times 100$$

$$=\frac{M}{[\text{실내 이산화탄소기준 농도}-\text{실외 이산화탄소기준 농도}](ppm)}\times 1,000,000$$

$$=\frac{2.2L/hr\times 120\text{인}}{1,000-350}\times 1,000,000$$

=406.1538...

2) $\frac{\text{필요환기량}\times\text{안전계수}}{\text{용적}}=\frac{406.153\times 5}{(10\times 15\times 4)}$ = 3.3846..

정답: ④

12 석유화학공장의 야외에서 유사한 직무를 수행하는 근로자 30명의 공기 중 1,3부타디엔 노출농도를 측정하였다. 측정결과의 통계자료에 관한 설명으로 옳지 않은 것은?

① 일반적으로 정규분포보다는 기하분포를 할 것으로 기대된다.
② 1,3-부타디엔 노출농도의 기하평균은 산술평균보다 클 것이다.
③ 노출농도의 기하평균 단위는 ppm이지만, 기하표준편차는 단위가 없다.
④ 노출농도를 로그변환하면 변환된 자료는 정규분포를 할 것으로 기대된다.
⑤ 기하평균이 같다면 기하표준편차가 클수록 노출기준을 초과할 확률은 커진다.

해설

1. 작업환경측정 결과의 평가
작업장에 있어서 유해물질의 기중 농도의 분포는 정규분포는 아니며, 대수정규분포(기하분포)를 한다고 알려져 있기 때문에 측정값을 일단 대수(log)로 변환하여 주어야 한다. 그래야만 통계처리 시 정규분포의 이론을 적용시킬 수 있다.

2. 산술평균과 기하평균의 크기
산술평균 ≥ 기하평균 ≥ 조화평균
단순한 예를 들면 쉽다. 4와 16의 산술평균은 10이지만, 기하평균은 8이다.

3. 기하 표준편차는 데이터가 기하평균에서 얼마나 흩어져 있는가를 나타내는 값이다.

4. 작업환경측정 및 정도관리 등에 관한 고시
제20조(단위) ① 화학적 인자의 가스, 증기, 분진, 흄(fume), 미스트(mist) 등의 농도는 피피엠(ppm) 또는 세제곱미터 당 밀리그램(mg/m^3)으로 표시한다. 다만, 석면의 농도 표시는 세제곱센티미터 당 섬유개수(개/cm^3)로 표시한다

정답: ②

13

가로, 세로, 높이가 각각 20m, 10m, 5m인 밀폐된 대형 챔버(chamber)에 톨루엔 1L가 쏟아져 모두 증발하였다. 이때 공기 중 톨루엔 농도(ppm)는 약 얼마인가? (단, 톨루엔의 분자량은 92, 비중은 0.86, 온도와 압력은 정상조건이다)

① 118
② 228
③ 338
④ 448
⑤ 558

해설

농도(mg/㎥)= $\frac{1\text{L} \times 0.86\text{g/mL}}{(20 \times 10 \times 5)}$ =860mg/㎥

여기서 비중(밀도)의 단위는 g/mL이고, 1㎥=1,000L이고 1g=1,000mg임을 알아야 한다. 사실 비중은 물질의 밀도를 물의 밀도로 나눈 값으로 단위가 없다.

농도(ppm)=860mg/㎥ × $\frac{24.45L}{\text{분자량}(92)}$ =228.5543

정답: ②

14

근로자 건강을 보호하기 위한 작업환경관리의 우선순위를 바르게 연결한 것은?

① 환기→보호구착용→제거→대체→교육
② 환기→교육→보호구착용→제거→대체
③ 보호구착용→제거→대체→환기→교육
④ 보호구착용→교육→대체→환기→제거
⑤ 제거→대체→환기→교육→보호구착용

해설

정답: ⑤

15 외부식 후드를 설계할 때 설계요소의 변동에 따른 필요환기량의 증감에 관한 설명으로 옳지 않은 것은?

① 제어속도가 클수록 필요환기량이 증가한다.

② 플랜지를 부착하면 필요환기량이 감소한다.

③ 제어거리가 클수록 필요환기량이 증가한다.

④ 덕트의 길이가 증가할수록 필요환기량이 증가한다.

⑤ 후드개방 면적이 작을수록 필요환기량이 감소한다.

해설

○ **외부식 후드의 필요환기량**

$Q=V_c \times (10X^2+A)$

만일, 외부식 후드에 플랜지(flange)가 부착되면 후방 유입기류를 차단하고 후드 전면에서 포집범위가 확대되어 25%가 감소하며, 면에 플랜지가 고정될 경우에는 50%가 감소된다.

1) 외부식 후드에 플랜지가 공간에 부착될 경우 필요환기량

$Q=V_c \times 0.75 \times (10X^2+A)$

2) 외부식 후드에 플랜지가 면(바닥면 등)에 부착될 경우 필요환기량

$Q=V_c \times 0.5 \times (10X^2+A)$

* V_c: 제어속도
* X: 제어거리, 즉 제어거리의 제곱만큼 필요환기량이 증가한다.
* A: 후드 개방면적

정답: ④

16 어느 작업장에 있는 기계의 소음 측정결과가 다음과 같을 때, 이 작업장의 음압레벨 합산은 약 몇 dB인가?

기계A: 92dB,　기계B: 90dB,　기계C: 88dB

① 92.3

② 93.7

③ 95.1

④ 98.2

⑤ 100.3

해설

n개의 음압레벨이 L_1, L_2, L_3...L_n일 때 합성된 음압레벨은 다음 식에 의해 산출된다.
합성소음(SPL)=$10 \times \log(10^{L1/10}+10^{L2/10}+10^{L3/10}+...10^{Ln/10})$

정답: ③

17 산업안전보건법령에 규정되어 있는 특수건강진단 대상 근로자는?

① 1일 8시간 작업 시 80dB(A)의 소음에 노출되는 근로자
② 은 및 그 가용성 화합물에 노출되는 근로자
③ 유리섬유분진에 노출되는 근로자
④ 최근 6개월간 오후 10시부터 오전 3시까지 월평균 50시간 일하는 근로자
⑤ 안전보건규칙에 따른 고열작업에 노출되는 근로자

해설

특수건강진단 대상 유해인자	내용
화학적 인자	가. 유기화합물 109종 나. 금속류 20종 다. 산 및 알칼리류 8종 라. 가스 상태 물질류 14종 마. 영 제88조에 따른 허가대상 유해물질 12종
분진	7종
물리적 인자	8종
야간작업	2종

○ **작업환경측정 대상 유해인자-금속류(24종)**

1) 구리(Copper; 7440-50-8) (분진, 미스트, 흄)
2) 납[7439-92-1] 및 그 무기화합물(Lead and its inorganic compounds)
3) 니켈[7440-02-0] 및 그 무기화합물, 니켈 카르보닐[13463-39-3](Nickel and its inorganic compounds, Nickel carbonyl)
4) 망간[7439-96-5] 및 그 무기화합물(Manganese and its inorganic compounds)
5) 바륨[7440-39-3] 및 그 가용성 화합물(Barium and its soluble compounds)
6) 백금[7440-06-4] 및 그 가용성 염(Platinum and its soluble salts)
7) 산화마그네슘(Magnesium oxide; 1309-48-4)
8) 산화아연(Zinc oxide; 1314-13-2) (분진, 흄)
9) 산화철(Iron oxide; 1309-37-1 등) (분진, 흄)
10) 셀레늄[7782-49-2] 및 그 화합물(Selenium and its compounds)

11) 수은[7439-97-6] 및 그 화합물(Mercury and its compounds)
12) 안티몬[7440-36-0] 및 그 화합물(Antimony and its compounds)
13) 알루미늄[7429-90-5] 및 그 화합물(Aluminum and its compounds)
14) 오산화바나듐(Vanadium pentoxide; 1314-62-1) (분진, 흄)
15) 요오드[7553-56-2] 및 요오드화물(Iodine and iodides)
16) 인듐[7440-74-6] 및 그 화합물(Indium and its compounds)
17) 은[7440-22-4] 및 그 가용성 화합물(Silver and its soluble compounds)
18) 이산화티타늄(Titanium dioxide; 13463-67-7)
19) 주석[7440-31-5] 및 그 화합물(Tin and its compounds)(수소화 주석은 제외한다)
20) 지르코늄[7440-67-7] 및 그 화합물(Zirconium and its compounds)
21) 카드뮴[7440-43-9] 및 그 화합물(Cadmium and its compounds)
22) 코발트[7440-48-4] 및 그 무기화합물(Cobalt and its inorganic compounds)
23) 크롬[7440-47-3] 및 그 무기화합물(Chromium and its inorganic compounds)
24) 텅스텐[7440-33-7] 및 그 화합물(Tungsten and its compounds)
25) 1)부터 24)까지의 규정에 따른 물질을 중량비율 1퍼센트 이상 함유한 혼합물

○ **특수건강진단 대상 유해인자-금속류(20종)→[암기법: 구납니망사/산(아철)삼수안/알오요인주/지카코크텅]**

1) 구리(Copper; 7440-50-8)(분진, 미스트, 흄)
2) 납[7439-92-1] 및 그 무기화합물(Lead and its inorganic compounds)
3) 니켈[7440-02-0] 및 그 무기화합물, 니켈 카르보닐[13463-39-3](Nickel and its inorganic compounds, Nickel carbonyl)
4) 망간[7439-96-5] 및 그 무기화합물(Manganese and its inorganic compounds)
5) 사알킬납(Tetraalkyl lead; 78-00-2 등)
6) 산화아연(Zinc oxide; 1314-13-2)(분진, 흄)
7) 산화철(Iron oxide; 1309-37-1 등)(분진, 흄)
8) 삼산화비소(Arsenic trioxide; 1327-53-3)
9) 수은[7439-97-6] 및 그 화합물(Mercury and its compounds)
10) 안티몬[7440-36-0] 및 그 화합물(Antimony and its compounds)
11) 알루미늄[7429-90-5] 및 그 화합물(Aluminum and its compounds)
12) 오산화바나듐(Vanadium pentoxide; 1314-62-1)(분진, 흄)
13) 요오드[7553-56-2] 및 요오드화물(Iodine and iodides)
14) 인듐[7440-74-6] 및 그 화합물(Indium and its compounds)
15) 주석[7440-31-5] 및 그 화합물(Tin and its compounds)
16) 지르코늄[7440-67-7] 및 그 화합물(Zirconium and its compounds)
17) 카드뮴[7440-43-9] 및 그 화합물(Cadmium and its compounds)
18) 코발트(Cobalt; 7440-48-4)(분진, 흄)
19) 크롬[7440-47-3] 및 그 화합물(Chromium and its compounds)
20) 텅스텐[7440-33-7] 및 그 화합물(Tungsten and its compounds)
21) 1)부터 20)까지의 물질을 중량비율 1퍼센트 이상 함유한 혼합물

■ 산업안전보건법 시행규칙 [별표 22]

특수건강진단 대상 유해인자(제201조 관련)

1. 화학적 인자
 가. 유기화합물(109종)
  1) 가솔린(Gasoline; 8006-61-9)
  2) 글루타르알데히드(Glutaraldehyde; 111-30-8)
  3) β-나프틸아민(β-Naphthylamine; 91-59-8)
  110) 1)부터 109)까지의 물질을 용량비율 1퍼센트 이상 함유한 혼합물
 나. 금속류(20종)
  1) 구리(Copper; 7440-50-8)(분진, 미스트, 흄)
  2) 납[7439-92-1] 및 그 무기화합물(Lead and its inorganic compounds)
  3) 니켈[7440-02-0] 및 그 무기화합물, 니켈 카르보닐[13463-39-3](Nickel and its inorganic compounds, Nickel carbonyl)
  4) 망간[7439-96-5] 및 그 무기화합물(Manganese and its inorganic compounds)
  5) 사알킬납(Tetraalkyl lead; 78-00-2 등)
  6) 산화아연(Zinc oxide; 1314-13-2)(분진, 흄)
  7) 산화철(Iron oxide; 1309-37-1 등)(분진, 흄)
  8) 삼산화비소(Arsenic trioxide; 1327-53-3)
  9) 수은[7439-97-6] 및 그 화합물(Mercury and its compounds)
  10) 안티몬[7440-36-0] 및 그 화합물(Antimony and its compounds)
  11) 알루미늄[7429-90-5] 및 그 화합물(Aluminum and its compounds)
  12) 오산화바나듐(Vanadium pentoxide; 1314-62-1)(분진, 흄)
  13) 요오드[7553-56-2] 및 요오드화물(Iodine and iodides)
  14) 인듐[7440-74-6] 및 그 화합물(Indium and its compounds)
  15) 주석[7440-31-5] 및 그 화합물(Tin and its compounds)
  16) 지르코늄[7440-67-7] 및 그 화합물(Zirconium and its compounds)
  17) 카드뮴[7440-43-9] 및 그 화합물(Cadmium and its compounds)
  18) 코발트(Cobalt; 7440-48-4)(분진, 흄)
  19) 크롬[7440-47-3] 및 그 화합물(Chromium and its compounds)
  20) 텅스텐[7440-33-7] 및 그 화합물(Tungsten and its compounds)
  21) 1)부터 20)까지의 물질을 중량비율 1퍼센트 이상 함유한 혼합물
 다. 산 및 알카리류(8종)
  1) 무수 초산(Acetic anhydride; 108-24-7)
  2) 불화수소(Hydrogen fluoride; 7664-39-3)
  3) 시안화 나트륨(Sodium cyanide; 143-33-9)
  4) 시안화 칼륨(Potassium cyanide; 151-50-8)
  5) 염화수소(Hydrogen chloride; 7647-01-0)

6) 질산(Nitric acid; 7697-37-2)

7) 트리클로로아세트산(Trichloroacetic acid; 76-03-9)

8) 황산(Sulfuric acid; 7664-93-9)

9) 1)부터 8)까지의 물질을 중량비율 1퍼센트 이상 함유한 혼합물

라. 가스 상태 물질류(14종)

1) 불소(Fluorine; 7782-41-4)

2) 브롬(Bromine; 7726-95-6)

3) 산화에틸렌(Ethylene oxide; 75-21-8)

4) 삼수소화 비소(Arsine; 7784-42-1)

5) 시안화 수소(Hydrogen cyanide; 74-90-8)

6) 염소(Chlorine; 7782-50-5)

7) 오존(Ozone; 10028-15-6)

8) 이산화질소(nitrogen dioxide; 10102-44-0)

9) 이산화황(Sulfur dioxide; 7446-09-5)

10) 일산화질소(Nitric oxide; 10102-43-9)

11) 일산화탄소(Carbon monoxide; 630-08-0)

12) 포스겐(Phosgene; 75-44-5)

13) 포스핀(Phosphine; 7803-51-2)

14) 황화수소(Hydrogen sulfide; 7783-06-4)

15) 1)부터 14)까지의 규정에 따른 물질을 용량비율 1퍼센트 이상 함유한 혼합물

마. 영 제88조에 따른 허가 대상 유해물질(12종)

1) α-나프틸아민[134-32-7] 및 그 염(α-naphthylamine and its salts)

2) 디아니시딘[119-90-4] 및 그 염(Dianisidine and its salts)

3) 디클로로벤지딘[91-94-1] 및 그 염(Dichlorobenzidine and its salts)

4) 베릴륨[7440-41-7] 및 그 화합물(Beryllium and its compounds)

5) 벤조트리클로라이드(Benzotrichloride; 98-07-7)

6) 비소[7440-38-2] 및 그 무기화합물(Arsenic and its inorganic compounds)

7) 염화비닐(Vinyl chloride; 75-01-4)

8) 콜타르피치[65996-93-2] 휘발물(코크스 제조 또는 취급업무)(Coal tar pitch volatiles)

9) 크롬광 가공[열을 가하여 소성(변형된 형태 유지) 처리하는 경우만 해당한다](Chromite ore processing)

10) 크롬산 아연(Zinc chromates; 13530-65-9 등)

11) o-톨리딘[119-93-7] 및 그 염(o-Tolidine and its salts)

12) 황화니켈류(Nickel sulfides; 12035-72-2, 16812-54-7)

13) 1)부터 4)까지 및 6)부터 11)까지의 물질을 중량비율 1퍼센트 이상 함유한 혼합물

14) 5)의 물질을 중량비율 0.5퍼센트 이상 함유한 혼합물

바. 금속가공유(Metal working fluids); 미네랄 오일 미스트(광물성 오일, Oil mist, mineral)

2. 분진(7종)
가. 곡물 분진(Grain dusts)
나. 광물성 분진(Mineral dusts)
다. 면 분진(Cotton dusts)
라. 목재 분진(Wood dusts)
마. 용접 흄(Welding fume)
바. 유리 섬유(Glass fiber dusts)
사. 석면 분진(Asbestos dusts; 1332-21-4 등)
3. 물리적 인자(8종)
가. 안전보건규칙 제512조제1호부터 제3호까지의 규정의 소음작업, 강렬한 소음작업 및 충격소음작업에서 발생하는 소음
나. 안전보건규칙 제512조제4호의 진동작업에서 발생하는 진동
다. 안전보건규칙 제573조제1호의 방사선
라. 고기압
마. 저기압
바. 유해광선
1) 자외선
2) 적외선
3) 마이크로파 및 라디오파
4. 야간작업(2종)
가. 6개월간 밤 12시부터 오전 5시까지의 시간을 포함하여 계속되는 8시간 작업을 월 평균 4회 이상 수행하는 경우
나. 6개월간 오후 10시부터 다음날 오전 6시 사이의 시간 중 작업을 월 평균 60시간 이상 수행하는 경우
※ 비고: "등"이란 해당 화학물질에 이성질체 등 동일 속성을 가지는 2개 이상의 화합물이 존재할 수 있는 경우를 말한다.

특수건강진단 대상 물리적 인자(8종)	작업환경측정 대상 물리적 인자(2종)
가. 안전보건규칙 제512조제1호부터 제3호까지의 규정의 소음작업, 강렬한 소음작업 및 충격소음작업에서 발생하는 소음 나. 안전보건규칙 제512조제4호의 진동작업에서 발생하는 진동 다. 안전보건규칙 제573조제1호의 방사선 라. 고기압 마. 저기압 바. 유해광선 1) 자외선 2) 적외선 3) 마이크로파 및 라디오파	가. 8시간 시간가중평균 80dB 이상의 소음 나. 안전보건규칙 제558조에 따른 고열

정답: ③

18 화학물질의 인체노출과 그 영향에 관한 설명으로 옳지 않은 것은?

① 암모니아는 용해도가 커서 대부분 인후두부 및 상기도부에서 흡수되므로 코와 상기도에 자극을 일으키는 물질로 알려져 있다.

② 일산화탄소는 헤모글로빈과 친화력이 산소보다 약 200배 이상 높기 때문에 산소보다 먼저 헤모글로빈과 결합하여 혈액의 산소운반능력을 저해하는 것으로 알려져 있다.

③ 이산화탄소는 용해도가 높아 폐의 호흡영역까지 침투하며, 노출기준을 초과하면 폐포를 자극하여 폐렴을 일으키는 물질로 알려져 있다.

④ 작업장에서 무기납의 주요 노출경로는 호흡기이며, 체내로 흡수된 후 가장 많이 축적되는 조직은 뼈인 것으로 알려져 있다.

⑤ 작업환경 노출기준에 'Skin' 표기가 되어 있는 화학물질은 피부를 통해 쉽게 흡수될 수 있다는 것을 의미한다.

해설

이산화탄소는 용해도가 높아 폐까지 침투가 쉽다. 이산화탄소는 그 자체로는 독성이 없으며 노출기준은 TWA는 5,000ppm이고, STEL은 30,000ppm이다. 이산화탄소가 과다할 경우 호흡곤란 증상을 유발할 수 있다.

한편, 이산화탄소가 몸 속에 부족할 경우에는 과호흡증후군이 발생할 수 있다.

과호흡증후군(Hyperventilation syndrom)은 어떠한 이유에서든 과다한 호흡으로 인해 이산화탄소가 과다하게 배출되어 발생하는 질환이다. 우리 몸은 정상적인 호흡을 통해 산소를 받아들이고 이산화탄소를 배출시킨다. 그 결과 동맥혈의 이산화탄소 농도는 37~43mmHg의 범위에서 유지된다. 동맥혈의 이산화탄소 농도가 정상 범위 아래로 떨어지면 호흡곤란, 어지럼증, 저리고 마비되는 느낌, 실신 등의 증상이 나타난다. 주된 원인은 정신적 스트레스로 주로 젊은 여성에서 잘 발생한다.

정답: ③

19 공기 중 유해물질과 이를 채취하기 위한 여과지가 잘못 짝지어진 것은?

① 흡입성 분진-PVC 필터
② 호흡성 분진-PVC 필터
③ 석면-PVC 필터
④ 납(금속)-MCE 필터
⑤ 농약-유리섬유 필터

해설

막여과지	섬유상여과지
1. 셀룰로오스 에스테르 여과지 1) 산에 쉽게 용해되므로 중금속 시료 채취에 유리하다. 2) 유해물질이 표면에 주로 침착되어 현미경 분석에 유리하다. 대표적인 것이 석면이다. 3) 흡습성(수분흡수)이 있어 중량분석에는 부적당하다. 4) MCE여과지 2. PVC여과지 1) 흡습성이 적어 호흡성 먼지, 총먼지 채취 등에 유리하다. 2) 가볍다. 3) 먼지무게(중량)분석, 유리규산 채취, 6가크롬 채취 등 3. 테플론(PTFE)여과지 1) Poly Tetra Fluoro Ethylene의 약자 2) 열, 화학물질, 압력 등에 강한 특성이 있어 다핵방향족탄화수소(PAHs) 채취, 농약류, 콜타르피치 채취에 활용된다. 4. 은막여과지 1) 금속을 소결(sintering, 덩어리)하여 만든다. 2) 열적·화학적 안정성 3) 코크스 오브 배출물질(COE) 등의 채취에 활용된다. 5. nuclepore 여과지 1) 폴리카보네이트 재질에 레이저빔을 쏘아 공극을 일직선으로 만든다. 2) 석면시료를 채취하여 투과전자현미경으로 분석한다.	1. 유리섬유여과지 1) 섬유상 여과지의 대표적인 예이다. 2) 흡습성이 적고 열에 강하다. 3) 결합제첨가형(binder)과 결합제 비첨가형(binder-free)이 있다. 4) 유해물질이 여과지의 안층에서도 채취된다. 5) 농약류(벤지딘, 머캅탄류 등 채취) 2. 셀룰로오스섬유여과지 1) 와트만(Whatman) 여과지가 대표적이다. 2) 값이 저렴하고 장력이 크지만 흡습성이 강하다. 3) 작업환경측정보다는 실험실 분석에 많이 사용된다.

정답: ③

20 다음 중 단순질식제와 화학적 질식제에 관한 설명으로 옳지 않은 것은?

① 단순질식제는 그 자체로서는 유해성이 없으나 공기 중 산소농도를 낮출 수 있는 물질이다.
② 화학적 질식제는 혈액 중 산소운반능력을 방해하는 물질로서 기도나 폐조직을 자극·손상시켜 폐조직의 산소배분기능을 저해하는 물질이다.
③ 단순질식제에 속하는 것으로는 수소, 질소, 헬륨, 메탄, 탄산가스, 이산화탄소 등이 있다.
④ 화학적 질식제로는 일산화탄소, 황화수소, 시안화수소, 아닐린, 염소, 포스겐 등이 있다.
⑤ 고용노동부 고시상 오존(O_3)의 노출기준은 TWA는 0.08ppm, STEL은 0.2ppm이며 오존은 대표적인 단순질식제이다.

해설

오존(O_3)은 화학적 질식제이다. 화학적 질식제에 심하게 노출될 경우 폐 속으로 들어가는 산소의 활용을 방해하므로 사망에 이르기까지 한다.

정답: ⑤

21 다음 표는 A 작업장의 백혈병과 벤젠에 대한 코호트 연구를 수행한 결과이다. 이때 벤젠의 백혈병에 대한 오즈비와 상대위험비는 약 얼마인가?

구분	백혈병	백혈병 없음
벤젠 노출	5	14
벤젠 비노출	2	25
합계	7	39

오즈비	상대위험비
① 3.55	4.46
② 4.46	3.55
③ 2.25	0.56
④ 0.56	2.25
⑤ 0.71	0.36

해설

오즈비=(5/14)/(2/25)
상대위험비=(5/19)/(2/27)

정답: ②

22

여과이론에서 중요한 기전은 간섭, 관성충돌, 확산이지만 입자상 물질이 폐에 침착될 때에는 충돌, 확산, (ㄱ)이다. 폐 침착에서 간섭은 (ㄴ)일 때 주로 관여한다. 다음 (ㄱ), (ㄴ)에 들어갈 알맞은 용어는?

	ㄱ	ㄴ
①	정전기 침강	섬유상 물질
②	중력 침강	섬유상 물질
③	정전기 침강	흄
④	중력 침강	흄
⑤	직접차단	먼지

해설

○ **입자상 물질의 호흡기계 축적기전**

(관성)충돌, 침강, 차단(간섭), 확산, 정전기(전기적 친화력)

여과이론에서 중요한 기전은 간섭, 관성충돌, 확산이지만 입자상 물질이 폐에 침착될 때에는 충돌, 확산, 중력침강이다. 폐침착에서 간섭은 섬유상 물질일 때 주로 관여한다. 산업보건에서는 길이가 5μm 이상이고 길이 대 너비의 길이의 비가 3:1 이상인 가늘고 긴 입자상물질을 섬유라 정의한다.

흄(fume)은 상온에서 고체인 금속이 에너지를 받아 기화된 다음 공기 중에서 급속히 냉각·응축되어 생기는 알갱이로 먼지보다 크기가 작고 평균 크기가 1μm보다 작아 폐로 침투하기 쉽다. 흄이 생성되는 기작은 다음과 같이 증기화→산화→응축이다.

1) 금속의 증기화: 금속이 녹는점 이상의 열에너지를 받아 공기 중으로 증기화

2) 증기물의 산화: 공기 중으로 발생된 금속증기가 공기 중의 산소에 의해 산화물 형성.

3) 산화물의 응축: 산화물을 형성하면서 차가운 공기에 의해 냉각, 응축되어 다시 고체인 작은 금속 알갱이가 된다.

정답: ②

23 산업안전보건법의 「사무실 공기관리 지침」에서 근로자 1인당 사무실의 환기기준(최소 환기량, 환기횟수)으로 적절한 것은?

최소 환기량	환기횟수
① 0.57㎥/hr	시간당 2회 이상
② 0.57㎥/min	시간당 2회 이상
③ 0.57㎥/hr	시간당 3회 이상
④ 0.57㎥/min	시간당 4회 이상
⑤ 0.57㎥/hr	시간당 4회 이상

해설

제3조(사무실의 환기기준) 공기정화시설을 갖춘 사무실에서 근로자 1인당 필요한 최소 외기량은 분당 0.57세제곱미터 이상이며, 환기횟수는 시간당 4회 이상으로 한다.

정답: ④

24 우리나라 고용노동부에서 지정한 특별관리물질에 해당하지 않는 것은?

① 벤젠
② 페놀
③ 황산
④ 트리클로로에틸렌
⑤ 클로로포름

해설

클로로포름은 자극성이 없는 좋은 냄새와 약간 단맛을 가진 무색의 액체이다. 매우 높은 온도에 도달해야만 연소된다. 과거에는 클로로포름이 수술 중 흡입 마취제로 사용되었으나 현재는 그렇지 않다. 클로로포름은 현재 주로 살충제와 곰팡이 제거제로 많이 사용되며, 지방과 오일, 고무, 알칼로이드, 왁스 등의 용매제 및 분석 시약으로도 사용되고 있다. 클로로포름은 피부를 자극하고, 국소를 마비시키는 작용을 하며, 증기를 흡입하면 대뇌를 마비시키는 작용이 있다.

○ **산업안전보건기준에 관한 규칙**

제420조(정의) 이 장에서 사용하는 용어의 뜻은 다음과 같다.

1. "관리대상 유해물질"이란 근로자에게 상당한 건강장해를 일으킬 우려가 있어 법 제39조에 따라 건강장해를 예방하기 위한 보건상의 조치가 필요한 원재료·가스·증기·분진·흄, 미스트로서 별표 12에서 정한 유기화합물, 금속류, 산·알칼리류, 가스상태 물질류를 말한다.
2. "유기화합물"이란 상온·상압(常壓)에서 휘발성이 있는 액체로서 다른 물질을 녹이는 성질이 있는 유기용제(有機溶劑)를 포함한 탄화수소계화합물 중 별표 12 제1호에 따른 물질을 말한다.

3. "금속류"란 고체가 되었을 때 금속광택이 나고 전기·열을 잘 전달하며, 전성(展性)과 연성(延性)을 가진 물질 중 별표 12 제2호에 따른 물질을 말한다.
4. "산·알칼리류"란 수용액(水溶液) 중에서 해리(解離)하여 수소이온을 생성하고 염기와 중화하여 염을 만드는 물질과 산을 중화하는 수산화화합물로서 물에 녹는 물질 중 별표 12 제3호에 따른 물질을 말한다.
5. "가스상태 물질류"란 상온·상압에서 사용하거나 발생하는 가스 상태의 물질로서 별표 12 제4호에 따른 물질을 말한다.
6. "특별관리물질"이란 「산업안전보건법 시행규칙」 별표 18 제1호나목에 따른 발암성 물질, 생식세포 변이원성 물질, 생식독성(生殖毒性) 물질 등 근로자에게 중대한 건강장해를 일으킬 우려가 있는 물질로서 별표 12에서 특별관리물질로 표기된 물질을 말한다.
7. "유기화합물 취급 특별장소"란 유기화합물을 취급하는 다음 각 목의 어느 하나에 해당하는 장소를 말한다.
   가. 선박의 내부
   나. 차량의 내부
   다. 탱크의 내부(반응기 등 화학설비 포함)
   라. 터널이나 갱의 내부
   마. 맨홀의 내부
   바. 피트의 내부
   사. 통풍이 충분하지 않은 수로의 내부
   아. 덕트의 내부
   자. 수관(水管)의 내부
   차. 그 밖에 통풍이 충분하지 않은 장소
8. "임시작업"이란 일시적으로 하는 작업 중 월 24시간 미만인 작업을 말한다. 다만, 월 10시간 이상 24시간 미만인 작업이 매월 행하여지는 작업은 제외한다.
9. "단시간작업"이란 관리대상 유해물질을 취급하는 시간이 1일 1시간 미만인 작업을 말한다. 다만, 1일 1시간 미만인 작업이 매일 수행되는 경우는 제외한다.

■ 산업안전보건기준에 관한 규칙 [별표 12] <개정 2022. 10. 18.>

관리대상 유해물질의 종류(제420조, 제439조 및 제440조 관련)

1. 유기화합물(123종)

1) 글루타르알데히드(Glutaraldehyde; 111-30-8)
2) 니트로글리세린(Nitroglycerin; 55-63-0)
3) 니트로메탄(Nitromethane; 75-52-5)
4) 니트로벤젠(Nitrobenzene; 98-95-3)
5) p-니트로아닐린(p-Nitroaniline; 100-01-6)
6) p-니트로클로로벤젠(p-Nitrochlorobenzene; 100-00-5)
7) 2-니트로톨루엔(2-Nitrotoluene; 88-72-2)(특별관리물질)
8) 디(2-에틸헥실)프탈레이트(Di(2-ethylhexyl)phthalate; 117-81-7)
9) 디니트로톨루엔(Dinitrotoluene; 25321-14-6 등)(특별관리물질)
10) N,N-디메틸아닐린(N,N-Dimethylaniline; 121-69-7)

11) 디메틸아민(Dimethylamine; 124-40-3)
12) N,N-디메틸아세트아미드(N,N-Dimethylacetamide; 127-19-5)(특별관리물질)
13) 디메틸포름아미드(Dimethylformamide; 68-12-2)(특별관리물질)
14) 디부틸 프탈레이트(Dibutyl phthalate; 84-74-2)(특별관리물질)
15) 디에탄올아민(Diethanolamine; 111-42-2)
16) 디에틸 에테르(Diethyl ether; 60-29-7)
17) 디에틸렌트리아민(Diethylenetriamine; 111-40-0)
18) 2-디에틸아미노에탄올(2-Diethylaminoethanol; 100-37-8)
19) 디에틸아민(Diethylamine; 109-89-7)
20) 1,4-디옥산(1,4-Dioxane; 123-91-1)
21) 디이소부틸케톤(Diisobutylketone; 108-83-8)
22) 1,1-디클로로-1-플루오로에탄(1,1-Dichloro-1-fluoroethane; 1717-00-6)
23) 디클로로메탄(Dichloromethane; 75-09-2)
24) o-디클로로벤젠(o-Dichlorobenzene; 95-50-1)
25) 1,2-디클로로에탄(1,2-Dichloroethane; 107-06-2)(특별관리물질)
26) 1,2-디클로로에틸렌(1,2-Dichloroethylene; 540-59-0 등)
27) 1,2-디클로로프로판(1,2-Dichloropropane; 78-87-5)(특별관리물질)
28) 디클로로플루오로메탄(Dichlorofluoromethane; 75-43-4)
29) p-디히드록시벤젠(p-dihydroxybenzene; 123-31-9)
30) 메탄올(Methanol; 67-56-1)
31) 2-메톡시에탄올(2-Methoxyethanol; 109-86-4)(특별관리물질)
32) 2-메톡시에틸 아세테이트(2-Methoxyethyl acetate; 110-49-6)(특별관리물질)
33) 메틸 n-부틸 케톤(Methyl n-butyl ketone; 591-78-6)
34) 메틸 n-아밀 케톤(Methyl n-amyl ketone; 110-43-0)
35) 메틸 아민(Methyl amine; 74-89-5)
36) 메틸 아세테이트(Methyl acetate; 79-20-9)
37) 메틸 에틸 케톤(Methyl ethyl ketone; 78-93-3)
38) 메틸 이소부틸 케톤(Methyl isobutyl ketone; 108-10-1)
39) 메틸 클로라이드(Methyl chloride; 74-87-3)
40) 메틸 클로로포름(Methyl chloroform; 71-55-6)
41) 메틸렌 비스(페닐 이소시아네이트)(Methylene bis(phenyl isocyanate); 101-68-8 등)
42) o-메틸시클로헥사논(o-Methylcyclohexanone; 583-60-8)
43) 메틸시클로헥사놀(Methylcyclohexanol; 25639-42-3 등)
44) 무수 말레산(Maleic anhydride; 108-31-6)
45) 무수 프탈산(Phthalic anhydride; 85-44-9)
46) 벤젠(Benzene; 71-43-2)(특별관리물질)
47) 벤조(a)피렌[Benzo(a)pyrene; 50-32-8](특별관리물질)
48) 1,3-부타디엔(1,3-Butadiene; 106-99-0)(특별관리물질)
49) n-부탄올(n-Butanol; 71-36-3)
50) 2-부탄올(2-Butanol; 78-92-2)

51) 2-부톡시에탄올(2-Butoxyethanol; 111-76-2)
52) 2-부톡시에틸 아세테이트(2-Butoxyethyl acetate; 112-07-2)
53) n-부틸 아세테이트(n-Butyl acetate; 123-86-4)
54) 1-브로모프로판(1-Bromopropane; 106-94-5)(특별관리물질)
55) 2-브로모프로판(2-Bromopropane; 75-26-3)(특별관리물질)
56) 브롬화 메틸(Methyl bromide; 74-83-9)
57) 브이엠 및 피 나프타(VM&P Naphtha; 8032-32-4)
58) 비닐 아세테이트(Vinyl acetate; 108-05-4)
59) 사염화탄소(Carbon tetrachloride; 56-23-5)(특별관리물질)
60) 스토다드 솔벤트(Stoddard solvent; 8052-41-3)(벤젠을 0.1% 이상 함유한 경우만 특별관리물질)
61) 스티렌(Styrene; 100-42-5)
62) 시클로헥사논(Cyclohexanone; 108-94-1)
63) 시클로헥사놀(Cyclohexanol; 108-93-0)
64) 시클로헥산(Cyclohexane; 110-82-7)
65) 시클로헥센(Cyclohexene; 110-83-8)
66) 시클로헥실아민(Cyclohexylamine; 108-91-8)
67) 아닐린[62-53-3] 및 그 동족체(Aniline and its homologues)
68) 아세토니트릴(Acetonitrile; 75-05-8)
69) 아세톤(Acetone; 67-64-1)
70) 아세트알데히드(Acetaldehyde; 75-07-0)
71) 아크릴로니트릴(Acrylonitrile; 107-13-1)(특별관리물질)
72) 아크릴아미드(Acrylamide; 79-06-1)(특별관리물질)
73) 알릴 글리시딜 에테르(Allyl glycidyl ether; 106-92-3)
74) 에탄올아민(Ethanolamine; 141-43-5)
75) 2-에톡시에탄올(2-Ethoxyethanol; 110-80-5)(특별관리물질)
76) 2-에톡시에틸 아세테이트(2-Ethoxyethyl acetate; 111-15-9)(특별관리물질)
77) 에틸 벤젠(Ethyl benzene; 100-41-4)
78) 에틸 아세테이트(Ethyl acetate; 141-78-6)
79) 에틸 아크릴레이트(Ethyl acrylate; 140-88-5)
80) 에틸렌 글리콜(Ethylene glycol; 107-21-1)
81) 에틸렌 글리콜 디니트레이트(Ethylene glycol dinitrate; 628-96-6)
82) 에틸렌 클로로히드린(Ethylene chlorohydrin; 107-07-3)
83) 에틸렌이민(Ethyleneimine; 151-56-4)(특별관리물질)
84) 에틸아민(Ethylamine; 75-04-7)
85) 2,3-에폭시-1-프로판올(2,3-Epoxy-1-propanol; 556-52-5 등)(특별관리물질)
86) 1,2-에폭시프로판(1,2-Epoxypropane; 75-56-9 등)(특별관리물질)
87) 에피클로로히드린(Epichlorohydrin; 106-89-8 등)(특별관리물질)
88) 와파린(Warfarin; 81-81-2)(특별관리물질)
89) 요오드화 메틸(Methyl iodide; 74-88-4)

90) 이소부틸 아세테이트(Isobutyl acetate; 110-19-0)
91) 이소부틸 알코올(Isobutyl alcohol; 78-83-1)
92) 이소아밀 아세테이트(Isoamyl acetate; 123-92-2)
93) 이소아밀 알코올(Isoamyl alcohol; 123-51-3)
94) 이소프로필 아세테이트(Isopropyl acetate; 108-21-4)
95) 이소프로필 알코올(Isopropyl alcohol; 67-63-0)
96) 이황화탄소(Carbon disulfide; 75-15-0)
97) 크레졸(Cresol; 1319-77-3 등)
98) 크실렌(Xylene; 1330-20-7 등)
99) 2-클로로-1,3-부타디엔(2-Chloro-1,3-butadiene; 126-99-8)
100) 클로로벤젠(Chlorobenzene; 108-90-7)
101) 1,1,2,2-테트라클로로에탄(1,1,2,2-Tetrachloroethane; 79-34-5)
102) 테트라히드로푸란(Tetrahydrofuran; 109-99-9)
103) 톨루엔(Toluene; 108-88-3)
104) 톨루엔-2,4-디이소시아네이트(Toluene-2,4-diisocyanate; 584-84-9 등)
105) 톨루엔-2,6-디이소시아네이트(Toluene-2,6-diisocyanate); 91-08-7 등)
106) 트리에틸아민(Triethylamine; 121-44-8)
107) 트리클로로메탄(Trichloromethane; 67-66-3)
108) 1,1,2-트리클로로에탄(1,1,2-Trichloroethane; 79-00-5)
109) 트리클로로에틸렌(Trichloroethylene; 79-01-6)(특별관리물질)
110) 1,2,3-트리클로로프로판(1,2,3-Trichloropropane; 96-18-4)(특별관리물질)
111) 퍼클로로에틸렌(Perchloroethylene; 127-18-4)(특별관리물질)
112) 페놀(Phenol; 108-95-2)(특별관리물질)
113) 페닐 글리시딜 에테르(Phenyl glycidyl ether; 122-60-1 등)
114) 포름아미드(Formamide; 75-12-7)(특별관리물질)
115) 포름알데히드(Formaldehyde; 50-00-0)(특별관리물질)
116) 프로필렌이민(Propyleneimine; 75-55-8)(특별관리물질)
117) n-프로필 아세테이트(n-Propyl acetate; 109-60-4)
118) 피리딘(Pyridine; 110-86-1)
119) 헥사메틸렌 디이소시아네이트(Hexamethylene diisocyanate; 822-06-0)
120) n-헥산(n-Hexane; 110-54-3)
121) n-헵탄(n-Heptane; 142-82-5)
122) 황산 디메틸(Dimethyl sulfate; 77-78-1)(특별관리물질)
123) 히드라진[302-01-2] 및 그 수화물(Hydrazine and its hydrates)(특별관리물질)
124) 1)부터 123)까지의 물질을 중량비율 1%[N,N-디메틸아세트아미드(특별관리물질), 디메틸포름아미드(특별관리물질), 디부틸 프탈레이트(특별관리물질), 2-메톡시에탄올(특별관리물질), 2-메톡시에틸 아세테이트(특별관리물질), 1-브로모프로판(특별관리물질), 2-브로모프로판(특별관리물질), 2-에톡시에탄올(특별관리물질), 2-에톡시에틸 아세테이트(특별관리물질), 와파린(특별관리물질), 페놀(특별관리물질) 및 포름아미드(특별관리물질)는 0.3%, 그 밖의 특별관리물질은 0.1%] 이상 함유한 혼합물

2. 금속류(25종)

1) 구리[7440-50-8] 및 그 화합물(Copper and its compounds)

2) 납[7439-92-1] 및 그 무기화합물(Lead and its inorganic compounds)(특별관리물질)

3) 니켈[7440-02-0] 및 그 무기화합물, 니켈 카르보닐(Nickel and its inorganic compounds, Nickel carbonyl)(불용성화합물만 특별관리물질)

4) 망간[7439-96-5] 및 그 무기화합물(Manganese and its inorganic compounds)

5) 바륨[7440-39-3] 및 그 가용성 화합물(Barium and its soluble compounds)

6) 백금[7440-06-4] 및 그 화합물(Platinum and its compounds)

7) 산화마그네슘(Magnesium oxide; 1309-48-4)

8) 산화붕소(Boron oxide; 1303-86-2)(특별관리물질)

9) 셀레늄[7782-49-2] 및 그 화합물(Selenium and its compounds)

10) 수은[7439-97-6] 및 그 화합물(Mercury and its compounds)(특별관리물질. 다만, 아릴화합물 및 알킬화합물은 특별관리물질에서 제외한다)

11) 아연[7440-66-6] 및 그 화합물(Zinc and its compounds)

12) 안티몬[7440-36-0] 및 그 화합물(Antimony and its compounds)
(삼산화안티몬만 특별관리물질)

13) 알루미늄[7429-90-5] 및 그 화합물(Aluminum and its compounds)

14) 오산화바나듐(Vanadium pentoxide; 1314-62-1)

15) 요오드[7553-56-2] 및 요오드화물(Iodine and iodides)

16) 은[7440-22-4] 및 그 화합물(Silver and its compounds)

17) 이산화티타늄(Titanium dioxide; 13463-67-7)

18) 인듐[7440-74-6] 및 그 화합물(Indium and its compounds)

19) 주석[7440-31-5] 및 그 화합물(Tin and its compounds)

20) 지르코늄[7440-67-7] 및 그 화합물(Zirconium and its compounds)

21) 철[7439-89-6] 및 그 화합물(Iron and its compounds)

22) 카드뮴[7440-43-9] 및 그 화합물(Cadmium and its compounds)(특별관리물질)

23) 코발트[7440-48-4] 및 그 무기화합물(Cobalt and its inorganic compounds)

24) 크롬[7440-47-3] 및 그 화합물(Chromium and its compounds)(6가크롬 화합물만 특별관리물질)

25) 텅스텐[7440-33-7] 및 그 화합물(Tungsten and its compounds)

26) 1)부터 25)까지의 물질을 중량비율 1%[납 및 그 무기화합물(특별관리물질), 산화붕소(특별관리물질), 수은 및 그 화합물(특별관리물질. 다만, 아릴화합물 및 알킬화합물은 특별관리물질에서 제외한다)은 0.3%, 그 밖의 특별관리물질은 0.1%] 이상 함유한 혼합물

3. 산 · 알칼리류(18종)

1) 개미산(Formic acid; 64-18-6)

2) 과산화수소(Hydrogen peroxide; 7722-84-1)

3) 무수 초산(Acetic anhydride; 108-24-7)

4) 불화수소(Hydrogen fluoride; 7664-39-3)

5) 브롬화수소(Hydrogen bromide; 10035-10-6)

6) 사붕소산 나트륨(무수물, 오수화물)(Sodium tetraborate; 1330-43-4, 12179-04-3)(특별관리물질)
7) 수산화 나트륨(Sodium hydroxide; 1310-73-2)
8) 수산화 칼륨(Potassium hydroxide; 1310-58-3)
9) 시안화 나트륨(Sodium cyanide; 143-33-9)
10) 시안화 칼륨(Potassium cyanide; 151-50-8)
11) 시안화 칼슘(Calcium cyanide; 592-01-8)
12) 아크릴산(Acrylic acid; 79-10-7)
13) 염화수소(Hydrogen chloride; 7647-01-0)
14) 인산(Phosphoric acid; 7664-38-2)
15) 질산(Nitric acid; 7697-37-2)
16) 초산(Acetic acid; 64-19-7)
17) 트리클로로아세트산(Trichloroacetic acid; 76-03-9)
18) 황산(Sulfuric acid; 7664-93-9)(pH 2.0 이하인 강산은 특별관리물질)
19) 1)부터 18)까지의 물질을 중량비율 1%[사붕소산나트륨(무수물, 오수화물)(특별관리물질)은 0.3%, pH 2.0 이하인 황산(특별관리물질)은 0.1%] 이상 함유한 혼합물

4. 가스 상태 물질류(15종)

1) 불소(Fluorine; 7782-41-4)
2) 브롬(Bromine; 7726-95-6)
3) 산화에틸렌(Ethylene oxide; 75-21-8)(특별관리물질)
4) 삼수소화 비소(Arsine; 7784-42-1)
5) 시안화 수소(Hydrogen cyanide; 74-90-8)
6) 암모니아(Ammonia; 7664-41-7 등)
7) 염소(Chlorine; 7782-50-5)
8) 오존(Ozone; 10028-15-6)
9) 이산화질소(nitrogen dioxide; 10102-44-0)
10) 이산화황(Sulfur dioxide; 7446-09-5)
11) 일산화질소(Nitric oxide; 10102-43-9)
12) 일산화탄소(Carbon monoxide; 630-08-0)
13) 포스겐(Phosgene; 75-44-5)
14) 포스핀(Phosphine; 7803-51-2)
15) 황화수소(Hydrogen sulfide; 7783-06-4)
16) 1)부터 15)까지의 물질을 중량비율 1%(특별관리물질은 0.1%) 이상 함유한 혼합물

비고: '등'이란 해당 화학물질에 이성질체 등 동일 속성을 가지는 2개 이상의 화합물이 존재할 수 있는 경우를 말한다.

정답: ⑤

25 흡연, 염화비닐, 아플라톡신, 사염화탄소, 클로로포름으로 인한 암 발생과 가장 밀접한 관련이 있는 인체의 장기는?

① 위

② 간

③ 폐

④ 신장

⑤ 방광

해설

○ 간 독성 및 간세포암 유발물질

사염화탄소, 클로로포름, TCE, 테트라클로로에탄, 염화비닐, MTX(메토트렉세이트), 아플라톡신(B1), 에탄올 등

○ 흡연과 간암

흡연은 간암의 강력한 유발원인 중 하나이다. 국제암연구소(IARC)에서는 흡연을 간암의 1급 발암원으로 분류하고 있으며 흡연자가 음주도 하면 간암 발생 위험은 더욱 증가한다.

정답 ②

산업보건지도사 제2과목(산업보건일반) 모의고사 해설

01 건강진단 판정에서 건강관리구분과 그 의미의 연결이 옳지 않은 것은?

① U-2차건강진단대상임을 통보하고 30일을 경과하여 해당 검사가 이루어지지 않아 건강관리구분을 판정할 수 없는 근로자

② C_1-직업성 질병으로 진전될 우려가 있어 추적검사 등 관찰이 필요한 근로자(직업병 요관찰자)

③ D_2-일반 질병의 소견을 보여 사후관리가 필요한 근로자(일반질병 유소견자)

④ R-건강진단 1차 검사결과 건강수준의 평가가 곤란하거나 질병이 의심되는 근로자(제2차 건강진단 대상자)

⑤ C_N-질병의 소견을 보여 야간작업 시 사후관리가 필요한 근로자(질병 유소견자)

해설

○ **근로자건강진단실시기준 [별표4]**

건강관리구분, 사후관리내용 및 업무수행 적합여부 판정

(제13조제1항 관련)

1. 건강관리구분 판정

건강관리구분		건 강 관 리 구 분 내 용
A		건강관리상 사후관리가 필요 없는 근로자(건강한 근로자)
C	C_1	직업성 질병으로 진전될 우려가 있어 추적검사 등 관찰이 필요한 근로자 (직업병 요관찰자)
	C_2	일반질병으로 진전될 우려가 있어 추적관찰이 필요한 근로자(일반질병 요관찰자)
D_1		직업성 질병의 소견을 보여 사후관리가 필요한 근로자(직업병 유소견자)
D_2		일반 질병의 소견을 보여 사후관리가 필요한 근로자(일반질병 유소견자)
R		건강진단 1차 검사결과 건강수준의 평가가 곤란하거나 질병이 의심되는 근로자 (제2차건강진단 대상자)

※ "U"는 2차건강진단대상임을 통보하고 30일을 경과하여 해당 검사가 이루어지지 않아 건강관리구분을 판정할 수 없는 근로자 "U"로 분류한 경우에는 해당 근로자의 퇴직, 기한내 미실시 등 2차 건강진단의 해당 검사가 이루어지지 않은 사유를 시행규칙 제209조제3항에 따른 건강진단 결과표의 사후관리소견서 검진소견란에 기재하여야 함

1의 2. "야간작업" 특수건강진단 건강관리구분 판정

건강관리구분	건 강 관 리 구 분 내 용
A	건강관리상 사후관리가 필요 없는 근로자(건강한 근로자)
C_N	질병으로 진전될 우려가 있어 야간작업 시 추적관찰이 필요한 근로자(질병 요관찰자)
D_N	질병의 소견을 보여 야간작업 시 사후관리가 필요한 근로자(질병 유소견자)
R	건강진단 1차 검사결과 건강수준의 평가가 곤란하거나 질병이 의심되는 근로자(제2차건강진단 대상자)
※ "U"는 2차건강진단대상임을 통보하고 30일을 경과하여 해당 검사가 이루어지지 않아 건강관리구분을 판정할 수 없는 근로자 "U"로 분류한 경우에는 당 근로자의 퇴직, 기한내 미실시 등 2차 건강진단의 해당 검사가 이루어지지 않은 사유를 규칙 제209조제3항에 따른 건강진단결과표의 사후관리소견서 검진소견란에 기재하여야 함	

정답 ⑤

02 직장에서의 부적응 현상으로 보기 어려운 것은?

① 고집(Fixation)

② 체념(Resignation)

③ 타협(Compromise)

④ 퇴행(Degeneration)

⑤ 인지부조화(cognitive dissonance)

해설

인지부조화 이론(cognitive dissonance theory)이란 개인이 가진 신념, 생각, 태도와 행동 사이의 부조화가 유발하는 심리적 불편함을 해소하기 위한 태도나 행동의 변화를 설명하는 이론이다. 자신의 믿음 또는 확신이 틀린 것으로 판명되었을 때, 잘못된 믿음을 인정하기보다는 현실을 자신에게 유리하게끔 왜곡하는 것이다. 즉, 자신이 가지고 있는 아이디어나 신념, 믿음 등이 서로 조화를 이루지 못하는 것에 불편함을 느끼고 태도를 바꾸어서 이를 해소하고자 하는 경향을 말한다. 인지부조화를 겪을 때 공격적, 합리화, 퇴행, 고착, 체념과 같은 증상을 발현한다.

1957년 미국 심리학자인 리언 페스팅거가 주장했다. 인지부조화 이론을 간단하게 설명하면 내 생각과 바깥 현상이 다를 경우 처음에는 괴로워하다 결국에는 자신의 생각을 바깥 현상에 끼워 맞추려 하는 것으로, 아전인수(我田引水), 자기합리화라고 할 수 있다.

이솝 우화 '여우와 신포도' 이야기는 인지부조화 현상을 가장 잘 반영하고 있다. 이야기 속에서, 여우는 높은 줄기에 달려 있는 포도를 먹고 싶어 한다. 그러나 결국 포도가 손에 닿지 못하자, "저 포도는 신포도일 것이야"라면서 외면한다.

여우는 포도를 먹고 싶었지만, 자신의 능력으로는 포도를 가질 수 없었기에 포도가 맛이 없을 것이라는 생각을 통해 자신의 생각을 정당화 시켰다. 즉 여우는 심리적 불편함을 제거하기 위한 방향으로 인지상의 부조화를 없애거나 줄이려는 쪽으로 자신의 믿음을 강화한 것이다.

정답 ③

03 역학 용어에 관한 설명으로 옳지 않은 것은?

① 기여위험도(AR)는 어떤 위험요인에 노출된 사람과 노출되지 않은 사람 사이의 발병의 차이를 말한다.

② 특이도(Specificity)는 해당 질병이 없는 사람들을 검사한 결과 음성으로 나타나는 확률이다.

③ 위음성률(false negative rate)과 위양성률(false positive rate)은 신뢰도 지표이다.

④ 유병률(prevalence)은 일정기간 동안 질병이 없던 인구에서 질병이 발생한 확률이다.

⑤ 민감도(Sensitivity)는 질병이 있는 환자 중 검사결과가 양성으로 나타날 확률이다.

해설

○ **주요 역학용어 해설**

1. 위음성률(false negative rate, 가짜 음성)-질병이 있는 사람이 검사 결과 음성일 확률
2. 위양성률(false positive rate, 가짜 양성)-질병이 없는 사람이 검사 결과 양성일 확률
3. 특이도(Specificity)-해당 질병이 없는 사람들을 검사한 결과 음성으로 나타나는 확률
4. 민감도(Sensitivity)-질병이 있는 환자 중 검사결과가 양성으로 나타날 확률

5 발생률(incidence rate or incidence)-일정기간 동안 한 인구 집단 내에서 어떤 질병이 새로 발생한 환자의 수

6 유병률(prevalence rate or prevalence)-일정기간 동안 한 인구 집단 내에서 어떤 질병에 걸려있는 (이환되어 있는) 환자의 수

7. 타당도(Validity)-진단이나 측정방법이 측정한 결과가 찾고자 하는 참값을 반영하는 정도로 쉽게 말해서 질병을 가진 사람을 검사하였을 때 항상 양성으로 판정하고, 질병이 없는 사람을 검사하였을 때 항상 음성으로 판단하는 정도라 할 수 있다.

8. 신뢰도(Reliabikity)-동일한 대상에서 같은 내용에 대해서 반복 측정했을 때 같은 결과(적어도 유사한 결과)가 나오는 정도로 재현성(reproducibility), 반복성(repeatability)와 동일한 개념이라 할 수 있다.

정답: ③

04 코호트 연구(Cohort, 특정인구집단)와 환자-대조군 연구(Case control study)에 관한 설명으로 옳지 않은 것은?

① 일반적으로 코호트 연구일 경우 상대위험도를, 환자대조군 연구일 경우 오즈비(Odds ratio)를 활용해 계산한다.
② 환자-대조군 연구는 후향적 연구이다.
③ 코호트 연구는 전향적 연구이다.
④ 상대위험도(Relative risk)는 위험인자가 없는 경우에 비해 위험인자가 있을 때 질병이 발생할 상대적 위험도로 주로 코호트 연구에서 사용한다.
⑤ 기여위험도(Attributable risk)는 질병이 있는 경우와 질병이 없는 경우에 위험인자 유무의 비로 주로 환자-대조군 연구에서 사용한다.

해설

오즈비(Odds ratio)는 질병이 있는 경우와 질병이 없는 경우에 위험인자 유무의 비로 주로 환자-대조군 연구에서 사용한다. 만일 희귀질환일 경우 환자가 적게 발생한 경우는 상대위험도와 오즈비는 거의 같게 된다. 오즈비가 비교위험도의 근사치로 사용될 수 있는 경우는 다음과 같다.

1) 연구에 포함된 환자군(과거 위험요인 노출 측면에서) 전체 인구집단의 질병 있는 사람들을 대표할 수 있는 경우
2) 연구에 포함된 대조군(과거 위험요인 노출 측면에서) 전체 인구집단의 질병 없는 사람들을 대표할 수 있는 경우
3) 연구 대상 질병이 흔하게 발생되는 질병이 아닌 희귀질환인 경우

구분	질병 발생	질병 미발생	전체
위험인자 있음	P_2	$1-P_2$	1
위험인자 없음	P_1	$1-P_1$	1

오즈비= $\dfrac{\dfrac{P_2}{1-P_2}}{\dfrac{P_1}{1-P_1}} = \dfrac{P_2(1-P_1)}{P_1(1-P_2)}$

상대위험도= $\dfrac{\dfrac{P_2}{1}}{\dfrac{P_1}{1}} = \dfrac{P_2}{P_1}$

→ 비교위험도(RR) 해석

1) RR=1: 노출군의 위험도는 비노출군과 같다. (연관성 없음)
2) RR>1: 노출군의 위험도가 비노출군보다 높다. (양의 연관성, 즉 원인일 가능성)
3) RR<1: 노출군의 위험도가 비노출군보다 낮다. (음의 연관성, 예방요인 가능성)

정답: ⑤

05 산업안전보건법 시행규칙상 유해인자의 유해성·위험성 분류기준으로 옳은 것은?

① 급성독성물질: 호흡기를 통하여 1회 투여 또는 24시간 이내에 여러 차례로 나누어 투여하거나 입 또는 피부를 통하여 4시간 동안 흡입하는 경우 유해한 영향을 일으키는 물질

② 소음: 소음성난청을 유발할 수 있는 80데시벨(A) 이상의 시끄러운 소리

③ 이상기압: 절대 압력이 제곱미터당 1킬로그램 초과 또는 미만인 기압

④ 공기매개 감염인자: 결핵·수두·홍역 등 공기 또는 비말감염 등을 매개로 호흡기를 통하여 전염되는 인자

⑤ 자연발화성 액체: 열적(熱的)인 면에서 불안정하여 산소가 공급되지 않아도 강렬하게 발열·분해하기 쉬운 액체

해설

■ **산업안전보건법 시행규칙 [별표 18]**

<u>유해인자의 유해성·위험성 분류기준</u>(제141조 관련)

1. 화학물질의 분류기준

가. 물리적 위험성 분류기준

1) 폭발성 물질: 자체의 화학반응에 따라 주위환경에 손상을 줄 수 있는 정도의 온도·압력 및 속도를 가진 가스를 발생시키는 고체·액체 또는 혼합물

2) 인화성 가스: 20℃, 표준압력(101.3㎪)에서 공기와 혼합하여 인화되는 범위에 있는 가스와 54℃ 이하 공기 중에서 자연발화하는 가스를 말한다.(혼합물을 포함한다)

3) 인화성 액체: 표준압력(101.3㎪)에서 인화점이 93℃ 이하인 액체

4) 인화성 고체: 쉽게 연소되거나 마찰에 의하여 화재를 일으키거나 촉진할 수 있는 물질

5) 에어로졸: 재충전이 불가능한 금속·유리 또는 플라스틱 용기에 압축가스·액화가스 또는 용해가스를 충전하고 내용물을 가스에 현탁시킨 고체나 액상입자로, 액상 또는 가스상에서 폼·페이스트·분말상으로 배출되는 분사장치를 갖춘 것

6) 물반응성 물질: 물과 상호작용을 하여 자연발화되거나 인화성 가스를 발생시키는 고체·액체 또는 혼합물

7) 산화성 가스: 일반적으로 산소를 공급함으로써 공기보다 다른 물질의 연소를 더 잘 일으키거나 촉진하는 가스

8) 산화성 액체: 그 자체로는 연소하지 않더라도, 일반적으로 산소를 발생시켜 다른 물질을 연소시키거나 연소를 촉진하는 액체

9) 산화성 고체: 그 자체로는 연소하지 않더라도 일반적으로 산소를 발생시켜 다른 물질을 연소시키거나 연소를 촉진하는 고체

10) 고압가스: 20℃, 200킬로파스칼(kpa) 이상의 압력 하에서 용기에 충전되어 있는 가스 또는 냉동액화가스 형태로 용기에 충전되어 있는 가스(압축가스, 액화가스, 냉동액화가스, 용해가스로 구분한다)

11) 자기반응성 물질: 열적(熱的)인 면에서 불안정하여 산소가 공급되지 않아도 강렬하게 발열·분해하기 쉬운 액체·고체 또는 혼합물

12) <u>자연발화성 액체</u>: 적은 양으로도 공기와 접촉하여 5분 안에 발화할 수 있는 액체

13) 자연발화성 고체 : 적은 양으로도 공기와 접촉하여 5분 안에 발화할 수 있는 고체

14) 자기발열성 물질: 주위의 에너지 공급 없이 공기와 반응하여 스스로 발열하는 물질(자기

발화성 물질은 제외한다)

15) 유기과산화물: 2가의 —O—O—구조를 가지고 1개 또는 2개의 수소 원자가 유기라디칼에 의하여 치환된 과산화수소의 유도체를 포함한 액체 또는 고체 유기물질

16) 금속 부식성 물질: 화학적인 작용으로 금속에 손상 또는 부식을 일으키는 물질

나. 건강 및 환경 유해성 분류기준

1) 급성 독성 물질: 입 또는 피부를 통하여 1회 투여 또는 24시간 이내에 여러 차례로 나누어 투여하거나 호흡기를 통하여 4시간 동안 흡입하는 경우 유해한 영향을 일으키는 물질

2) 피부 부식성 또는 자극성 물질: 접촉 시 피부조직을 파괴하거나 자극을 일으키는 물질(피부 부식성 물질 및 피부 자극성 물질로 구분한다)

3) 심한 눈 손상성 또는 자극성 물질: 접촉 시 눈 조직의 손상 또는 시력의 저하 등을 일으키는 물질(눈 손상성 물질 및 눈 자극성 물질로 구분한다)

4) 호흡기 과민성 물질: 호흡기를 통하여 흡입되는 경우 기도에 과민반응을 일으키는 물질

5) 피부 과민성 물질: 피부에 접촉되는 경우 피부 알레르기 반응을 일으키는 물질

6) 발암성 물질: 암을 일으키거나 그 발생을 증가시키는 물질

7) 생식세포 변이원성 물질: 자손에게 유전될 수 있는 사람의 생식세포에 돌연변이를 일으킬 수 있는 물질

8) 생식독성 물질: 생식기능, 생식능력 또는 태아의 발생·발육에 유해한 영향을 주는 물질

9) 특정 표적장기 독성 물질(1회 노출): 1회 노출로 특정 표적장기 또는 전신에 독성을 일으키는 물질

10) 특정 표적장기 독성 물질(반복 노출): 반복적인 노출로 특정 표적장기 또는 전신에 독성을 일으키는 물질

11) 흡인 유해성 물질: 액체 또는 고체 화학물질이 입이나 코를 통하여 직접적으로 또는 구토로 인하여 간접적으로, 기관 및 더 깊은 호흡기관으로 유입되어 화학적 폐렴, 다양한 폐 손상이나 사망과 같은 심각한 급성 영향을 일으키는 물질

12) 수생 환경 유해성 물질: 단기간 또는 장기간의 노출로 수생생물에 유해한 영향을 일으키는 물질

13) 오존층 유해성 물질: 「오존층 보호를 위한 특정물질의 제조규제 등에 관한 법률」 제2조제1호에 따른 특정물질

2. 물리적 인자의 분류기준

가. 소음: 소음성난청을 유발할 수 있는 85데시벨(A) 이상의 시끄러운 소리

나. 진동: 착암기, 손망치 등의 공구를 사용함으로써 발생되는 백랍병·레이노 현상·말초순환장애 등의 국소 진동 및 차량 등을 이용함으로써 발생되는 관절통·디스크·소화장애 등의 전신 진동

다. 방사선: 직접·간접으로 공기 또는 세포를 전리하는 능력을 가진 알파선·베타선·감마선·엑스선·중성자선 등의 전자선

라. 이상기압: 게이지 압력이 제곱센티미터당 1킬로그램 초과 또는 미만인 기압

마. 이상기온: 고열·한랭·다습으로 인하여 열사병·동상·피부질환 등을 일으킬 수 있는 기온

3. 생물학적 인자의 분류기준

가. 혈액매개 감염인자: 인간면역결핍바이러스, B형·C형간염바이러스, 매독바이러스 등 혈액을 매개로 다른 사람에게 전염되어 질병을 유발하는 인자

나. 공기매개 감염인자: 결핵·수두·홍역 등 공기 또는 비말감염 등을 매개로 호흡기를 통하여 전염되는 인자

다. 곤충 및 동물매개 감염인자: 쯔쯔가무시증, 렙토스피라증, 유행성출혈열 등 동물의 배설물 등에 의하여 전염되는 인자 및 탄저병, 브루셀라병 등 가축 또는 야생동물로부터 사람에게 감염되는 인자

※ 비고

제1호에 따른 화학물질의 분류기준 중 가목에 따른 물리적 위험성 분류기준별 세부 구분기준과 나목에 따른 건강 및 환경 유해성 분류기준의 단일물질 분류기준별 세부 구분기준 및 혼합물질의 분류기준은 고용노동부장관이 정하여 고시한다.

정답: ④

06 산업안전보건기준에 관한 규칙상 사업주의 근골격계질환 유해요인조사에 관한 내용으로 옳은 것은?

① 신설 사업장은 신설일로부터 6개월 이내에 최초 유해요인조사를 하여야 한다.

② 사업주는 근골격계부담작업 여부에 상관없이 3년마다 유해요인조사를 하여야 한다.

③ 근골격계질환으로 「산업재해보상보험법 시행령」 상 신체부담작업에 따라 업무상 질병으로 인정받은 근로자가 연간 3명 이상 발생한 사업장으로서 발생 비율이 그 사업장 근로자 수의 10퍼센트 이상인 경우에는 사업주는 근골격계질환 예방관리 프로그램을 수립하여 시행하여야 한다.

④ 근로자가 근골격계질환으로 「산업재해보상보험법 시행령」에 따라 진동작업 등으로 업무상 질병으로 인정받은 경우, 근골격계부담작업인 경우에 한해 지체 없이 유해요인조사를 하여야 한다.

⑤ 법에 따른 임시건강진단 등에서 근골격계질환자가 발생하였을 경우, 근골격계부담작업이 아닌 작업에서 발생한 경우라도 지체 없이 유해요인조사를 하여야 한다.

해설

○ **산업안전보건기준에 관한 규칙**

제656조(정의) 이 장에서 사용하는 용어의 뜻은 다음과 같다.

1. "근골격계부담작업"이란 법 제39조제1항제5호에 따른 작업으로서 작업량·작업속도·작업강도 및 작업장 구조 등에 따라 고용노동부장관이 정하여 고시하는 작업을 말한다.
2. "근골격계질환"이란 반복적인 동작, 부적절한 작업자세, 무리한 힘의 사용, 날카로운 면과의 신체접촉, 진동 및 온도 등의 요인에 의하여 발생하는 건강장해로서 목, 어깨, 허리, 팔·다리의 신경·근육 및 그 주변 신체조직 등에 나타나는 질환을 말한다.
3. "근골격계질환 예방관리 프로그램"이란 유해요인 조사, 작업환경 개선, 의학적 관리, 교육·훈련, 평가에 관한 사항 등이 포함된 근골격계질환을 예방관리하기 위한 종합적인 계획을 말한다.

제657조(유해요인 조사) ① 사업주는 근로자가 **근골격계부담작업을 하는 경우**에 3년마다 다음 각 호의 사항에 대한 유해요인조사를 하여야 한다. 다만, 신설되는 사업장의 경우에는 신설일부터 1년 이내에 최초의 유해요인 조사를 하여야 한다.

1. 설비 · 작업공정 · 작업량 · 작업속도 등 작업장 상황
2. 작업시간 · 작업자세 · 작업방법 등 작업조건
3. 작업과 관련된 근골격계질환 징후와 증상 유무 등

② 사업주는 다음 각 호의 어느 하나에 해당하는 사유가 발생하였을 경우에 제1항에도 불구하고 지체 없이 유해요인 조사를 하여야 한다. **다만, 제1호의 경우는 근골격계부담작업이 아닌 작업에서 발생한 경우를 포함한다.**

1. 법에 따른 임시건강진단 등에서 근골격계질환자가 발생하였거나 근로자가 근골격계질환으로 「산업재해보상보험법 시행령」 별표 3 제2호 가목 · 마목 및 제12호 라목에 따라 업무상 질병으로 인정받은 경우
2. 근골격계부담작업에 해당하는 새로운 작업 · 설비를 도입한 경우
3. 근골격계부담작업에 해당하는 업무의 양과 작업공정 등 작업환경을 변경한 경우

③ 사업주는 유해요인 조사에 근로자 대표 또는 해당 작업 근로자를 참여시켜야 한다.

제658조(유해요인 조사 방법 등) 사업주는 유해요인 조사를 하는 경우에 근로자와의 면담, 증상 설문조사, 인간공학적 측면을 고려한 조사 등 적절한 방법으로 하여야 한다. 이 경우 제657조제2항 제1호에 해당하는 경우에는 고용노동부장관이 정하여 고시하는 방법에 따라야 한다.

제659조(작업환경 개선) 사업주는 유해요인 조사 결과 근골격계질환이 발생할 우려가 있는 경우에 인간공학적으로 설계된 인력작업 보조설비 및 편의설비를 설치하는 등 작업환경 개선에 필요한 조치를 하여야 한다.

제660조(통지 및 사후조치) ① 근로자는 근골격계부담작업으로 인하여 운동범위의 축소, 쥐는 힘의 저하, 기능의 손실 등의 징후가 나타나는 경우 그 사실을 사업주에게 통지할 수 있다.

② 사업주는 근골격계부담작업으로 인하여 제1항에 따른 징후가 나타난 근로자에 대하여 의학적 조치를 하고 필요한 경우에는 제659조에 따른 작업환경 개선 등 적절한 조치를 하여야 한다.

제661조(유해성 등의 주지) ① 사업주는 근로자가 근골격계부담작업을 하는 경우에 다음 각 호의 사항을 근로자에게 알려야 한다.

1. 근골격계부담작업의 유해요인
2. 근골격계질환의 징후와 증상
3. 근골격계질환 발생 시의 대처요령
4. 올바른 작업자세와 작업도구, 작업시설의 올바른 사용방법
5. 그 밖에 근골격계질환 예방에 필요한 사항

② 사업주는 제657조제1항과 제2항에 따른 유해요인 조사 및 그 결과, 제658조에 따른 조사방법 등을 해당 근로자에게 알려야 한다.

③ 사업주는 근로자대표의 요구가 있으면 설명회를 개최하여 제657조제2항제1호에 따른 유해요인 조사 결과를 해당 근로자와 같은 방법으로 작업하는 근로자에게 알려야 한다.

제662조(근골격계질환 예방관리 프로그램 시행) ① 사업주는 다음 각 호의 어느 하나에 해당하는 경우에 근골격계질환 예방관리 프로그램을 수립하여 시행하여야 한다.

1. 근골격계질환으로 「산업재해보상보험법 시행령」 별표 3 제2호 가목 · 마목 및 제12호 라목에 따라 업무상 질병으로 인정받은 근로자가 연간 10명 이상 발생한 사업장 또는 5명 이상 발생한 사업장으로서 발생 비율이 그 사업장 근로자 수의 10퍼센트 이상인 경우
2. 근골격계질환 예방과 관련하여 노사 간 이견(異見)이 지속되는 사업장으로서 고용노동부장관이 필요하다고 인정하여 근골격계질환 예방관리 프로그램을 수립하여 시행할 것을 명령한 경우

② 사업주는 근골격계질환 예방관리 프로그램을 작성 · 시행할 경우에 노사협의를 거쳐야 한다.

③ 사업주는 근골격계질환 예방관리 프로그램을 작성・시행할 경우에 인간공학・산업의학・산업위생・산업간호 등 분야별 전문가로부터 필요한 지도・조언을 받을 수 있다.

○ **근골격계부담작업의 범위 및 유해요인조사 방법에 관한 고시**

제1조(목적) 이 고시는 「산업안전보건법」 제39조제1항제5호 및 「산업안전보건기준에 관한 규칙」 제656조제1호 및 제658조 단서의 규정에 따른 근골격계부담작업의 범위 및 유해요인조사 방법에 관하여 필요한 사항을 규정함을 목적으로 한다.

제2조(정의) ① 이 고시에서 사용하는 용어의 뜻은 다음 각 호와 같다.

1. "단기간 작업"이란 2개월 이내에 종료되는 1회성 작업을 말한다.
2. "간헐적인 작업"이란 연간 총 작업일수가 60일을 초과하지 않는 작업을 말한다.
3. "하루"란 「근로기준법」 제2조제1항제7호에 따른 1일 소정근로시간과 1일 연장근로시간 동안 근로자가 수행하는 총 작업시간을 말한다.
4. "4시간 이상" 또는 "2시간 이상"은 제3호에 따른 "하루" 중 근로자가 제3조 각 호에 해당하는 근골격계부담작업을 실제로 수행한 시간을 합산한 시간을 말한다.

② 이 고시에서 규정하지 않은 사항은 「산업안전보건법」 (이하 "법"이라 한다) 및 「산업안전보건기준에 관한 규칙」 (이하 "안전보건규칙"이라 한다)에서 정하는 바에 따른다.

제3조(근골격계부담작업) 법 제39조제1항제5호 및 안전보건규칙 제656조제1호에 따른 근골격계부담작업이란 다음 각 호의 어느 하나에 해당하는 작업을 말한다. 다만, 단기간작업 또는 간헐적인 작업은 제외한다.

1. 하루에 4시간 이상 집중적으로 자료입력 등을 위해 키보드 또는 마우스를 조작하는 작업
2. 하루에 총 2시간 이상 목, 어깨, 팔꿈치, 손목 또는 손을 사용하여 같은 동작을 반복하는 작업
3. 하루에 총 2시간 이상 머리 위에 손이 있거나, 팔꿈치가 어깨위에 있거나, 팔꿈치를 몸통으로부터 들거나, 팔꿈치를 몸통뒤쪽에 위치하도록 하는 상태에서 이루어지는 작업
4. 지지되지 않은 상태이거나 임의로 자세를 바꿀 수 없는 조건에서, 하루에 총 2시간 이상 목이나 허리를 구부리거나 트는 상태에서 이루어지는 작업
5. 하루에 총 2시간 이상 쪼그리고 앉거나 무릎을 굽힌 자세에서 이루어지는 작업
6. 하루에 총 2시간 이상 지지되지 않은 상태에서 1kg 이상의 물건을 한손의 손가락으로 집어 옮기거나, 2kg 이상에 상응하는 힘을 가하여 한손의 손가락으로 물건을 쥐는 작업
7. 하루에 총 2시간 이상 지지되지 않은 상태에서 4.5kg 이상의 물건을 한 손으로 들거나 동일한 힘으로 쥐는 작업
8. 하루에 10회 이상 25kg 이상의 물체를 드는 작업
9. 하루에 25회 이상 10kg 이상의 물체를 무릎 아래에서 들거나, 어깨 위에서 들거나, 팔을 뻗은 상태에서 드는 작업
10. 하루에 총 2시간 이상, 분당 2회 이상 4.5kg 이상의 물체를 드는 작업
11. 하루에 총 2시간 이상 시간당 10회 이상 손 또는 무릎을 사용하여 반복적으로 충격을 가하는 작업

제4조(유해요인조사 방법) 사업주는 안전보건규칙 제658조 단서에 따라 유해요인조사를 실시할 때에는 별지 제1호서식의 유해요인조사표 및 별지 제2호서식의 근골격계질환 증상조사표를 활용하여야 한다. 이 경우 별지 제1호서식의 다목에 따른 작업조건 조사의 경우에는 조사 대상 작업을 보

다 정밀하게 조사할 수 있는 작업분석·평가도구를 활용할 수 있다.

○ **산업재해보상보험법 시행령[별표3: 업무상 질병에 대한 구체적인 인정기준 중(中)]**

2. 근골격계 질병

가. 업무에 종사한 기간과 시간, 업무의 양과 강도, 업무수행 자세와 속도, 업무수행 장소의 구조 등이 근골격계에 부담을 주는 업무(이하 "신체부담업무"라 한다)로서 다음 어느 하나에 해당하는 업무에 종사한 경력이 있는 근로자의 팔·다리 또는 허리 부분에 근골격계 질병이 발생하거나 악화된 경우에는 업무상 질병으로 본다. 다만, 업무와 관련이 없는 다른 원인으로 발병한 경우에는 업무상 질병으로 보지 않는다.

1) 반복 동작이 많은 업무

2) 무리한 힘을 가해야 하는 업무

3) 부적절한 자세를 유지하는 업무

4) 진동 작업

5) 그 밖에 특정 신체 부위에 부담되는 상태에서 하는 업무

나. 신체부담업무로 인하여 기존 질병이 악화되었음이 의학적으로 인정되면 업무상 질병으로 본다.

다. 신체부담업무로 인하여 연령 증가에 따른 자연경과적 변화가 더욱 빠르게 진행된 것이 의학적으로 인정되면 업무상 질병으로 본다.

라. 신체부담업무의 수행 과정에서 발생한 일시적인 급격한 힘의 작용으로 근골격계 질병이 발병하면 업무상 질병으로 본다.

마. 신체부위별 근골격계 질병의 범위, 신체부담업무의 기준, 그 밖에 근골격계 질병의 업무상 질병 인정 여부 결정에 필요한 사항은 고용노동부장관이 정하여 고시한다.

12. 물리적 요인에 의한 질병

가. 고기압 또는 저기압에 노출되어 발생한 다음 어느 하나에 해당되는 증상 또는 소견

1) 폐, 중이(中耳), 부비강(副鼻腔) 또는 치아 등에 발생한 압착증

2) 물안경, 안전모 등과 같은 잠수기기로 인한 압착증

3) 질소마취 현상, 중추신경계 산소 독성으로 발생한 건강장해

4) 피부, 근골격계, 호흡기, 중추신경계 또는 속귀 등에 발생한 감압병(잠수병)

5) 뇌동맥 또는 관상동맥에 발생한 공기색전증(기포가 동맥이나 정맥을 따라 순환하다가 혈관을 막는 것)

6) 공기가슴증, 혈액공기가슴증, 가슴세로칸(종격동), 심장막 또는 피하기종

7) 등이나 복부의 통증 또는 극심한 피로감

나. 높은 압력에 노출되는 업무 환경에 2개월 이상 종사하고 있거나 그 업무에 종사하지 않게 된 후 5년 전후에 나타나는 무혈성 뼈 괴사의 만성장해. 다만, 만성 알코올중독, 매독, 당뇨병, 간경변, 간염, 류머티스 관절염, 고지혈증, 혈소판감소증, 통풍, 레이노 현상, 결절성 다발성 동맥염, 알캅톤뇨증(알캅톤을 소변으로 배출시키는 대사장애 질환) 등 다른 원인으로 발생한 질병은 제외한다.

다. 공기 중 산소농도가 부족한 장소에서 발생한 산소결핍증

라. 진동에 노출되는 부위에 발생하는 레이노 현상, 말초순환장해, 말초신경장해, 운동기능장해

마. 전리방사선에 노출되어 발생한 급성 방사선증, 백내장 등 방사선 눈 질병, 방사선 폐렴, 무형

성 빈혈 등 조혈기 질병, 뼈 괴사 등
바. 덥고 뜨거운 장소에서 하는 업무로 발생한 일사병 또는 열사병
사. 춥고 차가운 장소에서 하는 업무로 발생한 저체온증

정답: ⑤

07 작업환경측정 및 정도관리 등에 관한 고시에서 입자상 물질의 측정, 분석방법의 내용으로 옳은 것은?

① 석면의 농도는 여과채취방법으로 측정한 후 후 중량분석방법이나 유해물질 종류에 따른 적합한 방법으로 분석한다.
② 광물성분진은 여과채취방법으로 측정하고 석영, 크리스토바라이트, 트리디마이트를 분석할 수 있는 적합한 방법으로 분석할 것
③ 용접흄은 여과채취방법으로 측정하되 용접보안면을 착용한 경우에는 그 외부에서 시료를 채취하고 중량분석방법과 원자흡광광도계 또는 유도결합플라즈마를 이용한 방법으로 분석할 것
④ 규산염은 계수방법으로 분석한다.
⑤ 석면, 광물성분진 및 용접흄을 포함한 입자상 물질은 여과채취방법으로 측정한 후 중량분석방법이나 유해물질 종류에 따른 적합한 방법으로 분석할 것

해설

진폐증이란 진폐 유발 분진을 흡입하여 이 분진이 폐의 가스교환부위에 축적된 후 비가역적인 섬유화 반응을 보이는 것을 말한다. 보통 유리규산은 비결정형, 결정형과 규산염으로 나눌 수 있고 결정형 구조의 일반 형태로 석영, 크로스토발라이트, 트리디마이트가 있다. 이러한 독성물질인 유리규산에서 가장 많이 노출되고 있는 사업장은 주물사업장이다. 주물공정이란 금속을 용해로 속에서 가열하여 액상으로 용해시킨 후 제품의 형상을 본 뜬 주형 속에 흘려보내 식힌 후 원하는 제품을 얻어내는 작업이다. 주물사업장과 같이 고온에서 작업을 하면 독성이 강한 크리스토발라이트나 트리디마이트 등에 노출될 수 있다.

○ **작업환경측정 및 정도관리 등에 관한 고시**

제2절 입자상 물질

제21조(측정 및 분석방법) 규칙 별표 21의 작업환경측정 대상 유해인자 중 입자상 물질은 다음 각호의 방법으로 측정한다.

1. 석면의 농도는 여과채취방법으로 측정하고 계수방법 또는 이와 동등 이상의 분석방법으로 분석할 것
2. 광물성분진은 여과채취방법으로 측정하고 석영, 크리스토바라이트, 트리디마이트를 분석할 수 있는 적합한 방법으로 분석할 것(다만 규산염과 그 밖의 광물성분진은 중량분석방법으로 분석한다.)

3. 용접흄은 여과채취방법으로 측정하되 용접보안면을 착용한 경우에는 그 내부에서 시료를 채취하고 중량분석방법과 원자흡광광도계 또는 유도결합프라스마를 이용한 방법으로 분석할 것
4. 석면, 광물성분진 및 용접흄을 제외한 입자상 물질은 여과채취방법으로 측정한 후 중량분석방법이나 유해물질 종류에 따른 적합한 방법으로 분석할 것
5. 호흡성분진은 호흡성분진용 분립장치 또는 호흡성분진을 채취할 수 있는 기기를 이용한 여과채취방법으로 측정할 것
6. 흡입성분진은 흡입성분진용 분립장치 또는 흡입성분진을 채취할 수 있는 기기를 이용한 여과채취방법으로 측정할 것

제22조(측정위치) ① 개인 시료채취 방법으로 측정하는 경우에는 측정기기를 작업 근로자의 호흡기 위치에 장착하여야 한다.

② 지역 시료채취 방법으로 측정하는 경우에는 측정기기를 발생원의 근접한 위치 또는 작업근로자의 주 작업행동 범위 내에서 작업근로자 호흡기 높이에 설치하여야 한다.

제22조의2(측정시간 등) 입자상물질을 측정하는 경우 측정시간은 제18조의 규정을 준용한다.

> **제18조(노출기준의 종류별 측정시간)** ① 「화학물질 및 물리적 인자의 노출기준(고용노동부 고시, 이하 '노출기준 고시'라 한다)」에 시간가중평균기준(TWA)이 설정되어 있는 대상물질을 측정하는 경우에는 1일 작업시간동안 6시간 이상 연속 측정하거나 작업시간을 등간격으로 나누어 6시간 이상 연속분리하여 측정하여야 한다. 다만, 다음 각 호의 어느 하나에 해당하는 경우에는 대상물질의 발생시간 동안 측정 할 수 있다.
> 1. 대상물질의 발생시간이 6시간 이하인 경우
> 2. 불규칙작업으로 6시간 이하의 작업을 하는 경우
> 3. 발생원에서 발생시간이 간헐적인 경우
>
> ② 노출기준 고시에 단시간 노출기준(STEL)이 설정되어 있는 물질로서 노출이 균일하지 않은 작업특성으로 인하여 단시간 노출평가가 필요하다고 자격자(규칙 제187조에 따른 작업환경측정자의 자격을 가진 자를 말한다.) 또는 작업환경측정기관이 판단하는 경우에는 제1항의 측정에 추가하여 단시간 측정을 할 수 있다. 이 경우 1회에 15분간 측정하되 유해인자 노출특성을 고려하여 측정 횟수를 정할 수 있다.
>
> ③ 노출기준 고시에 최고노출기준(Ceiling, C)이 설정되어 있는 대상물질을 측정하는 경우에는 최고 노출 수준을 평가할 수 있는 최소한의 시간동안 측정하여야 한다. 다만 시간가중평균기준(TWA)이 함께 설정되어 있는 경우에는 제1항에 따른 측정을 병행하여야 한다.

제3절 가스상 물질

제23조(측정 및 분석방법) 규칙 별표 21의 작업환경측정 대상 유해인자 중 가스상 물질의 경우 개인시료채취기 또는 이와 동등 이상의 특성을 가진 측정기기를 사용하여 제2조제1항제1호부터 제5호까지의 채취방법에 따라 시료를 채취한 후 원자흡광분석, 가스크로마토그래프분석 또는 이와 동등 이상의 분석방법으로 정량분석하여야 한다.

제24조(측정위치 및 측정시간 등) 가스상물질의 측정위치, 측정시간 등은 제22조 및 제22조의2의 규정을 준용한다.

제25조(검지관방식의 측정) ① 제23조 및 제24조의 규정에도 불구하고 다음 각호의 어느 하나에 해당하는 경우에는 검지관방식으로 측정할 수 있다.

1. 예비조사 목적인 경우

2. 검지관방식 외에 다른 측정방법이 없는 경우

3. 발생하는 가스상 물질이 단일물질인 경우. 다만, 자격자가 측정하는 사업장에 한정한다.

② 자격자가 해당 사업장에 대하여 검지관방식으로 측정하는 경우 사업주는 2년에 1회 이상 사업장 위탁측정기관에 의뢰하여 제23조 및 제24조에 따른 방법으로 측정하여야 한다.

③ 검지관방식의 측정결과가 노출기준을 초과하는 것으로 나타난 경우에는 즉시 제23조 및 제24조에 따른 방법으로 재측정하여야 하며, 해당 사업장에 대하여는 측정치가 노출기준 이하로 나타날 때까지는 검지관방식으로 측정할 수 없다.

④ 검지관방식으로 측정하는 경우에는 해당 작업근로자의 호흡기 및 가스상 물질 발생원에 근접한 위치 또는 근로자 작업행동 범위의 주 작업 위치에서의 근로자 호흡기 높이에서 측정하여야 한다.

⑤ 검지관방식으로 측정하는 경우에는 1일 작업시간 동안 1시간 간격으로 6회 이상 측정하되 측정시간마다 2회 이상 반복 측정하여 평균값을 산출하여야 한다. 다만, 가스상 물질의 발생시간이 6시간 이내일 때에는 작업시간 동안 1시간 간격으로 나누어 측정하여야 한다.

정답: ②

08

위상차현미경을 이용하여 석면시료를 분석하였더니 시료는 1시야당 3.1개(3.1개/시야)이고, 공시료는 1시야당 0.05개(0.05개/시야)였다. 25mm여과지(유효직경 22.14mm)를 사용하여 2.4L/분으로 1.5시간을 시료채취 하였을 때, 공기 중 석면농도(개/㎤)는 얼마인가?

① 0.59개/㎤

② 0.69개/㎤

③ 0.79개/㎤

④ 0.89개/㎤

⑤ 0.99개/㎤

해설

○ **섬유상물질의 농도(개/㎤=개/cc) 구하기**

1. 1시야당 섬유상 개수

2. 여과지의 유효면적($\pi D^2/4$)→D는 유효직경 [예를 들어, 25mm 여과지인 경우 유효면적은 385mm^{2}이다. 유효면적이란 카세트에 의하여 눌리는 면적을 제외한 실제 시료가 채취되는 면적을 말한다.]

3. 1시야의 면적은 0.00785mm^{2}이다. 단, Walton-Beckett Field(시야)의 직경은 100㎛

여과지 유효면적(카세트에 의하여 눌리는 면적을 제외한 실제 시료가 채취되는 면적)에 채취된 **총 섬유상 물질의 개수** = $\text{여과지유효면적} \times \dfrac{\text{1시야당 개수}}{0.00785}$

여기서 구한 섬유상 물질의 개수가 공기 중에 포함되어 있다는 의미가 공기 중 농도이다. 한편 1L=1,000cc이고 1ml=1cc=1cm^{3}도 알아두도록 하자.

4. 공기 중 석면 농도의 계산

$$C(\text{개/cc 또는 개/cm}^3) = \frac{\text{채취된 총 섬유상 물질의 개수}}{\text{공기채취량}}$$

$$= \frac{385 \times 3.05\text{개}}{2.4\text{L/min} \times 90\text{min} \times 0.00785 \times 1{,}000\text{mL/L}}$$

정답: ②

09 유기용제 취급 사업장의 메탄올 농도 측정 결과가 100, 89, 94, 99, 120ppm일 때, 이 사업장의 메탄올 농도 기하평균(ppm)은?

① 99.4

② 99.9

③ 100.4

④ 102.3

⑤ 103.7

해설

기하평균은 곱의 평균으로 $(100\times89\times94\times99\times120)^{1/5}$=99.877...

정답: ②

10 전리방사선에 관한 설명으로 옳지 않은 것은?

① 조사선량은 모든 방사선이 해당된다.

② 중성자입자는 하전(대전, 전기를 띠는 현상)되어 있지 않으나 2차적인 방사선을 생성하여 전리효과를 발휘한다.

③ X-선, γ-선의 경우 인체에 흡수되면 β입자가 생성되면서 전리작용을 유발한다.

④ α입자와 β입자는 그 자체가 전리적 성질을 가지고 있다.

⑤ 라드(rad)는 흡수선량 단위에 해당된다.

해설

○ **전리방사선**

전리현상(이온화)은 어떤 에너지에 의해 원자에서 전자를 떼어내는 현상으로 인체는 원자구조를 가지고 있어 전리작용이 일어나면 DNA(염색체) 손상을 가져온다. 전리작용을 일으키는 복사선을 방사선이라 하고, 전리작용을 일으키지 않는 복사선을 비전리방사선이라 한다.

1. 전리방사선의 종류 및 특징

1) α입자, β입자, X-선, γ-선, 중성자입자

2) α입자, β입자는 그 자체가 전리적 성질을 보유

3) X-선, γ-선의 경우 인체에 흡수되면 β입자가 생성되면서 전리작용 유발

4) 중성자입자는 하전(대전, 전기를 띠는 현상)되어 있지 않으나 2차적인 방사선을 생성하여 전리효과를 발휘한다.

5) 투과력 측면

X-선, γ-선 > β입자> α입자

6) 전리작용 측면

α입자 > β입자 > X-선, γ-선

7) 방사성 물질이 인체에 침투하였을 경우에는 α입자가 가장 위험하나, 실제 보건상 문제는 투과력이기 때문에 X-선, γ-선에 의한 피폭이 훨씬 위험하다.

2. 전리방사선 단위

구분		SI단위	종전 단위	환산
방사능 단위		베크럴(Bq)	큐리(Ci)	1큐리(Ci)=3.7×10^{10}Bq
방사선 단위	조사선량	쿨롱/킬로그램(C/kg)	렌트겐(R)	X-선, γ-선만 해당
	흡수선량	그레이(Gy)	라드(rad)	모든 방사선이 해당 1그레이(Gy)=100라드(rad) 0.01그레이(Gy)=1라드(rad)
	등가선량	시버트(Sv)	렘(rem)	
	유효선량	시버트(Sv)	렘(rem)	

정답: ①

11 피로의 발생원인으로만 묶인 것이 아닌 것은?

① 작업자세, 작업강도, 긴장도

② 혈압변화, 체온조절 장애, 졸음

③ 엄격한 작업관리, 1일 노동시간, 야간근무

④ 환기, 소음과 진동, 온열조건

⑤ 숙련도, 영양상태, 신체적 조건

해설

정답: ②

12 생물학적 유해인자에 관한 설명으로 옳지 않은 것은?

① 유기체가 방출하는 독소로는 그람음성박테리아가 내놓는 내독소(endotoxin)가 있다.

② 곰팡이의 세포벽인 글루칸(glucan)은 호흡기 점막을 자극하여 새집증후군을 초래한다.

③ 박테리아에 의한 대표적인 감염성질환은 탄저병, 레지오넬라병, 결핵, 콜레라 등이 있다.

④ 공기 중의 박테리아와 곰팡이에 대한 측정 및 분석은 곰팡이와 박테리아를 살아있는 상태로 채취·배양한 다음, 집락수를 세어 CFU로 나타낸다.

⑤ 바이러스에 의한 질병에는 코로나, 장티푸스, 홍역, 수두, 광견병 등이 있다.

해설

독소는 exotoxin(외독소)과 endotoxin(내독소)로 나눌 수 있다. 외독소는 그람 양성균과 그람 음성균 모두에서 분비되는 단백질로, 외독소(exotoxin)는 세균 내 플라스미드 또는 프로파지가 방출하는 독소로, 열에 약한 친수성 단백질이다. 반면 내독소(endotoxin, 치료용 단백질)은 그람 음성균에서만 방출된다. 내독소는 그람음성균에 속하는 세균들의 세포외벽에 존재하는 독성 분자로 <u>선천성 면역반응을 활성화시키지만</u> 다량의 내독소는 세포독성 및 패혈증을 유발하기도 한다. 참고로 세균과 박테리아는 동의어이다.
마이코톡신(mycotoxin)은 곰팡이의 대사산물 중, 사람과 가축에 해로운 작용을 하는 물질에 대한 총칭으로 일반적으로는 곰팡이독이라고 한다.
곰팡이독 중 아플라톡신은 강한 간독성 물질로 간암을 유발할 수 있으며, 열에 강하여 가공과정의 열처리에 의해 독성이 사라지지 않기 때문에 더 위험하다. 아플라톡신(Aflatoxin)은 Aspergillus flavus 등이 생산하는 곰팡이독으로 발암성이 있는 독성물질이다. 주로 산패한 호두, 땅콩, 캐슈넛, 피스타치오 등의 견과류에서 발생한다.
곰팡이 세포벽 성분인 β-1,3-글루칸이다. 특히 글루칸은 대부분의 곰팡이 세포벽에서 가장 중요하고 풍부한 다당류 성분이다.

세균=bacteria cell=세포(진핵, 원핵)	바이러스
·결핵균-결핵 ·나균-한센병 ·매독균-매독 ·페스트균-흑사병 ·탄저균-피부질환, 호흡기질환 발열 및 복통(탄저병) ·살모넬라균-장티푸스, 식중독 ·비브리오 콜레라(Vibrio cholerae)균-콜레라 ·레지오넬라균은 호텔, 종합병원, 백화점 등의 대형 빌딩 냉각탑, 수도배관, 배수관 등의 오염수에 주로 서식하는 세균이다. 특히 25~42℃ 정도의 따뜻한 물을 좋아해서 자연 인공적 급수시설에서 흔하게 발견되며, 여름에는 에어컨 냉각수에서 잘 번식한다.	·광견병 ·노로바이러스-장염, 식중독 ·수두 ·홍역 ·코로나바이러스 ·HIV 바이러스-AIDS ·에볼라 바이러스-에볼라 출혈열

정답: ⑤

13 산업안전보건법령상 특수건강진단 유해인자와 생물학적 노출지표의 연결이 옳지 않은 것은?

① 일산화탄소-호기 중 일산화탄소 또는 혈중 카복시헤모글로빈
② 2-에톡시에탄올-소변 중 2-에톡시초산
③ 디클로로메탄-혈중 카복시헤모글로빈
④ 트리클로로에틸렌-소변 중 총삼염화에탄올 또는 삼염화초산
⑤ 디메틸포름아미드(Dimethylformamide)-소변 중 N-메틸아미드(NMF)

해설

유해인자	생물학적 노출지표
톨루엔(Toluene)	소변 중 o-크레졸
크실렌(Xylene)	소변 중 메틸마뇨산
디메틸포름아미드(Dimethylformamide)	소변 중 N-메틸아미드(NMF)
n-헥산(n-Hexane)	소변 중 2,5-헥산디온
납 및 그 무기화합물 (Lead and its inorganic compounds)	혈중 납(1차 검사항목) 혈중 징크프로토포피린(2차검사항목) 소변 중 델타아미노레불린산(2차검사항목) 소변 중 납(2차 검사항목)
수은	소변 중 수은(1차 검사항목) 혈중 수은(2차 검사항목)
니켈	소변 중 니켈
안티몬	소변 중 안티몬
메틸 클로로포름	소변 중 총삼염화에탄올 또는 삼염화초산
트리클로로에틸렌	소변 중 총삼염화물 또는 삼염화초산
벤젠	소변 중 페놀이나 뮤콘산 중 택1, 혈중 벤젠
일산화탄소	호기 중 일산화탄소 농도 또는 혈중 카복시헤모글로빈
디클로로메탄	혈중 카복시헤모글로빈
메틸 n-부틸 케톤	소변 중 2, 5-헥산디온
2-에톡시에탄올	소변 중 2-에톡시초산

정답: ④

14 화학물질 및 물리적 인자의 노출기준에서 'Skin' 표시화학물질이 아닌 것은?

① 나프탈렌
② N, N-디메틸아세트아미드
③ 메탄올(메틸알코올)
④ 니코틴
⑤ 황산

해설

○ **화학물질 및 물리적 인자의 노출기준에서 'Skin' 표시가 된 화학물질**

'Skin' 표시 물질은 점막과 눈 그리고 경피로 흡수되어 전신 영향을 일으킬 수 있는 물질을 말하는 것으로 피부 자극성을 뜻하는 것이 아니다.

1) 나프탈렌
2) n-헥산
3) 니코틴
4) 니트로글리세린
5) 4-니트로디페닐
6) 니트로벤젠
7) 디메틸아닐린
8) N, N-디메틸아세트아미드
9) 디메틸포름아미드
10) 디클로로아세트산
11) 메틸 노말-부틸케톤
12) 메탄올(메틸알코올) → 에탄올(×), 아세톤(×)
13) 베릴륨 및 그 화합물
14) 벤젠
15) 벤조트리클로라이드
16) 벤지딘
17) 불화수소(HF)
18) 사염화탄소
19) 수은
20) 스티렌
21) 시안화나트륨
22) 시안화수소
23) 시클로헥사논
24) 아크릴로니트릴
25) 2-에톡시에탄올
26) 이황화탄소

27) 1,1,2,2-테트라클로로에탄
28) 1,1,2-트리클로로에탄
29) 1,2,3-트리클로로프로판
30) 페놀
31) 포름아미드
32) 피크린산
33) 하이드라진
34) 황산 디메틸 → 황산(×)

일련 번호	유해물질 명칭		ppm	㎎/㎥	ppm	㎎/㎥	비고
323	수은(아릴화합물)	Hg	-	0.1	-	-	[7439-97-6] Skin
324	수은 및 무기형태 (아릴 및 알킬 화합물 제외)	Hg	-	0.025	-	-	[7439-97-6] 생식독성 1B, Skin
325	수은(알킬화합물)	Hg	-	0.01	-	0.03	[7439-97-6] Skin

정답: ⑤

15 다음에 해당하는 중금속은?

○ 화학물질 및 물리적 인자의 노출기준에 따르면 발암성 1A, 생식세포 변이원성 2, 생식독성 2, 호흡성으로 표기하고 있다.
○ 노출기준은 TWA 0.01mg/㎥이고, 호흡성인 경우 0.002mg/㎥이다.
○ 경구 또는 흡입을 통한 만성 노출 시 표적 장기는 신장이며, 가장 흔한 증상은 효소뇨와 단백뇨이다.

① 납
② 수은
③ 카드뮴
④ 망간
⑤ 크롬

해설

납, 수은, 크롬, 카드뮴의 4대 금속에 의한 중독이 각종 직업병, 질환에서 가장 큰 비중을 차지하고 있다.

○ 납-조혈기능(혈액 생산기능) 장애
○ 수은-수은은 상온에서 유일하게 액체로 존재하는 금속으로 독성이 강한 물질이다. 메틸수은은 혈액 뇌장벽, 태반 등을 쉽게 통과하기 때문에 모유로도 배설될 수 있다. 유기 수은 중 가장 독성이 강하고 치명적인 메틸수은은 중추신경계에 작용하여 청력장애, 시야협착, 보행실조 등을 유발할 수 있으며 잠재적 발암물질로도 분류된다.

○ 크롬-크롬중독은 주로 분진형태의 6가 크롬이 피부, 폐, 기도에 부착하여 궤양, 폐암, 비중격천공을 일으킨다.

○ 망간-인체에서는 만성 노출시에는 만성 망간중독을 초래할 수 있다. 만성 망간중독은 정신증적 증상으로 시작하여 파킨슨증후군으로 이행한다.

일련번호	유해물질 명칭	ppm	mg/m^3	ppm	mg/m^3	비고
512	카드뮴 및 그 화합물 (호흡성 부분)		0.01 (0.002)			발암성 1A, 생식세포 변이원성 2, 생식독성 2, 호흡성

정답: ③

16

1기압, 25℃에서 수은(분자량: 200)의 증기압이 0.00152mmHg라고 할 때, 이 조건의 밀폐된 작업장에서 공기 중 수은의 ㉠포화농도(mg/m^3)와 1기압, 0℃에서의 ㉡포화농도(mg/m^3)는 약 얼마인가?

	㉠	㉡
①	17.9	16.4
②	16.4	17.9
③	27.9	16.4
④	35.9	17.9
⑤	156.3	16.4

해설

포화농도(ppm)= $\frac{0.00152}{760mmHg} \times 1,000,000$

25℃, 포화농도(mg/m^3)=ppm× $\frac{분자량}{24.45}$

0℃, 포화농도(mg/m^3)=ppm× $\frac{분자량}{22.4}$

정답: ②

17

작업장(25℃, 1기압)의 톨루엔(분자량 92)을 활성탄관을 이용하여 0.25L/분으로 200분 동안 측정한 후 가스크로마토그래피로 분석하였더니 활성탄관 100mg층에서 3.31mg이 검출되었고, 50mg층에서 0.11mg이 검출되었다. 탈착효율이 95%라고 할 때 파과 여부와 공기 중 농도(ppm)는?

① 파과 됨, 19.1ppm

② 파과 안 됨, 19.1ppm

③ 파과 됨, 270.9ppm

④ 파과 안 됨, 270.9ppm

⑤ 파과 안 됨, 303.5ppm

해설

1. 파과 여부는 뒤층에서 검출된 양이 앞층의 10% 이상 여부이다. 만일 10%를 넘으면 파과가 일어난 것으로 판단한다.
2. mg을 주고 ppm으로 답하는 문제 유형이다. 단위에 주의하자.

$$C(mg/m^3)=\frac{(Wf+Wb)-(Bf+Bb)}{V\times DE}$$

Wf: 흡착관의 앞층에서 분석된 시료량, μg

Wb: 흡착관의 뒤층에서 분석된 시료량, μg

Bf: 공시료의 앞층에서 분석된 평균시료량, μg

Bb: 공시료의 뒤층에서 분석된 평균시료량, μg

V: 공기채취량, L[평균유량(L/min)×시료채취시간(min)]

DE: 탈착효율(만일 탈착효율이 제시되지 않으면 1로 간주)

* 단위에 주의할 것!

* 탈착효율이 95% 이므로 실제로 활성탄에 채취된 톨루엔의 양은 $\frac{3.42}{0.95}=3.6mg$이다.

정답: ②

18

2015년 겨울 무렵 휴대폰 가장자리 부분을 가공하던 근로자 5명이 시각 손상을 입었다. 원인 화학물질과 공정이름을 옳게 연결한 것은?

① 수은-용접

② 메탄올-CNC 공정

③ 메탄올-도장

④ 수은-CNC 공정

⑤ 벤젠-톨루엔 정제 공정

해설

메탄올 급성 중독으로 인해 실명한 사건이다. 모두 휴대폰 부품 자재인 알루미늄을 절단·가공하는 CNC 공정 사업장에서 발생했고 메탄올은 알루미늄 절삭 용액으로 사용됐다. 벤젠의 경우 원료가 되는 톨루엔을 정제하여 생산한다.

정답: ②

19 유해인자 노출평가 과정이 순서대로 연결된 것은?

① 위험성 평가→예비조사→채취기구 보정→측정과 분석→노출평가
② 예비조사→채취기구 보정→위험성 평가→측정과 분석→노출평가
③ 예비조사→채취기구 보정→측정과 분석→위험성 평가→노출평가
④ 예비조사→위험성 평가→채취기구 보정→측정과 분석→노출평가
⑤ 채취기구 보정→측정과 분석→예비조사→위험성 평가→노출평가

해설

예비조사를 통해서 파악된 유해인자를 대상으로 위험성평가를 통해 모니터링하고 관리해야 할 유해인자와 우선순위를 정한다. 각각의 유해인자 채취기구를 보정한 후 측정 및 분석하여 노출평가를 진행한다.

정답: ④

20 다음은 비누거품미터를 이용하여 펌프의 유량을 보정한 자료이다. 아래 표의 ㄱ, ㄴ, ㄷ에 차례대로 알맞은 것은?

뷰렛용량(L)	거품통과시간(초)		채취유량(L/분)		
	시료채취전 유량보정	시료채취후 유량보정	시료 채취 전	시료 채취 후	평균
1	28.0, 28.6, 28.3	29.1, 28.8, 28.5	ㄱ	ㄴ	ㄷ

① 28.3L/분, 28.8L/분, 28.6L/분
② 28.4L/분, 28.4L/분, 28.4L/분
③ 2.10L/분, 2.12L/분, 2.11L/분
④ 2.10L/분, 2.10L/분, 2.10L/분
⑤ 2.12L/분, 2.08L/분, 2.10L/분

해설

시료채취 전 유량보정에서는 단위가 초(sec)이다. 뷰렛 1L을 통과하는데 걸린 평균 시간은 28.3초이다. 그러나 문제에서는 단위가 분(min)이므로 환산해서 답해야 한다.

$$\frac{1L}{28.3\text{초}} \times \frac{60\text{초}}{1\text{분}}$$

시료 채취 후 유량보정에서는

$$\frac{1L}{28.8\text{초}} \times \frac{60\text{초}}{1\text{분}}$$

채취 유량 평균은 위의 두 값의 평균이므로 2.1017...이다.

정답: ⑤

21 작업환경측정 시 흡착제로 사용되는 실리카겔과 활성탄의 흡착성질에 대한 설명 중 옳지 않은 것은?

① 활성탄은 비극성을 띠며 흡착능이 뛰어나다.

② 활성탄에 흡착된 가스상물질의 탈착에 일반적으로 사용되는 탈착용매는 이황화탄소이다.

③ 이황화탄소는 휘발성이 아주 약해 시료를 탈착 후 장시간 보관이 가능하다.

④ 실리카겔은 습도가 낮은 작업장에서 끓는점이 0℃ 이상인 극성 유기용제의 증기나 가스를 측정하고자 할 때 이용된다.

⑤ 활성탄은 습도가 높은 작업장에서 끓는점이 0℃ 이상인 비극성 유기용제의 증기나 가스를 측정하고자 할 때 이용된다.

해설

활성탄은 끓는점이 매우 낮아 휘발성이 큰 물질은 채취할 수 없다.
활성탄의 탈착용매로 일반적으로 사용되는 이황화탄소는 휘발성이 아주 강하여 시료를 탈착하여 장시간 보관하면 휘발되므로 분석농도가 정확하지 않을뿐더러 분석자도 노출될 수 있어 주의해야 한다.

정답: ③

22 입자상 물질 채취에서 PVC여과지로 채취하기에 적당하지 않은 물질은?

① 용접흄

② 6가 크롬

③ 먼지

④ 오일미스트

⑤ 석면

해설

PVC여과지는 흡습성이 적고 가벼워서 먼지, 용접흄, 오일미스트의 중량분석이나 6가 크롬의 측정에 이용된다. 반면 MCE(셀룰로오스에스테르 여과지)는 중금속이나 현미경 분석에 유리하여 석면 채취에 주로 사용한다.

정답: ⑤

23 산업현장에서 일반재해가 발생했을 때 조치 순서로 옳은 것은?

① 재해발생→긴급처리→원인분석→대책수립→재해조사→평가
② 재해발생→재해조사→긴급처리→원인분석→대책수립→평가
③ 재해발생→긴급처리→원인분석→재해조사→대책수립→평가
④ 재해발생→긴급처리→원인분석→대책수립→재해조사→평가
⑤ 재해발생→긴급처리→재해조사→원인분석→대책수립→평가

해설

재해조사는 3E(기술적, 교육적, 관리적 원인)와 4M(인적, 기계적, 작업적, 관리적 요인)에 따라 상세히 조사한다. 재해조사의 목적은 재해발생의 원인을 규명하는 것으로 동종 재해 예방 즉, 재발방지가 목적이다.

정답: ⑤

24 중간대사물질(metabolite)이 암(cancer)을 일으키는 물질은?

① 벤조피렌
② 비소
③ 석면
④ 베릴륨
⑤ 라돈

해설

다환(다핵)방향족탄화수소(PAHs, polycyclic aromatic hydrocarbons)는 2개 이상의 벤젠고리가 선형으로 각을 지어 있거나 밀집된 구조로 이루어져 있는 유기화합물로서 화학연료나 유기물의 불완전 연소 시 부산물로 발생하는 물질이다. 인위적 발생원으로는 경유, 휘발유 등 화석연료를 사용하는 자동차의 배출가스, 석탄연소 배출물, 자동차 폐오일, 담배연기 등이 있으며, 자연 발생원에는 원유, 화산, 숲의 화재 등이 있다. 발생원으로부터 배출된 PAHs는 습식 퇴적 과정으로서 강수 등에 의해 토양이나 식생 등으로 유입되거나, 건식 침적 퇴적 과정으로서 대기 중으로 방출되어 대기 부유 분진에 흡착되거나 가스형태로 지표면으로 유입되는 과정 등을 추정할 수 있다. 동종 화합물이 수백 종에 이르며 일부는 환경 및 인체에 치명적인 유기 오염원이 된다. 독성이 알려진 화합물에는 벤조피렌 외 50종으로 밝혀졌다. 국제암연구소(IARC)는 최근 벤조피렌을 Group 1의 확인된 인체발암물질(carcinogenic to humans)로 등급을 상향조정하였다.

PAHs는 내분비계장애물질이면서 발암가능물질로 알려져 있으며 잔류기간이 길고 독성도 강한 것이 특징이다.

PAHs의 경우, 그 자체보다 인체 대사효소에 의하여 생성되는 중간 대사산물(* 물질대사에 관여하거나 물질대사 과정에서 생성되는 물질)이 체내 DNA, protein 등의 변성을 초래하여 발암을 일으키는 것으로 알려져 있다.

○ **수은(Hg)**

수은은 금속수은 무기수은 및 유기수은으로 구분된다.

무기수은은 체온계, 혈압계, 각종 계기, 치과용 아말감, 수은전지, 형광등 제조 등의 제조업에서 널리 사용되고 있으며 유기수은은 약품, 농약 등 각종 화합물의 원료로 사용되고 있다. 수은에 직업적으로 노출되는 경우는 주로 화학, 금속, 형광등 제조, 자동차, 치과 및 의료인 등에서 일어나며 일반적으로 직업적 노출은 수은증기를 고농도 흡입하는 경우가 가장 흔히 일어난다. 반면 환경적 노출은 특정 연령 성별에 국한되지 않고 광범위한 인구에서 일어날 수 있다. 일반 인구의 경우 환경적 수은 노출의 가장 흔한 원인은 수중 포유류를 포함한 생선 섭취를 통해 이루어진다. 생선이 문제가 되는 까닭은 대기, 폐수 중에 포함된 금속 및 무기수은이 수중으로 들어가 유기수은으로 변화되며 유기수은은 먹이사슬을 거치면서 축적이 이루어지므로 먹이사슬의 상위에 있는 생선일수록 축적량이 많아지기 때문이다. 그 외에도 치과용 아말감, 농약 및 유기수은 화합물 등도 환경적 노출의 원인이 될 수 있다.

금속수은을 먹을 경우 체내에 거의 흡수되지 않지만 증발하는 금속수은을 흡입하여 수은에 노출될 수 있다. 메틸수은의 중독성이 최초로 보고된 것은 1950년대 일본 구마모토현 미나마타만에서 대규모 수은중독이 발생하여 미나마타병을 일으킨 사건이다. 이 사건은 메틸수은에 의한 중독증의 예로 1956년 일본의 미나마타현의 아세트알데히드 초산공장이 배출한 폐수로 인하여 발생하였다.

무기수은은 자체도 소화관이나 피부로 흡수가 잘 되지 않으며 태반도 통과하지 못한다. 그러나 유기수은(메틸수은)은 지용성 물질로 소화관으로 흡수가 90% 이상이 되고 반감기가 70일 정도로 체외배설이 늦어 축적되기 쉬우며 체내에서 쉽게 제거되지 않는다.

사람의 뇌와 척수에는 혈류를 통해 들어오는 이물질을 막기 위한 혈뇌장벽(blood cerebral barrier)이 존재하는데 유기수은(메틸수은: 일부 미생물은 환경 중 잔존하는 수은을 메틸수은으로 변화시킬 수 있는데 이러한 메틸수은은 민물 또는 바다 생선과 포유동물에 축적될 수 있어 섭취에 주의를 기해야 함)은 이 혈관장벽을 통과하여 중추신경계와 말초신경계에 영향을 줘서 감각이상, 운동실조, 구음장애, 청력장해, 시야협착 등의 심각한 신경독성을 나타내는 것으로 알려져 있다. 또한 태반을 쉽게 통과하기 때문에 유전적인 독성을 나타낼 수 있으며, 임산부가 수은에 노출되면 모체는 중독증상이 나타나지 않더라도 태아의 사산이나 기형아 출산위험을 가질 수 있는 것으로 보고되고 있다. 이처럼 유기수은(메틸수은)은 신경계통이 이루어지는 태아나 유아들에게 더 심각한 위해성을 미치는 것으로 연구되었다.

정답: ①

25 미국 NIOSH의 중량물 들기 최대 허용기준(MPL: Maximum Permissible Limit)에 관한 설명으로 옳지 않은 것은?

① 5번 요추와 1번 천추(L_5/S_1)에 미치는 압력이 6,400N의 부하에 해당한다.

② 작업강도, 즉 에너지 소비량은 5.0kcal/min을 초과한다.

③ 남자의 25%, 여자의 1%가 작업 가능하다.

④ MPL을 초과하면 대부분의 근로자에게 근육 및 골격장애를 유발한다.

⑤ 감시기준(Action Limit)의 5배에 해당한다.

해설

○ NIOSH Lifting Equation (NLE)

NLE(NIOSH Lifting Equation)는 미국 산업안전보건연구원(NIOSH, National Institute for Occupational Safety and Health)에서 중량물을 취급하는 작업에 대한 요통예방을 목적으로 작업 평가와 작업 설계를 지원하기 위해서 개발되었다.

NIOSH에서는 1981년 들기작업에 대한 안전 작업지침을 발표하였다. 이 지침은 작업장에서 가장 빈번히 일어나는 들기작업에 있어 안전작업무게(AL: Action Limit)와 최대허용무게(MPL: Maximum Permissible Limit)를 제시하여, 들기작업에서 위험 요인을 찾아 제거할 수 있도록 하였다. 최대허용무게는 안전작업무게의 3배이며 들기작업을 할 때 요추(L_5/S_1) 디스크에 650㎏ 이상의 인간공학적 부하가 부과되는 작업물의 무게이다. 따라서 작업물의 무게가 이 한계를 넘는 들기작업은 작업자에게 매우 위험하다고 할 수 있다. 안전작업무게는 수평인자와 수직인자 그리고 거리인자, 빈도인자를 통하여 구할 수 있다. 이 경우 L_5/S_1 디스크에 350㎏의 생체 역학적 부하가 걸리고 이 무게까지는 대부분의 사람이 견디어 낼 수 있으나 이를 넘어가면 허리에 무리가 가해지게 된다. 이 작업지침에서는 AL과 MPL 사이의 작업에서는 관리적 기법(administrative approach)에 의한 작업 개선이 필요하며, MPL 이상의 작업에 대해서는 공학적 기법(engineering approach)에 의한 작업 개선이 필요하다고 제안하고 있다.

1981년에 발표된 들기작업 지침은 두 손의 대칭형 들기작업, 제한 조건이 없는(unrestricted) 들기자세, 좋은 커플링 상태, 쾌적한 주위환경 등의 제약 조건을 가지고 있다. 이러한 제약 조건은 실제 작업 현장과 차이를 보이기 때문에 이에 대한 보완의 필요성이 높아져 1991년 개정된 새로운 들기작업 지침이 제안되었다.

1. 1981년 NIOSH 가이드라인

미국의 NIOSH 가이드라인에서는 인력운반작업 특히 리프팅 작업 상황에서는 작업 대상물의 최대 무게를 산출하는 것에 대한 안전기준을 개발하였다.

그런데 이 기준은 앞에서 언급한 4가지 방법(역학적, 생체역학적, 생리학적, 정신물리학적 방법)들 모두에 기초하여 다음과 같은 상황을 기본 가정 (대칭 리프팅, 부드러운 동작, 비제한적인 자세, 잡기가 용이한 구조)으로 삼았다. NIOSH 기준은 1981년, 1991년 두 번에 걸쳐 안전 기준을 제시했는데 처음 발표한 1981년 기준에서는 두 단계의 안전 기준을 제시하고 있다.

가. AL기준

첫 단계는 AL(Action Limit, 감시기준)로서 허리의 L_5/S_1부위에서 압축력이 770lb(350㎏중) 정도 발생하는 상황을 표현하는 데 이 단계까지의 작업조건은 거의 모든 작업자가 별무리 없이 견뎌낼 수 있는 상황이라고 알려져 있다. AL의 기준에 대하여 좀 더 자세히 표현하면 다음과 같다.

(1) AL 조건 이상의 작업 상황에서는 근골격계통의 질환 발생율이 증가한다.

(2) AL 조건에서는 L_5/S_1부위에서 770lb(350㎏중)의 압축력이 발생한다.

(3) AL 조건 이하에서의 에너지 소비량은 분당 3.5kcal를 넘지 않는다.

(4) 남자 중 99%, 여자 중 75%가 이 조건에서 무리 없이 인력운반작업을 수행할 수 있다.

나. MPL 기준

두 번째 단계로는 MPL(Maximum Permissible Limit)로서 L_5/S_1부위에서 1430lb(약 650㎏중)의 압축력이 발생하는 조건으로서 모든 상황에서 넘어서는 안 될 상황을 의미하는데 그에 대한 내용은 다음과 같다. * 1kg=약 9.8N

(1) MPL을 넘어가는 조건에 노출된 작업 상황에서는 근골격계통 부상율이 급격히 상승한다.

(2) MPL 기준을 가진 인력운반작업은 거의 모든 작업자들에게서 1430lb (약 650㎏중)의 압축력을 L_5/S_1부위에서 발생시킨다.

(3) MPL 기준을 넘는 작업환경에서는 분당에너지소비가 5kcal를 넘는다.

(4) 남자 중 25%, 여자 중 1%만이 이런 작업 상황에서 부상 없이 견뎌낼 수 있다.

다. 인력운반작업 영역 구분 및 안전 대책

위의 두 기준을 이용하여 인력운반작업 상황을 다음과 같이 크게 세가지 영역으로 나눌 수 있다. 따라서 현재의 작업상황이 어느 영역에 속하는 지에 따라 그에 맞는 대책을 세우게 된다.

(1) 대상물의 무게가 AL 기준보다 더 적은 경우 이 조건은 모든 작업자들에게 극히 정상적인 작업 상황으로 개선 대책을 세울 필요가 없다.

(2) 대상물의 무게가 AL 기준보다 크고 MPL 기준보다 작은 경우 작업 상황이 이 영역에 해당된다면 우선 관리적인 개선대책을 생각해 볼수 있다. 여기서 관리적 개선이라 하면 작업순환, 인력운반작업에 대한 교육, 작업자 선발기준의 개발 등을 의미한다.

(3) 대상물의 무게가 MPL 기준보다 큰 경우 이런 작업 조건이라면 거의 모든 작업자들에게 작업으로서 받아들여질 수가 없다. 이 경우에는 근본적인 대책 즉 공정개선, 자동화 등의 공학적인 대책이 필요하다.

정답: ⑤

산업보건지도사 제2과목(산업보건일반) 모의고사 해설

01

화학물질에 대한 노출수준을 추정하는데 활용될 수 없는 것은?

① 화학물질의 독성(toxity)
② 화학물질의 제거 환기 효율
③ 하루 평균 화학물질 취급량
④ 하루 평균 화학물질 취급 빈도(frequency)
⑤ 하루 평균 화학물질 취급 시간(time)

해설

용도의 취급조건: 사용된 양, 적용 공정, 사용 기간 및 빈도, 환경 조건 등

정답: ①

02

작업장 환기에 관한 설명으로 옳은 것은?

① HAVCs(공조시설)에서 공급하는 공기량은 국소배기장치 후드로 들어가는 공기량의 0.5배로 설계해야 한다.
② 1면이 개방된 포위식 후드에서 소요 풍량(Q)은 1면이 완전히 닫혔을 때를 가정하고 설계하는 것이 좋다.
③ 먼지가 발생되는 공정에서 국소배기 공기정화장치는 송풍기 뒤에 설치하는 것이 좋다.
④ 국소배기장치에서 실외로 배기된 공기속도는 반송속도의 50%를 유지해야 한다.
⑤ 외부식 원형후드에서 등속도 면적은 제어거리와 후드 면적을 고려하여 설계한다.

해설

○ **포위식 후드와 외부식 후드**

1. 포위식 후드의 필요환기량

$Q=A \times V$

A: 면적(m^2)

V: 제어속도(m/s)

2. 외부식 후드의 필요환기량

$Q=A \times V$

A: 후드의 등속도 면적(m^2)=$10X^2$+a

X: 제어거리, a: 후드면적(m^2)

V: 제어속도(m/s)

따라서 외부식 후드 필요환기량=($10X^2$+a)×V

- 1면이 개방된 포위식 후드에서 소요 풍량(Q)은 1면이 완전히 개방되었을 때를 가정하고 설계하는 것이 좋다.
- 국소배기장치는 후드, 덕트, 공기정화장치, 배풍기(송풍기) 및 배기구의 순으로 설치하는 것을 원칙으로 한다.
- 반송속도(이송속도)란 덕트를 통하여 이동하는 유해물질이 덕트 내에서 퇴적이 일어나지 않는 상태로 이동시키기 위하여 필요한 최소속도를 말한다. 국소배기장치에서 실외로 배기된 공기는 재유입되지 않도록 배출가스 속도를 15m/s 이상 유지한다.
- HVACs(공조시설, 공기조화시스템, Heating Ventilation and Air conditioning)에서 공급하는 공기량은 국소배기장치 후드로 들어가는 공기량의 약 10%(리턴 공기량, 환류공기) 정도를 넘도록 설계해야 한다. 즉, HVAC System이란 외부공기를 물리·화학적 요구조건에 맞게 만들어 공기를 공급하는 환기 시스템이다.
- 배기에서의 '15-3-15 법칙'

15m는 배출구와 공기를 실내로 공급하는 유입구와 떨어져야 할 거리, 3m는 이웃하는 지붕의 꼭대기나 공기유입구에서 굴뚝(배기 덕트 끝)의 높이이고, 15m/sec는 배출되는 공기가 다시 실내로 역류되지 않도록 하기 위한 배출구 속도이다.

오염물질	적용	반송속도(m/s)
가스, 증기, 흄 및 극히 가벼운 먼지	각종 가스, 증가, 산화아연	10
가벼운 건조 먼지	원면, 곡분, 고무분	15
일반 공업먼지	샌드블라스트, 그라인더 발생먼지	20
무거운 먼지	주물사 먼지	25
무겁고 비교적 큰 젖은 먼지	젖은 주조작업 먼지	25 이상

분진 작업 장소	제어풍속(미터/초)			
	포위식 후드의 경우	외부식 후드의 경우		
		측방 흡인형	하방 흡인형	상방 흡인형
암석등 탄소원료 또는 알루미늄박을 체로 거르는 장소	0.7	-	-	-
주물모래를 재생하는 장소	0.7	-	-	-
주형을 부수고 모래를 터는 장소	0.7	1.3	1.3	-
그 밖의 분진작업장소	0.7	1.0	1.0	1.2

정답: ⑤

03 일반적으로 알려진 내분비계 교란물질(endocrine disruptors)이 아닌 것은?

① 뷰탄온
② DDT
③ 프탈레이트
④ 비스페놀(BEA)
⑤ DES

해설

내분비교란물질(endocrine disrupting chemicals, 환경호르몬으로 오용됨)은 인체를 비롯하여 내분비계를 가진 모든 생물체 내에서 생식, 발생, 대사, 면역 등에 관여하는 각종 생체호르몬이다.
현재 내분비계 교란물질로 추정되는 물질로는 각종 산업용 화학물질(원료물질), 살충제 및 제초제 등의 농약류, 유기 중금속류, 소각장의 다이옥신류 외에도 식물에 존재하는 에스트로겐류(phytoestrogen), 합성 에스트로겐으로 디에틸스틸베스트롤(DES) 그리고 폴리염화비페닐(PCBs, 약칭 PCB), 비스페놀A 등이 있다. 내분비계 장애와 관련한 연구 결과 및 그 사례가 보고된 대표적인 물질로는 식품이나 음료수 캔의 코팅물질 등에 사용되는 비스페놀A와 과거에 말라리아 모기 박멸에 사용되었던 살충제 농약인 DDT, 변압기 절연유로 사용되었으나 현재 사용이 금지된 PCB, 소각장에 주로 발생되는 다이옥신류, 합성세제 원료인 알킬페놀, 플라스틱 가소제로 이용되는 프탈레이트 에스테르 및 그 밖에 스티로폴의 성분인 스티렌 다량제 등이 내분비계 장애물질로 의심을 받고 있다.

1. 비스페놀A[비스페놀(Bisphenol-A, -F, -S)은 생식기계 발달과 영향을 미치며 비만과 심혈관 질환 등을 일으킬 수 있는 물질이다.]
2. 벤조피렌
3. DDT(살충제)
4. 프탈레이트
5. 다이옥신
6. DES

· 뷰탄온(MEK, 메틸에틸케톤)은 접촉하면 피부와 눈에 심한 질환을 유발하고, 흡입하면 치명적이다. 단기간 폭로시의 영향으로는 흡입 시 코와 목을 자극하고 두통, 현기증, 혼란, 피로, 손가락과 팔의 마비, 구역질 현상과 술에 취한 느낌을 보인다.

정답: ①

04 유해인자 측정결과 자료에 관한 해석에 대한 설명으로 옳지 않은 것은?

① 동일 자료에 대한 산술평균(AM) 값은 기하평균(GM)보다 크다.
② 기하표준편차(GSD) 값이 클수록 유해인자 노출특성은 유사한 것으로 평가된다.
③ 근로자가 노출되는 유해인자 측정 자료는 일반적으로 기하정규분포를 나타낸다.
④ 정규분포하지 않은 자료를 대수로 변환했을 때 정규분포하면 대수 정규분포한다고 평가한다.
⑤ 기하표준편차(GSD)의 단위는 없다.

해설

기하 표준편차는 데이터가 기하평균에서 얼마나 흩어져 있는가를 나타내는 값이다. 기하표준편차(GSD) 값이 작을수록 유해인자 노출특성은 유사한 것으로 평가된다.
작업환경측정자료는 일반적으로 log(로그) 값이 정규분포를 따르는 확률변수의 분포를 말한다.

정답: ②

05 유해인자 노출기준에 관한 설명으로 옳지 않은 것은?

① 개인시료(personal sample) 측정 결과로 호흡기, 피부, 소화기 등 종합적인 인체 노출수준을 추정할 수 없다.
② 생물학적 노출기준(BEI)이 설정된 화학물질 수가 적은 이유는 건강영향을 추정할 수 있는 바이오마커가 드물기 때문이다.
③ 모든 근로자의 건강영향을 진단하기 위한 법적기준이다.
④ 역학조사에 근거해서 설정된 노출기준은 동물실험보다 불확실성이 낮아 신뢰성이 높다.
⑤ 노출기준 초과여부로 건강영향을 진단할 수 없다.

해설

○ **화학물질 및 물리적 인자의 노출기준**

제1장 총칙

제1조(목적) 이 고시는 「산업안전보건법」 제106조 및 제125조, 「산업안전보건법 시행규칙」제144조에 따라 인체에 유해한 가스, 증기, 미스트, 흄이나 분진과 소음 및 고온 등 화학물질 및 물리적 인자(이하 "유해인자"라 한다)에 대한 작업환경평가와 근로자의 보건상 유해하지 아니한 기준을 정함으로써 유해인자로부터 근로자의 건강을 보호하는데 기여함을 목적으로 한다.

제2조(정의) ① 이 고시에서 사용하는 용어의 뜻은 다음과 같다.

1. "노출기준"이란 근로자가 유해인자에 노출되는 경우 노출기준 이하 수준에서는 거의 모든 근로자에게 건강상 나쁜 영향을 미치지 아니하는 기준을 말하며, 1일 작업시간동안의 시간가중평균노출기준(Time Weighted Average, TWA), 단시간노출기준(Short Term Exposure Limit, STEL) 또는 최고노출기준(Ceiling, C)으로 표시한다.

2. "시간가중평균노출기준(TWA)"이란 1일 8시간 작업을 기준으로 하여 유해인자의 측정치에 발생시간을 곱하여 8시간으로 나눈 값을 말하며, 다음 식에 따라 산출한다.

$$\text{TWA환산값} = \frac{C1\,T1 + C2\,T2 + \ldots Cn\,Tn}{8}$$

주) C: 유해인자의 측정치(단위: ppm, ㎎/㎥ 또는 개/㎤

T: 유해인자의 발생시간 (단위: 시간)

3. "단시간노출기준(STEL)"이란 15분간의 시간가중평균노출값으로서 노출농도가 시간가중평균노출기준(TWA)을 초과하고 단시간노출기준(STEL) 이하인 경우에는 1회 노출 지속시간이 15분 미만이어야 하고, 이러한 상태가 1일 4회 이하로 발생하여야 하며, 각 노출의 간격은 60분 이상이어야 한다.

4. "최고노출기준(C)"이란 근로자가 1일 작업시간동안 잠시라도 노출되어서는 아니 되는 기준을 말하며, 노출기준 앞에 "C"를 붙여 표시한다.

② 이 고시에서 특별히 규정하지 아니한 용어는 「산업안전보건법」(이하 "법"이라 한다), 「산업안전보건법 시행령」(이하 "영"이라 한다), 「산업안전보건법 시행규칙」(이하 "규칙"이라 한다) 및 「산업안전보건기준에 관한 규칙」(이하 "안전보건규칙"이라 한다)이 정하는 바에 따른다.

제3조(노출기준 사용상의 유의사항) ① 각 유해인자의 노출기준은 해당 유해인자가 단독으로 존재하는 경우의 노출기준을 말하며, 2종 또는 그 이상의 유해인자가 혼재하는 경우에는 각 유해인자의 상가작용으로 유해성이 증가할 수 있으므로 제6조에 따라 산출하는 노출기준을 사용하여야 한다.

② 노출기준은 1일 8시간 작업을 기준으로 하여 제정된 것이므로 이를 이용할 경우에는 근로시간, 작업의 강도, 온열조건, 이상기압 등이 노출기준 적용에 영향을 미칠 수 있으므로 이와 같은 제반요인을 특별히 고려하여야 한다.

③ 유해인자에 대한 감수성은 개인에 따라 차이가 있고, 노출기준 이하의 작업환경에서도 직업성 질병에 이환되는 경우가 있으므로 노출기준은 직업병진단에 사용하거나 노출기준 이하의 작업환경이라는 이유만으로 직업성질병의 이환을 부정하는 근거 또는 반증자료로 사용하여서는 아니 된다.

④ 노출기준은 대기오염의 평가 또는 관리상의 지표로 사용하여서는 아니 된다.

제4조(적용범위) ① 노출기준은 법 제39조에 따른 작업장의 유해인자에 대한 작업환경개선기준과 법 제125조에 따른 작업환경측정결과의 평가기준으로 사용할 수 있다.

② 이 고시에 유해인자의 노출기준이 규정되지 아니하였다는 이유로 법, 영, 규칙 및 안전보건규칙의 적용이 배제되지 아니하며, 이와 같은 유해인자의 노출기준은 미국산업위생전문가협회(American Conference of Governmental Industrial Hygienists, ACGIH)에서 매년 채택하는 노출기준(TLVs)을 준용한다.

정답: ③

06 할당보호계수(APF)가 25인 반면형 호흡기 보호구를 구리흄[노출기준(허용농도) 0.3mg/m^3]이 존재하는 작업장에서 사용한다면 최대사용농도(MUC, mg/m^3)는?

① 0.3

② 3.3

③ 5.5

④ 7.5

⑤ 10.3

해설

"할당보호계수(Assigned Protection Fcator, APF)"란 잘 훈련된 사용자가 보호구를 착용했을 때 각 호흡보호구가 제공할 수 있는 보호계수이다.

최대사용농도(MUC) = 허용농도 × 할당보호계수(APF)이다.

정답: ④

07 청감의 등감곡선에 관한 설명으로 옳은 것은?

① 동일한 크기를 듣기 위해서는 고주파에서는 저주파보다 물리적으로 더 높은 음압수준을 필요로 한다.

② 1,000Hz에서 40dB은 100Hz에서 약 50dB과 비슷한 크기로 느껴진다.

③ 저주파 음압 수준에 노출되면 주로 직업성 소음성 난청이 발생한다.

④ 정상의 청력을 갖는 사람이 1,000Hz에서 음압수준을 기준으로 등감곡선을 나타내는 단위를 'sone'이라고 하며, 지시소음계는 측정 지시값으로 이 단위를 사용한다.

⑤ 1,000Hz에서 70dB은 7sone에 해당한다.

해설

- 동일한 크기를 듣기 위해서는 저주파에서는 고주파보다 물리적으로 더 높은 음압수준을 필요로 한다.
- 고주파 음압 수준에 노출되면 주로 직업성 소음성 난청이 발생한다. 인간의 가청주파수는 20~20,000Hz이다. 인간이 듣지 못하는 20Hz 이하의 음을 초저주파음 또는 청외저주파음이라 하고, 20,000Hz 이상의 음을 초음파라 한다.
- 정상의 청력을 갖는 사람이 1,000Hz에서 음압수준을 기준으로 등감곡선을 나타내는 단위를 'phon'이라고 하며 지시소음계는 측정 지시값으로 이 단위를 사용한다.
- 1,000Hz tone의 음의 크기가 40dB의 음의 세기를 가질 때를 sone이라 정의한다. 사실, sone은 어떤 음이 40phon의 크기를 가질 때의 음의 크기와 같다.

$S=2^{(P-40)/10}$

P: phon으로 음의 크기를 나타낸다.

S: sone의 크기

* phon은 1,000Hz에서 사람의 귀가 반응하는 사실적인 측정치이다. dB과 phon의 값은 같다. 음의 크기 레벨(loudness level)은 감각적인 크기를 나타내며, 단위는 폰(phon)을 사용한다. dB은 물리적 척도인데 비해, 폰(phon) 척도는 귀의 감각적 변화를 고려한 주관적인 척도이다. 사람의 청각으로 지각되는 음의 크기는 주파수에 따라 차이가 있어 평탄하게 선형적으로 느껴지지는 않는다.
* 점음원은 크기가 무시될 수 있는 음원으로서 점음원으로부터의 거리 감쇠는 거리의 제곱에 반비례한다. 측정거리에 비해 음원의 치수가 충분히 작은 경우에는 점음원이라 부른다. 자유공간에서의 점음원의 거리에 의한 소음감쇠는 거리가 2배가 되면 6dB 감소한다. 반면, 선음원은 점음원의 집합이라 생각할 수 있으며 선음원의 거리감쇠는 거리에 반비례하고 거리가 2배가 되면 3dB 감소한다.

정답: ②

08

공장 내 지면에 설치된 한 기계로부터 10m 떨어진 지점의 소음이 70dB(A)일 때, 기계의 소음이 50dB(A)로 들리는 지점은 기계에서 몇 m 떨어진 곳인가? (단, 점음원을 기준으로 하고, 기타 조건은 고려하지 않는다)

① 50
② 100
③ 150
④ 200
⑤ 400

해설

점음원에서의 $dB_2-dB_1=-20\log(d_2/d_1)$

정답: ②

09

고압환경에서 2차성 압력현상과 이로 인한 건강영향으로 옳지 않은 것은?

① 흉곽이 잔기량보다 적은 용량까지 압축되면 폐 압박 현상이 나타날 수 있다.
② 질소 마취에 의해 작업력의 저하와 다행증이 발생할 수 있다.
③ 이산화탄소 분압의 증가로 관절 장해가 발생할 수 있다.
④ 고압환경에서 대기 가스의 독성 때문에 나타나는 현상이다.
⑤ 산소 중독 증세가 나타날 수 있다.

해설

○ **고압 현상**

고압환경의 생체작용은 두 가지로 크게 구분 된다. 생체(生體)와 환경간의 기압차이로 인 한 기계적 작용은 1차성 압력현상이라고 한다. 이에 대해서 **고압 하의 대기가스의 독성 때문에 나타나는 현상은 2차성 압력현상**이라고 하며 각 가스 분자의 특성과 관계가 있다.

1. **1차성 압력현상**
   1) 1psi 이하의 기압 차이에서도 울혈, 부종, 출혈, 동통이 발생한다.
   2) 부비강, 치아가 기압증가에 의해 압박장해를 일으킨다.
   3) 잠수부의 기압 외상은 귀의 염증 등이다.
   4) 흉곽이 잔기량보다 적은 용량까지 압축되면 폐 압박 현상이 나타난다.
   * psi는 "제곱 인치당 파운드"를 뜻한다. psi는 영국계 단위로써 pound(lb) per square inch로 압력 단위이다.

2. **2차성 압력현상**
   고압 하의 대기독성(일산화탄소) 때문에 나타나는 현상을 말한다.
   1) 질소 마취
      4기압 이상에서 공기 중 질소가스가 마취작용을 일으킨다. 작업력의 저하, 기분의 변환 등 다행증(과하게 행복함을 느끼는 것)이 발생한다.
   2) 산소 중독
      산소 분압이 2기압을 넘으면 산소 중독증세가 나타난다. 수지와 족지의 작열통, 시력장해, 현청, 정신곤란, 근육의 경련, 오심(멀미), 현훈(어지러움) 등이 나타난다.
   3) 이산화탄소
      산소독성과 질소의 마취 현상을 증강시킨다. 고압환경에서 이산화탄소의 농도는 0.2%를 초과하지 말아야 한다.

정답: ①

10 **방사능의 단위와 방사선의 유효선량(effective dose)단위는?**

	방사능 단위	방사선 유효선량 단위
①	베크럴(Bq)	라드(rad)
②	베크럴(Bq)	시버트(Sv)
③	그레이(Gy)	뢴트겐(R)
④	그레이(Gy)	라드(rad)
⑤	쿨롱/킬로그램(C/kg)	시버트(Sv)

해설

구분		SI단위	종전 단위	환산
방사능 단위		베크럴(Bq)	큐리(Ci)	1큐리(Ci)=3.7×10^{10}Bq
방사선 단위	조사선량	쿨롱/킬로그램(C/kg)	렌트겐(R)	X-선, γ-선만 해당
	흡수선량	그레이(Gy)	라드(rad)	모든 방사선이 해당 1그레이(Gy)=100라드(rad) 0.01그레이(Gy)=1라드(rad)
	등가선량	시버트(Sv)	렘(rem)	
	유효선량	시버트(Sv)	렘(rem)	

정답: ②

11

다음 역학연구의 설계를 인과관계의 근거(evidence) 수준이 높은 것부터 낮은 것의 순서대로 옳게 나열한 것은?

ㄱ. 사례군 연구	ㄴ. 코호트 연구
ㄷ. 환자-대조군 연구	ㄹ. 단면조사연구

① ㄴ→ㄱ→ㄷ→ㄹ

② ㄴ→ㄷ→ㄹ→ㄱ

③ ㄷ→ㄴ→ㄱ→ㄹ

④ ㄷ→ㄴ→ㄹ→ㄱ

⑤ ㄴ→ㅁ→ㄱ→ㄷ

해설

○ **기술역학과 분석역학**

1. 기술역학

인구집단에서 생기는 질병발생의 빈도나 분포 등의 양상을 인구학적, 지역적, 시간적 특성별로 파악하여 질병의 원인에 관한 가설을 설정하는 데 중점을 두는 연구로 생태학적 연구, 단면조사 연구, 사례 보고 등이 있다.

2. 분석역학

질병의 원인에 관한 가설을 검정하기 위해 비교군을 가지고 두 군 이상의 질병의 빈도 차이를 관찰하는 연구로서 코호트 연구와 환자-대조군 연구 등이 있다.

3. 인과관계의 근거(evidence) 수준

실험연구가 가장 인과관계 수준이 높다.

실험연구>준실험연구>코호트연구>환자-대조군연구>단면(조사)연구>생태학적연구>사례군연구>사례연구

* 단면조사란 질병의 유병상태와 노출간의 관련성을 특정 시점 또는 기간 동안에 조사하는 것을 말한다.

정답: ②

12 근골격계부담작업의 범위 및 유해요인조사 방법에 관한 고시의 내용으로 옳지 않은 것은?

① "간헐적인 작업"이란 연간 총 작업일수가 60일을 초과하지 않는 작업을 말한다.

② "단기간 작업"이란 2개월 이내에 종료되는 1회성 작업을 말한다.

③ 하루에 총 2시간 이상 지지되지 않은 상태에서 1kg 이상의 물건을 한손의 손가락으로 집어 옮기는 작업은 근골격계부담작업에 해당한다.

④ 사업주는 법에 따른 임시건강진단 등에서 근골격계질환자가 발생하였을 경우에는 유해요인조사를 실시할 때에 유해요인조사표 및 근골격계질환 증상조사표를 활용하여야 한다.

⑤ 사업주가 유해요인 조사를 하는 경우 작업조건 조사에는 작업시간, 작업자세, 작업속도 등이 포함된다.

해설

○ **근골격계부담작업의 범위 및 유해요인조사 방법에 관한 고시**

제1조(목적) 이 고시는「산업안전보건법」제39조제1항제5호 및「산업안전보건기준에 관한 규칙」제656조제1호 및 제658조 단서의 규정에 따른 근골격계부담작업의 범위 및 유해요인조사 방법에 관하여 필요한 사항을 규정함을 목적으로 한다.

제2조(정의) ① 이 고시에서 사용하는 용어의 뜻은 다음 각 호와 같다.

1. "단기간 작업"이란 2개월 이내에 종료되는 1회성 작업을 말한다.
2. "간헐적인 작업"이란 연간 총 작업일수가 60일을 초과하지 않는 작업을 말한다.
3. "하루"란「근로기준법」제2조제1항제7호에 따른 1일 소정근로시간과 1일 연장근로시간 동안 근로자가 수행하는 총 작업시간을 말한다.
4. "4시간 이상" 또는 "2시간 이상"은 제3호에 따른 "하루" 중 근로자가 제3조 각 호에 해당하는 근골격계부담작업을 실제로 수행한 시간을 합산한 시간을 말한다.

② 이 고시에서 규정하지 않은 사항은「산업안전보건법」(이하 "법"이라 한다) 및 「산업안전보건기준에 관한 규칙」(이하 "안전보건규칙"이라 한다)에서 정하는 바에 따른다.

제3조(근골격계부담작업) 법 제39조제1항제5호 및 안전보건규칙 제656조제1호에 따른 근골격계부담작업이란 다음 각 호의 어느 하나에 해당하는 작업을 말한다. 다만, 단기간작업 또는 간헐적인 작업은 제외한다.

1. 하루에 4시간 이상 집중적으로 자료입력 등을 위해 키보드 또는 마우스를 조작하는 작업
2. 하루에 총 2시간 이상 목, 어깨, 팔꿈치, 손목 또는 손을 사용하여 같은 동작을 반복하는 작업
3. 하루에 총 2시간 이상 머리 위에 손이 있거나, 팔꿈치가 어깨위에 있거나, 팔꿈치를 몸통으로부터 들거나, 팔꿈치를 몸통뒤쪽에 위치하도록 하는 상태에서 이루어지는 작업
4. 지지되지 않은 상태이거나 임의로 자세를 바꿀 수 없는 조건에서, 하루에 총 2시간 이상 목이나 허리를 구부리거나 트는 상태에서 이루어지는 작업
5. 하루에 총 2시간 이상 쪼그리고 앉거나 무릎을 굽힌 자세에서 이루어지는 작업
6. 하루에 총 2시간 이상 지지되지 않은 상태에서 1kg 이상의 물건을 한손의 손가락으로 집어 옮기거나, 2kg 이상에 상응하는 힘을 가하여 한손의 손가락으로 물건을 쥐는 작업

7. 하루에 총 2시간 이상 지지되지 않은 상태에서 4.5kg 이상의 물건을 한 손으로 들거나 동일한 힘으로 쥐는 작업
8. 하루에 10회 이상 25kg 이상의 물체를 드는 작업
9. 하루에 25회 이상 10kg 이상의 물체를 무릎 아래에서 들거나, 어깨 위에서 들거나, 팔을 뻗은 상태에서 드는 작업
10. 하루에 총 2시간 이상, 분당 2회 이상 4.5kg 이상의 물체를 드는 작업
11. 하루에 총 2시간 이상 시간당 10회 이상 손 또는 무릎을 사용하여 반복적으로 충격을 가하는 작업

제4조(유해요인조사 방법) 사업주는 안전보건규칙 제658조 단서에 따라 유해요인조사를 실시할 때에는 별지 제1호서식의 유해요인조사표 및 별지 제2호서식의 근골격계질환 증상조사표를 활용하여야 한다. 이 경우 별지 제1호서식의 다목에 따른 작업조건 조사의 경우에는 조사 대상 작업을 보다 정밀하게 조사할 수 있는 작업분석·평가도구를 활용할 수 있다.

○ **산업안전보건기준에 관한 규칙**

제657조(유해요인 조사) ① 사업주는 근로자가 근골격계부담작업을 하는 경우에 3년마다 다음 각 호의 사항에 대한 유해요인조사를 하여야 한다. 다만, 신설되는 사업장의 경우에는 신설일부터 1년 이내에 최초의 유해요인 조사를 하여야 한다.

1. 설비 · 작업공정 · 작업량 · 작업속도 등 작업장 상황
2. 작업시간 · 작업자세 · 작업방법 등 **작업조건**
3. 작업과 관련된 근골격계질환 징후와 증상 유무 등

② 사업주는 다음 각 호의 어느 하나에 해당하는 사유가 발생하였을 경우에 제1항에도 불구하고 지체 없이 유해요인 조사를 하여야 한다. 다만, 제1호의 경우는 근골격계부담작업이 아닌 작업에서 발생한 경우를 포함한다.

1. 법에 따른 임시건강진단 등에서 근골격계질환자가 발생하였거나 근로자가 근골격계질환으로 「산업재해보상보험법 시행령」 별표 3 제2호가목 · 마목 및 제12호라목에 따라 업무상 질병으로 인정받은 경우
2. 근골격계부담작업에 해당하는 새로운 작업 · 설비를 도입한 경우
3. 근골격계부담작업에 해당하는 업무의 양과 작업공정 등 작업환경을 변경한 경우

③ 사업주는 유해요인 조사에 근로자 대표 또는 해당 작업 근로자를 참여시켜야 한다.

제658조(유해요인 조사 방법 등) 사업주는 유해요인 조사를 하는 경우에 근로자와의 면담, 증상 설문조사, 인간공학적 측면을 고려한 조사 등 적절한 방법으로 하여야 한다. 이 경우 제657조제2항 제1호에 해당하는 경우에는 고용노동부장관이 정하여 고시하는 방법에 따라야 한다.

정답: ⑤

13 산업안전보건기준에 관한 규칙에서 정하고 있는 밀폐공간에 해당하는 것은?

① 근로자가 상주(常住)하는 공간으로서 출입이 제한되어 있는 장소의 내부

② 장기간 밀폐된 강재(鋼材)의 보일러·탱크·반응탑이나 그 밖에 그 내벽이 산화하기 쉬운 시설(그 내벽이 스테인리스강으로 된 것 포함)의 내부

③ 산소농도가 18퍼센트 미만 또는 23.5퍼센트 이상, 탄산가스농도가 1.5퍼센트 이상, 일산화탄소농도가 30피피엠 이상 또는 불화수소농도가 10피피엠 이상인 장소의 내부

④ 천장·바닥 또는 벽이 건성유를 함유하는 페인트로 도장되어 그 페인트가 건조된 후에 밀폐된 지하실·창고 또는 탱크 등 통풍이 불충분한 시설의 내부

⑤ 헬륨·아르곤·질소·프레온·탄산가스 또는 그 밖의 불활성기체가 들어 있거나 있었던 보일러·탱크 또는 반응탑 등 시설의 내부

해설

■ 산업안전보건기준에 관한 규칙 [별표 18]

밀폐공간(제618조제1호 관련)

1. 다음의 지층에 접하거나 통하는 우물·수직갱·터널·잠함·피트 또는 그밖에 이와 유사한 것의 내부
   가. 상층에 물이 통과하지 않는 지층이 있는 역암층 중 함수 또는 용수가 없거나 적은 부분
   나. 제1철 염류 또는 제1망간 염류를 함유하는 지층
   다. 메탄·에탄 또는 부탄을 함유하는 지층
   라. 탄산수를 용출하고 있거나 용출할 우려가 있는 지층
2. 장기간 사용하지 않은 우물 등의 내부
3. 케이블·가스관 또는 지하에 부설되어 있는 매설물을 수용하기 위하여 지하에 부설한 암거·맨홀 또는 피트의 내부
4. 빗물·하천의 유수 또는 용수가 있거나 있었던 통·암거·맨홀 또는 피트의 내부
5. 바닷물이 있거나 있었던 열교환기·관·암거·맨홀·둑 또는 피트의 내부
6. 장기간 밀폐된 강재(鋼材)의 보일러·탱크·반응탑이나 그 밖에 그 내벽이 산화하기 쉬운 시설(그 내벽이 스테인리스강으로 된 것 또는 그 내벽의 산화를 방지하기 위하여 필요한 조치가 되어 있는 것은 제외한다)의 내부
7. 석탄·아탄·황화광·강재·원목·건성유(乾性油)·어유(魚油) 또는 그 밖의 공기 중의 산소를 흡수하는 물질이 들어 있는 탱크 또는 호퍼(hopper) 등의 저장시설이나 선창의 내부
8. 천장·바닥 또는 벽이 건성유를 함유하는 페인트로 도장되어 그 페인트가 건조되기 전에 밀폐된 지하실·창고 또는 탱크 등 통풍이 불충분한 시설의 내부
9. 곡물 또는 사료의 저장용 창고 또는 피트의 내부, 과일의 숙성용 창고 또는 피트의 내부, 종자의 발아용 창고 또는 피트의 내부, 버섯류의 재배를 위하여 사용하고 있는 사일로(silo), 그 밖에 곡물 또는 사료종자를 적재한 선창의 내부
10. 간장·주류·효모 그 밖에 발효하는 물품이 들어 있거나 들어 있었던 탱크·창고 또는 양조주의 내부
11. 분뇨, 오염된 흙, 썩은 물, 폐수, 오수, 그 밖에 부패하거나 분해되기 쉬운 물질이 들어있는 정화조·침전조·집수조·탱크·암거·맨홀·관 또는 피트의 내부

12. 드라이아이스를 사용하는 냉장고·냉동고·냉동화물자동차 또는 냉동컨테이너의 내부
13. 헬륨·아르곤·질소·프레온·탄산가스 또는 그 밖의 불활성기체가 들어 있거나 있었던 보일러·탱크 또는 반응탑 등 시설의 내부
14. 산소농도가 18퍼센트 미만 또는 23.5퍼센트 이상, 탄산가스농도가 1.5퍼센트 이상, 일산화탄소농도가 30피피엠 이상 또는 황화수소농도가 10피피엠 이상인 장소의 내부
15. 갈탄·목탄·연탄난로를 사용하는 콘크리트 양생장소(養生場所) 및 가설숙소 내부
16. 화학물질이 들어있던 반응기 및 탱크의 내부
17. 유해가스가 들어있던 배관이나 집진기의 내부
18. 근로자가 상주(常住)하지 않는 공간으로서 출입이 제한되어 있는 장소의 내부

정답: ⑤

14 화학물질 및 물리적 인자의 노출기준에서 "호흡성"으로 표시되지 않은 화학물질은?

① 인듐 및 그 화합물
② 텅스텐(가용성 화합물)
③ 산화규소(결정체)
④ 산화아연 분진
⑤ 요오드 및 요오드화물

해설

작업환경측정 및 정도관리 등에 관한 고시

제2조(정의) ① 이 고시에서 사용하는 용어의 뜻은 다음 각 호와 같다.

11. "호흡성분진"이란 호흡기를 통하여 폐포에 축적될 수 있는 크기의 분진을 말한다.
12. "흡입성분진"이란 호흡기의 어느 부위에 침착하더라도 독성을 일으키는 분진을 말한다.

흡입성(노출기준)	호흡성(노출기준)
카본블랙 석고 → 석면(×) 아스파트 흄(벤젠 추출물) 곡분분진 → 곡물분진(×) 목재분진 오산화바나듐 요오드 및 요오드화물 아연 스테아린산 펜타클로로페놀	석탄분진 산화아연 분진 → 산화아연(×) 텅스텐 인듐 및 그 화합물 카드뮴 및 그 화합물 운모 몰리브덴 산화규소 활석(석면 불포함) 흑연(천연 및 합성, Graphite 섬유 제외)

212	몰리브덴 (불용성화합물)	Molybdenum(Insoluble compounds)(Inhalable fraction)	-	10	-	-	[7439-98-7] 흡입성
213	몰리브덴 (불용성화합물)	Molybdenum (Insoluble compounds) (Respirable fraction)..	-	5	-	-	[7439-98-7] 호흡성
214	몰리브덴 (수용성화합물)	Molybdeunum (Soluble compounds) (Respirable fraction)	-	0.5	-	-	[7439-98-7] 발암성 2, 호흡성
269	산화규소 (결정체 석영)	Silica(Crystalline quartz) (Respirable fraction)	-	0.05	-	-	[14808-60-7] 발암성 1A, 호흡성
270	산화규소 (결정체 크리스토바라이트)	Silica(Crystalline cristobalite) (Respirable fraction)	-	0.05	-	-	[14464-46-1] 발암성 1A, 호흡성
271	산화규소 (결정체 트리디마이트)	Silica(Crystalline tridymite) (Respirable fraction)	-	0.05	-	-	[15468-32-3] 발암성 1A, 호흡성
272	산화규소 (결정체 트리폴리)	Silica(Crystalline tripoli) (Respirable fraction)	-	0.1	-	-	[1317-95-9] 발암성 1A, 호흡성
273	산화규소 (비결정체 규소, 용융된)	Silica(Amorphous silica, fused) (Respirable fraction)	-	0.1	-	-	[60676-86-0] 호흡성
274	산화규소 (비결정체 규조토)	Silica (Amorphous diatomaceous earth)	-	10	-	-	[61790-53-2]
275	산화규소 (비결정체 침전된 규소)	Silica (Amorphous precipitated silica)	-	10	-	-	[112926-00-8]
276	산화규소(비결정체 실리카겔)	Silica(Amorphous silicagel)	-	10	-	-	[112926-00-8]
577	텅스텐(가용성 화합물)	Tungsten(Soluble compounds)(Respirable fraction)	-	1	-	3	[7440-33-7] 호흡성
578	텅스텐 및 불용성화합물	Tungsten metal and Insoluble compounds(Respirable fraction)	-	5	-	10	[7440-33-7] 호흡성
298	석면(모든 형태)	Asbestos(All forms)	-	0.1개/cm^3	-	-	발암성 1A

정답: ⑤

15 청각기관의 구조와 소리의 전달에 관한 설명으로 옳지 않은 것은?

① 귀는 외이, 중이, 내이로 구분할 수 있다.

② 내이액에 전달된 음압은 고막관을 거쳐 전정관으로 이동한다.

③ 고막을 통하여 들어온 음압은 중이를 거쳐 난원창을 통해 달팽이관으로 전달된다.

④ 음압은 외이의 외청도(ear canal)를 거쳐 고막에 전달되어 이를 진동시킨다.

⑤ 중이는 추골, 침골, 등골의 세 개 뼈로 구성된 이소골이 있다.

해설

중이는 귀의 고막에서 달팽이관 사이 공간을 말하는 곳으로 이소골(3개의 작은 뼈인 추골, 침골, 등골이 포함)에서 고막에 도착한 진동을 내이의 난원창으로 전달한다.

전정관과 고실관의 나머지 한쪽은 각각 난원창(전정관의 기저부)과 정원창(고실관의 기저부)으로 덮여있다.

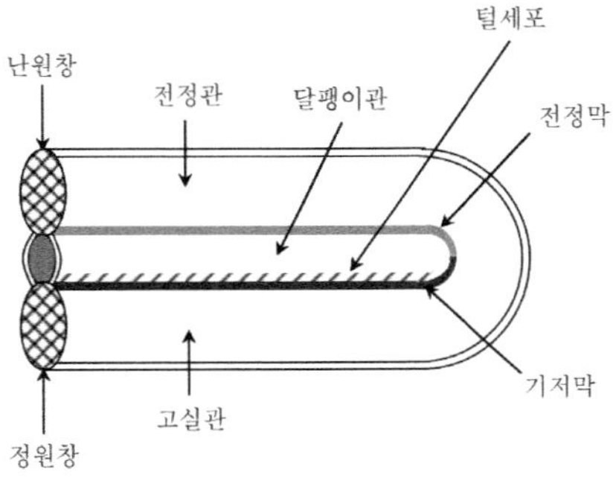

<내이 기관인 달팽이의 모양>

○ **내이(속귀)**

소리는 고막을 통해 내이 기관인 달팽이의 난원창으로 전달된다.

달팽이에는 전정관과 고실관이 있는데, 이 두 관은 외림프액으로 채워져 있고 한쪽 끝은 서로 연결되어 있다. 전정관과 고실관의 나머지 한쪽은 각각 난원창(안뜰창)과 정원창으로 덮여 있다. 달팽이의 속에는 내림프액으로 채워져 있는 달팽이관이 있는데, 그 곳에는 내림프액의 압력 변화를 감지하는 털세포가 있다. 전정관과 달팽이관 사이에는 전정막이라는 얇은 막이 있고, 고실관과 달팽이관 사이에는 기저막이 있다.

정답: ②

16 한 사업장에서 다음과 같은 재해결과가 나왔을 때, 이에 관한 해석으로 옳지 않은 것은?

○ 환산도수율(F)=1.2

○ 환산강도율(S)=96

① 작업자 1인당 일평생 1.2회의 재해가 발생한다.

② 작업자 1인당 일평생 96일의 근로손실일수를 기준으로 한다.

③ 재해 1건당 근로손실일수는 평균 90일이다.

④ 사업장의 종합재해지수는 약 3.39이다.

⑤ 사업장의 강도율은 0.96이며, 동의안전지수는 약 3.17이다.

해설

환산은 일평생(입사에서 퇴사까지로 10만 시간을 기준)을 기준으로 한다.

참고로 도수율은 100만 시간, 강도율은 1,000시간을 기준으로 하는 것이다.

○ 환산도수율(F)=도수율÷10

○ 환산강도율(S)=강도율×100

○ **평균강도율과 종합재해지수**

1. 평균강도율

재해 1건당 평균 근로손실일수로 평균강도율이라 한다.

$$평균강도율=\frac{강도율}{도수율}\times 1,000$$

2. 종합재해지수(FSI, Frequency Severity Indicator)

재해빈도의 다수(多數)와 상해 정도의 강약을 종합한다.

종합재해지수(FSI)=$\sqrt{도수율\times 강도율}$

3. 동의 안전지수(체감산업안전평가지수)

근로자들이 느끼는 안전의 정도를 도수율과 강도율의 함수로 나타낸 평가지수인 동의안전지수(동의안전지수=0.2×도수율+0.8×강도율)가 최근 개발되었다.

정답: ③

17 페인트가 칠해진 철제 교량을 용접을 통해 보수하는 작업에 대한 측정 및 분석계획에 관한 설명으로 옳지 않은 것은?

① 발생하는 자외선량은 잔류량에 비례한다.

② 철 이외에 다른 금속에 노출될 수 있다.

③ 페인트가 녹아 발생하는 유기용제의 농도가 높기 때문에 이를 측정 대상에 포함한다.

④ 유도결합플라즈마-원자흡광분석기(ICP-AAS)를 이용하면 동시에 많은 금속을 분석할 수 있다.

⑤ 금속의 성분 분석을 위해서는 셀룰로오스에스테르 막여과지(MCE)를 사용해 측정한다.

해설

○ **유도결합플라즈마-원자흡광분석기(ICP-AAS)**

원자흡광광도계는 금속이나 금속성 원소의 정량을 위하여 전통적으로 널리 사용하는 분석기기로 황, 탄소, 할로겐, 불활성가스를 제외한 대부분의 금속과 준금속(semi-metals)을 포함하여 70여 개의 원소의 분석에 이용된다.

기본원리는 다음과 같다.

· 모든 원자는 빛을 흡수할 수 있다.
· 각 원자는 특수한 파장의 빛을 잘 흡수한다.
· 흡수되는 빛의 양은 원자의 농도에 비례한다.(비어-램버트 법칙)

○ **여과지의 종류**

입자상 물질을 채취하는 데 사용하는 여과지는 막여과지(membrane filter)와 섬유상 여과지(fibrous filter)로 구분한다.

막여과지는 셀룰로오스에스테르, PVC, 니트로아크릴 같은 중합체를 일정한 조건에서 침착시켜 만든 다공성의 얇은 막 형태이다. 섬유상 여과지는 대개 20μm 이하의 직경을 가진 가느다란 섬유를 압착시켜 제조한다.

막여과지에서 유해물질은 여과지 표면이나 그 근처에서 채취되기 때문에 섬유상 여과지에 비해 공기저항이 심하고, 입자가 채취될수록 저항이 빠르게 증가하여 여과지 표면에 채취된 입자들이 이탈하는 경향이 있다. 섬유상 여과지는 여과지 표면뿐만 아니라 단면에 깊게 입자상 물질이 들어가므로 더 많은 입자상 물질을 채취할 수 있다. 섬유상 여과지는 공기의 흐름에 상대적으로 낮은 저항을 나타내기 때문에 많은 공기량을 채취할 때 사용된다.

막여과지	섬유상여과지
1. 셀룰로오스 에스테르 여과지 1) 산에 쉽게 용해되므로 중금속 시료 채취에 유리하다. 2) 유해물질이 표면에 주로 침착되어 현미경 분석에 유리하다. 대표적인 것이 석면이다. 3) 흡습성(수분흡수)이 있어 중량분석에는 부적당하다. 4) MCE여과지	1. 유리섬유여과지 1) 섬유상 여과지의 대표적인 예이다. 2) 흡습성이 적고 열에 강하다. 3) 결합제첨가형(binder)과 결합제 비첨가형(binder-free)이 있다. 4) 유해물질이 여과지의 안층에서도 채취된다. 5) 농약류(벤지딘, 머캅탄류 등 채취)

2. PVC여과지 1) 흡습성이 적어 호흡성 먼지, 총먼지 채취 등에 유리하다. 2) 가볍다. 3) 먼지무게(중량)분석, 유리규산 채취, 6가 크롬 채취 등 3. 테플론(PTFE)여과지 1) Poly Tetra Fluoro Ethylene의 약자 2) 열, 화학물질, 압력 등에 강한 특성이 있어 다핵방향족탄화수소(PAHs) 채취, 농약류, 콜타르피치 채취에 활용된다. 4. 은막여과지 1) 금속을 소결(sintering, 덩어리)하여 만든다. 2) 열적·화학적 안정성 3) 코크스 오브 배출물질(COE) 등의 채취에 활용된다. 5. nuclepore 여과지 1) 폴리카보네이트 재질에 레이저빔을 쏘아 공극을 일직선으로 만든다. 2) 석면시료를 채취하여 투과전자현미경으로 분석한다.	2. 셀룰로오스섬유여과지 1) 와트만(Whatman) 여과지가 대표적이다. 2) 값이 저렴하고 장력이 크지만 흡습성이 강하다. 3) 작업환경측정보다는 실험실 분석에 많이 사용된다.

정답: ③

18 공기 중 금속을 정량하기 위한 일반적인 분석장비는?

① 위상차현미경, 원자흡광광도계(AA)
② 흑연로장치, 가스크로마토그래피(GC)
③ 원자흡광광도계(AA), 유도결합플라즈마(ICP)
④ 유도결합플라즈마(ICP), 액체크로마토그래피(LC)
⑤ 분광광도계, 이온크로마토그래피(IC)

해설

가스상 물질의 분석	입자상 물질의 분석
1. 크로마토그래피(chromatography)의 뜻은 색깔과 기록의 뜻이다. 크로마토그래피란 두 가지 이상의 혼합물이 이동상(시료를 이동시키는 것)과 함께 고정상(시료를 머무르게 하는 것)이 있는 분리관(즉, 고정상이 충진된 관)을 흐르면서 각각의 고유한 분배와 흡착기전으로 인하여 일어나는 물리·화학적 분리과정을 말한다. 2. 종류 1) 가스크로마토그래피 분리관의 고정상에 따라 가스-고체크로마토그래피와 가스-고체크로마토그래피로 구분한다. 시료의 휘발성을 이용하며 분자량<500, 열안정성을 고려한다. 2) 액체크로마토그래피 이동상을 펌프를 이용하여 강제로 강하게 밀어주는 기기가 발명되면서 고성능액체크로마토그래피라고 한다(HPLC). 이는 시료의 용해성을 이용, 고분자(분자량>500), 시료의 회수 용이함을 특징으로 한다. 3. 가스크로마토그래피 검출기(GC) 종류 이동상→주입구→분리관→검출기→자료처리시스템으로 구성된다. 검출기에는 불꽃이온화검출기(FID), 불꽃광도검출기(FPD), 질소인검출기(NPD), 전자포획검출기(ECD) 등이 있으며 유해물질 분석에 가장 많이 사용되는 검출기는 불꽃이온화검출기이다. 수소가스와 공기가 필요한데 수소가스는 불꽃이온용 검출기인 FID, FPD, 질소인검출기(NPD)에서 사용된다.	1. 원자흡광광도계는 광원, 원자화장치, 단색화장치, 검출기, 기록계 등으로 구성되어 있다. 광원으로 많이 사용되는 속빈음극램프는 분석하고자 하는 금속원자가 흡수하고 고유한 파장을 방출한다. 원자화장치는 금속화합물을 원자화시켜 빛의 통로까지 올리는 역할을 하는 것으로 불꽃방식, 비불꽃방식(흑연로), 증기발생방식 등이 있다. 단색화 장치는 원하는 파장만 검출기에 도달하게 하는 역할을 한다. 흑연로방법은 감도가 좋으므로 생물학적 시료분석에 유리하며, 증기발생방식은 휘발성금속의 분석에 사용된다. 산업보건분야에서 흑연로장치는 주로 생물학적 모니터링에 이용되는데, 소변이나 혈액 등은 유해금속의 농도가 낮고 방해물질이 많아 흑연로장치를 주로 이용한다. 즉, 흑연로장치는 불꽃을 이용하지 않고도 극미량의 금속을 분석할 수 있는 장치이다. 2. 유도결합플라즈마-원자발광분석기는 동시에 여러 금속을 분석할 수 있는 장점을 가지고 있다. 플라스마에서 분석대상금속이 들뜬상태로 있다가 바닥상태로 전이되면서 특정한 빛을 발광한다. 따라서 이 기기는 별도의 광원이 필요하지 않고 플라스마가 금속을 들뜬 상태로 만든다.

정답: ③

19 이온화방사선(전리방사선)에 노출될 수 있는 직종이 아닌 것은?

① 지하철 정비 종사자
② 금속 가공 작업자
③ 비파괴 검사자
④ 탄광 근로자
⑤ 원자력 발전소 종사자

해설

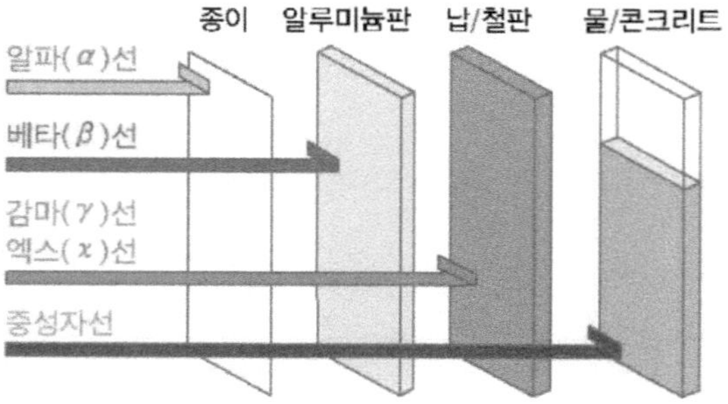

1. 전리방사선을 흔히 방사선이라 부르며, 알파선은 종이를 뚫지 못할 정도로 에너지 수준이 낮으나, 중성자는 납판을 투과할 정도의 에너지를 가지고 있다.

2. 전리방사선의 건강 영향

1) 결정적 영향

특정노출수준인 "역치"를 초과할 경우 건강영향은 거의 모든 사람에게 필연적으로 나타나는 건강영향을 말한다. 피부(발적, 괴사), 골수와 림프계(림프구 감소증, 과립구 감소증, 혈소판 감소증, 적혈구 감소증 등), 소화기계(장궤양 등), 생식기계(정자 수 감소, 불임), 눈(수정체 혼탁), 호흡기계(폐렴, 폐섬유증) 등의 증상이 있다.

2) 확률적 영향

확률적인 우연성을 따르는 건강영향을 말한다. 건강영향이 나타나는 역치가 없고 낮은 노출선량에 발생할 수 있음을 의미하고, 노출량이 많아짐에 따라 건강영향을 받을 확률은 높아진다. 암(백혈병 등)이나 태아 성장기발달장애(기형아, 발달장애 등)이 여기에 해당하며 동일 노출선량에 사람마다 반응차이가 존재한다.

3. 비전리방사선

전리방사선과 달리 원자와 분자로부터 전자를 제거하기에 충분한 에너지를 가지고 있지 않다. 비전리방사선으로는 전파(라디오파, FM, 마이크로파), 가시광선, 적외선, 자외선 등이 있다. 금속 가공작업에는 자외선에 노출되기 쉽다.

정답: ②

20 근로자 유해인자 노출평가에서 예비조사를 실시하는 주요 목적이 아닌 것은?

① 근로자가 노출되는 유해인자를 파악하기 위해
② 작업 공정과 특성을 파악하기 위해
③ 유사노출그룹을 설정하기 위해
④ 특수건강진단 대상자를 선정하기 위해
⑤ 작업환경 측정 전략을 수립하기 위해

해설

○ **근로자 유해인자 노출평가**

1. 예비조사
2. 위험성평가 및 측정전략수립
3. 측정기구 준비 및 보정
4. 측정, 시료채취(모니터링)
5. 측정기구 사후 보정
6. 실험실 분석
7. 자료 처리
8. 노출평가

* 예비조사의 목적
1) 작업장과 공정특성
2) 근로자의 작업특성
3) 유해인자의 특성
4) HEG(또는 SEG, 유사노출그룹)의 설정 → 노출을 대표하는 sample
5) 시료채취전략 수립

정답: ④

21 생물학적 유해인자 노출이 주요 위험인 환경(직무)이 아닌 것은?

① 샌드 블라스팅(sand blasting)
② 절삭가공공정(CNC)
③ 환경미화원
④ 폐수처리장
⑤ 정화조 작업

해설

○ **절삭가공공정(CNC)**

금속가공유 취급작업으로 발생하는 생물학적 인자의 노출은 다양한 금속가공유의 종류, 방부제(바이오사이드) 사용유무, 저장조 오염상태(pH 농도), 교체주기, 가공기계의 종류 및 밀폐여부, 오일미스트 국소배기방법 및 온도, 습도 등 환경인자에 따라 상이할 수 있다.

○ **샌드 블라스팅(sand blasting)이나 그라인더 분진**

금속 흄이나 먼지는 화학적 유해인자에 속한다.

○ **유해인자 종류**

1. 화학적 인자
가스, 증기, 미스트, 먼지, 중금속, 금속흄, 석면 등
2. 물리적 인자
소음, 진동, 방사선, 기압, 고열 등
3. 생물학적 인자
세균, 곰팡이, 바이러스 등
4. 인간공학적 인자
과다한 작업, 단순반복작업, 부자연스러운 자세, 중량물 취급 작업 등
5. 사회심리적 인자
직업관련성 스트레스 등

정답: ①

22 근골격계부담작업을 평가하는 도구 중에서 '중량물 취급작업'을 평가하기 위한 도구가 아닌 것은?

① MAC(manual handling assessment charts)
② NLE(NIOSH lifting equation)
③ WAC 296-62-05105
④ 3D SSPP
⑤ Snook table

해설

○ 작업부하 평가방법들

체크리스트 평가방법	작업 자세위주 평가 방법	중량물들기 작업 평가 방법
1. WAC 296-62-05105 2. HSE risk assessment worksheet(영국) 3. ANSI-Z365 4. QEC * Quick Exposure Check	1. OWAS(핀란드) 2. RULA 3. REBA 4. JSI	1. NLE 2. MAC 3. Snook table 4. 3D SSPP

정답: ③

23 산업재해 지표에 관한 설명으로 옳은 것은?

① 사망만인율은 근로자 10만 명당 산업재해로 인한 사망자수를 말한다.

② 강도율은 연 1,000,000 작업시간당 작업손실일수를 말한다.

③ 도수율은 작업시간이 고려되지 않은 산업재해 지표이다.

④ 건수율은 근로자 100인당 재해발생 건수이다.

⑤ 도수율은 천인율 또는 발생률이라고도 한다.

해설

· 사망만인율은 근로자 1만 명당 산업재해로 인한 사망자수를 말한다.
· 강도율은 연 1,000 작업시간당 작업손실일수를 말한다.
· 도수율은 작업시간이 고려되는 산업재해 지표이다. 106 작업시간당 재해발생건수를 말한다.
· 건수율(재해율)은 근로자 100인당 연간 재해발생건수를 말한다.

정답: ④

24 배치 전 건강진단 결과 다음과 같이 여러 가지 건강장해 요인을 가진 근로자들이 나타났다. 휴대폰 세척, 탈지공정에서 TCE(트리클로로에틸렌) 세척으로 인한 건강장해를 예방하기 위해 배치하지 말아야 할 필요성이 가장 높은 근로자는?

① 청력장해가 있는 근로자

② 제한성 폐기능 장해가 있는 근로자

③ 폐활량이 저하된 근로자

④ 간기능 장해가 있는 근로자

⑤ 위장 장애가 있는 근로자

해설

TCE는 스티븐스존슨증후군(독성 간염 및 피부질환)을 유발한다.

DMF(디메틸포름아미드) 역시 간기능 장해를 유발한다.

정답: ④

25 인체의 주요 장기 및 조직에서 기본이 되는 단위조직 명칭과 대표적인 유해요인이 잘못 연결된 것은?

① 신장-네프론-수은

② 근육-근섬유-반복작업

③ 신경-시냅스-노말헥산

④ 간-간소엽-사염화탄소

⑤ 폐-폐포-유리규산

해설

1. 노말-헥산: 다발성말초신경장해(2004년 태국여성근로자 8명 중독, 일명 앉은뱅이병으로 유명하다)
2. 뉴런(neuron)과 시냅스(synapse)

   뉴런은 신경에서 신경세포 1개를 말하며 신경세포를 이루는 단위이다. 뉴런에는 감각뉴런, 연합뉴런, 운동뉴런으로 구분된다.

   시냅스(synapse)는 하나의 뉴런에서 또 다른 뉴런으로의 전달과 관계된다. 즉, 뉴런과 뉴런을 연결하는 구조물로서 전막과 후막으로 구성된다.
3. 간독성 유해물질

   TCE, DMF(디메틸포름아미드), 사염화탄소, 디클로로포름 등이 대표적이다.

정답: ③

산업보건지도사 제2과목(산업보건일반) 모의고사 해설

01 인체의 청각기관에 관한 설명으로 옳지 않은 것은?

① 내이에서 소리에너지의 이동경로는 난원창→전정계→고실계→기저막→정원창이다.

② 내이는 3개의 관으로 나뉘어져 있으며 소리의 통로가 되는 전정관과 고실계는 공기로 채워져 있으며, 소리를 감지하는 모세포(hair cell)에 있는 코르티기관은 액체로 채워져 있다.

③ 내이는 난원창 쪽에서부터 안쪽으로 20,000Hz에서 20Hz까지의 소리를 감지하는 모세포(hair cell)가 배치되어 있다.

④ 청각기관은 바깥귀로부터 고막까지를 외이, 고막에서 난원창까지를 중이, 난원창 내부의 코르티기관을 내이로 나눈다.

⑤ 중이는 추골, 침골, 등골의 조그만 뼈로 구성되어 있으며, 고막의 진동을 내이로 전달하는 기능을 한다.

해설

○ **청각기관**

소리의 전달은 "이소골(청소골) - 난원창 - 전정계 - 고실계 - 정원창 - 내림프액"에 압력을 가한다.

중이가 공기로 채워진 것과 달리, 내이는 액체(림프액)으로 채워져 있다.

중이는 '귓속뼈' 또는 '이소골', '청소골'이라고 불리는 뼈로 이뤄져 있으며, 포유류의 경우 망치뼈(추골)와 모루뼈(침골), 등자뼈(등골)라는 세 개의 작은 뼈로 구성된다.

내이는 달팽이관(와우), 전정기관, 반고리관 이렇게 3개로 구분되어 있다.

코르티(Corti)기관은 기저막의 표면에 놓여 있으며, 기저막의 진동에 반응하여 청각신호를 발생시키는 청각 수용기인 유모세포(hair cell)로 구성되어 있다.

1. 외이
1) 귓바퀴
2) 외이도

2. 중이
1) 고막: 소리 자극에 의해 진동.
2) 청소골(망치뼈, 모루뼈, 등자뼈): 고막의 진동을 증폭
3) 유스타키오관: 외이와 중이의 압력을 유지.

3. 내이
1) 달팽이관(와우)
-난원창: 청소골의 진동을 림프의 진동으로 전달.
-전정계, 고실계, 달팽이세관: 림프액으로 채워져 있다.
-코르티기관(청세포+덮개막): 청세포의 섬모가 덮개막에 접촉하여 청각이 형성.
-정원창: 림프의 진동을 흡수하여 소리가 소멸.
2) 전정기관: 평형감각 형성
3) 반고리관: 회전감각 형성

4. 청각의 성립
1) 고막의 진동이 청소골을 통해 난원창에 전달된다.
2) 전정계의 림프가 진동하고 이어 고실계의 림프로 전달되어 기저막이 공명한다.
3) 기저막 위의 청세포 섬모가 덮개막을 건드리게 되어 청세포가 흥분한다.
4) 소리 전달경로: 소리의 진동→고막→청소골→달팽이관→청세포→청신경

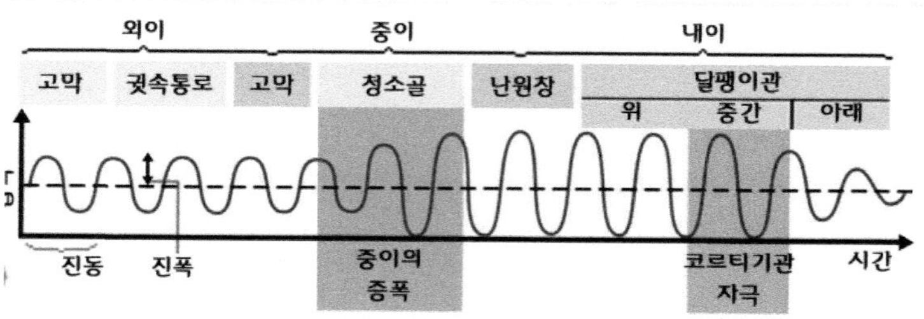

<귀에 전달되는 음파의 경로>

정답: ②

02 역학의 평가방법에 관한 설명으로 옳지 않은 것은?

① 제1종 오류는 귀무가설이 실제로 사실이 아닐 때 이를 기각하지 못할 확률을 말한다.
② 메타분석이란 개별 연구로부터 모은 많은 연구결과를 통합할 목적으로 통계적 분석을 하는 계량적 방법이다.
③ 어떤 요인과 질병발생 간의 연관성을 추론하고자 할 때, 연구계획 및 분석방법상의 오류로 인하여 참값과 차이가 나는 결과나 추론을 생성하게 되는데 이를 바이어스(bias)라 한다.
④ 코호트 연구에서 검정력은 비노출군에서의 질병발생률과 직접적인 관련이 있다.
⑤ 통계학적 연관성이 입증되었다 하여도 반드시 원인적 연관성이라고 말할 수 없다.

해설

1종 오류는 귀무가설이 실제로 참이지만, 이에 불구하고 귀무가설을 기각하는 오류이다. 즉, 실제 음성인 것을 양성으로 판정하는 경우이다. 거짓 양성 또는 알파 오류(영어: α error)라고도 한다.
2종 오류는 귀무가설이 실제로 거짓이지만, 이에 불구하고 귀무가설을 기각하지 못하는 오류이다. 즉, 실제 양성인 것을 음성으로 판정하는 경우이다. 거짓 음성 또는 베타 오류(영어: β error)라고도 한다.
귀무가설(歸無假說, null hypothesis, 현재의 가설, 기호 H_0) 또는 영가설(零假說)은 통계학에서 처음부터 버릴 것을 예상하는 가설이다. 차이가 없거나 의미 있는 차이가 없는 경우의 가설이며 이것이 맞거나 맞지 않다는 통계학적 증거를 통해 증명하려는 가설이다.
대립가설은 귀무가설과 반대되는 의미로, 가설을 만든 사람이 실제로 주장하거나 증명하고 싶은 내용을 담고 있다. 예를 들어 '지구는 둥글다'라는 가설을 검증하고자 할 경우에 '지구는 둥글지 않다'라는 가설이 귀무가설이 되고, 이에 반대되는 본래의 가설 '지구는 둥글다'는 대립가설이 된다.
검정력이란 대립가설(입증하고자 하는 가설)이 참일 때 귀무가설을 기각할 확률, 즉 대립가설을 채택할 확률을 뜻한다.
검정력(檢定力, statistical power)는 대립가설이 사실일 때, 이를 사실로서 결정할 확률이다. 검정력이 90%라고 하면, 대립가설이 사실임에도 불구하고 귀무가설을 채택할 확률(2종 오류, β error)의 확률은 10%이다.
원인적 연관성이란 "A의 양과 질이 변함에 따라 B의 양과 질도 변화하는 관계"를 말한다. 비원인적 연관성이란 두 개의 현상 사이에 통계적 연관성은 있으나 원인적 연관성은 인정할 수 없는 경우를 말하는데 이는 우연(chance)이나 혼란변수(confounding variable) 때문에 나타나는 경우가 많다.

정답: ①

03

근로자가 산업재해로 인하여 우리나라 신체장애등급 제12등급 판정을 받았다면, 국제노동기구(ILO)의 기준으로 어느 정도의 부상을 의미하는가?

① 영구 전노동 불능
② 영구 일부 노동 불능
③ 일시 전노동 불능
④ 일시 일부 노동 불능
⑤ 구급(응급) 처치

해설

○ 국제노동기구(ILO)의 상해분류

사망	사망 또는 사고의 부상 결과 일정 기간 내에 사망
영구 전노동불능상해	신체장애등급 1~3등급
영구 일부노동불능상해	신체장애등급 4~14등급
일시 전노동불능상해	의사의 진단에 따라 일정 기간 정규노동에 종사할 수 없음
일시 일부노동불능상해	의사의 진단에 따라 일정 기간 정규노동에 종사할 수 없으나, 휴무상태가 아닌 일시 가벼운 노동에 종사할 수 있는 상해 정도

정답: ②

04

작업장에서 사용하는 압축기로부터 50m 떨어진 거리에서 측정한 음압수준(sound pressure level)이 130dB이었다면 압축기로부터 25m와 200m 떨어진 거리에서 측정한 음압수준(dB)은 각각 얼마인가?

① 132, 128
② 132, 118
③ 136, 118
④ 136, 128
⑤ 140, 130

해설

$SPL_2=SPL_1-20\log(d_2/d_1)$
즉, 음압수준$=20\log(d_2/d_1)$

정답: ③

05 카트리지를 이용하여 작업장에서 포름알데히드(HCHO)를 포집한 후 아세토니트릴(ACN)을 이용하여 추출하였다. 고성능액체크로마토그래피(HPLC)를 이용하여 추출액을 분석하여 아래와 같은 결과를 얻었다. 포름알데히드의 농도(μg/㎥)는?

> ○ 현장시료 분석결과값: 3μg/mL
> ○ 공시료 분석결과값: 0.3μg/mL
> ○ 아세토니트릴로 추출한 부피: 5mL
> ○ 펌프유량: 1,000mL/min
> ○ 측정시간: 30분

① 250
② 350
③ 450
④ 550
⑤ 650

해설

$$\text{농도}(\mu g/m^3) = \frac{(\text{현장시료분석값} - \text{공시료분석값}) \times \text{아세토니트릴추출부피}}{\text{펌프유량} \times \text{측정시간}}$$

$$= \frac{(3-0.3) \times 5}{1{,}000\text{mL/min} \times 30\text{min}}$$

* 1㎥=1,000L, 1L=1,000mL임을 활용하면 분모는 1㎥=10^6mL이다.

정답: ③

06 산업위생 발전에 기여한 인물과 업적이 잘못 짝지어진 것은?

① 렌(Rehn)-Aniln 염료로 인한 직업성 방광암 발견
② 로리가(Roriga)-진동공구에 의한 수지의 레이노드 증상 보고
③ 갈레노스(Galenos)-구리 광산에서의 산 증기의 위험성 보고
④ 해밀턴(Hamilton)-미국 최초의 산업위생학자로 납공장에 대한 조사를 시작으로 유해물질인 납, 수은, 이황화탄소 노출과 질병의 관계 규명
⑤ 로버트 필(Robert Peel)-자신의 면방직공장에서 장티푸스가 집단적으로 발생하면서 그 원인을 조사한 경험을 계기로 1802년에 영국의 '도제 건강 및 도덕법'을 제정하는데 기여하게 된다.

해설

○ **산업보건역사 중요사항**

1) 기원전 히포크라테스-현대 의학의 아버지로 직업과 질병의 상관관계를 기술하였고 광산의 '납' 중독에 대한 기록을 남긴다. 시간이 지나 기원 후 그리스의 갈론(Galen, 갈레노스)은 구리 광산에서 광부들에 대한 산(acid) 증기의 위험성을 지적하며 납중독의 증세를 관찰하였고 특정한 직업군에서 특이한 질병이 생긴다고 지적하였다.
2) 파라셀수스-모든 물질은 양에 따라 독이 되기도 하고, 약이 되기로 한다.
3) 아그리골라-광물학의 아버지라 불리며 「광물에 대하여」란 책을 남김.
4) 라마찌니-현대 산업위생학의 아버지로 직업병의 원인으로 작업 환경 중 유해물질과 부자연스러운 작업자세를 명시하였다. 저서로 「직업인의 질병」 출간.
5) 산업혁명 시기- 산업혁명 초기에는 공장 안은 물론 인접지역까지 공기, 물 등의 오염으로 개인위생이 중요한 문제로 부각되었다.
6) 퍼시발 포트(Percival Pott)-영국의 외과의사로 직업성 암(음낭암)을 최초로 보고하였다. 암의 원인물질로 검댕속, 여러 종류의 방향족탄화수소(PAHs)를 지적하였고 '굴뚝 청소법'을 제정하는 계기가 된다.
7) 조지 베이커(Gorge Baker)-사이다 공장에서 '납'에 의한 복통을 발견하였다.
8) 영국의 필(Robert Peel)은 자신의 면방직공장에서 **발진티푸스**가 집단적으로 발생하면서 그 원인을 조사한 경험을 계기로 1802년에 '도제 건강 및 도덕법(영국의 공장법, 1833)'을 제정하는데 기여하게 된다. 이전인 1825년, 1829년, 1831년에도 조금씩 진전된 내용의 공장법이 제정되었으나 제대로 이행되지는 않았다.
9) 레이노드-공압진동수공구 사용에 따른 백지증, 사지증을 발표
10) 렌(Rehn)-Anilin 염료로 인한 요로 종양을 발견하였다. 직업성 방광암 발견
11) 해밀턴(Hamilton)-미국의 여의사로 미국 최초의 산업위생학자 및 산업의사이다. 미국의 산재보상보험법 제정에 크게 기여한다.
12) 로리거(Roriga)-수지(손가락)의 레이노드 증상을 보고한다.
13) 워커가 발견한 황린 성냥에 대한 사용에서 독성이 발견되어 영국에서는 1912년 사용이 전면 금지된다.
14) 세계보건기구(WHO, 1948) 발족 → 우리나라는 1949년에 회원국으로 가입

★ 대한민국 산업안전보건 역사

1) 1953년 근로기준법 제정(6장 안전과 보건), 1981년 산업안전보건법 제정, 1990년 산업안전보건법 전문개정이 이루어진다. 1983년 1월 20일에 작업환경 측정실시 규정 제정.
2) 대한민국에서는 1964년 산업재해보상보험법 시행을 시작으로 1977년 국민건강보험을, 1988년 국민연금을, 1995년 고용보험을 시행하여 현재의 4대 사회보험을 갖추게 되었다.

정답: ⑤

07 「근골격계부담작업의 범위 및 유해요인조사 방법에 관한 고시」에서 근골격계부담작업의 범위에 포함되지 않는 것은?

① 하루에 총 2시간 이상 머리 위에 손이 있거나, 팔꿈치가 어깨위에 있거나, 팔꿈치를 몸통으로부터 들거나, 팔꿈치를 몸통 뒤쪽에 위치하도록 하는 상태에서 이루어지는 작업
② 하루에 4시간 이상 집중적으로 자료입력 등을 위해 키보드 또는 마우스를 조작하는 작업
③ 하루에 10회 이상 25kg 이상의 물체를 무릎 아래에서 들거나, 어깨 위에서 들거나, 팔을 뻗은 상태에서 드는 작업
④ 하루에 총 2시간 이상, 분당 2회 이상 4.5kg 이상의 물체를 드는 작업
⑤ 하루에 총 2시간 이상 시간당 10회 이상 손 또는 무릎을 사용하여 반복적으로 충격을 가하는 작업

해설

○ **근골격계부담작업의 범위 및 유해요인조사 방법에 관한 고시**

제1조(목적) 이 고시는「산업안전보건법」제39조제1항제5호 및「산업안전보건기준에 관한 규칙」제656조제1호 및 제658조 단서의 규정에 따른 근골격계부담작업의 범위 및 유해요인조사 방법에 관하여 필요한 사항을 규정함을 목적으로 한다.

제2조(정의) ① 이 고시에서 사용하는 용어의 뜻은 다음 각 호와 같다.

1. "단기간 작업"이란 2개월 이내에 종료되는 1회성 작업을 말한다.
2. "간헐적인 작업"이란 연간 총 작업일수가 60일을 초과하지 않는 작업을 말한다.
3. "하루"란「근로기준법」제2조제1항제7호에 따른 1일 소정근로시간과 1일 연장근로시간 동안 근로자가 수행하는 총 작업시간을 말한다.
4. "4시간 이상" 또는 "2시간 이상"은 제3호에 따른 "하루" 중 근로자가 제3조 각 호에 해당하는 근골격계부담작업을 실제로 수행한 시간을 합산한 시간을 말한다.

② 이 고시에서 규정하지 않은 사항은「산업안전보건법」(이하 "법"이라 한다) 및 「산업안전보건기준에 관한 규칙」(이하 "안전보건규칙"이라 한다)에서 정하는 바에 따른다.

제3조(근골격계부담작업) 법 제39조제1항제5호 및 안전보건규칙 제656조제1호에 따른 근골격계부담작업이란 다음 각 호의 어느 하나에 해당하는 작업을 말한다. 다만, 단기간작업 또는 간헐적인 작업은 제외한다.

1. 하루에 4시간 이상 집중적으로 자료입력 등을 위해 키보드 또는 마우스를 조작하는 작업
2. 하루에 총 2시간 이상 목, 어깨, 팔꿈치, 손목 또는 손을 사용하여 같은 동작을 반복하는 작업
3. 하루에 총 2시간 이상 머리 위에 손이 있거나, 팔꿈치가 어깨위에 있거나, 팔꿈치를 몸통으로부터 들거나, 팔꿈치를 몸통뒤쪽에 위치하도록 하는 상태에서 이루어지는 작업
4. 지지되지 않은 상태이거나 임의로 자세를 바꿀 수 없는 조건에서, 하루에 총 2시간 이상 목이나 허리를 구부리거나 트는 상태에서 이루어지는 작업
5. 하루에 총 2시간 이상 쪼그리고 앉거나 무릎을 굽힌 자세에서 이루어지는 작업
6. 하루에 총 2시간 이상 지지되지 않은 상태에서 1kg 이상의 물건을 한손의 손가락으로 집어 옮기거나, 2kg 이상에 상응하는 힘을 가하여 한손의 손가락으로 물건을 쥐는 작업
7. 하루에 총 2시간 이상 지지되지 않은 상태에서 4.5kg 이상의 물건을 한 손으로 들거나 동일한 힘으로 쥐는 작업

8. 하루에 10회 이상 25kg 이상의 물체를 드는 작업
9. 하루에 25회 이상 10kg 이상의 물체를 무릎 아래에서 들거나, 어깨 위에서 들거나, 팔을 뻗은 상태에서 드는 작업
10. 하루에 총 2시간 이상, 분당 2회 이상 4.5kg 이상의 물체를 드는 작업
11. 하루에 총 2시간 이상 시간당 10회 이상 손 또는 무릎을 사용하여 반복적으로 충격을 가하는 작업

제4조(유해요인조사 방법) 사업주는 안전보건규칙 제658조 단서에 따라 유해요인조사를 실시할 때에는 별지 제1호서식의 유해요인조사표 및 별지 제2호서식의 근골격계질환 증상조사표를 활용하여야 한다. 이 경우 별지 제1호서식의 다목에 따른 작업조건 조사의 경우에는 조사 대상 작업을 보다 정밀하게 조사할 수 있는 작업분석·평가도구를 활용할 수 있다.

정답: ③

08 유해인자의 피부흡수에 관한 설명으로 옳지 않은 것은?

① 지용성이 높은 물질은 피부흡수가 더 잘된다.
② 물질의 pH가 피부흡수에 가장 중요한 역할을 한다.
③ 피부흡수가 가능한 물질은 노출기준에 'Skin'으로 표시한다.
④ 극성 유해물질의 피부흡수는 피부의 수분함량에 영향을 많이 받는다.
⑤ 피부의 각질층은 유해인자의 흡수에 관한 장벽으로 가장 중요한 역할을 한다.

해설

각질층의 성분 구조 특성상 친수성(수용성) 보다는 친유성(지용성) 물질의 흡수가 보다 용이하다.
피부에서 각질층은 각질 세포와 세포 사이를 채우고 있는 지질들로 이루어져 있으므로 지용성 물질은 흡수가 잘 되며, 피부의 표면온도를 높이거나 수분량을 증가시켜도 흡수가 잘 된다. 피부의 산성도(acidity)도 흡수에 영향을 미치는데 산성도가 변함에 따라 이온화가 촉진되며 오히려 흡수가 잘 안되며, 가스화 된 물질들도 비교적 흡수가 잘 안 된다.
건강한 피부의 pH는 5.5~5.9인 약산성으로, 피부 보호막을 조성하여 속은 촉촉하고 겉은 유분 막으로 덮여있어 세균이나 곰팡이 등 외부의 유해 성분으로부터 피부를 보호한다. 즉, 수분 유지 방어 기능을 갖추고 있다.
피부가 약산성인 이유는 피지선과 땀샘에서 나오는 분비물(지방산, 젖산, 아미노산, 유로킨산 등) 때문이며, 이때 만들어진 산성막은 천연 보호막 역할을 한다.
pH가 높아질수록 산성보호막이 제 역할을 하지 못해 피부장벽이 붕괴되고, 이는 외부 유해물질이 침투되기 쉬운 조건이 된다. 우리피부 가장 바깥에 위치한 각질층의 수소 이온농도는 pH5.5 정도로 피부의 pH가 항균 및 각질층의 탈락을 조절하는 데에도 매우 중요한 역할을 한다.
극성유해물질은 물, 암모니아가 대표적이고 반면 비극성 유해물질은 벤젠, 메테인(메탄) 등이 있다.

정답: ②

09

노출평가는 유해인자에 대한 작업자의 노출 타당성을 파악하기 위해 통계적 방법에 근거해야 한다. 다음 제시한 노출평가 과정 중 옳지 않은 것은?

① 노출에 대한 신뢰구간 제시
② 신뢰구간과 노출기준과의 비교
③ 분포에 대한 대표치와 변이 산출
④ 자료가 기하정규분포일 경우 변이는 기하평균으로 산출
⑤ 자료의 분포검정과 이상값 존재 유무 확인

해설

자료가 기하정규분포일 경우 변이는 기하표준편차로 산출

정답: ④

10

같은 작업 장소에서 동시에 5개의 공기시료를 동일한 채취조건에 하에서 채취하여 벤젠에 대해 아래의 도표와 같은 분석결과를 얻었다. 이때 벤젠농도 측정의 변이계수(CV, %)는?

공기시료번호	벤젠농도(ppm)
1	5.0
2	4.5
3	4.0
4	4.6
5	4.4

① 8%
② 14%
③ 25%
④ 36%
⑤ 69%

해설

○ **변이계수**

분산(Variance): 편차의 제곱의 평균값.

표준편차: 분산의 제곱근

변이계수: 여러 집단 간의 산포도를 비교할 때 사용하는 것이 변이계수(변동계수, CV, coefficient of variation)이다. 변이계수는 **표준편차를 평균으로 나눈 값**으로 경우에 따라서는 100을 곱하여 퍼센트(%)로 나타낸다. 즉, 변이계수란 산술평균에 대한 표준편차의 비로서 정의한다.

평균=4.5

표준편차= $\sqrt{분산}$ =0.360..

* 분산=편차제곱의 평균.

정답: ①

11

산업안전보건법령상 대상 유해인자와 배치 후 첫 번째 특수건강진단 시기가 옳게 짝지어진 것은?

① 벤젠: 1개월 이내

② N,N-디메틸아세트아미드: 1개월 이내

③ 1,1,2,2-테트라클로로에탄: 2개월 이내

④ 면 분진: 3개월 이내

⑤ 소음 및 충격소음: 6개월 이내

해설

■ 산업안전보건법 시행규칙 [별표 23]

특수건강진단의 시기 및 주기(제202조제1항 관련)

구분	대상 유해인자	시기 (배치 후 첫 번째 특수건강진단)	주기
1	N,N-디메틸아세트아미드 디메틸포름아미드	1개월 이내	6개월
2	벤젠	2개월 이내	6개월
3	1,1,2,2-테트라클로로에탄 사염화탄소 아크릴로니트릴 염화비닐	3개월 이내	6개월
4	석면, 면 분진	12개월 이내	12개월
5	광물성 분진 목재 분진 소음 및 충격소음	12개월 이내	24개월
6	제1호부터 제5호까지의 대상 유해인자를 제외한 별표22의 모든 대상 유해인자	6개월 이내	12개월

정답: ②

12 뇌심혈관계 질환의 위험이 높은 근로자가 뇌심혈관계 질환 예방을 위하여 노출되지 않도록 관리해야 할 유해요인으로 우선순위가 가장 낮은 것은?

① 고온작업

② 질산염

③ 일산화탄소

④ 이황화탄소

⑤ 베릴륨

해설

○ **뇌심혈관계 질환**

1. 뇌·심혈관계 질환

혈관이 좁아지거나 작은 핏덩어리(혈전) 같은 것에 의해 혈관이 막히는 질환(허혈성), 혈관이 터져서 생기는 질환(출혈성)이다.

2. 작업관련 업무적 요인

1) 화학적 요인

이황화탄소, 염화탄화수소류, 할로겐탄화수소, 일산화탄소, 아르신 가스, 메틸렌클로라이드, 니트로글리세린, 중금속(비소, 카드뮴, 납, 코발트)

2) 물리적 요인

소음, 진동, 고온작업, 한랭작업

* 베릴륨은 인체에 치명적인 독성을 가지고 있어 베릴륨 분말을 흡입하게 되면 폐에 염증이 생겨 호흡을 할 수 없게 되며, 심하면 죽음에 이르기도 하는 것으로 우리가 알고 있는 석면보다 독성이 강하다.

정답: ⑤

13 산업안전보건기준에 관한 규칙상 관리대상 유해물질 상태와 관련하여 국소배기장치 후드의 제어풍속 기준으로 옳은 것은?

	유해물질 상태	후드 형식	제어풍속(m/sec)
①	가스	포위식 포위형	0.5
②	가스	외부식 상방흡인형	0.7
③	가스	포위식 측방흡인형	1.0
④	입자	포위식 포위형	1.0
⑤	입자	외부식 상방흡인형	1.2

해설

■ 산업안전보건기준에 관한 규칙 [별표 13]

관리대상 유해물질 관련 국소배기장치 후드의 제어풍속(제429조 관련)

물질의 상태	후드 형식	제어풍속(m/sec)
가스 상태	포위식 포위형	0.4
	외부식 측방흡인형	0.5
	외부식 하방흡인형	0.5
	외부식 상방흡인형	1.0
입자 상태	포위식 포위형	0.7
	외부식 측방흡인형	1.0
	외부식 하방흡인형	1.0
	외부식 상방흡인형	1.2

비고
1. "가스 상태"란 관리대상 유해물질이 후드로 빨아들여질 때의 상태가 가스 또는 증기인 경우를 말한다.
2. "입자 상태"란 관리대상 유해물질이 후드로 빨아들여질 때의 상태가 흄, 분진 또는 미스트인 경우를 말한다.
3. "제어풍속"이란 국소배기장치의 모든 후드를 개방한 경우의 제어풍속으로서 다음 각 목에 따른 위치에서의 풍속을 말한다.
   가. 포위식 후드에서는 후드 개구면에서의 풍속
   나. 외부식 후드에서는 해당 후드에 의하여 관리대상 유해물질을 빨아들이려는 범위 내에서 해당 후드 개구면으로부터 가장 먼 거리의 작업위치에서의 풍속

○ **산업안전기준에 관한 규칙**

제420조(정의) 이 장에서 사용하는 용어의 뜻은 다음과 같다.

1. "관리대상 유해물질"이란 근로자에게 상당한 건강장해를 일으킬 우려가 있어 법 제39조에 따라 건강장해를 예방하기 위한 **보건상의 조치가 필요**한 원재료・가스・증기・분진・흄, 미스트로서 별표 12에서 정한 유기화합물, 금속류, 산・알칼리류, 가스상태 물질류를 말한다.
2. "유기화합물"이란 상온・상압(常壓)에서 휘발성이 있는 액체로서 다른 물질을 녹이는 성질이 있는 유기용제(有機溶劑)를 포함한 탄화수소계화합물 중 별표 12 제1호에 따른 물질을 말한다.
3. "금속류"란 고체가 되었을 때 금속광택이 나고 전기・열을 잘 전달하며, 전성(展性)과 연성(延性)을 가진 물질 중 별표 12 제2호에 따른 물질을 말한다.
4. "산・알칼리류"란 수용액(水溶液) 중에서 해리(解離)하여 수소이온을 생성하고 염기와 중화하여 염을 만드는 물질과 산을 중화하는 수산화화합물로서 물에 녹는 물질 중 별표 12 제3호에 따른 물질을 말한다.

5. "가스상태 물질류"란 상온·상압에서 사용하거나 발생하는 가스 상태의 물질로서 별표 12 제4호에 따른 물질을 말한다.
6. "특별관리물질"이란 「산업안전보건법 시행규칙」 별표 18 제1호나목에 따른 발암성 물질, 생식세포 변이원성 물질, 생식독성(生殖毒性) 물질 등 근로자에게 중대한 건강장해를 일으킬 우려가 있는 물질로서 별표 12에서 특별관리물질로 표기된 물질을 말한다.
7. "유기화합물 취급 특별장소"란 유기화합물을 취급하는 다음 각 목의 어느 하나에 해당하는 장소를 말한다.
가. 선박의 내부
나. 차량의 내부
다. 탱크의 내부(반응기 등 화학설비 포함)
라. 터널이나 갱의 내부
마. 맨홀의 내부
바. 피트의 내부
사. 통풍이 충분하지 않은 수로의 내부
아. 덕트의 내부
자. 수관(水管)의 내부
차. 그 밖에 통풍이 충분하지 않은 장소
8. "임시작업"이란 일시적으로 하는 작업 중 월 24시간 미만인 작업을 말한다. 다만, 월 10시간 이상 24시간 미만인 작업이 매월 행하여지는 작업은 제외한다.
9. "단시간작업"이란 관리대상 유해물질을 취급하는 시간이 1일 1시간 미만인 작업을 말한다. 다만, 1일 1시간 미만인 작업이 매일 수행되는 경우는 제외한다.

정답: ⑤

14 유기화합물의 신경독성에 관한 설명으로 옳지 않은 것은?

① 대부분의 유기용제는 비특이적인 독성으로 마취작용을 갖고 있다.
② 마취제처럼 뇌와 척추의 활동을 저해한다.
③ 이황화탄소(CS_2)는 급성 정신병을 동반한 뇌병증을 보인다.
④ 작업자를 자극하여 무감각하게 하고 결국 무의식 혹은 혼수상태가 된다.
⑤ 포화지방족 유기용제(알칸류)는 다른 유기화합물보다 강한 급성독성을 나타낸다.

해설

유기 화합물이란 종래 동물이나 식물을 구성하는 화합물은 생명력이 있는 물질, 즉 유기물이 아니고는 합성될 수 없는 것이라고 하여 광물성인 무기물과 구별해서 불러 온 용어이다.
유기물을 제외한 나머지 모든 물질은 무기물(무기 화합물)에 해당하는 것으로 예를 들어, 질소(N)와 수소로 이루어진 암모니아(NH_3)는 무기물에 해당한다.
유기 화합물은 대부분 쉽게 연소되어 가연성이고, 불완전연소 시 유독가스를 많이 발생시키는 특징이 있다. 산소가 없으면 열분해 되어 탄소가 떨어져 나가게 된다. 그을음 같은 게 많이 발생한다고 생각하면 쉽다. 그리고 물에 잘 녹지 않고, 알코올, 벤젠, 아세톤, 에테르 같은 유기용매와 잘 섞인다. 또한 비전해질인 성질이 대부분이라 전기전도성이 거의 없다고 보면 된다. 대신 분자가 커지면 약하게라도 극성을 띌 수밖에 없기 때문에 유전율(물질의 전하 저장능력을 유전력이라 함)이 큰 특징을 가진다.

척추는 목, 등, 허리, 엉덩이, 꼬리 부분까지 주요 골격을 유지하도록 뼈를 말하는 반면, 척수는 척추 내에 위치하는 중추신경의 일부분을 말한다.

○ **유기용제 노출근로자의 직업병**

용질의 성상을 변화시키지 않고 다른 물질을 균일하게 녹여서 용액을 만드는 물질을 용제라 하며 유기용제란 용제로 사용할 수 있는 유기화합물을 말한다. 일반적으로 유기용제는 지용성이 강하며 지용성이 강할수록 용제로서의 성능이나 마취효과, 그리고 지방제거능력도 커진다. 일반적으로 실온에서는 액체이고 휘발성이 강하며 대다수의 유기용제는 불에 잘 타고 폭발성이 있다. 유기용제는 세척, 기름때 제거, 희석, 추출 등의 목적으로 산업현장에서 널리 사용된다. 화학적 구조에 따라 유기용제는 지방족탄화수소, 지환족탄화수소, 방향족탄화수소, 할로겐화탄화수소, 알코올류, 알데히드류, 케톤류, 글리콜류, 에텔류, 이황화탄소 등으로 분류한다.

1. 피부질환

대부분의 유기용제는 피부자극제로서 지방질을 제거하거나 피부의 지방성분을 녹임으로써 피부자극을 유발한다.

2. 급성 중추신경계 중독

거의 모든 지용성 유기용제가 비특이적인(선천적) 중추신경계 억제효과나 마취작용을 나타낸다. 증상은 알코올에 의하여 취한 상태와 비슷하다.

3. 만성 중추신경계 중독

오랜 기간에 걸쳐 유기용제에 반복적으로 노출되면 소위 만성신경행동학적 유해효과가 일어날 수 있다.

4. 주변신경계와 뇌신경에 미치는 유해효과

유기용제 중에서 주변신경계에 독성을 나타내는 것은 이황화탄소, 노말헥산, 메틸부틸 케톤 등 몇 종류에 불과하다. 이러한 유기용제는 말단 축삭증 유형의 대칭적인 오름형 혼합형 감각운동 신경병증을 유발한다. 위 세 가지 물질 중 노말헥산이 산업용 용제로 비교적 자주 사용되고 있다. 우리나라에서는 1970년대에 노말헥산에 의한 다발성 주변신경병증이 발생한 사례가 있으며, 최근에는 2004년 12월에 경기도 화성의 LCD부품 제조업체에서 일하던 태국인 이주근로자들이 노말헥산에 의한 다발성신경병증에 이환되기도 하였다.

특이적 주변신경마비나 뇌신경마비를 유발하는 유기용제도 있다. TCE(트리클로로에틸렌)는 삼차신경마비를 유발하며 톨루엔과 스티렌은 색각이상과 관련이 있다.

5. 심장에 미치는 유해효과

유기용제가 심장에 나타내는 유해효과 중 가장 중요한 것은 에피네프린의 부정맥 유발효과에 대한 심근의 민감도가 증가하게 되는 이른바 '심장민감화'이다. 환각에 이르기 위해 본드에 함유된 톨루엔이나 수정액 희석용제의 트리클로로에탄을 흡입하던 청소년이 갑자기 사망에 이르는 것이 대표적이다.

6. 간손상

할로겐원소나 니트로기를 가지고 있는 유기용제는 간독성이 있다. 대표적인 간독성 유기용제로 사염화탄소를 들 수 있다.

7. 신장손상

사염화탄소와 같은 할로겐화탄화수소는 신장독성이 있어 급성신장기능상실이 나타난 근로자 사례가 보고된 바 있다.

8. 혈액질환

벤젠에 노출된 후 몇 달 혹은 몇 년이 지나서 재생불량성빈혈이 생길 수 있다.

9. 직업성 암

벤젠은 발암성이 있는 유기용제로 잘 알려져 있다. 사람에게 급성 및 만성백혈병을 일으킬 수 있다는 충분한 증거가 있다.

* 비특이적 반응이 모든 항원에 대한 방어작용인 것과 다르게 특이적 반응은 '특정 항원'과만 반응을 하는 것을 뜻한다.

○ **지방족 유기용제 독성**

포화지방족 유기용제 (알칸류)	불포화지방족 유기용제 (알켄류)	알킨류
-'알칸계 또는 파라핀계'라고도 한다. -급성독성의 측면에서 독성이 가장 약하다.	-'올레핀유'라고도 한다. -한 개 이상의 2중결합 -같은 수의 탄소를 가진 포화지방족 탄화수소에 비해 마취작용이 강하다.	-'아세틸렌계'라고 하며 대표적인 물질이 바로 아세틸렌 -한 개 이상의 3중 결합 -아세틸렌의 마취작용은 비교적 낮으나 아세틸렌에 함유된 불순물에 의한 피해가 크게 나타난다

정답: ⑤

15 유기용제의 종류에 따른 중추신경계 억제작용을 작은 것부터 큰 것으로 순서대로 나타낸 것은?

① 에스테르<에테르<알켄<알코올<유기산<알칸

② 알켄<알칸<알코올<유기산<에스테르<에테르

③ 알칸<알켄<알코올<유기산<에스테르<에테르

④ 에스테로<에테르<알코올<알칸<알켄<유기산

⑤ 유기산<에스테르<에테르<알칸<알켄<알코올

해설

○ **유기용제의 종류에 따른 중추신경계 억제작용**

알칸<알켄<알코올<유기산<에스테르<에테르<할로겐화합물

정답: ③

16 작업환경에서 발생되는 유해물질별 노출기준(시간가중평균값)으로 옳지 않은 것은?

유해물질	노출기준
① 수용성 6가 크롬	0.05mg/㎥
② 베릴륨 및 그 화합물	0.002mg/㎥
③ 카드뮴 및 그 화합물(호흡성 분진)	0.002mg/㎥
④ 벤젠	0.5ppm
⑤ 수은 및 그 무기화합물	0.05mg/㎥

해설

■ 산업안전보건법 시행규칙 [별표 19]

유해인자별 노출 농도의 허용기준(제145조제1항 관련)

유해인자		허용기준			
		시간가중평균값 (TWA)		단시간 노출값 (STEL)	
		ppm	mg/㎥	ppm	mg/㎥
1. 6가크롬 화합물	불용성		0.01		
	수용성		0.05		
2. 납 및 그 무기화합물			0.05		
3. 니켈 화합물(불용성 무기화합물로 한정한다)			0.2		
4. 니켈카르보닐		0.001			
5. 디메틸포름아미드		10			
6. 디클로로메탄		50			
7. 1,2-디클로로프로판		10		110	
8. 망간 및 그 무기화합물			1		
9. 메탄올		200		250	
10. 메틸렌 비스(페닐 이소시아네이트)		0.005			
11. 베릴륨 및 그 화합물			0.002		0.01
12. 벤젠		0.5		2.5	

13. 1,3-부타디엔	2		10	
14. 2-브로모프로판	1			
15. 브롬화 메틸	1			
16. 산화에틸렌	1			
17. 석면(제조・사용하는 경우만 해당한다)(Asbestos)		0.1개/㎤		
18. 수은 및 그 무기화합물		0.025		
19. 스티렌	20		40	
20. 시클로헥사논	25		50	
21. 아닐린	2			
22. 아크릴로니트릴	2			
23. 암모니아	25		35	
24. 염소	0.5		1	
25. 염화비닐	1			
26. 이황화탄소	1			
27. 일산화탄소	30		200	
28. 카드뮴 및 그 화합물		0.01 (호흡성 분진인 경우 0.002)		
29. 코발트 및 그 무기화합물		0.02		
30. 콜타르피치 휘발물		0.2		
31. 톨루엔	50		150	
32. 톨루엔-2,4-디이소시아네이트	0.005		0.02	
33. 톨루엔-2,6-디이소시아네이트	0.005		0.02	
34. 트리클로로메탄	10			
35. 트리클로로에틸렌	10		25	
36. 포름알데히드	0.3			
37. n-헥산	50			
38. 황산		0.2		0.6

※비고

1. "시간가중평균값(TWA, Time-Weighted Average)"이란 1일 8시간 작업을 기준으로 한 평균노출농도로서 산출공식은 다음과 같다.

$$TWA\text{환산값} = \frac{C_1 \cdot T_1 + C_1 \cdot T_1 + \cdots\cdots + C_n \cdot T_n}{8}$$

주) C: 유해인자의 측정농도(단위: ppm, mg/㎥ 또는 개/㎤)

T: 유해인자의 발생시간(단위: 시간)

2. "단시간 노출값(STEL, Short-Term Exposure Limit)"이란 15분 간의 시간가중평균값으로서 노출농도가 시간가중평균값을 초과하고 단시간 노출값 이하인 경우에는 ① 1회 노출 지속시간이 15분 미만이어야 하고, ② 이러한 상태가 1일 4회 이하로 발생해야 하며, ③ 각 회의 간격은 60분 이상이어야 한다.
3. "등"이란 해당 화학물질에 이성질체 등 동일 속성을 가지는 2개 이상의 화합물이 존재할 수 있는 경우를 말한다.

정답: ⑤

17 유기화합물의 직업적 노출로 인한 인체영향의 설명으로 옳은 것은?

① 벤젠 중독 시 초기에는 빈혈, 백혈구 및 혈소판이 감소되어 백혈병이 급성장애로 나타난다.

② 톨루엔디이소시아네이트(TDI)는 눈과 코에 자극 증상이 강하게 나타나지만, 천식성 감작반응은 유발하지 않는다.

③ 이황화탄소는 우리나라에서 단일 화학물질로는 가장 많은 직업병을 유발한 물질이며, 생물학적 노출지표는 소변 중 phenyglyoxylic acid이다.

④ 노말헥산의 대사산물인 2,5-hexanedione은 독성이 강하며, 생물학적 노출지표로도 이용된다.

⑤ 사염화탄소는 주로 신경독성을 일으킨다.

해설

1. 벤젠

1) 급성중독

주로 마취작용이며 현기증, 두통, 착란, 오심, 비틀 걸음, 혼수 그리고 호흡정지에 의한 사망을 들 수 있다.

2) 만성중독

혈소판 감소증, 백혈구 감소증 또는 빈혈증이나 때로는 이들이 겹쳐서 범혈구감소증을 나타내기도 한다.

2. 톨루엔디이소시아네이트(TDI)

톨루엔디이소시아네이트(TDI)는 눈과 코에 자극 증상이 강하게 나타나지만, 천식성 감작반응을 유발한다. 감작반응이란 항원에 대한 항체를 형성하면서 나타나며 두드러기, 가려움, 피부물집 등이다.

3. 이황화탄소(CS_2)
생물학적 노출지표는 소변 중 TTCA이다.
* 페닐글리옥실산(phenyglyoxylic acid)은 에틸벤젠이나 스틸렌의 대사산물이다.

4. 사염화탄소
주로 간독성을 일으키는 물질이다.

정답: ④

18

다음은 진동작업 근로자 우측 귀의 주파수별 청력손실치를 나타낸 것이다. 소음성 난청 D1(직업병 유소견자)의 판정기준이 되는 3분법에 의한 평균 청력 손실치(dB)와 4분법에 의한 평균 청력손실치(dB)의 차이는 얼마인가?

주파수(Hz)	250	500	1,000	2,000	3,000	4,000	8,000
청력 손실치(dB)	10	20	30	40	40	60	80

① 0
② 10
③ 20
④ 30
⑤ 40

해설

○ 평균 청력 손실치(dB)
1. 3분법은 500Hz, 1,000Hz, 2,000Hz의 청력 역치를 합하여 3으로 나눈 값.
문제에서는 $\frac{20+30+40}{3}$
2. 4분법은 500Hz, 2,000Hz의 청력 역치와 1,000Hz의 청력 역치의 2배를 합하여 4로 나눈 값.
문제에서는 $\frac{20+40+(2\times30)}{4}$
3. 6분법은 500Hz, 1,000Hz, 2,000Hz, 4,000Hz 중에서 500Hz, 4,000Hz의 청력 역치와 1,000Hz, 2,000Hz의 청력 역치의 각 두 배의 값을 모두 합하여 6으로 나눈 값을 평균 청력 역치로 결정한다.

정답: ①

19 산업안전보건법령상 특수건강진단 시 1차 검사항목 중 유해인자별 생물학적 노출지표에 해당되지 않는 것은?

① 트리클로로에틸렌: 소변 중 총삼염화물 또는 삼염화초산

② n-헥산: 소변 중 2,5-헥산디온

③ 수은: 혈중 수은

④ 일산화탄소: 호기 중 일산화탄소 농도

⑤ 디메틸포름아미드: 소변 중 N-메틸포름아미드(NMF)

해설

유해물질	생물학적 노출지표(1차 검사)	생물학적 노출지표(2차 검사)
트리클로로에틸렌(TCE)	소변 중 총삼염화물 또는 삼염화초산(주말작업 종료 시 채취)	
퍼클로로에틸렌	소변 중 총삼염화물 또는 삼염화초산(주말작업 종료 시 채취)	
페놀		소변 중 총페놀(작업 종료 시)
펜타클로로페놀		소변 중 펜타클로로페놀(주말작업 종료 시), 혈중 유리펜타클로로페놀(작업 종료 시)
n-헥산	소변 중 2,5-헥산디온(작업 종료 시 채취)	
·납 및 그 무기화합물 ·사알킬납	혈중 납	-소변 중 납 -소변 중 델타아미노레불린산 -혈중 징크프로토포피린
니켈		소변 중 니켈
삼산화비소		소변 중 또는 혈중 비소
수은	소변 중 수은	혈중 수은
안티몬		소변 중 안티몬
오산화바나듐		소변 중 바나듐
인듐	혈청 중 인듐	
카드뮴	혈중 카드뮴	소변 중 카드뮴
크롬		소변 중 또는 혈중 크롬
불화수소		소변 중 불화물(작업 전후를 측정하여 그 차이를 비교)
브롬		혈중 브롬이온 검사

삼수소화비소(Arsine)		소변 중 비소(주말작업 종료 시)
일산화탄소	-혈중 카복시헤모글로빈(작업 종료 후 10~15분 이내에 채취) -호기 중 일산화탄소 농도(작업 종료 후 10~15분 이내 마지막 호기 채취)	
비소 및 그 무기화합물		소변 중 비소(주말 작업 종료 시)
콜타르피치 휘발물(코크스 제조 또는 취급업무)		소변 중 방향족 탄화수소의 대사산물(1-하이드록시파이렌 또는 1-하이드록시파이렌 글루크로나이드. 작업 종료 후 채취)
황화니켈류		소변 중 니켈
p-니트로아닐린	혈중 메트헤모글로빈(작업 중 또는 작업 종료 시)	
p-니트로클로로벤젠	혈중 메트헤모글로빈(작업 중 또는 작업 종료 시)	
디니트로톨루엔	혈중 메트헤모글로빈(작업 중 또는 작업 종료 시)	
N,N-디메틸아닐린	혈중 메트헤모글로빈(작업 중 또는 작업 종료 시)	
p-디메틸아미노아조벤젠		혈중 메트헤모글로빈
N,N-디메틸아세트아미드	소변 중 N-메틸아세트아미드(작업 종료 시)	
디메틸포름아미드	소변 중 N-메틸포름아미드(NMF, 작업 종료 시 채취)	
디클로로메탄		혈중 카복시헤모글로빈 측정(작업 종료 시 채혈)
1,2-디클로로프로판	소변 중 1,2-디클로로프로판(작업 종료 시)	
메탄올		혈중 또는 소변 중 메타놀(작업 종료 시 채취)
메틸 n-부틸케톤		소변 중 2,5-헥산디온(작업 종료 시 채취)
메틸에틸케톤		소변 중 메틸에틸케톤(작업 종료 시 채취)
메틸이소부틸케톤		소변 중 메틸이소부틸케톤(작업 종료 시 채취)

메틸클로로포름	소변 중 총삼염화에탄올 또는 삼염화초산(주말작업 종료 시 채취)	
벤젠		혈중 벤젠·소변 중 페놀·소변 중 뮤콘산 중 택 1(작업 종료 시 채취)
아닐린	혈중 메트헤모글로빈(작업 중 또는 작업 종료 시)	
아세톤		소변 중 아세톤(작업 종료 시 채취)
2-에톡시 에탄올		소변 중 2-에톡시초산(주말작업 종료 시 채취)
에틸렌 글리콜 디니트레이트	혈중 메트헤모글로빈(작업 중 또는 작업 종료 시)	
이소프로필 알코올		혈중 또는 소변 중 아세톤(작업 종료 시 채취)
콜타르		소변 중 1-하이드록시파이렌
크실렌	소변 중 메틸마뇨산(작업 종료 시 채취)	
클로로벤젠		소변 중 클로로카테콜(작업 종료 시 채취)
톨루엔	소변 중 o-크레졸(작업 종료 시 채취)	

정답: ③

20 산업재해조사의 목적 및 산업재해 발생보고 방법에 관한 설명으로 옳지 않은 것은?

① 휴업일수에 공휴일 및 법정 휴무일은 포함되고, 재해발생일은 포함되지 않는다.
② 재해조사를 통하여 근로자 및 사업주의 안전의식을 고취시킬 수 있다.
③ 산업재해조사표에 근로자대표의 확인을 받아야 하며, 그 기재 내용에 대하여 근로자대표의 이견이 있는 경우에는 그 내용을 첨부해야 한다. 다만, 근로자대표가 없는 경우에는 사업주의 확인을 받아 산업재해조사표를 제출할 수 있다.
④ 산업재해로 사망자가 발생하거나 3일 이상의 휴업이 필요한 부상을 입었거나 질병에 걸린 사람이 발생한 경우에는 산업재해조사표를 제출하여야 한다.
⑤ 산업재해조사표는 해당 산업재해가 발생한 날부터 1개월 이내에 작성하여 관할 지방고용노동관서의 장에게 제출(전자문서로 제출하는 것을 포함한다)해야 한다.

해설

○ 산업안전보건법 시행규칙

제72조(산업재해 기록 등) 사업주는 산업재해가 발생한 때에는 법 제57조제2항에 따라 다음 각 호의 사항을 기록·보존해야 한다. 다만, 제73조제1항에 따른 산업재해조사표의 사본을 보존하거나 제73조제5항에 따른 요양신청서의 사본에 재해 재발방지 계획을 첨부하여 보존한 경우에는 그렇지 않다.

1. 사업장의 개요 및 근로자의 인적사항
2. 재해 발생의 일시 및 장소
3. 재해 발생의 원인 및 과정
4. 재해 재발방지 계획

제73조(산업재해 발생 보고 등) ① 사업주는 산업재해로 사망자가 발생하거나 3일 이상의 휴업이 필요한 부상을 입거나 질병에 걸린 사람이 발생한 경우에는 법 제57조제3항에 따라 해당 산업재해가 발생한 날부터 1개월 이내에 별지 제30호서식의 산업재해조사표를 작성하여 관할 지방고용노동관서의 장에게 제출(전자문서로 제출하는 것을 포함한다)해야 한다.

② 제1항에도 불구하고 다음 각 호의 모두에 해당하지 않는 사업주가 법률 제11882호 산업안전보건법 일부개정법률 제10조제2항의 개정규정의 시행일인 2014년 7월 1일 이후 해당 사업장에서 처음 발생한 산업재해에 대하여 지방고용노동관서의 장으로부터 별지 제30호서식의 산업재해조사표를 작성하여 제출하도록 명령을 받은 경우 그 명령을 받은 날부터 15일 이내에 이를 이행한 때에는 제1항에 따른 보고를 한 것으로 본다. 제1항에 따른 보고기한이 지난 후에 자진하여 별지 제30호서식의 산업재해조사표를 작성·제출한 경우에도 또한 같다. <개정 2022. 8. 18.>

1. 안전관리자 또는 보건관리자를 두어야 하는 사업주
2. 법 제62조제1항에 따라 안전보건총괄책임자를 지정해야 하는 도급인
3. 법 제73조제2항에 따라 건설재해예방전문지도기관의 지도를 받아야 하는 건설공사도급인(법 제69조제1항의 건설공사도급인을 말한다. 이하 같다)
4. 산업재해 발생사실을 은폐하려고 한 사업주

③ 사업주는 제1항에 따른 산업재해조사표에 근로자대표의 확인을 받아야 하며, 그 기재 내용에 대하여 근로자대표의 이견이 있는 경우에는 그 내용을 첨부해야 한다. 다만, 근로자대표가 없는 경우에는 재해자 본인의 확인을 받아 산업재해조사표를 제출할 수 있다.

④ 제1항부터 제3항까지의 규정에서 정한 사항 외에 산업재해발생 보고에 필요한 사항은 고용노동부장관이 정한다.

⑤ 「산업재해보상보험법」 제41조에 따라 요양급여의 신청을 받은 근로복지공단은 지방고용노동관서의 장 또는 공단으로부터 요양신청서 사본, 요양업무 관련 전산입력자료, 그 밖에 산업재해예방업무 수행을 위하여 필요한 자료의 송부를 요청받은 경우에는 이에 협조해야 한다.

정답: ③

21 야간작업으로 인한 건강영향과 특수건강진단에 관한 설명으로 옳지 않은 것은?

① 배치 후 첫 번째 특수건강진단은 6개월 이내에 실시하면 된다.

② 위장관계와 내분비계 증상에 대한 1차 검사항목은 문진이다.

③ 교대근무군은 주간근무군과 비교하여 대사증후군 발생률은 높다.

④ 1차 검사항목으로는 총콜레스테롤, 트리글리세라이드, HDL콜레스테롤, 24시간 심전도 검사 등이 포함된다.

⑤ 6개월간 밤 12시부터 오전 5시까지의 시간을 포함하여 계속되는 8시간 작업을 월 평균 4회 이상 수행하는 경우에는 특수건강진단 대상 야간작업이다.

해설

■ 산업안전보건법 시행규칙 [별표 22]

특수건강진단 대상 유해인자(제201조 관련)

1. 화학적 인자
 가. 유기화합물(109종)
  1) 가솔린(Gasoline; 8006-61-9)
  109) 히드라진(Hydrazine; 302-01-2)
  110) 1)부터 109)까지의 물질을 용량비율 1퍼센트 이상 함유한 혼합물
 나. 금속류(20종)
  1) 구리(Copper; 7440-50-8)(분진, 미스트, 흄)
  2) 납[7439-92-1] 및 그 무기화합물(Lead and its inorganic compounds)
  3) 니켈[7440-02-0] 및 그 무기화합물, 니켈 카르보닐[13463-39-3](Nickel and its inorganic compounds, Nickel carbonyl)
  4) 망간[7439-96-5] 및 그 무기화합물(Manganese and its inorganic compounds)
  5) 사알킬납(Tetraalkyl lead; 78-00-2 등)
  6) 산화아연(Zinc oxide; 1314-13-2)(분진, 흄)
  7) 산화철(Iron oxide; 1309-37-1 등)(분진, 흄)
  8) 삼산화비소(Arsenic trioxide; 1327-53-3)
  9) 수은[7439-97-6] 및 그 화합물(Mercury and its compounds)
  10) 안티몬[7440-36-0] 및 그 화합물(Antimony and its compounds)
  11) 알루미늄[7429-90-5] 및 그 화합물(Aluminum and its compounds)
  12) 오산화바나듐(Vanadium pentoxide; 1314-62-1)(분진, 흄)
  13) 요오드[7553-56-2] 및 요오드화물(Iodine and iodides)
  14) 인듐[7440-74-6] 및 그 화합물(Indium and its compounds)
  15) 주석[7440-31-5] 및 그 화합물(Tin and its compounds)
  16) 지르코늄[7440-67-7] 및 그 화합물(Zirconium and its compounds)
  17) 카드뮴[7440-43-9] 및 그 화합물(Cadmium and its compounds)
  18) 코발트(Cobalt; 7440-48-4)(분진, 흄)
  19) 크롬[7440-47-3] 및 그 화합물(Chromium and its compounds)

20) 텅스텐[7440-33-7] 및 그 화합물(Tungsten and its compounds)
21) 1)부터 20)까지의 물질을 중량비율 1퍼센트 이상 함유한 혼합물

다. 산 및 알카리류(8종)

1) 무수 초산(Acetic anhydride; 108-24-7)
2) 불화수소(Hydrogen fluoride; 7664-39-3)
3) 시안화 나트륨(Sodium cyanide; 143-33-9)
4) 시안화 칼륨(Potassium cyanide; 151-50-8)
5) 염화수소(Hydrogen chloride; 7647-01-0)
6) 질산(Nitric acid; 7697-37-2)
7) 트리클로로아세트산(Trichloroacetic acid; 76-03-9)
8) 황산(Sulfuric acid; 7664-93-9)
9) 1)부터 8)까지의 물질을 중량비율 1퍼센트 이상 함유한 혼합물

라. 가스 상태 물질류(14종)

1) 불소(Fluorine; 7782-41-4)
2) 브롬(Bromine; 7726-95-6)
3) 산화에틸렌(Ethylene oxide; 75-21-8)
4) 삼수소화 비소(Arsine; 7784-42-1)
5) 시안화 수소(Hydrogen cyanide; 74-90-8)
6) 염소(Chlorine; 7782-50-5)
7) 오존(Ozone; 10028-15-6)
8) 이산화질소(nitrogen dioxide; 10102-44-0)
9) 이산화황(Sulfur dioxide; 7446-09-5)
10) 일산화질소(Nitric oxide; 10102-43-9)
11) 일산화탄소(Carbon monoxide; 630-08-0)
12) 포스겐(Phosgene; 75-44-5)
13) 포스핀(Phosphine; 7803-51-2)
14) 황화수소(Hydrogen sulfide; 7783-06-4)
15) 1)부터 14)까지의 규정에 따른 물질을 용량비율 1퍼센트 이상 함유한 혼합물

마. 영 제88조에 따른 허가 대상 유해물질(12종)

1) α-나프틸아민[134-32-7] 및 그 염(α-naphthylamine and its salts)
2) 디아니시딘[119-90-4] 및 그 염(Dianisidine and its salts)
3) 디클로로벤지딘[91-94-1] 및 그 염(Dichlorobenzidine and its salts)
4) 베릴륨[7440-41-7] 및 그 화합물(Beryllium and its compounds)
5) 벤조트리클로라이드(Benzotrichloride; 98-07-7)
6) 비소[7440-38-2] 및 그 무기화합물(Arsenic and its inorganic compounds)
7) 염화비닐(Vinyl chloride; 75-01-4)
8) 콜타르피치[65996-93-2] 휘발물(코크스 제조 또는 취급업무)(Coal tar pitch volatiles)
9) 크롬광 가공[열을 가하여 소성(변형된 형태 유지) 처리하는 경우만 해당한다](Chromite ore processing)
10) 크롬산 아연(Zinc chromates; 13530-65-9 등)
11) o-톨리딘[119-93-7] 및 그 염(o-Tolidine and its salts)
12) 황화니켈류(Nickel sulfides; 12035-72-2, 16812-54-7)
13) 1)부터 4)까지 및 6)부터 11)까지의 물질을 중량비율 1퍼센트 이상 함유한 혼합물
14) 5)의 물질을 중량비율 0.5퍼센트 이상 함유한 혼합물

바. 금속가공유(Metal working fluids); 미네랄 오일 미스트(광물성 오일, Oil mist, mineral)

2. 분진(7종)
가. 곡물 분진(Grain dusts)
나. 광물성 분진(Mineral dusts)
다. 면 분진(Cotton dusts)
라. 목재 분진(Wood dusts)
마. 용접 흄(Welding fume)
바. 유리 섬유(Glass fiber dusts)
사. 석면 분진(Asbestos dusts; 1332-21-4 등)
3. 물리적 인자(8종)
가. 안전보건규칙 제512조제1호부터 제3호까지의 규정의 소음작업, 강렬한 소음작업 및 충격소음작업에서 발생하는 소음
나. 안전보건규칙 제512조제4호의 진동작업에서 발생하는 진동
다. 안전보건규칙 제573조제1호의 방사선
라. 고기압
마. 저기압
바. 유해광선
1) 자외선
2) 적외선
3) 마이크로파 및 라디오파
4. 야간작업(2종)
가. 6개월간 밤 12시부터 오전 5시까지의 시간을 포함하여 계속되는 8시간 작업을 월 평균 4회 이상 수행하는 경우
나. 6개월간 오후 10시부터 다음날 오전 6시 사이의 시간 중 작업을 월 평균 60시간 이상 수행하는 경우

※ 비고: "등"이란 해당 화학물질에 이성질체 등 동일 속성을 가지는 2개 이상의 화합물이 존재할 수 있는 경우를 말한다.

유해인자	제1차 검사항목	제2차 검사항목
야간작업	(1) 직업력 및 노출력 조사 (2) 주요 표적기관과 관련된 병력조사 (3) 임상검사 및 진찰 ① 신경계: 불면증 증상 문진 ② 심혈관계: 복부둘레, 혈압, 공복혈당, 총콜레스테롤, 트리글리세라이드, HDL 콜레스테롤 ③ 위장관계: 관련 증상 문진 ④ 내분비계: 관련 증상 문진	임상검사 및 진찰 ① 신경계: 심층면담 및 문진 ② 심혈관계: 혈압, 공복혈당, 당화혈색소, 총콜레스테롤, 트리글리세라이드, HDL 콜레스테롤, LDL콜레스테롤, 24시간 심전도, 24시간 혈압 ③ 위장관계: 위내시경 ④ 내분비계: 유방촬영, 유방초음파

■ 산업안전보건법 시행규칙 [별표 23]

특수건강진단의 시기 및 주기(제202조제1항 관련)

구분	대상 유해인자	시기 (배치 후 첫 번째 특수 건강진단)	주기
1	N,N-디메틸아세트아미드 디메틸포름아미드	1개월 이내	6개월
2	벤젠	2개월 이내	6개월
3	1,1,2,2-테트라클로로에탄 사염화탄소 아크릴로니트릴 염화비닐	3개월 이내	6개월
4	석면, 면 분진	12개월 이내	12개월
5	광물성 분진 목재 분진 소음 및 충격소음	12개월 이내	24개월
6	제1호부터 제5호까지의 대상 유해인자를 제외한 별표22의 모든 대상 유해인자(예: 야간작업)	6개월 이내	12개월

정답: ④

22

도장 공정에서 일하는 3개 직종(감독, 운전, 정비)별로 분진 평균 노출농도를 통계적으로 비교하고자 할 때 사용해야 할 자료분석 방법은? (단, 그룹별 분진농도는 모두 정규분포한다고 가정한다)

① 상관(correlation)

② 박스 플롯(box plot)

③ 회귀분석(regression)

④ 자기상관(autocorrelation)

⑤ 분산분석(ANOVA)

해설

○ **분산분석(ANOVA)**

서로 다른 그룹의 평균(또는 산술평균)에서 분산값을 비교하는 데 사용되는 통계 공식으로 다양한 시나리오에서 이를 사용하여 서로 다른 그룹의 평균 간에 차이가 있는지 확인한다.

정답: ⑤

23 전리방사선에 대한 감수성의 크기를 올바르게 나열한 것은?

ㄱ. 상피세포
ㄴ. 골수, 흉선 및 림프조직(조혈기관)
ㄷ. 근육세포
ㄹ. 신경세포

① ㄱ>ㄴ>ㄷ>ㄹ
② ㄴ>ㄱ>ㄷ>ㄹ
③ ㄴ>ㄹ>ㄷ>ㄱ
④ ㄷ>ㄹ>ㄱ>ㄴ
⑤ ㄷ>ㄴ>ㄱ>ㄹ

해설

1. 전리방사선에 대한 감수성
1) 세포의 재생능력이 클수록
2) 세포분열이 활발할수록
3) 형태적, 기능적 분화의 정도가 얕을수록
4) 미분화 세포일수록 방사선 감수성이 높다.

즉, 방사선에 대한 감수성은 조혈기관이나 생식선과 같이 세포가 유약하고 분열이 왕성할 수록 큰 반면 뼈, 근육, 말초신경과 같이 세포가 견고하고 분열이 적을수록 낮다.
2. 조혈기관>상피세포>근육세포>신경세포 순서로 전리방사선에 대한 감수성이 크다.

○ **전리방사선에 대한 감수성 크기 순서**
1. 골수, 흉선 및 림프조직(조혈기관), 눈의 수정체, 임파선
2. 상피세포 및 내피세포
3. 근육세포
4. 신경조직

정답: ②

24 유기용제 중독을 스크린하는 다음 검사법에 관한 설명으로 옳지 않은 것은?

구분		실제값(질병)		합계
		양성	음성	
검사법	양성	15	25	40
	음성	5	15	20
합계		20	40	60

① 민감도(sensitivity)는 75%이다.

② 특이도는(specificity)는 37.5%이다.

③ 양성예측도는 37.5%이다.

④ 음성예측도는 75%이다.

⑤ 위양성률은 75%이다.

해설

구분		실제값(질병)		합계
		양성(있음)	음성(없음)	
검사법	양성	a	b	a+b
	음성	c	d	c+d
합계		a+c	b+d	a+b+c+d

○ 민감도(sensitivity)= $\frac{a}{a+c}$

○ 특이도는(specficity)= $\frac{d}{b+d}$

○ 양성예측도= $\frac{a}{a+b}$

○ 음성예측도= $\frac{d}{c+d}$

○ 위양성률= $\frac{b}{b+d}$ =1-특이도

○ 위음성률= $\frac{c}{a+c}$ =1-민감도

정답: ⑤

25 직무노출매트릭스(Job exposure matrix)를 활용할 수 있는 사례가 아닌 것은?

① 과거 유해인자 노출 추정
② 근로자 유해인자 노출 분류
③ 건강 영향 분류
④ 유사 노출그룹 분류
⑤ 유해인자 노출근로자 코호트 구축

해설

유해인자에 대한 과거 노출을 평가하는 도구로 유해인자에 대한 노출 시기, 노출 업종, 노출 직업과 직무 등을 조합한 매트릭스(job exposure matrix, JEM)가 많이 활용된다.
물질안전보건자료(이하 MSDS) 법 제도는 화학물질을 취급하고 노출되는 노동자에게 그 화학물질의 건강영향 등을 알려주어 노동자의 알권리를 보장하는 역할을 한다.

정답: ③

산업보건지도사 제2과목(산업보건일반) 모의고사 해설

01

15㎥인 작업장에서 톨루엔이 포함된 신너(thinner)를 취급하는 과정에서 공기 중으로 증발된 톨루엔 부피가 0.1L/min이었다. 이 작업장에서 시간당 공기 교환은 5회 일어난다고 가정할 때, 공기 중 톨루엔 농도(ppm)는?

① 0.008
② 0.08
③ 0.8
④ 8
⑤ 80

해설

공기 중 톨루엔 농도(ppm)= $\frac{\text{톨루엔 부피}}{\text{공기량(대기량, 환기량, } Q)} \times 1{,}000{,}000$

공기량을 구하기 위해 ACH(시간당 공기 교환)을 이용해야 한다.

1. ACH(시간당 공기 교환)= $\frac{\text{필요환기량}(Q)}{\text{작업장 체적(부피)}}$
2. 대기량(필요환기량)은 75㎥/hr이다.
3. 공기 중 톨루엔 농도(ppm)= $\frac{0.1\text{L/min}}{75\text{m}^3/\text{hr}} \times 1{,}000{,}000$

1㎥=1,000L, 1hr=60min을 활용한다. 정답은 80ppm이다.

(유제1)

25℃, 1기압에서 H_2S(황화수소)를 함유한 공기 500L를 흡수액 20mL에 통과시켰더니 액 중의 H_2S의 양은 20mg이었다. 공기 중 H_2S의 농도(ppm)는? (단, 포집효율은 75%이며, S원자량은 32이다)

<풀이>

농도(mg/㎥)= $\frac{20\text{mg}}{500\text{L} \times \text{m}^3/1{,}000\text{L} \times 0.75}$ =53.33

농도(ppm)= $53.33 \times \frac{24.45}{34}$ =38.35ppm

(유제2)

각각의 포집효율이 80%인 임핀저 2개를 직렬 연결하여 시료를 채취하는 경우 최종 얻어지는 포집효율은?

<풀이>

$$포집률(\%,\ \eta)=\frac{통과전농도-통과후농도}{통과전농도}\times 100$$

총포집효율(직렬에서)=$\eta_1+\eta_2(1-\eta_1)$=0.8+0.8(1-0.8)=0.96 즉, 96%이다.

(유제3)

흡수액을 이용하여 액체포집 후 시료를 분석한 결과 다음과 같은 수치를 얻었다. 이 물질의 공기 중 농도(mg/㎥)는?

○ 시료에서 정량된 분석량: 40.5μg ○ 공시료에서 정량된 분석량: 6.25μg ○ 시작 시 유량: 1.2L/min ○ 종료 시 유량: 0.1L/min ○ 포집시간: 389분 ○ 포집효율: 80%

<풀이>

$$농도(mg/m^3=\mu g/L)=\frac{(40.5-6.25)}{1.1L/\min\times 389\min\times 0.8}=0.1\mu g/L$$

정답: ⑤

02 고열작업에 관한 설명으로 옳지 않은 것은?

① 흑구온도와 기온과의 차이를 실효복사온도라 하고 이는 감각온도와 상관이 없다.

② WBGT 측정기로 옥내 작업장을 측정할 때에는 자연습구온도와 흑구온도를 고려한다.

③ 고열작업을 평가하는 데 있어서 각 습구흑구 온도지수를 측정하고 작업강도를 고려한다.

④ WBGT 30℃ 되는 중등작업을 하는 경우 15분 작업, 45분 휴식을 취해야 한다.

⑤ 복사열은 열선풍속계로 측정하다.

해설

○ **열적 환경 평가 지표**

1. 실효(복사)온도

실효온도는 '체감온도, 감각온도'라고도 한다. 영향을 주는 요인으로는 온도, 습도, 기류이다. 흑구온도는 복사온도를 의미한다. 복사열은 물체에서 방출하는 전자기파를 물체가 흡수하여 열로 변했을 때의 에너지를 의미하며 복사온도는 이를 측정한 온도이다.

즉, 실효복사온도 = 흑구온도 - 기온

* 복사열에 의한 온감은 거리 제곱에 반비례하며, 복사열은 흑구온도계(열전도복사계)로 측정한다. 참고로 열선 풍속계는 풍속과 풍량을 측정할 수 있다.

2. Oxford 지수

'습구건구지수(WD)'라고도 한다.

옥스퍼드 지수=(0.85×습구온도)+(0.15×건구온도)

3. 습구흑구온도지수(WBGT)

근로자가 고열환경에 종사함으로써 받는 열스트레스 또는 위해를 평가하기 위한 도구(단위: ℃)로 기온, 습도, 복사열을 종합적으로 고려한 지표이다.

1) 옥내=(0.7×습구온도)+(0.3×흑구온도)

2) 옥외=(0.7×습구온도)+(0.2×흑구온도)+(0.1×건구온도)

○ **작업환경측정 및 정도관리 등에 관한 고시**

제20조(단위) ① 화학적 인자의 가스, 증기, 분진, 흄(fume), 미스트(mist) 등의 농도는 피피엠(ppm) 또는 세제곱미터 당 밀리그램(㎎/㎥)으로 표시한다. 다만, 석면의 농도 표시는 세제곱센티미터 당 섬유개수(개/㎤)로 표시한다.

② 피피엠(ppm)과 세제곱미터 당 밀리그램(㎎/㎥)간의 상호 농도변환은 다음 계산식 1과 같다.

(계산식1. 25℃, 1기압 기준)

$$\text{노출기준}(mg/m^3) = \frac{\text{노출기준}(ppm) \times \text{그램분자량}}{24.45}$$

③ <삭제>

④ 소음수준의 측정단위는 데시벨[dB(A)]로 표시한다.

⑤ 고열(복사열 포함)의 측정단위는 습구·흑구 온도지수(WBGT)를 구하여 섭씨온도(℃)로 표시한다.

○ **고온의 노출기준(화학물질 및 물리적 인자의 노출기준 참고)**

<별표 3> 고온의 노출기준 (단위 : ℃, WBGT)

작업휴식시간비 \ 작업강도	경작업	중등작업	중작업
계 속 작 업	30.0	26.7	25.0
매시간 75%작업, 25%휴식	30.6	28.0	25.9
매시간 50%작업, 50%휴식	31.4	29.4	27.9
매시간 25%작업, 75%휴식	32.2	31.1	30.0

주 : 1. 경 작 업 : 200kcal까지의 열량이 소요되는 작업을 말하며, 앉아서 또는 서서 기계의 조정을 하기 위하여 손 또는 팔을 가볍게 쓰는 일 등을 뜻함

2. 중등작업 : 시간당 200~350kcal의 열량이 소요되는 작업을 말하며, 물체를 들거나 밀면서 걸어다니는 일 등을 뜻함

3. 중 작 업 : 시간당 350~500kcal의 열량이 소요되는 작업을 말하며, 곡괭이질 또는 삽질하는 일 등을 뜻함

정답: ⑤

03 근골격계부담작업으로 인한 건강장해 예방을 위한 조치항목으로 옳지 않은 것은?

① 사업주는 5kg 이상의 중량물을 들어 올리는 작업에 대하여 중량과 무게중심에 대하여 안내표시를 하여야 한다.

② 사업주는 근로자가 중량물을 들어 올리는 작업을 하는 경우에 무게중심을 높이거나 대상물에 몸을 밀착하도록 하는 등 신체의 부담을 줄일 수 있는 자세에 대하여 알려야 한다.

③ 근골격계부담작업에 해당하는 업무의 양과 작업공정 등 작업환경을 변경한 경우, 지체 없이 유해요인조사를 하여야 한다.

④ 근골격계 질환 예방관리 프로그램에는 유해요인 조사, 작업환경 개선, 의학적 관리, 교육·훈련 및 평가 등이 포함되어 있다.

⑤ 근골격계질환으로 「산업재해보상보험법 시행령」에 따라 업무상 질병으로 5명 이상 발생한 사업장으로서 발생 비율이 그 사업장 근로자 수의 10퍼센트 이상인 경우에는 근골격계질환 예방관리 프로그램을 수립하여 시행하여야 한다.

해설

제12장 근골격계부담작업으로 인한 건강장해의 예방

제1절 통칙

제656조(정의) 이 장에서 사용하는 용어의 뜻은 다음과 같다.

1. "근골격계부담작업"이란 법 제39조제1항제5호에 따른 작업으로서 작업량 · 작업속도 · 작업강도 및 작업장 구조 등에 따라 고용노동부장관이 정하여 고시하는 작업을 말한다.

2. "근골격계질환"이란 반복적인 동작, 부적절한 작업자세, 무리한 힘의 사용, 날카로운 면과의 신체접촉, 진동 및 온도 등의 요인에 의하여 발생하는 건강장해로서 목, 어깨, 허리, 팔·다리의 신경·근육 및 그 주변 신체조직 등에 나타나는 질환을 말한다.

3. "근골격계질환 예방관리 프로그램"이란 유해요인 조사, 작업환경 개선, 의학적 관리, 교육·훈련, 평가에 관한 사항 등이 포함된 근골격계질환을 예방관리하기 위한 종합적인 계획을 말한다.

제2절 유해요인 조사 및 개선 등

제657조(유해요인 조사) ① 사업주는 근로자가 근골격계부담작업을 하는 경우에 3년마다 다음 각 호의 사항에 대한 유해요인조사를 하여야 한다. 다만, 신설되는 사업장의 경우에는 신설일부터 1년 이내에 최초의 유해요인 조사를 하여야 한다.

1. 설비·작업공정·작업량·작업속도 등 작업장 상황
2. 작업시간·작업자세·작업방법 등 작업조건
3. 작업과 관련된 근골격계질환 징후와 증상 유무 등

② 사업주는 다음 각 호의 어느 하나에 해당하는 사유가 발생하였을 경우에 제1항에도 불구하고 지체 없이 유해요인 조사를 하여야 한다. 다만, 제1호의 경우는 근골격계부담작업이 아닌 작업에서 발생한 경우를 포함한다.

1. 법에 따른 임시건강진단 등에서 근골격계질환자가 발생하였거나 근로자가 근골격계질환으로 「산업재해보상보험법 시행령」 별표 3 제2호가목·마목 및 제12호라목에 따라 업무상 질병으로 인정받은 경우
2. 근골격계부담작업에 해당하는 새로운 작업·설비를 도입한 경우
3. 근골격계부담작업에 해당하는 업무의 양과 작업공정 등 작업환경을 변경한 경우

③ 사업주는 유해요인 조사에 근로자 대표 또는 해당 작업 근로자를 참여시켜야 한다.

제658조(유해요인 조사 방법 등) 사업주는 유해요인 조사를 하는 경우에 근로자와의 면담, 증상 설문조사, 인간공학적 측면을 고려한 조사 등 적절한 방법으로 하여야 한다. 이 경우 제657조제2항제1호에 해당하는 경우에는 고용노동부장관이 정하여 고시하는 방법에 따라야 한다.

제659조(작업환경 개선) 사업주는 유해요인 조사 결과 근골격계질환이 발생할 우려가 있는 경우에 인간공학적으로 설계된 인력작업 보조설비 및 편의설비를 설치하는 등 작업환경 개선에 필요한 조치를 하여야 한다.

제660조(통지 및 사후조치) ① 근로자는 근골격계부담작업으로 인하여 운동범위의 축소, 쥐는 힘의 저하, 기능의 손실 등의 징후가 나타나는 경우 그 사실을 사업주에게 통지할 수 있다.

② 사업주는 근골격계부담작업으로 인하여 제1항에 따른 징후가 나타난 근로자에 대하여 의학적 조치를 하고 필요한 경우에는 제659조에 따른 작업환경 개선 등 적절한 조치를 하여야 한다.

제661조(유해성 등의 주지) ① 사업주는 근로자가 근골격계부담작업을 하는 경우에 다음 각 호의 사항을 근로자에게 알려야 한다.

1. 근골격계부담작업의 유해요인
2. 근골격계질환의 징후와 증상
3. 근골격계질환 발생 시의 대처요령
4. 올바른 작업자세와 작업도구, 작업시설의 올바른 사용방법
5. 그 밖에 근골격계질환 예방에 필요한 사항

② 사업주는 제657조제1항과 제2항에 따른 유해요인 조사 및 그 결과, 제658조에 따른 조사방법 등을 해당 근로자에게 알려야 한다.

③ 사업주는 근로자대표의 요구가 있으면 설명회를 개최하여 제657조제2항제1호에 따른 유해요인 조사 결과를 해당 근로자와 같은 방법으로 작업하는 근로자에게 알려야 한다.

제662조(근골격계질환 예방관리 프로그램 시행) ① 사업주는 다음 각 호의 어느 하나에 해당하는 경우에 근골격계질환 예방관리 프로그램을 수립하여 시행하여야 한다.

1. 근골격계질환으로 「산업재해보상보험법 시행령」 별표 3 제2호가목·마목 및 제12호라목에 따라 업무상 질병으로 인정받은 근로자가 연간 10명 이상 발생한 사업장 또는 5명 이상 발생한 사업장으로서 발생 비율이 그 사업장 근로자 수의 10퍼센트 이상인 경우
2. 근골격계질환 예방과 관련하여 노사 간 이견(異見)이 지속되는 사업장으로서 고용노동부장관이 필요하다고 인정하여 근골격계질환 예방관리 프로그램을 수립하여 시행할 것을 명령한 경우

② 사업주는 근골격계질환 예방관리 프로그램을 작성·시행할 경우에 노사협의를 거쳐야 한다.

③ 사업주는 근골격계질환 예방관리 프로그램을 작성·시행할 경우에 인간공학·산업의학·산업위생·산업간호 등 분야별 전문가로부터 필요한 지도·조언을 받을 수 있다.

제3절 중량물을 들어올리는 작업에 관한 특별 조치

제663조(중량물의 제한) 사업주는 근로자가 인력으로 들어올리는 작업을 하는 경우에 과도한 무게로 인하여 근로자의 목·허리 등 근골격계에 무리한 부담을 주지 않도록 최대한 노력하여야 한다.

제664조(작업조건) 사업주는 근로자가 취급하는 물품의 중량·취급빈도·운반거리·운반속도 등 인체에 부담을 주는 작업의 조건에 따라 작업시간과 휴식시간 등을 적정하게 배분하여야 한다.

제665조(중량의 표시 등) 사업주는 근로자가 5킬로그램 이상의 중량물을 들어올리는 작업을 하는 경우에 다음 각 호의 조치를 하여야 한다.

1. 주로 취급하는 물품에 대하여 근로자가 쉽게 알 수 있도록 물품의 중량과 무게중심에 대하여 작업장 주변에 안내표시를 할 것
2. 취급하기 곤란한 물품은 손잡이를 붙이거나 갈고리, 진공빨판 등 적절한 보조도구를 활용할 것

제666조(작업자세 등) 사업주는 근로자가 중량물을 들어올리는 작업을 하는 경우에 무게중심을 낮추거나 대상물에 몸을 밀착하도록 하는 등 신체의 부담을 줄일 수 있는 자세에 대하여 알려야 한다.

정답: ②

04 산업안전보건법령상 시간당 200~350kcal의 열량이 소요되는 작업의 매시간 작업시간 15분, 휴식시간 45분의 고온 노출기준(WBGT, ℃)은?

① 26.7
② 28.0
③ 29.4
④ 31.1
⑤ 32.2

해설

작업휴식시간비 \ 작업강도	경작업	중등작업	중작업
계 속 작 업	30.0	26.7	25.0
매시간 75%작업, 25%휴식	30.6	28.0	25.9
매시간 50%작업, 50%휴식	31.4	29.4	27.9
매시간 25%작업, 75%휴식	32.2	31.1	30.0

정답: ④

05 직업에 대한 개인의 동기와 환경이 제공해 주는 여러 여건들이 조화를 이루지 못할 때, 혹은 직장에서의 요구와 그 요구에 대처할 수 있는 인간의 능력에 차이가 존재할 때 긴장이 발생하게 된다고 보는 직무스트레스 모델은?

① 인간-환경 적합 모델
② ISR 모델
③ 노력-보상 불균형 모델
④ Newman의 요소 모델
⑤ 요구-통제 모델

해설

○ **직무스트레스 모델**

1. ISR(Institute for social research) 모형
   미시간 대학교의 사회연구소 연구 프로그램을 통해 도출된 가장 초창기 직무스트레스 모델이다.

2. Beehr와 Newman의 측면모형

이 모형은 직무스트레스 '과정'이 연구되는 범인범주를 대표하는 여러 측면으로 나누어질 수 있다고 주장

3. 요구-통제 모형

Karasek이 주장한 것으로 작업현장에서 가장 스트레스를 주는 상황은 심한 업무요구를 받는 동시에 자신의 업무에 대한 어떤 통제(=직무결정 재량권)도 할 수 없는 상황이라 주장.

4. 인간-환경 적합 모형

적합-비적합이란 직무수행에 필요한 종업원의 기술과 능력이 수행하는 직무조건과 일치하는 정도를 나타내는 것으로 환경요소보다 개인요소 측정에 더 집중했다는 한계를 드러낸다. Kurt Lewin의 상호작용적 심리학 즉, 인간의 행동은 개인특성과 상황특성 간의 상호작용의 함수라고 주장한 이론에 영향을 준다. B=f(P, E)

5. 노력-보상 불균형 모형

종업원이 직무에서 얻는 것보다 더 많이 투자할 때 즉, 높은 노력 대비 낮은 보상일 때 스트레스가 발생한다고 본다.

정답: ①

06 화학물질 및 물리적 인자의 노출기준에서 화학물질의 발암성과 생식독성 분류기준을 각각 올바르게 표시한 것은?

	발암성 분류기준	생식독성 분류기준
①	ACGIH	NTP
②	IARC	ACGIH
③	OSHA	EU CLP
④	EU CLP	IARC
⑤	NTP	ACGIH

해설

제5조(화학물질) ① 화학물질의 노출기준은 별표 1과 같다.

② 별표 1의 발암성, 생식세포 변이원성 및 생식독성 정보는 법상 규제 목적이 아닌 정보제공 목적으로 표시하는 것으로서 **발암성**은 국제암연구소(International Agency for Research on Cancer, IARC), 미국산업위생전문가협회(American Conference of Governmental Industrial Hygienists, ACGIH), 미국독성프로그램(National Toxicology Program, NTP), 「유럽연합의 분류·표시에 관한 규칙(European Regulation on the Classification, Labelling and Packaging of substances and mixtures, EU CLP)」 또는 미국산업안전보건청(American Occupational Safety & Health Administration, OSHA)의 분류를 기준으로, 생식세포 변이원성 및 생식독성은 유럽연합의 분류·표시에 관한 규칙(European Regulation on the Classification, Labelling and Packaging of substances and mixtures, EU CLP)을 기준으로 「화학물질의 분류·표시 및 물질안전보건자료에 관한 기준」에 따라 분류한다.

발암성 분류기준	생식세포 변이원성 · 생식독성 분류기준
EU CLP ACGIH OSHA NTP IARC	EU CLP

정답: ③

07 하인리히(Heinrich)의 사고연쇄이론에 관한 설명으로 옳은 것은?

① 사고예방 중심은 1단계와 2단계로 보았다.
② 도미노이론이라 명명하며 약 5,000여건의 사고를 조사하여 사망(중상 포함):경상:무상해 비율을 10:20:300으로 보았다.
③ 낙하·비래와 같은 사고는 3단계에 해당한다.
④ 하인리히의 재해위험비율에서 잠재위험비율은 약 0.91이다.
⑤ 인간의 결함(실수)은 2단계에 해당한다.

해설

○ **하인리히 사고 연쇄성 이론**
1단계: 사회적 환경과 유전적 요소
2단계: 개인적 결함 → 인간의 결함은 'Weaver가 주장'
3단계: 불안전한 행동, 불안전한 상태 → 제거 가능하다고 보았다.
4단계: 사고
5단계: 재해(상해)

○ **하인리히의 재해위험비율**
사망(중상):경상:무상해사고=1:29:300
여기서 잠재위험비율은 300/330 즉, 약 0.91이다.

정답: ④

08 사실을 확인하여 미리 정해둔 판정기준에 근거해서 재해요소를 찾고 그 중요도를 평가하는 재해요인의 분석기법은?

① 일반적인 재해요인 분석

② 문답방식 분석

③ 3E 기법

④ 4M 기법

⑤ 특성요인도(Fish-bone) 분석

해설

○ **일반적인 재해요인 분석**

1단계(사실의 확인)

2단계(재해요인 파악)

3단계(재해요소와 중요도 평가) → 판정기준은 법규, 사내규정, 기술지침, 작업표준, 설비기준 등

4단계(재해원인 결정) → 재해요인의 상관관계와 중요도를 고려해 직접원인 및 간접원인을 결정한다.

정답: ①

09 우리나라 산업재해 발생형태의 분류 항목이 아닌 것은?

① 붕괴·도괴
② 유해물질 접촉
③ 폭발
④ 감전
⑤ 중독·질식

해설

재해발생의 형태 분류	상해의 종류
추락: 사람이 건축물 등에서 떨어지는 것 전도: 사람이 평면상 넘어지는 것 충돌: 사람이 정지물에 부딪힌 경우 낙하: 물건에 사람이 수직방향으로 맞은 경우 비래: 물건에 사람이 수평방향으로 맞은 경우 붕괴, 도괴: 건축물 등이 무너진 경우 감전: 전기접촉 등에 의해 사람이 충격 폭발: 압력의 급격한 발생으로 폭음과 팽창 화재 무리한 동작 이상온도 접촉 유해물질 접촉 → 절단(×), 중독·질식(×)	골절: 뼈가 부러진 상태 동상: 저온물 접촉으로 생긴 동상 상해 부종: 국부의 혈액순환 이사으로 몸이 퉁퉁 자상(찔림): 칼날 등 날카로운 물건에 좌상(타박상): 피부표면보다는 피하조직 절상(베임): 신체부위가 절단된 상해 찰과상: 스치거나 문질러서 벗겨진 상해 창상: 창, 칼 등에 베인 상해 중독·질식 화상 청력장애 시력장애 익사 피부병

정답: ⑤

10 제철소의 작업환경에서 코크스오븐배출물질(COE)의 시료채취에 사용하는 매체와 다핵방향족탄화수소(PAHs) 시료채취에 사용하는 매체를 옳게 짝지은 것은?

	코크스오븐배출물질(COE)	다핵방향족탄화수소(PAHs)
①	MCE여과지	유리섬유여과지
②	은막여과지	테플론여과지
③	PVC여과지	MCE여과지
④	유리섬유여과지	셀룰로오스섬유여과지
⑤	셀룰로오스섬유여과지	Nuclepore 여과지

해설

막여과지	섬유상여과지
1. 셀룰로오스 에스테르 여과지 1) 산에 쉽게 용해되므로 중금속 시료 채취에 유리하다. 2) 유해물질이 표면에 주로 침착되어 현미경 분석에 유리하다. 대표적인 것이 석면이다. 3) 흡습성(수분흡수)이 있어 중량분석에는 부적당하다. 4) MCE여과지 2. PVC여과지 1) 흡습성이 적어 호흡성 먼지, 총먼지 채취 등에 유리하다. 2) 가볍다. 3) 먼지무게(중량)분석, 유리규산 채취, 6가 크롬 채취 등 3. 테플론(PTFE)여과지 1) Poly Tetra Fluoro Ethylene의 약자 2) 열, 화학물질, 압력 등에 강한 특성이 있어 다핵방향족탄화수소(PAHs) 채취, 농약류, 콜타르피치 채취에 활용된다. 4. 은막여과지 1) 금속을 소결(sintering, 덩어리)하여 만든다. 2) 열적·화학적 안정성 3) 코크스 오븐 배출물질(COE, cokes oven emission) 등의 채취에 활용된다. 5. nuclepore 여과지 1) 폴리카보네이트 재질에 레이저빔을 쏘아 공극을 일직선으로 만든다. 2) 석면시료를 채취하여 투과전자현미경으로 분석한다.	1. 유리섬유여과지 1) 섬유상 여과지의 대표적인 예이다. 2) 흡습성이 적고 열에 강하다. 3) 결합제첨가형(binder)과 결합제 비첨가형(binder-free)이 있다. 4) 유해물질이 여과지의 안층에서도 채취된다. 5) 농약류(벤지딘, 머캅탄류 등 채취) 2. 셀룰로오스섬유여과지 1) 와트만(Whatman) 여과지가 대표적이다. 2) 값이 저렴하고 장력이 크지만 흡습성이 강하다. 3) 작업환경측정보다는 실험실 분석에 많이 사용된다.

정답: ②

11 방독마스크에 관한 설명으로 옳지 않은 것은?

① 일산화탄소 정화통의 색깔은 적색이다.

② 유기화합물용 방독마스크의 흡착제는 활성탄, 암모니아 방독마스크의 흡착제로 가장 많이 사용하는 것은 큐프라마이트이다.

③ 공기 중 사염화탄소 농도가 2,500ppm이며, 정화통의 정화능력이 사염화탄소 0.4%에서 150분간 사용 가능하다면 유효시간은 240분이다.

④ 방독마스크의 밀착도 검사로 정성적 밀착도 검사는 아세트산아밀법으로 바나나맛을 사용한다.

⑤ 방독마스크의 저등급 및 최저등급은 가스 또는 증기의 농도가 100분의 1 이하의 대기 중에서 사용하는 것으로서 긴급용이 아닌 것이다.

해설

1. 일산화탄소는 방독마스크가 아닌 송기마스크 착용을 권장한다. 일산화탄소 정화통의 색깔은 적색이다.
2. 호흡보호구의 선정절차로 산소결핍 작업장소, 밀폐공간, 정화통이 개발되지 않은 물질 취 및 소방작업: 질식위험이 있는 밀폐공간이나 정화통이 개발되지 않은 물질을 취급하는 경우에는 공기호흡기, 송기마스크를 사용하고, 소방작업은 공기호흡기를 사용한다. 이들 작업에서 절대로 방독마스크를 사용하여서는 안 된다.

방독마스크 종류	정화통 흡수체
유기화합물용	활성탄
할로겐가스용	소다라임, 활성탄
황화수소용	금속염류, 알칼리제재
아황산가스용	산화금속, 알칼리제재
암모니아용	큐프라마이트
일산화탄소용	호프카라이트, 방습제

○ **방독마스크의 정화통 사용가능 시간**

정화통 사용가능 시간= $\frac{\text{표준유효시간} \times \text{시험가스농도}}{\text{공기 중 유해가스농도}} = \frac{0.4\% \times 150\text{분}}{0.25\%}$ =240분

10^6ppm=10^2%를 활용할 수 있어야 한다.

○ **호흡기 보호구 밀착검사**

정성적 밀착검사	정량적 밀착검사
1. 정성밀착검사(QLFT)는 다음의 경우만 사용할 수 있다. 사용자의 감각으로만 판단하는 방법. 1) 음압식, 공기 정화식 호흡보호구(단, 유해인자가 개인노출한도의 10배 미만인 대기) 2) 전동식 및 송기식 호흡보호구와 함께 사용되는 밀착식 호흡보호구 2. 종류 1) 아세트산이소아밀(초산이소아밀, 바나나향): 유기 증기 정화통이 장착된 호흡보호구(방독마스크)만 검사한다. 2) 사카린 맛(달콤한 맛): 방진마스크 3) Bitrex(쓴 맛): 방진마스크 4) 자극적인 연기(비자발적 기침검사): 방진마스크	1. 정량밀착검사(QNFT)는 모든 종류의 밀착형 호흡보호구에 대한 밀착검사에 사용 가능하다. 입자 계측기를 사용해 안면 밀착부 주변의 새는 곳을 측정하고 밀착도(fit factor)라는 수치 결과를 산출한다. 2. 에어로졸 검사법

○ **방독마스크 등급(보호구 안전인증 고시)**

등 급	사 용 장 소
고농도	가스 또는 증기의 농도가 100분의 2(암모니아에 있어서는 100분의 3) 이하의 대기 중에서 사용하는 것
중농도	가스 또는 증기의 농도가 100분의 1(암모니아에 있어서는 100분의 1.5) 이하의 대기 중에서 사용하는 것
저농도 및 최저농도	가스 또는 증기의 농도가 100분의 0.1 이하의 대기 중에서 사용하는 것으로서 긴급용이 아닌 것
비고 : 방독마스크는 산소농도가 18% 이상인 장소에서 사용하여야 하고, 고농도와 중농도에서 사용하는 방독마스크는 전면형(격리식, 직결식)을 사용해야 한다.	

정답: ⑤

12 공기 중의 사염화탄소 농도가 0.2%일 때, 방독마스크의 사용 가능한 시간은 몇 분인가? (단, 방독마스크 정화통의 정화능력이 사염화탄소 0.5%에서 60분간 사용 가능하다)

① 100

② 110

③ 120

④ 150

⑤ 200

해설

○ 방독마스크의 정화통 사용가능 시간

$$정화통\ 사용가능\ 시간 = \frac{표준유효시간 \times 시험가스농도}{공기중유해가스농도}$$

정답: ④

13 입자상 물질에 관한 설명으로 옳은 것은?

① 호흡기계의 어느 부위에 침착하더라도 독성을 나타내는 입자상 물질을 호흡성 분진(RPM)이라 한다.

② 흄은 금속의 증기화, 증기물의 산화, 산화물의 응축에 의하여 발생한다.

③ 흉곽성 분진(TPM)의 입경 범위는 0~100㎛로써 100㎛의 입경에서 50%의 호흡기에 대한 침착률을 보이는 분진을 의미한다.

④ 호흡성 분진(Respirable dust)은 호흡 시 가스 교환부위 즉, 폐포에까지 도달하는 분진을 의미하며 0~8㎛의 입경 범위를 갖고 평균 입경은 4㎛(평균 침착률 50%) 정도이다.

⑤ PAHs(Polycyclic Aromatic Hydrocarbons)는 전형적으로 무기물질의 산소결핍 으로 인한 불완전 연소, 열분해에 의해 생성된다.

해설

○ 작업환경측정 및 정도관리 등에 관한 고시

제2조(정의) ① 이 고시에서 사용하는 용어의 뜻은 다음 각 호와 같다.

1. "액체채취방법"이란 시료공기를 액체 중에 통과시키거나 액체의 표면과 접촉시켜 용해·반응·흡수·충돌 등을 일으키게 하여 해당 액체에 작업환경측정(이하 "측정"이라 한다)을 하려는 물질을 채취하는 방법을 말한다.
2. "고체채취방법"이란 시료공기를 고체의 입자층을 통해 흡입, 흡착하여 해당 고체입자에 측정하려는 물질을 채취하는 방법을 말한다.
3. "직접채취방법"이란 시료공기를 흡수, 흡착 등의 과정을 거치지 아니하고 직접채취대 또는 진공채취병 등의 채취용기에 물질을 채취하는 방법을 말한다.

4. "냉각응축채취방법"이란 시료공기를 냉각된 관 등에 접촉 응축시켜 측정하려는 물질을 채취하는 방법을 말한다.
5. "여과채취방법"이란 시료공기를 여과재를 통하여 흡인함으로써 해당 여과재에 측정하려는 물질을 채취하는 방법을 말한다.
6. "개인 시료채취"란 개인시료채취기를 이용하여 가스·증기·분진·흄(fume)·미스트(mist) 등을 근로자의 호흡위치(호흡기를 중심으로 반경 30㎝인 반구)에서 채취하는 것을 말한다.
7. "지역 시료채취"란 시료채취기를 이용하여 가스·증기·분진·흄(fume)·미스트(mist) 등을 근로자의 작업행동 범위에서 호흡기 높이에 고정하여 채취하는 것을 말한다.
8. "노출기준"이란 「산업안전보건법」 (이하 "법"이라 한다) 제106조에서 정한 작업환경평가기준을 말한다.
9. "최고노출근로자"란 「산업안전보건법 시행규칙」 (이하 "규칙"이라 한다) 별표 21에 따른 작업환경측정대상 유해인자의 발생 및 취급원에서 가장 가까운 위치의 근로자이거나 규칙 별표 21에 따른 작업환경측정대상 유해인자에 가장 많이 노출될 것으로 간주되는 근로자를 말한다.
10. "단위작업 장소"란 규칙 제186조제1항에 따라 작업환경측정대상이 되는 작업장 또는 공정에서 정상적인 작업을 수행하는 동일 노출집단의 근로자가 작업을 하는 장소를 말한다.
11. "호흡성분진"이란 호흡기를 통하여 폐포에 축적될 수 있는 크기의 분진을 말한다.
12. "흡입성분진"이란 호흡기의 어느 부위에 침착하더라도 독성을 일으키는 분진을 말한다.
13. "입자상 물질"이란 화학적인자가 공기중으로 분진·흄(fume)·미스트(mist) 등의 형태로 발생되는 물질을 말한다.
14. "가스상 물질"이란 화학적인자가 공기중으로 가스·증기의 형태로 발생되는 물질을 말한다.
15. "정도관리"란 법 제126조제2항에 따라 작업환경측정·분석 결과에 대한 정확성과 정밀도를 확보하기 위하여 작업환경측정기관의 측정·분석능력을 확인하고, 그 결과에 따라 지도·교육 등 측정·분석능력 향상을 위하여 행하는 모든 관리적 수단을 말한다.
16. "정확도"란 분석치가 참값에 얼마나 접근하였는가 하는 수치상의 표현을 말한다.
17. "정밀도"란 일정한 물질에 대해 반복측정·분석을 했을 때 나타나는 자료 분석치의 변동크기가 얼마나 작은가 하는 수치상의 표현을 말한다.

② 그 밖의 이 고시에서 사용하는 용어의 뜻은 이 고시에 특별한 규정이 없으면 법, 「산업안전보건법 시행령」 (이하 "영"이라 한다), 규칙, 「산업안전보건기준에 관한 규칙」 (이하 "안전보건규칙"이라 한다) 및 관련 고시가 정하는 바에 따른다.

PAHs(Polycyclic Aromatic Hydrocarbons)는 전형적으로 유기물질의 산소결핍으로 인한 불완전연소, 열분해에 의해 생성된다.

정답: ②

14 호흡성 먼지(PRM)의 입경(㎛) 범위는? (단, 미국 ACGIH 정의 기준)

① 0~10
② 0~20
③ 0~25
④ 0~100
⑤ 10~100

해설

○ **입자상 물질의 구분**

ACGIH(미국산업위생전문가협회)에서는 사람이 호흡 시 코, 목 등의 상기도 부분에 침착되는 먼지를 흡입성 분진(Inhalable dusts)이라 정의하였고 입경 범위는 0~100㎛로써 100㎛의 입경에서 50%의 호흡기에 대한 침착률을 보이는 분진을 의미한다.

흉곽성 분진(Thoracic dust)은 상·하 기도 부분에 침착되는 먼지로써 0~25㎛의 입경범위를 가지며 평균 입경 10㎛에서 50%의 침착률을 보인다.

호흡성 분진(Respirable dust)은 호흡 시 가스 교환부위 즉, 폐포에까지 도달하는 분진을 의미하며 0~10㎛의 입경 범위를 갖고 평균 입경은 4㎛(평균 침착률 50%) 정도이다.

구분	흡입성 분진	흉곽성 분진	호흡성 분진
입경 범위(㎛)	0~100	0~25	0~10
평균 입경(㎛)	100	10	4

정답: ①

15 소변 또는 혈액을 이용한 생물학적 모니터링에 관한 설명으로 옳지 않은 것은?

① 생물학적 모니터링을 위한 혈액 채취에는 동맥혈이 아닌 정맥혈을 기준으로 한다.
② 시료는 소변, 호기 및 혈액 등이 주로 이용된다.
③ 혈액에서 휘발성 물질의 생물학적 노출지수는 동맥 중의 농도를 말한다.
④ 혈액을 이용한 생물학적 모니터링은 혈액 구성성분에 개인 간 차이가 적다.
⑤ 수은의 생물학적 노출지표 1차 검사는 소변 중 수은, 2차 검사는 혈액 중 수은이다.

해설

동맥혈(動脈血)은 대동맥과 폐정맥을 흐르는 혈액이다. 정맥혈보다 산소량이 많고 이산화탄소량이 적다. 생물학적 기준치는 정맥혈을 기준으로 하며 동맥혈을 사용할 수 없다. 혈액에서 휘발성 물질의 생물학적 노출지수는 정맥 중의 농도를 말한다.

수은의 생물학적 노출지표 1차 검사는 소변 중 수은, 2차 검사는 혈액 중 수은이다.

정답: ③

16 국소배기장치의 점검에 사용되는 기기와 그 사용목적의 연결이 옳은 것은?

① 발연관-덕트 내 유량 측정
② 마노미터(manometer)-덕트 내 기류속도 측정
③ 피토관-송풍기의 전류 측정
④ 회전날개풍속계-개구부 주위 난류현상 확인
⑤ 타코미터(tachometer)-송풍기의 회전속도 측정

해설

○ **국소배기장치 점검기기**

사용기기	사용 목적
발연관	후드의 성능을 평가, 개구부 주위 난류현상 확인
피토관	덕트 내 기류(공기)속도
마노미터(manometer)	유체 흐름에 대한 압력 측정
타코미터(tachometer)	송풍기의 회전속도 측정
회전날개풍속계	송풍량(풍속) 측정
유량계	유량을 측정하는데 사용되는 기구

정답: ⑤

17 공기 역학적 직경에 따라 입자의 크기를 구분하기 기기가 아닌 것은?

① 마플 개인용 직경분립충돌기
② 명목상 충돌기
③ 다단직경충돌기
④ 미젯임핀저
⑤ 사이클론

해설

미젯임핀저는 가스상 물질을 액체에 담는 유리로 된 채취기구로 가스, 산, 증기, 미스트 등을 액체에 충돌, 반응, 흡수시켜 채취한다.

정답: ④

18 개인보호구의 선택 및 착용 등에 관한 설명으로 옳지 않은 것은?

① 국내 귀마개 EP-1은 저음부터 고음까지 차음하는 성능을 말한다.

② 입자상 물질과 가스나 증기가 동시에 발생하는 용접작업 시 방독·방진겸용 마스크를 착용한다.

③ 순간적으로 건강이나 생명에 위험을 줄 수 있는 유해물질의 고농도상태(IDLH)에서는 반드시 공기공급식 송기마스크를 착용하여야 한다.

④ 염소가스 또는 증기(Cl_2)는 유기화합물용 방독마스크를 사용한다.

⑤ 보호구 밖의 농도가 300ppm이고 보호구 안의 농도가 12ppm이었을 때, 보호계수(protection factor)의 값은 25이다.

해설

○ **방독마스크의 종류**

종 류	시 험 가 스
유기화합물용	시클로헥산(C_6H_{12})
	디메틸에테르(CH_3OCH_3)
	이소부탄(C_4H_{10})
할 로 겐 용	염소가스 또는 증기(Cl_2)
황 화 수 소 용	황화수소가스(H_2S)
시 안 화 수 소 용	시안화수소가스(HCN)
아 황 산 용	아황산가스(SO_2)
암 모 니 아 용	암모니아가스(NH_3)

○ **방음용 귀마개(귀덮개)의 종류**

종류	등급	기호	성능	비고
귀마개	1종	EP-1	저음부터 고음까지 차음하는 것	귀마개의 경우 재사용 여부를 제조특성으로 표기
	2종	EP-2	주로 고음을 차음하고 저음(회화음영역)은 차음하지 않는 것	
귀덮개	–	EM		

$$보호계수(PF) = \frac{보호구\ 밖의\ 농도}{보호구\ 안의\ 농도}$$

정답: ④

19 석면의 측정, 분석 등에 관한 설명으로 옳지 않은 것은?

① 위상차현미경으로는 0.25μm 이하의 섬유는 관찰되지 않는다.

② 석면 취급장소에는 특급 방진마스크를 착용하여야 한다.

③ 고형시료 분석에 있어 위상차현미경법이 간편하기 때문에 가장 많이 사용된다.

④ 공기 중 석면섬유 계수 A규정은 길이가 5μm보다 크고 길이 대 너비의 비가 3:1 이상인 섬유만 계수한다.

⑤ 섬유의 농도는 일반적으로 개수/cc로 표시하며, 석면의 TLV는 0.1개/cc이다.

해설

○ **석면 분석기기**

· 위상차 현미경(PCM): 공기 중 석면(시료)을 분석하는데 가장 널리 쓰인다.

· 편광현미경(PLM): 고형시료 분석에 사용된다.

· 투과전자현미경(TEM)

· X-선 회절분석기

· 주사전자현미경(SEM)

→ 공기 중 석면시료는 셀룰로오스에스테르 여과지를 이용하여 카세트 맨 윗부분을 제거한 오픈스페이스(open space) 상태로 시료채취를 하여 아세톤 및 트리아세틴으로 전처리한 다음 월톤-베켓 눈금자가 있는 위상차 현미경으로 분석한다. 전자현미경으로 분석하면 정확히 석면의 종류를 알 수 있다.

한편, 고형시료(건축물 등에 사용된 물질이나 자재의 일부분을 채취하는 것을 말한다)는 편광현미경, 전자현미경, X선 회절법으로 분석할 수 있다.

SEM, TEM	위상차 현미경(PCM)	편광현미경(PLM)
공기 중 시료와 고형시료 분석	공기 중 시료 분석	고형시료 분석

석면 계수 규칙(A)	석면 계수 규칙(B)
1) 길이가 5μm 보다 크고 길이 대 너비의 비가 3:1 이상인 섬유만 계수한다. 2) 섬유의 계수면적 내에 있으면 한 개로 하고, 섬유의 한쪽 끝만 있으면 0.5개로 계수한다. 3) 계수면적 내에 있지 않고 밖에 있거나 또는 계수면적을 통과하는 섬유는 세지 않는다. 참고로 월톤-베켓 눈금자는 원형으로 되어 있는데 직경이 100μm이므로 면적, 즉 1시야의 면적은 0.00785mm^2이다.	1) 섬유의 끝(end)만을 계수하며 각 섬유의 길이가 5μm 이상이고 직경이 3μm보다 작아야 한다. 2) 길이 대 너비의 비가 5:1 이상인 섬유만 계수한다.

○ **방진마스크 등급(보호구 안전인증 고시 참고)**

등 급	특급	1급	2급
사용 장소	· 베릴륨등과 같이 독성이 강한 물질들을 함유한 분진 등 발생장소 · 석면 취급장소	· 특급마스크 착용장소를 제외한 분진 등 발생장소 · 금속흄 등과 같이 열적으로 생기는 분진 등 발생장소 · 기계적으로 생기는 분진 등 발생장소(규소등과 같이 2급 방진마스크를 착용하여도 무방한 경우는 제외한다)	· 특급 및 1급 마스크 착용장소를 제외한 분진 등 발생장소
	배기밸브가 없는 안면부여과식 마스크는 특급 및 1급 장소에 사용해서는 안 된다.		

위상차현미경으로는 0.5μm 이하인 경우 계수하지 않는다.
석면을 위상차 현미경으로 분석할 경우 그 길이가 5μm 이상인 것을 계수한다.
석면의 TLV는 형태에 관계없이 0.1개/cc=0.1개/cm^3이다.
참고로 내화세라믹 섬유는 0.2개/cc이다.

정답: ③

20

월튼-베켓 눈금자가 삽입된 위상차현미경을 이용하여 100시야(100field)당 백석면을 분석하였더니 한 개로 계수된 섬유가 50개, 0.5개로 계수된 섬유가 30개(즉 15개)였다. 여과지 단위면적(mm^2)당 섬유 개수는?

① 8.28개
② 82.8개
③ 828개
④ 10.19개
⑤ 101.9개

해설

○ **단위면적 당 개수**

1. 1시야당 섬유상 개수
2. 1시야의 면적은 0.00785mm^2이다.
3. 100시야의 면적은 0.785mm^2이고, 섬유의 총 개수는 65개이다.
4. 풀이= $\frac{65\text{개}}{0.785mm^2}$ =82.80..개/mm^2

정답: ②

21 생물학적 유전인자에 관한 설명으로 옳지 않은 것은?

① 곰팡이(진균)가 내놓는 독소로는 마이코톡신(mycotoxin) 등이 있다.

② 유기체가 방출하는 독소로는 그람양성박테리아가 내놓는 엔도톡신(endotoxin)이 있다.

③ 박테리아(세균)에 의한 감염성질환은 매독, 흑사병, 장티푸스 등이 있다.

④ 공기 중 박테리아와 곰팡이에 대한 측정 및 분석은 곰팡이와 박테리아를 살아있는 상태로 채취, 배양한 다음 집락수를 세어 CFU로 나타낸다.

⑤ 곰팡이(진균)의 세포벽인 글루칸(glucan)은 호흡기 점막을 자극하여 새집증후군을 초래한다.

해설

외독소(exotoxin)는 세균 내 플라스미드 또는 프로파지가 방출하는 독소로, 열에 약한 친수성 단백질이다. 단백질 대부분 외부는 친수성이고 내부는 친수성이 존재한다. 내독소(endotoxin)는 세균의 세포 내부에서 발견되는 독성 물질 단백질이며, 외독소는 세균에 의해 분비되고 세포 밖에서 배출되는 보통의 단백질로 구성된 독성 물질이다.

외독소는 그람 양성균과 그람 음성균 모두에서 분비되는 단백질이지만, 내독소(endotoxin)은 그람음성균에서만 방출된다.

* 세균=박테리아, 진균=곰팡이

* CFU: Colony Forming Unit

세균=bacteria cell=세포(진핵, 원핵)	바이러스
·결핵균-결핵 ·나균-한센병 ·매독균-매독 ·페스트균-흑사병 ·탄저균-피부질환, 호흡기질환 발열 및 복통(탄저병) ·살모넬라균-장티푸스, 식중독 ·비브리오 콜레라(Vibrio cholerae)균-콜레라 ·레지오넬라균은 호텔, 종합병원, 백화점 등의 대형 빌딩 냉각탑, 수도배관, 배수관 등의 오염수에 주로 서식하는 세균이다. 특히 25~42℃ 정도의 따뜻한 물을 좋아해서 자연 인공적 급수시설에서 흔하게 발견되며, 여름에는 에어컨 냉각수에서 잘 번식한다.	·광견병 ·노로바이러스-장염, 식중독 ·수두 ·홍역 ·코로나바이러스 ·HIV 바이러스-AIDS ·에볼라 바이러스-에볼라 출혈열

정답: ②

22

작업환경측정 및 정도관리 등에 관한 고시에서 원자흡광광도법(AAS)으로 분석할 수 있는 유해인자로 명시된 것이 아닌 것은?

① 수은
② 구리
③ 납
④ 니켈
⑤ 수산화나트륨

해설

○ 작업환경측정 및 정도관리 등에 관한 고시

[별표 3] 원자흡광광도법(AAS)로 분석할 수 있는 유해인자(제43조 관련)
[암기법: 원자흡광광도법-구납니/카크망/산(마아철)수]

1. 구리
2. 납
3. 니켈
4. 크롬
5. 망간
6. 산화마그네슘
7. 산화아연
8. 산화철
9. 수산화나트륨
10. 카드뮴

정답: ①

23 청각기관의 소음의 전달경로에 해당하지 않는 것은?

① 이소골
② 고막
③ 수근관
④ 달팽이관
⑤ 외이도

해설

○ **청각기관의 소음의 전달경로**

이소골은 수축과 팽창을 반복하면서 소리를 내이의 달팽이관으로 전달한다. 소리가 들어와서 고막을 진동시키면 이소골의 추골, 침골, 등골의 순으로 전달되고 증폭되어 난원창을 거쳐서 내이로 연결된다. 이소골의 작은 뼈들의 길이 차이로 인한 지렛대 효과로 소리가 증폭되는 것이다. 소리가 전달되는 경로, 즉 '외이도-고막-이소골-달팽이관을 통해 감지하는 청력'을 기도청력이라 한다.

정답: ③

24 역학(epidemiology)의 정의에 관한 설명으로 옳지 않은 것은?

① 인간집단 내 발생하는 모든 생리적 이상 상태의 빈도와 분포를 기술한다.
② 빈도와 분포를 결정하는 요인은 원인적 관련성 여부에 근거를 둔다.
③ 예방법을 개발하는 학문이다.
④ 직업역학(occupational epidemiology)은 일하는 사람이 대상이다.
⑤ 역학에서의 인과관계 기준(Hill의 기준) 중 "한 요인이 다른 질병과 또는 한 질병이 여러 요인과 관련성을 보이지 않고, 특별한 질병 또는 요인과 연관성이 있는 경우"를 관련성의 일관성(consistency of association)이라 한다.

해설

○ **역학에서의 인과관계**

역학연구에서 두 사상의 인과관계 판단을 대표적인 것이 'Hill의 기준'으로, 관련성의 강도, 일관성, 특이성, 시간적 선후관계, 생물학적 용량-반응관계, 개연성, 기존 지식과의 일치성, 실험, 유사성의 9개 항목이다. **[암기법: 특강일시! 기개유실생!]**

1. 요인에 대한 노출과 질병발생과의 시간적 선후관계
   요인에 대한 노출은 질병 발생에 앞서야 하고, 기간도 적절해야 한다.
2. 관련성의 강도(strength of association)
   요인과 결과 간의 관련성의 강도가 클수록 인과관계일 가능성이 높다.

3. 관련성의 일관성(consistency of association)

요인과 결과 간의 관련성이 관찰 대상 집단과 연구방법, 연구시점이 다름에도 비슷하게 관찰되면 일관성이 높고, 인과관계일 가능성이 높아진다.

4. 관련성의 특이성(specificity of association)

한 요인이 다른 질병과 또는 한 질병이 여러 요인과 관련성을 보이지 않고, 특별한 질병 또는 요인과 관련성이 있는 경우, 하나의 요인이 특정한 질병에만 높은 연관성을 보이는 경우 인과관계일 가능성이 높다.

5. 용량-반응 관계

노출되는 양이 커질수록, 반응도 강해진다면 인과관계일 가능성이 크다.

6. 생물학적 설명력(biological plausibility)

기존의 과학적 지식과 일치한다면 가능성이 높아진다.

7. 기존 학설과의 일관성(coherence)

추정된 인과관계가 기존의 지식, 소견과 일치할수록 인과관계의 가능성이 높다.

8. 실험적 증거(experimental evidence)

시간적 선후관계와 더불어 매우 중요한 요소로 아무리 다른 정황적 추측이 있어도 실험적 증거가 없다면 소용없다. 가장 확실한 방법 중 하나는 대조군 대비 유의미한 증가가 있는지 살펴보는 것이다.

9. 기존의 인과관계와의 유사성(analogy)

기존에 밝혀진 요인-질병 관계와의 임상적, 역학적으로 유사성이 있는 경우 유사한 인과관계가 있을 가능성이 높다. 유사성이 없다고 해서 인과관계가 없는 것은 아니며, 제시된 기준들 중 가장 중요성이 떨어진다.

정답: ⑤

25 NIOSH에서 제시한 직무스트레스 요인 중 조직적 요인에 해당하지 않는 것은?

① 관리유형
② 역할모호성 및 갈등
③ 고용 불확실성
④ 작업속도
⑤ 역할요구

해설

○ **직무스트레스 요인**

작업요인	환경요인	조직 요인
작업부하, 작업속도, 교대근무	소음, 온도, 조명, 환기 불량	역할갈등, 관리 유형, 고용 불확실성, 의사결정 참여

○ **NIOSH 직무스트레스 원인 4가지**

1. 개인적 요인
   성, 연령, 결혼상태, 근무환경, 직위, A형 성격, 자기 존중감

A형 성격은 경쟁에서 지기 싫어하고 스트레스를 잘 받는 강박적인 성격이 특징이고, 화를 잘 내고, 경쟁적이고, 급하고, 공격적이고, 지배적인 모습들을 보이기도 한다. B형은 낙천적이고 주변에 잘 순응하는 느긋한 성격의 소유자를 말한다.

2. 직업적 요인
   물리적 환경, 직무관련내용(역할갈등, 역할모호), 대인관계 갈등, 직무 재량권, 고용기회, 직무 요구(양적 직무부담, 직무부담의 변화), 다른 사람에 대한 책임, 기술활용 저조, 정신적 요구, 정신적 요구, 교대근무, 작업위험요소
3. 비직업적 요인
   가사일, 일상활동
4. 완충요인
   상사, 동료, 가족들의 지지

정답: ④

산업보건지도사 제2과목(산업보건일반) 모의고사 해설

01 어떤 집진기에서 입구와 출구의 함진가스 중 분진농도가 각각 10g/㎥과 0.05g/㎥일 때, 집진기의 효율(%)은 얼마인가? (단, 입구에서의 배출량과 출구에서의 배출량이 같다고 가정)

① 99.0
② 99.1
③ 99.3
④ 99.5
⑤ 99.7

해설

○ **집진기의 제거효율(포집효율)**

입구에서의 유량과 출구에서의 유량이 같다고 가정하면(C_1=C_0)

집진기 제거효율(%)= $\frac{C_1 - C_0}{C_1} \times 100$

C_1: 입구에서의 유량

C_0: 출구에서의 유량

정답: ④

02 사이클론의 분진 퇴적함(dust box)에서 처리 가스량의 5~10%을 흡입하여 사이클론 내의 난류현상을 억제시킴으로써 집진된 먼지의 비산 및 먼지의 내벽 부착을 방지하는 것을 무엇이라 하는가?

① 채널링(channeling)
② 블로다운(blow-down)
③ 이온증배(avalanche multiplication)
④ 관성파라미터(inertial parameter)
⑤ 파과점(break point)

해설

사이클론의 분진퇴적함(dust box) 또는 멀티사이클론의 호퍼(hopper)로부터 처리가스량의 5~10%를 흡입하여 난류현상을 억제시킴으로써 선회기류의 흐트러짐을 방지하고 집진된 분진의 비산을 방지하는 방법으로 집진된 분진의 비산을 방지하는 방법이다. 블로다운효과는 최대화할수록 집진효율은 좋아진다.

정답: ②

03 온도 25℃, 1기압에서 분당 100mL씩 60분 동안 채취한 공기 중에서 벤젠이 3mg 검출되었다. 검출된 벤젠(C_6H_6)은 약 몇 ppm인가? (단, 벤젠의 분자량은 78이다)

① 11
② 111
③ 15.7
④ 156.7
⑤ 1595

해설

농도(mg/m^3)=$\frac{3mg}{100mL/min \times 60min}$

여기서 $1m^3$=1,000L, 1L=1,000mL를 활용하여 단위 환산에 주의할 것!

농도(ppm)=농도(mg/m^3)$\times \frac{24.45}{분자량}$

정답: ④

04 오염물질의 처리에는 입자상 물질의 처리와 가스상 물질의 처리방법이 있다. 다음 중 종류가 다른 것은?

① 사이클론
② 흡수법
③ 흡착법
④ 연소법
⑤ 접촉산화법

해설

입자상 오염물질의 처리	가스상 오염물질의 처리
입자상 오염물질을 처리하기 위한 공기정화장치로는 비교적 큰 입자상 오염물질 처리에 사용되는 중력 및 관성력집진장치, 원심력집진장치(사이클론), 세정집진장치(스크러버, scrubber)가 있다. 미세한 입자상 오염물질의 처리에 사용되는 장치로는 여과집진장치와 전기집진장치가 있다.	가스상 오염물질은 화학제품의 제조 및 사용이나 화석연료의 연소과정에서 주로 발생한다. 실내 오염물질로도 잘 알려져 있는 포름알데히드를 포함한 휘발성 유기화합물(VOCs), 아황산가스, 질소산화물, 일산화탄소, 암모니아, 황화수소 등과 같은 물질이 여기에 속한다. 이러한 가스상 오염물질을 제거 또는 무해한 물질로 전환시키는 방법으로는 흡수법, 흡착법, 연소법, 접촉산화법 등이 있다.

정답: ①

05 젊은 근로자에 있어서 약한 쪽 손의 힘은 평균 45kp라고 한다. 이러한 근로자가 무게 8kg인 상자를 양손으로 들어 올릴 경우 작업강도(%MS)는 약 얼마인가?

① 17.8%
② 8.9%
③ 4.4%
④ 2.3%
⑤ 1.5%

해설

○ **작업강도**(%MS)

근로자가 가지고 있는 최대의 힘(MS: Maximum Strength)에 대한 작업이 요구하는 힘(RF: Required Force)을 백분율(%)로 표시한다. 작업강도는 근로자의 근력에 따라 달라진다.
즉, [작업 시 요구되는 힘(RF)÷근로자의 최대 힘(MS)]×100이다.

힘의 단위는 kp(kilopound)로 표시하며 1kp는 질량 1kg을 중력의 크기로 당기는 힘을 의미한다. 즉 1kp=약 2.2pound=약 1kg의 중력에 해당한다.
작업강도가 15% 미만인 경우 국소피로는 오지 않으며 30% 이상일 때 불쾌감과 함께 국소피로를 야기한다.
결론적으로 작업강도(%MS)는 약한 쪽의 손의 힘(MS)이 한쪽 손에 미치는 힘을 말한다.
작업강도(%MS)=(4/45)×100
=8.888

정답: ②

06 심리학적 적성검사에 해당하지 않는 것은?

① 지각동작검사
② 감각기능검사
③ 인성검사
④ 기능검사
⑤ 지능검사

해설

○ **직업적성검사**
1. 신체검사
2. 생리적 기능검사
 ① 감각기능 검사(혈액, 근전도, 심박수, 민첩성, 작업성적)
 ② 심폐기능검사
 ③ 체력검사
3. 심리학적 검사
 ① 지능검사(언어, 기억, 추리, 귀납 등에 대한 검사)
 ② 지각동작검사(수족협조, 운동속도, 형태지각 등에 대한 검사)
 ③ 인성검사(성격, 태도, 정신상태에 대한 검사)
 ④ 기능검사(직무에 관련된 기본지식과 숙련도, 사고력 등의 검사)

정답: ②

07

1700년대 "직업인의 질병"을 발간하였으며 직업병의 원인을 작업장에서 사용하는 유해물질과 근로자들의 불완전한 작업 자세나 과격한 동작으로 크게 두 가지로 구분한 인물은?

① Hippocrates

② Georgius Agricola

③ Percival Pott

④ Bernardino Ramazzini

⑤ Alice Hamilton

해설

정답: ④

08

구리(Cu)의 공기 중 농도가 0.05mg/㎥이다. 작업자의 노출시간이 8시간이며, 폐환기율은 1.25㎥/hr, 체내 잔류율은 1이라고 할 때, 체내 흡수량은 얼마인가?

① 0.3mg

② 0.4mg

③ 0.5mg

④ 0.6mg

⑤ 0.7mg

해설

○ **체내 흡수량(또는 안전폭로량, SHD, safe human dose)**

근로자가 일정 시간동안 일정농도의 유해물질에 노출될 때, 흡수되는 유해물질의 양을 체내흡수량이라 한다.

1. 체내 흡수량(mg)=C×T×V×R

C: 유해물질의 농도

T: 노출시간(hr)

V: 폐환기율 또는 폐호흡률(㎥/hr)

R: Retention, 체내 잔류율. 만일 자료가 없으면 1로 계산한다.

2. 연습문제

(예제1) 구리(Cu)의 독성에 관한 인체 실험결과, 안전흡수량이 체중 kg당 0.12mg이었다. 1일 8시간 작업시의 노출기준(C)은 얼마인가? (단, 근로자의 체중은 70kg, 경작업시의 폐환기량은 1.25㎥/hr, 체내 잔류량 자료는 없음)

풀이를 함께 해 보자.

1) 체내 흡수량을 먼저 계산한다. 0.12mg/kg×70kg=8.4mg

2) 체내 흡수량=C×T×V×R에 대입하면 노출기준인 농도(C)를 구할 수 있다.

   8.4mg=C×8hr×1.25㎥/hr×1

   C=0.84(mg/㎥)

(예제2) 망간(Mn)의 인체에 대한 실험결과 안전한 체내 흡수량은 0.1mg/kg이었다. 1일 작업시간이 8시간인 경우 허용농도(mg/㎥)는 약 얼마인가? (단, 폐에 의한 흡수율은 1, 호흡률은 1.2㎥/hr, 근로자의 체중은 80kg으로 계산한다)

풀이를 함께 해 보자.

1) 체내 흡수량을 먼저 계산한다. 80kg×0.1mg/kg=8mg

2) 체내 흡수량=C×T×V×R에 대입하면 노출기준인 농도(C)를 구할 수 있다.

3) 직접 계산해 보길 바란다. 농도(C)=0.83333...

정답: ③

09

직경 200mm의 원형 덕트에서 측정한 후드 정압(SP_h)은 100mmH$_2$O, 유입계수(C_e)는 0.5이었다. 후드의 필요환기량(㎥/min)은 약 얼마인가? (단, 현재의 공기는 표준공기상태이다)

① 18.10

② 23.10

③ 28.10

④ 33.10

⑤ 38.10

해설

후드의 필요환기량(㎥/min)=V×A

$A=0.785\times d^2$

$V=4.03\sqrt{VP}$

SPh=VP+VP×F=VP(1+F)

$F=(1-C_e^2)/C_e^2$

특히, 주의할 것은 단위이다. mm를 m로 고치고, 속도단위(m/sec)를 min으로 고치는 것을 잊지 말 것!

이 하나의 문제를 통해 많은 주제들을 다루고자 한다.

1. 속도(V)와 속도압(동압, VP)

베르누이는 속도와 속도압의 관계를 다음과 같이 나타냈다.

V(속도)=4.03 $\sqrt{VP}$ (속도압)

산업환기에서는 정압, 속도압, 전압 등이 있는데 단위는 모두 mmH$_2$O이다. 산업환기에서는 공기의 흐름에 대한 압력을 측정할 때 mm단위로 미세하게 변하는 물(H_2O)의 높이를 이용하기 때문이다. 참고로 작업환경측정에서는 mmHg이다.

(예제1) 덕트에서 공기흐름의 평균 속도압은 25.4mmH$_2$O이다. 덕트에서 반송속도(이송속도, m/sec)를 구하시오.

풀이: V(속도, m/sec)=4.03 $\sqrt{VP}$ (속도압)이므로 $4.03\times\sqrt{25.4}$=20.4m/sec

(예제2) 주물공장의 분진 배출을 위해 국소배기장치를 설계하고자 한다. 반송속도가 최소한 25m/sec 이상은 되어야 덕트에서 퇴적하지 않는다고 할 때, 이 덕트에서의 속도압은 최소한 얼마 이상이 되어야 하는가?

풀이: V(속도)=4.03$\sqrt{VP}$(속도압)이므로, 속도압은 약 38.5mmH$_2$O이다.

2. 필요환기량

포위식 후드의 경우 유해물질 발생원이 후드 안에 있으므로 제어거리가 없다.

따라서 환기량(Q)은 제어속도(V)와 후드의 개방된 면적(A, 개구면적)의 곱으로 나타낸다.

Q(환기량, ㎥/sec)=A×V

여기서 V는 위의 베르누이 공식에서 배웠으므로 잘 익혀둔다.

한편, **A(개구면적)**는 포위식 후드에서 열린 면적이므로 직사각형 후드의 경우에는 가로×세로, **원형인 경우에는 $0.785d^2(=\pi d^2/4)$**이다. 잘 암기해 두어야 한다.

1) 포위식 후드의 필요환기량

Q(환기량, ㎥/sec)=A×V

Q(환기량, ㎥/min)=60×A×V

1min=60sec를 활용하면 된다.

2) 외부식 후드의 경우 필요환기량(제어거리 X가 있다)

외부식 후드는 유해물질 발생원(오염원)과 후드가 일정 거리(제어거리, X) 떨어져 있다는 의미이다. Q(환기량, ㎥/sec)=A×V에서 후드 속도(제어속도)는 후드 모양에 따라 변하지 않고 등속도(제어속도가 일정하게 달성되는 면)의 면적만 달라진다. 실험식에 의해 제안된 외부식 후드의 면적(A)은 $10X^2+A$이다. 공식을 그대로 암기해야 한다.

Q(외부식 후드의 필요 환기량, ㎥/sec)=$(10X^2+A)\times V$

(예제1) 덕트를 통해 1㎥/sec로 공기 유해가스를 흡인하는 경우, 지름이 0.25m인 덕트 끝에서 0.6m 떨어진 덕트축선상 점에서의 제어속도(V)를 구하시오.

풀이: 지름이라 하였으므로 원형 후드인 것을 알 수 있다.

외부식 후드의 필요환기량 문제이므로 Q(환기량, ㎥/sec)=$(10X^2+A)\times V$에 대입하면 된다.

$1=(10\times0.6^2+0.785\times0.25^2)\times V$에서 V=약 0.27m/sec이다.

(예제2) 후드로부터 25cm 떨어진 곳에 있는 금속제품의 연마공정에서 발생하는 금속먼지를 제거하고자 한다. 제어속도는 5m/sec로 설정했다. 후드 직경이 40cm인 원형 후드를 이용하여 제거하고자 할 때, 필요환기량(㎥/min)은?

풀이: 단위에 주의할 문제이다. sec→min으로, cm→m로 고쳐야 한다.

Q(환기량)=$(10X^2+A)\times V$에 대입하면 된다.

Q(환기량)=$5\text{m/sec}\times60\text{sec/min}\times(10\times0.25^2+0.785\times0.4^2)=225.18$㎥/min

3) 외부식 후드에 플랜지가 부착된 경우(플랜지가 붙은 후드가 공간에 있을 경우)

플랜지가 부착되면 후드 뒷면에서 오는 공기를 차단하고 대신 앞에 있는 공기를 끌어당기기 때문에 동일한 후드 형태에서 공간에 플랜지를 부착하면 필요환기량이 25% 절감되는 효과가 생긴다. 적은 환기량으로 오염된 공기를 동일하게 제거할 수 있다는 의미이다.

Q(외부식 후드에 플랜지가 부착된 경우 필요 환기량, ㎥/sec)=$0.75\times(10X^2+A)\times V$

4) 외부식 후드에 플랜지가 면(바닥, 천장, 벽)에 접하고 있는 경우

플랜지가 붙되 후드가 공간에 있지 않고 면에 붙어 있으면 환기량이 훨씬 더 절감되는데 50%의 환기량 절감효과를 볼 수 있다.

Q(플랜지가 면에 부착된 경우 필요 환기량, ㎥/sec)=$0.5\times(10X^2+A)\times V$

5) 외부식 후드 중 슬롯 후드의 필요환기량

Q(㎥/sec)=3.7×슬롯후드의 길이(가로, L)×폭(세로, W)×개구면으로부터 거리(X)

만일 슬롯 후드에 플랜지가 부착된 경우에는 약 30%의 공기량이 절감된다.

Q(㎥/sec)=2.6×슬롯후드의 길이(가로, L)×폭(세로, W)×개구면으로부터 거리(X)

* 항상 단위에 주의할 것!

3. 후드의 압력손실(H_e)

설계된 필요환기량을 후드로 완전하게 들어오게 하려면 두 가지 힘이 필요하다.

1) 정지상태의 외부공기를 일정한 속도로 움직이도록 하는 가속화(VP, 속도압, 동압)

2) 공기가 후드로 유입될 때 발생되는 난류에 의한 손실(H_e)를 극복해야 한다.

따라서 후드의 정압(SP_h)은 공기를 가속화하는 힘인 속도압(VP)와 후드의 유입구에서 발생되는 후드의 압력손실(H_e)의 합이다.

$|SP_h|=VP+H_e$

SP_h: 후드의 정압(mmH_2O)

VP: 후드의 동압(속도압, mmH_2O)

H_e: 후드의 압력손실(mmH_2O)

$H_e=F\times VP$

F: 후드의 압력손실계수

따라서 $|SP_h|=VP+F\cdot VP=VP(1+F)$

(예제1) 속도압이 $28mmH_2O$이고 후드의 유입손실이 $25mmH_2O$일 경우, 후드의 정압(SP_h, mmH_2O)을 구하시오.

풀이: $|SP_h|=VP+H_e=53mmH_2O$

(예제2) 공기 유량이 0.1415㎥/sec, 덕트 직경이 9cm, 후드의 압력손실계수(F)가 0.40일 때, 후드의 정압(SP_h, mmH_2O)을 구하시오.

풀이: $|SP_h|=VP+H_e=|SP_h|=VP+F\cdot VP=VP(1+F)$

일단, VP을 알아야 한다. 그러나 문제에서는 VP(속도압)가 주어지지 않았으니 어떡하지? 주어진 유량(Q)와 직경을 가지고 구해본다. $Q=A\times V$이므로 $Q=0.785d^2\times V$에서 V(속도)를 구할 수 있다. $V=4.03\sqrt{VP}$를 활용해 보자. 먼저 V(속도)=22.2m/sec이니 $VP=30.5mmH_2O$를 구할 수 있다.

따라서 $|SP_h|=VP+H_e=|SP_h|=VP+F\cdot VP=VP(1+F)=30.5\times(1+0.4)=$약 $42.7mmH_2O$이다.

4. 후드의 압력손실계수(F)와 유입계수(C_e)의 관계

후드의 효율은 실제 후드 내로 유입된 환기량과 이론적인 환기량의 비로 나타내는데 이러한 비를 유입계수(C_e, coffecient of entry)라 한다.

$C_e=Q_{\text{실제적인 양}}/Q_{\text{이론적인 양}}$

만일, 후드에서 손실이 발생하지 않는다면 유입계수(C_e)는 1이지만 이것은 불가능하다.

유입계수 추정공식은 다음과 같다.

$$C_e=\sqrt{\frac{VP}{SP_h}}$$

여기에 $|SP_h|=VP+H_e=|SP_h|=VP+F\cdot VP=VP(1+F)$을 대입하면
F(압력손실계수)와 C_e의 관계를 구할 수 있다.
즉, **F(압력손실계수)=$(1-C_e^2)/C_e^2$**이다.

(예제) 후드의 정압이 50.8mmH_2O이고, 덕트의 속도압은 20.3mmH_2O이다. 후드의 압력손실(H_e), 압력손실계수(F), 그리고 유입계수(C_e)를 모두 구하시오.

풀이: $|SP_h|=VP+H_e$

$He=VP\times F$

$F=(1-C_e^2)/C_e^2$

$H_e=30.5mmH_2O$

$F=1.5$

$C_e=0.63$

정답: ⑤

10 테이블에 붙여서 설치한 사각형 후드의 필요환기량 Q(m^3/min)를 구하는 식으로 적절한 것은? (단, 플랜지는 부착되지 않았고, A(m^2)는 개구면적, X(m)는 개구부와 오염원 사이의 거리, V(m/s)는 제어 속도를 의미한다)

① $Q=V\times(5X^2+A)$
② $Q=V\times(7X^2+A)$
③ $Q=60\times V\times(5X^2+A)$
④ $Q=60\times V\times(7X^2+A)$
⑤ $Q=60\times V\times0.5 \times(10X^2+A)$

해설

○ **외부식 후드의 필요환기량**

자유공간에 설치된 원형 및 장방형 후드	**자유공간**에 설치된 플랜지 부착된 원형 및 장방형 후드	바닥, 책상, **벽(면) 등에 접해 설치된 플랜지 없는 장방형 후드**
$60\times V\times(10X^2+A)$	$60\times0.75\times V\times(10X^2+A)$ 만일, 자유공간이 아닌 면 등에 접하고 플랜지 부착된 경우는 $60\times0.5\times V\times(10X^2+A)$	$60\times V\times(5X^2+A)$

정답: ③

11 혼합유기용제의 구성비(중량비)는 다음과 같았다. 이 혼합물의 노출농도(TLV)는?

> ○ 메틸클로로포름 30%(TLV=1,900mg/㎥)
> ○ 헵탄 50%(TLV=1,600mg/㎥)
> ○ 퍼클로로에틸렌 20%(TLV=335mg/㎥)

① 937mg/㎥
② 1,087mg/㎥
③ 1,137mg/㎥
④ 1,287mg/㎥
⑤ 1,387mg/㎥

해설

○ 혼합물의 허용농도(노출기준, mg/㎥)

$$= \frac{1}{\frac{f_1}{TLV_1} + \frac{f_2}{TLV_2} + \frac{f_3}{TLV_3} + \dots + \frac{f_n}{TLV_n}}$$

* <u>f_1, f_2, f_n은 물질 1, 2, n의 중량비율.</u>

$$= \frac{C_1}{T_1} + \frac{C_2}{T_2} + \dots + \frac{C_n}{T_n}$$

* C: 화학물질 각각의 측정치
T: 화학물질 각각의 노출기준

정답: ①

12 작업환경측정 및 정도관리 등에 관한 고시에서 입자상물질, 가스상 물질, 고열 및 소음작업의 측정·분석방법의 내용으로 옳지 않은 것은?

① 노출기준 고시에 최고노출기준(Ceiling, C)과 시간가중평균기준(TWA)이 함께 설정되어 있는 경우에는 측정을 병행하여야 하는데 이에 해당하는 유해물질은 불화수소(HF)이다.
② 규산염과 그 밖의 광물성분진은 중량분석방법으로 분석한다.
③ 가스상 물질 측정에서 검지관방식으로 측정하는 경우에는 1일 작업시간 동안 1시간 간격으로 6회 이상 측정하되 측정시간마다 2회 이상 반복 측정하여 평균값을 산출하여야 한다.
④ 소음측정에서 누적소음노출량 측정기로 소음을 측정하는 경우에는 Criteria는 90dB, Exchange Rate는 5dB, Threshold는 80dB로 기기를 설정한다.
⑤ 고열측정에서 측정기의 위치는 바닥 면으로부터 50센티미터 이상, 150센티미터 이하의 위치에서 측정하며, 측정기를 설치한 후 충분히 안정화 시킨 상태에서 1일 작업시간 중 가장 높은 고열에 노출되는 1시간을 15분 간격으로 연속하여 측정한다.

해설

제18조(노출기준의 종류별 측정시간) ① 「화학물질 및 물리적 인자의 노출기준(고용노동부 고시, 이하 '노출기준 고시'라 한다)」에 시간가중평균기준(TWA)이 설정되어 있는 대상물질을 측정하는 경우에는 1일 작업시간동안 6시간 이상 연속 측정하거나 작업시간을 등간격으로 나누어 6시간 이상 연속분리하여 측정하여야 한다. 다만, 다음 각 호의 어느 하나에 해당하는 경우에는 대상물질의 발생시간 동안 측정 할 수 있다.

1. 대상물질의 발생시간이 6시간 이하인 경우
2. 불규칙작업으로 6시간 이하의 작업을 하는 경우
3. 발생원에서 발생시간이 간헐적인 경우

② 노출기준 고시에 단시간 노출기준(STEL)이 설정되어 있는 물질로서 노출이 균일하지 않은 작업특성으로 인하여 단시간 노출평가가 필요하다고 자격자(규칙 제187조에 따른 작업환경측정자의 자격을 가진 자를 말한다.) 또는 작업환경측정기관이 판단하는 경우에는 제1항의 측정에 추가하여 단시간 측정을 할 수 있다. 이 경우 1회에 15분간 측정하되 유해인자 노출특성을 고려하여 측정 횟수를 정할 수 있다.

③ 노출기준 고시에 최고노출기준(Ceiling, C)이 설정되어 있는 대상물질을 측정하는 경우에는 최고 노출 수준을 평가할 수 있는 최소한의 시간동안 측정하여야 한다. 다만 시간가중평균기준(TWA)이 함께 설정되어 있는 경우에는 제1항에 따른 측정을 병행하여야 한다.

제2절 입자상 물질

제21조(측정 및 분석방법) 규칙 별표 21의 작업환경측정 대상 유해인자 중 입자상 물질은 다음 각 호의 방법으로 측정한다.

1. 석면의 농도는 여과채취방법으로 측정하고 계수방법 또는 이와 동등 이상의 분석방법으로 분석할 것
2. 광물성분진은 여과채취방법으로 측정하고 석영, 크리스토바라이트, 트리디마이트를 분석할 수 있는 적합한 방법으로 분석할 것(다만 규산염과 그 밖의 광물성분진은 중량분석방법으로 분석한다.)
3. 용접흄은 여과채취방법으로 측정하되 용접보안면을 착용한 경우에는 그 내부에서 시료를 채취하고 중량분석방법과 원자흡광광도계 또는 유도결합프라스마를 이용한 방법으로 분석할 것
4. 석면, 광물성분진 및 용접흄을 제외한 입자상 물질은 여과채취방법으로 측정한 후 중량분석방법이나 유해물질 종류에 따른 적합한 방법으로 분석할 것
5. 호흡성분진은 호흡성분진용 분립장치 또는 호흡성분진을 채취할 수 있는 기기를 이용한 여과채취방법으로 측정할 것
6. 흡입성분진은 흡입성분진용 분립장치 또는 흡입성분진을 채취할 수 있는 기기를 이용한 여과채취방법으로 측정할 것

제22조(측정위치) ① 개인 시료채취 방법으로 측정하는 경우에는 측정기기를 작업 근로자의 호흡기 위치에 장착하여야 한다.

② 지역 시료채취 방법으로 측정하는 경우에는 측정기기를 발생원의 근접한 위치 또는 작업근로자의 주 작업행동 범위 내에서 작업근로자 호흡기 높이에 설치하여야 한다.

제22조의2(측정시간 등) 입자상물질을 측정하는 경우 측정시간은 제18조의 규정을 준용한다.

제3절 가스상 물질

제23조(측정 및 분석방법) 규칙 별표 21의 작업환경측정 대상 유해인자 중 가스상 물질의 경우 개인 시료채취기 또는 이와 동등 이상의 특성을 가진 측정기기를 사용하여 제2조제1항제1호부터 제5호까지의 채취방법에 따라 시료를 채취한 후 원자흡광분석, 가스크로마토그래프분석 또는 이와 동등 이상의 분석방법으로 정량분석하여야 한다.

제24조(측정위치 및 측정시간 등) 가스상물질의 측정위치, 측정시간 등은 제22조 및 제22조의2의 규정을 준용한다.

* 검지관은 측정 대상 기체와 반응해 변색하는 검지제를 유리관 내에 충전한 것이다. 검지관 양쪽 끝을 절단하고, 기체채취기에 연결하여, 기체채취기의 핸들을 당겨 검지관 내에 측정하고자 하는 기체를 통기시키면, 측정하고자 하는 기체와 검지제가 화학반응을 일으켜 변색하게 된다.

제25조(검지관방식의 측정) ① 제23조 및 제24조의 규정에도 불구하고 다음 각호의 어느 하나에 해당하는 경우에는 검지관방식으로 측정할 수 있다.

1. 예비조사 목적인 경우
2. 검지관방식 외에 다른 측정방법이 없는 경우
3. 발생하는 가스상 물질이 단일물질인 경우. 다만, 자격자가 측정하는 사업장에 한정한다.

② 자격자가 해당 사업장에 대하여 검지관방식으로 측정하는 경우 사업주는 2년에 1회 이상 사업장 위탁측정기관에 의뢰하여 제23조 및 제24조에 따른 방법으로 측정하여야 한다.

③ 검지관방식의 측정결과가 노출기준을 초과하는 것으로 나타난 경우에는 즉시 제23조 및 제24조에 따른 방법으로 재측정하여야 하며, 해당 사업장에 대하여는 측정치가 노출기준 이하로 나타날 때까지는 검지관방식으로 측정할 수 없다.

④ 검지관방식으로 측정하는 경우에는 해당 작업근로자의 호흡기 및 가스상 물질 발생원에 근접한 위치 또는 근로자 작업행동 범위의 주 작업 위치에서의 근로자 호흡기 높이에서 측정하여야 한다.

⑤ 검지관방식으로 측정하는 경우에는 1일 작업시간 동안 1시간 간격으로 6회 이상 측정하되 측정시간마다 2회 이상 반복 측정하여 평균값을 산출하여야 한다. 다만, 가스상 물질의 발생시간이 6시간 이내일 때에는 작업시간 동안 1시간 간격으로 나누어 측정하여야 한다.

제4절 소음

제26조(측정방법) 규칙 별표 21에 따른 소음수준의 측정은 다음 각호에 따른다.

1. 소음측정에 사용되는 기기(이하 "소음계" 라 한다)는 누적소음 노출량측정기, 적분형소음계 또는 이와 동등 이상의 성능이 있는 것으로 하되 개인 시료채취 방법이 불가능한 경우에는 지시소음계를 사용할 수 있으며, 발생시간을 고려한 등가소음레벨 방법으로 측정할 것. 다만, 소음발생 간격이 1초 미만을 유지하면서 계속적으로 발생되는 소음(이하 "연속음"이라 한다)을 지시소음계 또는 이와 동등 이상의 성능이 있는 기기로 측정할 경우에는 그러하지 아니할 수 있다.
2. 소음계의 청감보정회로는 A특성으로 할 것
3. 제1호 단서규정에 따른 소음측정은 다음과 같이 할 것
   가. 소음계 지시침의 동작은 느린(Slow) 상태로 한다.
   나. 소음계의 지시치가 변동하지 않는 경우에는 해당 지시치를 그 측정점에서의 소음수준으로 한다.
4. 누적소음노출량 측정기로 소음을 측정하는 경우에는 Criteria는 90dB, Exchange Rate는 5dB, Threshold는 80dB로 기기를 설정할 것

5. 소음이 1초 이상의 간격을 유지하면서 최대음압수준이 120dB(A)이상의 소음인 경우에는 소음수준에 따른 1분 동안의 발생횟수를 측정할 것

제27조(측정위치) ① 개인 시료채취 방법으로 측정하는 경우에는 소음측정기의 센서 부분을 작업 근로자의 귀 위치(귀를 중심으로 반경 30cm인 반구)에 장착하여야 한다.

② 지역 시료채취 방법으로 측정하는 경우에는 소음측정기를 측정대상이 되는 근로자의 주 작업행동 범위 내에서 작업근로자 귀 높이에 설치하여야 한다.

제28조(측정시간 등) ① 단위작업 장소에서 소음수준은 규정된 측정위치 및 지점에서 1일 작업시간 동안 6시간 이상 연속 측정하거나 작업시간을 1시간 간격으로 나누어 6회 이상 측정하여야 한다. 다만, 소음의 발생특성이 연속음으로서 측정치가 변동이 없다고 자격자 또는 지정측정기관이 판단한 경우에는 1시간 동안을 등간격으로 나누어 3회 이상 측정할 수 있다.

② 단위작업 장소에서의 소음발생시간이 6시간 이내인 경우나 소음발생원에서의 발생시간이 간헐적인 경우에는 발생시간동안 연속 측정하거나 등간격으로 나누어 4회 이상 측정하여야 한다.

제5절 고열

제29조 <삭제>

제30조(측정기기 등) 고열은 습구흑구온도지수(WBGT)를 측정할 수 있는 기기 또는 이와 동등 이상의 성능을 가진 기기를 사용한다.

제31조(측정방법 등) 고열 측정은 다음 각호의 방법에 따른다.

1. 측정은 단위작업 장소에서 측정대상이 되는 근로자의 주 작업 위치에서 측정한다.
2. 측정기의 위치는 바닥 면으로부터 50센티미터 이상, 150센티미터 이하의 위치에서 측정한다.
3. 측정기를 설치한 후 충분히 안정화 시킨 상태에서 1일 작업시간 중 가장 높은 고열에 노출되는 1시간을 10분 간격으로 연속하여 측정한다.

정답: ⑤

13 다음 중 중량물 취급에 있어서 미국 NIOSH에서 중량물 최대허용한계(MPL)을 설정할 때의 기준으로 틀린 것은?

① MPL에 해당하는 작업은 L_5/S_1 디스크에 3,500N의 압력을 부하한다.

② MPL에 해당하는 작업이 요구하는 에너지대사량은 5.0kcal/min을 초과한다.

③ MPL을 초과하는 작업에서는 대부분의 근로자들에게 근육·골격 장애가 발생한다.

④ 남성근로자의 25% 미만과 여성근로자의 1% 미만에서만 MPL 수준의 작업 수행이 가능하다.

⑤ MPL은 AL의 3배로서 최대허용무게이다.

해설

허리 디스크는 L_5~S_1(요추5번~천추1번 사이)에서 약 80% 발생한다.

1. AL기준

   첫 단계는 AL(Action Limit, 감시기준)로서 허리의 L_5/S_1부위에서 압축력이 770lb(350㎏중) 정도 발생하는 상황을 표현하는 데 이 단계까지의 작업조건은 거의 모든 작업자가 별무리 없이 견뎌낼 수 있는 상황이라고 알려져 있다. AL의 기준에 대하여 좀 더 자세히 표현하면 다음과 같다.

   (1) AL 조건 이상의 작업 상황에서는 근골격계통의 질환 발생율이 증가한다.

   (2) AL 조건에서는 L_5/S_1부위에서 770lb(350㎏중)의 압축력이 발생한다.

   (3) AL 조건 이하에서의 에너지 소비량은 분당 3.5kcal를 넘지 않는다.

   (4) 남자 중 99%, 여자 중 75%가 이 조건에서 무리 없이 인력운반작업을 수행할 수 있다.

2. MPL 기준

   MPL(maximum permissible limit)은 AL의 3배로서 최대 허용 무게이다.

   두 번째 단계로는 MPL(Maximum Permissible Limit)로서 L_5/S_1부위에서 1430lb(약 650㎏중)의 압축력이 발생하는 조건으로서 모든 상황에서 넘어서는 안 될 상황을 의미하는데 그에 대한 내용은 다음과 같다. * 1kg=약 9.8N 즉, 650kg은 6,400N이다.

   (1) MPL을 넘어가는 조건에 노출된 작업 상황에서는 근골격계통 부상율이 급격히 상승한다. 대부분의 근로자에게 장애를 발생시킨다.

   (2) MPL 기준을 가진 인력운반작업은 거의 모든 작업자들에게서 1430lb(약 650㎏중=6,400N)의 압축력을 L_5/S_l부위에서 발생시킨다.

   (3) MPL 기준을 넘는 작업환경에서는 분당에너지소비가 5kcal를 넘는다.

   (4) 남자 중 25%, 여자 중 1%만이 이런 작업 상황에서 부상 없이 견뎌낼 수 있다.

정답: ①

14

1년간 연근로시간이 240,000시간인 작업장에 5건의 재해가 발생하여 500일의 휴업일수를 기록하였다. 연간근로일수를 300일로 할 때, 강도율(intensity rate)은 약 얼마인가?

① 1.7

② 2.1

③ 2.7

④ 3.2

⑤ 3.5

해설

강도율=$\frac{\text{근로손실일수}}{\text{연근로시간수}}\times 1,000$(시간)

근로손실일수=(휴업, 요양, 입원일수 등)× $\frac{\text{근로일수}}{365\text{일}}$

그렇다면 계산을 해 보자.

정답: ①

15 어느 작업장의 온도를 측정하여, 건구온도 30℃, 자연습구온도 30℃, 흑구온도 34℃를 얻었다. 이 작업장의 옥외(태양광선이 내리 쬐지 않는 장소) WBGT와 옥스퍼드(Oxford) 지수는 각각 얼마인가?

	WBGT	옥스퍼드(Oxford) 지수
①	30.4℃	30℃
②	30.4℃	30.6℃
③	30.8℃	30.6℃
④	31.2℃	30℃
⑤	31.2℃	30.6℃

해설

1. 옥스퍼드 지수: WD(습건) 지수라고도 하며 습구, 건구 온도의 가중 평균치로서 다음과 같이 나타낸다. WD=0.85W(습구온도)+0.15D(건구온도).
2. WBGT(습구흑구온도지수)
   태양광선이 내리 쬐지 않는 장소에서는 (0.7×자연습구온도)+(0.3×흑구온도)

답: ④

16

작업자가 5kg의 중량물을 취급할 때, 다음 표를 이용하여 산출한 권장무게한계(RWL)와 들기지수(LI) 그리고 적당·부적당 여부에 대해 각각 답한 것으로 올바른 것은? (단, 1991년 개정된 NIOSH 들기작업 권고기준에 따른다)

계수 구분	값
수평계수	0.5
수직계수	0.955
거리계수	0.91
비대칭계수	1
빈도계수	0.45
커플링계수	0.95

	RWL	LI	적당·부적당 여부
①	0.19	0.95	부적당
②	0.19	26.32	부적당
③	4.27	0.86	적당
④	4.27	1.17	부적당
⑤	8.54	0.59	적당

해설

1. RWL(kg)=23kg×6개의 계수
   여기서 23kg은 최적의 환경에서 들기 작업을 할 때의 최대허용무게이다.
2. LI(들기지수)= $\frac{\text{실제무게}(kg)}{RWL(kg)}$
   여기서 들기지수의 값이 1보다 크다면 권장무게한계를 초과하는 것이므로 부적당하다.

정답: ④

17 근골격계 질환 유해요인 조사방법 중 중량물취급작업에서의 평가도구가 아닌 것은?

① 3D SSPP
② QEC
③ NLE
④ MAC
⑤ Snook table

해설

○ 근골격계질환 유해요인 조사방법

체크리스트법	작업자세 평가법	지수적 평가법
1. WAC 296-62-05105 2. ANSI Z365 3. QEC(영국) 4. GM-UAW	1. OWAS 2. RULA 3. REBA	1. JSI 2. NLE 3. MAC

평가도구	유형	주 대상작업
NLE	지수계산법	들기·내리기 작업(중량물취급작업)
MAC	지수계산법	중량물 취급작업
3D SSPP	시뮬레이션	중량물 취급작업
Snook table	참조 테이블	밀기/끌기/나르기/들기/내리기(중량물취급작업)
JSI	지수계산법	수작업
OWAS	자세관찰법	전신작업
RULA	자세관찰법	상지중심작업
REBA	자세관찰법	전신작업
QEC	체크리스트	일반적 작업
WAC 296-62-05105(05174)	체크리스트	일반적 작업
GM-UAW	체크리스트	자동차 조립작업

정답: ②

18 특수건강진단 대상 유해인자 중 치과검사를 치과의사가 실시해야 하는 것에 해당하지 않는 것은?

① 불화수소
② 염화수소
③ 불소
④ 황화수소
⑤ 고기압

해설

○ 특수건강진단 대상 유해인자 중 치과검사를 치과의사가 실시[시행규칙 별표24]

치과의사의 검사 항목	1차 검사	2차 검사
이산화황		○
황화수소		○
고기압		○
불화수소 → 불소(×)	○	
염화수소	○	
질산	○	
황산	○	
염소	○	

불소는 독성이 강하고 면역체계를 손상시키고 백혈구의 활동을 약화시키는 특징을 가지고 있어 장기간 다량 복용할 경우 관절염, 요통, 골다공증 등을 유발할 수 있다. 때문에 벨기에와 같은 나라에서는 불소 화합물을 함유한 식품의 판매를 금지하고 있다. 불소는 원소기호 'F'로 정식 명칭은 '플루오린(Fluorine)'다. 붕산과 함께 살충제나 쥐약 등의 주원료로 사용되며 그 독성은 납보다도 강하다.
실제 우리나라의 폐기물관리법에서도 불소는 오염물질로 취급된다. 폐수에서의 오염물질 처리기준에 따르면 불소는 청정지역에서 3ppm 이하로 규정돼 있다.
이처럼 독성이 강한 불소지만 충치예방에 탁월한 효과가 있는 것으로 입증되면서 치약에 사용되기 시작했다.

정답: ③

19 특수건강진단 검사항목 중 생식계 검사를 받아야 하는 유해인자에 해당하지 않는 것은?

① 1,3-부타디엔

② 1-브로모프로판

③ 이황화탄소

④ 마이크로파 및 라디오파

⑤ 메탄올

해설

○ **생식계 검사 유해물질**

1. 디니트로톨루엔
2. 2-메톡시에탄올→메탄올(×)
3. 2-메톡시에틸아세테이트
4. 메틸 클로라이드
5. 1,3-부타디엔
6. 1-브로모프로판
7. 2-브로모프로판
8. 스티렌
9. 2-에톡시에탄올
10. 2-에톡시에틸아세테이트
11. 에피클로로히드린
12. 염소화비페닐
13. 이황화탄소
14. 산화에틸렌
15. 마이크로파 및 라디오파

유해인자	제1차 검사항목	제2차 검사항목
야간작업	(1) 직업력 및 노출력 조사 (2) 주요 표적기관과 관련된 병력조사 (3) 임상검사 및 진찰 ① 신경계: 불면증 증상 문진 ② 심혈관계: 복부둘레, 혈압, 공복혈당, 총콜레스테롤, 트리글리세라이드, HDL 콜레스테롤 ③ 위장관계: 관련 증상 문진 ④ 내분비계: 관련 증상 문진	임상검사 및 진찰 ① 신경계: 심층면담 및 문진 ② 심혈관계: 혈압, 공복혈당, 당화혈색소, 총콜레스테롤, 트리글리세라이드, HDL콜레스테롤, LDL콜레스테롤, 24시간 심전도, 24시간 혈압 ③ 위장관계: 위내시경 ④ 내분비계: 유방촬영, 유방초음파

정답: ⑤

20 방독마스크의 정화통 흡수제의 종류를 옳게 연결된 것은?

① 유기화합물용-실리카겔(방습제)
② 암모니아용-큐프라마이트
③ 할로겐가스용-알칼리제재
④ 아황산가스용-소다라임
⑤ 일산화탄소용-활성탄

해설

방독마스크 종류	정화통 흡수체
유기화합물용	활성탄
할로겐가스용	소다라임, 활성탄
황화수소용	금속염류, 알칼리제재
아황산가스용	산화금속, 알칼리제재
암모니아용	큐프라마이트
일산화탄소용	호프카라이트, 방습제

정답: ②

21 입자상물질에 관한 설명으로 옳지 않은 것은?

① 호흡성분진은 가스 교환부위에 침착될 때 독성을 일으키는 물질이다.

② 우리나라 화학물질의 노출기준에는 산화규소 결정체 4종이 있는데, 모두 호흡성·발암성 1A이고, 산화규소 비결정체는 4종 중 비결정체 규소로서 용융된 경우만 호흡성 물질이다.

③ 입자상 물질의 침강속도는 스토크 법칙(Stoke's law)을 따르며, 입자의 밀도와 직경의 제곱에 비례한다.

④ 대식세포에 의해 용해되지 않는 대표적인 독성물질은 유리규산과 석면이다.

⑤ 직경이 50μm이고 입자비중이 1.32인 입자의 침강속도는 8.6cm/sec이다.

해설

○ **화학물질 및 물리적인자의 노출기준[별표1: 화학물질의 노출기준 참조]**

269	**산화규소(결정체 석영)**	SiO_2	-	0.05	-	-	[14808-60-7] 발암성 1A, 호흡성
270	**산화규소 (결정체 크리스토바라이트)**	SiO_2	-	0.05	-	-	[14464-46-1] 발암성 1A, 호흡성
271	**산화규소 (결정체 트리디마이트)**	SiO_2	-	0.05	-	-	[15468-32-3] 발암성 1A, 호흡성
272	**산화규소 (결정체 트리폴리)**	SiO_2	-	0.1	-	-	[1317-95-9] 발암성 1A, 호흡성
273	산화규소 (비결정체 규소, 용융된)	SiO_2	-	0.1	-	-	[60676-86-0] 호흡성
274	산화규소 (비결정체 규조토)	SiO_2	-	10	-	-	[61790-53-2]
275	산화규소 (비결정체 침전된 규소)	SiO_2	-	10	-	-	[112926-00-8]
276	산화규소(비결정체 실리카겔)	SiO_2	-	10	-	-	[112926-00-8]

침강속도(cm/sec)=0.003×ρ(밀도)×d^2

=0.003×1.32×$(50)^2$

=9.9cm/sec

* 여기서 단위는 d(직경)이 μm임에 주의하자.

정답: ⑤

22

사무실 직원이 모두 퇴근한 7시에 이산화탄소(CO_2) 농도는 1,700ppm이었다. 4시간이 지난 후 다시 이산화탄소 농도를 측정한 결과 800ppm이었다면, 이 사무실의 시간당 공기교환횟수(ACH)는? (단, 외부공기 중 이산화탄소 농도는 330ppm)

① 0.11회/hr

② 0.19회/hr

③ 0.22회/hr

④ 0.27회/hr

⑤ 0.35회/hr

해설

ACH는 경과된 시간 및 이산화탄소(CO_2)의 농도변화로 알 수 있다.

$$ACH = \frac{\ln(\text{측정초기농도} - \text{외부이산화탄소농도}) - \ln(\text{시간경과후이산화탄소농도} - \text{외부이산화탄소농도})}{\text{경과시간}}$$

=0.2674..

정답: ④

23 화학물질 및 물리적 인자의 노출기준에서 "흡입성"으로 표시되지 않은 화학물질은?

① 곡분분진
② 목재분진
③ 소석고
④ 인듐 및 그 화합물
⑤ 요오드 및 요오드화물

해설

○ 화학물질의 노출기준 731종 중(中)에서

흡입성	호흡성
1. 곡분분진(예로는 밀가루, 쌀가루)→곡물분진(×) 2. 목재분진 3. 석고 4. 소석고 5. 아스팔트 흄(벤젠 추출물) 6. 아연 스테아린산 7. 오산화바나듐 8. 요오드 및 요오드화물 9. 카본블랙 10. 캡탄 11. 크레졸(모든 이성체) 12. 펜타클로로페놀	1. 내화성세라믹섬유 2. 산화규소(결정체 모두, 비결정체는 용융된 경우만) 3. 산화아연 분진 4. 석탄분진 5. 소우프스톤 6. 운모 7. 인듐 및 그 화합물 8. 카드뮴 및 그 화합물 9. 텅스텐 10. 활석(석면 불포함) → 석면은 발암성1A만 표기됨. 11. 흑연(천연 및 합성, Graphite 섬유제외)

정답: ④

24 활성탄으로 채취한 벤젠을 1mL 이황화탄소로 추출하여 정량한 결과가 다음과 같을 때, 벤젠 양(μg)은?

○ 시료(앞층 10ppm, 뒤층 0.1ppm)
○ 공시료(앞층 0.1ppm, 뒤층은 검출되지 않음)

① 9.7
② 9.9
③ 10
④ 99
⑤ 100

해설

1 ppm은 1mg/L=1μg/mL이다.

정답: ③

25 화학물질 및 물리적 인자의 노출기준에 따른 발암성 분류기준이 아닌 것은?

① 국제암연구소
② 유럽연합의 분류·표시에 관한 규칙
③ 미국산업위생전문가협회
④ 미국산업안전보건연구소
⑤ 미국산업안전보건청

해설

미국산업안전보건연구소(NIOSH).
자주 시험에 출제되고 있는 문제 유형이다.
제5조(화학물질) ① 화학물질의 노출기준은 별표 1과 같다.
② 별표 1의 발암성, 생식세포 변이원성 및 생식독성 정보는 법상 규제 목적이 아닌 정보제공 목적으로 표시하는 것으로서 **발암성**은 국제암연구소(International Agency for Research on Cancer, IARC), 미국산업위생전문가협회(American Conference of Governmental Industrial Hygienists, ACGIH), 미국독성프로그램(National Toxicology Program, NTP), 「유럽연합의 분류·표시에 관한 규칙(European Regulation on the Classification, Labelling and Packaging of substances and mixtures, EU CLP)」 또는 미국산업안전보건청(American Occupational Safety & Health Administration, OSHA)의 분류를 기준으로, 생식세포 변이원성 및 생식독성은 유럽연합의 분류·표시에 관한 규칙(European Regulation on the Classification, Labelling and Packaging of substances and mixtures, EU CLP)을 기준으로 「화학물질의 분류·표시 및 물질안전보건자료에 관한 기준」에 따라 분류한다.

정답: ④

산업보건지도사 제2과목(산업보건일반) 역대 기출문제

01 산업위생 활동에 관한 내용으로 옳은 것은?

① 관리의 최우선순위는 보호구 착용이다.
② 인지(인식)란 현재 상황에서 존재 또는 잠재하고 있는 유해인자의 파악이다.
③ 유해인자에 대한 평가는 특수건강진단의 결과만을 사용한다.
④ 처음으로 요구되는 것은 근로자 건강진단이다.
⑤ 사업장 근로자만의 건강을 보호하는 것이다.

02 다음에서 설명하고 있는 가스크로마토그래피 검출기는?

○ 원리: 수소/공기로 시료를 태워 전하를 띤 이온 생성 ○ 감도: 대부분의 화합물에 대해 높은 강도 ○ 특징: 큰 범위의 직선성

① 질소인검출기(NPD)
② 전자포획검출기(ECD)
③ 열전도도검출기(TCD)
④ 불꽃광도검출기(FPD)
⑤ 불꽃이온화검출기(FID)

03 작업환경측정에 관한 내용으로 옳지 않은 것은?

① 단위작업 장소에서 11명이 작업할 때 시료 채취 수는 3개 이상이다.
② 산화아연 분진은 호흡성 분진을 채취할 수 있는 여과채취방법으로 측정한다.
③ 시료채취 시에는 예상되는 측정대상물질의 농도, 방해물, 시료채취 시간 등을 종합적으로 고려한다.
④ 불화수소의 경우 최고노출기준(Ceiling)과 시간가중평균노출기준(TWA)에 대하여 병행 측정한다.
⑤ 관리대상 유해물질의 취급 장소가 실내인 경우 공기의 최대부피를 120세제곱미터로 하여 허용소비량 초과여부를 판단한다.

04 다음은 도장 작업자들을 대상으로 한 벤젠(노출기준 0.5ppm)의 작업환경측정 결과이다. 노출기준을 초과할 확률은 약 얼마인가?(단, 정규분포곡선의 z값에 따른 확률은 다음 표와 같다.)

구분	z값			
	-0.42	-0.38	0.32	1.25
확률	0.337	0.352	0.626	0.894

< 작업환경측정 결과(ppm) >

0.03, 0.22, 1.85, 0.04, 0.1, 0.22, 7.5, 0.05, 2, 0.3

① 0.663
② 0.374
③ 0.337
④ 0.147
⑤ 0.106

05 화학물질 및 물리적 인자의 노출기준에 관한 설명으로 옳지 않은 것은?

① 발암성, 생식세포 변이원성 및 생식독성 정보는 산업안전보건법상 규제 목적으로 표시한다.
② 내화성세라믹섬유의 노출기준 표시단위는 세제곱센티미터당 개수(개/㎤)를 사용한다.
③ 노출기준은 작업장의 유해인자에 대한 작업환경개선기준과 작업환경측정결과의 평가기준으로 사용할 수 있다.
④ "최고노출기준(C)"이란 근로자가 1일 작업시간동안 잠시라도 노출되어서는 아니 되는 기준을 말하며, 노출기준 앞에 "C"를 붙여 표시한다.
⑤ 혼재하는 물질 간에 유해성이 인체의 서로 다른 부위에 유해작용을 하는 경우, 혼재하는 물질 중 어느 한 가지라도 노출기준을 넘을 때는 노출기준을 초과하는 것으로 한다.

06 ACGIH에서 권고하고 있는 유해물질과 기준(TLV) 설정 근거가 된 건강영향의 연결로 옳지 않은 것은?

① 벤젠(TWA 0.5ppm, STEL 2.5ppm): 백혈병
② 카본블랙(TWA 3mg/㎥): 기관지염
③ 톨루엔(TWA 20ppm): 혈액학적 악영향
④ 이산화탄소(TWA 5,000ppm, STEL 30,000ppm): 질식
⑤ 노말-헥산(TWA 50ppm): 중추신경계 손상, 말초신경염, 눈 염증

07 60℃, 1기압인 탈지조에서 TCE(분자량 131.4, 비중 1.466) 2L를 사용하였다. 공기 중으로 모두 증발하였다고 가정할 때, 발생한 증기량(㎥)은 약 얼마인가?

① 0.34
② 0.50
③ 0.54
④ 0.61
⑤ 0.82

08 국소배기장치 설계에 관한 설명으로 옳지 않은 것은?

① 송풍기에서 가장 먼 쪽의 후드부터 설계한다.
② 설계 시 먼저 후드의 형식과 송풍량을 결정한다.
③ 1차 계산된 덕트 직경의 이론치보다 더 큰 크기의 시판 덕트를 선정한다.
④ 합류관 연결부에서 정압은 가능한 같아지게 한다.
⑤ 합류관 연결부의 정압비(SP_{high}/SP_{low})가 1.05 이내이면 정압 차를 무시하고 다음 단계 설계를 계속한다.

09 입자상 물질에 관한 설명으로 옳은 것을 모두 고른 것은?

ㄱ. 호흡성 분진(RPM)은 가스 교환 부위에 침착될 때 독성을 일으키는 물질이다.
ㄴ. 석면이나 유리규산은 대식세포의 용해효소로 쉽게 제거된다.
ㄷ. 우리나라 노출기준에는 산화규소 결정체 4종이 있으며, 모두 발암성 1A이다.
ㄹ. 입자상 물질의 침강속도는 스토크 법칙(Stokes' law)을 따르며, 입자의 밀도와 입경에 반비례한다.

① ㄱ, ㄴ
② ㄱ, ㄷ
③ ㄴ, ㄹ
④ ㄴ, ㄷ, ㄹ
⑤ ㄱ, ㄴ, ㄷ, ㄹ

10 화학물질 및 물리적 인자의 노출기준에서 "발암성 1A"가 아닌 중금속은?

① 비소 및 그 무기화합물
② 니켈(가용성 화합물)
③ 니켈(불용성 무기화합물)
④ 수은 및 무기형태(아릴 및 알킬 화합물 제외)
⑤ 카드뮴 및 그 화합물

11 물리적 유해인자의 관리방법으로 옳지 않은 것은?

① 고압환경에서는 질소 대신 헬륨으로 대치한 공기를 흡입한다.
② 고온순화(순응)는 노출 후 4~7일부터 시작하여 12~14일에 완성된다.
③ 자유공간(점음원)에서 거리가 2배 증가하면 소음은 6dB 감소한다.
④ 진동공구 작업자는 금연하는 것이 바람직하다.
⑤ 전리방사선의 강도는 거리의 제곱근에 비례한다.

12 다음 조건을 고려하여 공기 중 섬유상물질의 농도(개/㎤)를 구하면 약 얼마인가?

> ○ 직경 25mm 여과지(유효직경 22.1mm)
> ○ 시료채취 시간: 1시간 30분
> ○ 공기시료 채취기의 유량보정: 뷰렛의 용량 0.90ℓ
> 채취 전(초): 15.2, 15.35, 15.6
> 채취 후(초): 16.3, 16.35, 16.45
> ○ 위상차현미경을 이용하여 섬유상 물질을 계수한 결과
> 공시료: 0.02개/시야
> 시 료: 150개/30시야
> (단, Walton-Beckett Field(시야)의 직경은 100㎛)

① 0.2
② 0.4
③ 0.6
④ 0.8
⑤ 1.0

13 실험실로 I-131(반감기 8.04일)이 들어있는 보관함이 배달되었으며, 방사능을 측정한 결과 500pCi였다. 30일 후 방사능(pCi)은 약 얼마인가?

① 37.6
② 32.6
③ 27.6
④ 22.6
⑤ 17.6

14 개인보호구에 관한 설명으로 옳은 것을 모두 고른 것은?

ㄱ. 유기화합물용 정화통은 습도가 높을수록 수명은 길어진다.
ㄴ. 산소결핍장소에서는 전동식 호흡보호구를 착용한다.
ㄷ. 보호구 안전인증 고시에서 액체 차단 보호복은 3형식, 분진 차단 보호복은 5형식이다.
ㄹ. 보호구 안전인증 고시에서 귀마개 등급은 1종과 2종으로 구분한다.

① ㄱ, ㄴ
② ㄷ, ㄹ
③ ㄱ, ㄷ, ㄹ
④ ㄴ ,ㄷ, ㄹ
⑤ ㄱ, ㄴ, ㄷ, ㄹ

15 톨루엔 노출 작업자의 호흡보호구에 적합한 정성적 밀착도 검사(QLFT) 방법은?

① 초산이소아밀법
② 사카린법
③ 자극성 스모그법
④ 공기 중 에어로졸법(Condensation Nucleus Counter)
⑤ 통제음압모니터법(Controlled Negative-Pressure Monitor)

16 산업안전보건기준에 관한 규칙에서 밀폐공간과 관련된 용어의 정의로 옳지 않은 것은?

① “밀폐공간”이란 산소결핍, 유해가스로 인한 질식 · 화재 · 폭발 등의 위험이 있는 장소이다.
② “유해가스”란 탄산가스 · 일산화탄소 · 황화수소 등의 기체로서 인체에 유해한 영향을 미치는 물질을 말한다.
③ “적정공기”란 산소농도의 범위가 18퍼센트 이상 23.5퍼센트 미만, 탄산가스의 농도가 1.5퍼센트 미만, 일산화탄소의 농도가 30피피엠 미만, 황화수소의 농도가 10피피엠 미만인 수준의 공기를 말한다.
④ “산소결핍”이란 공기 중의 산소농도가 18퍼센트 이하인 상태를 말한다.
⑤ “산소결핍증”이란 산소가 결핍된 공기를 들이마심으로써 생기는 증상을 말한다.

17 유해화학물질 또는 공정에 적합한 호흡보호구의 연결이 옳지 않은 것은?

① 석면: 특급 방진마스크
② 스프레이 도장작업: 방진방독 겸용 마스크
③ 베릴륨: 1급 방진마스크
④ 포스겐: 송기마스크
⑤ 금속흄: 배기밸브가 있는 안면부여과식 마스크

18 고용노동부가 발표한 2020년 산업재해 현황 분석에서, 2020년에 발생한 직업병 중 발생자 수가 가장 많은 것은?

① 진폐
② 난청
③ 금속 및 중금속 중독
④ 유기화합물 중독
⑤ 기타 화학물질 중독

19 호흡기계의 구조와 기능에 관한 설명으로 옳지 않은 것은?

① 폐포는 가스교환 작용이 일어나는 곳이다.
② 해부학적으로 상부와 하부 호흡기계로 구분한다.
③ 내호흡은 폐포와 혈액 사이에서 발생하는 산소와 이산화탄소의 교환작용을 말한다.
④ 비강(nasal cavity)은 호흡공기의 온·습도를 조절하고 오염물질을 제거하는 등의 기능을 한다.
⑤ 기관지는 세기관지(bronchiole)에 가까울수록 섬모세포의 수는 줄어들고 섬모가 없는 클라라세포(clara cell)가 주종을 이룬다.

20 메탄올의 생체 내 대사과정 중 ( )에 들어갈 내용으로 옳은 것은?

메탄올 → (ㄱ) → (ㄴ) → 이산화탄소

① ㄱ: 포름산 ㄴ: 산화아렌
② ㄱ: 포름알데히드 ㄴ: 아세트산
③ ㄱ: 포름알데히드 ㄴ: 포름산
④ ㄱ: 아세트알데히드 ㄴ: 포름산
⑤ ㄱ: 아세트알데히드 ㄴ: 아세트산

21 신체부위별 동작 유형에 관한 내용으로 옳은 것을 모두 고른 것은?

ㄱ. 굴곡(flexion): 관절에서의 각도가 증가하는 동작
ㄴ. 신전(extension): 관절에서의 각도가 감소하는 동작
ㄷ. 내전(adduction): 몸의 중심선으로 향하는 이동 동작
ㄹ. 외전(abduction): 몸의 중심선에서 멀어지는 이동 동작
ㅁ. 내선(medial rotation): 몸의 중심선을 향하여 안쪽으로 회전하는 동작

① ㄱ, ㄴ
② ㄴ, ㄷ
③ ㄴ, ㄷ, ㅁ
④ ㄷ, ㄹ, ㅁ
⑤ ㄱ, ㄴ, ㄷ, ㄹ, ㅁ

22 재해의 직접원인 중 불안전한 행동에 해당하지 않는 것은?

① 안전장치의 부적합
② 위험장소 접근
③ 개인보호구의 잘못 착용
④ 불안전한 속도 조작
⑤ 감독 및 연락 불충분

23 힐(A. Hill)이 주장한 인과관계를 결정하는 기준에 관한 설명으로 옳지 않은 것은?

① 어떤 원인에 대한 노출과 특정 질병 발생 간에 관련성은 보이지만, 다른 질병과의 연관성도 함께 관찰된다면 인과 관계의 가능성은 작아진다.
② 원인에 대한 노출이 질병 발생 시점보다 시간적으로 앞설 때 인과 관계의 가능성이 커진다.
③ 의심되는 원인에 노출되어 질병이 발생하는 기전에 대해 기존지식이 아닌 새로운 이론으로 해석될 때 인과 관계의 가능성이 커진다.
④ 원인에 대한 노출 정도가 커질수록 질병 발생 확률도 높아지는 용량-반응 관계가 나타날 경우 인과 관계의 가능성이 커진다.
⑤ 연관성의 강도가 클수록 인과 관계의 가능성이 커진다.

24 유해인자별 건강관리에 관한 설명으로 옳지 않은 것은?

① 도장작업자는 유기화합물에 의한 급성중독, 접촉성 피부염 등에 대해 관리하여야 한다.
② 진동작업자의 경우 정기적인 특수건강진단이 필요하다.
③ 금속가공유 취급자는 폐기능의 변화, 피부질환 등에 대해 관리하여야 한다.
④ "사후관리 조치"란 사업주가 건강관리 실시결과에 따른 작업장소 변경, 작업전환, 건강상담, 근무 중 치료 등 근로자의 건강관리를 위하여 실시하는 조치를 말한다.
⑤ 전(前) 사업장에서 황산에 대한 건강진단을 받고 6개월이 지난 작업자의 경우 배치전건강진단 실시를 면제할 수 있다.

25 산업안전보건법 시행규칙 중 납에 대한 특수건강진단 시 제2차 검사항목에 해당하는 생물학적 노출지표를 모두 고른 것은?

ㄱ. 혈중 납
ㄴ. 소변 중 납
ㄷ. 혈중 징크프로토포피린
ㄹ. 소변 중 델타아미노레불린산

① ㄱ
② ㄴ
③ ㄱ, ㄷ
④ ㄴ, ㄷ, ㄹ
⑤ ㄱ, ㄴ, ㄷ, ㄹ

2022년 산업보건일반 기출문제 정답

1	2	3	4	5	6	7	8	9	10
②	⑤	⑤	②	①	③	④	③	②	④
11	12	13	14	15	16	17	18	19	20
⑤	④	①	②	①	④	③	②	③	③
21	22	23	24	25					
④	①	③	⑤	④					

산업보건지도사 제2과목(산업보건일반) 역대 기출문제

01 국내 · 외 산업위생의 역사에 관한 설명으로 옳지 않은 것은?

① 미국의 산업위생학자 Hamilton은 유해물질 노출과 질병과의 관계를 규명하였다.
② 1981년 우리나라는 노동청이 노동부로 승격되었고 산업안전보건법이 공포되었다.
③ 원진레이온에서 이황화탄소(CS_2) 중독이 집단적으로 발생하였다.
④ Agricola는 음낭암의 원인물질이 검댕(soot)이라고 규명하였다.
⑤ Ramazzini는 직업병의 원인을 작업장에서 사용하는 유해물질과 불안전한 작업자세나 과격한 동작으로 구분하였다.

02 망간(Mn)의 인체에 대한 실험결과 안전한 체내 흡수량은 0.1mg/kg 이었다. 1일 작업시간이 8시간인 경우 허용농도(mg/m^3)는 약 얼마인가? (단, 폐에 의한 흡수율은 1, 호흡률은 $1.2m^3$/hr, 근로자의 체중은 80kg으로 계산한다.)

① 0.83
② 0.88
③ 0.93
④ 0.98
⑤ 1.03

03 「작업환경측정 및 정도관리 등에 관한 고시」에서 입자상 물질의 측정, 분석방법의 내용으로 옳지 않은 것은?

① 석면의 농도는 여과채취방법으로 측정하고 계수방법 또는 이와 동등이상의 분석방법으로 분석한다.
② 광물성분진은 여과채취방법으로 측정한다.
③ 흡입성분진은 흡입성분진용 분립장치 또는 흡입성분진을 채취할 수 있는 기기를 이용한 여과채취방법으로 측정한다.
④ 용접흄은 여과채취방법으로 측정하되 용접보안면을 착용한 경우에는 그 외부에서 시료를 채취한다.
⑤ 규산염은 중량분석방법으로 분석한다.

04 직경 200mm의 원형 덕트에서 측정한 후드정압(SP_h)은 100mmH_2O, 유입계수(C_e)는 0.5이었다. 후드의 필요 환기량(m^3/min)은 약 얼마인가? (단, 현재의 공기는 표준공기 상태이다.)

① 18.10
② 23.10
③ 28.10
④ 33.10
⑤ 38.10

05 산업안전보건법 시행규칙과 산업안전보건기준에 관한 규칙상 소음발생으로 인한 건강장해 예방에 관한 설명으로 옳지 않은 것은?

① 8시간 시간가중평균 80dB 이상의 소음은 작업환경측정 대상이다.
② 1일 8시간 작업을 기준으로 소음측정 결과 85dB인 경우 청력보존 프로그램 수립대상이다.
③ 1일 8시간 작업을 기준으로 소음측정 결과 90dB인 경우 특수건강진단 대상이다.
④ 사업주는 근로자가 강렬한 소음작업에 종사하는 경우 인체에 미치는 영향과 증상을 근로자에게 알려야 한다.
⑤ 사업주는 근로자가 충격소음작업에 종사하는 경우 근로자에게 청력보호구를 지급하고 착용하도록 하여야 한다.

06 전리방사선에 관한 설명으로 옳은 것은?

① β입자는 그 자체가 전리적 성질을 가지고 있다.
② γ-선이 인체에 흡수되면 α입자가 생성되면서 전리작용을 일으킨다.
③ 중성자는 하전되어 있어 1차적인 방사선을 생성한다.
④ 렌트겐(R)은 방사능 단위에 해당된다.
⑤ 라드(rad)는 조사선량 단위에 해당된다.

07 입자상 물질의 호흡기 내 침착 및 인체 방어기전에 관한 설명으로 옳지 않은 것은?

① 입자상 물질이 호흡기 내에 침착하는 데는 충돌, 중력침강, 확산, 간섭 및 정전기 침강이 관여한다.
② 호흡성분진(RPM)은 주로 폐포에 침착되어 독성을 나타내며 평균입자의 크기(D_{50})는 10μm이다.
③ 흡입된 공기는 기도를 거쳐 기관지와 미세기관지를 통하여 폐로 들어간다.
④ 기도와 기관지에 침착된 먼지는 점액 섬모운동에 의해 상승하고 상기도로 이동되어 제거된다.
⑤ 흡입성분진(IPM)은 주로 호흡기계의 상기도 부위에 독성을 나타낸다.

08 산업안전보건법 시행규칙상 유해인자의 유해성 · 위험성 분류기준으로 옳은 것은?

① 급성 독성 물질: 호흡기를 통하여 2시간 동안 흡입하는 경우 유해한 영향을 일으키는 물질
② 소음: 소음성난청을 유발할 수 있는 80데시벨(A) 이상의 시끄러운 소리
③ 이상기압: 게이지 압력이 제곱미터당 1킬로그램 초과 또는 미만인 기압
④ 공기매개 감염인자: 결핵 · 수두 · 홍역 등 공기 또는 비말감염 등을 매개로 호흡기를 통하여 전염되는 인자
⑤ 자연발화성 액체: 적은 양으로도 공기와 접촉하여 10분 안에 발화할 수 있는 액체

09 근로자 건강진단 실시기준에서 인체에 미치는 영향이 "수면방해, 행동이상, 신경증상, 발음부정확 등"으로 기술된 유해요인은?

① 망간
② 오산화바나듐
③ 수은
④ 카드뮴
⑤ 니켈

10 산업안전보건기준에 관한 규칙상 사업주의 근골격계질환 유해요인 조사에 관한 내용으로 옳은 것은?

① 신설 사업장은 신설일부터 6개월 이내에 최초 유해요인조사를 하여야 한다.

② 근골격계부담작업 여부와 상관없이 3년마다 유해요인조사를 하여야 한다.

③ 법에 따른 임시건강진단 등에서 근골격계질환자가 발생하였을 경우, 근골격계부담작업이 아닌 작업에서 발생한 경우라도 지체 없이 유해요인조사를 하여야 한다.

④ 근골격계부담작업에 해당하는 새로운 작업・설비를 도입한 경우 반드시 고용노동부장관이 정하여 고시하는 방법에 따라 유해요인조사를 하여야 한다.

⑤ 유해요인조사 결과 근골격계질환 발생 우려가 없더라도 인간공학적으로 설계된 인력작업 보조설비 설치 등 반드시 작업환경 개선에 필요한 조치를 하여야 한다.

11 작업환경 개선을 위한 공학적 관리 방안이 아닌 것은?

① 대체(Substitution)

② 호흡보호구(Respirator)

③ 포위(Enclosure)

④ 환기(Ventilation)

⑤ 격리(Isolation)

12 산업안전보건기준에 관한 규칙상 근로자 건강장해 예방을 위한 사업주의 조치에 관한 설명으로 옳지 않은 것은?

① 고열작업에 근로자를 새로 배치할 경우 고열에 순응할 때까지 고열작업시간을 매일 단계적으로 증가시키는 등 필요한 조치를 해야 한다.

② 근로자가 한랭작업을 하는 경우 적절한 지방과 비타민 섭취를 위한 영양지도를 해야 한다.

③ 근로자 신체 등에 방사성물질이 부착될 우려가 있을 경우 판 또는 막 등의 방지설비를 제거해야 한다.

④ 근로자가 주사 및 채혈 작업 시 채취한 혈액을 검사 용기에 옮기는 경우에는 주사침 사용을 금지하도록 해야 한다.

⑤ 근로자가 공기매개 감염병이 있는 환자와 접촉하는 경우 면역이 저하되는 등 감염의 위험이 높은 근로자는 전염성이 있는 환자와의 접촉을 제한하도록 해야 한다.

13 물질안전보건자료(MSDS) 작성 시 포함되어야 할 항목에 해당하는 것을 모두 고른 것은?

ㄱ. 안정성 및 반응성
ㄴ. 폐기 시 주의사항
ㄷ. 환경에 미치는 영향
ㄹ. 운송에 필요한 정보
ㅁ. 누출사고 시 대처방법

① ㄱ, ㄷ, ㄹ
② ㄱ, ㄷ, ㅁ
③ ㄴ, ㄹ, ㅁ
④ ㄱ, ㄴ, ㄷ, ㅁ
⑤ ㄱ, ㄴ, ㄷ, ㄹ, ㅁ

14 호흡보호구에 관한 설명으로 옳지 않은 것은?

① 대기에 대한 압력상태에 따라 음압식과 양압식 호흡보호구로 분류된다.
② 음압 밀착도 자가점검은 흡입구를 막고 숨을 들이마신다.
③ 양압 밀착도 자가점검은 배출구를 막고 숨을 내쉰다.
④ NIOSH는 발암물질에 대하여 음압식 호흡보호구를 사용하지 않도록 권고한다.
⑤ 산소가 결핍된 밀폐공간 내에서는 방독마스크를 착용하여야 한다.

15 인체 부위 중 피부에 관한 설명으로 옳지 않은 것은?

① 피부는 표피와 진피로 구분된다.
② 표피의 각질층은 전체 피부에 비하여 매우 두꺼워서 피부를 통한 화학물질의 흡수속도를 제한한다.
③ 피부의 땀샘과 모낭은 피부에 노출된 화학물질을 직접 혈관으로 흡수할 수 있는 경로를 제공한다.
④ 대부분의 화학물질이 피부를 투과하는 과정은 단순 확산이다.
⑤ 피부 수화도가 크면 클수록 투과도가 증대되어 흡수가 촉진된다.

16 특수건강진단 대상 유해인자 중 치과검사를 치과의사가 실시해야 하는 것에 해당하지 않는 것은?

① 염소
② 과산화수소
③ 고기압
④ 이산화황
⑤ 질산

17 산업안전보건법 시행규칙상 유해인자별 제1차 검사항목의 생물학적 노출지표 및 시료 채취시기가 옳지 않은 것은?

구분	유해인자	제1차 검사항목의 생물학적 노출지표	시료 채취시기
ㄱ	납 그 무기화합물	혈중 납	제한 없음
ㄴ	크실렌	소변 중 메틸마뇨산	작업 종료 시
ㄷ	1,2-디클로로프로판	소변 중 페닐글리옥실산	주말 작업 종료 시
ㄹ	카드뮴	혈중 카드뮴	제한 없음
ㅁ	디메틸포름아미드	소변 중 N-메틸포름아미드 (NMF)	작업 종료 시

① ㄱ
② ㄴ
③ ㄷ
④ ㄹ
⑤ ㅁ

18 직무 스트레스의 반응에 따른 행동적 결과로 나타날 수 있는 것을 모두 고른 것은?

ㄱ. 흡연
ㄴ. 약물 남용
ㄷ. 폭력 현상
ㄹ. 식욕 부진

① ㄱ, ㄹ
② ㄴ, ㄷ
③ ㄱ, ㄴ, ㄹ
④ ㄴ, ㄷ, ㄹ
⑤ ㄱ, ㄴ, ㄷ, ㄹ

19 직장에서의 부적응 현상으로 보기 어려운 것은?

① 타협(Compromise)
② 퇴행(Degeneration)
③ 고집(Fixation)
④ 체념(Resignation)
⑤ 구실(Pretext)

20 건강진단 판정에서 건강관리구분과 그 의미의 연결이 옳은 것은?

① A - 질환 의심자로 2차 진단 필요
② C_1 - 일반질병 유소견자로 사후관리가 필요
③ D_2 - 직업병 요관찰자로 추적관찰이 필요
④ R - 건강진단 시기 부적정으로 1차 재검 필요
⑤ U - 2차 건강진단 미실시로 건강관리구분을 판정할 수 없음

21 산업재해의 4개 기본원인(4M) 중 Media(매체-작업)에 해당하지 않는 것은?

① 위험 방호장치의 불량
② 작업정보의 부적절
③ 작업자세의 결함
④ 작업환경조건의 불량
⑤ 작업공간의 불량

22 재해사고 원인 분석을 위한 버드(F. Bird)의 이론에 관한 설명으로 옳지 않은 것은?

① 하인리히(H. Heinrich)의 사고연쇄 이론을 새로운 도미노 이론으로 개선하였다.
② 새로운 도미노 이론의 시간적 계열은 제어의 부족 → 기본원인 → 직접원인 → 사고 → 상해(재해)이다.
③ 불안전한 행동 등 직접원인만 제거하면 재해사고가 발생하지 않는다.
④ 기본원인은 개인적 요인과 작업상의 요인으로 분류된다.
⑤ 부적절한 프로그램은 '제어의 부족'의 예에 해당한다.

23 재해 통계에 관한 설명으로 옳지 않은 것은?

① "재해율"은 근로자 100명당 발생한 재해자수를 의미한다.
② "연천인율"은 1년간 평균 1,000명당 발생한 재해자수를 의미한다.
③ "도수율"은 연 근로시간 10,000시간당 발생한 재해건수를 의미한다.
④ "강도율"은 연 근로시간 1,000시간당 재해로 인하여 근로를 하지 못하게 된 일수를 의미한다.
⑤ "환산도수율"과 "환산강도율"은 연 근로시간을 10,000시간으로 하여 계산한 것이다.

24

A사업장 소속 근로자 중 산업재해로 사망 1명, 3일의 휴업이 필요한 부상자 3명, 4일의 휴업이 필요한 부상자 4명이 발생하였다. 산업안전보건법 시행규칙에 따라 A사업장의 사업주가 산업재해 발생 보고를 하여야 하는 인원(명)은?

① 1
② 4
③ 5
④ 7
⑤ 8

25

역학 용어에 관한 설명으로 옳지 않은 것은?

① 위음성률(false negative rate)과 위양성률(false positive rate)은 타당도 지표이다.
② 기여위험도(attributable risk ratio)는 어떤 위험요인에 노출된 사람과 노출되지 않은 사람 사이의 발병률 차이를 의미한다.
③ 특이도(specificity)는 해당 질병이 없는 사람들을 검사한 결과가 음성으로 나타나는 확률이다.
④ 유병률(prevalence rate)은 일정기간 동안 질병이 없던 인구에서 질병이 발생한 비율이다.
⑤ 비교위험도(relative risk ratio)가 1보다 큰 경우는 해당 요인에 노출되면 질병의 위험도가 증가함을 의미한다.

2021년 산업보건일반 기출문제 정답

1	2	3	4	5	6	7	8	9	10
④	①	④	⑤	②	①	②	④	①	③
11	12	13	14	15	16	17	18	19	20
②	③	⑤	⑤	②	②	③	⑤	①	⑤
21	22	23	24	25					
①	③	③	⑤	④					

산업보건지도사 제2과목(산업보건일반) 역대 기출문제

01 산업보건위생의 역사에 관한 설명으로 옳지 않은 것은?

① 영국의 Thomas Percival은 세계 최초로 직업성 암을 보고하였다.
② 1833년 영국에서 공장법이 제정되었다.
③ 이탈리아 Ramazzini가 ≪직업인의 질병≫을 저술하였다.
④ 스위스 Paracelsus가 물질 독성의 양-반응 관계에 대해 언급하였다.
⑤ 그리스의 Galen이 납중독의 증세를 관찰하였다.

02 '페인트가 칠해진 철제 교량을 용접을 통해 보수하는 작업'에 대한 측정 및 분석 계획에 관한 설명으로 옳지 않은 것은?

① 철 이외에 다른 금속에 노출될 수 있다.
② 금속의 성분 분석을 위해서 셀룰로오스에스테르 막여과지를 사용해 측정한다.
③ 유도결합플라스마-원자발광분석기를 이용하면 동시에 많은 금속을 분석할 수 있다.
④ 페인트가 녹아 발생하는 유기용제의 농도가 높기 때문에 이를 측정대상에 포함한다.
⑤ 발생하는 자외선량은 전류량에 비례한다.

03 국소배기장치의 점검에 사용되는 기기와 그 사용 목적의 연결이 옳은 것은?

① 발연관 - 덕트 내 유량 측정
② 마노메타(manometer) - 유체 흐름에 대한 압력 측정
③ 피토관 - 송풍기의 회전속도 측정
④ 회전날개풍속계 - 개구부 주위의 난류현상 확인
⑤ 타코메타(tachometer) - 송풍기의 전류 측정

04 화학물질 및 물리적 인자의 노출기준에 제시된 라돈의 작업장 농도기준은?

① 4 pCi/L
② 2.58×10^{-4} C/kg
③ 20 mSv/yr
④ 1 eV
⑤ 600 Bq/m^3

05 공기역학적 직경에 따라 입자의 크기를 구분하는 기기가 아닌 것은?

① 사이클론(cyclone)
② 미젯임핀저(midget impinger)
③ 다단직경분립충돌기(cascade impactor)
④ 명목상충돌기(virtual impactor)
⑤ 마플 개인용 직경분립충돌기(Marple personal cascade impactor)

06 고용노동부 고시에서 정하는 발암성 물질이 아닌 것은?

① 석면
② 베릴륨
③ 휘발성콜타르피치
④ 비소
⑤ 산화철

07 사업장에서 사용하는 금속의 독성에 관한 설명으로 옳은 것은?

① 니켈, 망간은 생식독성이 있다.
② 무기수은이 유기수은보다 모든 경로에서 흡수율이 높다.
③ 5가 비소가 3가 비소에 비해 독성이 강하다.
④ 3가 크롬은 발암성이 없고, 6가 크롬은 발암성이 있다.
⑤ 6가 크롬에 노출되면 파킨슨증후군의 소견이 나타난다.

08 산업안전보건법령상 허용기준이 설정된 물질에 해당하지 않는 것은?

① 1-브로모프로판
② 1,3-부타디엔
③ 암모니아
④ 코발트 및 그 무기화합물
⑤ 톨루엔

09 근로자 건강진단 결과 판정에 따른 사후관리 조치 판정에 해당하지 않는 것은?

① 건강상담
② 추적검사
③ 작업전환
④ 근로제한・금지
⑤ 역학조사

10 근로자 건강장해 예방에 관한 설명으로 옳지 않은 것은?

① 톨루엔 특수건강진단의 제1차 검사 시 소변 중 o-크레졸(작업 종료 시)을 채취하여 검사한다.
② 잠함(潛函) 또는 잠수작업 등 높은 기압에서 작업하는 근로자는 1일 6시간, 1주 34시간 초과하여 근로하지 않는다.
③ 한랭에 대한 순화는 고온순화보다 빠르다.
④ NIOSH 들기지수(LI)는 작업조건을 인간공학적으로 개선하기 위한 우선순위를 결정하는데 이용된다.
⑤ 청력장해 정도는 정상적인 귀로 들을 수 있는 최소 가청치를 0 dB이라 하고 그것에 대한 청력 변화를 청력계로 측정하여 평가한다.

11 피로의 발생원인으로만 묶인 것이 아닌 것은?

① 작업자세, 작업강도, 긴장도
② 환기, 소음과 진동, 온열조건
③ 엄격한 작업관리, 1일 노동시간, 야간근무
④ 숙련도, 영양상태, 신체적인 조건
⑤ 혈압변화, 졸음, 체온조절 장애

12 산업안전보건법령상 밀폐공간 작업으로 인한 건강장해 예방조치로 옳지 않은 것은?

① 분뇨·오수·펄프액 및 부패하기 쉬운 장소 등에서의 황화수소 중독 방지에 필요한 지식을 가진 자를 작업 지휘자로 지정 배치한다.
② "적정공기"란 산소농도 18 퍼센트 이상 23.5 퍼센트 미만, 탄산가스 농도 1.5 피피엠 미만, 황화수소 농도 25 피피엠 미만 수준의 공기를 말한다.
③ 긴급 구조훈련은 6개월에 1회 이상 주기적으로 실시한다.
④ 작업 시작(작업 일시중단 후 다시 시작하는 경우를 포함)하기 전 밀폐공간의 산소 및 유해가스 농도를 측정한다.
⑤ 근로자에게 공기호흡기 또는 송기마스크를 지급하여 착용하도록 한다.

13 개인보호구의 선택 및 착용 등에 관한 설명으로 옳지 않은 것은?

① 순간적으로 건강이나 생명에 위험을 줄 수 있는 유해물질의 고농도 상태(IDLH)에서는 반드시 공기공급식 송기마스크를 착용해야 한다.
② 입자상 물질과 가스, 증기가 동시에 발생하는 용접작업 시 방진방독 겸용마스크를 착용한다.
③ 산소결핍장소에서는 방독마스크를 착용토록 한다.
④ 국내 귀마개 1등급 EP-1은 저음부터 고음까지 차음하는 성능을 말한다.
⑤ 방독마스크 정화통의 수명은 흡착제의 질과 양, 온도, 상대습도, 오염물질의 농도 등에 영향을 받는다.

14 직무스트레스 관리를 위한 집단차원에서의 관리방법은?

① 자아인식의 증대
② 신체단련
③ 긴장 이완훈련
④ 사회적 지원 시스템 가동
⑤ 작업의 변경

15 석면의 측정, 분석 등에 관한 설명으로 옳지 않은 것은?

① 석면은 폐암, 중피종을 일으키며 흡연은 석면노출에 의한 암 발생을 촉진하는 인자로 알려져 있다.
② 고형시료 분석에 있어 위상차현미경법이 간편하여 가장 많이 사용된다.
③ 공기 중 석면섬유 계수 A규정은 길이가 5 ㎛보다 크고 길이 대 너비의 비가 3:1이상인 섬유만 계수한다.
④ 석면 취급장소에서는 특급 방진마스크를 착용하여야 한다.
⑤ 위상차현미경으로는 0.25 ㎛ 이하의 섬유는 관찰이 잘 되지 않는다.

16 생물학적 유해인자에 관한 설명으로 옳지 않은 것은?

① 생물학적 유해인자는 생물학적 특성이 있는 유기체가 근원이 되어 발생된다.
② 유기체가 방출하는 독소로는 그람음성박테리아가 내놓는 마이코톡신(mycotoxin) 등이 있다.
③ 곰팡이의 세포벽인 글루칸(glucan)은 호흡기 점막을 자극하여 새집증후군을 초래한다.
④ 박테리아에 의한 대표적인 감염성질환은 탄저병, 레지오넬라병, 결핵, 콜레라 등이 있다.
⑤ 공기 중의 박테리아와 곰팡이에 대한 측정 및 분석은 곰팡이와 박테리아를 살아있는 상태로 채취, 배양한 다음, 집락수를 세어 CFU로 나타낸다.

17 산업안전보건법령상 특수건강진단 유해인자와 생물학적 노출지표의 연결이 옳은 것은?

① 일산화탄소: 혈중 카복시헤모글로빈

② 2-에톡시에탄올: 소변 중 o-크레졸

③ 디클로로메탄: 소변 중 2,5-헥산디온

④ 트리클로로에틸렌: 소변 중 메틸에틸케톤

⑤ 메틸 n-부틸 케톤: 혈중 메트헤모글로빈

18 직무스트레스 요인 중 조직적 요인에 해당하지 않는 것은?

① 관계갈등

② 직무불안정

③ 조직체계

④ 보상부적절

⑤ 직무요구

19 생물학적 결정인자의 선택기준에 관한 설명으로 옳지 않은 것은?

① 생물학적 검사를 선택할 때는 여러 가지 방법 중 건강위험을 평가하는 유용성을 고려하지 말아야 한다.

② 적절한 민감도가 있는 결정인자여야 한다.

③ 검사에 대한 분석적, 생물학적 변이가 타당해야 한다.

④ 검체의 채취나 검사과정에서 대상자에게 거의 불편을 주지 않아야 한다.

⑤ 다른 노출인자에 의해서도 나타나는 인자가 아니어야 한다.

20 청각기관과 소음의 전달경로에 해당하지 않는 것은?

① 고막
② 달팽이관
③ 수근관
④ 외이도
⑤ 이소골

21 산업안전보건 기준에 관한 규칙에서 정한 장시간 야간작업을 할 때 발생할 수 있는 직무스트레스에 의한 건강장해 예방조치가 아닌 것은?

① 뇌혈관 및 심장질환 발병위험도를 평가하여 금연, 고혈압 관리 등 건강증진 프로그램을 시행한다.
② 건강진단 결과, 상담자료 등을 참고하여 적절하게 근로자를 배치하고 직무스트레스 요인, 건강문제 발생가능성 및 대비책 등에 대하여 해당 근로자에게 충분히 설명한다.
③ 근로시간 외의 근로자 활동에 대한 복지 차원의 지원에 최선을 다한다.
④ 작업량·작업일정 등 작업계획 수립 시 해당 근로자의 의견을 반드시 노사협의회를 거쳐서 반영한다.
⑤ 작업환경·작업내용·근로시간 등 직무스트레스 요인에 대하여 평가하고 근로시간 단축, 장·단기 순환작업 등의 개선대책을 마련하여 시행한다.

22 산업재해 중 중대재해에 관한 설명으로 옳지 않은 것은?

① 3개월 이상의 요양이 필요한 부상자가 동시에 2명 이상 발생한 산업재해는 중대재해에 속한다.
② 사망자가 1명 이상 발생한 산업재해는 중대재해에 속한다.
③ 부상자 또는 직업성 질병자가 동시에 10명 이상 발생한 산업재해는 중대재해에 속하지 않는다.
④ 중대재해가 발생한 때에는 지체 없이 발생개요 및 피해상황을 관할하는 지방고용노동관서의 장에게 전화, 팩스, 그 밖의 적절한 방법으로 보고하여야 한다.
⑤ 중대재해가 발생했을 때에는 산업재해 조사표 사본을 보존하거나 요양신청서 사본에 재발방지대책을 첨부해서 보존한다.

23 역학의 정의에 관한 설명으로 옳지 않은 것은?

① 인간집단 내 발생하는 모든 생리적 이상 상태의 빈도와 분포는 기술하지 않는다.
② 빈도와 분포를 결정하는 요인은 원인적 관련성 여부에 근거를 둔다.
③ 발생원인을 밝혀 상태 개선을 위하여 투입된 사업의 작동기전을 규명한다.
④ 예방법을 개발하는 학문이다.
⑤ 직업역학은 일하는 사람이 대상이다.

24 산업재해 통계 목적과 작성방법에 관한 설명으로 옳지 않은 것은?

① 재해통계는 주로 대상으로 하는 조직의 안전관리수준을 평가하고 차후의 재해방지에 기본이 되는 정보를 파악하기 위해 작성하는 것이다.
② 재해통계에 의해 대상 집단의 경향과 특성 등을 수량적, 총괄적으로 해명할 수 있다.
③ 정보에 근거해서 조직의 대상 집단에 대해 미리 효과적인 대책을 강구한다.
④ 동종재해 또는 유사재해의 재발방지를 도모한다.
⑤ 재해통계는 도형이나 숫자에 의한 표시법이 있지만, 숫자에 의한 표시법이 이해하기 쉽다.

25 업무상 질병의 특성이 아닌 것은?

① 임상적, 병리적 소견이 일반 질병과 구분이 어렵다.
② 개인적 요인 또는 비직업적 요인은 상승작용을 하지 않는다.
③ 직업력을 소홀히 할 경우 판정이 어렵다.
④ 건강영향에 대한 미확인 신물질이 많아 정확한 판정이 어려운 경우가 많다.
⑤ 보상에 실익이 없을 수도 있다.

2020년 산업보건일반 기출문제 정답

1	2	3	4	5	6	7	8	9	10
①	④	②	⑤	②	⑤	④	①	X	③
11	**12**	**13**	**14**	**15**	**16**	**17**	**18**	**19**	**20**
⑤	②	③	X	②	②	①	X	①	③
21	**22**	**23**	**24**	**25**					
④	③	①	⑤	②					

○ 문제 9번: 실제 시험에서 문제 오류로 인한 복수 정답 처리(④, ⑤)
○ 문제 14번: 실제 시험에서 문제 오류로 인한 복수 정답 처리(④, ⑤)
○ 문제 18번: 실제 시험에서 문제 오류로 인한 전항 정답 처리

산업보건지도사 제2과목(산업보건일반) 역대 기출문제

01 산업보건의 역사에 관한 설명으로 옳지 않은 것은?

① 그리스의 갈레노스(Galenos, Galen, Galenus)는 구리 광산에서 광부들에 대한 산(acid) 증기의 위험성을 보고하였다.

② 독일의 아그리콜라(G. Agricola)는 「광물에 대하여(De Re Metallica)」를 통해 광업 관련 유해성을 언급하였으며, 이는 후에 Hoover 부부에 의해 번역되었다.

③ 영국의 필(R. Peel) 경은 자신의 면방직공장에서 진폐증이 집단적으로 발병하자, 그 원인에 대해 조사하였으며, 「도제 건강 및 도덕법」제정에 주도적인 역할을 하였다.

④ 1825년 「공장법」은 대부분 어린이 노동과 관련한 내용이었으며, 1833년에 감독권과 행정명령에 관한 내용이 첨가되어 실질적인 효과를 거두게 되었다.

⑤ 하버드 의대 최초의 여교수인 해밀턴(A. Hamilton)은 「미국의 산업중독」을 발간하여 납중독, 황린에 의한 직업병, 일산화탄소 중독 등을 기술하였다.

02 화학물질 및 물리적 인자의 노출기준에서 "Skin" 표시가 된 화학물질로만 나열한 것은?

① 메탄올, 사염화탄소

② 트리클로로에틸렌, 아세톤

③ 트리클로로에틸렌, 사염화탄소

④ 1,1,1-트리클로로에탄, 메탄올

⑤ 1,1,1-트리클로로에탄, 아세톤

03 작업환경측정 자료들의 분포(distribution)는 주로 우측으로 무한히 뻗어있는 형태(positively skewed)이다. 이에 관한 설명으로 옳은 것은?

① 평균, 중위수, 최빈수가 같은 값이다.

② 평균이 중위수보다 더 크다.

③ 이를 표준정규분포라고 한다.

④ 기하표준편차는 1 미만이다.

⑤ 최빈수가 평균보다 더 크다.

04 작업환경측정 시 관련 절차별로 다음과 같이 오차 값이 추정될 때, 누적오차(cumulative error) 값은 약 얼마인가?

- ○ 유량측정: ± 13.5%
- ○ 시료채취시간: ± 3.6%
- ○ 탈착효율: ± 8.5%
- ○ 포집효율: ± 4.1%
- ○ 시료분석: ± 16.2%

① 3.6 %
② 12.6 %
③ 23.4 %
④ 29.7 %
⑤ 45.9 %

05 산업환기시스템 설계 중 덕트의 합류점에서 시스템의 효율을 극대화하기 위한 정압(SP)균형유지법에 관한 설명으로 옳지 않은 것은?

① 저항 조절을 위하여 설계 시 덕트의 직경을 조절하거나 유량을 재조정하는 방법이다.
② 최대 저항경로 선정이 잘못되어도 설계 시 쉽게 발견할 수 있다.
③ 균형이 유지되려면 설계도면에 있는 대로 덕트가 설치되어야 한다.
④ $\frac{SP_{lower}}{SP_{higher}}$를 계산하여 그 값이 0.8보다 작다면 정압이 낮은 덕트의 직경을 다시 설계해야 한다.
⑤ $\frac{SP_{lower}}{SP_{higher}}$를 계산하여 그 값이 0.8 이상일 때는 그 차를 무시하고, 높은 정압을 지배정압으로 한다.

06 방사능 측정값 600pCi를 표준화(SI) 단위 값으로 옳게 표현한 것은?(단, 1 Ci = 3.7 × 10^{10} dps)

① 16 Bq
② 22.2 Bq
③ 16 dps
④ 22.2 dpm
⑤ 6 × 10^{-10} Ci

07 화학물질 및 물리적 인자의 노출기준 중 발암성에 대한 분류 기준이 아닌 것은?

① 미국 국립산업안전보건연구원(NIOSH)의 분류
② 미국 독성프로그램(NTP)의 분류
③ 「유럽연합의 분류·표시에 관한 규칙(EU CLP)」의 분류
④ 국제암연구소(IARC)의 분류
⑤ 미국 산업안전보건청(OSHA)의 분류

08 생물학적 유해인자인 독소(toxin)에 관한 설명으로 옳은 것은?

① 마이코톡신(mycotoxins)은 세균이 유기물을 분해할 때 내놓는 분해산물로 종에 따라 다르다.
② 아플라톡신 B1(aflatoxin B1)은 폐암을 초래한다.
③ 글루칸(glucan)은 바이러스의 세포벽 성분으로 호흡기 점막을 자극하여 건물증후군(SBS)을 초래하는 원인으로 추정되고 있다.
④ 엔도톡신(endotoxins)은 그람양성세균이 죽을 때나 번식할 때 내놓는 독소이다.
⑤ 낮은 농도의 엔도톡신은 호흡기계 점막의 자극, 발열, 오한 등을 일으키나, 높은 농도에서는 기도와 폐포 염증, 폐기능 장해까지 초래한다.

09 다음에 해당하는 중금속은?

○ 연성이 있으며, 아연광물 등을 제련할 때 부산물로 얻어지며, 합금과 전기도금 등에 이용된다.
○ 경구 또는 흡입을 통한 만성 노출 시 표적 장기는 신장이며, 가장 흔한 증상은 효소뇨와 단백뇨이다.
○ 화학물질 및 물리적 인자의 노출기준에 따르면 발암성 1A, 생식세포 변이원성 2, 생식독성 2, 호흡성으로 표기하고 있다.

① 납
② 크롬
③ 카드뮴
④ 수은
⑤ 망간

10 근골격계부담작업의 범위 및 유해요인조사 방법에 관한 고시의 내용으로 옳지 않은 것은?

① 유해요인조사는 고시에서 정한 유해요인조사표 및 근골격계질환 증상조사표를 활용하여야 한다.
② 작업장 상황조사 내용에는 작업설비, 작업량, 작업속도, 업무변화가 포함된다.
③ 하루에 총 2시간 이상, 분당 2회 이상 4.5㎏ 이상의 물체를 드는 작업은 근골격계부담작업에 해당된다.
④ "단기간 작업" 이란 2개월 이내에 종료되는 1회성 작업을 말한다.
⑤ "간헐적인 작업" 이란 연간 총 작업일수가 30일을 초과하지 않는 작업을 말한다.

11 산업안전보건기준에 관한 규칙에서 정하고 있는 "밀폐공간"에 해당하지 않는 것은?

① 장기간 사용하지 않은 우물 등의 내부
② 화학물질이 들어있던 반응기 및 탱크의 내부
③ 간장・주류・효모 그 밖에 발효하는 물품이 들어 있거나 들어 있었던 탱크・창고 또는 양조주의 내부
④ 천장・바닥 또는 벽이 건성유를 함유하는 페인트로 도장되어 그 페인트가 건조된 후의 지하실 내부
⑤ 드라이아이스를 사용하는 냉장고・냉동고・냉동화물자동차 또는 냉동컨테이너의 내부

12 1기압, 25℃에서 수은(분자량: 200)의 증기압이 0.00152mmHg라고 할 때, 이 조건의 밀폐된 작업장에서 공기 중 수은의 포화농도(mg/m^3)는 약 얼마인가?

① 2.0
② 16.4
③ 27.9
④ 35.9
⑤ 156.3

13 화학물질 및 물리적 인자의 노출기준에서 "호흡성"으로 표시되지 않은 화학물질은

① 카본블랙
② 산화아연 분진
③ 인듐 및 그 화합물
④ 산화규소(결정체 석영)
⑤ 텅스텐(가용성화합물)

14 다음 정의에 해당하는 역학 지표는?

> 유해인자에 노출된 집단과 노출되지 않은 집단을 전향적(prospectively)으로 추적하여 각 집단에서 발생하는 질병 발생률의 비

① 교차비(odd ratio)
② 기여위험도(attributable risk)
③ 상대위험도(relative risk)
④ 치명률(fatality rate)
⑤ 발병률(attack rate)

15 다음 역학연구의 설계를 인과관계의 근거(evidence) 수준이 높은 것에서 낮은 것의 순서대로 옳게 나열한 것은?

> ㄱ. 사례군 연구
> ㄴ. 코호트 연구
> ㄷ. 환자-대조군 연구
> ㄹ. 생태학적 연구

① ㄴ → ㄱ → ㄷ → ㄹ
② ㄴ → ㄷ → ㄹ → ㄱ
③ ㄷ → ㄴ → ㄱ → ㄹ
④ ㄷ → ㄴ → ㄹ → ㄱ
⑤ ㄹ → ㄴ → ㄱ → ㄷ

16 유해물질의 생물학적 노출지표 및 시료채취시기에 관한 내용으로 옳지 않은 것은?

① 크실렌은 소변 중 메틸마뇨산을 작업 종료 시 채취하여 분석한다.
② 반감기가 길어서 수년간 인체에 축적되는 물질에 대해서는 채취시기가 중요하지 않다.
③ 유해물질의 공기 중 농도로는 호흡기를 통한 흡수 정도를 예측할 수 있으나, 피부와 소화기를 통한 흡수는 평가할 수 없다.
④ 일산화탄소는 호기 중 카복시헤모글로빈을 작업 종료 후 10~15분 이내에 채취하여 분석한다.
⑤ 배출이 빠르고 반감기가 5분 이내인 물질에 대해서는 작업 전, 작업 중 또는 작업 종료 시 시료를 채취한다.

17 청각기관의 구조와 소리의 전달에 관한 설명으로 옳지 않은 것은?

① 음압은 외이의 외청도(ear canal)를 거쳐 고막에 전달되어 이를 진동시킨다.
② 중이는 추골, 침골, 등골의 세 개 뼈로 구성되어 있다.
③ 고막을 통하여 들어온 음압은 중이를 거쳐 난형창을 통해 달팽이관으로 전달된다.
④ 내이액에 전달된 음압은 고막관(tympanic canal)을 거쳐 전정관(vestibular canal)으로 이동한다.
⑤ 귀는 외이, 중이, 내이로 구분할 수 있다.

18 산업안전보건법상 유해인자와 특수 · 배치전 · 수시 건강진단의 1차 임상검사 및 진찰에 해당하는 기관/조직을 연결한 것으로 옳지 않은 것은?

구분	유해인자	1차 임상검사 및 진찰의 기관/조직
①	마이크로파 및 라디오파	신경계, 생식계, 눈
②	시클로헥산	피부, 호흡기계
③	황산	호흡기계, 눈, 피부, 비강, 인두 · 후두, 악구강계
④	망간과 그 화합물	호흡기계, 신경계
⑤	야간작업	신경계, 심혈관계, 위장관계, 내분비계

① ①
② ②
③ ③
④ ④
⑤ ⑤

19

작업환경측정 및 지정측정기관 평가 등에 관한 고시에서 명시하고 있는 화학적 인자와 시료채취 매체, 분석기기의 연결로 옳지 않은 것은?

구분	화학적 인자	시료채취 매체	분석기기
①	니켈(불용성 무기화합물)	막여과지	ICP, AAS
②	디메틸포름아미드	활성탄관	GC-FID
③	6가 크롬 화합물	PVC여과지	IC-분광 검출기
④	벤젠	활성탄관	GC-FID
⑤	2,4-TDI	1-2PP 코팅유리섬유여과지	HPLC-형광검출기

① ①

② ②

③ ③

④ ④

⑤ ⑤

20

보호구 안전인증 고시에서 화학물질용 보호복의 구분 기준 중 "분진 등과 같은 에어로졸에 대한 차단 성능을 갖는 보호복"은?

① 1형식

② 2형식

③ 3형식

④ 4형식

⑤ 5형식

21

CNC 공정에서 메탄올을 사용할 때, 작업자가 착용해야 하는 호흡보호구는?

① 유기화합물용 방독마스크

② 산가스용 방독마스크

③ 방진방독겸용 마스크

④ 전동식 방독마스크

⑤ 송기마스크

22 고용노동부에서 발표한 2017년 산업재해 현황에 관한 설명으로 옳지 않은 것은?

① 직업병이란 작업환경 중 유해인자와 관련성이 뚜렷한 질병으로 난청, 진폐, 금속 및 중금속 중독, 유기화합물 중독, 기타 화학물질 중독 등이 있다.

② 직업관련성 질병이란 업무적 요인과 개인질병 등 업무외적 요인이 복합적으로 작용하여 발생하는 질병으로 뇌·심혈관질환, 신체부담작업, 요통 등이 있다.

③ 2017년에는 2016년 대비 업무상질병자 중 직업병과 직업관련성 질병의 빈도수가 모두 증가하였다.

④ 업무상질병자 중 직업병에서는 난청이 가장 높은 빈도수로 나타났다.

⑤ 업무상질병자 중 직업관련성 질병에서는 요통이 가장 높은 빈도수로 나타났다.

23 다음에서 설명하는 여과지의 종류는?

○ TEM 분석에 사용할 수 있다.
○ 체(sieve)처럼 구멍이 일직선(straight-through holes)으로 되어 있다.
○ 폴리카보네이트로 만들어진 것으로 강도가 우수하고 화학물질과 열에 안정적이다.

① MCE 막여과지

② Nuclepore 여과지

③ PTFE 막여과지

④ 섬유상 여과지

⑤ PVC 막여과지

24 표준화사망비(SMR)에 관한 설명으로 옳지 않은 것은?

① 직접표준화법으로 산출한다.

② 관찰사망수를 기대사망수로 나눈다.

③ 기대사망은 관찰사망 집단보다 더 큰 집단을 사용한다.

④ 1(100%)보다 크면 관찰집단에서 특정 질병에 대한 위험요인이 존재할 가능성이 있다.

⑤ 직업역학분야에서 사용하는 주요 지표 중 하나이다.

25 한 사업장에서 다음과 같은 재해결과가 나왔을 때, 이에 관한 해석으로 옳지 않은 것은?

> ○ 환산도수율(F)=1.2
> ○ 환산강도율(S)=96

① 작업자 1인당 일평생 1.2회의 재해가 발생한다.
② 작업자 1인당 일평생 96일의 근로손실일수가 발생한다.
③ 재해 1건당 근로손실일수는 평균 80일이다.
④ 사업장의 도수율은 12이다.
⑤ 사업장의 강도율은 9.6이다

2019년 산업보건일반 기출문제 정답

1	2	3	4	5	6	7	8	9	10
③	①	②	③	⑤	②	①	⑤	③	⑤
11	12	13	14	15	16	17	18	19	20
④	②	①	③	②	④	④	②	②	⑤
21	22	23	24	25					
⑤	④	②	①	⑤					

산업보건지도사 제2과목(산업보건일반) 역대 기출문제

01

활성탄관으로 채취한 벤젠을 1mL 이황화탄소로 추출하여 정량한 결과가 다음과 같을 때, 벤젠 양(μg)은?

> ○ 시료(앞층 10 ppm, 뒤층 0.1 ppm)
> ○ 공시료(앞층 0,1 ppm, 뒤층 검출되지 않음)

① 9.9
② 10
③ 99
④ 100
⑤ 파과현상 때문에 시료로 쓰지 못함

02

유해인자 노출기준에 관한 설명으로 옳은 것은?

① 노출기준 초과여부로 건강영향을 진단할 수 있다.
② 모든 근로자의 건강영향을 진단하기 위한 법적기준이다.
③ 개인 시료(personal sample) 측정 결과로 호흡기, 피부, 소화기 등 종합적인 인체 노출수준을 추정할 수 있다.
④ 동물실험에 근거해서 설정된 노출기준은 역학조사보다 불확실성이 낮아 신뢰성이 높다.
⑤ 생물학적 노출기준(BEI)이 설정된 화학물질 수가 적은 이유는 건강영향을 추정할 수 있는 바이오마커가 드물기 때문이다.

03

생물학적 유해인자가 주로 발생되는 공정 또는 작업이 아닌 것은?

① 사료 저장
② 농작업
③ 제빵
④ 주물
⑤ 수용성 금속가공

04 국내외 산업위생 역사에 관한 설명으로 옳은 것은?

① 중세 노동자 사고와 질병은 의학적 인과관계에 의해서 규명되었다.
② 산업혁명 초창기 어린이 장시간 노동은 일반적이었다.
③ 1963년 산업안전보건법에 이어 1981년 산업재해보상보험법이 제정되었다.
④ 2015년 메탄올 시각 손상이 발생한 공정은 도장(painting)이었다.
⑤ 우리나라 반도체 공장 직업병 문제는 화학물질 급성 중독 사례로 시작되었다.

05 유해인자 측정결과 자료에 관한 해석으로 옳은 것은?

① 근로자가 노출되는 유해인자 측정 자료는 일반적으로 정규분포(normal distribution)를 나타낸다.
② 기하표준편차(GSD) 값이 클수록 유해인자 노출특성은 유사한 것으로 평가한다.
③ 동일 자료에 대한 기하평균(GM) 값은 산술평균(AM) 값보다 크다.
④ 정규분포하지 않은 자료를 대수로 변환했을 때 정규분포하면 대수정규분포 한다고 평가한다.
⑤ 기하표준편차(GSD) 단위는 ppm 또는 $\mu g/m^3$이다.

06 작업장 환기에 관한 설명으로 옳은 것은?

① HVACs(공조시설)에서 공급하는 공기량은 국소배기장치 후드로 들어가는 공기량의 0.5배로 설계해야 한다.
② 국소배기장치에서 실외로 배기된 공기속도는 반송속도의 50%를 유지해야 한다.
③ 먼지가 발생되는 공정에서 국소배기 공기정화장치는 송풍기 뒤에 설치하는 것이 좋다.
④ 1면이 개방된 포위식 후드에서 소요 풍량(Q)은 1면이 완전히 닫혔을 때를 가정하고 설계하는 것이 좋다.
⑤ 외부식 원형후드에서 등속도 면적은 제어거리와 후드 면적을 고려하여 설계한다.

07 일반적으로 알려진 내분비계 교란물질(endocrine disruptors)이 아닌 것은?

① DDT
② Diethylstilbestrol(DES)
③ 프탈레이트
④ 다이옥신
⑤ 메틸에틸케톤(MEK)

08 다음은 자동차 산업 노동자를 대상으로 수행한 역학연구에서 얻은 SMR(표준화사망비) 값과 95% 신뢰구간이다. 건강근로자 영향(healthy worker effect)을 의심할 수 있는 결과는?

① 0.6(0.4-0.8)
② 1.1(0.9-1.5)
③ 1.2(0.9-1.9)
④ 1.5(1.2-1.9)
⑤ 3.0(1.5-9.2)

09 중간대사산물(metabolite)이 암을 일으키는 물질은?

① 다핵방향족탄화수소화합물(PAHs)
② 비소
③ 석면
④ 베릴륨
⑤ 라돈

10 중금속별로 노출될 수 있는 공정을 연결한 것으로 옳지 않은 것은?

① 크롬 - 도금
② 납 - PVC 압출 혼합
③ 유기수은 - 형광등 제조
④ 비소 - 반도체 이온주입
⑤ 카드뮴 - 축전지 제조

11 건강영향을 일으킬 수 있는 직접적인 직무스트레스 요인이 아닌 것은?

① 책임감이 높은 일의 연속
② 상사 및 동료와의 갈등
③ 불규칙한 작업형태
④ 영양부족
⑤ 열악한 작업환경

12 밀폐공간에서 안전한 작업을 위한 일반적인 대책으로 옳지 않은 것은?

① 냉각탑 내부를 교체할 때 불활성 기체를 주입하는 배관 장치는 잠근다.
② 출입 전 산소 및 유해가스 농도를 측정한다.
③ 작업하는 동안 감시인을 밀폐공간 밖에 배치한다.
④ 불활성기체가 고농도일 경우 방독마스크를 착용한다.
⑤ 신선한 공기를 공급하기 곤란한 경우 공기호흡기 또는 송기마스크를 착용한다.

13 질병의 업무관련 역학조사에 관한 설명으로 옳지 않은 것은?

① 담당한 공정과 직무 등 원인인자를 파악한다.
② 개인 기호 및 과거 질환 여부는 고려하지 않는다.
③ 질병 원인 유해인자에 대한 연구결과를 고찰한다.
④ 국내외 유사한 질병 사례를 조사한다.
⑤ 동료 근로자를 대상으로 과거 작업 상황을 조사한다.

14 화학물질에 대한 노출수준을 추정하는 데 활용될 수 없는 것은?

① 하루 평균 화학물질 취급 빈도(frequency)
② 하루 평균 화학물질 취급 시간
③ 하루 평균 화학물질 취급량
④ 화학물질 제거 환기 효율
⑤ 화학물질의 독성(toxicity)

15 산업현장에서 일반재해가 발생했을 때 조치 순서로 옳은 것은?

① 재해발생 → 긴급처리 → 재해조사 → 원인분석 → 대책수립 → 평가
② 재해발생 → 재해조사 → 긴급처리 → 원인분석 → 대책수립 → 평가
③ 재해발생 → 긴급처리 → 원인분석 → 재해조사 → 대책수립 → 평가
④ 재해발생 → 원인분석 → 재해조사 → 긴급처리 → 대책수립 → 평가
⑤ 재해발생 → 긴급처리 → 원인분석 → 대책수립 → 재해조사 → 평가

16 미국 NIOSH의 중량물 들기 최대 허용기준(Maximum Permissible Limit; MPL)에 관한 설명으로 옳지 않은 것은?

① MPL을 초과하면 대부분의 근로자에게 근육 및 골격장애를 유발한다.
② 5번 요추와 1번 천추(L_5/S_1)에 미치는 압력이 6,400N의 부하에 해당한다.
③ 감시기준(Action Limit)의 5배에 해당된다.
④ 작업강도, 즉 에너지 소비량은 5.0 kcal/min을 초과한다.
⑤ 남자의 25%, 여자의 1%가 작업 가능하다.

17 주요 국가에서 설정한 노출기준 용어로 옳지 않은 것은?

① 미국(OSHA) - PEL
② 미국(NIOSH) - REL
③ 미국(ACGIH) - WEEL
④ 영국(HSE) - WEL
⑤ 독일 - MAK

18 청각의 등감곡선에 관한 설명으로 옳지 않은 것은?

① 정상적인 청력을 가진 사람들을 대상으로 음의 크기(loudness)를 실험한 결과에 근거한다.
② 동일한 크기를 듣기 위해서 고주파에서는 저주파보다 물리적으로 더 높은 음압 수준을 필요로 한다.
③ 1,000Hz에서 40dB은 100Hz에서 약 50dB과 비슷한 크기로 느껴진다.
④ 고주파 음압 수준에 노출되면 주로 직업성 소음성 난청이 발생한다.
⑤ 1,000Hz에서 음압 수준을 기준으로 등감곡선을 나타내는 단위를 'phon'이라고 한다.

19 가축 분뇨 정화조를 청소하는 동안 착용해야 할 호흡 보호구는?

① 방진마스크
② 면마스크
③ 송기마스크
④ 반면형 방독마스크
⑤ 전면형 방독마스크

20 방사선 유효선량(effective dose)의 단위는?

① 시버트(Sv)
② 라드(rad)
③ 그레이(Gy)
④ 렌트겐(R)
⑤ 베크렐(Bq)

21 호흡기 상기도 점막을 주로 자극하는 물질이 아닌 것은?

① 암모니아
② 이산화질소
③ 염화수소
④ 아황산가스
⑤ 불화수소

22 동물실험 결과에 근거해서 설정된 노출기준들의 한계점에 관한 설명으로 옳지 않은 것은?

① 무관찰작용용량(No Observed Effect Level)을 알아내는 것이 어렵다.

② 다양한 화학물질의 노출상황에 따른 독성을 알아내기 어렵다.

③ 동물과 사람의 종(species) 차이에 따른 독성의 불확실성이 있다.

④ 수십 년 동안 낮은 농도의 화학물질 노출에 따른 건강영향을 알아내기 어렵다.

⑤ 기저질환을 갖고 있는 질환자들의 건강영향을 규명하기 어렵다.

23 양압(positive pressure)을 유지해야 하는 공정 또는 장소는?

① 감염환자 병실

② 석면해체 실내작업

③ 전자부품 제조 공장

④ 실험실 흄 후드 안

⑤ 생물안전(biosafety) 실험실

24 근로자의 만성질병과 직무 또는 업무 연관성을 규명하기 어려운 이유로 옳지 않은 것은?

① 과거 담당했던 직무 기록의 미흡

② 과거 일했던 공정이 존재하지 않음

③ 과거 유해인자 노출수준 추정의 어려움

④ 과거 작업 상황 조사의 어려움

⑤ 만성 질병 분류(classification)의 어려움

25 고압환경에서 2차성 압력현상과 이로 인한 건강영향으로 옳지 않은 것은?

① 고압환경에서 대기 가스 때문에 나타나는 현상이다.

② 흉곽이 잔기량보다 적은 용량까지 압축되면 폐 압박 현상이 나타날 수 있다.

③ 질소 마취에 의해 작업력의 저하와 다행증이 발생할 수 있다.

④ 산소 중독 증세가 나타날 수 있다.

⑤ 이산화탄소 분압의 증가로 관절 장해가 발생할 수 있다.

2018년 산업보건일반 기출문제 정답

1	2	3	4	5	6	7	8	9	10
②	⑤	④	②	④	⑤	⑤	①	①	③
11	12	13	14	15	16	17	18	19	20
④	④	②	⑤	①	③	③	②	③	①
21	22	23	24	25					
②	①	③	⑤	②					

산업보건지도사 제2과목(산업보건일반) 역대 기출문제

01 산업피로에 관한 설명으로 옳지 않은 것은?

① 근육 내 에너지원의 부족은 피로발생의 생리적 원인에 해당된다.
② 체내 대사물질인 젖산, 암모니아, 시스틴, 잔여질소는 피로물질이라 한다.
③ 국소피로의 측정은 피로의 주관적 측정이다.
④ 산업피로는 정신적 피로와 육체적 피로로 구분할 수 있다.
⑤ 전신피로는 심박수를 측정한 후 산출하여 판정한다.

02 화학물질의 분류 · 표시 및 물질안전보건자료에 관한 기준에 따른 물질안전보건자료의 작성항목으로 옳지 않은 것은?

① 유해성 · 위험성
② 누출 사고 시 대처 방법
③ 취급 및 저장방법
④ 환경에 미치는 영향
⑤ 안정성 및 폭발성

03 산업안전보건기준에 관한 규칙상 밀폐공간과 관련된 내용으로 옳지 않은 것은?

① 사업주는 근로자가 밀폐공간에서 작업을 하는 경우에 그 작업장과 외부의 감시인 간에 상시 연락을 취할 수 있는 설비를 설치하여야 한다.
② 사업주는 근로자가 밀폐공간에서 작업을 하는 경우에 작업을 시작하기 전과 작업 중에 해당 작업장을 적정공기 상태가 유지되도록 환기하여야 한다.
③ "유해가스"란 밀폐공간에서 탄산가스 · 황화수소 등의 유해물질이 가스상태로 공기 중에 발생하는 것을 말한다.
④ "적정공기"란 산소농도의 범위가 18% 이상, 23.5% 미만, 탄산가스의 농도가 1.5% 미만, 황화수소의 농도가 20ppm 미만인 수준의 공기를 말한다.
⑤ 사업주는 근로자가 밀폐공간에서 작업을 하는 경우에 그 장소에 근로자를 입장시킬 때와 퇴장시킬 때마다 인원을 점검하여야 한다.

04 산업보건의 역사에 관한 설명으로 옳은 것은?

① 라마찌니(B. Ramazzini)는 '직업인의 질병'을 저술하였다.
② 히포크라테스는 구리광산에서 산 증기의 위험성을 보고하였다.
③ 원진레이온에서 발생한 직업병의 원인물질은 황화수소이다.
④ 우리나라는 1991년에 산업안전보건법을 제정하였다.
⑤ 우리나라는 1995년에 작업환경측정실시규정을 제정하였다.

05 근로자 건강진단 실시기준에서 건강진단 실시결과에 따라 건강상담, 보호구 지급 및 착용지도, 추적검사, 근무 중 치료 등의 조치를 시행할 수 있는 기관 또는 자격자에 해당하지 않는 것은?

① 건강진단기관
② 산업보건의
③ 보건관리자
④ 보건진단기관
⑤ 한국산업안전보건공단 근로자 건강센터

06 작업환경측정 및 지정측정기관 평가 등에 관한 고시에서 정한 6가 크롬화합물의 측정과 분석 방법에 관한 설명으로 옳은 것은?

① 시료채취기는 유리섬유 여과지와 패드가 장착된 3단 카세트를 사용한다.
② 시료채취용 펌프는 작업자의 정상적인 작업 상황에서 작업자에게 부착 가능해야 하며, 적정유량(1~4L/분)에서 6시간 동안 연속적으로 작동이 가능해야 한다.
③ 시료채취량은 여과지에 채취된 먼지의 무게가 10mg을 초과하지 않도록 펌프의 유량 및 시료채취 시간을 조절하여 시료채취를 한다.
④ 현장공시료의 개수는 채취된 총 시료 수의 5% 이상 또는 시료세트 당 1~10개를 준비한다.
⑤ 분석기기는 전도도 또는 분광 검출기가 장착된 이온크로마토그래피이어야 한다.

07 산업안전보건법령상 유해물질 또는 작업장소에 따른 포위식 후드의 제어풍속이 옳지 않은 것은?

① 메틸알코올(가스상태)-0.4m/sec
② 망간 및 그 화합물(입자상태)-0.6m/sec
③ 염화비닐(가스상태)-0.5m/sec
④ 주물모래를 재생하는 장소-0.7m/sec
⑤ 암석 등 탄소원료 또는 알루미늄박을 체로 거르는 장소-0.7m/sec

08 상이한 반응을 보이는 집단의 중심경향을 파악하고자 할 때 유용하게 이용되는 대푯값은?

① 산술평균
② 가중평균
③ 기하평균
④ 조화평균
⑤ 중앙값

09 근로자 건강증진활동 지침에 따라 사업주가 건강증진활동계획을 수립할 때 포함해야 할 사항은?

① 작업환경측정결과 사후관리조치
② 건강진단결과 사후관리조치
③ 위험성평가결과 사후관리조치
④ 화학물질의 유해성·위험성 평가결과 사후관리조치
⑤ 직무스트레스 평가결과 사후관리조치

10 화학물질 및 물리적 인자의 노출기준에 따른 화학물질의 생식독성 분류 기준은?

① 국제암연구소의 분류
② 미국산업위생전문가협회의 분류
③ 미국국립산업안전보건연구원의 분류
④ 미국독성프로그램의 분류
⑤ 유럽연합의 분류·표시에 관한 규칙의 분류

11 직업에 대한 개인의 동기와 환경이 제공해 주는 여러 여건들이 조화를 이루지 못할 때, 혹은 직장에서의 요구와 그 요구에 대처할 수 있는 인간의 능력에 차이가 존재할 때 긴장이 발생하게 된다고 보는 직무스트레스 모델은?

① 인간-환경 적합 모델
② ISR 모델
③ 노력-보상 불균형 모델
④ Newman의 요소 모델
⑤ 요구-통제 모델

12 폐환기 및 폐기능에 관한 설명으로 옳은 것을 모두 고른 것은?

ㄱ. 안정시 호흡에서 폐로 들어가는 공기의 양을 1회 호흡량(TV)이라 한다.
ㄴ. 안정시 호기 후에 노력하여 최대한 호기할 수 있는 공기의 양을 예비 호기량(ERV)이라 한다,
ㄷ. 안정시 흡기 후에 노력하여 최대한 들여 마실 수 있는 공기의 양을 예비 흡기량(IRV)이라 한다.
ㄹ. 1회 호흡량, 예비흡기량, 예비호기량을 모두 더한 양을 전폐용량(totallung capacity)이라 한다.
ㅁ. 최대한 공기를 다 내쉰 후에도 기도에 남아 있는 공기가 있는데 이를 잔기량(RV)이라고 하며, 1,200ml 정도가 된다.

① ㄱ, ㄷ
② ㄴ, ㄹ, ㅁ
③ ㄱ, ㄴ, ㄷ, ㅁ
④ ㄱ, ㄴ, ㄹ, ㅁ
⑤ ㄴ, ㄷ, ㄹ, ㅁ

13 금속의 체내대사에 관한 설명으로 옳지 않은 것은?

① 무기연 화합물은 주로 호흡기와 소화기를 통하여 인체 내에 들어 온다.
② 금속수은의 표적장기는 심장과 근육이고, 무기수은염의 표적장기는 뇌이다.
③ 체내에 흡수된 카드뮴은 혈액을 거쳐 2/3정도 간과 신장으로 이동하고, 물질대사를 통해 메탈로티오네인(metallothionein)이 합성되어 혈액을 통하여 다른 장기로 이동한다.
④ 체내에 흡수된 망간은 10~30%정도 간에 축적되며, 뇌혈관막을 통과하기도 한다.
⑤ 베릴륨의 주된 흡수 경로는 호흡기이고, 위장관계나 피부를 통하여 흡수될 수도 있다.

14 하인리히(H.Heinrich)의 사고 발생과정 5단계에 관한 설명으로 옳지 않은 것은?

① 사고예방 중심은 1단계이다.
② 도미노 이론이라고도 한다.
③ 불안전한 행동 및 상태는 3단계에 해당된다.
④ 낙하・비래와 같은 사고는 4단계에 해당된다.
⑤ 사고 결과로 발생하는 상해는 5단계에 해당된다.

15 우리나라 산업재해 발생형태의 분류 항목이 아닌 것은?

① 전도
② 붕괴・도괴
③ 협착
④ 유해물질접촉
⑤ 절단

16

하이드라진(Hydrazine)의 증기압은 10mmHg, 노출기준은 0.05ppm이며, 노말헥산의 증기압은 124mmHg, 노출기준은 50ppm이다. 다음 중 옳은 것을 모두 고른 것은? (단, 증기유해지수(VHI)= $\frac{포화농도}{노출기준}$)

ㄱ. 하이드라진의 포화농도는 약 1.3%이다.
ㄴ. 노말헥산의 포화농도는 약 26.3%이다.
ㄷ. 하이드라진의 VHI는 약 263,000이다.
ㄹ. 노말헥산의 VHI는 약 53,000이다.

① ㄱ, ㄷ
② ㄱ, ㄹ
③ ㄱ, ㄴ, ㄷ
④ ㄴ, ㄷ, ㄹ
⑤ ㄱ, ㄴ, ㄷ, ㄹ

17

사실을 확인하여 미리 정해 둔 판정기준에 근거해서 재해요소를 찾고 그 중요도를 평가하는 재해요인의 분석기법은?

① 특성요인도 분석
② 문답방식 분석
③ 일반적인 재해원인 분석
④ 4M기법
⑤ 3E기법

18

재해율에 관한 설명으로 옳은 것은?

① 천인율은 산출이 용이하며 근로시간수나 근로일수에 변동이 많은 사업장에 적합하다.
② 종합재해지수(FSI)의 계산식은 $\sqrt{2.4 \times 도수율 \times 강도율}$ 이다.
③ 사망 및 장해등급 1~3급 상해자의 손실일수는 6,500일이다.
④ 일시 전근로불능상해 또는 일시 부분근로불능상해는 휴식일수에 250/360을 곱하여 산정한다.
⑤ 작업기록을 근거로 근로시간의 산출이 불가능할 때는 근로자 1인당 연간 근로시간은 2,400시간으로 계산한다.

19 환경역학연구에 관한 설명으로 옳지 않은 것은?

① 개인단위가 아닌 인구집단 또는 특정집단을 분석의 단위로 하는 연구를 생태학적 연구라 한다.
② 참여하는 대상을 알고자 하는 결과변수(질병 또는 특정 건강상태)의 유무를 기반으로 정해지는 것은 환자-대조군 연구이다.
③ 환자-대조군 연구에서 교차비(OR)가 1보다 크다는 것은 요인노출과 결과변수가 양의 관계에 있다는 것을 의미한다.
④ 코호트연구에서 연관성은 환자군에서의 질병발생률과 대조군에서의 질병발생률의 비인 상대위험도(RR)로 나타낸다.
⑤ 패널연구는 반복측정연구라고도 하며, 단면연구와 코호트연구의 혼합형태이다.

20 트리클로로에틸렌에 관한 설명으로 옳지 않은 것은?

① 무색의 불연성 액체로 달콤한 냄새가 난다.
② 휘발성이 강해 주로 호흡기로 흡입되며 피부흡수는 드물다.
③ 화학물질 및 물리적 인자의 노출기준에서 발암성을 1B로 구분한다.
④ 주로 금속가공 공장에서 기계 세척용이나 금속부품의 증기탈지 작업에 사용된다.
⑤ 주로 간, 콩팥, 심혈관계, 중추신경계, 피부에 건강상 악영향을 미친다.

21 다음에서 설명하는 금속은?

○ 화학물질 및 물리적 인자의 노출기준에서 발암성 구분은 1A이며, 노출기준(TWA)은 0.01mg/㎥이다.
○ 무기물질의 경우 장관계에서 매우 잘 흡수된다.
○ 무기물질에 만성적으로 노출되는 경우 피부 색소침착, 피부각화 등의 피부증상이 가장 흔하게 나타난다.

① 비소
② 납
③ 수은
④ 망간
⑤ 크롬

22 방독마스크에 관한 설명으로 옳지 않은 것은?

① 일산화탄소용 정화통의 색깔은 흑색이다.
② 방독마스크의 흡착제로 가장 많이 쓰는 것은 활성탄이다.
③ 사용 중에 조금이라도 가스냄새가 나는 경우에는 새로운 정화통으로 교환한다.
④ 정화통은 온도나 습도에 영향을 받으므로 건냉소에 보관한다.
⑤ 공기 중 사염화탄소 농도가 2,500ppm이며, 정화통의 정화능력이 사염화탄소 0.4%에서 150분간 사용가능하다면 유효시간은 240분이다.

23 제철소의 작업환경에서 발생하는 코크스오븐배출물질(COE)의 시료 채취에 사용하는 매체는?

① 은막 여과지
② MCE 여과지
③ PVC 여과지
④ 활성탄관
⑤ 실리카겔관

24 소변 또는 혈액을 이용한 생물학적 모니터링에 관한 설명으로 옳지 않은 것은?

① 혈액을 이용한 생물학적 모니터링은 혈액 구성성분에 개인간 차이가 적다.
② 혈액을 이용한 생물학적 모니터링은 소변에 비해 약물동력학적 변이 요인들의 영향을 적게 받는다.
③ 소변을 이용한 생물학적 모니터링은 소변 배설량의 변화로 농도보정이 필요하다.
④ 생물학적 모니터링을 위한 혈액 채취는 정맥혈을 기준으로 한다.
⑤ 소변은 많은 양의 시료 확보가 가능하다.

25 입자상물질에 관한 설명으로 옳지 않은 것은?

① 호흡기계의 어느 부위에 침착하더라도 독성을 나타내는 입자상물질을 흡입성분진(IPM)이라 한다.
② 흄은 금속의 증기화, 증기물의 산화, 증기물의 가공에 의하여 발생한다.
③ 호흡성분진(RPM)의 평균 입자 크기는 4μm이다.
④ 가스교환지역인 폐포나 폐기도에 침착되었을 때 독성을 나타내는 입자상물질을 흉곽성분진(TPM)이라 한다.
⑤ 스모크는 유기물질의 불완전 연소에 의하여 생성된다.

2017년 산업보건일반 기출문제 정답

1	2	3	4	5	6	7	8	9	10
③	⑤	④	①	④	⑤	②	④	②	⑤
11	12	13	14	15	16	17	18	19	20
①	③	②	①	⑤	①	③	⑤	④	③
21	22	23	24	25					
①	①	①	②	②					

산업보건지도사 제2과목(산업보건일반) 역대 기출문제

01

다음은 자동차 공장에서 5개의 근로자 그룹별 공기 중 금속가공유 노출농도의 대표치와 변이를 나타낸 것이다. 금속가공유 노출이 상대적으로 가장 비슷한 근로자 그룹은?

① 근로자 1그룹: GM=0.2mg/㎥, GSD=1.1
② 근로자 2그룹: GM=0.5mg/㎥, GSD=2.1
③ 근로자 3그룹: GM=1.0mg/㎥, GSD=3.5
④ 근로자 4그룹: GM=0.4mg/㎥, GSD=4.0
⑤ 근로자 5그룹: GM=0.8mg/㎥, GSD=2.9

02

후향적 코호트(retrospective cohort) 역학연구에서 사례군(환자군, case)과 대조군(control)을 비교하는 변수로 옳은 것은?

① 유병율
② 사망율
③ 유해인자 노출 비율
④ 질병 발생율
⑤ 증상 호소율

03

도장 공정에서 일하는 3개 직종(감독, 운전, 정비)별로 분진 평균 노출 농도를 통계적으로 비교하고자 할 경우 사용해야 할 자료분석 방법은? (단, 그룹별 분진농도는 모두 정규분포한다고 가정한다.)

① 자기상관(autocorrelation)
② 분산분석(ANOVA)
③ 상관(correlation)
④ 회귀분석(regression)
⑤ 박스 플롯(box plot)

04

체적 15㎥인 작업장에서 톨루엔이 포함된 신너(thinner)를 취급하는 과정에서 공기 중으로 증발된 톨루엔 부피가 0.1 ℓ/min이었다. 이 작업장에서 시간 당 공기교환은 5회 일어난다고 가정할 때 공기 중 톨루엔 농도(ppm)는?

① 0.008

② 0.08

③ 0.8

④ 8

⑤ 80

05

다음 중 밀폐공간(confined space)이라고 볼 수 없는 작업 환경은?

① 기름 탱크 내부 도장

② 디젤 차량 하부 도장

③ 집진설비 내부 용접

④ 지하 정화조 정비

⑤ 가스 저장 탱크 내부 도장

06

작업환경 노출기준(occupational exposure limit)에 관한 설명으로 옳은 것은?

① 노출기준 이하 노출에서는 안전하다.

② 법적 노출기준은 질병 예방만을 목적으로 설정되었다.

③ 질병 보상기준으로도 활용될 수 있다.

④ 노출기준은 항상 변화될 수 있다.

⑤ 대부분 유해인자들의 노출기준은 인체실험 결과에 근거해서 설정되었다.

07 유해인자 노출에 따른 암 발생 단계로 옳은 것은?

① 진행(progression) → 개시(initiation) → 촉진(promotion)
② 촉진(promotion) → 개시(initiation) → 진행(progression)
③ 개시(initiation) → 촉진(promotion) → 진행(progression)
④ 개시(initiation) → 진행(progression) → 촉진(promotion)
⑤ 촉진(promotion) → 진행(progression) → 개시(initiation)

08 직무노출매트릭스(job exposure matrix)를 활용할 수 있는 사례가 아닌 것은?

① 건강 영향 분류
② 근로자 유해인자 노출 분류
③ 과거 유해인자 노출 추정
④ 유사 노출 그룹 분류
⑤ 유해인자 노출 근로자 코호트 구축

09 생물학적 유해인자 노출이 주요 위험인 환경(또는 직무)이 아닌 것은?

① 정화조
② 샌드 블라스팅(sand blasting)
③ 환경미화원
④ 절삭가공 공정
⑤ 폐수처리장

10 다음 중 산업안전보건법령상 발암물질이 아닌 유해인자는?

① 6가 크롬
② 비소
③ 벤젠
④ 수은
⑤ PAHs(다핵방향족탄화수소화합물)

11 근로자 유해인자 노출평가에서 예비조사를 실시하는 주요 목적이 아닌 것은?

① 작업환경 측정 전략을 수립하기 위해
② 유사노출그룹을 설정하기 위해
③ 작업 공정과 특성을 파악하기 위해
④ 특수건강진단 대상자를 선정하기 위해
⑤ 근로자가 노출되는 유해인자를 파악하기 위해

12 공기 중 금속을 정량하기 위한 일반적인 분석 장비는?

① 원자흡광광도계(AA), 유도결합플라즈마(ICP)
② 분광광도계, 이온크로마토그래피(IC)
③ 위상차현미경, 원자흡광광도계(AA)
④ 흑연로장치, 가스크로마토그래피(GC)
⑤ 유도결합플라즈마(ICP), 액체크로마토그래피(LC)

13 최근 발생한 메탄올 중독 사건에 관한 설명으로 옳지 않은 것은?

① 주요 중독 건강영향은 시각손상이었다.
② 메탄올은 CNC 가공공정에서 사용되었다.
③ 건강영향은 5년 이상 만성 노출로 발생되었다.
④ 특수건강진단을 실행한 적이 없었다.
⑤ 작업환경 중 메탄올 농도는 노출기준을 훨씬 초과하였다.

14 이온화(전리) 방사선에 노출될 수 있는 직종이 아닌 것은?

① 지하철 정비 종사자
② 금속가공 작업자
③ 비파괴 검사자
④ 탄광 근로자
⑤ 원자력 발전소 종사자

15 고체흡착관(활성탄관)을 이황화탄소 1㎖로 추출하여 가스크로마토그래피로 정량한 톨루엔의 농도는 5ppm이었다. 0.2ℓ/min 펌프로 4시간 채취하였다. 탈착율은 98%이였고 공시료에서 검출된 양은 없었다. 이 때 공기 중 톨루엔의 농도(μg/㎥)는 약 얼마인가?

① 66
② 86
③ 106
④ 126
⑤ 146

16 산업안전보건법령상 허용기준이 설정되어 있는 물질은?

① 라돈
② 트리클로로메탄
③ 포름알데히드
④ 수은
⑤ 극저주파

17 화학물질을 취급하는 작업 공정에서 중독사고 예방을 위해 게시해야 할 항목이 아닌 것은?

① 유해성 · 위험성
② 취급상의 주의사항
③ 적절한 보호구 착용
④ 작업환경 측정방법
⑤ 응급조치 요령

18 직업성 암 등 만성질병을 초래하는 직무 또는 원인을 규명하기 어려운 이유가 아닌 것은?

① 질병 진단이 어렵기 때문
② 작업기간 동안 노출된 정보가 부족하기 때문
③ 직무나 환경에 의한 순수 영향 규명이 어렵기 때문
④ 작업 공정이 없거나 변경되었기 때문
⑤ 작업환경 중 노출된 물질이나 함량에 대한 정보가 부족하기 때문

19 산업안전보건법령상 사업주가 실시해야 할 위험성평가(risk assessment)에 관한 설명으로 옳은 것은?

① 위험성평가는 허용기준 설정 인자에 대해서만 실시한다.
② 위험성은 유해인자의 독성(toxicity)과 유해성(hazard)만을 근거로 평가한다.
③ 작업환경측정을 실시하면 위험성평가를 생략할 수 있다.
④ 기계 · 기구, 설비, 원재료 등의 신규 도입 또는 변경하는 경우에도 위험성평가를 실시해야 한다.
⑤ 서비스 업종은 위험성평가에서 제외된다.

20 생물학적 모니터링에 관한 설명으로 옳지 않은 것은?

① 시료 채취 대상자에게 동의를 받지 않아도 되는 장점이 있다.
② 바이오마커(biomarker)로 유해물질 또는 대사산물을 측정한다.
③ 건강 영향을 추정할 수 있는 적정 바이오마커를 찾는 것이 중요하다.
④ 시료 보관, 처치, 분석에 주의를 요하는 방법이다.
⑤ 시료 채취 시 근로자에게 부담을 주는 방법이다.

21 사무실 실내 공기 질(indoor air quality) 관리에 관한 설명으로 옳은 것은?

① 실내공기오염 지표로 사용하는 인자는 분진이다.
② 현재 PM_{10} 기준치는 10μg/㎥이다.
③ ACH(시간당 공기교환 횟수)는 공간 체적과 공기 유속으로 산정한다.
④ 일반적으로 음압 시설을 설치해야 한다.
⑤ 실내공기오염에 의해 호흡기 자극 및 과민성 질환이 발생될 수 있다.

22 유해중금속의 인체 노출 및 흡수, 독성에 관한 설명으로 옳지 않은 것은?

① 작업장에서 망간의 주요 노출 경로는 호흡기다.
② 납의 주요 표적기관은 중추신경계와 조혈기계이다.
③ 유기수은은 무기수은 화합물보다 독성이 상대적으로 강하다.
④ 6가 크롬은 세포막을 통과한 뒤 세포내에서 3가 크롬으로 산화되어 폐섬유화를 초래한다.
⑤ 카드뮴은 폐렴, 폐수종, 신장질환 등을 일으킨다.

23 산업안전보건기준에 관한 규칙상 근골격계 부담 작업에 해당되지 않는 것은?

① 하루에 4시간 이상 집중적으로 자료입력 등을 위해 키보드 또는 마우스를 조작하는 작업
② 하루에 10회 이상 25kg 이상의 물체를 드는 작업
③ 하루에 총 2시간 이상 목, 어깨, 팔꿈치, 손목 또는 손을 사용하여 같은 동작을 반복하는 작업
④ 하루에 총 2시간 이상 쪼그리고 앉거나 무릎을 굽힌 자세에서 이루어지는 작업
⑤ 하루에 총 2시간 이상, 분당 1회 미만 4.5kg 이상의 물체를 양손으로 드는 작업

24 고열작업에 관한 설명으로 옳은 것은?

① 흑구온도와 기온과의 차이를 실효복사온도라 하고 이는 감각온도와 상관이 없다.
② WBGT 측정기로 옥내 작업장을 측정할 때에는 자연습구온도와 흑구온도를 고려한다.
③ 고열작업을 평가하는데 있어서 각 습구흑구 온도지수를 측정하고 작업강도를 고려하지 않는다.
④ WBGT 30°C 되는 중등작업을 하는 경우 휴식시간 없이 계속 작업을 해도 무방하다.
⑤ 복사열은 열선풍속계로 측정한다.

25 프레스 소음수준이 100dB인 작업 환경에서 근로자는 NRR(Noise Reduction Ratting)이 "29"인 귀덮개를 착용하고 있다. 차음효과와 근로자가 노출되는 음압수준을 순서대로 옳게 나열한 것은?

① 18dB, 89dB
② 11dB, 78dB
③ 9dB, 91dB
④ 18dB, 92dB
⑤ 11dB, 89dB

2016년 산업보건일반 기출문제 정답

1	2	3	4	5	6	7	8	9	10
①	③	②	⑤	②	④	③	①	②	④
11	12	13	14	15	16	17	18	19	20
④	①	③	②	③	③	④	①	④	①
21	22	23	24	25					
⑤	④	⑤	②	⑤					

산업보건지도사 제2과목(산업보건일반) 역대 기출문제

01

유기화합물의 신경독성에 관한 설명으로 옳지 않은 것은?

① 대부분의 유기용제는 비특이적인 독성으로 마취작용을 갖고 있다.
② 포화지방족 유기용제(알칸류)는 다른 유기화합물보다 강한 급성 독성을 나타낸다.
③ 마취제처럼 뇌와 척추의 활동을 저해한다.
④ 작업자를 자극하여 무감각하게 하고, 결국은 무의식 혹은 혼수상태가 된다.
⑤ 이황화탄소(CS_2)는 급성 정신병을 동반한 뇌병증을 보인다.

2

산업안전보건기준에 관한 규칙상 관리대상 유해물질 상태와 관련하여 국소배기장치 후드의 제어풍속 기준으로 옳은 것은?

구분	유해물질 상태	후드	형식	제어풍속(m/sec)
①	가스	포위식	포위형	0.5
②	가스	외부식	상방흡인형	0.5
③	입자	포위식	포위형	0.7
④	가스	외부식	하방흡인형	1.0
⑤	입자	외부식	측방흡인형	1.2

① ①
② ②
③ ③
④ ④
⑤ ⑤

03 입자상 물질에 노출되었을 때 발생하는 인체영향에 관한 설명으로 옳지 않은 것은?

① 규폐증은 주로 석공장, 벽돌제조, 도자기제조, 채탄작업 근로자에게 발생한다.

② 석면폐증은 보통 장기간에 걸쳐 진행되며 폐의 탄력성이 감소되어 산소흡수가 저해되고, 악성중피종은 약 30~40년의 잠복기를 거쳐서 발생되기도 한다.

③ 광부에게 발생 가능한 탄광부 진폐증은 교원성(collagenous) 진폐증이다.

④ 면폐증은 처음에는 흉부 압박감으로 시작되지만 이어서 지속적인 기침이 동반되고, 천명음도 발생한다.

⑤ 비교원성(non-collagenous) 진폐증은 정상적으로 돌아오지 않는 비가역적인 진폐증이다.

04 작업환경에서 발생되는 유해물질별 주요 노출원 및 노출기준으로 옳지 않은 것은?

구분	유해물질	주요 노출원	노출기준(mg/m^3)
①	비소 및 그 무기화합물	구리제련소	0.01
②	베릴륨 및 그 화합물	핵융합 부품개발	0.002
③	수용성 크롬(6가) 화합물	용접	0.01
④	벤젠	석유화학 제조	3
⑤	카드뮴 및 그 화합물	도금작업	0.01

① ①

② ②

③ ③

④ ④

⑤ ⑤

05 유기화합물의 직업적 노출로 인한 인체영향의 설명으로 옳은 것은?

① 벤젠 중독 시 초기에는 빈혈, 백혈구 및 혈소판이 감소되어 백혈병이 급성장애로 나타난다.
② 사염화탄소는 주로 신경독성을 유발한다.
③ 톨루엔디이소시아네이트(TDI)는 눈과 코에 자극증상이 강하게 나타나지만, 천식성 감작반응은 유발하지 않는다.
④ 노말헥산의 대사산물인 2,5-hexanedione은 독성이 강하며, 생물학적 노출지표로도 이용된다.
⑤ 이황화탄소는 우리나라에서 단일 화학물질로는 가장 많은 직업병을 유발한 물질이며, 생물학적 노출지표는 소변 중 phenylglyoxylic acid이다.

06 사업장에서 사용하는 중금속의 특성에 관한 설명으로 옳은 것은?

① 유기납은 물과 유기용제에 잘 녹는 금속이다.
② 무기수은화합물의 독성은 알킬수은화합물의 독성보다 강하다.
③ 6가 크롬은 피부 흡수가 어려우나 3가 크롬은 가능하다.
④ 망간에 노출되면 파킨슨씨 증후군과 유사한 뇌병변을 보이며, 무력증과 두통의 증상을 수반한다.
⑤ 5가의 비소화합물은 3가로 산화되면서 독성작용을 일으킨다.

07 전자제품 제조업 작업장에서 측정한 공기 중 벤젠의 농도가 다음과 같을 때, 기술통계값인 기하평균(GM)과 기하표준편차(GSD)는 약 얼마인가?

벤젠 농도(ppm) : 0.5 0.2 1.5 0.9 0.02

① GM: 0.31ppm, GSD: 5.47
② GM: 0.62ppm, GSD: 0.59
③ GM: 0.93ppm, GSD: 5.47
④ GM: 0.31ppm, GSD: 0.59
⑤ GM: 0.62ppm, GSD: 3.03

08 작업환경측정을 위한 예비조사 및 측정계획서 작성에 관한 설명으로 옳지 않은 것은?

① 해당 공정별 작업내용, 측정대상공정, 공정별 화학물질 사용 실태를 파악한다.
② 원재료의 투입과정부터 최종 제품생산까지의 주요 공정을 도식화한다.
③ 유해인자별 측정 방법 및 소요기간에 대한 계획을 수립한다.
④ 전회 측정을 실시한 사업장은 공정 및 취급인자의 변동이 없는 경우, 서류상의 예비조사를 생략할 수 있다.
⑤ 측정대상 유해인자 및 유해인자 발생주기를 확인한다.

09 산소농도가 낮은 작업장에서 발생할 수 있는 질환은?

① Hypoxia
② Caisson disease
③ Pneumoconiosis
④ Oxygen poison
⑤ Raynaud disease

10 일반적으로 소음성 난청이 가장 잘 발생될 수 있는 주파수와 음압은?

① 6,000Hz, 80dBA
② 4,000Hz, 100dBA
③ 2,000Hz, 80dBA
④ 1,000Hz, 90dBA
⑤ 500Hz, 100dBA

11 피로의 증상으로 옳지 않은 것은?

① 초기에는 맥박이 느려지고 혈압이 낮아지나 피로가 진행되면서 높아진다.
② 호흡이 얇아지고 호흡곤란이 오기도 한다.
③ 근육 내 글리코겐량이 감소한다.
④ 혈액의 혈당수치가 낮아지고 젖산과 탄산량이 증가한다.
⑤ 체온이 초기에는 높았다가 피로 정도가 심하면 낮아진다.

12 화학물질의 분류 · 표시 및 물질안전보건자료에 관한 기준상 MSDS의 작성 원칙에 관한 설명으로 옳지 않은 것은?

① 실험실에서 시험 · 연구목적으로 사용하는 시약은 MSDS가 외국어로 작성된 경우에는 한국어로 번역하지 아니할 수 있다.
② MSDS 작성에 필요한 용어 및 기술지침은 한국산업안전보건공단이 정할 수 있다.
③ MSDS의 작성단위는 「계량에 관한 법률」이 정하는 바에 의한다.
④ MSDS 작성 시 시험결과를 반영하고자 하는 경우에는 해당 국가의 우량실험기준(GLP)에 따라 수행한 시험결과를 우선적으로 고려하여야 한다.
⑤ MSDS의 어느 항목에 대해 관련 정보를 얻을 수 없거나 적용이 불가능한 경우 “자료 없음”이라고 기재한다.

13 호흡용 보호구에 관한 설명으로 옳지 않은 것은?

① 공기정화식은 공기가 호흡기로 흡입되기 전에 여과재 또는 정화통에 의해 유해물질을 제거하는 방식이다.
② 공기공급식은 공기 공급관, 공기 호스 또는 자급식 공기원으로 구성된 호흡용 보호구에서 신선한 공기만을 공급하는 방식이다.
③ 공기정화식은 가격이 비교적 저렴하고 사용이 간편하여 널리 사용되지만, 산소농도가 18% 미만인 장소에서는 사용할 수 없다.
④ 단시간 노출되었을 시 사망 또는 회복 불가능한 상태를 초래할 수 있는 농도 이상에서는 공기정화식을 사용할 수 없다.
⑤ 호흡용 보호구 선택 시 고려해야 할 유해비는 노출기준을 공기 중 유해물질 농도로 나눈 값이다.

14 세척공정에서 작업하는 근로자가 톨루엔 55ppm의 농도에 노출되고 있다. 해당 작업의 근로자는 공기정화식 반면형 호흡용 보호구를 착용하고 있고 보호구 안의 농도가 0.5ppm일 때, 보호계수를 구하고 보호구의 적절성을 평가하면?(순서대로 보호계수, 보호구의 적절성)

① 27.5, 적절

② 27.5, 부적절

③ 90.9, 적절

④ 110, 적절

⑤ 110, 부적절

15 다음은 A 근로자 우측귀의 주파수별 청력손실치를 나타낸 것이다. 소음성 난청 D_1(직업병 유소견자)의 판정기준이 되는 3분법에 의한 평균 청력 손실치(dB)는?

주파수(Hz)	250	500	1,000	2,000	3,000	4,000	8,000
청력손실치(dB)	10	20	30	40	40	60	80

① 20

② 30

③ 35

④ 43

⑤ 47

16 산업안전보건법령상 특수건강진단 시 1차 검사항목 중 유해인자별 생물학적 노출지표에 해당되지 않는 것은?

① 불화수소 - 소변 중 불화물

② 톨루엔 - 소변 중 o-클레졸

③ 크실렌 - 소변 중 메틸마뇨산

④ 디니트로톨루엔 - 혈중 메트헤모글로빈

⑤ p-니트로클로로벤젠 - 혈중 메트헤모글로빈

17 직무스트레스 관리에 관한 설명으로 옳지 않은 것은?

① 유산소 운동뿐 아니라 역도 등의 근육 운동도 직무스트레스를 관리하는 방법이 될 수 있다.
② 자기의 주장을 표현할 수 있는 훈련도 좋은 관리 방법 중 하나이다.
③ 명상을 하는 것도 직무스트레스 관리에 도움이 된다.
④ 교대근무 설계 시 야간반 → 저녁반 → 아침반의 순서로 하는 것이 스트레스 관리를 위해서 좋다.
⑤ 야간작업은 연속하여 3일을 넘기지 않도록 설계하는 것이 좋다.

18 직무스트레스를 호소하고 있는 10명의 근로자가 근무하고 있는 사무실이 아래와 같은 조건일 때, CO_2를 실내환경기준 이하로 관리하기 위한 필요환기량(㎥/hr)은?

○ CO_2 실내 환경기준: 1,000ppm
○ 외기의 CO_2 농도: 0.03%
○ 1인 1시간당 CO_2의 배출량: $21L/(1hr \cdot 1\text{인})$

① 100
② 150
③ 200
④ 250
⑤ 300

19 흡연, 염화비닐, 아플라톡신으로 인한 암 발생과 가장 밀접한 관련이 있는 인체장기는?

① 위
② 폐
③ 간
④ 유방
⑤ 방광

20

28세 남자 환자가 1주 전부터 발생한 황달 증상으로 내원하였다. 한 달 전부터 에어컨 부품 가공공장에서 유기용제를 이용한 세척작업에 종사하였고, 작업이 끝나면 술에 취한 느낌이 들고 멍한 상태가 되며 가끔 오심을 경험하였으며, 내원 2주 전부터 피부에 발적과 소양감을 동반한 발진이 나타났다. 이러한 질환을 유발할 가능성이 높은 유해물질은?

① 산화에틸렌
② 노말헥산
③ 스티렌
④ 톨루엔
⑤ 트리클로로에틸렌

21

야간작업으로 인한 건강영향과 특수건강진단에 관한 설명으로 옳은 것은?

① 교대근무군은 주간근무군과 비교하여 대사증후군 발생률은 비슷하다.
② 위장관계와 내분비계 증상에 대한 1차 검사항목은 문진이다.
③ 상시 근로자 50인 이상 100인 미만을 사용하는 사업장은 배치전 건강진단을 실시하지 않아도 된다.
④ 배치 후 첫 번째 특수건강진단은 2년 이내에 실시하면 된다.
⑤ 1차 검사항목으로는 총콜레스테롤, 트리글리세라이드, HDL콜레스테롤, 24시간 심전도 검사 등이 있다.

22

산업재해조사의 목적 및 산업재해 발생보고 방법에 관한 설명으로 옳지 않은 것은?

① 재해조사의 목적은 동종재해를 예방하기 위한 것이다.
② 3일 이상의 휴업이 필요한 부상을 입었거나 질병에 걸린 사람이 발생한 경우에는 산업재해조사표를 제출하여야 한다.
③ 휴업일수에 법정휴일은 포함되지 않는다.
④ 산업재해조사표에 근로자 대표의 확인을 받아야 하지만 건설업의 경우에는 이를 생략할 수 있다.
⑤ 재해조사를 통하여 근로자 및 사업주의 안전의식을 고취시킬 수 있다.

23 산업재해 지표에 관한 설명으로 옳은 것만을 모두 고른 것은?

ㄱ. 건수율은 작업시간이 고려되지 않는 것이 단점이다.
ㄴ. 100만 근로시간당 재해 발생건수를 나타내는 지표는 도수율이다.
ㄷ. 재해에 의한 손실의 정도를 나타내는 지표는 강도율이다.

① ㄴ
② ㄱ, ㄴ
③ ㄱ, ㄷ
④ ㄴ, ㄷ
⑤ ㄱ, ㄴ, ㄷ

24 다음 산업재해보상보험에 관한 설명으로 옳지 않은 것은?

① 일반보험과는 달리 가입자와 수혜자가 일치하지 않는다.
② 업무상 재해로 인행 보험금을 지급하는 경우, 배우자가 혼인신고를 하지 않은 상태라면 지급대상에서 배제된다.
③ 보상에 있어 해당 근로자의 근무기간은 보상액 산정기간에 고려되지 않는다.
④ 사업주는 안전사고 발생에 대한 과실이 전혀 없더라도 업무 중 발생한 사고에 대해서는 책임을 져야 한다.
⑤ 산업재해보상보험법령상 보상의 주체는 국가이지만, 산업재해보상보험 미가입 대상사업인 경우 보상의 주체는 사업주이다.

25 폐암환자 100명과 대조군 100명에 대해 흡연력을 조사한 환자대조군 연구를 수행한 결과는 아래와 같다. 연구 결과를 확인하기 위한 적절한 역학지수와 그 값의 연결이 옳은 것은?

구분	폐암환자	대조군
흡연자	80명	40명
비흡연자	20명	60명

① 교차비 - 2.67
② 상대위험도 - 2.67
③ 교차비 - 6
④ 상대위험도 - 6
⑤ 기여위험도 - 3.67

2015년 산업보건일반 기출문제 정답

1	2	3	4	5	6	7	8	9	10
②	③	⑤	③	④	④	①	④	①	②
11	12	13	14	15	16	17	18	19	20
①	⑤	⑤	④	②	①	④	⑤	③	⑤
21	22	23	24	25					
②	③	⑤	②	③					

산업보건지도사 제2과목(산업보건일반) 역대 기출문제

01

다음과 같이 동시에 2가지 화학물질에 노출되고 있는 경우에 대한 해석 및 작업환경평가에 관한 설명으로 옳지 않은 것은?

화학물질명	노출농도(ppm)	노출기준(ppm)
톨루엔	25	50
크실렌	70	100

① 작업환경 측정을 위해 활성탄을 사용한다.
② 두 물질은 상가작용을 하는 것으로 판단한다.
③ 작업환경측정 시료는 가스크로마토그래피를 사용하여 분석한다.
④ 톨루엔과 크실렌은 모두 중추신경계의 억제작용을 하는 것으로 알려져 있다.
⑤ 각각의 화학물질은 기준을 초과하지 않았으므로 노출기준을 초과하지 않은 것으로 판단한다.

02

공기 중 곰팡이, 박테리아의 농도를 나타내는 단위는?

① CFU/㎥
② f/cc
③ mg/㎥
④ mccf
⑤ ppm

03

외부식 후드를 설계할 때 설계요소의 변동에 따른 필요환기량의 증감에 관한 설명으로 옳지 않은 것은?

① 제어속도가 클수록 필요환기량이 증가한다.
② 플랜지를 부착하면 필요환기량이 감소한다.
③ 제어거리가 클수록 필요환기량이 증가한다.
④ 덕트의 길이가 증가할수록 필요환기량이 증가한다.
⑤ 후드개방 면적이 작을수록 필요환기량이 감소한다.

04 공기 중 유해물질과 이를 채취하기 위한 여과지가 잘못 짝지어진 것은?

① 흡입성분진 - PVC 필터
② 호흡성분진 - PVC 필터
③ 석면 - PVC 필터
④ 납(금속) - MCE 필터
⑤ 농약 - 유리섬유 필터

05 소음노출량계를 사용하여 다음과 같은 소음에 노출되는 근로자의 8시간 소음노출량을 측정하면 몇 %가 되겠는가? (단, Threshold=80dB, Criteria=90dB, Exchange rate=5dB)

노출시간	소음수준 dB(A)
08:00 - 12:00	70
13:00 - 16:00	100
16:00 - 17:00	95

① 75
② 100
③ 125
④ 150
⑤ 175

06 화학물질의 인체노출과 그 영향에 관한 설명으로 옳지 않은 것은?

① 암모니아는 용해도가 커서 대부분 인후두부 및 상기도에서 흡수되므로 코와 상기도에 자극을 일으키는 물질로 알려져 있다.

② 이산화탄소는 용해도가 낮아 폐의 호흡영역까지 침투하며, 노출기준을 초과하면 폐포를 자극하여 폐렴을 일으키는 물질로 알려져 있다.

③ 작업환경의 노출기준에 '피부' 표기가 되어 있는 화학물질은 피부를 통해 쉽게 흡수될 수 있다는 것을 의미한다.

④ 작업장에서 무기납의 주요 노출경로는 호흡기이며, 체내로 흡수된 후 가장 많이 축적되는 조직은 뼈인 것으로 알려져 있다.

⑤ 일산화탄소는 헤모글로빈과 친화력이 산소보다 약 200배 이상 높기 때문에 산소보다 먼저 헤모글로빈과 결합하여 혈액의 산소운반능력을 저해하는 것으로 알려져 있다.

07 수은 화합물의 흡수와 대사 및 건강영향에 관한 설명으로 옳지 않은 것은?

① 수은은 혈액뇌장벽(Brain Blood Barrier, BBB)이나 태반을 통과할 수 있는 것으로 알려져 있다.

② 무기수은은 위장이나 소장과 같은 소화기계를 통해서는 거의 흡수되지 않는 것으로 알려져 있다.

③ 무기수은은 상온에서 기화되므로 수은온도계 제조공정에서 수은을 주입하는 근로자는 호흡기를 통해 체내로 수은이 흡수될 가능성이 높은 것으로 알려져 있다.

④ 수은은 인체에 흡수되면 대부분 뼈에 축적되며, 뼈에 축적된 수은은 서서히 혈액으로 빠져나와 뇌로 이동하여 뇌병변장해를 일으키는 것으로 알려져 있다.

⑤ 수은은 SH- 기능기와의 친화력이 높아 SH- 기능기를 가진 효소에 작용하여 기능장해를 일으키는 것으로 알려져 있다.

08 근골격계부담작업을 평가하는 도구 중에서 '중량물 취급작업'을 평가하기 위한 도구만 고른 것은?

ㄱ. NLE(Revised NIOSH Lifting Equation)
ㄴ. MAC(Manual Handling Assessment Charts)
ㄷ. RULA(Rapid Upper Limbs Assessment)
ㄹ. 3D SSPP(3D Static Strength Prediction Program)
ㅁ. WAC 296-62-05105
ㅂ. OWAS(Ovako Working-posture Analysis System)

① ㄱ, ㄴ
② ㄴ, ㄷ
③ ㄷ, ㄹ
④ ㄹ, ㅂ
⑤ ㅁ, ㅂ

09 벤젠의 생물학적 노출지표로 사용되는 대사산물은?

① 메틸마뇨산
② 메트헤모글로빈
③ S-페닐머캅토산
④ 2,5-헥산디온
⑤ 카르복시헤모글로빈

10 산업안전보건법령에 규정되어 있는 특수건강진단의 대상이 아닌 근로자는?

① 크롬에 노출되는 근로자
② 유리섬유분진에 노출되는 근로자
③ 1일 8시간 작업 시 85dB(A) 이상의 소음에 노출되는 근로자
④ 1일 6시간 이상 전화상담 등 감정노동에 종사하는 근로자
⑤ 상시근로자 300인 이상 사업장에서 최근 6개월 간 오후 10시부터 오전 6시까지 월평균 80시간 이상 일하는 근로자

11 산업재해 지표에 관한 설명으로 옳은 것은?

① 건수율은 연작업시간당 재해발생 건수이다.
② 도수율은 천인율 또는 발생률이라고도 한다.
③ 강도율은 연 100만 작업시간당 작업손실일수를 말한다.
④ 도수율은 작업시간이 고려되지 않은 산업재해 지표이다.
⑤ 사망만인율은 근로자 1만명당 산업재해로 인한 사망자 수를 말한다.

12 석면노출로 인한 중피종의 위험을 평가하고자 역학연구를 실시하기 위하여 석면공장에서 10년 이상 근무한 적이 있는 근로자 집단을 파악하고, 이 집단과 유사한 인구학적 특성(성별, 연령 등)을 가진 일반 인구집단도 선정하여 중피종으로 인한 사망자를 파악하였다. 이와 같은 방식의 역학연구에 관한 설명으로 옳은 것은?

① 단면연구(Cross Sectional Study)라고 하며, 석면으로 인한 중피종 사망 위험은 조사망율(Crude Death Rate)로 평가한다.
② 환자대조군 연구(Case Control Study)라고 하며, 석면으로 인한 중피종 사망 위험은 교차비(OR: Odds Ratio)로 산출된다.
③ 환자대조군 연구(Case Control Study)라고 하며, 석면으로 인한 중피종 사망 위험은 상대적 위험비(RR: Risk Ratio)로 산출된다.
④ 전향적 코호트 연구(Prospective Cohort Study)라고 하며, 석면으로 인한 중피종 사망 위험은 교차비(OR: Odds Ratio)로 산출된다.
⑤ 후향적 코호트 연구(Retrospective Cohort Study)라고 하며, 석면으로 인한 중피종 사망 위험은 상대적 위험비(RR: Risk Ratio)로 산출된다.

13 산업보건역사에 관한 설명으로 옳지 않은 것은?

① 히포크라테스가 납중독에 대한 기록을 남겼다.
② 중세시대에 아그리콜라에 의해 구리에 대한 직업적 노출기준이 처음으로 제안되었다.
③ 이탈리아의 의사 라마찌니가 최초로 직업병의 원인을 유해물질(요인)과 불안전한 작업자세라는 점을 명시했다.
④ 산업혁명 초기에는 공장 안은 물론 인접지역까지 공기물 등의 오염으로 개인위생이 중요한 문제로 대두되었다.
⑤ 파라셀수스는 “모든 물질은 그 양(dose)에 따란 독(poison)이 될 수도 있고 치료약(remedy)이 될 수도 있다.”고 하였다.

14

가로, 세로, 높이가 각각 20m, 10m, 5m인 밀폐된 대형 챔버에 톨루엔 1L가 쏟아져 모두 증발했다. 이 때 공기 중 톨루엔 농도(ppm)은 약 얼마인가? (단, 톨루엔의 분자량은 92, 비중은 0.86, 온도와 압력은 정상조건이다.)

① 118
② 228
③ 338
④ 448
⑤ 558

15

배치전 건강진단 결과 다음과 같이 여러 가지 건강장해 요인을 가진 근로자들이 나타났다. 피혁 가공공정에서 DMF로 인한 건강장해를 예방하기 위해 배치하지 말아야 할 필요성이 가장 높은 근로자는?

① 청력장해가 있는 근로자
② 제한성 폐기능장해가 있는 근로자
③ 폐활량이 저하된 근로자
④ 간기능 장해가 있는 근로자
⑤ 폐쇄성 폐기능장해가 있는 근로자

16

근로자 건강을 보호하기 위한 작업환경관리의 우선순위를 바르게 연결한 것은?

① 제거 → 대체 → 환기 → 교육 → 보호구착용
② 환기 → 보호구착용 → 대체 → 제거 → 교육
③ 환기 → 제거 → 대체 → 교육 → 보호구착용
④ 보호구착용 → 교육 → 제거 → 대체 → 환기
⑤ 보호구착용 → 환기 → 제거 → 대체 → 교육

17 청력보호구에 관한 설명으로 옳은 것은?

① 귀마개나 귀덮개의 차음효과는 주파수별로 차이가 없어야 한다.

② 현장에서 귀마개를 착용할 때의 차음효과는 NRR보다는 낮다.

③ 1종(EP-1형) 귀마개는 저주파수보다 고주파수의 소음을 차단하기 위한 귀마개이다.

④ 귀마개와 귀덮개를 동시에 착용하면 합산 차음효과는 각각의 차음효과를 더하여 산출한다.

⑤ 귀마개의 NRR은 모든 주파수의 소음수준이 법적 기준인 90dB이라고 가정하고 계산한 차음효과 값이다.

18 인체의 주요 장기 및 조직에서 기본이 되는 단위조직의 명칭과 대표적인 유해요인이 잘못 짝 지어진 것은?

① 신경 - 시냅스 - 노말헥산

② 신장 - 네프론 - 수은

③ 폐 - 폐포 - 유리규산

④ 간 - 간소엽 - 사염화탄소

⑤ 근육 - 근섬유 - 반복작업

19 인체의 청각기관에 관한 설명으로 옳지 않은 것은?

① 내이에서 소리에너지의 이동경로는 난형창 → 전정관 → 고실계 → 원형창이다.

② 중이는 추골, 침골, 등골의 조그만 뼈로 구성되어 있으며, 고막의 진동을 내이로 전달하는 기능을 한다.

③ 내이는 난형창 쪽에서부터 안쪽으로 20,000Hz에서 20Hz까지의 소리를 감지하는 모세포(hair cell)가 배치되어 있다.

④ 청각기관은 바깥귀부터 고막까지를 외이, 고막에서 난형창까지를 중이, 난형창 내부의 코르티 기관을 내이로 나눈다.

⑤ 내이는 3개의 관으로 나뉘어져 있으며 소리의 통로가 되는 전정관과 고실계는 공기로 채워져 있으며, 소리를 감지하는 모세포(hair cell)에 있는 코르티 기관은 액체로 채워져 있다.

20 비스코스 레이온 공정에서 이황화탄소 노출을 평가하기 위해 다음과 같이 개인시료를 포집한 후 가스크로마토그래피로 분석하였다. 이 근로자의 6시간 동안 이황화탄소 노출농도(ppm)는 약 얼마인가?

> ○ 이황화탄소 분자량: 76.14
> ○ 시료채취 유량: 0.2L/분
> ○ 시료 포집시간: 6시간
> ○ 이황화탄소의 양: 앞층 2,900㎍, 뒤층 140㎍
> ○ 평균탈착효율: 90%
> ○ 온도와 압력은 정상조건

① 5
② 10
③ 15
④ 20
⑤ 25

21 방진마스크의 성능 및 검정 기준에 관한 설명으로 옳은 것은?

① 방진마스크의 성능은 여과효율이 동등하다면 흡배기저항이 높을수록 우수하다.
② 방진마스크를 현장에서 사용하는 시간이 길어지면 여과지의 기공에 먼지가 축적됨에 따라 먼지의 여과효율은 점점 감소한다.
③ 방진마스크의 여과효율은 먼지의 크기가 작아질수록 점점 낮아진다.
④ 특급, 1급, 2급으로 구분하며 각각의 최소여과효율은 99%, 95%, 90% 이상이어야 한다.
⑤ 여과효율을 검정하기 위한 먼지의 크기는 공기역학적 직경으로 0.3μm 내외이다.

22 뇌심혈관계 질환의 위험이 높은 근로자가 뇌심혈관계 질환예방을 위해 노출되지 않도록 관리해야 할 유해요인으로 우선순위가 가장 낮은 것은?

① 고열
② 질산염
③ 베릴륨
④ 스트레스
⑤ 일산화탄소

23 최근 산재사고 예방을 위해 우리나라에서 적극적으로 도입하고 있는 위험성평가 제도의 취지와 실무에 관하여 가장 잘 설명하고 있는 것은?

① 50인 미만 소규모 사업장은 적용대상에서 제외되어 있다.

② 위험성평가는 기본적으로 사업장의 안전보건관리를 해야 하는 사업주와 근로자에 의해 이루어져야 한다.

③ 위험성평가는 기본적으로 유해·위험요인에 대한 전문지식과 개선 및 관리에 대한 공학적 지식 및 기술을 가진 전문가에 의뢰하여 실시하여야 한다.

④ 발암성 물질과 같은 유해화학물질의 위험성 평가는 1년에 2회 이상 작업환경 측정 결과를 노출기준과 비교해야 평가하여야 한다.

⑤ 위험성평가란 기계·기구, 설비 및 화학물질, 그 자체의 위험성 및 유해성을 평가하는 것으로 전문기관에서 객관적으로 평가하는 것을 말한다.

24 석유화학공장의 야외에서 유사한 직무를 수행하는 근로자 30명의 공기 중 1,3-부타디엔 노출농도를 측정하였다. 측정결과의 통계자료에 관한 설명으로 옳지 않은 것은?

① 일반적으로 정규분포보다는 기하분포를 할 것으로 기대된다.

② 1,3-부타디엔 노출농도의 기하평균은 산술평균보다 클 것이다.

③ 노출농도의 기하평균 단위는 ppm이지만 기하표준편차는 단위가 없다.

④ 노출농도를 로그변환하면 변환된 자료는 정규분포를 할 것으로 기대된다.

⑤ 기하평균이 같다면 기하표준편차가 클수록 노출기준을 초과할 확률은 커진다.

25

가로, 세로, 높이가 각각 10m, 15m, 4m인 사무실에서 120명이 근무하고 있다. 이 사무실의 이산화탄소(CO_2) 농도를 1,000ppm 이하로 유지하고자 할 때, 최소환기율은 ACH(hr-1)로 나타내면 약 얼마인가?

> ○ 1시간당 1인당 CO_2 배출량: 2.2L
> ○ 대기 중 CO_2 농도: 350ppm
> ○ 확산에 의한 환기효율계수(또는 안전계수: K)는 5로 가정

① 1.4

② 2.1

③ 2.4

④ 3.4

⑤ 3.9

2014년 산업보건일반 기출문제 정답

1	2	3	4	5	6	7	8	9	10
⑤	①	④	③	⑤	②	④	①	③	④
11	12	13	14	15	16	17	18	19	20
⑤	⑤	②	②	④	①	②	①	⑤	③
21	22	23	24	25					
⑤	③	②	②	④					

산업보건지도사 제2과목(산업보건일반) 역대 기출문제

01 검사결과값이 높을수록 뇌심혈관계 질환에 예방적 효과를 나타내는 것은?

① 혈당
② 중성지방
③ 총 콜레스테롤
④ HDL-콜레스테롤
⑤ LDL-콜레스테롤

02 산업안전보건법령상 대상 유해인자와 배치 후 첫 번째 특수건강진단의 시기가 옳게 짝지어진 것은?

① N,N-디메틸아세트아미드 - 1개월 이내
② N,N-디메틸포름아미드 - 3개월 이내
③ 벤젠 - 3개월 이내
④ 염화비닐 - 6개월 이내
⑤ 사염화탄소 - 6개월 이내

03 산업안전보건법령상 진단결과에 따라 사업주가 근로를 금지하거나 취업을 제한하여야 하는 대상이 아닌 질병자는?

① 정신분열증에 걸린 사람
② 마비성 치매에 걸린 사람
③ 폐결핵으로 진단받고 1개월째 약물치료를 받고 있는 사람
④ 규폐증으로 진단받고 모래를 이용한 주형작업에 근무하려는 사람
⑤ 만성신장질환으로 치료중이나 카드뮴 노출 작업장에 근무하려는 사람

04 다음 질환의 유해인자에 대한 노출이 중단되면 방사선학적 소견상 자연적 완화를 기대할 수 있는 진폐증은?

① 면폐증
② 규폐증
③ 베릴륨폐증
④ 탄광부진폐증
⑤ 용접공폐증

05 유기용제와 독성영향이 잘못 짝지어진 것은?

① 톨루엔: 조혈장애
② 벤젠: 재생불량성 빈혈
③ 이황화탄소: 말초신경장애
④ 메틸알콜: 위축성 시신경염
⑤ 2-브로모프로판: 생식독성

06 남성 근로자 우측 귀의 청력검사결과와 연령보정값은 아래 표와 같다. 이 근로자의 표준역치변동값과 청력평가로 옳은 것은?

<표> 주파수별 청력검사결과와 연령보정값

주파수(Hz)	1,000	2,000	3,000	4,000	5,000
청력역치 변동값(dB)	5	10	15	20	20
남성의 연령보정값(dB)	2	2	3	5	6

① 표준역치변동값: 8.7dB, 청력평가: 유의하지 않은 표준역치변동
② 표준역치변동값: 9.5dB, 청력평가: 유의한 표준역치변동
③ 표준역치변동값: 10.4dB, 청력평가: 유의하지 않은 표준역치변동
④ 표준역치변동값: 11.7dB, 청력평가: 유의한 표준역치변동
⑤ 표준역치변동값: 12.3dB, 청력평가: 유의하지 않은 표준역치변동

07 근로자의 폐기능 검사에 관한 설명으로 옳지 않은 것은? (단, TLC: 총폐활량, FVC: 노력성 폐활량, FEV1: 일초율)

① 기관지 천식과 같은 폐쇄성 질환에서는 FEV1이 FVC보다 더 많이 감소한다.

② 검사결과는 같은 성, 연령, 신장, 인종 등의 참고값과 비교하여 해석하여야 한다.

③ FVC는 최대로 흡입한 후 최대한 내쉰 총공기량이며, FEV1은 검사하는 동안 처음 1초간 내쉰 공기량이다.

④ 신뢰할 만한 검사가 되기 위해서 최대한으로 숨을 들이마시어 TLC에 도달한 다음 검사를 시작해야 한다.

⑤ 폐섬유화와 같은 제한성 질환에서는 FEV1과 FVC 모두 감소하여 특징적으로 FEV1/FVC비가 정상이거나 작아진다.

08 손목을 이용하여 드라이버로 주로 작업하는 근로자가 엄지와 2, 3수지 부위가 저리다고 할 때, 적절한 진단결과는?

① 경추염좌

② 방아쇠 수지

③ 유착성 견관절염

④ 수근관증후군

⑤ 테니스 엘보우(외상과염)

09 유해인자의 피부흡수에 관한 설명으로 옳지 않은 것은?

① 지용성이 높은 물질은 피부흡수가 더 잘된다.

② 물질의 pH가 피부흡수에 가장 중요한 역할을 한다.

③ 피부흡수가 가능한 물질은 노출기준에 'Skin'으로 표시한다.

④ 극성 유해물질의 피부흡수는 피부의 수분함량에 영향을 많이 받는다.

⑤ 피부의 각질층은 유해인자의 흡수에 관한 장벽으로 가장 중요한 역할을

10 직무스트레스를 해결하기 위한 조직적 접근에 관한 내용으로 옳지 않은 것은?

① 근로자를 참여시킨다.
② 단계적으로 문제에 접근한다.
③ 조직 문화의 변화를 포함한다.
④ 사업주는 프로그램에 관심을 가져야 하며 책임을 져야 한다.
⑤ 사업장에서 스트레스 관리 목적은 스트레스를 완전히 없애는 것이다.

11 고용노동부 고시 「근골격계부담작업의 범위」에 포함되지 않는 것은?

① 하루에 총 2시간 이상 쪼그리고 앉거나 무릎을 굽힌 상태에서 이루어지는 작업
② 하루에 2시간 이상 집중적으로 자료입력 등을 위해 키보드 또는 마우스를 조작하는 작업
③ 하루에 총 2시간 이상 목, 어깨, 팔꿈치, 손목 또는 손을 사용하여 같은 동작을 반복하는 작업
④ 하루에 총 2시간 이상 머리 위에 손이 있거나, 팔꿈치가 어깨위에 있거나, 팔꿈치를 몸통으로부터 들거나, 팔꿈치를 몸통뒤쪽에 위치하도록 하는 상태에서 이루어지는 작업
⑤ 하루에 총 2시간 이상 지지되지 않은 상태에서 1kg 이상의 물건을 한 손의 손가락으로 집어 옮기거나, 2kg 이상에 상응하는 힘을 가하여 한 손의 손가락으로 물건을 쥐는 작업

12 산업위생 발전에 기여한 인물과 업적이 잘못 짝지어진 것은?

① 렌(Rehn) - Anilin 염료로 인한 직업성 방광암 발견
② 아그리콜라(Agricola) - <광물에 대하여>를 저술
③ 해밀턴(Hamilton) - 사이다공장에서 납에 의한 복통 보고
④ 로리가(Loriga) - 진동공구에 의한 수지의 Raynaud 증상 보고
⑤ 갈레노스(Galenos) - 구리광산에서의 산 증기의 위험성 보고

13 노출평가는 유해인자에 대한 작업자의 노출 타당성을 파악하기 위해 통계적 방법에 근거해야 한다. 다음에 제시한 노출평가 과정 중 옳지 않은 것은?

① 노출에 대한 신뢰구간 계산
② 신뢰구간과 노출기준과의 비교
③ 분포에 따른 대표치와 변이 산출
④ 자료의 분포검정과 이상값 존재유무 확인
⑤ 자료가 기하정규분포할 경우의 변이는 기하평균으로 산출

14 공기 중 유해인자에 대해 고체흡착제를 이용하여 시료를 포집할 때, 흡착에 영향을 주는 인자에 관한 설명으로 옳은 것은?

① 습도: 비극성흡착제를 사용할 때 수증기가 흡착되기 때문에 파과가 일어난다.
② 흡착제의 크기: 입자의 크기가 클수록 표면적이 증가하므로 채취효율이 증가한다.
③ 온도: 흡착은 열역학적으로 발열반응이므로 온도가 높을수록 흡착에 좋은 조건이 된다.
④ 유해물질의 농도: 공기중 유해물질의 농도가 낮을수록 흡착량이 많고 파과가 일어나기 쉽다.
⑤ 시료채취속도: 시료채취 속도가 높으면 파과가 일어나기 쉬우며 코팅된 흡착제일수록 그 경향이 강하다.

15 DNPH(2,4-Dinitrophenyhydrazine) 카트리지를 이용하여 작업장에서 포름알데히드(HCHO)를 포집한 후 아세토니트릴(ACN)을 이용하여 추출하였다. 고성능액체크로마토그래피(HPLC)를 이용하여 추출액을 분석하여 아래와 같은 결과를 얻었다. 포름알데히드의 농도($\mu g/m^3$)는?

○ 현장시료 분석결과값: 3㎍/mL
○ 공시료 분석결과값: 0.3㎍/mL
○ 아세토니트릴로 추출한 부피: 5mL
○ 펌프유량: 1,000mL/min
○ 측정시간: 30분

① 250
② 350
③ 450
④ 550
⑤ 650

16

작업장에서 사용하는 압축기(compressor)로부터 50m 떨어진 거리에서 측정한 음압수준(sound pressure level)이 130dB였다면, 압축기로부터 25m와 100m 떨어진 거리에서 측정한 음압수준(dB)은 각각 얼마인가? (단, 작업장은 경계가 없어서 음의 전파에 방해를 받지 않은 영역이다.)

① 132, 128
② 134, 126
③ 136, 124
④ 140, 120
⑤ 150, 120

17

크실렌의 주요한 생물학적 노출지수로서 소변 중에서 측정하는 물질은?

① 페놀
② 뮤콘산
③ 만델산
④ 메틸마뇨산
⑤ 카르복시헤모글로빈

18

폐포에 침착된 먼지에 관한 설명으로 옳지 않은 것은?

① 서서히 용해된다.
② 점액-섬모운동에 의해 밖으로 배출된다.
③ 유리규산이 포함된 먼지는 식세포를 사멸시킨다.
④ 폐포벽을 뚫고 림프계나 다른 조직으로 이동한다.
⑤ 제거되지 않은 먼지는 폐에 남아 진폐증을 일으킨다.

19 유해인자의 정화 및 여과에 사용하는 호흡용보호구에 관한 설명으로 옳지 않은 것은?

① 공기공급식 호흡용보호구인 송기식마스크 전면형의 양압보호계수는 1,500이다.
② 산소결핍상태에서 사용하는 호흡용보호구에는 자급식(SCBA)마스크가 포함된다.
③ 호흡용보호구의 선택에 있어서 근로자가 불쾌감, 호흡저항, 중량, 시야 또는 작업방해 등을 고려하여 선정한다.
④ 보호계수는 호흡용보호구 바깥쪽 오염물질 농도와 안쪽 오염물질 농도비로 착용자 보호의 정도를 나타내는 척도이다.
⑤ 선택한 호흡용보호구 중 두 종류 이상이 밀착계수가 양호하다는 것이 확인된 경우에 사업주는 착용근로자가 선호하는 호흡용보호구를 지급한다.

20 근로자가 산업재해로 인하여 우리나라 신체장애등급 제10등급 판정을 받았다면, 국제노동기구(ILO)의 기준으로 어느 정도의 부상을 의미하는가?

① 영구 전노동불능
② 영구 일부노동불능
③ 일시 전노동불능
④ 일시 일부노동불능
⑤ 구급(응급)처치

21 고용노동부의 「보호구 의무안전인증 고시」에서 규정하는 안전인증 방독마스크에 장착하는 정화통의 종류와 외부 측면의 표시 색이 옳게 짝지어진 것은?

① 유기화합물 정화통 - 녹색
② 할로겐용 정화통 - 회색
③ 시안화수소용 정화통 - 갈색
④ 아황산용 정화통 - 백색
⑤ 암모니아 정화통 - 노란색

22 역학의 평가방법에 관한 설명으로 옳지 않은 것은?

① 코호트 연구에서 검정력은 비노출군에서의 질병발생률과 직접적인 관련이 있다.
② 통계학적 연관성이 입증되었다 하여도 반드시 원인적 연관성이라고 말할 수 없다.
③ 제1종 오류(type Ⅰ error)는 귀무가설이 실제로 사실이 아닐 때 이를 기각하지 못할 확률을 말한다.
④ 메타분석이란 개별 연구로부터 모은 많은 연구결과를 통합할 목적으로 통계적 분석을 하는 계량적 방법이다.
⑤ 어떤 요인과 질병발생 간의 연관성을 추론하고자 할 때, 연구계획 및 분석방법상의 오류로 인하여 참값과 차이가 나는 결과나 추론을 생성하게 되는데 이를 바이어스(bias)라 한다.

23 1941년부터 1980년 사이 취업한 대규모 화학공장 근로자 800명의 사망진단서를 확보하였다. 이 중에서 암으로 사망한 사람은 160명이었으며, 동일기간 지역사회의 전체 사망자 중에서 암으로 인한 사망자는 15%였다면 비례사망비(PMR)는?

① 75%
② 120%
③ 133%
④ 150%
⑤ 200%

24 ACGIH의 TLV에서 ‘Skin’ 표시대상 물질이 아닌 것은?

① 옥탄올-물 분배계수가 낮은 물질
② 반복하여 피부에 도포했을 때 전신작용을 일으키는 물질
③ 손이나 팔에 의한 흡수가 몸 전체 흡수에서 많은 부분을 차지하는 물질
④ 다른 노출경로에 비하여 피부흡수가 전신작용에 중요한 역할을 하는 물질
⑤ 동물을 이용한 급성중독 시험결과, 피부흡수에 의한 LD_{50}이 비교적 낮은 물질

25 도금조에서 사용되는 푸시-풀(push-pull) 배기장치의 설계에 있어서 ACGIH에서 권장하는 사항이 아닌 것은?

① 푸시노즐의 각도는 하방으로 0°~20° 이내이어야 한다.

② 도금조의 액체표면은 배기후드 밑에서부터 30cm를 벗어나지 않게 한다.

③ 풀(배출구 슬롯)쪽의 후드 개구면은 슬롯속도가 10m/s를 유지하도록 설계한다.

④ 노즐의 형태는 3~6mm 크기의 수평슬롯이나 4~6mm 구멍으로 직경의 3~8배 간격으로 배치한 것을 사용한다.

⑤ 푸시노즐의 단면이 원형, 직사각형, 정사각형 어느 것이나 무방하나 단면적은 전체노즐 단면적의 2.5배 이상의 크기이어야 한다.

2013년 산업보건일반 기출문제 정답

1	2	3	4	5	6	7	8	9	10
④	①	③	⑤	①	④	③	④	②	⑤
11	12	13	14	15	16	17	18	19	20
②	③	⑤	⑤	③	③	④	②	①	②
21	22	23	24	25					
②	③	③	①	②					

산업보건지도사 제2과목(산업보건일반) 역대 기출문제 해설

01 산업위생 활동에 관한 내용으로 옳은 것은?

① 관리의 최우선순위는 보호구 착용이다.
② 인지(인식)란 현재 상황에서 존재 또는 잠재하고 있는 유해인자의 파악이다.
③ 유해인자에 대한 평가는 특수건강진단의 결과만을 사용한다.
④ 처음으로 요구되는 것은 근로자 건강진단이다.
⑤ 사업장 근로자만의 건강을 보호하는 것이다.

해설

① 산업위생 활동은 예측, 인지(인식), 측정, 평가, 관리(대책)로 이어진다. 관리대책은 공학적 관리, 행정적 관리, 개인보호구 착용 순서로 이루어진다. 최우선순위는 공학적 관리(제거, 대체, 격리, 밀폐, 환기 등)이다.
③ 유해인자에 대한 평가는 노출기준 등의 자료와 비교하여 평가한다.
④ 산업위생 활동에서 처음으로 요구되는 활동은 예측이다.
⑤ 산업위생활동은 사업장에서 일하는 사람들뿐만 아니라 노동활동을 하는 모든 사람(서비스업, 농업인 등)이 포함되며 일반대중도 사업장에서 이루어지는 생산 활동이나 일반 환경에서 발생되는 유해인자에 노출되므로 산업위생의 대상이 된다.

정답: ②

02 다음에서 설명하고 있는 가스크로마토그래피 검출기는?

○ 원리: 수소/공기로 시료를 태워 전하를 띤 이온 생성
○ 감도: 대부분의 화합물에 대해 높은 강도
○ 특징: 큰 범위의 직선성

① 질소인검출기(NPD)
② 전자포획검출기(ECD)
③ 열전도도검출기(TCD)
④ 불꽃광도검출기(FPD)
⑤ 불꽃이온화검출기(FID)

해설

가스상 물질의 분석에 가장 많이 사용되는 것은 가스크로마토그래피(GC)이다. GC의 검출기로 가장 많이 사용되는 것이 바로 FID(불꽃이온화검출기)이다. FID는 이온화과정에서 환원되는 탄소의 수에 비례하여 시그널(signal)을 얻으므로 GC 정량분석에서 가장 정확한 검출기로 사용되고 있다. 또한 대부분의 유기화합물에 대해 높은 감도를 지닌 것이 가장 큰 특징이다. FID는 일반적으로 수소, 공기 불꽃을 사용하여 샘플을 통과시켜 유기분자를 산화시키고 전기적으로 하전된 입자(이온)을 생성한다. 이온이 수집되어 전기신호를 생성한 후 측정한다. 직선성이 강하며, 선택적이다. 선택적이란 뜻은 수소와 공기에 의한 불꽃에서 태워져 전하를 띤 이온을 생성하는 화합물만 검출할 수 있다는 뜻이다.

정답: ⑤

03 작업환경측정에 관한 내용으로 옳지 않은 것은?

① 단위작업 장소에서 11명이 작업할 때 시료 채취 수는 3개 이상이다.
② 산화아연 분진은 호흡성 분진을 채취할 수 있는 여과채취방법으로 측정한다.
③ 시료채취 시에는 예상되는 측정대상물질의 농도, 방해물, 시료채취 시간 등을 종합적으로 고려한다.
④ 불화수소의 경우 최고노출기준(Ceiling)과 시간가중평균노출기준(TWA)에 대하여 병행 측정한다.
⑤ 관리대상 유해물질의 취급 장소가 실내인 경우 공기의 최대부피를 120세제곱미터로 하여 허용소비량 초과여부를 판단한다.

해설

○ **작업환경측정 및 정도관리 등에 관한 고시**

제18조(노출기준의 종류별 측정시간) ① 「화학물질 및 물리적 인자의 노출기준(고용노동부 고시, 이하 '노출기준 고시'라 한다)」에 시간가중평균기준(TWA)이 설정되어 있는 대상물질을 측정하는 경우에는 1일 작업시간동안 6시간 이상 연속 측정하거나 작업시간을 등간격으로 나누어 6시간 이상 연속분리하여 측정하여야 한다. 다만, 다음 각 호의 어느 하나에 해당하는 경우에는 대상물질의 발생시간 동안 측정 할 수 있다.

1. 대상물질의 발생시간이 6시간 이하인 경우
2. 불규칙작업으로 6시간 이하의 작업을 하는 경우
3. 발생원에서 발생시간이 간헐적인 경우

② 노출기준 고시에 단시간 노출기준(STEL)이 설정되어 있는 물질로서 노출이 균일하지 않은 작업특성으로 인하여 단시간 노출평가가 필요하다고 자격자(규칙 제187조에 따른 작업환경측정자의 자격을 가진 자를 말한다.) 또는 작업환경측정기관이 판단하는 경우에는 제1항의 측정에 추가하여 단시간 측정을 할 수 있다. 이 경우 1회에 15분간 측정하되 유해인자 노출특성을 고려하여 측정 횟수를 정할 수 있다.

③ 노출기준 고시에 최고노출기준(Ceiling, C)이 설정되어 있는 대상물질을 측정하는 경우에는 최고 노출 수준을 평가할 수 있는 최소한의 시간동안 측정하여야 한다. 다만 시간가중평균기준(TWA)이 함께 설정되어 있는 경우에는 제1항에 따른 측정을 병행하여야 한다. → **병행측정(HF, 불화수소가 유일함)**

제19조(시료채취 근로자수) ① 단위작업 장소에서 최고 노출근로자 2명 이상에 대하여 동시에 개인 시료채취 방법으로 측정하되, 단위작업 장소에 근로자가 1명인 경우에는 그러하지 아니하며, 동일 작업근로자수가 10명을 초과하는 경우에는 매 5명당 1명 이상 추가하여 측정하여야 한다. 다만, 동일 작업근로자수가 100명을 초과하는 경우에는 최대 시료채취 근로자수를 20명으로 조정할 수 있다.

② 지역 시료채취 방법으로 측정을 하는 경우 단위작업장소 내에서 2개 이상의 지점에 대하여 동시에 측정하여야 한다. 다만, 단위작업 장소의 넓이가 50평방미터 이상인 경우에는 매 30평방미터마다 1개 지점 이상을 추가로 측정하여야 한다.

○ **산업안전보건기준에 관한 규칙**

제420조(정의) 이 장에서 사용하는 용어의 뜻은 다음과 같다.

1. "관리대상 유해물질"이란 근로자에게 상당한 건강장해를 일으킬 우려가 있어 법 제39조에 따라 건강장해를 예방하기 위한 보건상의 조치가 필요한 원재료·가스·증기·분진·흄, 미스트로서 별표 12에서 정한 유기화합물, 금속류, 산·알칼리류, 가스상태 물질류를 말한다.
2. "유기화합물"이란 상온·상압(常壓)에서 휘발성이 있는 액체로서 다른 물질을 녹이는 성질이 있는 유기용제(有機溶劑)를 포함한 탄화수소계화합물 중 별표 12 제1호에 따른 물질을 말한다.
3. "금속류"란 고체가 되었을 때 금속광택이 나고 전기·열을 잘 전달하며, 전성(展性)과 연성(延性)을 가진 물질 중 별표 12 제2호에 따른 물질을 말한다.
4. "산·알칼리류"란 수용액(水溶液) 중에서 해리(解離)하여 수소이온을 생성하고 염기와 중화하여 염을 만드는 물질과 산을 중화하는 수산화화합물로서 물에 녹는 물질 중 별표 12 제3호에 따른 물질을 말한다.
5. "가스상태 물질류"란 상온·상압에서 사용하거나 발생하는 가스 상태의 물질로서 별표 12 제4호에 따른 물질을 말한다.
6. "특별관리물질"이란 「산업안전보건법 시행규칙」 별표 18 제1호나목에 따른 발암성 물질, 생식세포 변이원성 물질, 생식독성(生殖毒性) 물질 등 근로자에게 중대한 건강장해를 일으킬 우려가 있는 물질로서 별표 12에서 특별관리물질로 표기된 물질을 말한다.
7. "유기화합물 취급 특별장소"란 유기화합물을 취급하는 다음 각 목의 어느 하나에 해당하는 장소를 말한다.
   가. 선박의 내부
   나. 차량의 내부
   다. 탱크의 내부(반응기 등 화학설비 포함)
   라. 터널이나 갱의 내부
   마. 맨홀의 내부
   바. 피트의 내부
   사. 통풍이 충분하지 않은 수로의 내부
   아. 덕트의 내부
   자. 수관(水管)의 내부
   차. 그 밖에 통풍이 충분하지 않은 장소
8. "임시작업"이란 일시적으로 하는 작업 중 월 24시간 미만인 작업을 말한다. 다만, 월 10시간 이상 24시간 미만인 작업이 매월 행하여지는 작업은 제외한다.

9. "단시간작업"이란 관리대상 유해물질을 취급하는 시간이 1일 1시간 미만인 작업을 말한다. 다만, 1일 1시간 미만인 작업이 매일 수행되는 경우는 제외한다.

제421조(적용 제외) ① 사업주가 관리대상 유해물질의 취급업무에 근로자를 종사하도록 하는 경우로서 작업시간 1시간당 소비하는 관리대상 유해물질의 양(그램)이 작업장 공기의 부피(세제곱미터)를 15로 나눈 양(이하 "허용소비량"이라 한다) 이하인 경우에는 이 장(관리대상 유해물질에 의한 건강장해 예방)의 규정을 적용하지 아니한다. 다만, 유기화합물 취급 특별장소, 특별관리물질 취급 장소, 지하실 내부, 그 밖에 환기가 불충분한 실내작업장인 경우에는 그러하지 아니하다.

② 제1항 본문에 따른 **작업장 공기의 부피**는 바닥에서 4미터가 넘는 높이에 있는 공간을 제외한 세제곱미터를 단위로 하는 실내작업장의 공간부피를 말한다. 다만, 공기의 부피가 150세제곱미터를 초과하는 경우에는 150세제곱미터를 그 공기의 부피로 한다.

흡입성(노출기준)	호흡성(노출기준)
카본블랙 석고 → 석면(×) 아스파트 흄(벤젠 추출물) 곡분분진 → 곡물분진(×) 목재분진 오산화바나듐 요오드 및 요오드화물 아연 스테아린산 펜타클로로페놀	석탄분진 산화아연 분진 → 산화아연(×) 텅스텐 인듐 및 그 화합물 카드뮴 및 그 화합물 운모 몰리브덴 산화규소 활석(석면 불포함) 흑연(천연 및 합성, Graphite 섬유 제외)

정답: ⑤

04 다음은 도장 작업자들을 대상으로 한 벤젠(노출기준 0.5ppm)의 작업환경측정 결과이다. 노출기준을 초과할 확률은 약 얼마인가?

(단, 정규분포곡선의 z값에 따른 확률은 다음 표와 같다.)

구분	z값			
	-0.42	-0.38	0.32	1.25
확률	0.337	0.352	0.626	0.894

< 작업환경측정 결과(ppm) >

0.03, 0.22, 1.85, 0.04, 0.1, 0.22, 7.5, 0.05, 2, 0.3

① 0.663
② 0.374
③ 0.337
④ 0.147
⑤ 0.106

해설

○ **표준정규분포**

· $z\text{값} = \dfrac{\text{노출기준} - \text{평균}}{\text{표준편차}}$

(문제의 풀이)

· 평균= $\dfrac{0.03+0.22+1.85+0.04+0.1+0.22+7.5+0.05+2+0.3}{10}$ =1.231

· 표본표준편차 $s = \sqrt{\dfrac{\Sigma(\text{각각의 표본} - \text{평균})^2}{\text{총 표본개수} - 1}}$

$[\dfrac{(0.03-1.231)^2+(0.22-1.231)^2+....+(0.3-1.231)^2}{10-1}]$ =2.3266..... ≒2.327

z값= $\dfrac{0.5-1.231}{2.327} = -0.314...$ → 분포상의 떨어진 정도이기 때문에 부호에 관계없이

가장 가까운 근사값 0.32의 확률값은 0.626

노출기준 0.5ppm을 초과할 확률은 1-0.626=0.374

정답: ②

05 화학물질 및 물리적 인자의 노출기준에 관한 설명으로 옳지 않은 것은?

① 발암성, 생식세포 변이원성 및 생식독성 정보는 산업안전보건법상 규제 목적으로 표시한다.

② 내화성세라믹섬유의 노출기준 표시단위는 세제곱센티미터당 개수(개/㎤)를 사용한다.

③ 노출기준은 작업장의 유해인자에 대한 작업환경개선기준과 작업환경측정결과의 평가기준으로 사용할 수 있다.

④ "최고노출기준(C)"이란 근로자가 1일 작업시간동안 잠시라도 노출되어서는 아니 되는 기준을 말하며, 노출기준 앞에 "C"를 붙여 표시한다.

⑤ 혼재하는 물질 간에 유해성이 인체의 서로 다른 부위에 유해작용을 하는 경우, 혼재하는 물질 중 어느 한 가지라도 노출기준을 넘을 때는 노출기준을 초과하는 것으로 한다.

해설

○ **화학물질 및 물리적 인자의 노출기준**

제2조(정의) ① 이 고시에서 사용하는 용어의 뜻은 다음과 같다.

1. "노출기준"이란 근로자가 유해인자에 노출되는 경우 노출기준 이하 수준에서는 거의 모든 근로자에게 건강상 나쁜 영향을 미치지 아니하는 기준을 말하며, 1일 작업시간동안의 시간가중평균노출기준(Time Weighted Average, TWA), 단시간노출기준(Short Term Exposure Limit, STEL) 또는 최고노출기준(Ceiling, C)으로 표시한다.
2. "시간가중평균노출기준(TWA)"이란 1일 8시간 작업을 기준으로 하여 유해인자의 측정치에 발생시간을 곱하여 8시간으로 나눈 값을 말하며, 다음 식에 따라 산출한다.

   TWA환산값= $\frac{C_1T_1 + C_1T_1 + ..C_nT_n}{8}$

   주) C: 유해인자의 측정치(단위: ppm 또는 mg/㎥ 또는 개/cm^3

   T:유해인자의 발생시간(단위: 시간)
3. "단시간노출기준(STEL)"이란 15분간의 시간가중평균노출값으로서 노출농도가 시간가중평균노출기준(TWA)을 초과하고 단시간노출기준(STEL) 이하인 경우에는 1회 노출 지속시간이 15분 미만이어야 하고, 이러한 상태가 1일 4회 이하로 발생하여야 하며, 각 노출의 간격은 60분 이상이어야 한다.
4. "최고노출기준(C)"이란 근로자가 1일 작업시간동안 잠시라도 노출되어서는 아니 되는 기준을 말하며, 노출기준 앞에 "C"를 붙여 표시한다.

② 이 고시에서 특별히 규정하지 아니한 용어는 「산업안전보건법」(이하 "법"이라 한다), 「산업안전보건법 시행령」(이하 "영"이라 한다), 「산업안전보건법 시행규칙」(이하 "규칙"이라 한다) 및 「산업안전보건기준에 관한 규칙」(이하 "안전보건규칙"이라 한다)이 정하는 바에 따른다.

제3조(노출기준 사용상의 유의사항) ① 각 유해인자의 노출기준은 해당 유해인자가 단독으로 존재하는 경우의 노출기준을 말하며, 2종 또는 그 이상의 유해인자가 혼재하는 경우에는 각 유해인자의 상가작용으로 유해성이 증가할 수 있으므로 제6조에 따라 산출하는 노출기준을 사용하여야 한다.

② 노출기준은 1일 8시간 작업을 기준으로 하여 제정된 것이므로 이를 이용할 경우에는 근로시간, 작업의 강도, 온열조건, 이상기압 등이 노출기준 적용에 영향을 미칠 수 있으므로 이와 같은 제반요인을 특별히 고려하여야 한다.

③ 유해인자에 대한 감수성은 개인에 따라 차이가 있고, 노출기준 이하의 작업환경에서도 직업성 질병에 이환되는 경우가 있으므로 노출기준은 직업병진단에 사용하거나 노출기준 이하의 작업환경이라는 이유만으로 직업성질병의 이환을 부정하는 근거 또는 반증자료로 사용하여서는 아니 된다.

④ 노출기준은 대기오염의 평가 또는 관리상의 지표로 사용하여서는 아니 된다.

제4조(적용범위) ① 노출기준은 법 제39조에 따른 작업장의 유해인자에 대한 작업환경개선기준과 법 제125조에 따른 작업환경측정결과의 평가기준으로 사용할 수 있다.

② 이 고시에 유해인자의 노출기준이 규정되지 아니하였다는 이유로 법, 영, 규칙 및 안전보건규칙의 적용이 배제되지 아니하며, 이와 같은 유해인자의 노출기준은 미국산업위생전문가협회(American Conference of Governmental Industrial Hygienists, ACGIH)에서 매년 채택하는 노출기준(TLVs)을 준용한다.

제5조(화학물질) ① 화학물질의 노출기준은 별표 1과 같다.

② 별표 1의 발암성, 생식세포 변이원성 및 생식독성 정보는 **법상 규제 목적이 아닌 정보제공 목적**으로 표시하는 것으로서 발암성은 국제암연구소(International Agency for Research on Cancer, IARC), 미국산업위생전문가협회(American Conference of Governmental Industrial Hygienists, ACGIH), 미국독성프로그램(National Toxicology Program, NTP), 「유럽연합의 분류·표시에 관한 규칙(European Regulation on the Classification, Labelling and Packaging of substances and mixtures, EU CLP)」 또는 미국산업안전보건청(American Occupational Safety & Health Administration, OSHA)의 분류를 기준으로, 생식세포 변이원성 및 생식독성은 유럽연합의 분류·표시에 관한 규칙(European Regulation on the Classification, Labelling and Packaging of substances and mixtures, EU CLP)을 기준으로 「화학물질의 분류·표시 및 물질안전보건자료에 관한 기준」에 따라 분류한다.

제6조(혼합물) ① 화학물질이 2종 이상 혼재하는 경우에 혼재하는 물질간에 유해성이 인체의 서로 다른 부위에 작용한다는 증거가 없는 한 유해작용은 가중되므로 노출기준은 다음 식에 따라 산출하되, 산출되는 수치가 1을 초과하지 아니하는 것으로 한다.

$$\frac{C_1}{T_1} + \frac{C_2}{T_2} \cdots + \frac{C_n}{T_n}$$

주) C: 화학물질 각각의 측정치

T: 화학물질 각각의 노출기준

② 제1항의 경우와는 달리 혼재하는 물질간에 유해성이 인체의 서로 다른 부위에 유해작용을 하는 경우에 유해성이 각각 작용하므로 혼재하는 물질 중 어느 한 가지라도 노출기준을 넘는 경우 노출기준을 초과하는 것으로 한다.

정답: ①

06 ACGIH에서 권고하고 있는 유해물질과 기준(TLV) 설정 근거가 된 건강영향의 연결로 옳지 않은 것은?

① 벤젠(TWA 0.5ppm, STEL 2.5ppm): 백혈병

② 카본블랙(TWA 3mg/㎥): 기관지염

③ 톨루엔(TWA 20ppm): 혈액학적 악영향

④ 이산화탄소(TWA 5,000ppm, STEL 30,000ppm): 질식

⑤ 노말-헥산(TWA 50ppm): 중추신경계 손상, 말초신경염, 눈 염증

해설

톨루엔은 호흡기, 피부 및 눈의 자극물질로서 중추신경계통 억제 및 신경 이상.
톨루엔 자체는 혈액학적 영향이 관찰되지 않는다.

정답: ③

07 60℃, 1기압인 탈지조에서 TCE(분자량 131.4, 비중 1.466) 2L를 사용하였다. 공기 중으로 모두 증발하였다고 가정할 때, 발생한 증기량(㎥)은 약 얼마인가?

① 0.34

② 0.50

③ 0.54

④ 0.61

⑤ 0.82

해설

모든 기체의 0℃, 1기압 일 때 1분자량(1mol)의 체적은 22.4L이다.
중량=체적(부피)×비중
중량(g)= 2L × 1.466g/mL × 1,000mL/L = 2,932g
60°C, 1기압의 부피= $22.4L \times \frac{273+60}{273} = 27.32L$
분자량 : 현재부피= 발생 질량 : 발생 부피
131.4g : 27.32L = 2,932g : 발생한 증기량
부피는 609.60...(L)이다. 여기서 1㎥=1,000L임을 알고 문제의 답을 찾으면 된다.
발생한 증기량(㎥)=$\frac{27.32L \times 2,932g \times m^3/1,000L}{131.4g} = 0.61m^3$

정답: ④

08 국소배기장치 설계에 관한 설명으로 옳지 않은 것은?

① 송풍기에서 가장 먼 쪽의 후드부터 설계한다.

② 설계 시 먼저 후드의 형식과 송풍량을 결정한다.

③ 1차 계산된 덕트 직경의 이론치보다 더 큰 크기의 시판 덕트를 선정한다.

④ 합류관 연결부에서 정압은 가능한 같아지게 한다.

⑤ 합류관 연결부의 정압비(SP_{high}/SP_{low})가 1.05 이내이면 정압 차를 무시하고 다음 단계 설계를 계속한다.

해설

○ **국소배기장치 설계 순서**

1. 후드 형식 선정

   공정에 적합한 후드를 선택(설계)한다.

2. 제어풍속 결정

   발생원에서 오염물질 발생방향, 거리 및 후드 형식을 고려하여 적정한 제어풍속을 결정한다.

3. 설계 환기량 계산

   제어풍속(m/s)과 후드의 개구면적(㎡)으로 설계환기량(Q)을 계산한다.

4. 이송속도(반송속도) 결정

   오염물질의 종류에 따라 덕트 내 분진 등이 퇴적되지 않도록 덕트 내 이송속도(최소 덕트속도)를 구한다.

5. 덕트 직경 산출

   설계환기량을 이송속도(반송속도)로 나누어 덕트 직경의 이론치를 산출한다.

   최종 덕트속도가 최소 덕트속도보다 크도록 하기 위해 덕트 직경은 이론치보다 작은 것을 선택한다.

   $$A=\frac{Q}{V}\times\frac{\min}{60s}$$

   A=덕트의 단면적(㎡)

   Q=배출풍량(㎥/min)

   V=이송속도 또는 반송속도(m/s)

   $$D=(\frac{\pi A}{4})^2$$

   D=덕트 직경(m)

6. 덕트의 배치와 설치장소 선정

   덕트의 직경이 너무 커서 배치가 어려울 경우에는 후드의 설치장소와 후드의 형식을 재검토하여 송풍량을 적게 한다.

7. 공기정화장치 선정

   유해물질 제거효율이 양호한 유해가스 처리장치 또는 제진장치 등의 공기정화장치를 선정한 후 압력손실을 계산 또는 가정하여야 한다.

8. 총압력손실 계산

후드 정압(SP_h)과 덕트 및 공기정화장치 등의 총압력손실의 합계를 산출한다.

9. 송풍기 선정

총압력손실(mmH_2O)과 총배기량(㎥/min)으로 송풍기 풍량(㎥/min)과 풍정압(mmH_2O) 그리고 소요동력을 결정하고 적절한 송풍기를 선정한다.

○ **국소배기장치 설계절차 중 덕트**

· 오염물질을 덕트 내에 침적 혹은 막힘 현상 없이 운반할 수 있는 공정에 맞는 덕트의 최소설계속도를 결정한다.

· 덕트 직경 계산: 필요환기량(송풍량)을 덕트 최소설계속도로 나누어서 덕트의 면적을 구한다.(이 면적으로 직경을 구함)

· 시판되는 덕트의 규격(직경크기)을 결정한다. 이 때 위에서 구한 덕트 최소설계속도보다는 덕트 내 실제속도가 커야 되므로 시판용 덕트의 직경은 계산된 덕트의 직경보다 더 작은 것을 선정해야 한다.

· 시판용 덕트의 단면적을 가지고 다시 역으로 계산하여 실제 덕트 속도를 구한다.

○ **정압비(SP_{high}/SP_{low} → 절대값이 큰 정압 / 절대값이 작은 정압)**

· 정압비가 1.2 혹은 이보다 큰 경우: 작은 정압 분지관을 재설계(Redesign)

· 정압비가 1.2보다 작고 1.05보다 큰 경우: 작은 정압 분지관의 유량 보정

· 정압비가 1.05보다 작은 경우: 특별한 조치를 취하지 않고 다음 단계 설계

정답: ③

09 입자상 물질에 관한 설명으로 옳은 것을 모두 고른 것은?

ㄱ. 호흡성 분진(RPM)은 가스 교환 부위에 침착될 때 독성을 일으키는 물질이다.

ㄴ. 석면이나 유리규산은 대식세포의 용해효소로 쉽게 제거된다.

ㄷ. 우리나라 노출기준에는 산화규소 결정체 4종이 있으며, 모두 발암성 1A이다.

ㄹ. 입자상 물질의 침강속도는 스토크 법칙(Stokes' law)을 따르며, 입자의 밀도와 입경에 반비례한다.

① ㄱ, ㄴ

② ㄱ, ㄷ

③ ㄴ, ㄹ

④ ㄴ, ㄷ, ㄹ

⑤ ㄱ, ㄴ, ㄷ, ㄹ

해설

ㄴ. 대식세포는 면역담당세포로서 세균, 이물질 등을 포식하여 소화하는 역할을 한다. 대식세포에서 방출되는 효소의 용해작용으로 제거하는 것이다. 그러나 석면이나 유리규산은 대식세포에 의해 제거되지 않는다.

ㄹ. 유체 내에서 퇴적물의 하강은 '스토크 법칙'에 따른다.

$$V_g(\text{cm/sec}) = \frac{d_p^2(\rho_p - \rho)g}{18\mu}$$

V_g : 침강속도, g : 중력가속도(980cm/sec), d_p : 입자직경(cm)

ρ_p : 입자밀도(g/cm^3), ρ : 밀도(g/cm^3), μ : 공기점성계수($g/cm\,\text{sec}$)

산업위생에서 사용하는 침강속도(cm/sec)=0.003×ρ×d^2

즉, 밀도(ρ)에 비례하고, 직경(d)의 제곱에 비례한다.

○ 화학물질 및 물리적 인자의 노출기준 - <별표1: 화학물질의 노출기준>

269	산화규소(결정체 석영)	Silica(Crystalline quartz) (Respirable fraction)	[14808-60-7] 발암성 1A, 호흡성
270	산화규소 (결정체 크리스토바라이트)	Silica(Crystalline cristobalite) (Respirable fraction)	[14464-46-1] 발암성 1A, 호흡성
271	산화규소 (결정체 트리디마이트)	Silica(Crystalline tridymite) (Respirable fraction)	[15468-32-3] 발암성 1A, 호흡성
272	산화규소 (결정체 트리폴리)	Silica(Crystalline tripoli) (Respirable fraction)	[1317-95-9] 발암성 1A, 호흡성

정답: ②

10 화학물질 및 물리적 인자의 노출기준에서 "발암성 1A"가 아닌 중금속은?

① 비소 및 그 무기화합물

② 니켈(가용성 화합물)

③ 니켈(불용성 무기화합물)

④ 수은 및 무기형태(아릴 및 알킬 화합물 제외)

⑤ 카드뮴 및 그 화합물

해설

메틸수은은 생식독성 1B, Skin으로 인체 발암성 입증할 만한 증거는 아직 없다.

일련번호	유해물질의 명칭		비 고 (CAS번호 등)
	국문표기	영문표기	
324	수은 및 무기형태 (아릴 및 알킬 화합물 제외)	Mercury elemental and inorganic form(All forms except aryl & alkyl compounds)	[7439-97-6] 생식독성 1B, Skin

정답: ④

11 물리적 유해인자의 관리방법으로 옳지 않은 것은?

① 고압환경에서는 질소 대신 헬륨으로 대치한 공기를 흡입한다.
② 고온순화(순응)는 노출 후 4~7일부터 시작하여 12~14일에 완성된다.
③ 자유공간(점음원)에서 거리가 2배 증가하면 소음은 6dB 감소한다.
④ 진동공구 작업자는 금연하는 것이 바람직하다.
⑤ 전리방사선의 강도는 거리의 제곱근에 비례한다.

해설

① 고압에서는 질소마취가 일어나므로 헬륨으로 대치한다.
② 고온순화(순응)는 고온 환경에 잘 적응하는 것을 말한다. 고온 순화가 이루어진 상태에서는 기온이 낮은 환경의 온도에서도 땀이 나기 시작하며 발한량(땀배출량)이 증가해도 땀 속의 염분량이 감소하고 혈장량이 증가해 맥박수가 감소해도 심장의 박출량이 증가한다.
고온 노출 후 4~7일 후 시작하여 12~14일에 완성된다. 그러나 고온 노출 중지 후 2주 정도 지속되다가 1개월 뒤 완전 소실된다.
③ 자유공간(점음원)에서 거리가 2배 증가하면 소음은 6dB 감소한다. 만일 선음원이라면 거리가 2배 증가하면 소음은 3dB 감소한다.
④ 진동공구 작업자는 금연하는 것이 바람직하다. 니코틴은 혈관을 수축시키기 때문에 진동공구를 조작하는 동안 금연한다.
⑤ 방사선량의 강도는 선원으로부터 거리 제곱에 반비례하여 감소한다.

정답: ⑤

12 다음 조건을 고려하여 공기 중 섬유상물질의 농도(개/㎤)를 구하면 약 얼마인가?

> ○ 직경 25mm 여과지(유효직경 22.1mm)
> ○ 시료채취 시간: 1시간 30분
> ○ 공기시료 채취기의 유량보정: 뷰렛의 용량 0.90 ℓ
> 채취 전(초): 15.2, 15.35, 15.6
> 채취 후(초): 16.3, 16.35, 16.45
> ○ 위상차현미경을 이용하여 섬유상 물질을 계수한 결과
> 공시료: 0.02개/시야
> 시 료: 150개/30시야
> (단, Walton-Beckett Field(시야)의 직경은 100㎛)

① 0.2
② 0.4
③ 0.6
④ 0.8
⑤ 1.0

해설

· 1시야당 실제 섬유상 물질의 개수(공시료 제외): $\frac{5개}{시야} - \frac{0.02개}{시야} = 4.98개/시야$

· 여과지의 유효면적: $(\frac{\pi \times 22.1^2}{4})mm^2 = 383.4mm^2$

> · 공기채취량(L) = 시료채취pump용량(L/분) × 시료채취시간(분)
> · 채취유량(L/분)= 뷰렛용량(L) ÷ 걸린시간(분)
> · 채취전pump용량: $\frac{0.90L}{(\frac{15.2+15.35+15.6}{3})sec}$ =0.0585L/sec×60(s/min)= 3.51L/min
> · 채취후pump용량: $\frac{0.90L}{(\frac{16.3+16.35+16.45}{3})sec}$ =0.0549L/sec×60(s/min)= 3.3L/min
> · 평균 pump 용량: $\frac{3.51L/\min + 3.3L/\min}{2}$ = 3.4L/min
> 공기채취량 = 3.4L/min(pump용량) × 90min(시료채취시간) = 306L

100μm 직경의 원형 시야(시야면적: 0.00785mm^2)를 가지는 월톤-버켓 그래티큘 (Walton-Beckett Field)

· 여과지의 유효면적인 383.4mm^2에 채취된 총 섬유상 물질의 개수

$\frac{4.98\text{개}}{0.00785mm^2} \times 383.4mm^2$=243.227개

· 공기 중 섬유상 물질의 농도 = $\frac{243.227\text{개}}{306L} \times \frac{1L}{1000cc}$ = 0.8개/cc = 0.8개/㎤

정답: ④

13 실험실로 I-131(반감기 8.04일)이 들어있는 보관함이 배달되었으며, 방사능을 측정한 결과 500pCi였다. 30일 후 방사능(pCi)은 약 얼마인가?

① 37.6

② 32.6

③ 27.6

④ 22.6

⑤ 17.6

해설

반감기(1차 반응식)

'반감기'란 농도(질량)가 정확히 반으로 되는데 걸리는 시간으로 예를 들면, 코발트의 반감기는 5.3년이라 할 때, 코발트의 질량이 20%가 되는데 걸리는 시간을 구해보자.

ln(나중질량)-ln(처음질량)=-k×t

여기서 k는 반응속도 상수, t는 시간이다.

ln(1/2)=-k×5.3(년)

따라서 k=0.1307...

문제는 코발트의 질량이 20%가 되는 것이므로

ln(20/100)=-k×t

여기서 t(시간)를 구하면 된다. t=12.31....(년)

(문제의 풀이)

ln(나중질량)-ln(처음질량)=-k×t

ln(0.5)=-k×(8.04일)

k=0.08621...

ln(x/500)=-k×(30일)

정답: ①

14 개인보호구에 관한 설명으로 옳은 것을 모두 고른 것은?

ㄱ. 유기화합물용 정화통은 습도가 높을수록 수명은 길어진다.
ㄴ. 산소결핍장소에서는 전동식 호흡보호구를 착용한다.
ㄷ. 보호구 안전인증 고시에서 액체 차단 보호복은 3형식, 분진 차단 보호복은 5형식이다.
ㄹ. 보호구 안전인증 고시에서 귀마개 등급은 1종과 2종으로 구분한다.

① ㄱ, ㄴ
② ㄷ, ㄹ
③ ㄱ, ㄷ, ㄹ
④ ㄴ ,ㄷ, ㄹ
⑤ ㄱ, ㄴ, ㄷ, ㄹ

해설

ㄱ. 유기화합물용 정화통은 습도가 낮을수록 수명은 길어진다.
ㄴ. 산소결핍장소에서는 송기식, 자급식 호흡보호구(공기공급식)를 사용한다.
ㄷ. 보호구 안전인증 고시에서 액체 차단 보호복은 3형식, 분진 차단 보호복은 5형식이다.
ㄹ. 보호구 안전인증 고시에서 귀마개 등급은 1종과 2종으로 구분한다.

○ **호흡보호구의 종류**

분류	공기정화식		공기공급식	
종류	비전동식	전동식	송기식	자급식
안면부 등의 형태	전면형, 반면형	전면형, 반면형	전면형, 반면형, 페이스실드, 후드	전면형
보호구 명칭	방진마스크, 방독마스크, 겸용 방독마스크(방진+방독)	전동기 부착 방진마스크, 방독마스크, 겸용 방독마스크(방진+방독)	호스 마스크, 에어라인 마스크, 복합식 에어라인 마스크	공기호흡기 (개방식), 산소호흡기 (폐쇄식)

[별표 8의2, 보호구안전인증고시]

○ 화학물질용 보호복의 성능기준(제25조 관련)→암기법: 차/비/액/무/진/미

형식		형식구분 기준
1형식	1a형식	보호복 내부에 개방형 공기호흡기와 같은 대기와 독립적인 호흡용 공기공급이 있는 가스 차단 보호복
	1a형식 (긴급용)	긴급용 1a 형식 보호복
	1b형식	보호복 외부에 개방형 공기호흡기와 같은 호흡용 공기공급이 있는 가스 차단 보호복
	1b형식 (긴급용)	긴급용 1b 형식 보호복
	1c형식	공기라인과 같은 양압의 호흡용 공기가 공급되는 가스 차단 보호복
2형식		공기라인과 같은 양압의 호흡용 공기가 공급되는 가스 비차단 보호복
3형식		액체 차단 성능을 갖는 보호복. 만일 후드, 장갑, 부츠, 안면창(visor) 및 호흡용보호구가 연결되는 경우에도 액체 차단 성능을 가져야 한다.
4형식		분무 차단 성능을 갖는 보호복. 만일 후드, 장갑, 부츠, 안면창(visor) 및 호흡용보호구가 연결되는 경우에도 분무 차단 성능을 가져야 한다.
5형식		분진 등과 같은 에어로졸에 대한 차단 성능을 갖는 보호복
6형식		미스트에 대한 차단 성능을 갖는 보호복

비고 : 3, 4, 6 형식은 부분보호복을 인정한다.

나. 보호복의 등급은 투과저항 화학물질과 그 성능수준으로 한다.

다. 1, 2형식 보호복은 안전장갑과 안전화를 포함하는 일체형이야 한다.

[별표 12] 방음용 귀마개 또는 귀덮개의 성능기준(제33조 관련)

종류	등급	기호	성 능	비고
귀마개	1종	EP-1	저음부터 고음까지 차음하는 것	귀마개의 경우 재사용 여부를 제조특성으로 표기
	2종	EP-2	주로 고음을 차음하고 저음(회화음영역)은 차음하지 않는 것	
귀덮개	–	EM		

정답: ②

15 톨루엔 노출 작업자의 호흡보호구에 적합한 정성적 밀착도 검사(QLFT) 방법은?

① 초산이소아밀법
② 사카린법
③ 자극성 스모그법
④ 공기 중 에어로졸법(Condensation Nucleus Counter)
⑤ 통제음압모니터법(Controlled Negative-Pressure Monitor)

해설

○ **Kosha Guide H-82-2020 호흡보호구의 선정·사용 및 관리에 관한 지침**
<부록 2> 밀착도 검사 방법
1. 방진마스크
· 정성적 밀착도 검사 방법 - 사카린(Saccharin) 에어로졸법
· 정량적 밀착도 검사 방법 - 공기 중 에어로졸 측정법(Condensation Nucleus Counter)
2. 방독마스크
· 정성적 밀착도 검사 방법 - 초산이소아밀법(Isoamyl acetate)
* 유해한 분진, 흄 등의 입자상 물질에 대해서는 방진마스크가 사용되며, 가스상 물질에는 방독마스크가 사용된다. 톨루엔 호흡보호구는 방독마스크이다.

정답: ①

16 산업안전보건기준에 관한 규칙에서 밀폐공간과 관련된 용어의 정의로 옳지 않은 것은?

① "밀폐공간"이란 산소결핍, 유해가스로 인한 질식·화재·폭발 등의 위험이 있는 장소이다.
② "유해가스"란 탄산가스·일산화탄소·황화수소 등의 기체로서 인체에 유해한 영향을 미치는 물질을 말한다.
③ "적정공기"란 산소농도의 범위가 18퍼센트 이상 23.5퍼센트 미만, 탄산가스의 농도가 1.5퍼센트 미만, 일산화탄소의 농도가 30피피엠 미만, 황화수소의 농도가 10피피엠 미만인 수준의 공기를 말한다.
④ "산소결핍"이란 공기 중의 산소농도가 18퍼센트 이하인 상태를 말한다.
⑤ "산소결핍증"이란 산소가 결핍된 공기를 들이마심으로써 생기는 증상을 말한다.

해설

"산소결핍"이란 공기 중의 산소농도가 18퍼센트 미만인 상태를 말한다.

정답: ④

17 유해화학물질 또는 공정에 적합한 호흡보호구의 연결이 옳지 않은 것은?

① 석면: 특급 방진마스크
② 스프레이 도장작업: 방진방독 겸용 마스크
③ 베릴륨: 1급 방진마스크
④ 포스겐: 송기마스크
⑤ 금속흄: 배기밸브가 있는 안면부여과식 마스크

해설

<표 1> 방진마스크의 등급

등급	특급	1급	2급
사용장소	· **베릴륨** 등과 같이 독성이 강한 물질들을 함유한 분진 등 발생장소 · **석면** 취급장소	· 특급마스크 착용장소를 제외한 분진 등 발생장소 · 금속흄 등과 같이 열적으로 생기는 분진 등 발생장소 · 기계적으로 생기는 분진 등 발생장소(규소등과 같이 2급 방진마스크를 착용하여도 무방한 경우는 제외한다)	· 특급 및 1급 마스크 착용장소를 제외한 분진 등 발생장소
	배기밸브가 없는 안면부여과식 마스크는 특급 및 1급 장소에 사용해서는 안 된다.		

정답: ③

18 고용노동부가 발표한 2020년 산업재해 현황 분석에서, 2020년에 발생한 직업병 중 발생자 수가 가장 많은 것은?

① 진폐
② 난청
③ 금속 및 중금속 중독
④ 유기화합물 중독
⑤ 기타 화학물질 중독

해설

직업병: 작업환경 중 유해인자와 관련성이 뚜렷한 질병으로 난청>진폐>기타 화학물질중독 순이다.
직업관련성 질병은 업무요인과 개인질병 등 업무외적 요인이 복합적으로 작용하여 발생하는 질병으로 신체부담작업>요통>뇌·심혈관질환> 기타(과로, 스트레스, 간질환, 정신질환 등) 순이다.

정답: ②

19 호흡기계의 구조와 기능에 관한 설명으로 옳지 않은 것은?

① 폐포는 가스교환 작용이 일어나는 곳이다.
② 해부학적으로 상부와 하부 호흡기계로 구분한다.
③ 내호흡은 폐포와 혈액 사이에서 발생하는 산소와 이산화탄소의 교환작용을 말한다.
④ 비강(nasal cavity)은 호흡공기의 온·습도를 조절하고 오염물질을 제거하는 등의 기능을 한다.
⑤ 기관지는 세기관지(bronchiole)에 가까울수록 섬모세포의 수는 줄어들고 섬모가 없는 클라라세포(clara cell)가 주종을 이룬다.

해설

내호흡(조직호흡): 산소와 이산화탄소 분압 차에 의해 확산이 일어나는데 이는 모세혈관 내에서 이루어진다.
외호흡(폐호흡): 이산화탄소와 산소의 가스교환이 일어난다.

정답: ③

20 메탄올의 생체 내 대사과정 중 ( )에 들어갈 내용으로 옳은 것은?

메탄올 → (ㄱ) → (ㄴ) → 이산화탄소

① ㄱ: 포름산 ㄴ: 산화아렌
② ㄱ: 포름알데히드 ㄴ: 아세트산
③ ㄱ: 포름알데히드 ㄴ: 포름산
④ ㄱ: 아세트알데히드 ㄴ: 포름산
⑤ ㄱ: 아세트알데히드 ㄴ: 아세트산

해설

메탄올 → (포름알데히드) → (포름산 또는 개미산) → 이산화탄소

정답: ③

21 신체부위별 동작 유형에 관한 내용으로 옳은 것을 모두 고른 것은?

ㄱ. 굴곡(flexion): 관절에서의 각도가 증가하는 동작
ㄴ. 신전(extension): 관절에서의 각도가 감소하는 동작
ㄷ. 내전(adduction): 몸의 중심선으로 향하는 이동 동작
ㄹ. 외전(abduction): 몸의 중심선에서 멀어지는 이동 동작
ㅁ. 내선(medial rotation): 몸의 중심선을 향하여 안쪽으로 회전하는 동작

① ㄱ, ㄴ
② ㄴ, ㄷ
③ ㄴ, ㄷ, ㅁ
④ ㄷ, ㄹ, ㅁ
⑤ ㄱ, ㄴ, ㄷ, ㄹ, ㅁ

해설

· 굴곡(flexion): 관절에서의 각도가 감소하는 동작
· 신전(extension): 관절에서의 각도가 증가하는 동작
· 내전(adduction): 몸의 중심선으로 향하는 이동 동작
· 외전(abduction): 몸의 중심선에서 멀어지는 이동 동작
· 내선(medial rotation): 몸의 중심선을 향하여 안쪽으로 회전하는 동작

정답: ④

22 재해의 직접원인 중 불안전한 행동에 해당하지 않는 것은?

① 안전장치의 부적합
② 위험장소 접근
③ 개인보호구의 잘못 착용
④ 불안전한 속도 조작
⑤ 감독 및 연락 불충분

해설

불안전한 상태(물적 요인)	불안전한 행동(인적 요인)
1. 물(物) 자체의 결함 2. 방호조치의 결함(안전장치의 부적합) 3. 물건의 배치방법, 작업장소의 결함 4. 보호구·복장 등의 결함 5. 작업환경의 결함 6. 작업방법의 결함 7. 경계표시, 설비의 결함 8. 생산공정의 결함	1. 안전장치의 무효화(기능 제거) 2. 안전조치의 불이행 3. 불안전한 상태 방치 4. 불안전한 자세 동작 5. 불안전한 속도 조작(운전의 실패 등) 6. 기계, 장치 등의 잘못된 사용 7. 보호구, 복장 등의 잘못된 사용 8. 위험장소 접근 9. 위험물 취급 부주의 10. 감독 및 연락 불충분

정답: ①

23 힐(A. Hill)이 주장한 인과관계를 결정하는 기준에 관한 설명으로 옳지 않은 것은?

① 어떤 원인에 대한 노출과 특정 질병 발생 간에 관련성은 보이지만, 다른 질병과의 연관성도 함께 관찰된다면 인과 관계의 가능성은 작아진다.

② 원인에 대한 노출이 질병 발생 시점보다 시간적으로 앞설 때 인과 관계의 가능성이 커진다.

③ 의심되는 원인에 노출되어 질병이 발생하는 기전에 대해 기존지식이 아닌 새로운 이론으로 해석될 때 인과 관계의 가능성이 커진다.

④ 원인에 대한 노출 정도가 커질수록 질병 발생 확률도 높아지는 용량-반응 관계가 나타날 경우 인과 관계의 가능성이 커진다.

⑤ 연관성의 강도가 클수록 인과 관계의 가능성이 커진다.

해설

의심되는 원인에 노출되어 질병이 발생하는 기전에 대해 기존지식(이론)으로 해석될 때 인과관계의 가능성이 커진다. 테마35 반드시 참조할 것!

정답: ③

24 유해인자별 건강관리에 관한 설명으로 옳지 않은 것은?

① 도장작업자는 유기화합물에 의한 급성중독, 접촉성 피부염 등에 대해 관리하여야 한다.

② 진동작업자의 경우 정기적인 특수건강진단이 필요하다.

③ 금속가공유 취급자는 폐기능의 변화, 피부질환 등에 대해 관리하여야 한다.

④ "사후관리 조치"란 사업주가 건강관리 실시결과에 따른 작업장소 변경, 작업전환, 건강상담, 근무 중 치료 등 근로자의 건강관리를 위하여 실시하는 조치를 말한다.

⑤ 전(前) 사업장에서 황산에 대한 건강진단을 받고 6개월이 지난 작업자의 경우 배치전건강진단 실시를 면제할 수 있다.

해설

산업안전보건법 시행규칙 제203조(배치전건강진단 실시의 면제) 법 제130조제2항 단서에서 "고용노동부령으로 정하는 근로자"란 다음 각 호의 어느 하나에 해당하는 근로자를 말한다.

1. 다른 사업장에서 해당 유해인자에 대하여 다음 각 목의 어느 하나에 해당하는 건강진단을 받고 6개월이 지나지 않은 근로자로서 건강진단 결과를 적은 서류(이하 "건강진단개인표"라 한다) 또는 그 사본을 제출한 근로자
   가. 법 제130조제2항에 따른 배치전건강진단(이하 "배치전건강진단"이라 한다)
   나. 배치전건강진단의 제1차 검사항목을 포함하는 특수건강진단, 수시건강진단 또는 임시건강진단
   다. 배치전건강진단의 제1차 검사항목 및 제2차 검사항목을 포함하는 건강진단
2. 해당 사업장에서 해당 유해인자에 대하여 제1호 각 목의 어느 하나에 해당하는 건강진단을 받고 6개월이 지나지 않은 근로자

정답: ⑤

25 산업안전보건법 시행규칙 중 납에 대한 특수건강진단 시 제2차 검사항목에 해당하는 생물학적 노출지표를 모두 고른 것은?

ㄱ. 혈중 납　　ㄴ. 소변 중 납
ㄷ. 혈중 징크프로토포피린　　ㄹ. 소변 중 델타아미노레블린산

① ㄱ
② ㄴ
③ ㄱ, ㄷ
④ ㄴ, ㄷ, ㄹ
⑤ ㄱ, ㄴ, ㄷ, ㄹ

해설

번호	유해인자	제1차 검사항목	제2차 검사항목
2	납 및 그 무기화합물	(1) 직업력 및 노출력 조사 (2) 주요 표적기관과 관련된 병력조사 (3) 임상검사 및 진찰 ① 조혈기계: 혈색소량, 혈구용적치, 적혈구 수, 백혈구 수, 혈소판 수, 백혈구 백분율 ② 비뇨기계: 요검사 10종, 혈압측정 ③ 신경계 및 위장관계: 관련 증상 문진, 진찰 (4) 생물학적 노출지표 검사: 혈중 납	(1) 임상검사 및 진찰 ① 조혈기계: 혈액도말검사, 철, 총철결합능력, 혈청페리틴 ② 비뇨기계 : 단백뇨정량, 혈청크레아티닌, 요소질소, 베타 2 마이크로글로불린 ③ 신경계: 근전도검사, 신경전도검사, 신경행동검사, 임상심리검사, 신경학적 검사 (2) 생물학적 노출지표 검사 ① 혈중 징크프로토포피린 ② 소변 중 델타아미노레뷸린산 ③ 소변 중 납

정답: ④

산업보건지도사 산업보건일반(제2과목) 역대 기출문제 해설

01 국내·외 산업위생의 역사에 관한 설명으로 옳지 않은 것은?

① 미국의 산업위생학자 Hamilton은 유해물질 노출과 질병과의 관계를 규명하였다.
② 1981년 우리나라는 노동청이 노동부로 승격되었고 산업안전보건법이 공포되었다.
③ 원진레이온에서 이황화탄소(CS_2) 중독이 집단적으로 발생하였다.
④ Agricola는 음낭암의 원인물질이 검댕(soot)이라고 규명하였다.
⑤ Ramazzini는 직업병의 원인을 작업장에서 사용하는 유해물질과 불안전한 작업자세나 과격한 동작으로 구분하였다.

해설

Agricola(아그리콜라)	Percival Pott(퍼시발 포트)
광물학의 아버지라 불리며 「광물에 대하여」란 책을 남겼다.	영국의 외과의사로 직업성 암(음낭암)을 최초로 보고. 암의 원인물질로 검댕(soot) 속 여러 종류의 방향족탄화수소(PAHs)임을 지적하였으며 '굴뚝 청소법' 제정의 계기가 된다.

정답: ④

02 망간(Mn)의 인체에 대한 실험결과 안전한 체내 흡수량은 0.1mg/kg 이었다. 1일 작업시간이 8시간인 경우 허용농도(mg/m^3)는 약 얼마인가? (단, 폐에 의한 흡수율은 1, 호흡률은 $1.2m^3/hr$, 근로자의 체중은 80kg으로 계산한다.)

① 0.83
② 0.88
③ 0.93
④ 0.98
⑤ 1.03

해설

안전흡수량(체내 흡수량)= C×T×V×R = 허용농도×시간(h)×흡수율×호흡률

80kg×0.1mg/kg=C×8hr×1×1.2m^3/hr

C=0.83mg/m^3

정답: ①

03 「작업환경측정 및 정도관리 등에 관한 고시」에서 입자상 물질의 측정, 분석방법의 내용으로 옳지 않은 것은?

① 석면의 농도는 여과채취방법으로 측정하고 계수방법 또는 이와 동등이상의 분석방법으로 분석한다.

② 광물성분진은 여과채취방법으로 측정한다.

③ 흡입성분진은 흡입성분진용 분립장치 또는 흡입성분진을 채취할 수 있는 기기를 이용한 여과채취방법으로 측정한다.

④ 용접흄은 여과채취방법으로 측정하되 용접보안면을 착용한 경우에는 그 외부에서 시료를 채취한다.

⑤ 규산염은 중량분석방법으로 분석한다.

해설

제21조(측정 및 분석방법) 규칙 별표 21의 작업환경측정 대상 유해인자 중 입자상 물질은 다음 각호의 방법으로 측정한다.

1. 석면의 농도는 여과채취방법으로 측정하고 계수방법 또는 이와 동등 이상의 분석방법으로 분석할 것
2. 광물성분진은 여과채취방법으로 측정하고 석영, 크리스토바라이트, 트리디마이트를 분석할 수 있는 적합한 방법으로 분석할 것(다만 규산염과 그 밖의 광물성분진은 중량분석방법으로 분석한다.)
3. 용접흄은 여과채취방법으로 측정하되 용접보안면을 착용한 경우에는 그 내부에서 시료를 채취하고 중량분석방법과 원자흡광광도계 또는 유도결합프라스마를 이용한 방법으로 분석할 것
4. 석면, 광물성분진 및 용접흄을 제외한 입자상 물질은 여과채취방법으로 측정한 후 중량분석방법이나 유해물질 종류에 따른 적합한 방법으로 분석할 것
5. 호흡성분진은 호흡성분진용 분립장치 또는 호흡성분진을 채취할 수 있는 기기를 이용한 여과채취방법으로 측정할 것
6. 흡입성분진은 흡입성분진용 분립장치 또는 흡입성분진을 채취할 수 있는 기기를 이용한 여과채취방법으로 측정할 것

정답: ④

04

직경 200mm의 원형 덕트에서 측정한 후드정압(SP_h)은 100mmH_2O, 유입계수(C_e)는 0.5이었다. 후드의 필요 환기량(m^3/min)은 약 얼마인가? (단, 현재의 공기는 표준공기 상태이다.)

① 18.10
② 23.10
③ 28.10
④ 33.10
⑤ 38.10

해설

후드의 필요환기량(㎥/min)=V×A
A=0.785×d^2
V=4.03 $\sqrt{VP}$
SP_h=VP+VP×F=VP(1+F)
F=(1-C_e^2)/C_e^2
특히, 주의할 것은 단위이다. mm를 m로 고치고, 속도단위(m/sec)를 min으로 고치는 것을 잊지 말 것!

정답: ⑤

05

산업안전보건법 시행규칙과 산업안전보건기준에 관한 규칙상 소음발생으로 인한 건강장해 예방에 관한 설명으로 옳지 않은 것은?

① 8시간 시간가중평균 80dB 이상의 소음은 작업환경측정 대상이다.
② 1일 8시간 작업을 기준으로 소음측정 결과 85dB인 경우 청력보존 프로그램 수립대상이다.
③ 1일 8시간 작업을 기준으로 소음측정 결과 90dB인 경우 특수건강진단 대상이다.
④ 사업주는 근로자가 강렬한 소음작업에 종사하는 경우 인체에 미치는 영향과 증상을 근로자에게 알려야 한다.
⑤ 사업주는 근로자가 충격소음작업에 종사하는 경우 근로자에게 청력보호구를 지급하고 착용하도록 하여야 한다.

해설

특수건강진단 대상 소음	작업환경측정 대상 소음	청력보존프로그램 대상 소음
3. 물리적 인자(8종) 가. 안전보건규칙 제512조 제1호부터 제3호까지의 규정의 소음작업, 강렬한 소음작업 및 충격소음작업에서 발생하는 소음	2. 물리적 인자(2종) 가. 8시간 시간가중평균 80dB 이상의 소음 나. 안전보건규칙 제558조에 따른 고열	90dB 초과하거나 소음으로 인하여 근로자에게 건강장해가 발생한 사업장

○ **산업안전보건기준에 관한 규칙**

제512조(정의) 이 장에서 사용하는 용어의 뜻은 다음과 같다.

1. "소음작업"이란 1일 8시간 작업을 기준으로 85데시벨 이상의 소음이 발생하는 작업을 말한다.
2. "강렬한 소음작업"이란 다음 각목의 어느 하나에 해당하는 작업을 말한다.
   가. 90데시벨 이상의 소음이 1일 8시간 이상 발생하는 작업
   나. 95데시벨 이상의 소음이 1일 4시간 이상 발생하는 작업
   다. 100데시벨 이상의 소음이 1일 2시간 이상 발생하는 작업
   라. 105데시벨 이상의 소음이 1일 1시간 이상 발생하는 작업
   마. 110데시벨 이상의 소음이 1일 30분 이상 발생하는 작업
   바. 115데시벨 이상의 소음이 1일 15분 이상 발생하는 작업
3. "충격소음작업"이란 소음이 1초 이상의 간격으로 발생하는 작업으로서 다음 각 목의 어느 하나에 해당하는 작업을 말한다.
   가. 120데시벨을 초과하는 소음이 1일 1만회 이상 발생하는 작업
   나. 130데시벨을 초과하는 소음이 1일 1천회 이상 발생하는 작업
   다. 140데시벨을 초과하는 소음이 1일 1백회 이상 발생하는 작업
4. "진동작업"이란 다음 각 목의 어느 하나에 해당하는 기계・기구를 사용하는 작업을 말한다.
   가. 착암기(鑿巖機)
   나. 동력을 이용한 해머
   다. 체인톱
   라. 엔진 커터(engine cutter)
   마. 동력을 이용한 연삭기
   바. 임팩트 렌치(impact wrench)
   사. 그 밖에 진동으로 인하여 건강장해를 유발할 수 있는 기계・기구
5. "청력보존 프로그램"이란 소음노출 평가, 소음노출 기준 초과에 따른 공학적 대책, 청력보호구의 지급과 착용, 소음의 유해성과 예방에 관한 교육, 정기적 청력검사, 기록・관리 사항 등이 포함된 소음성 난청을 예방・관리하기 위한 종합적인 계획을 말한다.

제517조(청력보존 프로그램 시행 등) 사업주는 다음 각 호의 어느 하나에 해당하는 경우에 청력보존 프로그램을 수립하여 시행해야 한다.

1. 법 제125조에 따른 소음의 작업환경 측정 결과 소음수준이 법 제106조(화학물질 및 물리적 인자의 노출기준)에 따른 유해인자 노출기준에서 정하는 소음의 노출기준을 초과하는 사업장
2. 소음으로 인하여 근로자에게 건강장해가 발생한 사업장

<별표 2-1> 소음의 노출기준(충격소음제외)

1일 노출시간(hr)	소음강도 dB(A)
8	90
4	95
2	100
1	105
1/2	110
1/4	115

주 : 115dB(A)를 초과하는 소음 수준에 노출되어서는 안 됨.

<별표 2-2> 충격소음의 노출기준

1일 노출회수	충격소음의 강도 dB(A)
100	140
1,000	130
10,000	120

주 : 1. 최대 음압수준이 140dB(A)를 초과하는 충격소음에 노출되어서는 안 됨

2. 충격소음이라 함은 최대음압수준에 120dB(A) 이상인 소음이 1초 이상의 간격으로 발생하는 것을 말함

정답: ②

06 전리방사선에 관한 설명으로 옳은 것은?

① β입자는 그 자체가 전리적 성질을 가지고 있다.
② γ-선이 인체에 흡수되면 α입자가 생성되면서 전리작용을 일으킨다.
③ 중성자는 하전되어 있어 1차적인 방사선을 생성한다.
④ 렌트겐(R)은 방사능 단위에 해당된다.
⑤ 라드(rad)는 조사선량 단위에 해당된다.

해설

테마49 참조

① α입자, β입자는 그 자체가 전리적 성질을 가지고 있다.
② X-선, γ-선의 경우 인체에 흡수되면 β입자가 생성되면서 전리작용 유발.
③ 중성자입자는 하전(대전, 전기를 띠는 현상)되어 있지 않으나 2차적인 방사선을 생성하여 전리효과를 발휘한다.
④ 렌트겐(R)은 조사선량 단위에 해당된다. 방사능은 베크렐(Bq)이다.
⑤ 라드(rad)는 흡수선량 단위에 해당된다.

○ **전리방사선 단위**

구분		SI단위	종전 단위	환산
방사능 단위		베크렐(Bq)	큐리(Ci)	1큐리(Ci)=3.7×10^{10}Bq
방사선 단위	조사선량	쿨롱/킬로그램 (C/kg)	렌트겐(R)	X-선, γ-선만 해당
	흡수선량	그레이(Gy)	라드(rad)	모든 방사선이 해당 1그레이(Gy)=100라드(rad) 0.01그레이(Gy)=1라드(rad)
	등가선량	시버트(Sv)	렘(rem)	
	유효선량	시버트(Sv)	렘(rem)	

정답: ①

07 입자상 물질의 호흡기 내 침착 및 인체 방어기전에 관한 설명으로 옳지 않은 것은?

① 입자상 물질이 호흡기 내에 침착하는 데는 충돌, 중력침강, 확산, 간섭 및 정전기 침강이 관여한다.

② 호흡성분진(RPM)은 주로 폐포에 침착되어 독성을 나타내며 평균입자의 크기(D_{50})는 10μm이다.

③ 흡입된 공기는 기도를 거쳐 기관지와 미세기관지를 통하여 폐로 들어간다.

④ 기도와 기관지에 침착된 먼지는 점액 섬모운동에 의해 상승하고 상기도로 이동되어 제거된다.

⑤ 흡입성분진(IPM)은 주로 호흡기계의 상기도 부위에 독성을 나타낸다.

해설

호흡성분진(RPM)은 주로 폐포에 침착되어 독성을 나타내며 평균입자의 크기(D_{50})는 4μm이다.

정답: ②

08 산업안전보건법 시행규칙상 유해인자의 유해성·위험성 분류기준으로 옳은 것은?

① 급성 독성 물질: 호흡기를 통하여 2시간 동안 흡입하는 경우 유해한 영향을 일으키는 물질

② 소음: 소음성난청을 유발할 수 있는 80데시벨(A) 이상의 시끄러운 소리

③ 이상기압: 게이지 압력이 제곱미터당 1킬로그램 초과 또는 미만인 기압

④ 공기매개 감염인자: 결핵·수두·홍역 등 공기 또는 비말감염 등을 매개로 호흡기를 통하여 전염되는 인자

⑤ 자연발화성 액체: 적은 양으로도 공기와 접촉하여 10분 안에 발화할 수 있는 액체

해설

① 급성 독성 물질: 호흡기를 통하여 4시간 동안 흡입하는 경우 유해한 영향을 일으키는 물질

② 소음: 소음성난청을 유발할 수 있는 85데시벨(A) 이상의 시끄러운 소리

③ 이상기압: 게이지 압력이 제곱센티미터당 1킬로그램 초과 또는 미만인 기압

④ 공기매개 감염인자: 결핵·수두·홍역 등 공기 또는 비말감염 등을 매개로 호흡기를 통하여 전염되는 인자

⑤ 자연발화성 액체: 적은 양으로도 공기와 접촉하여 5분 안에 발화할 수 있는 액체

정답: ④

09 근로자 건강진단 실시기준에서 인체에 미치는 영향이 "수면방해, 행동이상, 신경증상, 발음부정확 등"으로 기술된 유해요인은?

① 망간
② 오산화바나듐
③ 수은
④ 카드뮴
⑤ 니켈

해설

납	빈혈, 무력감, 말초신경마비, 뇌출혈
크롬	비중격천공, 폐암, 피부염
망간	파킨슨증후군
카드뮴	관절의 변형, 통증, 이타이이타이병, 신장질환 단백뇨, 전립선암

정답: ①

10 산업안전보건기준에 관한 규칙상 사업주의 근골격계질환 유해요인 조사에 관한 내용으로 옳은 것은?

① 신설 사업장은 신설일부터 6개월 이내에 최초 유해요인조사를 하여야 한다.
② 근골격계부담작업 여부와 상관없이 3년마다 유해요인조사를 하여야 한다.
③ 법에 따른 임시건강진단 등에서 근골격계질환자가 발생하였을 경우, 근골격계부담작업이 아닌 작업에서 발생한 경우라도 지체 없이 유해요인조사를 하여야 한다.
④ 근골격계부담작업에 해당하는 새로운 작업·설비를 도입한 경우 반드시 고용노동부장관이 정하여 고시하는 방법에 따라 유해요인조사를 하여야 한다.
⑤ 유해요인조사 결과 근골격계질환 발생 우려가 없더라도 인간공학적으로 설계된 인력작업 보조설비 설치 등 반드시 작업환경 개선에 필요한 조치를 하여야 한다.

해설

제657조(유해요인 조사) ① 사업주는 근로자가 **근골격계부담작업을 하는 경우에 3년마다** 다음 각 호의 사항에 대한 유해요인조사를 하여야 한다. 다만, **신설**되는 사업장의 경우에는 신설일부터 **1년 이내에** 최초의 유해요인 조사를 하여야 한다.

1. 설비·작업공정·작업량·작업속도 등 작업장 상황
2. 작업시간·작업자세·작업방법 등 작업조건
3. 작업과 관련된 근골격계질환 징후와 증상 유무 등

② 사업주는 다음 각 호의 어느 하나에 해당하는 사유가 발생하였을 경우에 제1항에도 불구하고 **지체 없이** 유해요인 조사를 하여야 한다. **다만, 제1호의 경우는 근골격계부담작업이 아닌 작업에서 발생한 경우를 포함한다.**

1. 법에 따른 임시건강진단 등에서 근골격계질환자가 발생하였거나 근로자가 근골격계질환으로 「산업재해보상보험법 시행령」 별표 3 제2호가목·마목 및 제12호라목에 따라 업무상 질병으로 인정받은 경우
2. 근골격계부담작업에 해당하는 새로운 작업·설비를 도입한 경우
3. 근골격계부담작업에 해당하는 업무의 양과 작업공정 등 작업환경을 변경한 경우

③ 사업주는 유해요인 조사에 근로자 대표 또는 해당 작업 근로자를 참여시켜야 한다.

제658조(유해요인 조사 방법 등) 사업주는 유해요인 조사를 하는 경우에 근로자와의 면담, 증상 설문조사, 인간공학적 측면을 고려한 조사 등 적절한 방법으로 하여야 한다. 이 경우 제657조 제2항 제1호에 해당하는 경우에는 고용노동부장관이 정하여 고시하는 방법에 따라야 한다.

제659조(작업환경 개선) 사업주는 유해요인 조사 결과 근골격계질환이 발생할 우려가 있는 경우에 인간공학적으로 설계된 인력작업 보조설비 및 편의설비를 설치하는 등 작업환경 개선에 필요한 조치를 하여야 한다.

정답: ③

11 작업환경 개선을 위한 공학적 관리 방안이 아닌 것은?

① 대체(Substitution)

② 호흡보호구(Respirator)

③ 포위(Enclosure)

④ 환기(Ventilation)

⑤ 격리(Isolation)

해설

○ **작업환경 개선을 위한 관리방법**

종류	방법
공학적 대책	대체, 격리, 밀폐(enclosure), 차단, 환기
관리(행정)적 대책	작업시간·휴식시간 조정, 교대근무, 작업전환, 교육 등
개인보호구 착용	안전모, 보안경 등

○ **사업장 위험성평가에 관한 지침**

제13조(위험성 감소대책 수립 및 실행) ① 사업주는 제12조에 따라 위험성을 결정한 결과 허용 가능한 위험성이 아니라고 판단되는 경우에는 위험성의 크기, 영향을 받는 근로자 수 및 **다음 각 호의 순서를 고려**하여 위험성 감소를 위한 대책을 수립하여 실행하여야 한다. 이 경우 법령에서 정하는 사항과 그 밖에 근로자의 위험 또는 건강장해를 방지하기 위하여 필요한 조치를 반영하여야 한다.

1. 위험한 작업의 폐지·변경, 유해·위험물질 대체 등의 조치 또는 설계나 계획 단계에서 위험성을 제거 또는 저감하는 조치
2. 연동장치, 환기장치 설치 등의 공학적 대책
3. 사업장 작업절차서 정비 등의 관리적 대책
4. 개인용 보호구의 사용

정답: ②

12 산업안전보건기준에 관한 규칙상 근로자 건강장해 예방을 위한 사업주의 조치에 관한 설명으로 옳지 않은 것은?

① 고열작업에 근로자를 새로 배치할 경우 고열에 순응할 때까지 고열작업시간을 매일 단계적으로 증가시키는 등 필요한 조치를 해야 한다.

② 근로자가 한랭작업을 하는 경우 적절한 지방과 비타민 섭취를 위한 영양지도를 해야 한다.

③ 근로자 신체 등에 방사성물질이 부착될 우려가 있을 경우 판 또는 막 등의 방지설비를 제거해야 한다.

④ 근로자가 주사 및 채혈 작업 시 채취한 혈액을 검사 용기에 옮기는 경우에는 주사침 사용을 금지하도록 해야 한다.

⑤ 근로자가 공기매개 감염병이 있는 환자와 접촉하는 경우 면역이 저하되는 등 감염의 위험이 높은 근로자는 전염성이 있는 환자와의 접촉을 제한하도록 해야 한다.

해설

근로자 신체 등에 방사성물질이 부착될 우려가 있을 경우 판 또는 막 등의 방지설비를 설치해야 한다.

제563조(한랭장해 예방 조치) 사업주는 근로자가 한랭작업을 하는 경우에 동상 등의 건강장해를 예방하기 위하여 다음 각 호의 조치를 하여야 한다.

1. 혈액순환을 원활히 하기 위한 운동지도를 할 것
2. 적절한 지방과 비타민 섭취를 위한 영양지도를 할 것
3. 체온 유지를 위하여 더운물을 준비할 것
4. 젖은 작업복 등은 즉시 갈아입도록 할 것

제568조(갱내의 온도) 제559조제1항제11호에 따른 갱내의 기온은 섭씨 37도 이하로 유지하여야 한다. 다만, 인명구조 작업이나 유해·위험 방지작업을 할 때 고열로 인한 근로자의 건강장해를 방지하기 위하여 필요한 조치를 한 경우에는 그러하지 아니하다.

제573조(정의) 이 장에서 사용하는 용어의 뜻은 다음과 같다.

1. "방사선"이란 전자파나 입자선 중 직접 또는 간접적으로 공기를 전리(電離)하는 능력을 가진 것으로서 알파선, 중양자선, 양자선, 베타선, 그 밖의 중하전입자선, 중성자선, 감마선, 엑스선 및 5만 전자볼트 이상(엑스선 발생장치의 경우에는 5천 전자볼트 이상)의 에너지를 가진 전자선을 말한다.
2. "방사성물질"이란 핵연료물질, 사용 후의 핵연료, 방사성동위원소 및 원자핵분열 생성물을 말한다.
3. "방사선관리구역"이란 방사선에 노출될 우려가 있는 업무를 하는 장소를 말한다.

제582조(방지설비) 사업주는 근로자가 신체 또는 의복, 신발, 보호장구 등에 방사성물질이 부착될 우려가 있는 작업을 하는 경우에 판 또는 막 등의 방지설비를 설치하여야 한다. 다만, 작업의 성질상 방지설비의 설치가 곤란한 경우로서 적절한 보호조치를 한 경우에는 그러하지 아니하다.

정답: ③

13 물질안전보건자료(MSDS) 작성 시 포함되어야 할 항목에 해당하는 것을 모두 고른 것은?

ㄱ. 안정성 및 반응성	ㄴ. 폐기 시 주의사항
ㄷ. 환경에 미치는 영향	ㄹ. 운송에 필요한 정보
ㅁ. 누출사고 시 대처방법	

① ㄱ, ㄷ, ㄹ

② ㄱ, ㄷ, ㅁ

③ ㄴ, ㄹ, ㅁ

④ ㄱ, ㄴ, ㄷ, ㅁ

⑤ ㄱ, ㄴ, ㄷ, ㄹ, ㅁ

해설

○ **화학물질의 분류·표시 및 물질안전보건자료에 관한 기준**

제2장 화학물질의 분류 및 표시

제4조(화학물질 등의 분류) ① 규칙 제141조 및 별표 18제1호에 따른 화학물질의 분류별 세부 구분기준은 별표 1과 같다.

② 화학물질의 분류에 필요한 시험의 세부기준은 국제연합(UN)에서 정하는「화학물질의 분류 및 표지에 관한 세계조화시스템(GHS)」지침을 따른다.

제4장 물질안전보건자료의 작성 등

제10조(작성항목) ① 물질안전보건자료 작성 시 포함되어야 할 항목 및 그 순서는 다음 각 호에 따른다. **→[암기법: 회사/유해위험/명함/응급화재누출사고(대처)/저개물리/안독환폐기운송/법적규제]**

1. 화학제품과 회사에 관한 정보
2. 유해성·위험성
3. 구성성분의 명칭 및 함유량
4. 응급조치요령
5. 폭발·화재시 대처방법
6. 누출사고시 대처방법
7. 취급 및 저장방법
8. 노출방지 및 개인보호구
9. 물리화학적 특성
10. 안정성 및 반응성
11. 독성에 관한 정보
12. 환경에 미치는 영향
13. 폐기 시 주의사항
14. 운송에 필요한 정보
15. 법적규제 현황
16. 그 밖의 참고사항

② 제1항 각 호에 대한 세부작성 항목 및 기재사항은 별표 4와 같다. 다만, 물질안전보건자료의 작성자는 근로자의 안전보건의 증진에 필요한 경우에는 세부항목을 추가하여 작성할 수 있다.

제11조(작성원칙) ① 물질안전보건자료는 한글로 작성하는 것을 원칙으로 하되 화학물질명, 외국기관명 등의 고유명사는 영어로 표기할 수 있다.

② 제1항에도 불구하고 실험실에서 시험·연구목적으로 사용하는 시약으로서 물질안전보건자료가 외국어로 작성된 경우에는 한국어로 번역하지 아니할 수 있다.

③ 제10조제1항 각 호의 작성 시 시험결과를 반영하고자 하는 경우에는 해당국가의 우수실험실기준(GLP) 및 국제공인시험기관 인정(KOLAS)에 따라 수행한 시험결과를 우선적으로 고려하여야 한다.

④ 외국어로 되어있는 물질안전보건자료를 번역하는 경우에는 자료의 신뢰성이 확보될 수 있도록 최초 작성기관명 및 시기를 함께 기재하여야 하며, 다른 형태의 관련 자료를 활용 하여 물질안전보건자료를 작성하는 경우에는 참고문헌의 출처를 기재하여야 한다.

⑤ 물질안전보건자료 작성에 필요한 용어, 작성에 필요한 기술지침은 한국산업안전보건공단이 정할 수 있다.

⑥ 물질안전보건자료의 작성단위는「계량에 관한 법률」이 정하는 바에 의한다.

⑦ 각 작성항목은 빠짐없이 작성하여야 한다. 다만, 부득이 어느 항목에 대해 관련 정보를 얻을 수 없는 경우에는 작성란에 "자료 없음"이라고 기재하고, 적용이 불가능하거나 대상이 되지 않는 경우에는 작성란에 "해당 없음"이라고 기재한다.

⑧ 제10조제1항제1호에 따른 화학제품에 관한 정보 중 용도는 별표 5에서 정하는 용도분류체계에서 하나 이상을 선택하여 작성할 수 있다. 다만, 법 제110조제1항 및 제3항에 따라 작성된 물질안전보건자료를 제출할 때에는 별표 5에서 정하는 용도분류체계에서 하나 이상을 선택하여야 한다.

⑨ 혼합물 내 함유된 화학물질 중 규칙 별표 18제1호가목에 해당하는 화학물질의 함유량이 한계농도인 1% 미만이거나 동 별표 제1호나목에 해당하는 화학물질의 함유량이 별표 6에서 정한 한계농도 미만인 경우 제10조제1항 각호에 따른 항목에 대한 정보를 기재하지 아니할 수 있다. 이 경우 화학물질이 규칙 별표18 제1호가목과 나목 모두 해당할 때에는 낮은 한계농도를 기준으로 한다.

⑩ 제10조제1항제3호에 따른 구성 성분의 함유량을 기재하는 경우에는 함유량의 ± 5퍼센트포인트(%P) 내에서 범위(하한 값 ~ 상한 값)로 함유량을 대신하여 표시할 수 있다.

⑪ 물질안전보건자료를 작성할 때에는 취급근로자의 건강보호목적에 맞도록 성실하게 작성하여야 한다.

정답: ⑤

14 호흡보호구에 관한 설명으로 옳지 않은 것은?

① 대기에 대한 압력상태에 따라 음압식과 양압식 호흡보호구로 분류된다.
② 음압 밀착도 자가점검은 흡입구를 막고 숨을 들이마신다.
③ 양압 밀착도 자가점검은 배출구를 막고 숨을 내쉰다.
④ NIOSH는 발암물질에 대하여 음압식 호흡보호구를 사용하지 않도록 권고한다.
⑤ 산소가 결핍된 밀폐공간 내에서는 방독마스크를 착용하여야 한다.

해설

⑤ 산소가 결핍된 밀폐공간 내에서는 송기마스크를 착용하여야 한다.
압력은 높은 곳에서 낮은 곳으로 흐른다. 음압식 보호구에는 안면부 여과형(일반마스크), 정화통 직결형, 반면형, 전면형 등이 있다.
양압식 보호구에는 밀착형과 비밀착형으로 나뉜다.

정답: ⑤

15 인체 부위 중 피부에 관한 설명으로 옳지 않은 것은?

① 피부는 표피와 진피로 구분된다.
② 표피의 각질층은 전체 피부에 비하여 매우 두꺼워서 피부를 통한 화학물질의 흡수속도를 제한한다.
③ 피부의 땀샘과 모낭은 피부에 노출된 화학물질을 직접 혈관으로 흡수할 수 있는 경로를 제공한다.
④ 대부분의 화학물질이 피부를 투과하는 과정은 단순 확산이다.
⑤ 피부 수화도가 크면 클수록 투과도가 증대되어 흡수가 촉진된다.

해설

② 표피의 각질층은 전체 피부에 비하여 매우 얇지만 수분의 증발을 막고 피부를 보호하는 기능을 한다. 즉, 각질층은 피부를 통한 화학물질의 흡수속도를 제한한다.

정답: ②

16 특수건강진단 대상 유해인자 중 치과검사를 치과의사가 실시해야 하는 것에 해당하지 않는 것은?

① 염소
② 과산화수소
③ 고기압
④ 이산화황
⑤ 질산

해설

○ **특수건강진단 대상 유해인자 중 치과검사를 치과의사가 실시[시행규칙 별표24]**

치과의사의 검사 항목	1차 검사	2차 검사
이산화황		O
황화수소		O
고기압		O
불화수소→불소(×)	O	
염화수소	O	
질산	O	
황산	O	
염소	O	

불소는 독성이 강하고 면역체계를 손상시키고 백혈구의 활동을 약화시키는 특징을 가지고 있어 장기간 다량 복용할 경우 관절염, 요통, 골다공증 등을 유발할 수 있다. 때문에 벨기에와 같은 나라에서는 불소 화합물을 함유한 식품의 판매를 금지하고 있다. 불소는 원소기호 'F'로 정식 명칭은 '플루오린(Fluorine)'다. 붕산과 함께 살충제나 쥐약 등의 주원료로 사용되며 그 독성은 납보다도 강하다. 실제 우리나라의 폐기물관리법에서도 불소는 오염물질로 취급된다. 폐수에서의 오염물질 처리기준'에 따르면 불소는 청정지역에서 3ppm 이하로 규정돼 있다.
이처럼 독성이 강한 불소지만 충치예방에 탁월한 효과가 있는 것으로 입증되면서 치약에 사용되기 시작했다.

정답: ②

17 산업안전보건법 시행규칙상 유해인자별 제1차 검사항목의 생물학적 노출지표 및 시료 채취시기가 옳지 않은 것은?

구분	유해인자	제1차 검사항목의 생물학적 노출지표	시료 채취시기
ㄱ	납 그 무기화합물	혈중 납	제한 없음
ㄴ	크실렌	소변 중 메틸마뇨산	작업 종료 시
ㄷ	1,2-디클로로프로판	소변 중 페닐글리옥실산	주말 작업 종료 시
ㄹ	카드뮴	혈중 카드뮴	제한 없음
ㅁ	디메틸포름아미드	소변 중 N-메틸포름아미드 (NMF)	작업 종료 시

① ㄱ

② ㄴ

③ ㄷ

④ ㄹ

⑤ ㅁ

해설

유해인자	제1차 검사항목의 생물학적 노출지표	제2차 검사항목의 생물학적 노출지표
1,2-디클로로프로판	소변 중 1,2-디클로로프로판 (작업 종료 시)	-

정답: ③

18 직무 스트레스의 반응에 따른 행동적 결과로 나타날 수 있는 것을 모두 고른 것은?

ㄱ. 흡연	ㄴ. 약물 남용
ㄷ. 폭력 현상	ㄹ. 식욕 부진

① ㄱ, ㄹ

② ㄴ, ㄷ

③ ㄱ, ㄴ, ㄹ

④ ㄴ, ㄷ, ㄹ

⑤ ㄱ, ㄴ, ㄷ, ㄹ

해설

1. 직무 스트레스의 반응에 따른 행동적 결과
   1) 흡연
   2) 약물 남용(알코올)
   3) 식욕 감퇴
   4) 돌발적 사고(행동과잉)
2. 직무 스트레스의 반응에 따른 심리적 결과
   1) 수면 부족
   2) 성적 욕구 감퇴
3. 직무 스트레스의 반응에 따른 의학적(생리적) 결과
   1) 심혈관계 질환
   2) 위장관계 질환
   3) 두통, 우울증, 암 등

정답: ⑤

19 직장에서의 부적응 현상으로 보기 어려운 것은?

① 타협(Compromise)

② 퇴행(Degeneration)

③ 고집(Fixation)

④ 체념(Resignation)

⑤ 구실(Pretext)

해설

○ **직장에서의 부적응 현상**

1) 대립
2) 구실
3) 고집
4) 퇴행
5) 체념

정답: ①

20 건강진단 판정에서 건강관리구분과 그 의미의 연결이 옳은 것은?

① A - 질환 의심자로 2차 진단 필요
② C_1 - 일반질병 유소견자로 사후관리가 필요
③ D_2 - 직업병 요관찰자로 추적관찰이 필요
④ R - 건강진단 시기 부적정으로 1차 재검 필요
⑤ U - 2차 건강진단 미실시로 건강관리구분을 판정할 수 없음

해설

건강관리 구분	내용
A	건강한 근로자
C_1	직업병 요관찰자
C_2	일반질병 요관찰자
D_1	직업병 유소견자
D_2	일반질병 유소견자
R	2차 건강진단 대상자
U	2차 검사 대상임을 통보하였으나 퇴직 등으로 당해 검사가 이루어지지 않아 건강관리구분을 판정할 수 없는 경우

정답: ⑤

21 산업재해의 4개 기본원인(4M) 중 Media(매체-작업)에 해당하지 않는 것은?

① 위험 방호장치의 불량
② 작업정보의 부적절
③ 작업자세의 결함
④ 작업환경조건의 불량
⑤ 작업공간의 불량

해설

Media(매체-작업)은 '작업~' 이란 말이 들어가야 한다.

정답: ①

22 재해사고 원인 분석을 위한 버드(F. Bird)의 이론에 관한 설명으로 옳지 않은 것은?

① 하인리히(H. Heinrich)의 사고연쇄 이론을 새로운 도미노 이론으로 개선하였다.
② 새로운 도미노 이론의 시간적 계열은 제어의 부족 → 기본원인 → 직접원인 → 사고 → 상해(재해)이다.
③ 불안전한 행동 등 직접원인만 제거하면 재해사고가 발생하지 않는다.
④ 기본원인은 개인적 요인과 작업상의 요인으로 분류된다.
⑤ 부적절한 프로그램은 '제어의 부족'의 예에 해당한다.

해설

불안전한 행동 등 직접원인만 제거하면 재해사고가 발생하지 않는다고 주장한 것은 하인리히이다. 버드는 2단계인 간접원인(4M)부터 제거해야 한다고 주장한다.

정답: ③

23 재해 통계에 관한 설명으로 옳지 않은 것은?

① “재해율”은 근로자 100명당 발생한 재해자수를 의미한다.
② “연천인율”은 1년간 평균 1,000명당 발생한 재해자수를 의미한다.
③ “도수율”은 연 근로시간 10,000시간당 발생한 재해건수를 의미한다.
④ “강도율”은 연 근로시간 1,000시간당 재해로 인하여 근로를 하지 못하게 된 일수를 의미한다.
⑤ “환산도수율”과 “환산강도율”은 연 근로시간을 10,000시간으로 하여 계산한 것이다.

해설

“도수율”은 연 근로시간 1,000,000시간당 발생한 재해건수를 의미한다.

정답: ③

24 A사업장 소속 근로자 중 산업재해로 사망 1명, 3일의 휴업이 필요한 부상자 3명, 4일의 휴업이 필요한 부상자 4명이 발생하였다. 산업안전보건법 시행규칙에 따라 A사업장의 사업주가 산업재해 발생 보고를 하여야 하는 인원(명)은?

① 1
② 4
③ 5
④ 7
⑤ 8

해설

시행규칙 제73조(산업재해 발생 보고 등) ① 사업주는 산업재해로 사망자가 발생하거나 3일 이상의 휴업이 필요한 부상을 입거나 질병에 걸린 사람이 발생한 경우에는 법 제57조제3항에 따라 해당 산업재해가 발생한 날부터 1개월 이내에 별지 제30호서식의 산업재해조사표를 작성하여 관할 지방고용노동관서의 장에게 제출(전자문서로 제출하는 것을 포함한다)해야 한다.

정답: ⑤

25 역학 용어에 관한 설명으로 옳지 않은 것은?

① 위음성률(false negative rate)과 위양성률(false positive rate)은 타당도 지표이다.

② 기여위험도(attributable risk ratio)는 어떤 위험요인에 노출된 사람과 노출되지 않은 사람 사이의 발병률 차이를 의미한다.

③ 특이도(specificity)는 해당 질병이 없는 사람들을 검사한 결과가 음성으로 나타나는 확률이다.

④ 유병률(prevalence rate)은 일정기간 동안 질병이 없던 인구에서 질병이 발생한 비율이다.

⑤ 비교위험도(relative risk ratio)가 1보다 큰 경우는 해당 요인에 노출되면 질병의 위험도가 증가함을 의미한다.

해설

발병률(incidence rate)은 일정기간 동안 질병이 없던 인구에서 질병이 발생한 비율이다. 발병률이 새로 생긴 환자의 수라면 유병률(prevalence rate)은 이전부터이든지 새로 생겼든지 현재 그 질병을 앓고 있는 모든 사람을 말한다.

정답: ④

산업보건지도사 산업보건일반(제2과목) 역대 기출문제 해설

01 산업보건위생의 역사에 관한 설명으로 옳지 않은 것은?

① 영국의 Thomas Percival은 세계 최초로 직업성 암을 보고하였다.
② 1833년 영국에서 공장법이 제정되었다.
③ 이탈리아 Ramazzini가 《직업인의 질병》을 저술하였다.
④ 스위스 Paracelsus가 물질 독성의 양-반응 관계에 대해 언급하였다.
⑤ 그리스의 Galen이 납중독의 증세를 관찰하였다.

해설

영국의 외과의사 Percival Pott는 세계 최초로 직업성 암인 '음낭암'을 보고하였다. 어린이 굴뚝 청소부에게 많이 발생한 것을 확인, 음낭암의 원인 물질이 검댕(soot) 속 여러 종류의 다핵방향족탄화수소(PAHs)임을 확인하였다.

정답: ①

02 '페인트가 칠해진 철제 교량을 용접을 통해 보수하는 작업'에 대한 측정 및 분석 계획에 관한 설명으로 옳지 않은 것은?

① 철 이외에 다른 금속에 노출될 수 있다.
② 금속의 성분 분석을 위해서 셀룰로오스에스테르 막여과지를 사용해 측정한다.
③ 유도결합플라스마-원자발광분석기를 이용하면 동시에 많은 금속을 분석할 수 있다.
④ 페인트가 녹아 발생하는 유기용제의 농도가 높기 때문에 이를 측정대상에 포함한다.
⑤ 발생하는 자외선량은 전류량에 비례한다.

해설

페인트가 녹아 발생하는 유기용제의 농도가 높지만 이를 측정대상에 포함시키지는 않는다. 왜냐하면 용접(또는 용단작업)작업 전 유기용제와 페인트를 미리 제거하기 때문이다.

정답: ④

03 국소배기장치의 점검에 사용되는 기기와 그 사용 목적의 연결이 옳은 것은?

① 발연관 - 덕트 내 유량 측정
② 마노메타(manometer) - 유체 흐름에 대한 압력 측정
③ 피토관 - 송풍기의 회전속도 측정
④ 회전날개풍속계 - 개구부 주위의 난류현상 확인
⑤ 타코메타(tachometer) - 송풍기의 전류 측정

해설

점검기기	사용 목적
발연관	후드의 성능을 평가, 개구부 주위 난류현상 확인
피토관	덕트 내 기류(공기)속도
마노미터(manometer)	유체 흐름에 대한 압력 측정
타코미터(tachometer)	송풍기의 회전속도 측정
회전날개풍속계	송풍량(풍속) 측정
유량계	유량을 측정하는데 사용되는 기구

정답: ②

04 화학물질 및 물리적 인자의 노출기준에 제시된 라돈의 작업장 농도기준은?

① 4 pCi/L
② 2.58×10^{-4} C/kg
③ 20 mSv/yr
④ 1 eV
⑤ 600 Bq/m^3

해설

화학물질 및 물리적 인자의 노출기준	사무실 공기관리 지침
라돈: 600 Bq/m^3	라돈: 148 Bq/m^3

정답: ⑤

05 공기역학적 직경에 따라 입자의 크기를 구분하는 기기가 아닌 것은?

① 사이클론(cyclone)
② 미젯임핀저(midget impinger)
③ 다단직경분립충돌기(cascade impactor)
④ 명목상충돌기(virtual impactor)
⑤ 마플 개인용 직경분립충돌기(Marple personal cascade impactor)

해설

미젯임핀저는 가스상 물질을 액체에 담는 유리로 된 채취기구로 가스, 산, 증기, 미스트 등을 액체에 충돌, 반응, 흡수시켜 채취한다.

정답: ②

06 고용노동부 고시에서 정하는 발암성 물질이 아닌 것은?

① 석면
② 베릴륨
③ 휘발성콜타르피치
④ 비소
⑤ 산화철

해설

화학물질 및 물리적 인자의 노출기준 참조해 보면, 산화철은 발암성 물질이 아니다. 그러나 산화규소, 산화에틸렌은 발암성 물질이다.

정답: ⑤

07 사업장에서 사용하는 금속의 독성에 관한 설명으로 옳은 것은?

① 니켈, 망간은 생식독성이 있다.

② 무기수은이 유기수은보다 모든 경로에서 흡수율이 높다.

③ 5가 비소가 3가 비소에 비해 독성이 강하다.

④ 3가 크롬은 발암성이 없고, 6가 크롬은 발암성이 있다.

⑤ 6가 크롬에 노출되면 파킨슨증후군의 소견이 나타난다.

해설

① 니켈은 발암성이 있다. 니켈카르보닐은 발암성과 생식독성이 있다. 망간은 파킨슨병과 연관된다.

② 수은은 발암물질이 아니다. 하지만 중추신경계와 신장에 영향을 준다. 유기수은이 무기수은보다 모든 경로에서 흡수율이 높다.

③ 3가 비소가 5가 비소에 비해 독성이 강하다.

④ 3가 크롬은 발암성이 없고, 6가 크롬은 발암성이 있다.

⑤ 6가 크롬에 노출되면 비중격천공(코뚫림병)의 소견이 나타난다.

○ **생식독성(노출기준 참조)**

1) 납
2) 노말-핵산
3) 2-브로모프로판
4) 일산화탄소
5) 포름아미드

○ **수은(Hg)**

무기수은 화합물은 뇨와 함께 배출되기 쉬으므로 중증의 증상은 적으며, 만성적인 증상이 나타난다. 이에 반해 알킬 수은화합물은 신경계를 침범, 손발이 떨리고 언어장애, 시력 감퇴 등의 중독증상이 나타난다.

메틸수은: 일반적으로는 염화메틸수은을 가리키며, 강한 신경독성을 나타내고 미나마타병의 원인물질로서도 유명하다. 알데히드 제조공정에서 촉매로 사용된 무기수은의 일부가 메틸수은으로 변화하고, 이것이 공장배수로 방출되어 어패류에 고농도로 축적되는데 이 어패류를 오랜 기간 잡아먹은 사람들에게 불가역성의 중추신경계장애, 이른바 미나마타병을 일으킨다. 메틸수은을 고농도로 섭취한 산모에게서 태어난 아기는 지능발달 지연, 보행장애, 시력감퇴, 대뇌마비 등을 나타낸다. 메틸수은에의 노출은 주로 물고기를 섭취함으로써 발생한다.

무기수은: 예전에 몸속의 독극물을 배출하는데 쓰이기도 했지만 구강, 식도, 위, 소장, 대장의 점막에 궤양을 유발해서 복통, 오심, 구토 혈변 등의 증상을 유발할 수 있다. 또 신장에 손상을 입히고 뇌신경 정신질환도 야기한다.

유기수은: 인체의 효소나 미생물에 의해 금속이나 무기수은에서 변환된 것.
가장 해로운 유기수은화합물은 메틸수은으로서 위장관에서 대부분 흡수되고 세포에 축적되어 유기수은은 무기수은에 비해 인체에 흡수가 상당히 잘되고 체외 배설도 늦다.

납: 납은 무기납(inorganic lead)과 유기납(organic lead)으로 분류되며, 무기납은 주로 중추 및 말초신경계, 조혈계, 신장, 간 및 생식계에 영향을 미치며, 유기납은 주로 중추신경계에 영향을 미친다. 유기납은 지용성으로 피부를 통해 주로 흡수되지만, 무기납은 호흡기, 소화기 계통으로 흡수되며 피부를 통해서는 거의 흡수되지 않는다.

정답: ④

08 산업안전보건법령상 허용기준이 설정된 물질에 해당하지 않는 것은?

① 1-브로모프로판
② 1,3-부타디엔
③ 암모니아
④ 코발트 및 그 무기화합물
⑤ 톨루엔

해설

허용기준과 노출기준을 같은 것으로 보면 노출기준에는 모두 들어간다.
허용기준 38개를 암기하자. 2-브로모프로판이다.

정답: ①

09 근로자 건강진단 결과 판정에 따른 사후관리 조치 판정에 해당하지 않는 것은?

① 건강상담
② 추적검사
③ 작업전환
④ 근로제한·금지
⑤ 역학조사

해설

○ **근로자 건강진단 실시기준 참조.**

제2조(정의) 이 고시에서 사용하는 용어의 뜻은 다음 각 호와 같으며, 그 밖의 용어는 이 고시에 특별한 규정이 없으면 「산업안전보건법」(이하 "법"이라 한다), 「산업안전보건법 시행령」(이하 "영"이라 한다) 및 「산업안전보건법 시행규칙」(이하 "규칙"이라 한다)에서 정하는 바에 따른다.

1. "**사후관리 조치**"란 법 제132조제4항에 따라 사업주가 건강진단 실시결과에 따른 작업**장소** 변경, 작업**전환**, 근로시간 **단축**, 야간근무 **제한**, 작업환경측정, 시설·설비의 설치 또는 개선, 건강상담, 보호구 지급 및 착용 지도, 추적검사, 근무 중 치료 등 근로자의 건강관리를 위하여 실시하는 조치를 말한다.

정답: ④, ⑤

10 근로자 건강장해 예방에 관한 설명으로 옳지 않은 것은?

① 톨루엔 특수건강진단의 제1차 검사 시 소변 중 o-크레졸(작업 종료 시)을 채취하여 검사한다.
② 잠함(潛函) 또는 잠수작업 등 높은 기압에서 작업하는 근로자는 1일 6시간, 1주 34시간 초과하여 근로하지 않는다.
③ 한랭에 대한 순화는 고온순화보다 빠르다.
④ NIOSH 들기지수(LI)는 작업조건을 인간공학적으로 개선하기 위한 우선순위를 결정하는데 이용된다.
⑤ 청력장해 정도는 정상적인 귀로 들을 수 있는 최소 가청치를 0dB이라 하고 그것에 대한 청력변화를 청력계로 측정하여 평가한다.

해설

한랭에 대한 순화는 고온순화보다 느리다.

크실렌	생물학적 노출지표 검사 : 소변 중 메틸마뇨산(작업 종료 시 채취)
톨루엔	생물학적 노출지표 검사 : 소변 중 o-크레졸(작업 종료 시 채취)

정답: ③

11 피로의 발생원인으로만 묶인 것이 아닌 것은?

① 작업자세, 작업강도, 긴장도
② 환기, 소음과 진동, 온열조건
③ 엄격한 작업관리, 1일 노동시간, 야간근무
④ 숙련도, 영양상태, 신체적인 조건
⑤ 혈압변화, 졸음, 체온조절 장애

해설

혈압변화, 졸음, 체온조절 장애는 피로의 결과이다.

정답: ⑤

12 산업안전보건법령상 밀폐공간 작업으로 인한 건강장해 예방조치로 옳지 않은 것은?

① 분뇨·오수·펄프액 및 부패하기 쉬운 장소 등에서의 황화수소 중독 방지에 필요한 지식을 가진 자를 작업 지휘자로 지정 배치한다.
② "적정공기"란 산소농도 18 퍼센트 이상 23.5 퍼센트 미만, 탄산가스 농도 1.5 피피엠 미만, 황화수소 농도 25 피피엠 미만 수준의 공기를 말한다.
③ 긴급 구조훈련은 6개월에 1회 이상 주기적으로 실시한다.
④ 작업 시작(작업 일시중단 후 다시 시작하는 경우를 포함)하기 전 밀폐공간의 산소 및 유해가스 농도를 측정한다.
⑤ 근로자에게 공기호흡기 또는 송기마스크를 지급하여 착용하도록 한다.

해설

○ **산업안전보건기준에 관한 규칙**

제618조(정의) 이 장에서 사용하는 용어의 뜻은 다음과 같다.

1. "밀폐공간"이란 산소결핍, 유해가스로 인한 질식·화재·폭발 등의 위험이 있는 장소로서 별표 18에서 정한 장소를 말한다.
2. "유해가스"란 탄산가스·일산화탄소·황화수소 등의 기체로서 인체에 유해한 영향을 미치는 물질을 말한다.
3. "적정공기"란 산소농도의 범위가 18퍼센트 이상 23.5퍼센트 미만, 탄산가스의 농도가 1.5퍼센트 미만, 일산화탄소의 농도가 30피피엠 미만, 황화수소의 농도가 10피피엠 미만인 수준의 공기를 말한다.
4. "산소결핍"이란 공기 중의 산소농도가 18퍼센트 미만인 상태를 말한다.
5. "산소결핍증"이란 산소가 결핍된 공기를 들이마심으로써 생기는 증상을 말한다.

정답: ②

13 개인보호구의 선택 및 착용 등에 관한 설명으로 옳지 않은 것은?

① 순간적으로 건강이나 생명에 위험을 줄 수 있는 유해물질의 고농도 상태(IDLH)에서는 반드시 공기공급식 송기마스크를 착용해야 한다.

② 입자상 물질과 가스, 증기가 동시에 발생하는 용접작업 시 방진방독 겸용마스크를 착용한다.

③ 산소결핍장소에서는 방독마스크를 착용토록 한다.

④ 국내 귀마개 1등급 EP-1은 저음부터 고음까지 차음하는 성능을 말한다.

⑤ 방독마스크 정화통의 수명은 흡착제의 질과 양, 온도, 상대습도, 오염물질의 농도 등에 영향을 받는다.

해설

산소결핍장소에서는 송기마스크를 착용토록 한다.

정답: ③

14 직무스트레스 관리를 위한 집단차원에서의 관리방법은?

① 자아인식의 증대

② 신체단련

③ 긴장 이완훈련

④ 사회적 지원 시스템 가동

⑤ 작업의 변경

해설

나머지는 개인차원의 직무스트레스 관리이다.

○ **조직차원의 직무 스트레스 관리**

근로조건 개선	조직관리 개선
1) 직무 재설계 및 조직 재구조화 2) 목표관리, 목표설정 프로그램 실시 3) 역할 명료성 및 역할 분석 워크숍 4) 작업 변경, 신축적 작업 시간, 휴식시간 변경	1) 직무 정보의 공유 및 커뮤니케이션 채널 활성화 2) 선발, 배치, 훈련의 공정성 3) 직무의 부적합 관계 해소 4) 사회적 지원 시스템 가동

정답 ④, ⑤

15 석면의 측정, 분석 등에 관한 설명으로 옳지 않은 것은?

① 석면은 폐암, 중피종을 일으키며 흡연은 석면노출에 의한 암 발생을 촉진하는 인자로 알려져 있다.

② 고형시료 분석에 있어 위상차현미경법이 간편하여 가장 많이 사용된다.

③ 공기 중 석면섬유 계수 A규정은 길이가 5 ㎛보다 크고 길이 대 너비의 비가 3:1이상인 섬유만 계수한다.

④ 석면 취급장소에서는 특급 방진마스크를 착용하여야 한다.

⑤ 위상차현미경으로는 0.25 ㎛ 이하의 섬유는 관찰이 잘 되지 않는다.

해설

고형시료 분석에 있어 편광현미경법이 간편하여 가장 많이 사용된다.

정답: ②

16 생물학적 유해인자에 관한 설명으로 옳지 않은 것은?

① 생물학적 유해인자는 생물학적 특성이 있는 유기체가 근원이 되어 발생된다.

② 유기체가 방출하는 독소로는 그람음성박테리아가 내놓는 마이코톡신(mycotoxin) 등이 있다.

③ 곰팡이의 세포벽인 글루칸(glucan)은 호흡기 점막을 자극하여 새집증후군을 초래한다.

④ 박테리아에 의한 대표적인 감염성질환은 탄저병, 레지오넬라병, 결핵, 콜레라 등이 있다.

⑤ 공기 중의 박테리아와 곰팡이에 대한 측정 및 분석은 곰팡이와 박테리아를 살아있는 상태로 채취, 배양한 다음, 집락수를 세어 CFU로 나타낸다.

해설

유기체가 방출하는 독소로는 그람 음성 박테리아가 내놓는 엔도톡신(endotoxin, 내독소)이다.

정답: ②

17 산업안전보건법령상 특수건강진단 유해인자와 생물학적 노출지표의 연결이 옳은 것은?

① 일산화탄소: 혈중 카복시헤모글로빈
② 2-에톡시에탄올: 소변 중 o-크레졸
③ 디클로로메탄: 소변 중 2,5-헥산디온
④ 트리클로로에틸렌: 소변 중 메틸에틸케톤
⑤ 메틸 n-부틸 케톤: 혈중 메트헤모글로빈

해설

① 일산화탄소: 혈중 카복시헤모글로빈, 호기 중 일산화탄소
② 2-에톡시에탄올: 소변 중 2-에톡시초산(주말작업 종료 시 채취)
③ 디클로로메탄: 혈중 카복시헤모글로빈 측정(작업 종료 시 채혈)
④ 트리클로로에틸렌: 소변 중 총삼염화물 또는 삼염화초산(주말작업 종료 시 채취)
⑤ 메틸 n-부틸 케톤: 소변 중 2, 5-헥산디온(작업 종료 시 채취)

정답: ①

18 직무스트레스 요인 중 조직적 요인에 해당하지 않는 것은?

① 관계갈등
② 직무불안정
③ 조직체계
④ 보상부적절
⑤ 직무요구

해설

○ **직무스트레스 요인**
1. 작업요인-작업부하, 작업속도, 교대근무 등
2. 환경적 요인-환기불량, 소음, 진동, 부적절한 조명 등
3. 조직적 요인-관리유형, 역할요구, 역할모호성 및 갈등, 직무불안정, 조직체계

정답: 전항

19 생물학적 결정인자의 선택기준에 관한 설명으로 옳지 않은 것은?

① 생물학적 검사를 선택할 때는 여러 가지 방법 중 건강위험을 평가하는 유용성을 고려하지 말아야 한다.
② 적절한 민감도가 있는 결정인자여야 한다.
③ 검사에 대한 분석적, 생물학적 변이가 타당해야 한다.
④ 검체의 채취나 검사과정에서 대상자에게 거의 불편을 주지 않아야 한다.
⑤ 다른 노출인자에 의해서도 나타나는 인자가 아니어야 한다.

해설

생물학적 검사를 선택할 때는 여러 가지 방법 중 건강위험을 평가하는 유용성을 고려해야 한다.

정답: ①

20 청각기관과 소음의 전달경로에 해당하지 않는 것은?

① 고막
② 달팽이관
③ 수근관
④ 외이도
⑤ 이소골

해설

청각기관의 소음 전달경로: 외이도 → 고막 → 이소골 → 달팽이관

정답: ③

21 산업안전보건 기준에 관한 규칙에서 정한 장시간 야간작업을 할 때 발생할 수 있는 직무스트레스에 의한 건강장해 예방조치가 아닌 것은?

① 뇌혈관 및 심장질환 발병위험도를 평가하여 금연, 고혈압 관리 등 건강증진 프로그램을 시행한다.

② 건강진단 결과, 상담자료 등을 참고하여 적절하게 근로자를 배치하고 직무스트레스 요인, 건강문제 발생가능성 및 대비책 등에 대하여 해당 근로자에게 충분히 설명한다.

③ 근로시간 외의 근로자 활동에 대한 복지 차원의 지원에 최선을 다한다.

④ 작업량·작업일정 등 작업계획 수립 시 해당 근로자의 의견을 반드시 노사협의회를 거쳐서 반영한다.

⑤ 작업환경·작업내용·근로시간 등 직무스트레스 요인에 대하여 평가하고 근로시간 단축, 장·단기 순환작업 등의 개선대책을 마련하여 시행한다.

해설

제669조(직무스트레스에 의한 건강장해 예방 조치) 사업주는 근로자가 장시간 근로, 야간작업을 포함한 교대작업, 차량운전[전업(專業)으로 하는 경우에만 해당한다] 및 정밀기계 조작작업 등 신체적 피로와 정신적 스트레스 등(이하 "직무스트레스"라 한다)이 높은 작업을 하는 경우에 법 제5조제1항에 따라 직무스트레스로 인한 건강장해 예방을 위하여 다음 각 호의 조치를 하여야 한다.

1. 작업환경 · 작업내용 · 근로시간 등 직무스트레스 요인에 대하여 평가하고 근로시간 단축, 장 · 단기 순환작업 등의 개선대책을 마련하여 시행할 것
2. 작업량 · 작업일정 등 작업계획 수립 시 해당 근로자의 의견을 반영할 것
3. 작업과 휴식을 적절하게 배분하는 등 근로시간과 관련된 근로조건을 개선할 것
4. 근로시간 외의 근로자 활동에 대한 복지 차원의 지원에 최선을 다할 것
5. 건강진단 결과, 상담자료 등을 참고하여 적절하게 근로자를 배치하고 직무스트레스 요인, 건강문제 발생가능성 및 대비책 등에 대하여 해당 근로자에게 충분히 설명할 것
6. 뇌혈관 및 심장질환 발병위험도를 평가하여 금연, 고혈압 관리 등 건강증진 프로그램을 시행할 것

정답: ④

22 산업재해 중 중대재해에 관한 설명으로 옳지 않은 것은?

① 3개월 이상의 요양이 필요한 부상자가 동시에 2명 이상 발생한 산업재해는 중대재해에 속한다.

② 사망자가 1명 이상 발생한 산업재해는 중대재해에 속한다.

③ 부상자 또는 직업성 질병자가 동시에 10명 이상 발생한 산업재해는 중대재해에 속하지 않는다.

④ 중대재해가 발생한 때에는 지체 없이 발생개요 및 피해상황을 관할하는 지방고용노동관서의 장에게 전화, 팩스, 그 밖의 적절한 방법으로 보고하여야 한다.

⑤ 중대재해가 발생했을 때에는 산업재해 조사표 사본을 보존하거나 요양신청서 사본에 재발방지대책을 첨부해서 보존한다.

해설

시행규칙 제3조(중대재해의 범위) 법 제2조제2호에서 "고용노동부령으로 정하는 재해"란 다음 각 호의 어느 하나에 해당하는 재해를 말한다.

1. 사망자가 1명 이상 발생한 재해
2. 3개월 이상의 요양이 필요한 부상자가 동시에 2명 이상 발생한 재해
3. 부상자 또는 직업성 질병자가 동시에 10명 이상 발생한 재해

제67조(중대재해 발생 시 보고) 사업주는 중대재해가 발생한 사실을 알게 된 경우에는 법 제54조제2항에 따라 지체 없이 다음 각 호의 사항을 사업장 소재지를 관할하는 지방고용노동관서의 장에게 전화·팩스 또는 그 밖의 적절한 방법으로 보고해야 한다.

1. 발생 개요 및 피해 상황
2. 조치 및 전망
3. 그 밖의 중요한 사항

제72조(산업재해 기록 등) 사업주는 산업재해가 발생한 때에는 법 제57조제2항에 따라 다음 각 호의 사항을 기록·보존해야 한다. 다만, 제73조제1항에 따른 산업재해조사표의 사본을 보존하거나 제73조제5항에 따른 요양신청서의 사본에 재해 재발방지 계획을 첨부하여 보존한 경우에는 그렇지 않다.

1. 사업장의 개요 및 근로자의 인적사항
2. 재해 발생의 일시 및 장소
3. 재해 발생의 원인 및 과정
4. 재해 재발방지 계획

제73조(산업재해 발생 보고 등) ① 사업주는 산업재해로 사망자가 발생하거나 3일 이상의 휴업이 필요한 부상을 입거나 질병에 걸린 사람이 발생한 경우에는 법 제57조제3항에 따라 해당 산업재해가 발생한 날부터 1개월 이내에 별지 제30호서식의 산업재해조사표를 작성하여 관할 지방고용노동관서의 장에게 제출(전자문서로 제출하는 것을 포함한다)해야 한다.

정답: ③

23 역학의 정의에 관한 설명으로 옳지 않은 것은?

① 인간집단 내 발생하는 모든 생리적 이상 상태의 빈도와 분포는 기술하지 않는다.
② 빈도와 분포를 결정하는 요인은 원인적 관련성 여부에 근거를 둔다.
③ 발생원인을 밝혀 상태 개선을 위하여 투입된 사업의 작동기전을 규명한다.
④ 예방법을 개발하는 학문이다.
⑤ 직업역학은 일하는 사람이 대상이다.

해설

인간집단 내 발생하는 모든 생리적 이상 상태의 빈도와 분포는 기술한다.

정답: ①

24 산업재해 통계 목적과 작성방법에 관한 설명으로 옳지 않은 것은?

① 재해통계는 주로 대상으로 하는 조직의 안전관리수준을 평가하고 차후의 재해방지에 기본이 되는 정보를 파악하기 위해 작성하는 것이다.
② 재해통계에 의해 대상 집단의 경향과 특성 등을 수량적, 총괄적으로 해명할 수 있다.
③ 정보에 근거해서 조직의 대상 집단에 대해 미리 효과적인 대책을 강구한다.
④ 동종재해 또는 유사재해의 재발방지를 도모한다.
⑤ 재해통계는 도형이나 숫자에 의한 표시법이 있지만, 숫자에 의한 표시법이 이해하기 쉽다.

해설

재해통계는 도형이나 숫자에 의한 표시법이 있지만, 도형에 의한 표시법이 이해하기 쉽다.

정답: ⑤

25 업무상 질병의 특성이 아닌 것은?

① 임상적, 병리적 소견이 일반 질병과 구분이 어렵다.
② 개인적 요인 또는 비직업적 요인은 상승작용을 하지 않는다.
③ 직업력을 소홀히 할 경우 판정이 어렵다.
④ 건강영향에 대한 미확인 신물질이 많아 정확한 판정이 어려운 경우가 많다.
⑤ 보상에 실익이 없을 수도 있다.

해설

업무상 질병(직업성 질환)의 경우 개인적 요인 또는 비직업적 요인은 상승작용을 한다.

정답: ②

산업보건지도사 산업보건일반(제2과목) 역대 기출문제 해설

01 산업보건의 역사에 관한 설명으로 옳지 않은 것은?

① 그리스의 갈레노스(Galenos, Galen, Galenus)는 구리 광산에서 광부들에 대한 산(acid) 증기의 위험성을 보고하였다.

② 독일의 아그리콜라(G. Agricola)는 「광물에 대하여(De Re Metallica)」를 통해 광업 관련 유해성을 언급하였으며, 이는 후에 Hoover 부부에 의해 번역되었다.

③ 영국의 필(R. Peel) 경은 자신의 면방직공장에서 진폐증이 집단적으로 발병하자, 그 원인에 대해 조사하였으며, 「도제 건강 및 도덕법」 제정에 주도적인 역할을 하였다.

④ 1825년 「공장법」은 대부분 어린이 노동과 관련한 내용이었으며, 1833년에 감독권과 행정명령에 관한 내용이 첨가되어 실질적인 효과를 거두게 되었다.

⑤ 하버드 의대 최초의 여교수인 해밀턴(A. Hamilton)은 「미국의 산업중독」을 발간하여 납중독, 황린에 의한 직업병, 일산화탄소 중독 등을 기술하였다.

해설

영국의 필(R. Peel) 경은 자신의 면방직공장에서 발진티푸스가 집단적으로 발병하자, 그 원인에 대해 조사하였으며, 「도제 건강 및 도덕법」 제정에 주도적인 역할을 하였다.

정답: ③

02 화학물질 및 물리적 인자의 노출기준에서 "Skin" 표시가 된 화학물질로만 나열한 것은?

① 메탄올, 사염화탄소

② 트리클로로에틸렌, 아세톤

③ 트리클로로에틸렌, 사염화탄소

④ 1,1,1-트리클로로에탄, 메탄올

⑤ 1,1,1-트리클로로에탄, 아세톤

해설

○ **화학물질 및 물리적 인자의 노출기준에서 'Skin' 표시가 된 화학물질**

'Skin' 표시 물질은 점막과 눈 그리고 경피로 흡수되어 전신 영향을 일으킬 수 있는 물질을 말하는 것으로 피부 자극성을 뜻하는 것이 아니다.

1) 나프탈렌
2) n-헥산
3) 니코틴
4) 니트로글리세린
5) 4-니트로디페닐
6) 니트로벤젠
7) 디메틸아닐린
8) N, N-디메틸아세트아미드
9) 디메틸포름아미드
10) 디클로로아세트산
11) 메틸 노말-부틸케톤
12) 메탄올(메틸알코올) → **에탄올(×), 아세톤(×)**
13) 베릴륨 및 그 화합물
14) 벤젠
15) 벤조트리클로라이드
16) 벤지딘
17) 불화수소(HF) → **불소(×)**
18) 사염화탄소
19) 수은
20) 스티렌
21) 시안화나트륨
22) 시안화수소
23) 시클로헥사논
24) 아크릴로니트릴
25) 2-에톡시에탄올
26) 이황화탄소
27) 1,1,2,2-테트라클로로에탄
28) 1,1,2-트리클로로에탄 → TCE(×)
29) 1,2,3-트리클로로프로판
30) 페놀
31) 포름아미드
32) 피크린산
33) 하이드라진
34) 황산 디메틸 → 황산(×)

정답: ①

03 작업환경측정 자료들의 분포(distribution)는 주로 우측으로 무한히 뻗어있는 형태(positively skewed)이다. 이에 관한 설명으로 옳은 것은?

① 평균, 중위수, 최빈수가 같은 값이다.

② 평균이 중위수보다 더 크다.

③ 이를 표준정규분포라고 한다.

④ 기하표준편차는 1 미만이다.

⑤ 최빈수가 평균보다 더 크다.

해설

○ **왜도 형태(skewed)**

1. positively skewed

우측으로 무한히 뻗은 형태

최빈수(mode)<중위수(median)<평균(mean)

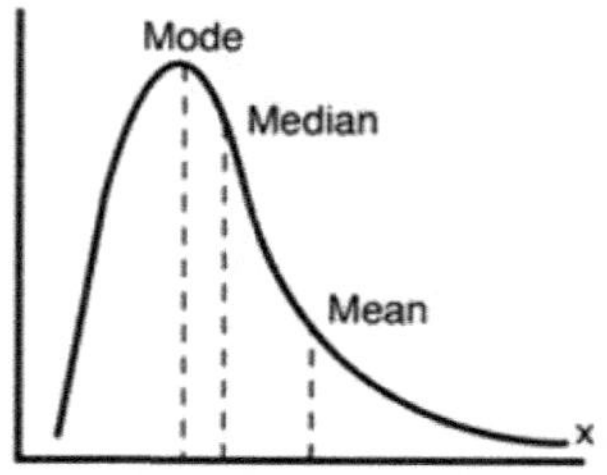

·최빈수(mode)

·중위수(median)

·평균(mean)

2. negatively skewed

좌측으로 무한히 뻗은 형태

최빈수(mode)>중위수(median)>평균(mean)

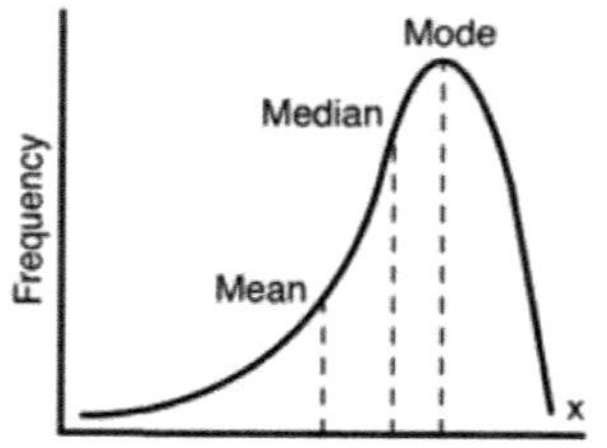

정답: ②

04 작업환경측정 시 관련 절차별로 다음과 같이 오차 값이 추정될 때, 누적오차(cumulative error) 값은 약 얼마인가?

○ 유량측정: ± 13.5%
○ 시료채취시간: ± 3.6%
○ 탈착효율: ± 8.5%
○ 포집효율: ± 4.1%
○ 시료분석: ± 16.2%

① 3.6 %
② 12.6 %
③ 23.4 %
④ 29.7 %
⑤ 45.9 %

해설

누적오차= $\sqrt{(\text{오차제곱의 합})}$

정답: ③

05 산업환기시스템 설계 중 덕트의 합류점에서 시스템의 효율을 극대화하기 위한 정압(SP)균형유지법에 관한 설명으로 옳지 않은 것은?

① 저항 조절을 위하여 설계 시 덕트의 직경을 조절하거나 유량을 재조정하는 방법이다.
② 최대 저항경로 선정이 잘못되어도 설계 시 쉽게 발견할 수 있다.
③ 균형이 유지되려면 설계도면에 있는 대로 덕트가 설치되어야 한다.
④ $\frac{SP_{lower}}{SP_{higher}}$를 계산하여 그 값이 0.8보다 작다면 정압이 낮은 덕트의 직경을 다시 설계해야 한다.
⑤ $\frac{SP_{lower}}{SP_{higher}}$를 계산하여 그 값이 0.8 이상일 때는 그 차를 무시하고, 높은 정압을 지배정압으로 한다.

해설

○ **국소배기장치 총 압력손실 계산하는 방법 2가지**

1. 정압조절 평형법(저항조절 평형법, 유속조절 평형법, **정압균형유지법**)
   1) 저항이 큰 쪽의 덕트 직경을 약간 크게, 또는 덕트 직경을 감소시켜 저항을 줄이거나 증가시켜 합류점의 정압이 같아지도록 하는 방법이다.
   2) 분지관의 수가 적고 폭발성, 방사성 분진 대상에 사용한다.
   3) 장점은 다음과 같다.
      ㄱ. 침식, 부식, 분진퇴적으로 인한 축적현상이 없어 덕트의 폐쇄가 일어나지 않는다.
      ㄴ. 잘못 설계된 분지관, 최대저항 경로 선정이 잘못되어도 설계 시 쉽게 발견할 수 있다.
      ㄷ. 설계가 정확할 때는 가장 효율적인 시설이 된다.
   4) 단점은 다음과 같다.
      ㄱ. 설계 시 잘못된 유량을 고치기 어렵다.
      ㄴ. 설계가 복잡하고 시간이 많이 걸린다.
      ㄷ. 설계 유량 산정이 잘못된 경우, 덕트의 크기 변경을 필요로 한다.

2. 저항조절 평형법(댐퍼조절 평형법, 덕트균형 유지법)
   - 각 덕트에 댐퍼를 부착하여 압력을 조정, 평형을 유지하는 방법이며, 총 압력손실 계산은 압력손실이 가장 큰 분지관을 기준으로 산정한다.
   - 분지관의 수가 많고 덕트의 압력손실이 클 때 사용한다.

○ **정압비(SP_{high}/SP_{low} → 절대값이 큰 정압 / 절대값이 작은 정압)**

· 정압비가 1.2 혹은 이보다 큰 경우: 작은 정압 분지관을 재설계(Redesign)
· 정압비가 1.2보다 작고 1.05보다 큰 경우: 작은 정압 분지관의 유량 보정
· 정압비가 1.05보다 작은 경우: 특별한 조치를 취하지 않고 다음 단계 설계

정답: ⑤

06 방사능 측정값 600 pCi를 표준화(SI) 단위 값으로 옳게 표현한 것은? (단, 1 Ci = 3.7 × 10^{10} dps)

① 16 Bq

② 22.2 Bq

③ 16 dps

④ 22.2 dpm

⑤ 6 × 10^{-10} Ci

해설

○ pCi(피코퀴리)를 Bq(베크럴)로 단위 환산하는 방법은 다음과 같다.
1pCi(피코퀴리)=0.037Bq이므로 600×0.037=22.2Bq

정답: ②

07 화학물질 및 물리적 인자의 노출기준 중 발암성에 대한 분류 기준이 아닌 것은?

① 미국 국립산업안전보건연구원(NIOSH)의 분류

② 미국 독성프로그램(NTP)의 분류

③ 「유럽연합의 분류·표시에 관한 규칙(EU CLP)」의 분류

④ 국제암연구소(IARC)의 분류

⑤ 미국 산업안전보건청(OSHA)의 분류

해설

제5조(화학물질) ① 화학물질의 노출기준은 별표 1과 같다.

② 별표 1의 발암성, 생식세포 변이원성 및 생식독성 정보는 법상 규제 목적이 아닌 정보제공 목적으로 표시하는 것으로서 **발암성**은 국제암연구소(International Agency for Research on Cancer, IARC), 미국산업위생전문가협회(American Conference of Governmental Industrial Hygienists, ACGIH), 미국독성프로그램(National Toxicology Program, NTP), 「유럽연합의 분류·표시에 관한 규칙(European Regulation on the Classification, Labelling and Packaging of substances and mixtures, EU CLP)」 또는 미국산업안전보건청(American Occupational Safety & Health Administration, OSHA)의 분류를 기준으로, 생식세포 변이원성 및 생식독성은 유럽연합의 분류·표시에 관한 규칙(European Regulation on the Classification, Labelling and Packaging of substances and mixtures, EU CLP)을 기준으로 「화학물질의 분류·표시 및 물질안전보건자료에 관한 기준」에 따라 분류한다.

정답: ①

08 생물학적 유해인자인 독소(toxin)에 관한 설명으로 옳은 것은?

① 마이코톡신(mycotoxins)은 세균이 유기물을 분해할 때 내놓는 분해산물로 종에 따라 다르다.
② 아플라톡신 B1(aflatoxin B1)은 폐암을 초래한다.
③ 글루칸(glucan)은 바이러스의 세포벽 성분으로 호흡기 점막을 자극하여 건물증후군(SBS)을 초래하는 원인으로 추정되고 있다.
④ 엔도톡신(endotoxins)은 그람양성세균이 죽을 때나 번식할 때 내놓는 독소이다.
⑤ 낮은 농도의 엔도톡신은 호흡기계 점막의 자극, 발열, 오한 등을 일으키나, 높은 농도에서는 기도와 폐포 염증, 폐기능 장해까지 초래한다.

해설

① 마이코톡신(mycotoxins)은 곰팡이(진균)이 유기물을 분해할 때 내놓는 분해산물로 종에 따라 다르다.
② 아플라톡신 B1(aflatoxin B1)은 간암을 초래한다.
③ 글루칸(glucan)은 곰팡이(진균)의 세포벽 성분으로 호흡기 점막을 자극하여 건물증후군(SBS)을 초래하는 원인으로 추정되고 있다.
④ 엔도톡신(endotoxins)은 그람 음성세균이 죽을 때나 번식할 때 내놓는 독소이다.
⑤ 낮은 농도의 엔도톡신은 호흡기계 점막의 자극, 발열, 오한 등을 일으키나, 높은 농도에서는 기도와 폐포 염증, 폐기능 장해까지 초래한다.

새집증후군 또는 **아픈 건물 증후군**(영어: Sick Building Syndrome, **SBS**)은 생활 터전인 집이나 사무실 같은 건물 환경에 의한 여러 병적 증상들을 일컫는다. 1983년 세계보건기구(WHO) 보고서는 새 건물이나, 개보수된 건물의 30% 정도가 새집증후군의 발생과 연관됐을 것이라고 말했다. 대부분의 새집증후군은 실내 공기 질(indoor air quality)과 관련돼 있다.
건물증후군의 주원인은 환기 및 냉난방(HVAC, heating, ventilation, and air conditioning) 시스템의 결함이다. 다른 이유로는 건축 자재, 휘발성 유기화합물(VOC, Volatile organic compound)과 포름알데히드, 곰팡이에서 배출되는 오염 물질과 부적절한 배기, 환기 시설에서 찾을 수 있다.

정답: ⑤

09 다음에 해당하는 중금속은?

○ 연성이 있으며, 아연광물 등을 제련할 때 부산물로 얻어지며, 합금과 전기도금 등에 이용된다.
○ 경구 또는 흡입을 통한 만성 노출 시 표적 장기는 신장이며, 가장 흔한 증상은 효소뇨와 단백뇨이다.
○ 화학물질 및 물리적 인자의 노출기준에 따르면 발암성 1A, 생식세포 변이원성 2, 생식독성 2, 호흡성으로 표기하고 있다.

① 납
② 크롬
③ 카드뮴
④ 수은
⑤ 망간

해설

카드뮴: 경구 또는 흡입을 통한 만성 노출 시 표적 장기는 신장이며, 가장 흔한 증상은 효소뇨와 단백뇨이다.

정답: ③

10 근골격계부담작업의 범위 및 유해요인조사 방법에 관한 고시의 내용으로 옳지 않은 것은?

① 유해요인조사는 고시에서 정한 유해요인조사표 및 근골격계질환 증상조사표를 활용하여야 한다.
② 작업장 상황조사 내용에는 작업설비, 작업량, 작업속도, 업무변화가 포함된다.
③ 하루에 총 2시간 이상, 분당 2회 이상 4.5kg 이상의 물체를 드는 작업은 근골격계부담작업에 해당된다.
④ "단기간 작업" 이란 2개월 이내에 종료되는 1회성 작업을 말한다.
⑤ "간헐적인 작업" 이란 연간 총 작업일수가 30일을 초과하지 않는 작업을 말한다.

해설

"간헐적인 작업" 이란 연간 총 작업일수가 60일을 초과하지 않는 작업을 말한다.

정답: ⑤

11 산업안전보건기준에 관한 규칙에서 정하고 있는 "밀폐공간"에 해당하지 않는 것은?

① 장기간 사용하지 않은 우물 등의 내부
② 화학물질이 들어있던 반응기 및 탱크의 내부
③ 간장·주류·효모 그 밖에 발효하는 물품이 들어 있거나 들어 있었던 탱크·창고 또는 양조주의 내부
④ 천장·바닥 또는 벽이 건성유를 함유하는 페인트로 도장되어 그 페인트가 건조된 후의 지하실 내부
⑤ 드라이아이스를 사용하는 냉장고·냉동고·냉동화물자동차 또는 냉동컨테이너의 내부

해설

천장·바닥 또는 벽이 건성유를 함유하는 페인트로 도장되어 그 페인트가 건조되기 전의 지하실 내부

정답: ④

12 1기압, 25℃에서 수은(분자량: 200)의 증기압이 0.00152mmHg라고 할 때, 이 조건의 밀폐된 작업장에서 공기 중 수은의 포화농도(mg/m³)는 약 얼마인가?

① 2.0
② 16.4
③ 27.9
④ 35.9
⑤ 156.3

해설

공기 중 수은의 포화농도(ppm)=$\frac{0.00152}{760} \times 1{,}000{,}000$

공기 중 수은의 포화농도(mg/m³)=ppm$\times \frac{\text{분자량}}{24.45} = 2 \times \frac{200}{24.45} = 16.4$

정답: ②

13 화학물질 및 물리적 인자의 노출기준에서 "호흡성"으로 표시되지 않은 화학물질은

① 카본블랙
② 산화아연 분진
③ 인듐 및 그 화합물
④ 산화규소(결정체 석영)
⑤ 텅스텐(가용성화합물)

해설

작업환경측정 및 정도관리 등에 관한 고시

제2조(정의) ① 이 고시에서 사용하는 용어의 뜻은 다음 각 호와 같다.

11. "호흡성분진"이란 호흡기를 통하여 폐포에 축적될 수 있는 크기의 분진을 말한다.
12. "흡입성분진"이란 호흡기의 어느 부위에 침착하더라도 독성을 일으키는 분진을 말한다.

흡입성(노출기준)	호흡성(노출기준)
카본블랙 석고 → 석면(×) 아스파트 흄(벤젠 추출물) 곡분분진 → 곡물분진(×) 목재분진 오산화바나듐 요오드 및 요오드화물 아연 스테아린산 펜타클로로페놀	석탄분진 산화아연 분진 → 산화아연(×) 텅스텐 인듐 및 그 화합물 카드뮴 및 그 화합물 운모 몰리브덴 산화규소 활석(석면 불포함) 흑연(천연 및 합성, Graphite 섬유 제외)

212	몰리브덴(불용성 화합물)	Molybdenum(Insoluble compounds)(Inhalable fraction)	-	10	-	-	[7439-98-7] 흡입성
213	몰리브덴(불용성 화합물)	Molybdenum (Insoluble compounds) (Respirable fraction)..	-	5	-	-	[7439-98-7] 호흡성
214	몰리브덴(수용성 화합물)	Molybdeunum (Soluble compounds) (Respirable fraction)	-	0.5	-	-	[7439-98-7] 발암성 2, 호흡성

269	산화규소(결정체 석영)	Silica(Crystalline quartz) (Respirable fraction)	-	0.05	-	-	[14808-60-7] 발암성 1A, 호흡성
270	산화규소 (결정체 크리스토바라이트)	Silica(Crystalline cristobalite) (Respirable fraction)	-	0.05	-	-	[14464-46-1] 발암성 1A, 호흡성
271	산화규소 (결정체 트리디마이트)	Silica(Crystalline tridymite) (Respirable fraction)	-	0.05	-	-	[15468-32-3] 발암성 1A, 호흡성
272	산화규소 (결정체 트리폴리)	Silica(Crystalline tripoli) (Respirable fraction)	-	0.1	-	-	[1317-95-9] 발암성 1A, 호흡성

273	산화규소 (비결정체 규소, 용융된)	Silica(Amorphous silica, fused) (Respirable fraction)	-	0.1	-	-	[60676-86-0] 호흡성
274	산화규소 (비결정체 규조토)	Silica (Amorphous diatomaceous earth)	-	10	-	-	[61790-53-2]
275	산화규소 (비결정체 침전된 규소)	Silica (Amorphous precipitated silica)	-	10	-	-	[112926-00-8]
276	산화규소(비결정 체 실리카겔)	Silica(Amorphous silicagel)	-	10	-	-	[112926-00-8]

577	텅스텐 (가용성화합물)	Tungsten(Soluble compounds)(Respirable fraction)	-	1	-	3	[7440-33-7] 호흡성
578	텅스텐 및 불용성화합물	Tungsten metal and Insoluble compounds(Respirable fraction)	-	5	-	10	[7440-33-7] 호흡성

흡입성	호흡성	Skin
곡물분진 목재분진(적삼목) 목재분진(적삼목외 기타 모든 종) 몰리브덴(불용성화합물) 석고 소석고 아스팔트 흄(벤젠 추출물) 카본블랙 아연 스테아린산 2,4-D 디메틸아미노벤젠(혼합이성체 포함) 디부틸 포스페이트 디설포톤 2,6-디-삼차-부틸-파라-크레졸 2,2-디클로로프로피온산 디클로르보스 말라티온 메타-프탈로디니트릴 메틸 파라티온 아진포스 메틸	석탄분진 활석(석면 불포함) 흑연 (천연 및 합성, Graphite 섬유제외) 운모 인듐 및 그 화합물 카드뮴 및 그 화합물 텅스텐(가용성화합물) 몰리브덴(수용성화합물) 텅스텐 및 불용성화합물 카올린 산화규소(결정체 석영) 산화아연 분진 소우프스톤 파라쿼트	나프탈렌 2-N-디부틸아미노에탄올 N-메틸 아닐린 노말-부틸 글리시딜에테르 N-에틸모르폴린 N-이소프로필아닐린 노말-프로필 알코올 노말-헥산 니코틴 니트로글리세린 4-니트로디페닐 니트로벤젠 니트로톨루엔(오쏘, 메타, 파라-이성체) 데미톤 데카보란 디니트로-오쏘-크레졸 디니트로톨루엔 디메틸니트로소아민 디메틸아닐린 이황화탄소

아크릴아미드 아황화니켈 엔도설판 오쏘-프탈로디니트릴 오산화바나듐 요오드 및 요오드화물 이피엔 카보푸란 카프로락탐(분진) 캡탄 캡타폴 클로로아세틱액시드 클로르피리포스 트리멜리틱 안하이드리드 트리부틸 포스페이트 트리클로폰 티이피피 파라치온 퍼밤 페나미포스 펜설포티온 포노포스		

정답: ①

14 다음 정의에 해당하는 역학 지표는?

> 유해인자에 노출된 집단과 노출되지 않은 집단을 전향적(prospectively)으로 추적하여 각 집단에서 발생하는 질병 발생률의 비

① 교차비(odd ratio)

② 기여위험도(attributable risk)

③ 상대위험도(relative risk)

④ 치명률(fatality rate)

⑤ 발병률(attack rate)

해설

> 전향적(prospectively)으로 추적하므로 코호트 연구에서 사용하는 상대위험도이다.

정답: ③

15 다음 역학연구의 설계를 인과관계의 근거(evidence) 수준이 높은 것에서 낮은 것의 순서대로 옳게 나열한 것은?

> ㄱ. 사례군 연구　　ㄴ. 코호트 연구
> ㄷ. 환자-대조군 연구　　ㄹ. 생태학적 연구

① ㄴ → ㄱ → ㄷ → ㄹ

② ㄴ → ㄷ → ㄹ → ㄱ

③ ㄷ → ㄴ → ㄱ → ㄹ

④ ㄷ → ㄴ → ㄹ → ㄱ

⑤ ㄹ → ㄴ → ㄱ → ㄷ

해설

> ○ **인과관계의 근거(evidence) 수준[암기법: 실코환자/단생사]**
> 실험연구가 가장 인과관계 수준이 높다.
> 실험연구>준실험연구>코호트연구>환자-대조군연구>단면(조사)연구>생태학적연구>사례군연구>사례연구
> * 단면조사란 질병의 유병상태와 노출간의 관련성을 특정 시점 또는 기간 동안에 조사하는 것을 말한다.

정답: ②

16 유해물질의 생물학적 노출지표 및 시료채취시기에 관한 내용으로 옳지 않은 것은?

① 크실렌은 소변 중 메틸마뇨산을 작업 종료 시 채취하여 분석한다.

② 반감기가 길어서 수년간 인체에 축적되는 물질에 대해서는 채취시기가 중요하지 않다.

③ 유해물질의 공기 중 농도로는 호흡기를 통한 흡수 정도를 예측할 수 있으나, 피부와 소화기를 통한 흡수는 평가할 수 없다.

④ 일산화탄소는 호기 중 카복시헤모글로빈을 작업 종료 후 10~15분 이내에 채취하여 분석한다.

⑤ 배출이 빠르고 반감기가 5분 이내인 물질에 대해서는 작업 전, 작업 중 또는 작업 종료 시 시료를 채취한다.

해설

일산화탄소는 호기 중 일산화탄소를 작업 종료 후 10~15분 이내에 채취하여 분석한다.

정답: ④

17 청각기관의 구조와 소리의 전달에 관한 설명으로 옳지 않은 것은?

① 음압은 외이의 외청도(ear canal)를 거쳐 고막에 전달되어 이를 진동시킨다.

② 중이는 추골, 침골, 등골의 세 개 뼈로 구성되어 있다.

③ 고막을 통하여 들어온 음압은 중이를 거쳐 난형창을 통해 달팽이관으로 전달된다.

④ 내이액에 전달된 음압은 고막관(tympanic canal)을 거쳐 전정관(vestibular canal)으로 이동한다.

⑤ 귀는 외이, 중이, 내이로 구분할 수 있다.

해설

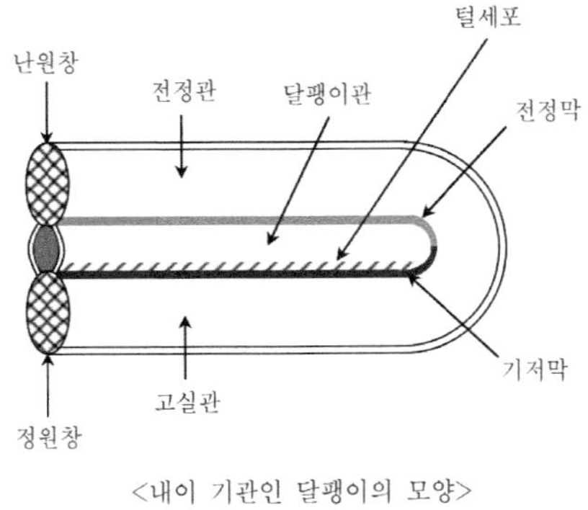

<내이 기관인 달팽이의 모양>

내이액에 전달된 음압은 난원창을 거쳐 전정관(vestibular canal)으로 이동한다.

정답: ④

18

산업안전보건법상 유해인자와 특수·배치전·수시 건강진단의 1차 임상검사 및 진찰에 해당하는 기관/조직을 연결한 것으로 옳지 않은 것은?

구분	유해인자	1차 임상검사 및 진찰의 기관/조직
①	마이크로파 및 라디오파	신경계, 생식계, 눈
②	시클로헥산	피부, 호흡기계
③	황산	호흡기계, 눈, 피부, 비강, 인두·후두, 악구강계
④	망간과 그 화합물	호흡기계, 신경계
⑤	야간작업	신경계, 심혈관계, 위장관계, 내분비계

① ①

② ②

③ ③

④ ④

⑤ ⑤

해설

톨루엔, 크실렌, 스티렌, 시클로헥산, 노말헥산, 트리클로로에틸렌 등 유기용제에 노출되면 중추신경계 장해(중추신경계 억제)를 가져와 졸음이나 현기증을 일으킬 수 있다.

57	시클로헥산	(1) 직업력 및 노출력 조사 (2) 주요 표적기관과 관련된 병력조사 (3) 임상검사 및 진찰 신경계: 신경계 증상 문진, 신경증상에 유의하여 진찰	임상검사 및 진찰 신경계: 신경행동검사, 임상심리검사, 신경학적 검사

정답: ②

19 작업환경측정 및 정도관리 등에 관한 고시에서 명시하고 있는 화학적 인자와 시료채취 매체, 분석기기의 연결로 옳지 않은 것은?

구분	화학적 인자	시료채취 매체	분석기기
①	니켈(불용성 무기화합물)	막여과지	ICP, AAS
②	디메틸포름아미드	활성탄관	GC-FID
③	6가 크롬 화합물	PVC여과지	IC-분광 검출기
④	벤젠	활성탄관	GC-FID
⑤	2,4-TDI	1-2PP 코팅유리섬유여과지	HPLC-형광검출기

① ①

② ②

③ ③

④ ④

⑤ ⑤

해설

디메틸포름아미드(DMF, 간 독성)는 시료채취 매체로 실리카겔관(silica gel 150㎎/75㎎, 또는 이상의 흡착성능을 갖는 흡착튜브)을 사용하고, 분석기기는 불꽃이온화검출기(FID)가 장착된 가스크로마토그래피(GC)를 사용한다.

<정리> 시료채취방법-고체 포집법

1) 활성탄관: 비극성

활성탄은 주성분이 탄소로 되어 있으며 트리메틸아민, 메르캅탄, 황화메틸, 사이클로헥세인, 사염화탄소, 벤젠 등 유기성 악취물질을 잘 흡착한다.

2) 실리카겔관: 극성

실리카겔관은 암모니아, 황화수소, DMF, 에탄올, 아세톤 등을 잘 흡착한다.

2. 시료채취방법-액체 포집법

임핀저(흡수액)

정답: ②

20 보호구 안전인증 고시에서 화학물질용 보호복의 구분 기준 중 "분진 등과 같은 에어로졸에 대한 차단 성능을 갖는 보호복"은?

① 1형식
② 2형식
③ 3형식
④ 4형식
⑤ 5형식

해설

○ 화학물질용 보호복의 구분[암기법: 가/비/액/무/진/미스트] 테마7을 참조할 것!

정답: ⑤

21 CNC 공정에서 메탄올을 사용할 때, 작업자가 착용해야 하는 호흡보호구는?

① 유기화합물용 방독마스크
② 산가스용 방독마스크
③ 방진방독겸용 마스크
④ 전동식 방독마스크
⑤ 송기마스크

해설

구분	A (14종)	B (5종)	C (6종)	D (12종)	E (21종)	F (11종)
사고 대비 물질 분류	염화메틸 포스겐 일산화탄소 플루오린 아르신 포스핀 디보란 산화질소 사린 염화시안 메틸하이드라진 메탄올 질산 아크릴일클로라이드	프름알데하이드 플루오르화수소 염소 황화수소 이산화염소	메틸아민 염화비닐 산화에틸렌 트리메틸아민 염화수소 암모니아	시안화수소 이황화탄소 메틸 비닐케톤 메틸 아르릴레이트 아크롤레인 아크릴로니트릴 트리에틸아민 에틸렌이민 톨루엔-2,4-디이소시아네이트 디이소시안산 이소포론 삼염화인 옥시염화인	파라-니트로톨루엔 페놀 포름산 벤젠 산화프로필렌 메틸에틸케톤 아크릴산 니트로벤젠 염화벤질 알릴클로라이드 에틸렌디아민 알릴알코올 메타-크레졸 톨루엔 노말-부틸아민 아세트산에틸 메틸에틸케톤 과산화물 황산 클로로술폰산 니트로메탄 과산화수소	시안화나트륨 아크릴일클로라이드 나트륨 질산암모늄 헥사민 염소산칼륨 질산칼륨 과염소산칼륨 과망간산칼륨 염소산나트륨 질산나트륨
호흡 보호구 형태	**송기마스크 공기호흡기**	**방독마스크**	**방독마스크**	**방진·방독겸용 마스크**	**방진·방독겸용 마스크**	**방진마스크**
유해성 등급	높음·중간	높음	중간	높음	중간·낮음	낮음

정답: ⑤

22 고용노동부에서 발표한 2017년 산업재해 현황에 관한 설명으로 옳지 않은 것은?

① 직업병이란 작업환경 중 유해인자와 관련성이 뚜렷한 질병으로 난청, 진폐, 금속 및 중금속 중독, 유기화합물 중독, 기타 화학물질 중독 등이 있다.

② 직업관련성 질병이란 업무적 요인과 개인질병 등 업무외적 요인이 복합적으로 작용하여 발생하는 질병으로 뇌·심혈관질환, 신체부담작업, 요통 등이 있다.

③ 2017년에는 2016년 대비 업무상질병자 중 직업병과 직업관련성 질병의 빈도수가 모두 증가하였다.

④ 업무상질병자 중 직업병에서는 난청이 가장 높은 빈도수로 나타났다.

⑤ 업무상질병자 중 직업관련성 질병에서는 요통이 가장 높은 빈도수로 나타났다.

해설

2017년 당시에는 진폐였지만, 최근에는 진폐보다 난청(직업병)이 더 많다.

<2021년 신문기사 내용 중>

직업성 난청도 꾸준히 증가하고 있다. 직업성 난청은 산업현장에서 근로자가 노출되는 환경에 의해 발생하는 청력 소실을 말한다. 머리 외상, 날카로운 물체·불꽃에 의한 고막천공, 귀 독성물질 등 여러 원인이 있지만 대부분은 작업장에서의 지속적 소음 노출에 의한 난청이다.

직업성 난청 발생 현황은 산업안전보건법에 따라 85데시벨(dB) 이상 소음 노출 근로자를 대상으로 실시되는 특수건강진단과 산업재해보상보험법에 의한 업무상 질병(산업재해) 판정을 통해 어느 정도 파악된다.

24일 한국산업안전보건공단의 '2019년 산업재해 현황 및 근로자건강진단 결과'에 따르면 소음 노출로 인한 업무상 질병자는 2019년 1986명으로 전년(1414명) 보다 40.5% 증가했다. 전체 업무상 질병자의 13.1%, 뇌심혈관질환 및 근골격계 질환 등을 뺀 직업병의 절반 가까이(49.2%)를 소음성 난청이 차지했다. 난청에 따른 요주의 관찰자는 13만6355명으로 전체 요관찰 질병자의 87%로 가장 많았다.

정답: ④

23 다음에서 설명하는 여과지의 종류는?

○ TEM 분석에 사용할 수 있다.
○ 체(sieve)처럼 구멍이 일직선(straight-through holes)으로 되어 있다.
○ 폴리카보네이트로 만들어진 것으로 강도가 우수하고 화학물질과 열에 안정적이다.

① MCE 막여과지
② Nuclepore 여과지
③ PTFE 막여과지
④ 섬유상 여과지
⑤ PVC 막여과지

해설

○ **여과지의 종류**

1. 막여과지
   1) MCE(Mixed Cellulose Ester)막 여과지
      금속, 석면, 살충제, 불소화합물
   2) PVC 막여과지
      중량분석, 6가 크롬
      - 비흡습성(저흡습성)이므로 먼지의 중량분석에 적절하다.
      - 내산성 및 내염기성을 가지고 있다.
      - 특히, 유리규산을 채취하여 X-선회절법으로 분석하는 데 적절하다.
      - 대부분 무기물질인 산화아연, 6가 크롬 및 공해성 먼지, 호흡성 분진, 일부 유기물질 등을 측정하는 하는 데 사용된다고 한다.
   3) PTFE 막여과지
      일명 테프론으로 농약, 알칼리성 분진, PAHs(다핵방향족화합물), 콜타르피치
   4) 은막 여과지
      코크스오븐 배출물질, 석영
   5) 핵기공여과지(Nuclepore 여과지)
      석면, 전자현미경(TEM) 분석용

2. 섬유상 여과지
   ㄱ. 유리섬유 여과지: 농약류, PAHs
   ㄴ. 셀룰로오스 여과지
   ㄷ. 석영 여과지

○ 여과지 종류와 특징

종류	측정물질 예	특징
PVC 막여과지	무기물질(6가 크롬 등)	내염기성, 내산성, 저흡습성
MCE 막여과지	섬유상분진(유리섬유 등), 원소 및 무기물(금속, 금속화합물 등)	용해성
PTFE 막여과지	유기물질(농약 등), 알카리성분진	소수성, 내용매성, 불활성
은(Silver) 막여과지	코크스오븐 배출물질	균일한 공극크기
핵기공여과지(Nuclepore 여과지)	석면, 전자현미경(TEM) 분석용	열안정성, 강도 우수

정답: ②

24 표준화사망비(SMR)에 관한 설명으로 옳지 않은 것은?

① 직접표준화법으로 산출한다.
② 관찰사망수를 기대사망수로 나눈다.
③ 기대사망은 관찰사망 집단보다 더 큰 집단을 사용한다.
④ 1(100%)보다 크면 관찰집단에서 특정 질병에 대한 위험요인이 존재할 가능성이 있다.
⑤ 직업역학분야에서 사용하는 주요 지표 중 하나이다.

해설

표준화사망비는 간접표준화법으로 산출한다.

정답: ①

25 한 사업장에서 다음과 같은 재해결과가 나왔을 때, 이에 관한 해석으로 옳지 않은 것은?

> ○ 환산도수율(F)=1.2
>
> ○ 환산강도율(S)=96

① 작업자 1인당 일평생 1.2회의 재해가 발생한다.

② 작업자 1인당 일평생 96일의 근로손실일수가 발생한다.

③ 재해 1건당 근로손실일수는 평균 80일이다.

④ 사업장의 도수율은 12이다.

⑤ 사업장의 강도율은 9.6이다

해설

강도율은 1,000시간 기준이며, 환산강도율은 100,000시간 기준이다.

따라서 환산강도율=강도율×100.

문제에서 주어진 것을 대입하면 96=강도율×100이다. 강도율은 0.96이다.

정답: ⑤

산업보건지도사 제2과목(산업보건일반) 역대 기출문제 해설

01

활성탄관으로 채취한 벤젠을 1mL 이황화탄소로 추출하여 정량한 결과가 다음과 같을 때, 벤젠 양(μg)은?

○ 시료(앞층 10 ppm, 뒤층 0.1 ppm)
○ 공시료(앞층 0,1 ppm, 뒤층 검출되지 않음)

① 9.9
② 10
③ 99
④ 100
⑤ 파과현상 때문에 시료로 쓰지 못함

해설

ppm=mg/L=μg/mL=mL/㎥를 활용할 수 있어야 한다.
시료 앞층과 뒤층을 더한 뒤 공시료를 빼면 된다.
(10+0.1)ppm-0.1ppm=10ppm
10μg/mL

정답 ②

02

유해인자 노출기준에 관한 설명으로 옳은 것은?

① 노출기준 초과여부로 건강영향을 진단할 수 있다.
② 모든 근로자의 건강영향을 진단하기 위한 법적기준이다.
③ 개인 시료(personal sample) 측정 결과로 호흡기, 피부, 소화기 등 종합적인 인체 노출수준을 추정할 수 있다.
④ 동물실험에 근거해서 설정된 노출기준은 역학조사보다 불확실성이 낮아 신뢰성이 높다.
⑤ 생물학적 노출기준(BEI)이 설정된 화학물질 수가 적은 이유는 건강영향을 추정할 수 있는 바이오마커가 드물기 때문이다.

해설

① 노출기준 초과여부로 건강영향을 진단할 수는 없다.
② 모든 근로자의 건강영향을 진단하기 위한 법적기준이 아니라 정보제공 목적이다.
③ 개인 시료(personal sample) 측정 결과로 호흡기, 피부, 소화기 등 종합적인 인체 노출수준을 추정할 수는 없으며 간접적으로 추정할 뿐이다.
④ 동물실험에 근거해서 설정된 노출기준은 역학조사보다 불확실성이 높아 신뢰성이 낮다. 역학조사가 동물실험에 근거한 노출기준보다 신뢰성이 높다.
⑤ 생물학적 노출기준(BEI)이 설정된 화학물질 수가 적은 이유는 건강영향을 추정할 수 있는 바이오마커가 드물기 때문이다. 바이오마커란, 일반적으로 단백질이나 DNA, RNA, 대사 물질 등을 이용해 몸 안의 변화를 알아 낼 수 있는 지표이다. 즉, 특정 질병이나 또는 암의 경우에서 정상이나 병적인 상태를 구분할 수 있거나 치료 반응을 예측할 수 있고 객관적으로 측정할 수 있는 표지자를 의미한다.

정답 ⑤

03 생물학적 유해인자가 주로 발생되는 공정 또는 작업이 아닌 것은?

① 사료 저장
② 농작업
③ 제빵
④ 주물
⑤ 수용성 금속가공

해설

주물공정에서는 화학적 유해인자 및 물리적 인자가 발생한다. 주물사업장 현장공정에서는 유리규산, 호흡성 분진, 금속성 흄, 유기용제, 고열, 진동, 일산화탄소(CO), 전리방사선, 독성 금속, 방향족 탄화수소, PAHs 등이 발생한다.
참고로 수용성 금속가공에서도 생물학적 유해인자가 발생되는데 수용성 금속가공유를 사용하는 공정에서는 항상 미생물이 성장하는 조건이 조성되고 과다하게 번식할 경우 금속가공유의 수명을 감소시키고 공구에 손상을 가져오게 된다.

정답 ④

04 국내외 산업위생 역사에 관한 설명으로 옳은 것은?

① 중세 노동자 사고와 질병은 의학적 인과관계에 의해서 규명되었다.
② 산업혁명 초창기 어린이 장시간 노동은 일반적이었다.
③ 1963년 산업안전보건법에 이어 1981년 산업재해보상보험법이 제정되었다.
④ 2015년 메탄올 시각 손상이 발생한 공정은 도장(painting)이었다.
⑤ 우리나라 반도체 공장 직업병 문제는 화학물질 급성 중독 사례로 시작되었다.

해설

① 중세 노동자 사고와 질병은 의학적 인과관계에 의해서 규명되지는 못했다.
② 산업혁명 초창기 어린이 장시간 노동은 일반적이었다.
③ 1981년 산업안전보건법, 1963년 산업재해보상보험법이 제정되었다.
④ 2015년 메탄올 시각 손상이 발생한 공정은 도장(painting)이 아니라 CNC(절삭가공) 공정에서 세척 및 냉각용도로 취급한 메틸알코올(메탄올)로 인한 것이다.
⑤ 우리나라 반도체 공장 직업병 문제는 화학물질 만성 중독 사례이다.

○ **신문기사 참조**

(1988년 17살의 문송면 군이 온도계 회사 취업 7개월 만에 수은 중독으로 세상을 떠나자 이황화탄소 중독이라는 원진레이온 문제가 조명되었다.)

157세 소년 문송면 군(1971년 生))이 온도계 제조회사에서 일한 지 두 달 만에 수은 중독으로 사망하고, 같은 해 원진레이온 노동자 915명이 인체에 치명적인 이황화탄소에 중독되어 현재까지 230명이 사망한 것은 33년 전이다.

급성중독과 신장손상, 신경계 증상 등 심각한 질병을 일으키는 수은(mercury)은 미나마타 병으로도 잘 알려져 있다. 이황화탄소(Carbon disulfide)는 독일의 화학자가 발견한 화합물로 2차 세계대전 당시 유대인 학살용으로 사용되기도 했던 신경 독가스다.

무서운 옛날이야기 같지만, 지금도 노동자들의 유해화학물질 관련 직업병과 사망은 이어져 오고 있다.

고용노동부 산업재해 통계에 따르면 2021년 3월말 기준 산업재해 전체 사망자 수는 574명, 질병재해자수는 2020년 3월 기준 4377명으로 전년 동기 대비 517명이 증가했다.

▲2007년 삼성반도체 기흥공장에서 일하다 백혈병에 걸려 사망한 고(故) 황유미를 비롯한 수많은 반도체 관련 직업병과 사망, ▲2015년 형광등 제조설비 철거과정 작업에서 수은에 노출되어 중독된 하청노동자 20여 명, ▲2016년 삼성과 LG 휴대폰 부품 하청공장에 불법 파견되어 일하다 메탄올 중독으로 사망한 19세 청년 등 유해물질과 관련한 노동자들의 일터에서의 고통과 사망은 끊이지 않고 있는 게 현실이다.

노동환경건강연구소 일과건강에 따르면 중대재해처벌법이 제정된 이후에도 이달 초까지 344명의 노동자가 일터에서 집으로 돌아가지 못했다고 한다. 세계적으로는 1년에 90만 명 이상이 일하는 공간에서 유해화학물질 때문에 생기는 질병으로 사망한다고 추정되고 있다.

정답 ②

05 유해인자 측정결과 자료에 관한 해석으로 옳은 것은?

① 근로자가 노출되는 유해인자 측정 자료는 일반적으로 정규분포(normal distribution)를 나타낸다.
② 기하표준편차(GSD) 값이 클수록 유해인자 노출특성은 유사한 것으로 평가한다.
③ 동일 자료에 대한 기하평균(GM) 값은 산술평균(AM) 값보다 크다.
④ 정규분포하지 않은 자료를 대수로 변환했을 때 정규분포하면 대수정규분포 한다고 평가한다.
⑤ 기하표준편차(GSD) 단위는 ppm 또는 $\mu g/m^3$이다.

해설

① 근로자가 노출되는 유해인자 측정 자료는 일반적으로 대수정규분포(log-normal distribution)를 나타낸다. 왜도형태이지만 정규분포형태와 유사한 그림을 연상하면 된다.
② 기하표준편차(GSD) 값이 작을수록 유해인자 노출특성은 유사한 것으로 평가한다. 참고로 편차란 평균과의 차이를 나타내는 뜻이다.
③ 동일 자료에 대한 기하평균(GM) 값은 산술평균(AM) 값보다 작다. 산술평균은 합의 평균이고, 기하평균은 곱의 평균이다. 쉬운 예로 2와 8의 산술평균은 5이지만 기하평균은 $\sqrt{16}=4$이다. 기하평균 ≤산술평균
④ 정규분포하지 않은 자료를 대수로 변환했을 때 정규분포하면 대수정규분포 한다고 평가한다.
⑤ 기하표준편차(GSD) 단위는 무차원으로 없다.

정답 ④

06 작업장 환기에 관한 설명으로 옳은 것은?

① HVACs(공조시설)에서 공급하는 공기량은 국소배기장치 후드로 들어가는 공기량의 0.5배로 설계해야 한다.
② 국소배기장치에서 실외로 배기된 공기속도는 반송속도의 50%를 유지해야 한다.
③ 먼지가 발생되는 공정에서 국소배기 공기정화장치는 송풍기 뒤에 설치하는 것이 좋다.
④ 1면이 개방된 포위식 후드에서 소요 풍량(Q)은 1면이 완전히 닫혔을 때를 가정하고 설계하는 것이 좋다.
⑤ 외부식 원형후드에서 등속도 면적은 제어거리와 후드 면적을 고려하여 설계한다.

해설

① HVACs(공조시설)에서 공급하는 공기량은 국소배기장치 후드로 들어가는 공기량의 0.1배로 설계해야 한다.
HVACs(공조시설, 공기조화시스템, Heating Ventilation and Air conditioning)에서 공급하는 공기량은 국소배기장치 후드로 들어가는 공기량의 약 10%(리턴 공기량, 환류공기) 정도 넘도록 설계해야 한다.

② 국소배기장치에서 실외로 배기된 공기속도는 일반적으로 약 15m/s가 적당하다.

③ 먼지가 발생되는 공정에서 국소배기 공기정화장치는 송풍기 앞에 설치하는 것이 좋다.

④ 1면이 개방된 포위식 후드에서 소요 풍량(Q)은 1면이 완전히 개방되었을 때를 가정하고 설계하는 것이 좋다. 1면이 개방된 개방 포위식이기 때문이다.

⑤ 외부식 원형후드에서 등속도 면적은 제어거리와 후드 면적을 고려하여 설계한다. $A \rightarrow (10X^2+A)$ 여기서 A는 면적, X는 제어거리를 의미한다.

정답 ⑤

07 일반적으로 알려진 내분비계 교란물질(endocrine disruptors)이 아닌 것은?

① DDT

② Diethylstilbestrol(DES)

③ 프탈레이트

④ 다이옥신

⑤ 메틸에틸케톤(MEK)

해설

○ 내분비계교란물질

1. 비스페놀A: 비스페놀(Bisphenol-A, -F, -S)은 생식기계 발달과 영향을 미치며, 비만과 심혈관 질환 등을 일으킬 수 있는 물질이다.
2. 벤조피렌
3. DDT(살충제)
4. 프탈레이트
5. 다이옥신
6. DES(합성 에스트로겐으로 디에틸스틸베스트롤)
7. 폴리염화비닐(PCBs)

정답 ⑤

08 다음은 자동차 산업 노동자를 대상으로 수행한 역학연구에서 얻은 SMR(표준화사망비) 값과 95% 신뢰구간이다. 건강근로자 영향(healthy worker effect)을 의심할 수 있는 결과는?

① 0.6(0.4-0.8)
② 1.1(0.9-1.5)
③ 1.2(0.9-1.9)
④ 1.5(1.2-1.9)
⑤ 3.0(1.5-9.2)

해설

건강근로자효과(healthy worker effect)는 일반인구와 비교할 때, 직업을 가지는 인구집단의 사망 및 질병수준이 더 낮게 나타나는 것을 말한다. SMR이 1보다 작은 1번 지문이 건강근로자 영향을 추론할 수 있다. 표준화사망비(SMR)는 연구집단에서 관찰된 사망자와 일반 표준인구집단에서 예상되는 사망자의 비율을 산출한 것을 말한다. 각 집단의 연령 분포가 다르거나, 연구 표본의 크기가 작거나, 연령별 사망자 수를 구할 수 없어 직접적인 연령 표준화 사망률을 계산하기 어려울 때 주로 사용하는 방법이다(간접화법). 표준화사망비(SMR)가 1인 경우, 기대 사망자수와 실제 사망자수가 동일한 것으로 해석하며, 표준화사망비가 1보다 큰 경우에는 실제 사망자수가 기대 사망자수보다 더 높아 예상보다 많은 사망자수가 발생했다고 판단한다. 또한 1보다 작은 경우, 실제 사망자수가 예상보다 적게 발생했다고 판단한다.

정답 ①

09 중간대사산물(metabolite)이 암을 일으키는 물질은?

① 다핵방향족탄화수소화합물(PAHs)
② 비소
③ 석면
④ 베릴륨
⑤ 라돈

해설

다핵방향족탄화수소화합물(PAHs)의 대사산물이 암을 발생하게 한다. PAHs는 2개 이상의 벤젠 고리를 가지는 방향족 탄화수소로서 석탄연소 배출물, 자동차 연료 및 배출가스, 자동차 폐오일, 담배연기와 같은 여러 환경 매체의 혼합물에 함유되어 있다.

정답 ①

10 중금속별로 노출될 수 있는 공정을 연결한 것으로 옳지 않은 것은?

① 크롬 - 도금
② 납 - PVC 압출 혼합
③ 유기수은 - 형광등 제조
④ 비소 - 반도체 이온주입
⑤ 카드뮴 - 축전지 제조

해설

수은은 금속수은 무기수은 및 유기수은으로 구분된다.
무기수은은 체온계, 혈압계, 각종 계기, 치과용 아말감, 수은전지, 형광등 제조 등의 제조업에서 널리 사용되고 있으며 유기수은은 약품, 농약 등 각종 화합물의 원료로 사용되고 있다. 수은에 직업적으로 노출되는 경우는 주로 화학, 금속, 형광등 제조, 자동차, 치과 및 의료인 등에서 일어나며 일반적으로 직업적 노출은 수은증기를 고농도 흡입하는 경우가 가장 흔히 일어난다.

정답 ③

11 건강영향을 일으킬 수 있는 직접적인 직무스트레스 요인이 아닌 것은?

① 책임감이 높은 일의 연속
② 상사 및 동료와의 갈등
③ 불규칙한 작업형태
④ 영양부족
⑤ 열악한 작업환경

해설

영양부족은 직무스트레스의 간접요인에 해당한다.

정답 ④

12 밀폐공간에서 안전한 작업을 위한 일반적인 대책으로 옳지 않은 것은?

① 냉각탑 내부를 교체할 때 불활성 기체를 주입하는 배관 장치는 잠근다.
② 출입 전 산소 및 유해가스 농도를 측정한다.
③ 작업하는 동안 감시인을 밀폐공간 밖에 배치한다.
④ 불활성기체가 고농도일 경우 방독마스크를 착용한다.
⑤ 신선한 공기를 공급하기 곤란한 경우 공기호흡기 또는 송기마스크를 착용한다.

해설

불활성기체가 고농도일 경우는 헬륨, 질소 등 불활성기체가 들어있거나 있었던 탱크, 배관 등의 내부(밀폐공간)로서 공기호흡기 또는 송기마스크를 착용한다.

정답 ④

13 질병의 업무관련 역학조사에 관한 설명으로 옳지 않은 것은?

① 담당한 공정과 직무 등 원인인자를 파악한다.
② 개인 기호 및 과거 질환 여부는 고려하지 않는다.
③ 질병 원인 유해인자에 대한 연구결과를 고찰한다.
④ 국내외 유사한 질병 사례를 조사한다.
⑤ 동료 근로자를 대상으로 과거 작업 상황을 조사한다.

해설

질병의 업무관련 역학조사에서 개인 기호 및 과거 질환 여부를 고려한다.

정답 ②

14 화학물질에 대한 노출수준을 추정하는 데 활용될 수 없는 것은?

① 하루 평균 화학물질 취급 빈도(frequency)
② 하루 평균 화학물질 취급 시간
③ 하루 평균 화학물질 취급량
④ 화학물질 제거 환기 효율
⑤ 화학물질의 독성(toxicity)

해설

노출수준이므로 화학물질에 대한 취급근로자에 대한 영향을 파악해야 한다.

정답 ⑤

15 산업현장에서 일반재해가 발생했을 때 조치 순서로 옳은 것은?

① 재해발생 → 긴급처리 → 재해조사 → 원인분석 → 대책수립 → 평가
② 재해발생 → 재해조사 → 긴급처리 → 원인분석 → 대책수립 → 평가
③ 재해발생 → 긴급처리 → 원인분석 → 재해조사 → 대책수립 → 평가
④ 재해발생 → 원인분석 → 재해조사 → 긴급처리 → 대책수립 → 평가
⑤ 재해발생 → 긴급처리 → 원인분석 → 대책수립 → 재해조사 → 평가

해설

○ 재해 발생 시 조치사항

재해발생 → 긴급처리 → 재해(피해)조사 → 원인분석 → 대책수립 → 평가

정답 ①

16 미국 NIOSH의 중량물 들기 최대 허용기준(Maximum Permissible Limit; MPL)에 관한 설명으로 옳지 않은 것은?

① MPL을 초과하면 대부분의 근로자에게 근육 및 골격장애를 유발한다.
② 5번 요추와 1번 천추(L_5/S_1)에 미치는 압력이 6,400N의 부하에 해당한다.
③ 감시기준(Action Limit)의 5배에 해당된다.
④ 작업강도, 즉 에너지 소비량은 5.0 kcal/min을 초과한다.
⑤ 남자의 25%, 여자의 1%가 작업 가능하다.

해설

테마21 참조

○ MPL 기준

MPL(maximum permissible limit)은 AL의 3배로서 최대 허용 무게이다.

두 번째 단계로는 MPL(Maximum Permissible Limit)로서 L_5/S_1부위에서 1430lb(약 650㎏중)의 압축력이 발생하는 조건으로서 모든 상황에서 넘어서는 안 될 상황을 의미하는데 그에 대한 내용은 다음과 같다. * 1kg=약 9.8N 즉, 650kg은 6,400N이다.

(1) MPL을 넘어가는 조건에 노출된 작업 상황에서는 근골격계통 부상율이 급격히 상승한다. 대부분의 근로자에게 장애를 발생시킨다.

(2) MPL 기준을 가진 인력운반작업은 거의 모든 작업자들에게서 1430lb(약 650㎏중=6,400N)의 압축력을 L_5/S_1부위에서 발생시킨다.

(3) MPL 기준을 넘는 작업환경에서는 분당에너지소비가 5kcal를 넘는다.

(4) 남자 중 25%, 여자 중 1%만이 이런 작업 상황에서 부상 없이 견뎌낼 수 있다.

* 허리 디스크는 L_5~S_1(요추5번~천추1번 사이)에서 약 80% 발생한다.

정답 ③

17 주요 국가에서 설정한 노출기준 용어로 옳지 않은 것은?

① 미국(OSHA) - PEL
② 미국(NIOSH) - REL
③ 미국(ACGIH) - WEEL
④ 영국(HSE) - WEL
⑤ 독일 - MAK

해설

미국(ACGIH) - TLV

정답 ③

18 청각의 등감곡선에 관한 설명으로 옳지 않은 것은?

① 정상적인 청력을 가진 사람들을 대상으로 음의 크기(loudness)를 실험한 결과에 근거한다.
② 동일한 크기를 듣기 위해서 고주파에서는 저주파보다 물리적으로 더 높은 음압 수준을 필요로 한다.
③ 1,000Hz에서 40dB은 100Hz에서 약 50dB과 비슷한 크기로 느껴진다.
④ 고주파 음압 수준에 노출되면 주로 직업성 소음성 난청이 발생한다.
⑤ 1,000Hz에서 음압 수준을 기준으로 등감곡선을 나타내는 단위를 'phon'이라고 한다.

해설

동일한 크기를 듣기 위해서 저주파에서는 고주파보다 물리적으로 더 높은 음압 수준을 필요로 한다.

정답 ②

19 가축 분뇨 정화조를 청소하는 동안 착용해야 할 호흡 보호구는?

① 방진마스크
② 면마스크
③ 송기마스크
④ 반면형 방독마스크
⑤ 전면형 방독마스크

해설

밀폐공간에 해당하므로 송기마스크를 착용해야 한다. 송기식 마스크 (Supplied Air Respirator)는 오염 물질을 알 수 없거나 매우 위험한 유해 요인이 있는 작업장에서 외부의 공기 공급원(컴프레셔, 공기저장 탱크)으로부터 <u>깨끗한 공기를 공급</u>하여 근로자의 호흡기를 보호한다.

정답 ③

20 방사선 유효선량(effective dose)의 단위는?

① 시버트(Sv)
② 라드(rad)
③ 그레이(Gy)
④ 렌트겐(R)
⑤ 베크렐(Bq)

해설

등가선량과 유효선량(effective dose)의 단위는 시버트(Sv)로 동일하다.

정답 ①

21 호흡기 상기도 점막을 주로 자극하는 물질이 아닌 것은?

① 암모니아
② 이산화질소
③ 염화수소
④ 아황산가스
⑤ 불화수소

해설

○ **자극제**(Irritants)

상기도점막 자극 물질	세기관지(종말기관지)와 폐포 점막자극제
1. 물에 잘 녹는 물질 2. 종류 알데히드류(아세트알데히드, 포름알데히드) 염화수소 아황산가스 불화수소 암모니아	1. 물에 거의 녹지 않는 물질 2. 종류 이산화질소 삼염화비소 포스겐

정답 ②

22 동물실험 결과에 근거해서 설정된 노출기준들의 한계점에 관한 설명으로 옳지 않은 것은?

① 무관찰작용량(No Observed Effect Level)을 알아내는 것이 어렵다.

② 다양한 화학물질의 노출상황에 따른 독성을 알아내기 어렵다.

③ 동물과 사람의 종(species) 차이에 따른 독성의 불확실성이 있다.

④ 수십 년 동안 낮은 농도의 화학물질 노출에 따른 건강영향을 알아내기 어렵다.

⑤ 기저질환을 갖고 있는 질환자들의 건강영향을 규명하기 어렵다.

해설

동물실험 결과에 근거해서 설정된 노출기준은 무관찰작용량(No Observed Effect Level)을 알아내는 것이 쉽다. 만성독성 등 노출량-반응시험에서 노출집단과 적절한 무처리 집단 간 악영향의 빈도나 심각성이 통계적으로 또는 생물학적으로 유의한 차이가 없는 노출량 또는 노출농도를 말한다. 다만, 이러한 노출량에서 어떤 영향이 일어날 수도 있으나 특정 악영향과 직접적으로 관련성이 없으면 악영향으로 간주되지 않는다. 실험동물에 약물을 투여한 후 14일 또는 90일 간 독성 여부를 조사한다.

정답 ①

23 양압(positive pressure)을 유지해야 하는 공정 또는 장소는?

① 감염환자 병실

② 석면해체 실내작업

③ 전자부품 제조 공장

④ 실험실 흄 후드 안

⑤ 생물안전(biosafety) 실험실

해설

해로운 물질이나 감염 우려가 있는 경우는 음압을 유지해야 한다.

정답 ③

24 근로자의 만성질병과 직무 또는 업무 연관성을 규명하기 어려운 이유로 옳지 않은 것은?

① 과거 담당했던 직무 기록의 미흡
② 과거 일했던 공정이 존재하지 않음
③ 과거 유해인자 노출수준 추정의 어려움
④ 과거 작업 상황 조사의 어려움
⑤ 만성 질병 분류(classification)의 어려움

해설

만성 질병 분류(classification)는 가능한 일이다.

정답 ⑤

25 고압환경에서 2차성 압력현상과 이로 인한 건강영향으로 옳지 않은 것은?

① 고압환경에서 대기 가스 때문에 나타나는 현상이다.
② 흉곽이 잔기량보다 적은 용량까지 압축되면 폐 압박 현상이 나타날 수 있다.
③ 질소 마취에 의해 작업력의 저하와 다행증이 발생할 수 있다.
④ 산소 중독 증세가 나타날 수 있다.
⑤ 이산화탄소 분압의 증가로 관절 장해가 발생할 수 있다.

해설

흉곽이 잔기량보다 적은 용량까지 압축되면 폐 압박 현상이 나타나는 것은 고압에서의 1차 압력현상이다.

정답 ②

산업보건지도사 제2과목(산업보건일반) 역대 기출문제 해설

01

산업피로에 관한 설명으로 옳지 않은 것은?

① 근육 내 에너지원의 부족은 피로발생의 생리적 원인에 해당된다.
② 체내 대사물질인 젖산, 암모니아, 시스틴, 잔여질소는 피로물질이라 한다.
③ 국소피로의 측정은 피로의 주관적 측정이다.
④ 산업피로는 정신적 피로와 육체적 피로로 구분할 수 있다.
⑤ 전신피로는 심박수를 측정한 후 산출하여 판정한다.

해설

○ **피로 측정방법**

피로 측정방법에는 주관적 측정과 객관적 측정이 있다.

주관적 측정	객관적 측정
졸음이나 권태, 주의 집중의 곤란, 신체의 국소 이화감 등	생리적, 생화학적, 생리심리학적 검사 전신피로의 측정 국소피로의 측정

국소 피로 평가에서 피로한 근육에서 측정된 근전도(EMG)와 정상근육에서 측정된 근전도(EMG)를 비교할 때의 차이는 객관적 측정방법이고, 피로 자각증상 조사는 피로의 주관적 측정방법이다.

정답 ③

02 화학물질의 분류 · 표시 및 물질안전보건자료에 관한 기준에 따른 물질안전보건자료의 작성항목으로 옳지 않은 것은?

① 유해성 · 위험성
② 누출 사고 시 대처 방법
③ 취급 및 저장방법
④ 환경에 미치는 영향
⑤ 안정성 및 폭발성

해설

○ **화학물질의 분류표시 및 물질안전보건자료에 관한 기준**

제10조(작성항목) ① 물질안전보건자료 작성 시 포함되어야 할 항목 및 그 순서는 다음 각 호에 따른다. →**[암기법: 회사/유해위험/명함/응급화재누출사고(대처)/저개물리/안독환폐기운송/법적규제]**

1. 화학제품과 회사에 관한 정보
2. **유해성 · 위험성**
3. 구성성분의 명칭 및 함유량
4. 응급조치요령
5. 폭발 · 화재시 대처방법
6. 누출사고시 대처방법
7. 취급 및 저장방법
8. 노출방지 및 개인보호구
9. **물리화학적 특성**
10. **안정성 및 반응성**
11. **독성에 관한 정보**
12. 환경에 미치는 영향
13. 폐기 시 주의사항
14. 운송에 필요한 정보
15. 법적규제 현황

정답 ⑤

03 산업안전보건기준에 관한 규칙상 밀폐공간과 관련된 내용으로 옳지 않은 것은?

① 사업주는 근로자가 밀폐공간에서 작업을 하는 경우에 그 작업장과 외부의 감시인 간에 상시 연락을 취할 수 있는 설비를 설치하여야 한다.

② 사업주는 근로자가 밀폐공간에서 작업을 하는 경우에 작업을 시작하기 전과 작업 중에 해당 작업장을 적정공기 상태가 유지되도록 환기하여야 한다.

③ "유해가스"란 밀폐공간에서 탄산가스·황화수소 등의 유해물질이 가스상태로 공기 중에 발생하는 것을 말한다.

④ "적정공기"란 산소농도의 범위가 18% 이상, 23.5% 미만, 탄산가스의 농도가 1.5% 미만, 황화수소의 농도가 20ppm 미만인 수준의 공기를 말한다.

⑤ 사업주는 근로자가 밀폐공간에서 작업을 하는 경우에 그 장소에 근로자를 입장시킬 때와 퇴장시킬 때마다 인원을 점검하여야 한다.

해설

○ **산업안전보건기준에 관한 규칙**

제618조(정의) 이 장에서 사용하는 용어의 뜻은 다음과 같다.

1. "밀폐공간"이란 산소결핍, 유해가스로 인한 질식·화재·폭발 등의 위험이 있는 장소로서 별표 18에서 정한 장소를 말한다.
2. "유해가스"란 탄산가스·일산화탄소·황화수소 등의 기체로서 인체에 유해한 영향을 미치는 물질을 말한다.
3. "적정공기"란 산소농도의 범위가 18퍼센트 이상 23.5퍼센트 미만, 탄산가스의 농도가 1.5퍼센트 미만, 일산화탄소의 농도가 30피피엠 미만, 황화수소의 농도가 10피피엠 미만인 수준의 공기를 말한다.
4. "산소결핍"이란 공기 중의 산소농도가 18퍼센트 미만인 상태를 말한다.
5. "산소결핍증"이란 산소가 결핍된 공기를 들이마심으로써 생기는 증상을 말한다.

정답 ④

04 산업보건의 역사에 관한 설명으로 옳은 것은?

① 라마찌니(B. Ramazzini)는 '직업인의 질병'을 저술하였다.
② 히포크라테스는 구리광산에서 산 증기의 위험성을 보고하였다.
③ 원진레이온에서 발생한 직업병의 원인물질은 황화수소이다.
④ 우리나라는 1991년에 산업안전보건법을 제정하였다.
⑤ 우리나라는 1995년에 작업환경측정실시규정을 제정하였다.

해설

① 라마찌니(B. Ramazzini)는 '직업인의 질병'을 저술하였다.
② 히포크라테스는 역사상 최초로 납중독 보고, 구리광산에서 산 증기의 위험성을 보고한 것은 갈론(갈레노스, Galen)이다.
③ 원진레이온(1991년)에서 발생한 직업병의 원인물질은 이황화탄소(CS_2)이다. 원진레이온 이황화탄소 중독사건은 127명의 사망자를 발생시키고, 1천여 명의 중독환자를 양산시킨 매우 비극적인 사건이다.
④ 우리나라는 1981년에 산업안전보건법을 제정하였다.
⑤ 우리나라는 1983년에 작업환경측정실시규정을 제정하였고, 1986년에는 노출기준이 제정되었다.

정답 ①

05 근로자 건강진단 실시기준에서 건강진단 실시결과에 따라 건강상담, 보호구 지급 및 착용지도, 추적검사, 근무 중 치료 등의 조치를 시행할 수 있는 기관 또는 자격자에 해당하지 않는 것은?

① 건강진단기관
② 산업보건의
③ 보건관리자
④ 보건진단기관
⑤ 한국산업안전보건공단 근로자 건강센터

해설

○ **근로자 건강진단 실시기준**

제2조(정의) 이 고시에서 사용하는 용어의 뜻은 다음 각 호와 같으며, 그 밖의 용어는 이 고시에 특별한 규정이 없으면 「산업안전보건법」(이하 "법"이라 한다), 「산업안전보건법 시행령」(이하 "영"이라 한다) 및 「산업안전보건법 시행규칙」(이하 "규칙"이라 한다)에서 정하는 바에 따른다.

1. "사후관리 조치"란 법 제132조제4항에 따라 사업주가 건강진단 실시결과에 따른 작업장소 변경, 작업전환, 근로시간 단축, 야간근무 제한, 작업환경측정, 시설・설비의 설치 또는 개선, 건강상담, 보호구 지급 및 착용 지도, 추적검사, 근무 중 치료 등 근로자의 건강관리를 위하여 실시하는 조치를 말한다.
2. "건강진단 지원・보조"란 특수건강진단 및 배치전 건강진단에 소요되는 비용의 전부 또는 일부를 사업주에게 지원하는 것을 말한다.
3. 규칙 제241조제2항의 "고용노동부장관이 정하여 고시하는 물질"이란 다음 각 목의 어느 하나에 해당되는 물질을 말한다.
   가. 영 제87조에 따른 제조 등이 금지되는 유해물질
   나. 영 제88조에 따른 허가 대상 유해물질
   다. 「산업안전보건기준에 관한 규칙」별표 12에 따른 관리대상 유해물질 중 특별관리물질

제20조(사후관리 조치) ① 사업주는 건강진단 실시결과에 따라 작업장소 변경, 작업전환, 근로시간 단축, 야간근무 제한 등의 조치를 시행할 때에는 사전에 해당 근로자에게 이를 알려주어야 한다. 이 경우 해당 조치의 이행이 어려울 때에는 건강진단을 실시한 의사 또는 산업보건의(의사인 보건관리자를 포함한다)의 의견을 들어 사후관리 조치의 내용을 변경하여 시행할 수 있다.

② 사업주는 건강진단 실시결과에 따라 건강상담, 보호구 지급 및 착용 지도, 추적검사, 근무 중 치료 등의 조치를 시행할 때에 다음 각 호의 어느 하나를 활용할 수 있다.

1. 건강진단기관
2. 산업보건의
3. 보건관리자
4. 공단(산업안전보건공단) 근로자 건강센터

③ 근로자는 사업주가 실시하는 제2항의 조치를 받아야 한다. 이 경우 근로자가 원할 때에는 다른 전문기관에서 이에 상응하는 조치를 받아 그 결과를 증명하는 서류를 사업주에게 제출할 수 있다.

정답 ④

06 작업환경측정 및 지정측정기관 평가 등에 관한 고시에서 정한 6가 크롬화합물의 측정과 분석 방법에 관한 설명으로 옳은 것은?

① 시료채취기는 유리섬유 여과지와 패드가 장착된 3단 카세트를 사용한다.

② 시료채취용 펌프는 작업자의 정상적인 작업 상황에서 작업자에게 부착 가능해야 하며, 적정유량 (1~4L/분)에서 6시간 동안 연속적으로 작동이 가능해야 한다.

③ 시료채취량은 여과지에 채취된 먼지의 무게가 10mg을 초과하지 않도록 펌프의 유량 및 시료채취 시간을 조절하여 시료채취를 한다.

④ 현장 공시료의 개수는 채취된 총 시료 수의 5% 이상 또는 시료세트 당 1~10개를 준비한다.

⑤ 분석기기는 전도도 또는 분광 검출기가 장착된 이온크로마토그래피이어야 한다.

해설

○ **6가 크롬 화합물의 측정과 분석방법**

① 시료채취기는 PVC 막여과지와 패드가 장착된 3단 카세트를 사용한다.

② 시료채취용 펌프는 작업자의 정상적인 작업 상황에서 작업자에게 부착 가능해야 하며, 적정유량 (1~4L/분)에서 8시간 동안 연속적으로 작동이 가능해야 한다.

③ 시료채취량은 여과지에 채취된 먼지의 무게가 1mg을 초과하지 않도록 펌프의 유량 및 시료채취 시간을 조절하여 시료채취를 한다.

④ 현장 공시료의 개수는 채취된 총 시료 수의 10% 이상 또는 시료세트 당 2~10개를 준비한다.

⑤ 분석기기는 전도도 또는 분광 검출기가 장착된 이온크로마토그래피이어야 한다.

정답 ⑤

07 산업안전보건법령상 유해물질 또는 작업장소에 따른 포위식 후드의 제어풍속이 옳지 않은 것은?

① 메틸알코올(가스상태)-0.4m/sec

② 망간 및 그 화합물(입자상태)-0.6m/sec

③ 염화비닐(가스상태)-0.5m/sec

④ 주물모래를 재생하는 장소-0.7m/sec

⑤ 암석 등 탄소원료 또는 알루미늄박을 체로 거르는 장소-0.7m/sec

해설

■ **산업안전보건기준에 관한 규칙 [별표 13]**

관리대상 유해물질 관련 국소배기장치 후드의 제어풍속(제429조 관련)

물질의 상태	후드 형식	제어풍속(m/sec)
가스 상태	포위식 포위형	0.4
	외부식 측방흡인형	0.5
	외부식 하방흡인형	0.5
	외부식 상방흡인형	1.0
입자 상태	포위식 포위형	0.7
	외부식 측방흡인형	1.0
	외부식 하방흡인형	1.0
	외부식 상방흡인형	1.2

분진 작업 장소	제어풍속(미터/초)			
	포위식 후드의 경우	외부식 후드의 경우		
		측방 흡인형	하방 흡인형	상방 흡인형
암석등 탄소원료 또는 알루미늄박을 체로 거르는 장소	0.7	-	-	-
주물모래를 재생하는 장소	0.7	-	-	-
주형을 부수고 모래를 터는 장소	0.7	1.3	1.3	-
그 밖의 분진작업장소	0.7	1.0	1.0	1.2

정답 ②

08 상이한 반응을 보이는 집단의 중심경향을 파악하고자 할 때 유용하게 이용되는 대푯값은?

① 산술평균
② 가중평균
③ 기하평균
④ 조화평균
⑤ 중앙값

해설

조화평균은 상이한 반응을 보이는 집단의 중심경향을 파악하고자 할 때 유용하게 이용되고, 기하평균은 인구변동율이나 물가변동율처럼 대표값을 결정하는데 자주 이용된다.

정답 ④

09 근로자 건강증진활동 지침에 따라 사업주가 건강증진활동계획을 수립할 때 포함해야 할 사항은?

① 작업환경측정결과 사후관리조치
② 건강진단결과 사후관리조치
③ 위험성평가결과 사후관리조치
④ 화학물질의 유해성・위험성 평가결과 사후관리조치
⑤ 직무스트레스 평가결과 사후관리조치

해설

○ **근로자 건강증진활동 지침**

제2조(용어의 정의) ① 이 고시에서 사용하는 용어의 뜻은 다음 각 호와 같다.

1. "근로자 건강증진활동"이란 작업관련성질환 예방활동을 포함하여 근로자의 건강을 최상의 상태로 하기 위한 일련의 활동을 말한다.
2. "직업성질환"이란 작업환경 중 유해인자가 있어 업무나 직업적 활동에 의하여 근로자가 노출될 경우 그 유해인자로 인하여 발생하는 질환을 말한다.
3. "작업관련성질환"이란 작업관련 뇌심혈관질환・근골격계질환 등 업무적 요인과 개인적 요인이 복합적으로 작용하여 발생하는 질환을 말한다.
4. "직업건강서비스"란 직업성질환 및 작업관련성질환 예방을 위한 근로자 지원서비스를 말한다.
5. "건강증진활동추진자"란 사업장 내의 보건관리자 또는 근로자 건강증진활동에 필요한 지식과 기술을 보유하고 건강증진활동을 추진하는 사람을 말한다.

② 그 밖에 이 고시에서 사용하는 용어의 뜻은 이 고시에 특별한 규정이 없으면 「산업안전보건법」(이하 "법"이라 한다), 같은 법 시행령, 같은 법 시행규칙 및 「산업안전보건기준에 관한 규칙」(이하 "안전보건규칙"이라 한다)에서 정하는 바에 따른다.

제4조(건강증진활동계획 수립 · 시행) ① 사업주는 근로자의 건강증진을 위하여 다음 각 호의 사항이 포함된 건강증진활동계획을 수립 · 시행하여야 한다.

1. 사업주가 건강증진을 적극적으로 추진한다는 의사표명
2. 건강증진활동계획의 목표 설정
3. 사업장 내 건강증진 추진을 위한 조직구성
4. 직무스트레스 관리, 올바른 작업자세 지도, 뇌심혈관계질환 발병위험도 평가 및 사후관리, 금연, 절주, 운동, 영양개선 등 건강증진활동 추진내용
5. 건강증진활동을 추진하기 위해 필요한 예산, 인력, 시설 및 장비의 확보
6. 건강증진활동계획 추진상황 평가 및 계획의 재검토
7. 그 밖에 근로자 건강증진활동에 필요한 조치

② 사업주는 제1항에 따른 건강증진활동계획을 **수립할 때에는 다음 각 호의 조치를 포함**하여야 한다.

1. 법 제43조 제5항에 따른 건강진단결과 사후관리조치
2. 안전보건규칙 제660조제2항에 따른 근골격계질환 징후가 나타난 근로자에 대한 사후조치
3. 안전보건규칙 제669조에 따른 직무스트레스에 의한 건강장해 예방조치

③ 상시 근로자 50명 미만을 사용하는 사업장의 사업주는 근로자건강센터를 활용하여 건강증진활동계획을 수립 · 시행할 수 있다.

정답 ②

10

화학물질 및 물리적 인자의 노출기준에 따른 화학물질의 생식독성 분류 기준은?

① 국제암연구소의 분류
② 미국산업위생전문가협회의 분류
③ 미국국립산업안전보건연구원의 분류
④ 미국독성프로그램의 분류
⑤ 유럽연합의 분류 · 표시에 관한 규칙의 분류

해설

발암성 분류기준	생식세포 변이원성 · 생식독성 분류기준
EU CLP ACGIH OSHA NTP IARC	EU CLP

정답 ⑤

11 직업에 대한 개인의 동기와 환경이 제공해 주는 여러 여건들이 조화를 이루지 못할 때, 혹은 직장에서의 요구와 그 요구에 대처할 수 있는 인간의 능력에 차이가 존재할 때 긴장이 발생하게 된다고 보는 직무스트레스 모델은?

① 인간-환경 적합 모델
② ISR 모델
③ 노력-보상 불균형 모델
④ Newman의 요소 모델
⑤ 요구-통제 모델

해설

인간-환경 적합 모델

정답 ①

12 폐환기 및 폐기능에 관한 설명으로 옳은 것을 모두 고른 것은?

ㄱ. 안정시 호흡에서 폐로 들어가는 공기의 양을 1회 호흡량(TV)이라 한다.
ㄴ. 안정시 호기 후에 노력하여 최대한 호기할 수 있는 공기의 양을 예비 호기량(ERV)이라 한다,
ㄷ. 안정시 흡기 후에 노력하여 최대한 들여 마실 수 있는 공기의 양을 예비 흡기량(IRV)이라 한다.
ㄹ. 1회 호흡량, 예비흡기량, 예비호기량을 모두 더한 양을 전폐용량(totallung capacity)이라 한다.
ㅁ. 최대한 공기를 다 내쉰 후에도 기도에 남아 있는 공기가 있는데 이를 잔기량(RV)이라고 하며, 1,200ml 정도가 된다.

① ㄱ, ㄷ
② ㄴ, ㄹ, ㅁ
③ ㄱ, ㄴ, ㄷ, ㅁ
④ ㄱ, ㄴ, ㄹ, ㅁ
⑤ ㄴ, ㄷ, ㄹ, ㅁ

해설

○ **전폐용량 또는 총폐용량(totallung capacity)= 폐활량+잔기량**

총폐용량은 최대흡식을 하였을 때에 폐에 포함되는 전가스량을 말한다. 쉽게 말해 최대한 숨을 들이마실 때 폐에 존재하는 공기의 총량이다. 폐활량(가능한 깊게 들여 마신 시점부터 천천히 한껏 내쉰 용량)에 잔기량(최대 날숨위치에서 폐 내에 남은 용량, 보통 1,200mL 정도)을 합한 것이다.

정답 ③

13 금속의 체내대사에 관한 설명으로 옳지 않은 것은?

① 무기연 화합물은 주로 호흡기와 소화기를 통하여 인체 내에 들어 온다.
② 금속수은의 표적장기는 심장과 근육이고, 무기수은염의 표적장기는 뇌이다.
③ 체내에 흡수된 카드뮴은 혈액을 거쳐 2/3정도 간과 신장으로 이동하고, 물질대사를 통해 메탈로티오네인(metallothionein)이 합성되어 혈액을 통하여 다른 장기로 이동한다.
④ 체내에 흡수된 망간은 10~30%정도 간에 축적되며, 뇌혈관막을 통과하기도 한다.
⑤ 베릴륨의 주된 흡수 경로는 호흡기이고, 위장관계나 피부를 통하여 흡수될 수도 있다.

해설

○ 유기수은(알킬수은)과 무기수은

유기수은은 특히 독성이 강한데, 공해병의 원인물질이기도 한 알킬수은도 유기수은의 한 종류이다. 신장이 무기수은에 대해서는 주된 표적장기가 되지만, 금속 또는 유기수은에서는 신장기능 이상을 거의 일으키지 않는다. 이에 비해 무기수은은 비교적 독성이 약한 편이고, 공장의 공정에서 직접 혹은 미생물에 의해 유기수은으로 변한다. 무기수은은 호흡기로 흡수되지만 피부와 위장관에서도 흡수된다. 주로 신장이 표적 장기가 된다.

수은은 금속수은, 무기수은(미나마타병으로 유명), 유기수은으로 나뉜다.

금속수은은 상온에서도 쉽게 증발되므로 수은증기가 호흡기를 통하여 들어오게 된다. 금속수은은 높은 지용성을 가지며 혈중에서 Hg^+로 산화된다. 혈액뇌장벽(blood-brain barri- er)을 통해 신속히 뇌로 운반되며 주요 표적장기는 뇌 등 신경계이다.

정답 ②

14 하인리히(H.Heinrich)의 사고 발생과정 5단계에 관한 설명으로 옳지 않은 것은?

① 사고예방 중심은 1단계이다.
② 도미노 이론이라고도 한다.
③ 불안전한 행동 및 상태는 3단계에 해당된다.
④ 낙하·비래와 같은 사고는 4단계에 해당된다.
⑤ 사고 결과로 발생하는 상해는 5단계에 해당된다.

해설

하인리히는 사고 예방 중심이 3단계(사고의 직접원인)라고 주장한다.

정답 ①

15 우리나라 산업재해 발생형태의 분류 항목이 아닌 것은?

① 전도
② 붕괴 · 도괴
③ 협착
④ 유해물질접촉
⑤ 절단

해설

재해발생의 형태 분류	상해의 종류
추락: 사람이 건축물 등에서 떨어지는 것 전도: 사람이 평면상 넘어지는 것 충돌: 사람이 정지물에 부딪힌 경우 낙하: 물건에 사람이 수직방향으로 맞은 경우 비래: 물건에 사람이 수평방향으로 맞은 경우 붕괴, 도괴: 건축물 등이 무너진 경우 감전: 전기접촉 등에 의해 사람이 충격 폭발: 압력의 급격한 발생으로 폭음과 팽창 화재 무리한 동작 이상온도 접촉 유해물질 접촉 → 절단(×), 중독 · 질식(×)	골절: 뼈가 부러진 상태 동상: 저온물 접촉으로 생긴 동상 상해 부종: 국부의 혈액순환 이사으로 몸이 퉁퉁 자상(찔림): 칼날 등 날카로운 물건에 좌상(타박상): 피부표면보다는 피하조직 절상(베임): 신체부위가 절단된 상해 찰과상: 스치거나 문질러서 벗겨진 상해 창상: 창, 칼 등에 베인 상해 중독 · 질식 화상 청력장애 시력장애 익사 피부병

정답 ⑤

16

하이드라진(Hydrazine)의 증기압은 10mmHg, 노출기준은 0.05ppm이며, 노말헥산의 증기압은 124mmHg, 노출기준은 50ppm이다. 다음 중 옳은 것을 모두 고른 것은? (단, 증기유해지수(VHI)=$\frac{\text{포화농도}}{\text{노출기준}}$)

ㄱ. 하이드라진의 포화농도는 약 1.3%이다.
ㄴ. 노말헥산의 포화농도는 약 26.3%이다.
ㄷ. 하이드라진의 VHI는 약 263,000이다.
ㄹ. 노말헥산의 VHI는 약 53,000이다.

① ㄱ, ㄷ
② ㄱ, ㄹ
③ ㄱ, ㄴ, ㄷ
④ ㄴ, ㄷ, ㄹ
⑤ ㄱ, ㄴ, ㄷ, ㄹ

해설

포화농도(%)=$\frac{\text{증기압}}{760\text{mmHg}} \times 100$

포화농도(ppm)=$\frac{\text{증기압}}{760\text{mmHg}} \times 1,000,000$

10^6ppm=10^2%를 이해해야 한다.

1%=10^4ppm

ㄱ. 하이드라진의 포화농도를 %로 구하면 된다. 1.3157...(%)

ㄴ. 노말헥산의 포화농도를 %로 구하면 된다. 16.3157...(%)

ㄷ. 하이드라진 VHI(증기유해지수)=$\frac{13157\text{ppm}}{0.05\text{ppm}}$=263,140

ㄹ. 노말헥산의 VHI=$\frac{163157\text{ppm}}{50\text{ppm}}$=3,263

정답 ①

17 사실을 확인하여 미리 정해 둔 판정기준에 근거해서 재해요소를 찾고 그 중요도를 평가하는 재해요인의 분석기법은?

① 특성요인도 분석
② 문답방식 분석
③ 일반적인 재해원인 분석
④ 4M기법
⑤ 3E기법

해설

○ 일반적인 재해원인 분석
1. 미리 정해 둔 판정기준에 근거해서 재해요소를 찾고, 재해요인을 파악한다. 판정기준으로는 법규, 작업표준, 사내규정 등이다.
2. 재해요인의 상관관계와 중요도를 검토 후 재해원인을 결정

정답 ③

18 재해율에 관한 설명으로 옳은 것은?

① 천인율은 산출이 용이하며 근로시간수나 근로일수에 변동이 많은 사업장에 적합하다.
② 종합재해지수(FSI)의 계산식은 $\sqrt{2.4 \times \text{도수율} \times \text{강도율}}$ 이다.
③ 사망 및 장해등급 1~3급 상해자의 손실일수는 6,500일이다.
④ 일시 전근로불능상해 또는 일시 부분근로불능상해는 휴식일수에 250/360을 곱하여 산정한다.
⑤ 작업기록을 근거로 근로시간의 산출이 불가능할 때는 근로자 1인당 연간 근로시간은 2,400시간으로 계산한다.

해설

① 천인율(1,000명 기준)은 산출이 용이하며 근로시간수나 근로일수에 변동이 많은 사업장에는 적합하지 않다. 참고로 재해율이라 함은 근로자수 100인당 발생하는 재해자수의 비율이다.

$$\text{연천인율} = \frac{\text{연간재해건수}}{\text{연평균근로자수}} \times 1{,}000 = \underline{\text{도수율} \times 2.4}$$

(다만, 이 공식은 1일 8시간, 월 25일 근무, 연 300일 기준하여 환산한 2,400시간일 때만 가능하다)
② 종합재해지수(FSI)의 계산식은 $\sqrt{\text{도수율} \times \text{강도율}}$ 이다.
③ 사망 및 장해등급 1~3급 상해자의 손실일수는 7,500일이다.
④ 일시 전근로불능상해 또는 일시 부분근로불능상해는 휴식일수에 300/365을 곱하여 산정한다.
⑤ 작업기록을 근거로 근로시간의 산출이 불가능할 때는 근로자 1인당 연간 근로시간은 2,400시간으로 계산한다.

정답 ⑤

19 환경역학연구에 관한 설명으로 옳지 않은 것은?

① 개인단위가 아닌 인구집단 또는 특정집단을 분석의 단위로 하는 연구를 생태학적 연구라 한다.

② 참여하는 대상을 알고자 하는 결과변수(질병 또는 특정 건강상태)의 유무를 기반으로 정해지는 것은 환자-대조군 연구이다.

③ 환자-대조군 연구에서 교차비(OR)가 1보다 크다는 것은 요인노출과 결과변수가 양의 관계에 있다는 것을 의미한다.

④ 코호트연구에서 연관성은 환자군에서의 질병발생률과 대조군에서의 질병발생률의 비인 상대위험도(RR)로 나타낸다.

⑤ 패널연구는 반복측정연구라고도 하며, 단면연구와 코호트연구의 혼합형태이다.

해설

코호트연구에서 연관성은 위험인자와 질환 발생과의 연관성 즉, 코호트 연구(Cohort Study)로서 연구 시작 시점에서 질환요인에 노출된 집단과 노출되지 않은 집단을 구성하고 이들을 일정 기간 동안 추적하여 상대위험도(RR)로 나타낸다. 상대위험도(relative risk)란 코호트 연구설계에서 위험요인에 노출된 집단과 비노출된 집단을 추적하여 미래의 이상상태의 발병 정도를 측정한 비율이다.

정답 ④

20 트리클로로에틸렌에 관한 설명으로 옳지 않은 것은?

① 무색의 불연성 액체로 달콤한 냄새가 난다.

② 휘발성이 강해 주로 호흡기로 흡입되며 피부흡수는 드물다.

③ 화학물질 및 물리적 인자의 노출기준에서 발암성을 1B로 구분한다.

④ 주로 금속가공 공장에서 기계 세척용이나 금속부품의 증기탈지 작업에 사용된다.

⑤ 주로 간, 콩팥, 심혈관계, 중추신경계, 피부에 건강상 악영향을 미친다.

해설

TCE(트리클로로에틸렌)은 화학물질 및 물리적 인자의 노출기준에서 발암성1A이다.

○ 발암성1A-사람에게 충분한 발암성 증거가 있는 물질.

○ 발암성1B-시험동물에서 발암성 증거가 충분히 있거나, 시험동물과 사람 모두에게 제한된 발암성 증거가 있는 물질

○ 발암성2-사람이나 동물에서 제한된 증거가 있지만, 구분 1로 분류하기에는 증거가 충분하지 않은 물질

정답 ③

21 다음에서 설명하는 금속은?

> ○ 화학물질 및 물리적 인자의 노출기준에서 발암성 구분은 1A이며, 노출기준(TWA)은 0.01mg/㎥이다.
> ○ 무기물질의 경우 장관계에서 매우 잘 흡수된다.
> ○ 무기물질에 만성적으로 노출되는 경우 피부 색소침착, 피부각화 등의 피부증상이 가장 흔하게 나타난다.

① 비소
② 납
③ 수은
④ 망간
⑤ 크롬

해설

비소(AS)-피부 색소침착(흑피증), 피부각화(각질화) 등의 피부증상이 가장 흔하게 나타난다.

정답 ①

22 방독마스크에 관한 설명으로 옳지 않은 것은?

① 일산화탄소용 정화통의 색깔은 흑색이다.
② 방독마스크의 흡착제로 가장 많이 쓰는 것은 활성탄이다.
③ 사용 중에 조금이라도 가스냄새가 나는 경우에는 새로운 정화통으로 교환한다.
④ 정화통은 온도나 습도에 영향을 받으므로 건냉소에 보관한다.
⑤ 공기 중 사염화탄소 농도가 2,500ppm이며, 정화통의 정화능력이 사염화탄소 0.4%에서 150분간 사용가능하다면 유효시간은 240분이다.

해설

일산화탄소용 정화통의 색깔은 적색(빨간색)이다.

○ **방독마스크의 정화통 사용가능 시간**

$$\text{정화통 사용가능 시간} = \frac{\text{표준유효시간} \times \text{시험가스농도}}{\text{공기 중 유해가스농도}} = \frac{0.4\% \times 150\text{분}}{0.25\%} = 240\text{분}$$

10^6ppm=10^2%를 활용할 수 있어야 한다.

정답 ①

23 제철소의 작업환경에서 발생하는 코크스오븐배출물질(COE)의 시료 채취에 사용하는 매체는?

① 은막 여과지
② MCE 여과지
③ PVC 여과지
④ 활성탄관
⑤ 실리카겔관

해설

코크스오븐배출물질(COE)의 시료 채취는 은막여과지이다.

정답 ①

24 소변 또는 혈액을 이용한 생물학적 모니터링에 관한 설명으로 옳지 않은 것은?

① 혈액을 이용한 생물학적 모니터링은 혈액 구성성분에 개인 간 차이가 적다.
② 혈액을 이용한 생물학적 모니터링은 소변에 비해 약물동력학적 변이 요인들의 영향을 적게 받는다.
③ 소변을 이용한 생물학적 모니터링은 소변 배설량의 변화로 농도보정이 필요하다.
④ 생물학적 모니터링을 위한 혈액 채취는 정맥혈을 기준으로 한다.
⑤ 소변은 많은 양의 시료 확보가 가능하다.

해설

혈액을 이용한 생물학적 모니터링은 소변에 비해 약물동력학(유해물질이 몸 안으로 흡수되고, 분포되었다가 대사, 배설을 통해 몸 밖으로 나갈 때까지 혈액과 각 조직에서 발견되는 농도가 시간에 따라 쉼 없이 변화하는 것을 연구하는 학문)적 변이 요인들의 영향을 많이 받는다.

정답 ②

25 입자상물질에 관한 설명으로 옳지 않은 것은?

① 호흡기계의 어느 부위에 침착하더라도 독성을 나타내는 입자상물질을 흡입성분진(IPM)이라 한다.

② 흄은 금속의 증기화, 증기물의 산화, 증기물의 가공에 의하여 발생한다.

③ 호흡성분진(RPM)의 평균 입자 크기는 4μm이다.

④ 가스교환지역인 폐포나 폐기도에 침착되었을 때 독성을 나타내는 입자상물질을 흉곽성분진(TPM)이라 한다.

⑤ 스모크는 유기물질의 불완전 연소에 의하여 생성된다.

해설

(금속)흄은 금속의 증기화, 증기물의 산화, 산화물의 응축에 의하여 발생한다.

정답 ②

산업보건지도사 제2과목(산업보건일반) 역대 기출문제 해설

01

다음은 자동차 공장에서 5개의 근로자 그룹별 공기 중 금속가공유 노출농도의 대표치와 변이를 나타낸 것이다. 금속가공유 노출이 상대적으로 가장 비슷한 근로자 그룹은?

① 근로자 1그룹: GM=0.2mg/㎥, GSD=1.1
② 근로자 2그룹: GM=0.5mg/㎥, GSD=2.1
③ 근로자 3그룹: GM=1.0mg/㎥, GSD=3.5
④ 근로자 4그룹: GM=0.4mg/㎥, GSD=4.0
⑤ 근로자 5그룹: GM=0.8mg/㎥, GSD=2.9

해설

기하표준편차(GSD)가 작을수록 관찰값(노출값)이 상대적으로 비슷(유사)한 근로자 그룹이다. 가장 작은 것은 1.1이다.

정답 ①

02

후향적 코호트(retrospective cohort) 역학연구에서 사례군(환자군, case)과 대조군(control)을 비교하는 변수로 옳은 것은?

① 유병율
② 사망율
③ 유해인자 노출 비율
④ 질병 발생율
⑤ 증상 호소율

해설

유해인자와 질병의 유무를 판단하는 기준으로 전향적은 코호트 연구이고, 후향적은 환자-대조군 연구이다.

정답 ③

03 도장 공정에서 일하는 3개 직종(감독, 운전, 정비)별로 분진 평균 노출 농도를 통계적으로 비교하고자 할 경우 사용해야 할 자료분석 방법은? (단, 그룹별 분진농도는 모두 정규분포한다고 가정한다.)

① 자기상관(autocorrelation)
② 분산분석(ANOVA)
③ 상관(correlation)
④ 회귀분석(regression)
⑤ 박스 플롯(box plot)

해설

분산분석(ANOVA)은 서로 다른 그룹의 평균(또는 산술평균)에서 분산값을 비교하는 데 사용되는 통계방법이다.

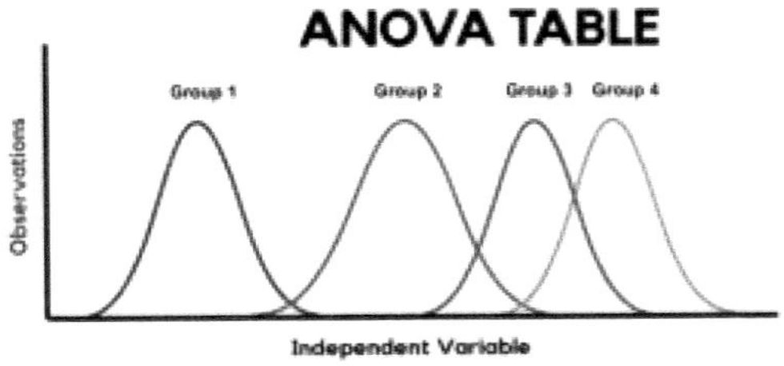

정답 ②

04 체적 15㎥인 작업장에서 톨루엔이 포함된 신너(thinner)를 취급하는 과정에서 공기 중으로 증발된 톨루엔 부피가 0.1 ℓ/min이었다. 이 작업장에서 시간 당 공기교환은 5회 일어난다고 가정할 때 공기 중 톨루엔 농도(ppm)는?

① 0.008
② 0.08
③ 0.8
④ 8
⑤ 80

해설

공기 중 톨루엔 농도(ppm)= $\frac{\text{톨루엔부피}}{\text{공기량(대기량, 환기량, } Q)} \times 1{,}000{,}000$

공기량을 구하기 위해 ACH(시간당 공기 교환)을 이용해야 한다.

1. ACH(시간당 공기 교환)= $\frac{\text{필요환기량}(Q)}{\text{작업장체적(부피)}}$

$5 = \frac{\text{공기량(환기량)}}{15m^3}$

2. 대기량(필요환기량)은 75㎥/hr이다.

3. 공기중톨루엔농도(ppm)= $\frac{0.1\text{L/min} \times 60\text{min/hr} \times 1\text{m}^3/1{,}000\text{L}}{75\text{m}^3/\text{hr}} \times 1{,}000{,}000$

1㎥=1,000L, 1hr=60min을 활용한다. 정답은 80ppm이다.

정답 ⑤

05 다음 중 밀폐공간(confined space)이라고 볼 수 없는 작업 환경은?

① 기름 탱크 내부 도장
② 디젤 차량 하부 도장
③ 집진설비 내부 용접
④ 지하 정화조 정비
⑤ 가스 저장 탱크 내부 도장

해설

밀폐공간은 질식 위험이 있는 내부인 경우이다.

정답 ②

06 작업환경 노출기준(occupational exposure limit)에 관한 설명으로 옳은 것은?

① 노출기준 이하 노출에서는 안전하다.
② 법적 노출기준은 질병 예방만을 목적으로 설정되었다.
③ 질병 보상기준으로도 활용될 수 있다.
④ 노출기준은 항상 변화될 수 있다.
⑤ 대부분 유해인자들의 노출기준은 인체실험 결과에 근거해서 설정되었다.

해설

① 노출기준 이하인 경우에도 개인 민감도에 따라 다르다. 노출기준 이하라고 해서 안전하다고 할 수 없다.
② 법적 노출기준은 유해조건 평가 및 건강장해 예방 목적이다.
③ 노출기준이 질병 보상기준으로 사용할 수 없다.
④ 노출기준은 항상 변화될 수 있다.
⑤ 노출기준 설정의 이론적 배경은 화학구조의 유사성, 동물실험자료, 인체실험자료, 사업장 역학조사자료(노출기준 설정에 가장 중요한 자료로 노출량과 반응과의 관계를 명확히 규명하는 것이 중요), 사회성·경제성 평가 결과의 수용 가능성 및 공학적·기술적 타당성 등이다.

정답 ④

07 유해인자 노출에 따른 암 발생 단계로 옳은 것은?

① 진행(progression) → 개시(initiation) → 촉진(promotion)
② 촉진(promotion) → 개시(initiation) → 진행(progression)
③ 개시(initiation) → 촉진(promotion) → 진행(progression)
④ 개시(initiation) → 진행(progression) → 촉진(promotion)
⑤ 촉진(promotion) → 진행(progression) → 개시(initiation)

해설

발암과정은 개시(initiation) → 촉진(promotion) → 진행(progression)

정답 ③

08 직무노출매트릭스(job exposure matrix)를 활용할 수 있는 사례가 아닌 것은?

① 건강 영향 분류
② 근로자 유해인자 노출 분류
③ 과거 유해인자 노출 추정
④ 유사 노출 그룹 분류
⑤ 유해인자 노출 근로자 코호트 구축

해설

직무노출매트릭스(job exposure matrix)는 근무경력(career)을 조사하여 직업적 유해물질의 노출정도를 추정하는 방법을 말한다.

정답 ①

09 생물학적 유해인자 노출이 주요 위험인 환경(또는 직무)이 아닌 것은?

① 정화조
② 샌드 블라스팅(sand blasting)
③ 환경미화원
④ 절삭가공 공정
⑤ 폐수처리장

해설

샌드 블라스팅(sand blasting)에서는 화학적 유해인자(먼지, 흄 등)이 발생한다.

정답 ②

10 다음 중 산업안전보건법령상 발암물질이 아닌 유해인자는?

① 6가 크롬

② 비소

③ 벤젠

④ 수은

⑤ PAHs(다핵방향족탄화수소화합물)

해설

수은은 발암성 물질이 아니다.

정답 ④

11 근로자 유해인자 노출평가에서 예비조사를 실시하는 주요 목적이 아닌 것은?

① 작업환경 측정 전략을 수립하기 위해

② 유사노출그룹을 설정하기 위해

③ 작업 공정과 특성을 파악하기 위해

④ 특수건강진단 대상자를 선정하기 위해

⑤ 근로자가 노출되는 유해인자를 파악하기 위해

해설

○ **근로자 유해인자 노출평가**

1. 예비조사-작업장과 공정의 특성, 근로자의 작업 특성, 유해인자의 특성, 유사노출그룹의 설정을 통해 작업환경 측정 전략 수립하기 위해 조사하는 것이다.

2. 위험성 평가

3. 시료채취, 시료운반 및 분석

4. 자료처리 및 노출평가

정답 ④

12 공기 중 금속을 정량하기 위한 일반적인 분석 장비는?

① 원자흡광광도계(AA), 유도결합플라즈마(ICP)
② 분광광도계, 이온크로마토그래피(IC)
③ 위상차현미경, 원자흡광광도계(AA)
④ 흑연로장치, 가스크로마토그래피(GC)
⑤ 유도결합플라즈마(ICP), 액체크로마토그래피(LC)

해설

금속의 채취는 일반적으로 MCE여과지를 통해 이루어진다.
금속의 분석기기는 일반적으로 유도결합플라즈마와 원자흡광광도계(원자흡광분석기)이다.

정답 ①

13 최근 발생한 메탄올 중독 사건에 관한 설명으로 옳지 않은 것은?

① 주요 중독 건강영향은 시각손상이었다.
② 메탄올은 CNC 가공공정에서 사용되었다.
③ 건강영향은 5년 이상 만성 노출로 발생되었다.
④ 특수건강진단을 실행한 적이 없었다.
⑤ 작업환경 중 메탄올 농도는 노출기준을 훨씬 초과하였다.

해설

메탄올 중독은 급성중독으로 메탄올→포름알데히드→포름산(개미산)→이산화탄소에서 중간대사체에 의해 시각손상 등 시신경 독성을 유발한다. 메틸알코올에 의한 시신경 손상과 신경학적 증상의 원인은 개미산에 의한 대사산증이 안구 손상을 가속화시키는 것으로 알려져 있다. 급성 중독과 만성 중독의 차이는 급성 중독(acute poisoning)은 신체 외부나 내부의 유해 물질이 신체에서 일으키는 급성 반응으로 인한 상태를 일컬으며, 만성 중독(chronic intoxication)은 유해 물질에 오랫동안 지속적으로 노출되어 발생하는 상태이다.

정답 ③

14 이온화(전리) 방사선에 노출될 수 있는 직종이 아닌 것은?

① 지하철 정비 종사자
② 금속가공 작업자
③ 비파괴 검사자
④ 탄광 근로자
⑤ 원자력 발전소 종사자

해설

비전리방사선으로는 전파(라디오파, FM, 마이크로파), 가시광선, 적외선, 자외선 등이 있다. 금속가공 작업(용접작업 등)으로 인한 유해인자로는 물리적 인자(자외선, 적외선, 소음, 진동 등)와 화학적 인자(흄, 가스 등)에 노출되고 있다.

정답 ②

15 고체흡착관(활성탄관)을 이황화탄소 1㎖로 추출하여 가스크로마토그래피로 정량한 톨루엔의 농도는 5ppm이었다. 0.2ℓ/min 펌프로 4시간 채취하였다. 탈착율은 98%이였고 공시료에서 검출된 양은 없었다. 이 때 공기 중 톨루엔의 농도(μg/㎥)는 약 얼마인가?

① 66
② 86
③ 106
④ 126
⑤ 146

해설

ppm=mg/L=μg/mL, 1㎥=1,000L를 활용하여 단위를 통일시킨다.
5ppm=5mg/L이다.
1mg=1,000μg이다.

$$\text{농도}(\mu g/m^3) = \frac{5mg/L \times 0.001L}{0.2L/min \times 240min \times 1m^3/1,000L} = 0.1042mg/m^3 = 104.2\mu g/m^3$$

정답 ③

16 산업안전보건법령상 허용기준이 설정되어 있는 물질은?

① 라돈
② 트리클로로메탄
③ 포름알데히드
④ 수은
⑤ 극저주파

해설

이 문제는 허용기준과 노출기준을 비교하는 문제로 볼 수도 있다.
라돈의 노출기준은 2018년 '화학물질 및 물리적인자의 노출기준'에서 600Bq/㎥로 규정되었다.

■ 산업안전보건법 시행규칙 [별표 19]

유해인자별 노출 농도의 허용기준(제145조제1항 관련)

<table>
<tr><th rowspan="3" colspan="2">유해인자</th><th colspan="4">허용기준</th></tr>
<tr><th colspan="2">시간가중평균값
(TWA)</th><th colspan="2">단시간 노출값
(STEL)</th></tr>
<tr><th>ppm</th><th>mg/㎥</th><th>ppm</th><th>mg/㎥</th></tr>
<tr><td rowspan="2">1. 6가크롬 화합물</td><td>불용성</td><td rowspan="2"></td><td>0.01</td><td rowspan="2"></td><td rowspan="2"></td></tr>
<tr><td>수용성</td><td>0.05</td></tr>
<tr><td colspan="2">2. 납 및 그 무기화합물</td><td></td><td>0.05</td><td></td><td></td></tr>
<tr><td colspan="2">3. 니켈 화합물(불용성 무기화합물로 한정한다)</td><td></td><td>0.2</td><td></td><td></td></tr>
<tr><td colspan="2">4. 니켈카르보닐</td><td>0.001</td><td></td><td></td><td></td></tr>
<tr><td colspan="2">5. 디메틸포름아미드</td><td>10</td><td></td><td></td><td></td></tr>
<tr><td colspan="2">6. 디클로로메탄</td><td>50</td><td></td><td></td><td></td></tr>
<tr><td colspan="2">7. 1,2-디클로로프로판</td><td>10</td><td></td><td>110</td><td></td></tr>
<tr><td colspan="2">8. 망간 및 그 무기화합물</td><td></td><td>1</td><td></td><td></td></tr>
<tr><td colspan="2">9. 메탄올</td><td>200</td><td></td><td>250</td><td></td></tr>
</table>

10. 메틸렌 비스(페닐 이소시아네이트)	0.005			
11. 베릴륨 및 그 화합물		0.002		0.01
12. 벤젠	0.5		2.5	
13. 1,3-부타디엔	2		10	
14. 2-브로모프로판	1			
15. 브롬화 메틸	1			
16. 산화에틸렌	1			
17. 석면(제조 · 사용하는 경우만 해당한다)(Asbestos)		0.1개/㎤		
18. 수은 및 그 무기화합물		0.025		
19. 스티렌	20		40	
20. 시클로헥사논	25		50	
21. 아닐린	2			
22. 아크릴로니트릴	2			
23. 암모니아	25		35	
24. 염소	0.5		1	
25. 염화비닐	1			
26. 이황화탄소	1			
27. 일산화탄소	30		200	
28. 카드뮴 및 그 화합물		0.01 (호흡성 분진인 경우 0.002)		
29. 코발트 및 그 무기화합물		0.02		
30. 콜타르피치 휘발물		0.2		
31. 톨루엔	50		150	
32. 톨루엔-2,4-디이소시아네이트	0.005		0.02	
33. 톨루엔-2,6-디이소시아네이트	0.005		0.02	
34. 트리클로로메탄	10			
35. 트리클로로에틸렌	10		25	

36. 포름알데히드	0.3			
37. n-헥산	50			
38. 황산		0.2		0.6

※비고

1. "시간가중평균값(TWA, Time-Weighted Average)"이란 1일 8시간 작업을 기준으로 한 평균노출농도로서 산출공식은 다음과 같다.

$$TWA\,환산값 = \frac{C_1 \cdot T_1 + C_1 \cdot T_1 + \cdots\cdots + C_n \cdot T_n}{8}$$

주) C: 유해인자의 측정농도(단위: ppm, mg/㎥ 또는 개/㎤)

T: 유해인자의 발생시간(단위: 시간)

2. "단시간 노출값(STEL, Short-Term Exposure Limit)"이란 15분 간의 시간가중평균값으로서 노출 농도가 시간가중평균값을 초과하고 단시간 노출값 이하인 경우에는 ① 1회 노출 지속시간이 15분 미만이어야 하고, ② 이러한 상태가 1일 4회 이하로 발생해야 하며, ③ 각 회의 간격은 60분 이상이어야 한다.

3. "등"이란 해당 화학물질에 이성질체 등 동일 속성을 가지는 2개 이상의 화합물이 존재할 수 있는 경우를 말한다.

정답 ③

17 화학물질을 취급하는 작업 공정에서 중독사고 예방을 위해 게시해야 할 항목이 아닌 것은?

① 유해성 · 위험성

② 취급상의 주의사항

③ 적절한 보호구 착용

④ 작업환경 측정방법

⑤ 응급조치 요령

해설

이 문제는 물질안전보건자료(MSDS) 작성 시 표시사항문제로 보아야 한다.

○ **화학물질의 분류표시 및 물질안전보건자료에 관한 기준**

제10조(작성항목) ① 물질안전보건자료 작성 시 포함되어야 할 항목 및 그 순서는 다음 각 호에 따른다. → **[암기법: 회사/유해위험/명함/응급화재누출사고(대처)/저개물리/안독환폐기운송/법적규제]**

1. 화학제품과 회사에 관한 정보
2. 유해성 · 위험성
3. 구성성분의 명칭 및 함유량
4. 응급조치요령
5. 폭발 · 화재시 대처방법
6. 누출사고시 대처방법

7. 취급 및 저장방법
8. 노출방지 및 개인보호구
9. 물리화학적 특성
10. 안정성 및 반응성
11. 독성에 관한 정보
12. 환경에 미치는 영향
13. 폐기 시 주의사항
14. 운송에 필요한 정보
15. 법적규제 현황
16. 그 밖의 참고사항

정답 ④

18 직업성 암 등 만성질병을 초래하는 직무 또는 원인을 규명하기 어려운 이유가 아닌 것은?

① 질병 진단이 어렵기 때문
② 작업기간 동안 노출된 정보가 부족하기 때문
③ 직무나 환경에 의한 순수 영향 규명이 어렵기 때문
④ 작업 공정이 없거나 변경되었기 때문
⑤ 작업환경 중 노출된 물질이나 함량에 대한 정보가 부족하기 때문

해설

질병 진단은 가능하다.

정답 ①

19 산업안전보건법령상 사업주가 실시해야 할 위험성평가(risk assessment)에 관한 설명으로 옳은 것은?

① 위험성평가는 허용기준 설정 인자에 대해서만 실시한다.
② 위험성은 유해인자의 독성(toxicity)과 유해성(hazard)만을 근거로 평가한다.
③ 작업환경측정을 실시하면 위험성평가를 생략할 수 있다.
④ 기계·기구, 설비, 원재료 등의 신규 도입 또는 변경하는 경우에도 위험성평가를 실시해야 한다.
⑤ 서비스 업종은 위험성평가에서 제외된다.

해설

사업장 위험성평가에 관한 지침문제이다.

○ **사업장 위험성평가에 관한 지침**

제1조(목적) 이 고시는 「산업안전보건법」제36조에 따라 사업주가 스스로 사업장의 유해·위험요인에 대한 실태를 파악하고 이를 평가하여 관리·개선하는 등 필요한 조치를 할 수 있도록 지원하기 위하여 위험성평가 방법, 절차, 시기 등에 대한 기준을 제시하고, 위험성평가 활성화를 위한 시책의 운영 및 지원사업 등 그 밖에 필요한 사항을 규정함을 목적으로 한다.

제2조(적용범위) 이 고시는 위험성평가를 실시하는 모든 사업장에 적용한다.

제3조(정의) ① 이 고시에서 사용하는 용어의 뜻은 다음과 같다.

1. "위험성평가"란 유해·위험요인을 파악하고 해당 유해·위험요인에 의한 부상 또는 질병의 발생 가능성(빈도)과 중대성(강도)을 추정·결정하고 감소대책을 수립하여 실행하는 일련의 과정을 말한다.
2. "유해·위험요인"이란 유해·위험을 일으킬 잠재적 가능성이 있는 것의 고유한 특징이나 속성을 말한다.
3. "유해·위험요인 파악"이란 유해요인과 위험요인을 찾아내는 과정을 말한다.
4. "위험성"이란 유해·위험요인이 부상 또는 질병으로 이어질 수 있는 가능성(빈도)과 중대성(강도)을 조합한 것을 의미한다.
5. "위험성 추정"이란 유해·위험요인별로 부상 또는 질병으로 이어질 수 있는 가능성과 중대성의 크기를 각각 추정하여 위험성의 크기를 산출하는 것을 말한다.
6. "위험성 결정"이란 유해·위험요인별로 추정한 위험성의 크기가 허용 가능한 범위인지 여부를 판단하는 것을 말한다.
7. "위험성 감소대책 수립 및 실행"이란 위험성 결정 결과 허용 불가능한 위험성을 합리적으로 실천 가능한 범위에서 가능한 한 낮은 수준으로 감소시키기 위한 대책을 수립하고 실행하는 것을 말한다.
8. "기록"이란 사업장에서 위험성평가 활동을 수행한 근거와 그 결과를 문서로 작성하여 보존하는 것을 말한다.

② 그 밖에 이 고시에서 사용하는 용어의 뜻은 이 고시에 특별히 정한 것이 없으면 「산업안전보건법」(이하 "법"이라 한다), 같은 법 시행령(이하 "영"이라 한다), 같은 법 시행규칙(이하 "규칙"이라 한다) 및「산업안전보건기준에 관한 규칙」(이하 "안전보건규칙"이라 한다)에서 정하는 바에 따른다.

제8조(위험성평가의 절차) 사업주는 위험성평가를 다음의 절차에 따라 실시하여야 한다. 다만, 상시근로자수 20명 미만 사업장(총 공사금액 20억원 미만의 건설공사)의 경우에는 다음 각 호중 제3호를 생략할 수 있다.

1. 평가대상의 선정 등 사전준비
2. 근로자의 작업과 관계되는 유해·위험요인의 파악
3. 파악된 유해·위험요인별 위험성의 추정
4. 추정한 위험성이 허용 가능한 위험성인지 여부의 결정
5. 위험성 감소대책의 수립 및 실행
6. 위험성평가 실시내용 및 결과에 관한 기록

정답 ④

20 생물학적 모니터링에 관한 설명으로 옳지 않은 것은?

① 시료 채취 대상자에게 동의를 받지 않아도 되는 장점이 있다.
② 바이오마커(biomarker)로 유해물질 또는 대사산물을 측정한다.
③ 건강 영향을 추정할 수 있는 적정 바이오마커를 찾는 것이 중요하다.
④ 시료 보관, 처치, 분석에 주의를 요하는 방법이다.
⑤ 시료 채취 시 근로자에게 부담을 주는 방법이다.

해설

시료 채취 대상자에게 동의를 받아야 한다.

정답 ①

21 사무실 실내 공기 질(indoor air quality) 관리에 관한 설명으로 옳은 것은?

① 실내공기오염 지표로 사용하는 인자는 분진이다.

② 현재 PM_{10} 기준치는 10㎍/㎥이다.

③ ACH(시간당 공기교환 횟수)는 공간 체적과 공기 유속으로 산정한다.

④ 일반적으로 음압 시설을 설치해야 한다.

⑤ 실내공기오염에 의해 호흡기 자극 및 과민성 질환이 발생될 수 있다.

해설

① 실내공기오염 지표로 사용하는 인자는 이산화탄소이다.

② 현재 PM_{10} 기준치는 100㎍/㎥ 이다.

③ ACH(시간당 공기교환 횟수)는 공간 체적과 필요환기량(Q)으로 산정한다.

④ 일반적으로 양압 시설을 설치해야 한다.

⑤ 실내공기오염에 의해 호흡기 자극 및 과민성 질환이 발생될 수 있다.

○ **사무실 공기관리 지침**

제1조(목적) 이 고시는 「산업안전보건법」 제13조제1항에 따라 사무실 공기의 오염물질별 관리기준, 공기질 측정·분석방법 등 사무실 공기를 쾌적하게 유지·관리하기 위하여 사업주에게 지도·권고할 기술상의 지침 또는 작업환경의 표준을 정함을 목적으로 한다.

제2조(오염물질 관리기준) 사업주는 쾌적한 사무실 공기를 유지하기 위해 사무실 오염물질을 다음 기준에 따라 관리한다.

오염물질	관리기준
미세먼지(PM10)	100㎍/㎥
초미세먼지(PM2.5)	50㎍/㎥
이산화탄소(CO_2)	1,000ppm(0.1%)
일산화탄소(CO)	10ppm
이산화질소(NO_2)	0.1ppm
포름알데히드(HCHO)	100㎍/㎥
총휘발성 유기화합물(TVOC)	500㎍/㎥
라돈(radon)	148Bq/㎥
총부유세균	800CFU/㎥
곰팡이	500CFU/㎥

* 라돈은 지상1층을 포함한 지하에 위치한 사무실에만 적용한다. 작업장 기준은 600Bq/㎥.

주) 관리기준: 8시간 시간가중평균농도 기준

제3조(사무실의 환기기준) 공기정화시설을 갖춘 사무실에서 근로자 1인당 필요한 최소 외기량은 분당 0.57세제곱미터 이상이며, 환기횟수는 시간당 4회 이상으로 한다.

제7조(시료채취 및 측정지점) 공기의 측정시료는 사무실 안에서 공기질이 가장 나쁠 것으로 예상되는 2곳 이상에서 채취하고, 측정은 사무실 바닥면으로부터 0.9미터 이상 1.5미터 이하의 높이에서 한다. 다만, 사무실 면적이 500제곱미터를 초과하는 경우에는 500제곱미터마다 1곳씩 추가하여 채취한다.

정답 ⑤

22 유해중금속의 인체 노출 및 흡수, 독성에 관한 설명으로 옳지 않은 것은?

① 작업장에서 망간의 주요 노출 경로는 호흡기다.

② 납의 주요 표적기관은 중추신경계와 조혈기계이다.

③ 유기수은은 무기수은 화합물보다 독성이 상대적으로 강하다.

④ 6가 크롬은 세포막을 통과한 뒤 세포내에서 3가 크롬으로 산화되어 폐섬유화를 초래한다.

⑤ 카드뮴은 폐렴, 폐수종, 신장질환 등을 일으킨다.

해설

6가 크롬이 더욱 해롭다고 할 수 있다. 세포막을 통과한 6가 크롬은 세포 내에서 수분 내지 수시간 만에 3가 형태로 환원된다. 6가 크롬은 매우 체내에서 매우 불안정한 물질로 여러 가지 환원 기전을 통해 3가 크롬으로 환원된다. 크롬은 자연 상에 2~6가의 형태로 존재하지만 대부분의 크롬은 3가의 형태로 존재한다. 다만 6가의 크롬 형태는 인체에 암을 유발할 수 있으며, 3가는 아직까지 알려진 독성은 없는 상태다.

정답 ④

23 산업안전보건기준에 관한 규칙상 근골격계 부담 작업에 해당되지 않는 것은?

① 하루에 4시간 이상 집중적으로 자료입력 등을 위해 키보드 또는 마우스를 조작하는 작업
② 하루에 10회 이상 25kg 이상의 물체를 드는 작업
③ 하루에 총 2시간 이상 목, 어깨, 팔꿈치, 손목 또는 손을 사용하여 같은 동작을 반복하는 작업
④ 하루에 총 2시간 이상 쪼그리고 앉거나 무릎을 굽힌 자세에서 이루어지는 작업
⑤ 하루에 총 2시간 이상, 분당 1회 미만 4.5kg 이상의 물체를 양손으로 드는 작업

해설

제3조(근골격계부담작업) 법 제39조제1항제5호 및 안전보건규칙 제656조제1호에 따른 근골격계부담작업이란 다음 각 호의 어느 하나에 해당하는 작업을 말한다. 다만, 단기간작업 또는 간헐적인 작업은 제외한다.

1. 하루에 4시간 이상 집중적으로 자료입력 등을 위해 키보드 또는 마우스를 조작하는 작업
2. 하루에 총 2시간 이상 목, 어깨, 팔꿈치, 손목 또는 손을 사용하여 같은 동작을 반복하는 작업
3. 하루에 총 2시간 이상 머리 위에 손이 있거나, 팔꿈치가 어깨위에 있거나, 팔꿈치를 몸통으로부터 들거나, 팔꿈치를 몸통뒤쪽에 위치하도록 하는 상태에서 이루어지는 작업
4. 지지되지 않은 상태이거나 임의로 자세를 바꿀 수 없는 조건에서, 하루에 총 2시간 이상 목이나 허리를 구부리거나 트는 상태에서 이루어지는 작업
5. 하루에 총 2시간 이상 쪼그리고 앉거나 무릎을 굽힌 자세에서 이루어지는 작업
6. 하루에 총 2시간 이상 지지되지 않은 상태에서 1kg 이상의 물건을 한손의 손가락으로 집어 옮기거나, 2kg 이상에 상응하는 힘을 가하여 한손의 손가락으로 물건을 쥐는 작업
7. 하루에 총 2시간 이상 지지되지 않은 상태에서 4.5kg 이상의 물건을 한 손으로 들거나 동일한 힘으로 쥐는 작업
8. 하루에 10회 이상 25kg 이상의 물체를 드는 작업
9. 하루에 25회 이상 10kg 이상의 물체를 무릎 아래에서 들거나, 어깨 위에서 들거나, 팔을 뻗은 상태에서 드는 작업
10. 하루에 총 2시간 이상, 분당 2회 이상 4.5kg 이상의 물체를 드는 작업
11. 하루에 총 2시간 이상 시간당 10회 이상 손 또는 무릎을 사용하여 반복적으로 충격을 가하는 작업

정답 ⑤

24 고열작업에 관한 설명으로 옳은 것은?

① 흑구온도와 기온과의 차이를 실효복사온도라 하고 이는 감각온도와 상관이 없다.
② WBGT 측정기로 옥내 작업장을 측정할 때에는 자연습구온도와 흑구온도를 고려한다.
③ 고열작업을 평가하는데 있어서 각 습구흑구 온도지수를 측정하고 작업강도를 고려하지 않는다.
④ WBGT 30°C 되는 중등작업을 하는 경우 휴식시간 없이 계속 작업을 해도 무방하다.
⑤ 복사열은 열선풍속계로 측정한다.

해설

① 흑구온도와 기온과의 차이를 실효복사온도라 하고 이는 감각온도와 상관이 있다.
실효복사온도=흑구온도-기온, 감각온도란 기온, 기습, 기류의 3인자를 종합하여 인체에 주는 온감을 말하는 것으로 실효온도 또는 체감온도라 한다.
② WBGT 측정기로 옥내 작업장을 측정할 때에는 자연습구온도와 흑구온도를 고려한다.
③ 고열작업을 평가하는데 있어서 각 습구흑구 온도지수를 측정하고 작업강도도 고려한다. WBGT와 더불어 경작업, 중등작업, 중작업을 통해 근무시간과 휴식시간을 정한다.
④ WBGT 30°C 되는 중등작업을 하는 경우 15분(매 시간 25%) 작업, 45분 휴식이다.
⑤ 복사열은 흑구온도계로 측정한다.

○ **고온의 노출기준(화학물질 및 물리적 인자의 노출기준 참고)**
<별표 3> 고온의 노출기준

(단위 : ℃, WBGT)

작업강도 / 작업휴식시간비	경작업	중등작업	중작업
계 속 작 업	30.0	26.7	25.0
매시간 75%작업, 25%휴식	30.6	28.0	25.9
매시간 50%작업, 50%휴식	31.4	29.4	27.9
매시간 25%작업, 75%휴식	32.2	31.1	30.0

주 : 1. 경 작 업 : 200kcal까지의 열량이 소요되는 작업을 말하며, 앉아서 또는 서서 기계의 조정을 하기 위하여 손 또는 팔을 가볍게 쓰는 일 등을 뜻함
2. 중등작업 : 시간당 200~350kcal의 열량이 소요되는 작업을 말하며, 물체를 들거나 밀면서 걸어 다니는 일 등을 뜻함
3. 중 작 업 : 시간당 350~500kcal의 열량이 소요되는 작업을 말하며, 곡괭이질 또는 삽질하는 일 등을 뜻함

정답 ②

25 프레스 소음수준이 100dB인 작업 환경에서 근로자는 NRR(Noise Reduction Ratting)이 "29"인 귀덮개를 착용하고 있다. 차음효과와 근로자가 노출되는 음압수준을 순서대로 옳게 나열한 것은?

① 18dB, 89dB

② 11dB, 78dB

③ 9dB, 91dB

④ 18dB, 92dB

⑤ 11dB, 89dB

해설

NRR이란 한 마디로 귀마개나 귀덮개의 효과라고 생각하면 된다. 정확하게는 청력보호구의 차음효과를 말하는 지수로서 차음평가수(Noise Reduction Rating).

차음효과=(NRR-7)×50% [dB(A)]

차음효과=(NRR-7)×0.5=(29-7)×0.5=11dB(A)

소음수준이 현재 100dB이므로 차음효과를 빼면 노출음압수준이 된다.

노출음압수준=100-11=89dB(A)

정답 ⑤

산업보건지도사 제2과목(산업보건일반) 역대 기출문제 해설

01 유기화합물의 신경독성에 관한 설명으로 옳지 않은 것은?

① 대부분의 유기용제는 비특이적인 독성으로 마취작용을 갖고 있다.

② 포화지방족 유기용제(알칸류)는 다른 유기화합물보다 강한 급성 독성을 나타낸다.

③ 마취제처럼 뇌와 척추의 활동을 저해한다.

④ 작업자를 자극하여 무감각하게 하고, 결국은 무의식 혹은 혼수상태가 된다.

⑤ 이황화탄소(CS_2)는 급성 정신병을 동반한 뇌병증을 보인다.

해설

대부분의 유기용제는 비특이적인 독성으로 마취작용을 갖고 있다. 특이적 독성은 개개의 유기용제가 독특하게 가지고 있는 증상을 말하고, 비특이적 독성은 모든 유기용제에 공통되는 중독증상을 말한다.

예를 들어, 미용사가 사용하는 약품에 의한 알레르기성 피부염, 천식, 비염 등은 특이적 독성이고, 장기적으로 유기용제에 노출되면 중추신경계 기능의 만성적 장애, 마취작용, 불안증, 신경장애 등은 이 모두가 유기용제에 의한 비특이적 중독증상의 예이다.

알칸류(포화지방족 유기용제)는 급성독성면에서 가장 독성이 적은 물질이다.

○ 유기용제의 종류에 따른 중추신경계 억제작용

알칸<알켄<알코올<유기산<에스테르<에테르<할로겐화합물

정답 ②

02 산업안전보건기준에 관한 규칙상 관리대상 유해물질 상태와 관련하여 국소배기장치 후드의 제어풍속 기준으로 옳은 것은?

구분	유해물질 상태	후드	형식	제어풍속(m/sec)
①	가스	포위식	포위형	0.5
②	가스	외부식	상방흡인형	0.5
③	입자	포위식	포위형	0.7
④	가스	외부식	하방흡인형	1.0
⑤	입자	외부식	측방흡인형	1.2

① ①

② ②

③ ③

④ ④

⑤ ⑤

해설

■ **산업안전보건기준에 관한 규칙 [별표 13]**

관리대상 유해물질 관련 국소배기장치 후드의 제어풍속(제429조 관련)

물질의 상태	후드 형식	제어풍속(m/sec)
가스 상태	포위식 포위형 외부식 측방흡인형 외부식 하방흡인형 외부식 상방흡인형	0.4 0.5 0.5 1.0
입자 상태	포위식 포위형 외부식 측방흡인형 외부식 하방흡인형 외부식 상방흡인형	0.7 1.0 1.0 1.2

정답 ③

03 입자상 물질에 노출되었을 때 발생하는 인체영향에 관한 설명으로 옳지 않은 것은?

① 규폐증은 주로 석공장, 벽돌제조, 도자기제조, 채탄작업 근로자에게 발생한다.

② 석면폐증은 보통 장기간에 걸쳐 진행되며 폐의 탄력성이 감소되어 산소흡수가 저해되고, 악성중피종은 약 30~40년의 잠복기를 거쳐서 발생되기도 한다.

③ 광부에게 발생 가능한 탄광부 진폐증은 교원성(collagenous) 진폐증이다.

④ 면폐증은 처음에는 흉부 압박감으로 시작되지만 이어서 지속적인 기침이 동반되고, 천명음도 발생한다.

⑤ 비교원성(non-collagenous) 진폐증은 정상적으로 돌아오지 않는 비가역적인 진폐증이다.

해설

교원성 진폐증은 폐포조직의 비가역성 변화나 파괴가 있는 것이다. 규폐증이나 석면폐증, 탄광부진폐증이 대표적이다.
비교원성(non-collagenous) 진폐증은 가역적 진폐증으로 용접공폐증, 주석폐증 등이 있다. 시간이 지나면 정상적으로 돌아간다.

정답 ⑤

04 작업환경에서 발생되는 유해물질별 주요 노출원 및 노출기준으로 옳지 않은 것은?

구분	유해물질	주요 노출원	노출기준(mg/m³)
①	비소 및 그 무기화합물	구리제련소	0.01
②	베릴륨 및 그 화합물	핵융합 부품개발	0.002
③	수용성 크롬(6가) 화합물	용접	0.01
④	벤젠	석유화학 제조	3
⑤	카드뮴 및 그 화합물	도금작업	0.01

① ①

② ②

③ ③

④ ④

⑤ ⑤

해설

731종의 화학물질 노출기준을 묻는 문제이다. 과거 기출문제이지만 벤젠은 노출기준이 바뀌었다.

구분	유해물질	주요 노출원	노출기준(mg/m³)
①	비소 및 그 무기화합물	구리제련소	0.01
②	베릴륨 및 그 화합물	핵융합 부품개발	0.002
③	수용성 크롬(6가) 화합물	용접	0.05 →불용성은 0.01
④	벤젠	석유화학 제조	TLV=0.5ppm
⑤	카드뮴 및 그 화합물	도금작업	0.01

정답 ③

05 유기화합물의 직업적 노출로 인한 인체영향의 설명으로 옳은 것은?

① 벤젠 중독 시 초기에는 빈혈, 백혈구 및 혈소판이 감소되어 백혈병이 급성장애로 나타난다.
② 사염화탄소는 주로 신경독성을 유발한다.
③ 톨루엔디이소시아네이트(TDI)는 눈과 코에 자극증상이 강하게 나타나지만, 천식성 감작반응은 유발하지 않는다.
④ 노말헥산의 대사산물인 2,5-hexanedione은 독성이 강하며, 생물학적 노출지표로도 이용된다.
⑤ 이황화탄소는 우리나라에서 단일 화학물질로는 가장 많은 직업병을 유발한 물질이며, 생물학적 노출지표는 소변 중 phenylglyoxylic acid이다.

해설

① 벤젠 중독으로 벤젠노출에 의한 영향은 노출이 종결된 이후 수개월 또는 수년이 경과한 후 나타날 수도 있다. 백혈병을 유발시키는 독성 물질로 인정된다. 벤젠으로 인한 재생불량성빈혈 환자는 적혈구, 백혈구, 혈소판 등 모든 혈액세포가 감소할 수 있다.
② 사염화탄소는 주로 간독성을 유발한다.
③ 톨루엔디이소시아네이트(TDI)는 눈과 코에 자극증상이 강하게 나타나며, 천식성 감작반응을 유발한다.
④ 노말헥산의 대사산물인 2,5-hexanedione(헥산디온)은 독성이 강하며, 생물학적 노출지표로도 이용된다.
⑤ 이황화탄소는 우리나라에서 단일 화학물질로는 가장 많은 직업병을 유발한 물질이며, 생물학적 노출지표는 소변 중 TTCA(2-thiothiazolidine-4-carboxylicacid)이다.
phenylglyoxylic acid(페닐글리옥실산)은 에틸벤젠이나 스티렌의 대사산물이다.

정답 ④

06 사업장에서 사용하는 중금속의 특성에 관한 설명으로 옳은 것은?

① 유기납은 물과 유기용제에 잘 녹는 금속이다.
② 무기수은화합물의 독성은 알킬수은화합물의 독성보다 강하다.
③ 6가 크롬은 피부 흡수가 어려우나 3가 크롬은 가능하다.
④ 망간에 노출되면 파킨슨씨 증후군과 유사한 뇌병변을 보이며, 무력증과 두통의 증상을 수반한다.
⑤ 5가의 비소화합물은 3가로 산화되면서 독성작용을 일으킨다.

해설

① 유기납은 물에 녹지 않고 유기용제에 잘 녹는 금속이다.
유기납(organic lead)은 피부를 통하여 잘 흡수된다.
② 무기수은화합물의 독성은 알킬수은화합물(유기수은)의 독성보다 약하다. 독성에 있어 무기수은에 비해 메틸수은 같은 유기수은이 훨씬 강하다.
③ 6가 크롬은 피부 흡수가 쉽지만, 3가 크롬은 피부 흡수가 어렵다. 6가 크롬의 경우 일정수준의 피부흡수가 가능하며, 특히 피부가 손상을 받았을 때 흡수는 더욱 증가한다. 흡수된 6가 크롬은 체내에서 대부분 환원되기 때문에, 체내 크롬의 대부분은 3가 크롬의 형태를 띠고 있다.
④ 망간에 노출되면 파킨슨씨 증후군과 유사한 뇌병변을 보이며, 무력증과 두통의 증상을 수반한다.
⑤ 5가의 비소화합물은 3가로 환원되면서 독성작용을 일으킨다. 참고로 3가 비소를 5가 비소로 산화하는 것이다.

정답 ④

07 전자제품 제조업 작업장에서 측정한 공기 중 벤젠의 농도가 다음과 같을 때, 기술통계값인 기하평균(GM)과 기하표준편차(GSD)는 약 얼마인가?

> 벤젠 농도(ppm) : 0.5 0.2 1.5 0.9 0.02

① GM: 0.31ppm, GSD: 5.47
② GM: 0.62ppm, GSD: 0.59
③ GM: 0.93ppm, GSD: 5.47
④ GM: 0.31ppm, GSD: 0.59
⑤ GM: 0.62ppm, GSD: 3.03

해설

1. 기하평균(GM)은 곱의 평균이다.

1) 원칙: $\log(GM)=\frac{\log 0.5+\log 0.2+\log 1.5+\log 0.9+\log 0.02}{5}$

2) 빠른 풀이 $GM=(0.5\times 0.2\times 1.5\times 0.9\times 0.02)^{1/5}$

=0.3063...

* 기하평균(GM)은 쉽게 풀 수 있다.

2. 기하표준편차(GSD)=√분산

log(GSD)=√Σ[(log각각의 값-logGM)]^2÷(n-1)

=√0.5448..

=0.7381..

즉, $GSD=10^{0.7381}$ =5.4714...

* 분산은 편차제곱의 평균(n-1개)이다.

정답 ①

08 작업환경측정을 위한 예비조사 및 측정계획서 작성에 관한 설명으로 옳지 않은 것은?

① 해당 공정별 작업내용, 측정대상공정, 공정별 화학물질 사용 실태를 파악한다.

② 원재료의 투입과정부터 최종 제품생산까지의 주요 공정을 도식화한다.

③ 유해인자별 측정 방법 및 소요기간에 대한 계획을 수립한다.

④ 전회 측정을 실시한 사업장은 공정 및 취급인자의 변동이 없는 경우, 서류상의 예비조사를 생략할 수 있다.

⑤ 측정대상 유해인자 및 유해인자 발생주기를 확인한다.

해설

전회 측정을 실시한 사업장은 공정 및 취급인자의 변동이 없는 경우, 서류상으로 예비조사를 실시할 수 있다.

정답 ④

09 산소농도가 낮은 작업장에서 발생할 수 있는 질환은?

① Hypoxia
② Caisson disease
③ Pneumoconiosis
④ Oxygen poison
⑤ Raynaud disease

해설

Hypoxia: 저산소증, 산소결핍증

정답 ①

10 일반적으로 소음성 난청이 가장 잘 발생될 수 있는 주파수와 음압은?

① 6,000Hz, 80dBA
② 4,000Hz, 100dBA
③ 2,000Hz, 80dBA
④ 1,000Hz, 90dBA
⑤ 500Hz, 100dBA

해설

소음성 난청은 가장 예민한 4,000Hz, 100dBA에서 잘 발생한다.

정답 ②

11 피로의 증상으로 옳지 않은 것은?

① 초기에는 맥박이 느려지고 혈압이 낮아지나 피로가 진행되면서 높아진다.

② 호흡이 얇아지고 호흡곤란이 오기도 한다.

③ 근육 내 글리코겐량이 감소한다.

④ 혈액의 혈당수치가 낮아지고 젖산과 탄산량이 증가한다.

⑤ 체온이 초기에는 높았다가 피로 정도가 심하면 낮아진다.

해설

○ **피로의 증상**

1. 반복적인 신체업무와 정신적 노동으로 근육 내 글리코겐 양이 비례적으로 감소되어 근육피로가 발생한다.
2. 맥박은 빨라지고 호흡은 얕고 빠른데 이는 혈액 중 이산화탄소 농도가 증가하여 호흡중추를 자극하기 때문이다.
3. 체온은 초기에는 높아지지만 피로가 심해지면 오히려 낮아진다.
4. 혈압 역시 초기에는 높아지지만 피로가 심해지면 오히려 낮아진다.
5. 피곤하면 당이 떨어지고 피로 부산물인 젖산과 탄산량(이산화탄소)이 증가한다.

정답 ①

12 화학물질의 분류 · 표시 및 물질안전보건자료에 관한 기준상 MSDS의 작성 원칙에 관한 설명으로 옳지 않은 것은?

① 실험실에서 시험 · 연구목적으로 사용하는 시약은 MSDS가 외국어로 작성된 경우에는 한국어로 번역하지 아니할 수 있다.

② MSDS 작성에 필요한 용어 및 기술지침은 한국산업안전보건공단이 정할 수 있다.

③ MSDS의 작성단위는 「계량에 관한 법률」이 정하는 바에 의한다.

④ MSDS 작성 시 시험결과를 반영하고자 하는 경우에는 해당 국가의 우량실험기준(GLP)에 따라 수행한 시험결과를 우선적으로 고려하여야 한다.

⑤ MSDS의 어느 항목에 대해 관련 정보를 얻을 수 없거나 적용이 불가능한 경우 "자료 없음"이라고 기재한다.

해설

제11조(작성원칙) ① 물질안전보건자료는 한글로 작성하는 것을 원칙으로 하되 화학물질명, 외국기관명 등의 고유명사는 영어로 표기할 수 있다.

② 제1항에도 불구하고 실험실에서 시험 · 연구목적으로 사용하는 시약으로서 물질안전보건자료가 외국어로 작성된 경우에는 한국어로 번역하지 아니할 수 있다.

③ 제10조제1항 각 호의 작성 시 시험결과를 반영하고자 하는 경우에는 해당국가의 우수실험실기준(GLP) 및 국제공인시험기관 인정(KOLAS)에 따라 수행한 시험결과를 우선적으로 고려하여야 한다.

④ 외국어로 되어있는 물질안전보건자료를 번역하는 경우에는 자료의 신뢰성이 확보될 수 있도록 최초 작성기관명 및 시기를 함께 기재하여야 하며, 다른 형태의 관련 자료를 활용 하여 물질안전보건자료를 작성하는 경우에는 참고문헌의 출처를 기재하여야 한다.

⑤ 물질안전보건자료 작성에 필요한 용어, 작성에 필요한 기술지침은 한국산업안전보건공단이 정할 수 있다.

⑥ 물질안전보건자료의 작성단위는「계량에 관한 법률」이 정하는 바에 의한다.

⑦ 각 작성항목은 빠짐없이 작성하여야 한다. 다만, 부득이 어느 항목에 대해 관련 정보를 얻을 수 없는 경우에는 작성란에 "자료 없음"이라고 기재하고, 적용이 불가능하거나 대상이 되지 않는 경우에는 작성란에 "해당 없음"이라고 기재한다.

⑧ 제10조제1항제1호에 따른 화학제품에 관한 정보 중 용도는 별표 5에서 정하는 용도분류체계에서 하나 이상을 선택하여 작성할 수 있다. 다만, 법 제110조제1항 및 제3항에 따라 작성된 물질안전보건자료를 제출할 때에는 별표 5에서 정하는 용도분류체계에서 하나 이상을 선택하여야 한다.

⑨ 혼합물 내 함유된 화학물질 중 규칙 별표 18제1호가목에 해당하는 화학물질의 함유량이 한계농도인 1% 미만이거나 동 별표 제1호나목에 해당하는 화학물질의 함유량이 별표 6에서 정한 한계농도 미만인 경우 제10조제1항 각호에 따른 항목에 대한 정보를 기재하지 아니할 수 있다. 이 경우 화학물질이 규칙 별표18 제1호가목과 나목 모두 해당할 때에는 낮은 한계농도를 기준으로 한다.

⑩ 제10조제1항제3호에 따른 구성 성분의 함유량을 기재하는 경우에는 함유량의 ± 5퍼센트포인트(%P) 내에서 범위(하한 값 ~ 상한 값)로 함유량을 대신하여 표시할 수 있다.

⑪ 물질안전보건자료를 작성할 때에는 취급근로자의 건강보호목적에 맞도록 성실하게 작성하여야 한다.

정답 ⑤

13 호흡용 보호구에 관한 설명으로 옳지 않은 것은?

① 공기정화식은 공기가 호흡기로 흡입되기 전에 여과재 또는 정화통에 의해 유해물질을 제거하는 방식이다.

② 공기공급식은 공기 공급관, 공기 호스 또는 자급식 공기원으로 구성된 호흡용 보호구에서 신선한 공기만을 공급하는 방식이다.

③ 공기정화식은 가격이 비교적 저렴하고 사용이 간편하여 널리 사용되지만, 산소농도가 18% 미만인 장소에서는 사용할 수 없다.

④ 단시간 노출되었을 시 사망 또는 회복 불가능한 상태를 초래할 수 있는 농도 이상에서는 공기정화식을 사용할 수 없다.

⑤ 호흡용 보호구 선택 시 고려해야 할 유해비는 노출기준을 공기 중 유해물질 농도로 나눈 값이다.

해설

호흡용 보호구 선택 시 고려해야 할 유해비는 공기 중 유해물질 농도를 노출기준으로 나눈 값이다.

정답 ⑤

14 **세척공정에서 작업하는 근로자가 톨루엔 55ppm의 농도에 노출되고 있다. 해당 작업의 근로자는 공기정화식 반면형 호흡용 보호구를 착용하고 있고 보호구 안의 농도가 0.5ppm일 때, 보호계수를 구하고 보호구의 적절성을 평가하면? (순서대로 보호계수, 보호구의 적절성)**

① 27.5, 적절

② 27.5, 부적절

③ 90.9, 적절

④ 110, 적절

⑤ 110, 부적절

해설

보호계수(PF)= $\frac{\text{보호구 밖의 농도}}{\text{보호구 안의 농도}}$ =110 → 공기 정화식 반면형은 보호계수가 50 이상이 좋은 것이다. 참고로 보호구는 유해비 이상의 할당보호계수인 것을 사용해야 한다.

○ **호흡보호구의 종류**

분류	공기정화식		공기공급식	
종류	비전동식	전동식	송기식	자급식

○ **호흡보호구별 할당보호계수**

호흡보호구 분류	안면부 형태	할당보호계수(양압)	할당보호계수(음압)
비전동식	반면형	해당 없음(N/A)	10
	전면형		50
전동식	반면형	50	해당 없음(N/A)
	전면형	1,000	
	후드형	1,000	
송기식	반면형	50	
	전면형	1,000	
	후드형	1,000	
자급식	공기호흡기	10,000	

정답 ④

15

다음은 A 근로자 우측귀의 주파수별 청력손실치를 나타낸 것이다. 소음성 난청 D_1(직업병 유소견자)의 판정기준이 되는 3분법에 의한 평균 청력 손실치(dB)는?

주파수(Hz)	250	500	1,000	2,000	3,000	4,000	8,000
청력손실치(dB)	10	20	30	40	40	60	80

① 20

② 30

③ 35

④ 43

⑤ 47

해설

○ 평균 청력 손실치(dB)

1. 3분법은 500Hz, 1,000Hz, 2,000Hz의 청력 역치를 합하여 3으로 나눈 값.

문제에서는 $\frac{20+30+40}{3}$

2. 4분법은 500Hz, 2,000Hz의 청력 역치와 1,000Hz의 청력 역치의 2배를 합하여 4로 나눈 값.

문제에서는 $\frac{20+40+(2\times30)}{4}$

3. 6분법은 500Hz, 1,000Hz, 2,000Hz, 4,000Hz 중에서 500Hz, 4,000Hz의 청력 역치와 1,000Hz, 2,000Hz의 청력 역치의 각 두 배의 값을 모두 합하여 6으로 나눈 값을 평균 청력 역치로 결정한다.

정답 ②

16 산업안전보건법령상 특수건강진단 시 1차 검사항목 중 유해인자별 생물학적 노출지표에 해당되지 않는 것은?

① 불화수소 - 소변 중 불화물
② 톨루엔 - 소변 중 o-크레졸
③ 크실렌 - 소변 중 메틸마뇨산
④ 디니트로톨루엔 - 혈중 메트헤모글로빈
⑤ p-니트로클로로벤젠 - 혈중 메트헤모글로빈

해설

이것을 정리하느라 밤을 새웠다. 열공하시길 바란다. 톨루엔은 O-크레졸로 바뀌었다. 불화수소는 2차 검사항목상 노출지표검사이다.

유해물질	생물학적 노출지표(1차 검사)	생물학적 노출지표(2차 검사)
트리클로로에틸렌(TCE)	소변 중 총삼염화물 또는 삼염화초산(주말작업 종료 시 채취)	
퍼클로로에틸렌	소변 중 총삼염화물 또는 삼염화초산(주말작업 종료 시 채취)	
페놀		소변 중 총페놀(작업 종료 시)
펜타클로로페놀		소변 중 펜타클로로페놀(주말작업 종료 시), 혈중 유리펜타클로로페놀(작업 종료 시)
n–헥산	소변 중 2,5-헥산디온(작업 종료 시 채취)	
· 납 및 그 무기화합물 · 사알킬납	혈중 납	-소변 중 납 -소변 중 델타아미노레불린산 -혈중 징크프로토포피린
니켈		소변 중 니켈
삼산화비소		소변 중 또는 혈중 비소
수은	소변 중 수은	혈중 수은
안티몬		소변 중 안티몬
오산화바나듐		소변 중 바나듐
인듐	혈청 중 인듐	
카드뮴	혈중 카드뮴	소변 중 카드뮴
크롬		소변 중 또는 혈중 크롬
불화수소		소변 중 불화물(작업 전후를 측정하여 그 차이를 비교)

브롬		혈중 브롬이온 검사
삼수소화비소 (Arsine)		소변 중 비소(주말작업 종료 시)
일산화탄소	-혈중 카복시헤모글로빈(작업 종료 후 10~15분 이내에 채취) -호기 중 일산화탄소 농도(작업 종료 후 10~15분 이내 마지막 호기 채취)	
비소 및 그 무기 화합물		소변 중 비소(주말 작업 종료 시)
콜타르피치 휘발물(코크스 제조 또는 취급업무)		소변 중 방향족 탄화수소의 대사산물(1-하이드록시파이렌 또는 1-하이드록시파이렌 글루크로나이드. 작업 종료 후 채취)
황화니켈류		소변 중 니켈
p-니트로아닐린	혈중 메트헤모글로빈(작업 중 또는 작업 종료 시)	
p-니트로클로로벤젠	혈중 메트헤모글로빈(작업 중 또는 작업 종료 시)	
디니트로톨루엔	혈중 메트헤모글로빈(작업 중 또는 작업 종료 시)	
N,N-디메틸아닐린	혈중 메트헤모글로빈(작업 중 또는 작업 종료 시)	
p-디메틸아미노아조벤젠		혈중 메트헤모글로빈
N,N-디메틸아세트아미드	소변 중 N-메틸아세트아미드(작업 종료 시)	
디메틸포름아미드	소변 중 N-메틸포름아미드(NMF, 작업 종료 시 채취)	
디클로로메탄		혈중 카복시헤모글로빈 측정(작업 종료 시 채혈)
1,2-디클로로프로판	소변 중 1,2-디클로로프로판(작업 종료 시)	
메탄올		혈중 또는 소변 중 메타놀(작업 종료 시 채취)
메틸 n-부틸 케톤		소변 중 2,5-헥산디온(작업 종료 시 채취)
메틸에틸케톤		소변 중 메틸에틸케톤(작업 종료 시 채취)

메틸이소부틸케톤		소변 중 메틸이소부틸케톤(작업 종료 시 채취)
메틸클로로포름	소변 중 총삼염화에탄올 또는 삼염화초산(주말작업 종료 시 채취)	
벤젠		혈중 벤젠·소변 중 페놀·소변 중 뮤콘산 중 택 1(작업 종료 시 채취)
아닐린	혈중 메트헤모글로빈(작업 중 또는 작업 종료 시)	
아세톤		소변 중 아세톤(작업 종료 시 채취)
2-에톡시 에탄올		소변 중 2-에톡시초산(주말작업 종료 시 채취)
에틸렌 글리콜 디니트레이트	혈중 메트헤모글로빈(작업 중 또는 작업 종료 시)	
이소프로필 알코올		혈중 또는 소변 중 아세톤(작업 종료 시 채취)
콜타르		소변 중 1-하이드록시파이렌
크실렌	소변 중 메틸마뇨산(작업 종료 시 채취)	
클로로벤젠		소변 중 클로로카테콜(작업 종료 시 채취)
톨루엔	소변 중 o-크레졸(작업 종료 시 채취)	

정답 ①

17 직무스트레스 관리에 관한 설명으로 옳지 않은 것은?

① 유산소 운동뿐 아니라 역도 등의 근육 운동도 직무스트레스를 관리하는 방법이 될 수 있다.
② 자기의 주장을 표현할 수 있는 훈련도 좋은 관리 방법 중 하나이다.
③ 명상을 하는 것도 직무스트레스 관리에 도움이 된다.
④ 교대근무 설계 시 야간반 → 저녁반 → 아침반의 순서로 하는 것이 스트레스 관리를 위해서 좋다.
⑤ 야간작업은 연속하여 3일을 넘기지 않도록 설계하는 것이 좋다.

해설

교대근무 설계 시 아침반(주간반) → 저녁반 → 야간반의 순서로 하는 것이 스트레스 관리를 위해서 좋다.

정답 ④

18 직무스트레스를 호소하고 있는 10명의 근로자가 근무하고 있는 사무실이 아래와 같은 조건일 때, CO_2를 실내환경기준 이하로 관리하기 위한 필요환기량(㎥/hr)은?

- ○ CO_2 실내 환경기준: 1,000ppm
- ○ 외기의 CO_2 농도: 0.03%
- ○ 1인 1시간당 CO_2의 배출량: $21L/(1hr \cdot 1인)$

① 100

② 150

③ 200

④ 250

⑤ 300

해설

테마24 참조.

매시간당 일정 체적(㎥)의 이산화탄소가 발생(M, ㎥/hr)할 때 필요환기량 공식.

필요환기량(Q, ㎥/hr)= $\frac{M(발생량)}{[실내 이산화탄소기준 농도 - 실외 이산화탄소기준 농도](\%)} \times 100$

만일 ppm으로 계산하면 10^6을 곱한다.

문제의 풀이를 함께 해 보자. 먼저, 100%=1,000,000ppm과 같다.
외기의 이산화탄소 농도는 0.03%이고, 이산화탄소기준농도는 0.1%이다.

필요환기량(Q, ㎥/hr)= $\frac{21L \times 10명 \times 1m^3/1,000L}{0.1-0.03(\%)} \times$100=300

정답 ⑤

19

흡연, 염화비닐, 아플라톡신으로 인한 암 발생과 가장 밀접한 관련이 있는 인체장기는?

① 위
② 폐
③ 간
④ 유방
⑤ 방광

해설

흡연, 염화비닐, 아플라톡신은 간독성 및 간암 유발물질이다.

정답 ③

20

28세 남자 환자가 1주 전부터 발생한 황달 증상으로 내원하였다. 한 달 전부터 에어컨 부품 가공공장에서 유기용제를 이용한 세척작업에 종사하였고, 작업이 끝나면 술에 취한 느낌이 들고 멍한 상태가 되며 가끔 오심을 경험하였으며, 내원 2주 전부터 피부에 발적과 소양감을 동반한 발진이 나타났다. 이러한 질환을 유발할 가능성이 높은 유해물질은?

① 산화에틸렌
② 노말헥산
③ 스티렌
④ 톨루엔
⑤ 트리클로로에틸렌

해설

트리클로로에틸렌(TCE)은 스티븐슨증후군(피부 홍반 등)과 황달 등 간독성을 초래한다.

정답 ⑤

21 야간작업으로 인한 건강영향과 특수건강진단에 관한 설명으로 옳은 것은?

① 교대근무군은 주간근무군과 비교하여 대사증후군 발생률은 비슷하다.
② 위장관계와 내분비계 증상에 대한 1차 검사항목은 문진이다.
③ 상시 근로자 50인 이상 100인 미만을 사용하는 사업장은 배치전 건강진단을 실시하지 않아도 된다.
④ 배치 후 첫 번째 특수건강진단은 2년 이내에 실시하면 된다.
⑤ 1차 검사항목으로는 총콜레스테롤, 트리글리세라이드, HDL콜레스테롤, 24시간 심전도 검사 등이 있다.

해설

① 교대근무군(야간근무군)은 주간근무군과 비교하여 대사증후군 발생률이 높다.
대사 증후군은 여러 가지 신진대사(대사)와 관련된 질환이 동반된다(증후군)는 의미로 고중성지방혈증, 낮은 고밀도콜레스테롤, 고혈압 및 당뇨병을 비롯한 당대사 이상 등 각종 성인병이 복부 비만과 함께 발생하는 질환을 의미한다.
② 위장관계와 내분비계 증상에 대한 1차 검사항목은 문진이다.
③ 각종 유해인자에 노출되는 업무나 야간작업을 하는 근로자가 있는 사업장은 배치 전 건강진단을 실시해야 한다.
④ 야간작업의 경우 배치 후 첫 번째 특수건강진단은 6개월 이내에 실시하면 된다.
⑤ 1차 검사항목으로는 총콜레스테롤, 트리글리세라이드, HDL콜레스테롤이고, 2차 검사항목으로는 심전도 검사가 있다.

유해인자	제1차 검사항목	제2차 검사항목
야간작업	(1) 직업력 및 노출력 조사 (2) 주요 표적기관과 관련된 병력조사 (3) 임상검사 및 진찰 ① 신경계: 불면증 증상 문진 ② 심혈관계: 복부둘레, 혈압, 공복혈당, 총콜레스테롤, 트리글리세라이드(*중성지방), HDL 콜레스테롤 ③ 위장관계: 관련 증상 문진 ④ 내분비계: 관련 증상 문진	임상검사 및 진찰 ① 신경계: 심층면담 및 문진 ② 심혈관계: 혈압, 공복혈당, 당화혈색소, 총콜레스테롤, 트리글리세라이드, HDL콜레스테롤, LDL콜레스테롤, 24시간 심전도, 24시간 혈압 ③ 위장관계: 위내시경 ④ 내분비계: 유방촬영, 유방초음파

■ 산업안전보건법 시행규칙 [별표 23]

특수건강진단의 시기 및 주기(제202조제1항 관련)

구분	대상 유해인자	시기 (배치 후 첫 번째 특수 건강진단)	주기
1	N,N-디메틸아세트아미드 디메틸포름아미드	1개월 이내	6개월
2	벤젠	2개월 이내	6개월
3	1,1,2,2-테트라클로로에탄 사염화탄소 아크릴로니트릴 염화비닐	3개월 이내	6개월
4	석면, 면 분진	12개월 이내	12개월
5	광물성 분진 목재 분진 소음 및 충격소음	12개월 이내	24개월
6	**제1호부터 제5호까지의 대상 유해인자를 제외한 별표22의 모든 대상 유해인자 (예: 야간작업)**	**6개월 이내**	**12개월**

정답 ②

22 산업재해조사의 목적 및 산업재해 발생보고 방법에 관한 설명으로 옳지 않은 것은?

① 재해조사의 목적은 동종재해를 예방하기 위한 것이다.

② 3일 이상의 휴업이 필요한 부상을 입었거나 질병에 걸린 사람이 발생한 경우에는 산업재해조사표를 제출하여야 한다.

③ 휴업일수에 법정휴일은 포함되지 않는다.

④ 산업재해조사표에 근로자 대표의 확인을 받아야 하지만 건설업의 경우에는 이를 생략할 수 있다.

⑤ 재해조사를 통하여 근로자 및 사업주의 안전의식을 고취시킬 수 있다.

해설

휴업일수에 법정휴일은 포함된다. 하지만 재해발생일은 휴업일수에 포함되지 않는다.

○ **산업안전보건법 시행규칙**

제72조(산업재해 기록 등) 사업주는 산업재해가 발생한 때에는 법 제57조제2항에 따라 다음 각 호의 사항을 기록·보존해야 한다. 다만, 제73조제1항에 따른 산업재해조사표의 사본을 보존하거나 제73조제5항에 따른 요양신청서의 사본에 재해 재발방지 계획을 첨부하여 보존한 경우에는 그렇지 않다.

1. 사업장의 개요 및 근로자의 인적사항
2. 재해 발생의 일시 및 장소
3. 재해 발생의 원인 및 과정
4. 재해 재발방지 계획

제73조(산업재해 발생 보고 등) ① 사업주는 산업재해로 사망자가 발생하거나 3일 이상의 휴업이 필요한 부상을 입거나 질병에 걸린 사람이 발생한 경우에는 법 제57조제3항에 따라 해당 산업재해가 발생한 날부터 1개월 이내에 별지 제30호서식의 산업재해조사표를 작성하여 관할 지방고용노동관서의 장에게 제출(전자문서로 제출하는 것을 포함한다)해야 한다.

② 제1항에도 불구하고 다음 각 호의 모두에 해당하지 않는 사업주가 법률 제11882호 산업안전보건법 일부개정법률 제10조제2항의 개정규정의 시행일인 2014년 7월 1일 이후 해당 사업장에서 처음 발생한 산업재해에 대하여 지방고용노동관서의 장으로부터 별지 제30호서식의 산업재해조사표를 작성하여 제출하도록 명령을 받은 경우 그 명령을 받은 날부터 15일 이내에 이를 이행한 때에는 제1항에 따른 보고를 한 것으로 본다. 제1항에 따른 보고기한이 지난 후에 자진하여 별지 제30호서식의 산업재해조사표를 작성·제출한 경우에도 또한 같다. <개정 2022. 8. 18.>

1. 안전관리자 또는 보건관리자를 두어야 하는 사업주
2. 법 제62조제1항에 따라 안전보건총괄책임자를 지정해야 하는 도급인
3. 법 제73조제2항에 따라 건설재해예방전문지도기관의 지도를 받아야 하는 건설공사도급인(법 제69조제1항의 건설공사도급인을 말한다. 이하 같다)
4. 산업재해 발생사실을 은폐하려고 한 사업주

③ 사업주는 제1항에 따른 산업재해조사표에 근로자대표의 확인을 받아야 하며, 그 기재 내용에 대하여 근로자대표의 이견이 있는 경우에는 그 내용을 첨부해야 한다. 다만, 근로자대표가 없는 경우에는 재해자 본인의 확인을 받아 산업재해조사표를 제출할 수 있다.

④ 제1항부터 제3항까지의 규정에서 정한 사항 외에 산업재해발생 보고에 필요한 사항은 고용노동부장관이 정한다.

⑤ 「산업재해보상보험법」 제41조에 따라 요양급여의 신청을 받은 근로복지공단은 지방고용노동관서의 장 또는 공단으로부터 요양신청서 사본, 요양업무 관련 전산입력자료, 그 밖에 산업재해예방업무 수행을 위하여 필요한 자료의 송부를 요청받은 경우에는 이에 협조해야 한다.

정답 ③

23 산업재해 지표에 관한 설명으로 옳은 것만을 모두 고른 것은?

ㄱ. 건수율은 작업시간이 고려되지 않는 것이 단점이다.
ㄴ. 100만 근로시간당 재해 발생건수를 나타내는 지표는 도수율이다.
ㄷ. 재해에 의한 손실의 정도를 나타내는 지표는 강도율이다.

① ㄴ
② ㄱ, ㄴ
③ ㄱ, ㄷ
④ ㄴ, ㄷ
⑤ ㄱ, ㄴ, ㄷ

해설

ㄱ. 건수율은 100명당 재해건수를 의미한다. 작업시간이 고려되지 않는 것이 단점이다.
ㄴ. 100만 근로시간당 재해 발생건수를 나타내는 지표는 도수율이다.
ㄷ. 재해에 의한 손실의 정도를 나타내는 지표는 강도율이다. 즉 강도율은 1,000시간당 재해손실일수를 말한다.

정답 ⑤

24 다음 산업재해보상보험에 관한 설명으로 옳지 않은 것은?

① 일반보험과는 달리 가입자와 수혜자가 일치하지 않는다.
② 업무상 재해로 인행 보험금을 지급하는 경우, 배우자가 혼인신고를 하지 않은 상태라면 지급대상에서 배제된다.
③ 보상에 있어 해당 근로자의 근무기간은 보상액 산정기간에 고려되지 않는다.
④ 사업주는 안전사고 발생에 대한 과실이 전혀 없더라도 업무 중 발생한 사고에 대해서는 책임을 져야 한다.
⑤ 산업재해보상보험법령상 보상의 주체는 국가이지만, 산업재해보상보험 미가입 대상사업인 경우 보상의 주체는 사업주이다.

해설

업무상 재해로 인행 보험금을 지급하는 경우, 배우자가 혼인신고를 하지 않은 상태(사실혼인 경우)라도 근로자 사망 시 유족보상연금이 지급된다. 산업재해보상보험법 상 '유족'에 포함되는 배우자는 사실상 혼인 관계에 있는 자를 포함한다(동법 제5조 제3호).

정답 ②

25 폐암환자 100명과 대조군 100명에 대해 흡연력을 조사한 환자대조군 연구를 수행한 결과는 아래와 같다. 연구 결과를 확인하기 위한 적절한 역학지수와 그 값의 연결이 옳은 것은?

구분	폐암환자	대조군
흡연자	80명	40명
비흡연자	20명	60명

① 교차비 - 2.67

② 상대위험도 - 2.67

③ 교차비 - 6

④ 상대위험도 - 6

⑤ 기여위험도 - 3.67

해설

구분	질병 발생	질병 미발생	계
위험인자에 노출	a	b	a+b
위험인자에 비노출	c	d	c+d
합계	a+c	b+d	

1) 오즈비 또는 교차비(OR)=(a/b)÷(c/d)

2) 비교위험도 또는 상대위험도(RR)=a/(a+b)÷c/(c+d)

3) 기여위험도(AR)=a/(a+b)-c/(c+d)

문제의 풀이

1) 오즈비 또는 교차비(OR)= $\frac{80}{40} \div \frac{20}{60}$ =6

2) 비교위험도(RR)= $\frac{80}{120} \div \frac{20}{80}$ =2.67

3) 기여위험도(AR)= $\frac{80}{120} - \frac{20}{80}$ =0.42

정답 ③

산업보건지도사 제2과목(산업보건일반) 역대 기출문제 해설

01 다음과 같이 동시에 2가지 화학물질에 노출되고 있는 경우에 대한 해석 및 작업환경평가에 관한 설명으로 옳지 않은 것은?

화학물질명	노출농도(ppm)	노출기준(ppm)
톨루엔	25	50
크실렌	70	100

① 작업환경 측정을 위해 활성탄을 사용한다.
② 두 물질은 상가작용을 하는 것으로 판단한다.
③ 작업환경측정 시료는 가스크로마토그래피를 사용하여 분석한다.
④ 톨루엔과 크실렌은 모두 중추신경계의 억제작용을 하는 것으로 알려져 있다.
⑤ 각각의 화학물질은 기준을 초과하지 않았으므로 노출기준을 초과하지 않은 것으로 판단한다.

해설

톨루엔, 크실렌, CS_2 등은 무극성분자들(활성탄으로 채취)이고, 물, 알코올 등은 극성분자들(실리카겔로 채취)이다.

노출지수= $\frac{25}{50}+\frac{70}{100}=1.2$ 따라서 노출기준값인 1보다 크므로 초과한 것으로 판단한다.

정답 ⑤

02 공기 중 곰팡이, 박테리아의 농도를 나타내는 단위는?

① CFU/㎥

② f/cc

③ mg/㎥

④ mccf

⑤ ppm

해설

○ **화학물질 및 물리적인자의 노출기준**

제11조(표시단위) ① 가스 및 증기의 노출기준 표시단위는 피피엠(ppm)을 사용한다.

② 분진 및 미스트 등 에어로졸(Aerosol)의 노출기준 표시단위는 세제곱미터당 밀리그램(mg/㎥)을 사용한다. 다만, 석면 및 내화성세라믹섬유의 노출기준 표시단위는 세제곱센티미터당 개수(개/㎤)를 사용한다.

③ 고온의 노출기준 표시단위는 습구흑구온도지수(이하"WBGT"라 한다)를 사용하며 다음 각 호의 식에 따라 산출한다.

1. 태양광선이 내리쬐는 옥외 장소: WBGT(℃) = 0.7 × 자연습구온도 + 0.2 × 흑구온도 + 0.1 × 건구온도

2. 태양광선이 내리쬐지 않는 옥내 또는 옥외 장소: WBGT(℃) = 0.7 × 자연습구온도 + 0.3 × 흑구온도

공기 중 곰팡이, 박테리아의 농도는 CFU/㎥를 사용한다.

정답 ①

03 외부식 후드를 설계할 때 설계요소의 변동에 따른 필요환기량의 증감에 관한 설명으로 옳지 않은 것은?

① 제어속도가 클수록 필요환기량이 증가한다.
② 플랜지를 부착하면 필요환기량이 감소한다.
③ 제어거리가 클수록 필요환기량이 증가한다.
④ 덕트의 길이가 증가할수록 필요환기량이 증가한다.
⑤ 후드개방 면적이 작을수록 필요환기량이 감소한다.

해설

○ **외부식 후드의 필요환기량**

$Q=(10X^2+A)\times V$

플랜지를 부착하면 25%의 필요환기량이 절감된다. 필요환기량은 제어거리와 관련되지만 덕트의 길이와는 무관하다.

정답 ④

04 공기 중 유해물질과 이를 채취하기 위한 여과지가 잘못 짝지어진 것은?

① 흡입성분진 - PVC 필터
② 호흡성분진 - PVC 필터
③ 석면 - PVC 필터
④ 납(금속) - MCE 필터
⑤ 농약 - 유리섬유 필터

해설

분진-PVC 필터
석면-MCE 필터
금속-MCE 필터
농약-유리섬유 필터

정답 ③

05 소음노출량계를 사용하여 다음과 같은 소음에 노출되는 근로자의 8시간 소음노출량을 측정하면 몇 %가 되겠는가? (단, Threshold=80dB, Criteria=90dB, Exchange rate=5dB)

노출시간	소음수준 dB(A)
08:00 - 12:00	70
13:00 - 16:00	100
16:00 - 17:00	95

① 75

② 100

③ 125

④ 150

⑤ 175

해설

소음노출기준은 90dB(A), 8시간부터 시작된다.

70dB(A)은 제외되므로 주의해야 한다.

누적소음노출량(D, %)=$(\frac{3}{2}+\frac{1}{4})\times 100$=175%

<별표 2-1> 소음의 노출기준(충격소음제외)

1일 노출시간(hr)	소음강도 dB(A)
8	90
4	95
2	100
1	105
1/2	110
1/4	115

주 : 115dB(A)를 초과하는 소음 수준에 노출되어서는 안 됨.

<별표 2-2> 충격소음의 노출기준

1일 노출회수	충격소음의 강도 dB(A)
100	140
1,000	130
10,000	120

주 : 1. 최대 음압수준이 140dB(A)를 초과하는 충격소음에 노출되어서는 안 됨

2. 충격소음이라 함은 최대음압수준에 120dB(A) 이상인 소음이 1초 이상의 간격으로 발생하는 것을 말함

정답 ⑤

06 화학물질의 인체노출과 그 영향에 관한 설명으로 옳지 않은 것은?

① 암모니아는 용해도가 커서 대부분 인후두부 및 상기도에서 흡수되므로 코와 상기도에 자극을 일으키는 물질로 알려져 있다.

② 이산화탄소는 용해도가 낮아 폐의 호흡영역까지 침투하며, 노출기준을 초과하면 폐포를 자극하여 폐렴을 일으키는 물질로 알려져 있다.

③ 작업환경의 노출기준에 '피부' 표기가 되어 있는 화학물질은 피부를 통해 쉽게 흡수될 수 있다는 것을 의미한다.

④ 작업장에서 무기납의 주요 노출경로는 호흡기이며, 체내로 흡수된 후 가장 많이 축적되는 조직은 뼈인 것으로 알려져 있다.

⑤ 일산화탄소는 헤모글로빈과 친화력이 산소보다 약 200배 이상 높기 때문에 산소보다 먼저 헤모글로빈과 결합하여 혈액의 산소운반능력을 저해하는 것으로 알려져 있다.

해설

이산화탄소는 용해도가 높다. 실온에서 이산화탄소의 용해도는 1,449mg/L로 산소의 용해도 8.273mg/L보다 크다. 즉, 산소보다 물에 더욱 잘 녹는다. 그 이유는 이산화탄소가 물에 녹을 때 화학반응이 진행되면서 탄산(H_2CO_3)을 형성하기 때문이다. 이산화탄소는 폐의 호흡영역까지 침투하며, 노출기준을 초과하면 폐포를 자극하여 폐렴을 일으키는 물질로 알려져 있다.

정답 ②

07 수은 화합물의 흡수와 대사 및 건강영향에 관한 설명으로 옳지 않은 것은?

① 수은은 혈액뇌장벽(Brain Blood Barrier, BBB)이나 태반을 통과할 수 있는 것으로 알려져 있다.

② 무기수은은 위장이나 소장과 같은 소화기계를 통해서는 거의 흡수되지 않는 것으로 알려져 있다.

③ 무기수은은 상온에서 기화되므로 수은온도계 제조공정에서 수은을 주입하는 근로자는 호흡기를 통해 체내로 수은이 흡수될 가능성이 높은 것으로 알려져 있다.

④ 수은은 인체에 흡수되면 대부분 뼈에 축적되며, 뼈에 축적된 수은은 서서히 혈액으로 빠져나와 뇌로 이동하여 뇌병변장해를 일으키는 것으로 알려져 있다.

⑤ 수은은 SH- 기능기와의 친화력이 높아 SH- 기능기를 가진 효소에 작용하여 기능장해를 일으키는 것으로 알려져 있다.

해설

○ 유기수은(알킬수은)과 무기수은

유기수은은 특히 독성이 강한데, 공해병의 원인물질이기도 한 알킬수은도 유기수은의 한 종류이다. 신장이 무기수은에 대해서는 주된 표적장기가 되지만, 금속 또는 유기수은에서는 신장기능 이상을 거의 일으키지 않는다. 이에 비해 무기수은은 비교적 독성이 약한 편이고, 공장의 공정에서 직접 혹은 미생물에 의해 유기수은으로 변한다. 무기수은은 대부분이 호흡기로 흡수되지만 피부와 위장관에서도 흡수되기도 한다. 주로 **신장**이 표적 장기가 된다.

수은은 금속수은, 무기수은(미나마타병으로 유명), 유기수은으로 나뉜다.

금속수은(유기수은의 일종)은 상온에서도 쉽게 증발되므로 수은증기가 호흡기를 통하여 들어오게 된다. 금속수은은 높은 지용성을 가지며 혈중에서 Hg^{+}로 산화된다. 혈액뇌장벽(blood-brain barrier)을 통해 신속히 뇌로 운반되며 주요 **표적장기는 뇌** 등 신경계이다. 금속수은이 열로 기화하거나 화력발전소 등에서 석탄이 산화할 때 배출되는 무기수은은 대기 중으로 오염될 수 있다.

* 비소 뿐 아니라 납은 뼈에 쉽게 축적된다.
* 수은은 단백의 유황 혹은 SH기와 결합함으로써 세포의 대사가 기능에 장애를 일으킨다.

정답 ④

08 근골격계부담작업을 평가하는 도구 중에서 '중량물 취급작업'을 평가하기 위한 도구만 고른 것은?

ㄱ. NLE(Revised NIOSH Lifting Equation)
ㄴ. MAC(Manual Handling Assessment Charts)
ㄷ. RULA(Rapid Upper Limbs Assessment)
ㄹ. 3D SSPP(3D Static Strength Prediction Program)
ㅁ. WAC 296-62-05105
ㅂ. OWAS(Ovako Working-posture Analysis System)

① ㄱ, ㄴ
② ㄴ, ㄷ
③ ㄷ, ㄹ
④ ㄹ, ㅂ
⑤ ㅁ, ㅂ

해설

○ 작업부하 평가방법들

체크리스트 평가방법	작업 자세위주 평가 방법	중량물들기 작업 평가 방법
1. WAC 296-62-05105 2. HSE risk assessment worksheet(영국) 3. ANSI-Z365 4. QEC * Quick Exposure Check	1. OWAS(핀란드) 2. RULA 3. REBA 4. JSI	1. NLE 2. MAC 3. Snook table 4. 3D SSPP

정답 ①

9 벤젠의 생물학적 노출지표로 사용되는 대사산물은?

① 메틸마뇨산
② 메트헤모글로빈
③ S-페닐머캅토산
④ 2,5-헥산디온
⑤ 카르복시헤모글로빈

해설

○ 벤젠의 생물학적 노출지표물질 분석에 관한 기술지침(KOSHA GUIDE)
1. 혈중 벤젠
2. 소변 중 뮤콘산, S-페닐머캅토산, 페놀을 분석한다.

정답 ③

10 산업안전보건법령에 규정되어 있는 특수건강진단의 대상이 아닌 근로자는?

① 크롬에 노출되는 근로자
② 유리섬유분진에 노출되는 근로자
③ 1일 8시간 작업 시 85dB(A) 이상의 소음에 노출되는 근로자
④ 1일 6시간 이상 전화상담 등 감정노동에 종사하는 근로자
⑤ 상시근로자 300인 이상 사업장에서 최근 6개월 간 오후 10시부터 오전 6시까지 월평균 80시간 이상 일하는 근로자

해설

■ **산업안전보건법 시행규칙 [별표 22]**

특수건강진단 대상 유해인자(제201조 관련)

1. 화학적 인자
 가. 유기화합물(109종)
  1) 가솔린(Gasoline; 8006-61-9)
  106) n-헥산(n-Hexane; 110-54-3)
  107) n-헵탄(n-Heptane; 142-82-5)
  108) 황산 디메틸(Dimethyl sulfate; 77-78-1)
  109) 히드라진(Hydrazine; 302-01-2)
  110) 1)부터 109)까지의 물질을 용량비율 1퍼센트 이상 함유한 혼합물

나. 금속류(20종)

1) 구리(Copper; 7440-50-8)(분진, 미스트, 흄)

2) 납[7439-92-1] 및 그 무기화합물(Lead and its inorganic compounds)

3) 니켈[7440-02-0] 및 그 무기화합물, 니켈 카르보닐[13463-39-3](Nickel and its inorganic compounds, Nickel carbonyl)

4) 망간[7439-96-5] 및 그 무기화합물(Manganese and its inorganic compounds)

5) 사알킬납(Tetraalkyl lead; 78-00-2 등)

6) 산화아연(Zinc oxide; 1314-13-2)(분진, 흄)

7) 산화철(Iron oxide; 1309-37-1 등)(분진, 흄)

8) 삼산화비소(Arsenic trioxide; 1327-53-3)

9) 수은[7439-97-6] 및 그 화합물(Mercury and its compounds)

10) 안티몬[7440-36-0] 및 그 화합물(Antimony and its compounds)

11) 알루미늄[7429-90-5] 및 그 화합물(Aluminum and its compounds)

12) 오산화바나듐(Vanadium pentoxide; 1314-62-1)(분진, 흄)

13) 요오드[7553-56-2] 및 요오드화물(Iodine and iodides)

14) 인듐[7440-74-6] 및 그 화합물(Indium and its compounds)

15) 주석[7440-31-5] 및 그 화합물(Tin and its compounds)

16) 지르코늄[7440-67-7] 및 그 화합물(Zirconium and its compounds)

17) 카드뮴[7440-43-9] 및 그 화합물(Cadmium and its compounds)

18) 코발트(Cobalt; 7440-48-4)(분진, 흄)

19) 크롬[7440-47-3] 및 그 화합물(Chromium and its compounds)

20) 텅스텐[7440-33-7] 및 그 화합물(Tungsten and its compounds)

21) 1)부터 20)까지의 물질을 중량비율 1퍼센트 이상 함유한 혼합물

다. 산 및 알카리류(8종)

1) 무수 초산(Acetic anhydride; 108-24-7)

2) 불화수소(Hydrogen fluoride; 7664-39-3)

3) 시안화 나트륨(Sodium cyanide; 143-33-9)

4) 시안화 칼륨(Potassium cyanide; 151-50-8)

5) 염화수소(Hydrogen chloride; 7647-01-0)

6) 질산(Nitric acid; 7697-37-2)

7) 트리클로로아세트산(Trichloroacetic acid; 76-03-9)

8) 황산(Sulfuric acid; 7664-93-9)

9) 1)부터 8)까지의 물질을 중량비율 1퍼센트 이상 함유한 혼합물

라. 가스 상태 물질류(14종)

1) 불소(Fluorine; 7782-41-4)

2) 브롬(Bromine; 7726-95-6)

3) 산화에틸렌(Ethylene oxide; 75-21-8)

4) 삼수소화 비소(Arsine; 7784-42-1)

5) 시안화 수소(Hydrogen cyanide; 74-90-8)

6) 염소(Chlorine; 7782-50-5)

7) 오존(Ozone; 10028-15-6)

8) 이산화질소(nitrogen dioxide; 10102-44-0)

9) 이산화황(Sulfur dioxide; 7446-09-5)

10) 일산화질소(Nitric oxide; 10102-43-9)

11) 일산화탄소(Carbon monoxide; 630-08-0)

12) 포스겐(Phosgene; 75-44-5)

13) 포스핀(Phosphine; 7803-51-2)

14) 황화수소(Hydrogen sulfide; 7783-06-4)

15) 1)부터 14)까지의 규정에 따른 물질을 용량비율 1퍼센트 이상 함유한 혼합물

마. 영 제88조에 따른 허가 대상 유해물질(12종)

1) α-나프틸아민[134-32-7] 및 그 염(α-naphthylamine and its salts)

2) 디아니시딘[119-90-4] 및 그 염(Dianisidine and its salts)

3) 디클로로벤지딘[91-94-1] 및 그 염(Dichlorobenzidine and its salts)

4) 베릴륨[7440-41-7] 및 그 화합물(Beryllium and its compounds)

5) 벤조트리클로라이드(Benzotrichloride; 98-07-7)

6) 비소[7440-38-2] 및 그 무기화합물(Arsenic and its inorganic compounds)

7) 염화비닐(Vinyl chloride; 75-01-4)

8) 콜타르피치[65996-93-2] 휘발물(코크스 제조 또는 취급업무)(Coal tar pitch volatiles)

9) 크롬광 가공[열을 가하여 소성(변형된 형태 유지) 처리하는 경우만 해당한다](Chromite ore processing)

10) 크롬산 아연(Zinc chromates; 13530-65-9 등)

11) o-톨리딘[119-93-7] 및 그 염(o-Tolidine and its salts)

12) 황화니켈류(Nickel sulfides; 12035-72-2, 16812-54-7)

13) 1)부터 4)까지 및 6)부터 11)까지의 물질을 중량비율 1퍼센트 이상 함유한 혼합물

14) 5)의 물질을 중량비율 0.5퍼센트 이상 함유한 혼합물

바. 금속가공유(Metal working fluids); 미네랄 오일 미스트(광물성 오일, Oil mist, mineral)

2. 분진(7종)

가. 곡물 분진(Grain dusts)

나. 광물성 분진(Mineral dusts)

다. 면 분진(Cotton dusts)

라. 목재 분진(Wood dusts)

마. 용접 흄(Welding fume)

바. 유리 섬유(Glass fiber dusts)

사. 석면 분진(Asbestos dusts; 1332-21-4 등)

3. 물리적 인자(8종)

가. 안전보건규칙 제512조제1호부터 제3호까지의 규정의 **소음작업(85dB)**, 강렬한 소음작업 및 충격소음작업에서 발생하는 소음

나. 안전보건규칙 제512조제4호의 진동작업에서 발생하는 진동

다. 안전보건규칙 제573조제1호의 방사선
라. 고기압
마. 저기압
바. 유해광선
1) 자외선
2) 적외선
3) 마이크로파 및 라디오파

4. 야간작업(2종)

가. 6개월간 밤 12시부터 오전 5시까지의 시간을 포함하여 계속되는 8시간 작업을 월 평균 4회 이상 수행하는 경우

나. 6개월간 오후 10시부터 다음날 오전 6시 사이의 시간 중 작업을 월 평균 60시간 이상 수행하는 경우

※ 비고: "등"이란 해당 화학물질에 이성질체 등 동일 속성을 가지는 2개 이상의 화합물이 존재할 수 있는 경우를 말한다.

정답 ④

11 산업재해 지표에 관한 설명으로 옳은 것은?

① 건수율은 연작업시간당 재해발생 건수이다.
② 도수율은 천인율 또는 발생률이라고도 한다.
③ 강도율은 연 100만 작업시간당 작업손실일수를 말한다.
④ 도수율은 작업시간이 고려되지 않은 산업재해 지표이다.
⑤ 사망만인율은 근로자 1만명당 산업재해로 인한 사망자 수를 말한다.

해설

① 건수율(도수율)은 빈도율이라고도 하며 산업재해가 나타나는 단위로 국제표준척도로 이용되고 있다. 연간총근로시간에서 100만시간당 재해발생건수를 말한다.
② 도수율은 건수율 또는 빈도율이라고도 한다.
③ 강도율은 연 1,000 작업시간당 작업손실일수를 말한다.
④ 도수율은 작업시간이 고려되는 산업재해 지표이다.
⑤ 사망만인율은 근로자 1만명당 산업재해로 인한 사망자 수를 말한다.
* 재해율은 100인, 천인율은 1,000인, 만인율은 10,000인당 재해자수를 의미한다.

정답 ⑤

12 **석면노출로 인한 중피종의 위험을 평가하고자 역학연구를 실시하기 위하여 석면공장에서 10년 이상 근무한 적이 있는 근로자 집단을 파악하고, 이 집단과 유사한 인구학적 특성(성별, 연령 등)을 가진 일반 인구집단도 선정하여 중피종으로 인한 사망자를 파악하였다. 이와 같은 방식의 역학연구에 관한 설명으로 옳은 것은?**

① 단면연구(Cross Sectional Study)라고 하며, 석면으로 인한 중피종 사망 위험은 조사망율(Crude Death Rate)로 평가한다.

② 환자대조군 연구(Case Control Study)라고 하며, 석면으로 인한 중피종 사망 위험은 교차비(OR: Odds Ratio)로 산출된다.

③ 환자대조군 연구(Case Control Study)라고 하며, 석면으로 인한 중피종 사망 위험은 상대적 위험비(RR: Risk Ratio)로 산출된다.

④ 전향적 코호트 연구(Prospective Cohort Study)라고 하며, 석면으로 인한 중피종 사망 위험은 교차비(OR: Odds Ratio)로 산출된다.

⑤ 후향적 코호트 연구(Retrospective Cohort Study)라고 하며, 석면으로 인한 중피종 사망 위험은 상대적 위험비(RR: Risk Ratio)로 산출된다.

해설

석면공장에서 10년 이상 근무한 적이 있는 근로자 집단을 파악하고, 이 집단과 유사한 인구학적 특성(성별, 연령 등)을 가진 일반 인구집단도 선정하여 중피종으로 인한 사망자를 파악하였다. 이는 후향적 코호트 연구(Retrospective Cohort Study)라고 하며, 석면으로 인한 중피종 사망 위험은 상대적 위험비(RR: Risk Ratio)로 산출된다.

정답 ⑤

13 산업보건역사에 관한 설명으로 옳지 않은 것은?

① 히포크라테스가 납중독에 대한 기록을 남겼다.

② 중세시대에 아그리콜라에 의해 구리에 대한 직업적 노출기준이 처음으로 제안되었다.

③ 이탈리아의 의사 라마찌니가 최초로 직업병의 원인을 유해물질(요인)과 불안전한 작업자세라는 점을 명시했다.

④ 산업혁명 초기에는 공장 안은 물론 인접지역까지 공기물 등의 오염으로 개인위생이 중요한 문제로 대두되었다.

⑤ 파라셀수스는 "모든 물질은 그 양(dose)에 따란 독(poison)이 될 수도 있고 치료약(remedy)이 될 수도 있다."고 하였다.

해설

Georgius Agricola(1494~1555년)는 저서 「광물에 대하여」에서 광부들의 사고와 질병, 예방방법, 비소 독성 등을 포함한 광산업에 대한 상세한 내용을 설명한다.

정답 ②

14 가로, 세로, 높이가 각각 20m, 10m, 5m인 밀폐된 대형 챔버에 톨루엔 1L가 쏟아져 모두 증발했다. 이 때 공기 중 톨루엔 농도(ppm)은 약 얼마인가? (단, 톨루엔의 분자량은 92, 비중은 0.86, 온도와 압력은 정상조건이다.)

① 118

② 228

③ 338

④ 448

⑤ 558

해설

$$\text{농도}(mg/m^3) = \frac{1L \times 0.86g/mL}{(20 \times 10 \times 5)} = 860mg/m^3$$

여기서 $1m^3$=1,000L이고 1g=1,000mg임을 알아야 한다.

$$\text{농도}(ppm) = 860mg/m^3 \times \frac{24.45L}{\text{분자량}(92)} = 228.5543$$

정답 ②

15

배치전 건강진단 결과 다음과 같이 여러 가지 건강장해 요인을 가진 근로자들이 나타났다. 피혁 가공공정에서 DMF로 인한 건강장해를 예방하기 위해 배치하지 말아야 할 필요성이 가장 높은 근로자는?

① 청력장해가 있는 근로자
② 제한성 폐기능장해가 있는 근로자
③ 폐활량이 저하된 근로자
④ 간기능 장해가 있는 근로자
⑤ 폐쇄성 폐기능장해가 있는 근로자

해설

DMF는 간독성이 있다.

정답 ④

16

근로자 건강을 보호하기 위한 작업환경관리의 우선순위를 바르게 연결한 것은?

① 제거 → 대체 → 환기 → 교육 → 보호구착용
② 환기 → 보호구착용 → 대체 → 제거 → 교육
③ 환기 → 제거 → 대체 → 교육 → 보호구착용
④ 보호구착용 → 교육 → 제거 → 대체 → 환기
⑤ 보호구착용 → 환기 → 제거 → 대체 → 교육

해설

○ **근로자 건강을 보호하기 위한 작업환경관리의 우선순위**
제거 → 대체(유해물질 변경) → 환기 → 교육 → 보호구착용

정답 ①

17 청력보호구에 관한 설명으로 옳은 것은?

① 귀마개나 귀덮개의 차음효과는 주파수별로 차이가 없어야 한다.
② 현장에서 귀마개를 착용할 때의 차음효과는 NRR보다는 낮다.
③ 1종(EP-1형) 귀마개는 저주파수보다 고주파수의 소음을 차단하기 위한 귀마개이다.
④ 귀마개와 귀덮개를 동시에 착용하면 합산 차음효과는 각각의 차음효과를 더하여 산출한다.
⑤ 귀마개의 NRR은 모든 주파수의 소음수준이 법적 기준인 90dB이라고 가정하고 계산한 차음효과 값이다.

해설

① 귀마개나 귀덮개의 차음효과는 주파수별로 차이가 있다.
② 현장에서 귀마개를 착용할 때의 차음효과는 NRR보다는 낮다. 차음효과는 (NRR-7)×0.5이다. NRR이란 차음률(NRR: Noise Reduction Ratings)이다.
③ 1종(EP-1형) 귀마개는 저주파수부터 고주파수까지의 소음을 차단하기 위한 귀마개이다.
④ 귀마개와 귀덮개를 동시에 착용하면 합산 차음효과는 귀덮개의 차음효과에 약 3dB을 더한다. NRR이 29인의 귀마개를 귀에 꼽고 그 위에 NRR이 23인 귀덮개를 함께 착용하면 차음효과는 29+23=53dB이 되는 것이 아니다.
⑤ 귀마개의 NRR은 Noise Reduction Rating의 약자로서 미국 환경보호처(EPA)가 개인보호구 제작업체에게 각 청력보호구에 차음효과를 나타내는 단일 숫자로 명시하도록 규정한 것이다.

정답 ②

18 인체의 주요 장기 및 조직에서 기본이 되는 단위조직의 명칭과 대표적인 유해요인이 잘못 짝지어진 것은?

① 신경 - 시냅스 - 노말헥산
② 신장 - 네프론 - 수은
③ 폐 - 폐포 - 유리규산
④ 간 - 간소엽 - 사염화탄소
⑤ 근육 - 근섬유 - 반복작업

해설

신경계의 기본단위는 뉴런이다.

정답 ①

19 인체의 청각기관에 관한 설명으로 옳지 않은 것은?

① 내이에서 소리에너지의 이동경로는 난형창 → 전정관 → 고실계 → 원형창이다.

② 중이는 추골, 침골, 등골의 조그만 뼈로 구성되어 있으며, 고막의 진동을 내이로 전달하는 기능을 한다.

③ 내이는 난형창 쪽에서부터 안쪽으로 20,000Hz에서 20Hz까지의 소리를 감지하는 모세포(hair cell)가 배치되어 있다.

④ 청각기관은 바깥귀부터 고막까지를 외이, 고막에서 난형창까지를 중이, 난형창 내부의 코르티 기관을 내이로 나눈다.

⑤ 내이는 3개의 관으로 나뉘어져 있으며 소리의 통로가 되는 전정관과 고실계는 공기로 채워져 있으며, 소리를 감지하는 모세포(hair cell)에 있는 코르티 기관은 액체로 채워져 있다.

해설

내이는 3개의 관(달팽이관, 전정기관, 반고리관)으로 나뉘어져 있으며 소리의 통로가 되는 전정관과 고실계는 액체(림프액)로 채워져 있다. 코르티 기관이라는 청각기관은 음의 진동을 전기적 신호로 바꾸어 대뇌로 전달한다. 코르티(Corti)기관은 기저막의 표면에 놓여 있으며, 기저막의 진동에 반응하여 청각신호를 발생시키는 청각 수용기인 유모세포(hair cell)로 구성되어 있다.

정답 ⑤

20

비스코스 레이온 공정에서 이황화탄소 노출을 평가하기 위해 다음과 같이 개인시료를 포집한 후 가스크로마토그래피로 분석하였다. 이 근로자의 6시간 동안 이황화탄소 노출농도(ppm)는 약 얼마인가?

- ○ 이황화탄소 분자량: 76.14
- ○ 시료채취 유량: 0.2L/분
- ○ 시료 포집시간: 6시간
- ○ 이황화탄소의 양: 앞층 2.900㎍, 뒤층 140㎍
- ○ 평균탈착효율: 90%
- ○ 온도와 압력은 정상조건

① 5
② 10
③ 15
④ 20
⑤ 25

해설

$$\text{농도(mg/m}^3\text{)} = \frac{(\text{앞층}+\text{뒤층 채취량})-(\text{공시료 양})}{\text{시료채취 유량}\times\text{시간}\times\text{탈착효율}}$$

$$= \frac{(2900+140)}{0.2L/\text{min}\times 360\text{min}\times 0.9\times 1m^3/1{,}000L} = \frac{3{,}040}{0.0648}\,(\mu g/m^3)$$

$= 46.91\text{mg/m}^3$

여기서 다시 1mg=1,000μg을 이용하여 mg/㎥로 바꿔 단위를 통일해야 한다.

$\text{ppm} = \text{mg/m}^3 \times \frac{24.45}{\text{분자량}}$ (작업환경 측정에서는 25℃, 즉 24.45L 기준이다.)

$$= 46.91\text{mg/m}^3 \times \frac{24.45}{76.14} = 15.06\ldots$$

정답 ③

21 방진마스크의 성능 및 검정 기준에 관한 설명으로 옳은 것은?

① 방진마스크의 성능은 여과효율이 동등하다면 흡배기저항이 높을수록 우수하다.

② 방진마스크를 현장에서 사용하는 시간이 길어지면 여과지의 기공에 먼지가 축적됨에 따라 먼지의 여과효율은 점점 감소한다.

③ 방진마스크의 여과효율은 먼지의 크기가 작아질수록 점점 낮아진다.

④ 특급, 1급, 2급으로 구분하며 각각의 최소여과효율은 99%, 95%, 90% 이상이어야 한다.

⑤ 여과효율을 검정하기 위한 먼지의 크기는 공기역학적 직경으로 0.3μm 내외이다.

해설

① 방진마스크의 성능은 여과효율이 동등하다면 흡배기저항이 낮을수록 우수하다.

② 방진마스크를 현장에서 사용하는 시간이 길어지면 여과지의 기공에 먼지가 축적됨에 따라 먼지의 여과효율은 점점 증가한다. 필터 표면에 먼지가 포집되면 필터의 효율이 실제로 향상된다. 따라서 에어필터는 사용할수록 효율이 좋아진다.

③ 방진마스크의 여과효율은 먼지의 크기가 작아질수록 점점 낮아지는 것이 아니다. 입자직경이 0.1 μm 미만에서는 확산, 0.1~0.5μm에서는 확산, 간섭(직접차단), 0.5μm 이상에서는 관성충돌(충돌), 간섭(직접차단)이 일어난다. 가장 낮은 채집효율은 입경이 0.3μm 내외에서 일어난다.

④ 특급, 1급, 2급으로 구분하며 각각의 최소여과효율은 99%, 94%, 80% 이상이어야 한다.

⑤ 여과효율을 검정하기 위한 먼지의 크기는 공기역학적 직경으로 0.3μm 내외이다. 즉, 0.3μm 입자가 채취하기가 가장 어렵다는 뜻이다. 만약 채취한다면 여과효율이 우수한 것이다.

정답 ⑤

22 뇌심혈관계 질환의 위험이 높은 근로자가 뇌심혈관계 질환예방을 위해 노출되지 않도록 관리해야 할 유해요인으로 우선순위가 가장 낮은 것은?

① 고열
② 질산염
③ 베릴륨
④ 스트레스
⑤ 일산화탄소

해설

○ **뇌심혈관계 질환의 유해인자**
1. 화학적 요인으로는 이황화탄소, 질산염, 염화탄화수소, 일산화탄소 등이다.
2. 물리적 요인으로는 소음, 고열작업 및 한랭작업이다.
3. 정신적 요인으로는 스트레스가 있다.
4. 작업적 요인으로는 야간근무(교대근무)가 있다.

정답 ③

23 최근 산재사고 예방을 위해 우리나라에서 적극적으로 도입하고 있는 위험성평가 제도의 취지와 실무에 관하여 가장 잘 설명하고 있는 것은?

① 50인 미만 소규모 사업장은 적용대상에서 제외되어 있다.
② 위험성평가는 기본적으로 사업장의 안전보건관리를 해야 하는 사업주와 근로자에 의해 이루어져야 한다.
③ 위험성평가는 기본적으로 유해·위험요인에 대한 전문지식과 개선 및 관리에 대한 공학적 지식 및 기술을 가진 전문가에 의뢰하여 실시하여야 한다.
④ 발암성 물질과 같은 유해화학물질의 위험성 평가는 1년에 2회 이상 작업환경 측정 결과를 노출기준과 비교해야 평가하여야 한다.
⑤ 위험성평가란 기계·기구, 설비 및 화학물질, 그 자체의 위험성 및 유해성을 평가하는 것으로 전문기관에서 객관적으로 평가하는 것을 말한다.

해설

① 모든 사업장이다. 1인 이상 모든 사업장이 위험성평가 대상이다.
② 위험성평가는 기본적으로 사업자 스스로 하는 것(근로자 참여)으로 주체에 해당한다. 옳은 지문이다.
③ 위험성평가는 사업자 스스로 판단하는 것이다.

④ 위험성 평가는 최초평가, 정기평가, 수시평가가 있다.
⑤ 위험성평가란 빈도와 강도를 추정, 결정하고 감소대책을 수립 · 실행하는 일련의 과정을 말한다.

○ **사업장 위험성평가에 관한 지침**

제1조(목적) 이 고시는 「산업안전보건법」제36조에 따라 사업주가 스스로 사업장의 유해 · 위험요인에 대한 실태를 파악하고 이를 평가하여 관리 · 개선하는 등 필요한 조치를 할 수 있도록 지원하기 위하여 위험성평가 방법, 절차, 시기 등에 대한 기준을 제시하고, 위험성평가 활성화를 위한 시책의 운영 및 지원사업 등 그 밖에 필요한 사항을 규정함을 목적으로 한다.

제2조(적용범위) 이 고시는 위험성평가를 실시하는 모든 사업장에 적용한다.

제3조(정의) ① 이 고시에서 사용하는 용어의 뜻은 다음과 같다.

1. "위험성평가"란 유해 · 위험요인을 파악하고 해당 유해 · 위험요인에 의한 부상 또는 질병의 발생 가능성(빈도)과 중대성(강도)을 추정 · 결정하고 감소대책을 수립하여 실행하는 일련의 과정을 말한다.
2. "유해 · 위험요인"이란 유해 · 위험을 일으킬 잠재적 가능성이 있는 것의 고유한 특징이나 속성을 말한다.
3. "유해 · 위험요인 파악"이란 유해요인과 위험요인을 찾아내는 과정을 말한다.
4. "위험성"이란 유해 · 위험요인이 부상 또는 질병으로 이어질 수 있는 가능성(빈도)과 중대성(강도)을 조합한 것을 의미한다.
5. "위험성 추정"이란 유해 · 위험요인별로 부상 또는 질병으로 이어질 수 있는 가능성과 중대성의 크기를 각각 추정하여 위험성의 크기를 산출하는 것을 말한다.
6. "위험성 결정"이란 유해 · 위험요인별로 추정한 위험성의 크기가 허용 가능한 범위인지 여부를 판단하는 것을 말한다.
7. "위험성 감소대책 수립 및 실행"이란 위험성 결정 결과 허용 불가능한 위험성을 합리적으로 실천 가능한 범위에서 가능한 한 낮은 수준으로 감소시키기 위한 대책을 수립하고 실행하는 것을 말한다.
8. "기록"이란 사업장에서 위험성평가 활동을 수행한 근거와 그 결과를 문서로 작성하여 보존하는 것을 말한다.

② 그 밖에 이 고시에서 사용하는 용어의 뜻은 이 고시에 특별히 정한 것이 없으면 「산업안전보건법」(이하 "법"이라 한다), 같은 법 시행령(이하 "영"이라 한다), 같은 법 시행규칙(이하 "규칙"이라 한다) 및「산업안전보건기준에 관한 규칙」(이하 "안전보건규칙"이라 한다)에서 정하는 바에 따른다.

제5조(위험성평가 실시주체) ① 사업주는 스스로 사업장의 유해 · 위험요인을 파악하기 위해 근로자를 참여시켜 실태를 파악하고 이를 평가하여 관리 개선하는 등 위험성평가를 실시하여야 한다.

② 법 제63조에 따른 작업의 일부 또는 전부를 도급에 의하여 행하는 사업의 경우는 도급을 준 도급인(이하 "도급사업주"라 한다)과 도급을 받은 수급인(이하 "수급사업주"라 한다)은 각각 제1항에 따른 위험성평가를 실시하여야 한다.

③ 제2항에 따른 도급사업주는 수급사업주가 실시한 위험성평가 결과를 검토하여 도급사업주가 개선할 사항이 있는 경우 이를 개선하여야 한다.

제6조(근로자 참여) 사업주는 위험성평가를 실시할 때, 다음 각 호의 어느 하나에 해당하는 경우 법 제36조제2항에 따라 해당 작업에 종사하는 근로자를 참여시켜야 한다.

1. 관리감독자가 해당 작업의 유해 · 위험요인을 파악하는 경우

2. 사업주가 위험성 감소대책을 수립하는 경우

3. 위험성평가 결과 위험성 감소대책 이행여부를 확인하는 경우

제15조(위험성평가의 실시 시기) ① 위험성평가는 최초평가 및 수시평가, 정기평가로 구분하여 실시하여야 한다. 이 경우 최초평가 및 정기평가는 전체 작업을 대상으로 한다.

② 수시평가는 다음 각 호의 어느 하나에 해당하는 계획이 있는 경우에는 해당 계획의 실행을 착수하기 전에 실시하여야 한다. 다만, 제5호에 해당하는 경우에는 재해발생 작업을 대상으로 작업을 재개하기 전에 실시하여야 한다.

1. 사업장 건설물의 설치·이전·변경 또는 해체
2. 기계·기구, 설비, 원재료 등의 신규 도입 또는 변경
3. 건설물, 기계·기구, 설비 등의 정비 또는 보수(주기적·반복적 작업으로서 정기평가를 실시한 경우에는 제외)
4. 작업방법 또는 작업절차의 신규 도입 또는 변경
5. 중대산업사고 또는 산업재해(휴업 이상의 요양을 요하는 경우에 한정한다) 발생
6. 그 밖에 사업주가 필요하다고 판단한 경우

③ 정기평가는 최초평가 후 매년 정기적으로 실시한다. 이 경우 다음의 사항을 고려하여야 한다.

1. 기계·기구, 설비 등의 기간 경과에 의한 성능 저하
2. 근로자의 교체 등에 수반하는 안전·보건과 관련되는 지식 또는 경험의 변화
3. 안전·보건과 관련되는 새로운 지식의 습득
4. 현재 수립되어 있는 위험성 감소대책의 유효성 등

정답 ②

24 석유화학공장의 야외에서 유사한 직무를 수행하는 근로자 30명의 공기 중 1,3-부타디엔 노출농도를 측정하였다. 측정결과의 통계자료에 관한 설명으로 옳지 않은 것은?

① 일반적으로 정규분포보다는 기하분포를 할 것으로 기대된다.
② 1,3-부타디엔 노출농도의 기하평균은 산술평균보다 클 것이다.
③ 노출농도의 기하평균 단위는 ppm이지만 기하표준편차는 단위가 없다.
④ 노출농도를 로그변환하면 변환된 자료는 정규분포를 할 것으로 기대된다.
⑤ 기하평균이 같다면 기하표준편차가 클수록 노출기준을 초과할 확률은 커진다.

해설

기하평균은 산술평균보다 작을 것이다.

조화평균≦기하평균≦산술평균

정답 ②

25 가로, 세로, 높이가 각각 10m, 15m, 4m인 사무실에서 120명이 근무하고 있다. 이 사무실의 이산화탄소(CO_2) 농도를 1,000ppm 이하로 유지하고자 할 때, 최소환기율은 ACH(hr-1)로 나타내면 약 얼마인가?

- ○ 1시간당 1인당 CO_2 배출량: 2.2L
- ○ 대기 중 CO_2 농도: 350ppm
- ○ 확산에 의한 환기효율계수(또는 안전계수: K)는 5로 가정

① 1.4
② 2.1
③ 2.4
④ 3.4
⑤ 3.9

해설

$$ACH = \frac{\text{필요환기량} \times (\text{안전계수})}{\text{용적}}$$

1) 먼저 필요환기량을 계산해 보자. 매시간당 일정 체적(m^3)의 이산화탄소가 발생(M, m^3/hr)할 경우이다.

$$\text{필요환기량}(Q,\ m^3/hr) = \frac{M}{[\text{실내 이산화탄소기준 농도} - \text{실외 이산화탄소기준 농도}](\%)} \times 100$$

$$= \frac{M}{[\text{실내 이산화탄소기준 농도} - \text{실외 이산화탄소기준 농도}](ppm)} \times 1{,}000{,}000$$

$$= \frac{2.2L/hr \times 120\text{인}}{1{,}000 - 350} \times 1{,}000{,}000$$

=406.1538...

2) $$\frac{\text{필요환기량} \times (\text{안전계수})}{\text{용적}} = \frac{406.153 \times 5}{(10 \times 15 \times 4)} = 3.3846..$$

정답 ④

산업보건지도사 제2과목(산업보건일반) 역대 기출문제 해설

01

검사결과값이 높을수록 뇌심혈관계 질환에 예방적 효과를 나타내는 것은?

① 혈당
② 중성지방
③ 총 콜레스테롤
④ HDL-콜레스테롤
⑤ LDL-콜레스테롤

해설

HDL-콜레스테롤은 높을수록 좋은 것이고 나머지 지문은 낮을수록 좋은 것이다.

정답 ④

02 산업안전보건법령상 대상 유해인자와 배치 후 첫 번째 특수건강진단의 시기가 옳게 짝지어진 것은?

① N,N-디메틸아세트아미드 - 1개월 이내
② N,N-디메틸포름아미드 - 3개월 이내
③ 벤젠 - 3개월 이내
④ 염화비닐 - 6개월 이내
⑤ 사염화탄소 - 6개월 이내

해설

■ **산업안전보건법 시행규칙 [별표 23]**

특수건강진단의 시기 및 주기(제202조제1항 관련)

구분	대상 유해인자	시기 (배치 후 첫 번째 특수 건강진단)	주기
1	N,N-디메틸아세트아미드 디메틸포름아미드	1개월 이내	6개월
2	벤젠	2개월 이내	6개월
3	1,1,2,2-테트라클로로에탄 사염화탄소 아크릴로니트릴 염화비닐	3개월 이내	6개월
4	석면, 면 분진	12개월 이내	12개월
5	광물성 분진 목재 분진 소음 및 충격소음	12개월 이내	24개월
6	제1호부터 제5호까지의 대상 유해인자를 제외한 별표22의 모든 대상 유해인자	6개월 이내	12개월

정답 ①

03 산업안전보건법령상 진단결과에 따라 사업주가 근로를 금지하거나 취업을 제한하여야 하는 대상이 아닌 질병자는?

① 정신분열증에 걸린 사람

② 마비성 치매에 걸린 사람

③ 폐결핵으로 진단받고 1개월째 약물치료를 받고 있는 사람

④ 규폐증으로 진단받고 모래를 이용한 주형작업에 근무하려는 사람

⑤ 만성신장질환으로 치료중이나 카드뮴 노출 작업장에 근무하려는 사람

해설

○ **산업안전보건법 시행규칙**

제220조(질병자의 근로금지) ① 법 제138조제1항에 따라 사업주는 다음 각 호의 어느 하나에 해당하는 사람에 대해서는 근로를 금지해야 한다.

1. 전염될 우려가 있는 질병에 걸린 사람. 다만, 전염을 예방하기 위한 조치를 한 경우는 제외한다.
2. 조현병, 마비성 치매에 걸린 사람
3. 심장·신장·폐 등의 질환이 있는 사람으로서 근로에 의하여 병세가 악화될 우려가 있는 사람
4. 제1호부터 제3호까지의 규정에 준하는 질병으로서 고용노동부장관이 정하는 질병에 걸린 사람

② 사업주는 제1항에 따라 근로를 금지하거나 근로를 다시 시작하도록 하는 경우에는 미리 보건관리자(의사인 보건관리자만 해당한다), 산업보건의 또는 건강진단을 실시한 의사의 의견을 들어야 한다.

제221조(질병자 등의 근로 제한) ① 사업주는 법 제129조부터 제130조에 따른 건강진단 결과 유기화합물·금속류 등의 유해물질에 중독된 사람, 해당 유해물질에 중독될 우려가 있다고 의사가 인정하는 사람, 진폐의 소견이 있는 사람 또는 방사선에 피폭된 사람을 해당 유해물질 또는 방사선을 취급하거나 해당 유해물질의 분진·증기 또는 가스가 발산되는 업무 또는 해당 업무로 인하여 근로자의 건강을 악화시킬 우려가 있는 업무에 종사하도록 해서는 안 된다.

② 사업주는 다음 각 호의 어느 하나에 해당하는 질병이 있는 근로자를 고기압 업무에 종사하도록 해서는 안 된다.

1. 감압증이나 그 밖에 고기압에 의한 장해 또는 그 후유증
2. 결핵, 급성상기도감염, 진폐, 폐기종, 그 밖의 호흡기계의 질병
3. 빈혈증, 심장판막증, 관상동맥경화증, 고혈압증, 그 밖의 혈액 또는 순환기계의 질병
4. 정신신경증, 알코올중독, 신경통, 그 밖의 정신신경계의 질병
5. 메니에르씨병, 중이염, 그 밖의 이관(耳管)협착을 수반하는 귀 질환
6. 관절염, 류마티스, 그 밖의 운동기계의 질병
7. 천식, 비만증, 바세도우씨병, 그 밖에 알레르기성·내분비계·물질대사 또는 영양장해 등과 관련된 질병

정답 ③

04 다음 질환의 유해인자에 대한 노출이 중단되면 방사선학적 소견상 자연적 완화를 기대할 수 있는 진폐증은?

① 면폐증

② 규폐증

③ 베릴륨폐증

④ 탄광부진폐증

⑤ 용접공폐증

해설

용접공폐증은 비교원성(non-collagenous) 진폐증으로서 가역적 진폐증으로 용접공폐증, 주석폐증, 바륨폐증, 칼륨폐증이 여기에 해당한다. 시간이 지나면 정상적으로 돌아간다.

정답 ⑤

05 유기용제와 독성영향이 잘못 짝지어진 것은?

① 톨루엔: 조혈장애

② 벤젠: 재생불량성 빈혈

③ 이황화탄소: 말초신경장애

④ 메틸알콜: 위축성 시신경염

⑤ 2-브로모프로판: 생식독성

해설

벤젠이 조혈장애나 재생불량성 빈혈을 유발하고, 톨루엔은 중추신경계 장애를 유발한다.

정답 ①

06 남성 근로자 우측 귀의 청력검사결과와 연령보정값은 아래 표와 같다. 이 근로자의 표준역치변동값과 청력평가로 옳은 것은?

<표> 주파수별 청력검사결과와 연령보정값

주파수(Hz)	1,000	2,000	3,000	4,000	5,000
청력역치 변동값(dB)	5	10	15	20	20
남성의 연령보정값(dB)	2	2	3	5	6

① 표준역치변동값: 8.7dB, 청력평가: 유의하지 않은 표준역치변동
② 표준역치변동값: 9.5dB, 청력평가: 유의한 표준역치변동
③ 표준역치변동값: 10.4dB, 청력평가: 유의하지 않은 표준역치변동
④ 표준역치변동값: 11.7dB, 청력평가: 유의한 표준역치변동
⑤ 표준역치변동값: 12.3dB, 청력평가: 유의하지 않은 표준역치변동

해설

1. 표준역치변동값
청력역치 변동값에서 연령보정값을 뺀 후 3분법(2,000, 3,000 및 4,000Hz의 표준역치변동값을 3으로 나누어 구한다)으로 구한 값이다.

2. 평균역치변동값(3분법)
평균 표준역치를 구한 값이 10dB 이상인 소음작업자에 대해서는 소음성 난청을 예방하기 위한 적절한 건강관리를 해야 한다.

문제의 풀이:

평균역치변동값= $\frac{8+12+15}{3}$ =11.67dB(유의미한 표준역치변동이다)

정답 ④

07 근로자의 폐기능 검사에 관한 설명으로 옳지 않은 것은? (단, TLC: 총폐활량, FVC: 노력성 폐활량, FEV1: 일초율)

① 기관지 천식과 같은 폐쇄성 질환에서는 FEV1이 FVC보다 더 많이 감소한다.

② 검사결과는 같은 성, 연령, 신장, 인종 등의 참고값과 비교하여 해석하여야 한다.

③ FVC는 최대로 흡입한 후 최대한 내쉰 총공기량이며, FEV1은 검사하는 동안 처음 1초간 내쉰 공기량이다.

④ 신뢰할 만한 검사가 되기 위해서 최대한으로 숨을 들이마시어 TLC에 도달한 다음 검사를 시작해야 한다.

⑤ 폐섬유화와 같은 제한성 질환에서는 FEV1과 FVC 모두 감소하여 특징적으로 FEV1/FVC비가 정상이거나 작아진다.

해설

폐쇄성 질환 (예: COPD, 천식)이 있으면 FEV1과 FVC가 모두 감소하게 되는데 상대적으로 FEV1이 더 감소하여 두 값의 비인 FEV1/FVC가 감소하게 된다. 따라서, 폐쇄성 질환 진단은 FEV1/FVC 감소로 하게 된다.

* FEV1/FVC%: 폐쇄성 환기장애의 유무를 판단.
* FEV1: 폐쇄성 환기장애의 중증도 판단.
* FVC: 제한성 환기장애의 유무 판단.

정답 ③

08 손목을 이용하여 드라이버로 주로 작업하는 근로자가 엄지와 2, 3수지 부위가 저리다고 할 때, 적절한 진단결과는?

① 경추염좌

② 방아쇠 수지

③ 유착성 견관절염

④ 수근관증후군

⑤ 테니스 엘보우(외상과염)

해설

수근관증후군은 엄지와 옆에 있는 2, 3수지 부위가 저리는 증상이다.

정답 ④

09 유해인자의 피부흡수에 관한 설명으로 옳지 않은 것은?

① 지용성이 높은 물질은 피부흡수가 더 잘된다.
② 물질의 pH가 피부흡수에 가장 중요한 역할을 한다.
③ 피부흡수가 가능한 물질은 노출기준에 'Skin'으로 표시한다.
④ 극성 유해물질의 피부흡수는 피부의 수분함량에 영향을 많이 받는다.
⑤ 피부의 각질층은 유해인자의 흡수에 관한 장벽으로 가장 중요한 역할을 한다.

해설

각질층의 성분 구조 특성상 친수성(수용성) 보다는 친유성(지용성) 물질의 흡수가 보다 용이하다. 피부에서 각질층은 각질 세포와 세포 사이를 채우고 있는 지질들로 이루어져 있으므로 지용성 물질은 흡수가 잘 되며, 피부의 표면온도를 높이거나 수분량을 증가시켜도 흡수가 잘 된다.

정답 ②

10 직무스트레스를 해결하기 위한 조직적 접근에 관한 내용으로 옳지 않은 것은?

① 근로자를 참여시킨다.
② 단계적으로 문제에 접근한다.
③ 조직 문화의 변화를 포함한다.
④ 사업주는 프로그램에 관심을 가져야 하며 책임을 져야 한다.
⑤ 사업장에서 스트레스 관리 목적은 스트레스를 완전히 없애는 것이다.

해설

적절한 스트레스는 좋은 스트레스다. 부정적 스트레스가 부정적 영향을 미치지 않도록 하는 것이 직무스트레스 해결법이다.

정답 ⑤

11 고용노동부 고시 「근골격계부담작업의 범위」에 포함되지 않는 것은?

① 하루에 총 2시간 이상 쪼그리고 앉거나 무릎을 굽힌 상태에서 이루어지는 작업
② 하루에 2시간 이상 집중적으로 자료입력 등을 위해 키보드 또는 마우스를 조작하는 작업
③ 하루에 총 2시간 이상 목, 어깨, 팔꿈치, 손목 또는 손을 사용하여 같은 동작을 반복하는 작업
④ 하루에 총 2시간 이상 머리 위에 손이 있거나, 팔꿈치가 어깨위에 있거나, 팔꿈치를 몸통으로부터 들거나, 팔꿈치를 몸통뒤쪽에 위치하도록 하는 상태에서 이루어지는 작업
⑤ 하루에 총 2시간 이상 지지되지 않은 상태에서 1kg 이상의 물건을 한 손의 손가락으로 집어 옮기거나, 2kg 이상에 상응하는 힘을 가하여 한 손의 손가락으로 물건을 쥐는 작업

해설

앞의 공부한 내용을 참조하여 찾아보자.

정답 ②

12 산업위생 발전에 기여한 인물과 업적이 잘못 짝지어진 것은?

① 렌(Rehn) - Anilin 염료로 인한 직업성 방광암 발견
② 아그리콜라(Agricola) - <광물에 대하여>를 저술
③ 해밀턴(Hamilton) - 사이다공장에서 납에 의한 복통 보고
④ 로리가(Loriga) - 진동공구에 의한 수지의 Raynaud 증상 보고
⑤ 갈레노스(Galenos) - 구리광산에서의 산 증기의 위험성 보고

해설

앞의 공부한 내용을 참조하여 찾아보자.

정답 ③

13 노출평가는 유해인자에 대한 작업자의 노출 타당성을 파악하기 위해 통계적 방법에 근거해야 한다. 다음에 제시한 노출평가 과정 중 옳지 않은 것은?

① 노출에 대한 신뢰구간 계산
② 신뢰구간과 노출기준과의 비교
③ 분포에 따른 대표치와 변이 산출
④ 자료의 분포검정과 이상값 존재유무 확인
⑤ 자료가 기하정규분포할 경우의 변이는 기하평균으로 산출

해설

자료가 기하평균(GM)이라면 변이는 기하표준편차(GSD)로 산출한다.

정답 ⑤

14 공기 중 유해인자에 대해 고체흡착제를 이용하여 시료를 포집할 때, 흡착에 영향을 주는 인자에 관한 설명으로 옳은 것은?

① 습도: 비극성흡착제를 사용할 때 수증기가 흡착되기 때문에 파과가 일어난다.
② 흡착제의 크기: 입자의 크기가 클수록 표면적이 증가하므로 채취효율이 증가한다.
③ 온도: 흡착은 열역학적으로 발열반응이므로 온도가 높을수록 흡착에 좋은 조건이 된다.
④ 유해물질의 농도: 공기중 유해물질의 농도가 낮을수록 흡착량이 많고 파과가 일어나기 쉽다.
⑤ 시료채취속도: 시료채취 속도가 높으면 파과가 일어나기 쉬우며 코팅된 흡착제일수록 그 경향이 강하다.

해설

① 습도: 극성흡착제를 사용할 때 수증기가 흡착되기 때문에 파과가 일어난다.
② 흡착제의 크기: 입자의 크기가 작을수록 표면적이 증가하므로 채취효율이 증가한다.
③ 온도: 흡착은 열역학적으로 발열반응이므로 온도가 낮을수록 흡착에 좋은 조건이 된다. 반응온도를 낮출수록 흡착속도와 흡착량이 증가한다.
④ 유해물질의 농도: 공기 중 유해물질의 농도가 높을수록 흡착량이 많고 파과가 일어나기 쉽다.
⑤ 시료채취속도: 시료채취 속도가 높으면 파과가 일어나기 쉬우며 코팅된 흡착제일수록 그 경향이 강하다.

정답 ⑤

15

DNPH(2,4-Dinitrophenyhydrazine) 카트리지를 이용하여 작업장에서 포름알데히드(HCHO)를 포집한 후 아세토니트릴(ACN)을 이용하여 추출하였다. 고성능액체크로마토그래피(HPLC)를 이용하여 추출액을 분석하여 아래와 같은 결과를 얻었다. 포름알데히드의 농도(㎍/㎥)는?

> ○ 현장시료 분석결과값: 3㎍/mL
> ○ 공시료 분석결과값: 0.3㎍/mL
> ○ 아세토니트릴로 추출한 부피: 5mL
> ○ 펌프유량: 1,000mL/min
> ○ 측정시간: 30분

① 250
② 350
③ 450
④ 550
⑤ 650

해설

$$농도=\frac{(현장시료분석값-공시료분석값)\times 추출부피}{펌프유량\times 측정시간}$$

$$농도(\mu g/m^3)=\frac{(3-0.3)\times 5}{1{,}000mL/min\times 30min}=13.5\mu g/30{,}000mL=13.5\mu g/0.03m^3=450$$

* $1m^3=1{,}000L=10^6mL$을 활용하여 단위를 ㎥로 바꾼다.

정답 ③

16

작업장에서 사용하는 압축기(compressor)로부터 50m 떨어진 거리에서 측정한 음압수준(sound pressure level)이 130dB였다면, 압축기로부터 25m와 100m 떨어진 거리에서 측정한 음압수준(dB)은 각각 얼마인가? (단, 작업장은 경계가 없어서 음의 전파에 방해를 받지 않는 영역이다.)

① 132, 128
② 134, 126
③ 136, 124
④ 140, 120
⑤ 150, 120

해설

음압수준=20×log(거리의 배수)

정답 ③

17

크실렌의 주요한 생물학적 노출지수로서 소변 중에서 측정하는 물질은?

① 페놀
② 뮤콘산
③ 만델산
④ 메틸마뇨산
⑤ 카르복시헤모글로빈

해설

크실렌 노출지표: 요 중 메틸 마뇨산

정답 ④

18 폐포에 침착된 먼지에 관한 설명으로 옳지 않은 것은?

① 서서히 용해된다.

② 점액-섬모운동에 의해 밖으로 배출된다.

③ 유리규산이 포함된 먼지는 식세포를 사멸시킨다.

④ 폐포벽을 뚫고 림프계나 다른 조직으로 이동한다.

⑤ 제거되지 않은 먼지는 폐에 남아 진폐증을 일으킨다.

해설

폐포의 방어기전은 대식세포가 방출하는 효소에 의해 용해되어 제거하는 것이다.

○ 호흡기계 방어 기전

호흡기계는 위험에 방어하는 기전이 5가지 있다. 즉 점액분비, 섬모운동, 대식세포(macrophages), 계면활성제(surfactant) 그리고 기침이다. 점액은 기관과 기관지벽에 분포되어 있는 술잔세포에서 분비되는데 이들은 기도로 흡입되는 모든 해로운 물질들을 붙잡아서 섬모운동에 의해 밖으로 내보낸다. 성인의 하루 점액량은 보통 100ml정도로 분비되나 질병이 발생되면 1,000ml도 분비된다. 섬모는 머리털과 같은 것으로 한 방향으로 움직여 끈적끈적한 점액이 균이나 먼지 등을 붙잡아 기관 쪽으로 옮겨준다. 섬모운동은 점액이 진해지던가 또는 점액분비가 많을 때, 산소가 부족하다거나, 또는 너무 많을 때, 탈수되었을 때, 담배연기 등의 오염물질에 의해 영향을 받아 운동이 느려지며, 수액 투여 혹은 기관지 확장제를 투여할 때 향상된다. 대식세포는 폐포조직의 한 군으로서 폐포에 존재한다. 이들은 밖에서 들어온 균이나 해로운 물질과 안에 있는 균들을 흡식해서 감염을 방지한다. 폐안에 균이 나타나면 5~10분안에 잡아 먹는다. 계면활성제는 폐포에서 생성되는 가장 중요한 물질의 하나로서 흡기와 호기중에 폐의 팽창이나 수축 시 각 폐포의 압력을 같게 해준다.

정답 ②

19 유해인자의 정화 및 여과에 사용하는 호흡용보호구에 관한 설명으로 옳지 않은 것은?

① 공기공급식 호흡용보호구인 송기식마스크 전면형의 양압보호계수는 1,500이다.

② 산소결핍상태에서 사용하는 호흡용보호구에는 자급식(SCBA)마스크가 포함된다.

③ 호흡용보호구의 선택에 있어서 근로자가 불쾌감, 호흡저항, 중량, 시야 또는 작업방해 등을 고려하여 선정한다.

④ 보호계수는 호흡용보호구 바깥쪽 오염물질 농도와 안쪽 오염물질 농도비로 착용자 보호의 정도를 나타내는 척도이다.

⑤ 선택한 호흡용보호구 중 두 종류 이상이 밀착계수가 양호하다는 것이 확인된 경우에 사업주는 착용근로자가 선호하는 호흡용보호구를 지급한다.

해설

공기공급식 호흡용보호구인 송기식마스크 전면형의 양압보호계수는 1,000이다.

○ **호흡보호구별 할당보호계수**

호흡보호구 분류	안면부 형태	할당보호계수(양압)	할당보호계수(음압)
비전동식	반면형	해당 없음(N/A)	10
	전면형		50
전동식	반면형	50	해당 없음(N/A)
	전면형	1,000	
	후드형	1,000	
송기식	반면형	50	
	전면형	1,000	
	후드형	1,000	
자급식	공기호흡기	10,000	

정답 ①

20 근로자가 산업재해로 인하여 우리나라 신체장애등급 제10등급 판정을 받았다면, 국제노동기구(ILO)의 기준으로 어느 정도의 부상을 의미하는가?

① 영구 전노동불능
② 영구 일부노동불능
③ 일시 전노동불능
④ 일시 일부노동불능
⑤ 구급(응급)처치

해설

○ **국제노동기구(ILO)의 상해분류**

사망	사망 또는 사고의 부상 결과 일정 기간 내에 사망
영구 전노동불능상해	신체장애등급 1~3등급
영구 일부노동불능상해	신체장애등급 4~14등급
일시 전노동불능상해	의사의 진단에 따라 일정 기간 정규노동에 종사할 수 없음
일시 일부노동불능상해	의사의 진단에 따라 일정 기간 정규노동에 종사할 수 없으나, 휴무상태가 아닌 일시 가벼운 노동에 종사할 수 있는 상해 정도

* 사망 및 영구 전노동불능(신체장애등급 1~3급): 7,500일이 근로손실일수

정답 ②

21 고용노동부의 「보호구 의무안전인증 고시」에서 규정하는 안전인증 방독마스크에 장착하는 정화통의 종류와 외부 측면의 표시 색이 옳게 짝지어진 것은?

① 유기화합물 정화통 - 녹색
② 할로겐용 정화통 - 회색
③ 시안화수소용 정화통 - 갈색
④ 아황산용 정화통 - 백색
⑤ 암모니아 정화통 - 노란색

해설

테마10 참조.

○ **정화통 외부 측면의 표시 색**

종 류	표시 색
유기화합물용 정화통	갈 색
할로겐용 정화통	회 색
황화수소용 정화통	
시안화수소용 정화통	
아황산용 정화통	노랑색
암모니아용 정화통	녹 색
복합용 및 겸용의 정화통	복합용의 경우 해당가스 모두 표시(2층 분리) 겸용의 경우 백색 과 해당가스 모두 표시(2층 분리)
※ 증기밀도가 낮은 유기화합물 정화통의 경우 색상표시 및 화학물질명 또는 화학기호를 표기	

정답 ②

22 역학의 평가방법에 관한 설명으로 옳지 않은 것은?

① 코호트 연구에서 검정력은 비노출군에서의 질병발생률과 직접적인 관련이 있다.

② 통계학적 연관성이 입증되었다 하여도 반드시 원인적 연관성이라고 말할 수 없다.

③ 제1종 오류(type I error)는 귀무가설이 실제로 사실이 아닐 때 이를 기각하지 못할 확률을 말한다.

④ 메타분석이란 개별 연구로부터 모은 많은 연구결과를 통합할 목적으로 통계적 분석을 하는 계량적 방법이다.

⑤ 어떤 요인과 질병발생 간의 연관성을 추론하고자 할 때, 연구계획 및 분석방법상의 오류로 인하여 참값과 차이가 나는 결과나 추론을 생성하게 되는데 이를 바이어스(bias)라 한다.

해설

제1종 오류(type I error)는 귀무가설이 실제로 사실임에도 이를 기각하는 오류를 말한다.

정답 ③

23 1941년부터 1980년 사이 취업한 대규모 화학공장 근로자 800명의 사망진단서를 확보하였다. 이 중에서 암으로 사망한 사람은 160명이었으며, 동일기간 지역사회의 전체 사망자 중에서 암으로 인한 사망자는 15%였다면 비례사망비(PMR)는?

① 75%

② 120%

③ 133%

④ 150%

⑤ 200%

해설

$$\text{비례사망비(SMR,\%)} = \frac{\text{특정인구집단에서의 비례사망 관찰값}}{\text{표준인구에서의 비례사망 기댓값}}$$

$$= \frac{(160/800) \times 100(\%)}{15\%} \times 100$$

$$= 133\%$$

* 단위를 %로 통일해서 계산해야 비교가 된다.

정답 ③

24 ACGIH의 TLV에서 'Skin' 표시대상 물질이 아닌 것은?

① 옥탄올-물 분배계수가 낮은 물질
② 반복하여 피부에 도포했을 때 전신작용을 일으키는 물질
③ 손이나 팔에 의한 흡수가 몸 전체 흡수에서 많은 부분을 차지하는 물질
④ 다른 노출경로에 비하여 피부흡수가 전신작용에 중요한 역할을 하는 물질
⑤ 동물을 이용한 급성중독 시험결과, 피부흡수에 의한 LD_{50}이 비교적 낮은 물질

해설

○ **ACGIH의 TLV에서 'Skin' 표시대상 물질**
1. 옥탄올-물 분배계수가 높아 피부흡수가 쉬운 물질
2. 급성독성실험 결과 피부흡수에 의한 치사량이 비교적 낮은 물질

정답 ①

25 도금조에서 사용되는 푸시-풀(push-pull) 배기장치의 설계에 있어서 ACGIH에서 권장하는 사항이 아닌 것은?

① 푸시노즐의 각도는 하방으로 0°~20° 이내이어야 한다.
② 도금조의 액체표면은 배기후드 밑에서부터 30cm를 벗어나지 않게 한다.
③ 풀(배출구 슬롯)쪽의 후드 개구면은 슬롯속도가 10m/s를 유지하도록 설계한다.
④ 노즐의 형태는 3~6mm 크기의 수평슬롯이나 4~6mm 구멍으로 직경의 3~8배 간격으로 배치한 것을 사용한다.
⑤ 푸시노즐의 단면이 원형, 직사각형, 정사각형 어느 것이나 무방하나 단면적은 전체노즐 단면적의 2.5배 이상의 크기이어야 한다.

해설

도금조의 액체표면은 배기후드 밑에서부터 15~20cm 이하로 내려가게 한다.

정답 ②

초판 1쇄 발행 2023년 02월 20일

편저 정명재
발행인 이향준 **발행처** (주)법률저널
등록일자 2008년 9월 26일 **등록번호** 제15-605호
주소 151-862 서울 관악구 복은4길 50 (서림동 120-32)
대표전화 02)874-1144 **팩스** 02)876-4312
홈페이지 www.lec.co.kr
ISBN 978-89-6336-776-7
정가 45,000원